측량기능사
필기 실기

김영국 · 박종삼 편저

도서출판 금 호

머 리 말

측량은 모든 토목공사의 계획, 설계 및 시공하는데 있어서는 가장 기본적인 기술입니다. 앞으로 선진 기술을 능가할 수 있는 기술을 개발하기 위하여는 이론 교육이 더욱 절실히 필요한 것으로 생각되어 오랫동안 교단에서 얻은 경험을 토대로 이 책을 펴내게 되었습니다.

이 책은 국가 기술 자격시험에 응시하려는 수험생은 물론, 공무원, 현직에 종사하는 기술인들에게 활용될 수 있도록 하기 위하여 분야별로 체계화하여 이해도를 높이는 데 역점을 두었습니다.

이 책의 특징은

1. **새로운 출제 기준**에 의하여 각 단원마다 요점 정리를 하였고 핵심적인 문제들을 제시하였으며 어려운 문제들은 해설을 통하여 초보자라도 알기 쉽게 편찬하였습니다.

2. 지난 수년간에 출제되었던 국가 기술 자격시험 문제를 수록, 해설을 통하여 수험생 들이 출제 경향을 쉽게 알 수 있도록 하였습니다.

3. 부록의 과년도 기출문제는 수험생들이 직접 풀어보고, 예상 합격 여부를 확인하여 볼 수 있도록 제시하였습니다.

이 책을 활용하는 모든 수험생 여러분들에게 합격의 영광이 있기를 기원하며 국가 발전에 기여하는 훌륭한 역군이 되기를 바랍니다. 열과 성을 다하여 힘을 기울였으나 책 내용 중 오타, 오식 등 미비한 점에 대하여는 추후 보완 수정할 것을 약속드리며, 선후배 여러분의 아낌없는 지도 편달을 바랍니다.

저자 씀

차 례 Contents

◼ 제1편 측량기능사 필기편

제 1 장 측량 개요 및 거리 측량   15
1. 측량의 개요 ·· 17
2. 거리 측량 ·· 25

제 2 장 각 측량   49
1. 구조 및 다루기 ·· 51
2. 검사 및 조정 ·· 53
3. 측각 및 오차와 정밀도 ··· 53

제 3 장 수준 측량   69
1. 수준 측량의 개요 ··· 71
2. 수준 측량용 기계 기구 ··· 73
3. 검사 및 조정 ·· 76
4. 측량 방법 및 오차 조정 ··· 77
5. 수준 측량의 응용 ··· 82
6. 삼각 수준 측량 ·· 82

제 4 장 트래버스 측량   99
1. 트래버스 측량의 개요 ··· 101
2. 트래버스의 외업 ··· 102
3. 트래버스의 내업 ··· 105
4. 트래버스의 제도 ··· 109

제 5 장 삼각 측량   141
1. 삼각 측량의 개요 ··· 143
2. 삼각 측량의 외업 ··· 144
3. 삼각 측량의 내업 ··· 146

4. 삼변 측량 ·· 148

제6장 지형 측량　　165

1. 지형 측량의 개요 ····································· 167
2. 등고선의 일반 개요 ································· 168
3. 등고선의 측정 및 작성 ··························· 170
4. 지형도의 이용 ··· 171

제7장 면적 및 체적 계산　　183

1. 면적 계산 ·· 185
2. 체적 계산 ·· 189

제8장 노선 측량　　205

1. 노선 측량의 개요 ····································· 207
2. 곡선의 종류 ··· 207
3. 단곡선의 각부 명칭 및 기본 공식 ············ 208
4. 단곡선의 설치 방법 ································· 209
5. 완화곡선의 종류 및 특성 ························ 210

제9장 GNSS(위성측위) 측량　　225

1. GNSS 측량 개요 ····································· 227
2. GNSS 구성 및 신호 체계 ························ 228
3. GNSS에 의한 위치 결정 ·························· 230
4. GNSS 측량의 오차와 보정 기술 ·············· 232

제10장 평판 측량　　243

1. 평판 측량 개요 ·· 245
2. 평판 측량 방법 ·· 247
3. 측량 오차와 정밀도 ································· 250

부록　　265

1. 측량기능사 기출문제(2004년-2016년) ······ 267

2. 측량기능사 모의고사(1회-8회) ·· 385
3. 지방직 측량 기출문제(2017년-2025년) ·································· 465

■ 제2편 측량기능사 실기편

제1장 레벨 측량   499

1. 레벨 측량에 사용되는 기계 및 기구 ··· 499
2. 레벨 세우기 ··· 499
3. 시준 ·· 500
4. 레벨 과제 수행 방법 ··· 502

제2장 토털스테이션(Total Station:TS) 측량   518

1. 토털스테이션 측량에 사용되는 기계 및 기구 ························ 518
2. 토털스테이션 구조 및 주요명칭 ·· 518
3. 토털스테이션 측량 요구사항 ·· 519
4. 유의 사항 ··· 519
5. 측점 A, B에서 기계설치 ·· 520
6. 측점 A에서의 관측(좌표, 방위각, 수평거리) ···························· 521
7. 측점 B에서의 관측(좌표, 방위각, 수평거리) ···························· 526

부록 국가기술자격 실기문제   532

출제기준(필기)

직무분야	건설	중직무분야	토목	자격종목	측량기능사	적용기간	2025.1.1.~2028.12.31.

○직무내용 : 국토의 이용 및 개발, 건설공사를 위하여 측량계획에 따라 각종 측량을 실시하여 결과 정리 및 성과 작성 등의 업무를 수행하는 직무이다.

필기검정방법	객관식	문제수	60	시험시간	1시간

필기과목명	문제수	주요항목	세부항목	세세항목
측량학, 응용측량	60	1. 측량이론	1. 측량개요	1. 측량개요
			2. 거리측량 개요	1. 거리관측 분류 2. 거리측량
			3. 각측량 개요	1. 각관측 방법 2. 각관측 오차 3. 각측량 장비
			4. 측량오차와 정밀도	1. 측량의 오차 2. 정밀도, 정확도
		2. 수준측량	1. 수준측량의 개요	1. 일반사항 2. 수준측량 용어
			2. 기계기구의 구조 및 종류	1. 레벨종류 2. 기계, 기구 구조
			3. 검사 및 조정	1. 기계검사 2. 조정
			4. 측량방법 및 오차 조정	1. 직접, 간접측량 2. 야장기입법 3. 오차종류, 조정
			5. 수준측량의 응용	1. 종단 측량 2. 횡단 측량
		3. 다각측량 (트래버스측량)	1. 개요	1. 특징 2. 종류

필기과목명	문제수	주요항목	세부항목	세세항목
			2. 외업	1. 조사, 선점, 조표 2. 변의 거리 관측 3. 각 관측
			3. 내업	1. 방위각, 방위계산 2. 오차조정 3. 좌표계산
		4. 삼각측량	1. 삼각측량의 개요	1. 삼각측량 개요 2. 삼각측량 원리
			2. 삼각측량의 방법	1. 답사, 선점 2. 표식설치
			3. 수평각 측정 및 조정	1. 각 관측 2. 편심, 기선 관측 3. 망조정 계산
			4. 변장계산 및 좌표계산	1. 변장계산 2. 좌표계산
		5. 지형측량	1. 지형도 표시법	1. 자연적 도법 2. 부호적 도법
			2. 등고선의 일반 개요	1. 등고선 성질 2. 종류 및 간격
			3. 등고선의 측정 및 작성	1. 직접, 간접법 2. 계산, 작도방법
			4. 지형도의 이용	1. 설계, 공사자료
		6. 면적 및 체적의 계산	1. 면적계산	1. 면적계산
			2. 체적계산	1. 체적계산
		7. 노선측량	1. 노선측량의 개요	1. 노선 측량의 목적 2. 노선 측량의 응용

필기과목명	문제수	주요항목	세부항목	세세항목
			2. 곡선의 종류	1. 단곡선의 종류 2. 완화곡선의 종류
			3. 단곡선의 각부 명칭 및 기본공식	1. 단곡선 각부 명칭 2. 기본공식
			4. 단곡선의 설치방법	1. 편각법 2. 중앙종거법
		8. GNSS(위성측위) 측량	1. GNSS(위성측위) 측량 개요	1. 위성측위 일반사항 2. 위성측위 원리 3. 위성측위 방법
			2. GNSS(위성측위) 측량 활용	1. 공공분야 2. 민간분야 3. 기타활용분야

출제기준(실기)

직무분야	건설	중직무분야	토목	자격종목	측량기능사	적용기간	2025.1.1.~2028.12.31.

○ 직무내용 : 국토의 이용 및 개발, 건설공사를 위하여 측량계획에 따라 각종 측량을 실시하여 결과 정리 및 성과 작성 등의 업무를 수행하는 직무이다.
○ 수행준거 : 1. 측량기기를 설치하고 관측할 수 있다.
            2. 관측결과를 작성하고 점검 및 계산할 수 있다.

실기검정방법	작업형	시험시간	1시간 30분 정도

실기과목명	주요항목	세부항목	세세항목
측량 작업	1. 공간정보 위치결정	1. 수준 측량하기	1. 수준측량작업규정 및 공공측량작업규정에서 정하고 있는 정확도 규정을 이해하고 관측 환경에 부합하는 최적의 측량 장비를 선택할 수 있다. 2. 수준측량 장비의 특성을 이해하고 관측 시 오차가 발생하지 않도록 주의를 기울여서 수준측량을 시행할 수 있다. 3. 관측된 높이 성과를 계산하고 작업규정에서 정한 허용정확도에 들어오는지를 확인하고 측량결과를 정리할 수 있다.
		2. 토털스테이션(Total Station) 측량하기	1. 공공측량작업규정에서 명시하고 있는 정확도 범위를 이해하고 현장 상황에 맞는 측량 방법과 장비를 선택할 수 있다. 2. 측량장비를 정확하게 설치하고 관측 시 오차가 발생하지 않도록 주의를 기울여서 측량을 수행할 수 있다. 3. 관측된 3차원 위치성과가 관련 규정에 의한 정확도에 부합되는지를 확인하고 측량결과를 정리할 수 있다.

실기과목명	주요항목	세부항목	세세항목
	2. 공간현황측량	1. 공간현황 측량하기	1. 작업에 사용하는 각종 측량장비를 원하는 위치에 정확하게 설치할 수 있다. 2. 작업계획에 따라 현장에서 지형측량을 위한 기준점 위치를 선정하고 기지점을 이용하여 기준점의 3차원 위치를 결정할 수 있다. 3. 기준점 및 기지점을 이용하여 지형지물에 대한 3차원 위치 정보를 취득할 수 있다.
		2. 측량결과 정리하기	1. 공공측량작업규정 등에 따라 관측된 성과의 오차 및 이상 유무를 점검할 수 있다. 2. 관측된 성과를 정리하여 지형도를 작성하고, 작업지시서에서 요구하는 성과물이 이상 없이 작성되었는지 점검할 수 있다.

제 1 편

측량기능사 필기

제 1 장 측량 개요 및 거리 측량
제 2 장 각 측량
제 3 장 수준 측량
제 4 장 트래버스 측량
제 5 장 삼각 측량
제 6 장 지형 측량
제 7 장 면적 및 체적 계산
제 8 장 노선 측량
제 9 장 GNSS(위성측위) 측량
제10장 평판 측량
[부 록] 측량기능사 기출문제(2004년-2016년)
　　　　측량기능사 모의고사(1회-8회)
　　　　지방직 측량 기출문제(2017년-2025년)

제1장

측량 개요 및 거리 측량

1. 측량의 개요
2. 거리 측량

1 측량의 개요

1 측량의 의의(공간정보의 구축 및 관리 등에 관한 법률)

① "측량"이란 공간상에 존재하는 일정한 점들의 위치를 측정하고 그 특성을 조사하여 도면 및 수치로 표현하거나 도면상의 위치를 현지(現地)에 재현하는 것을 말하며, 측량용 사진의 촬영, 지도의 제작 및 각종 건설사업에서 요구하는 도면 작성 등을 포함한다.
② "지도"란 측량 결과에 따라 공간상의 위치와 지형 및 지명 등 여러 공간정보를 일정한 축척에 따라 기호나 문자 등으로 표시한 것을 말한다.

2 측량의 역사

① 측량의 시초
  ㉠ B.C. 3,000년경 이집트에서 나일강의 홍수로 인한 농경지 정리가 시초가 됨
  ㉡ B.C. 2,500년경 이집트 피라미드의 축조가 측량 기술이 발전되었다는 것을 알 수 있음
    - 4개의 능선은 거의 정확하게 동서남북을 가리킴
    - 각도의 오차는 진북에서 수분밖에 벗어나 있지 않을 정도로 정확함)

② 서양의 역사
  ㉠ 15C – 컴퍼스를 사용한 연안지도 만듦(연안지도), 평판 발명
  ㉡ 17C초 – 삼각측량법 고안(스넬리우스)
  ㉢ 17C – 어미자와 아들자의 원리를 이용하여 유표(Vernier) 발명 (프랑스의 버니어)
  ㉣ 19C – 트랜싯 발명(Young), 오차론(Gauss), 사진측량 가능(Laussedat), 입체도화기 발명(Pulfrich)

③ 우리나라의 역사
  ㉠ 조선 시대 초기 – 혼일강리역대국도지도(1402년), 천하도 등 세계 지도가 제작
  ㉡ 조선 시대 중기 – 동국지도(1757년) → 축척의 개념을 뚜렷이 하고 있음
  ㉢ 조선 시대 말기 – 청구도(1834년), 대동여지도(1861년)
  ㉣ 1905년 – 측량기술원 양성소 설치함(대구, 평양, 전주)
  ㉤ 1909년 – 소삼각 원점을 설치하여 삼각측량 착수(서울, 경기, 대구)
  ㉥ 1918년 – 기선, 삼각, 수준, 측량의 기준점과 측량 조직을 완성하여 지형도 및 각종 지도를 만드는 기초가 되었다.
  ㉦ 1961년 – 측량법 제정됨 12월 31일(법률 제938호)
  ㉧ 1962년 – 측량법 시행령 제정됨 2월 20일(각령 제456호)
  ㉨ 1963년 – 수준원점 설치함(인천광역시 남구 용현동 253번지 인하대학내 BM=26.6871m)

ⓩ 1966년 – 항공사진의 본 궤도에 오름
ⓣ 1970년 – 서울 남산에 천문측량에 의한 경도 및 위도 원점 설치
ⓔ 1974년 – 1등 수준점 815점, 2등 수준점 2828점 설치함
ⓜ 1985년 – 경기도 수원에 경위도 원점 설치
ⓗ 1990년대 – 전국에 걸쳐 축척 1:1000, 1:5000 및 1:25,000 지형도 수치 지도화 사업을 추진하여 축척 1:5000 수치 지형도를 거의 완성하였으며, 축척 1:1000지형도도 지방 자치 단체의 참여로 원활히 추진되었다.
㉮ 2000년대 – 전국의 주요 지역에 대한 3차원 공간정보 구축 사업과 유비쿼터스 구축 사업을 통해 디지털 국토 실현 구현, VLBI 설치(2011년), 차세대 중형 위성 1호도 발사(2021년)

3 측량의 분류

① **넓이에 따른 분류**
  ㉠ 평면 측량 : 지구의 곡률을 고려하지 않은 측량으로 반경 11km, 즉 면적 400km²이내의 범위이다.
  ㉡ 측지 측량 : 대지 측량이라고도 하며, 지구의 곡률을 고려한 정밀 측량이다.
  ㉢ 평면 측량과 측지 측량의 관계

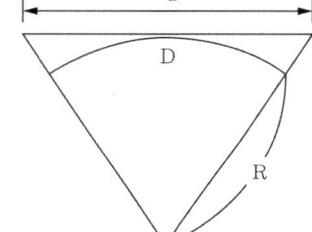

  - 거리 오차 : $d - D = \dfrac{D^3}{12R^2}$

  - 거리의 정도 : $\dfrac{d - D}{D} = \dfrac{D^2}{12R^2}$

    여기서, d: 투영거리 D: 관측거리 R: 지구반지름(약 $6370km$)

② **법률에 따른 분류** : 기본측량, 공공측량, 지적측량, 일반측량(공간정보의 구축 및 관리 등에 관한 법률)
  ㉠ 기본측량 : 모든 측량의 기초가 되는 공간정보를 제공하기 위하여 국토교통부장관이 실시하는 측량
  ㉡ 공공측량
    - 국가, 지방자치단체, 그 밖에 대통령령으로 정하는 기관이 관계 법령에 따른 사업 등을 시행하기 위하여 기본측량을 기초로 실시하는 측량
    - 위 항목 외의 자가 시행하는 측량 중 공공의 이해 또는 안전과 밀접한 관련이 있는 측량으로서 대통령령으로 정하는 측량
  ㉢ 지적측량 : 토지를 지적공부에 등록하거나 지적공부에 등록된 경계점을 지상에 복원하기 위하여 필지의 경계 또는 좌표와 면적을 정하는 측량을 말하며, 지적확정측량 및 지적재조사측량을 포함
  ㉣ 일반측량 : 기본측량, 공공측량 및 지적측량 외의 측량

③ 측량 기계에 따른 분류
- ㉠ 테이프 측량 : 체인이나 테이프(줄자)를 가지고 거리를 구하는 측량
- ㉡ 평판 측량 : 평판을 이용하여 지형의 평면도를 작성하는 측량
- ㉢ 데오돌라이트 측량 : 데오돌라이트를 이용하여 주로 각을 결정하는 측량
- ㉣ 레벨 측량 : 레벨을 이용하여 고저차를 결정하는 측량
- ㉤ 스타디아 측량 : 망원경 내의 스타디아선(시거선)을 이용하여 간접적으로 두 점 간의 거리와 고저차를 결정하는 측량
- ㉥ 육분의 측량 : 육분의를 이용하여 움직이면서 각을 관측하거나 움직이는 목표의 각을 관측하여 위치를 결정하는 측량으로 하천, 항만, 해양 측량 등에 사용한다.
- ㉦ 사진 측량 : 촬영한 사진에 의해 대상물의 정량적, 정성적 해석을 하는 측량
- ㉧ GNSS 측량 : 인공 위성을 이용한 범세계적 위치 결정 체계로 정확히 위치를 알고 있는 위성에서 발사한 전파를 수신하여, 관측점까지의 소요 시간에 따른 거리를 측정함으로써 관측점의 3차원 위치를 구하는 측량
- ㉨ 기타 : 전자파 거리 측량, 토털 스테이션 측량, VLBI 측량 등

④ 작업 순서에 따른 분류
- ㉠ 기준점 측량
- ㉡ 세부 측량

⑤ 측량 목적에 따른 분류
지형, 노선, 하천, 항만, 터널, 광산, 농지, 시가지, 건축, 지적, 천문, 면적, 체적, 공항, 지하 시설물 측량 등

4 지구의 형상

① 지구타원체
- ㉠ 지구는 남북 축을 기준으로 회전하는 타원체 모양을 하고 있으며, 이 지구의 모양과 가장 가까운 회전 타원체를 지구타원체라고 함
- ㉡ 기하학적인 타원체이므로 굴곡이 없는 매끈한 면으로 삼각측량, 경위도 결정, 지도 제작 등의 기준
- ㉢ 지표의 기복과 지하 물질의 밀도 분포 및 구조 등의 영향을 무시

② 지구타원체의 종류
㉠

발표자	연도	적도반지름 (a)km	극반지름 (b)km	편평률 (a-b)/a	비 고
베 셀	1841	6,377.397	6,356.079	1:299.15	한국, 일본, 러시아
클라크	1880	6,378.249	6,356.515	1:293.47	아프리카
헤이퍼드	1909	6,378.388	6,356.912	1:297.00	남미, 영국, 서유럽
GRS 80	1980	6,378.137	6,356.752	1:298.26	IUGG 국제타원체
WGS 84	1984	6,378.137	6,356.752	1:298.26	GPS 측량의 기준

ⓛ 각 나라마다 다른 기준계를 채택하여 사용해 오던 중 1924년 헤이포드 타원체를 국제 지구 타원체로 채택하였고, 이후 1979년 IUGG 총회에서 발표한 측지기준계인 GRS80 타원체로 정함
ⓒ 우리나라도 세계 측지계를 2002년 6월 29일부터 전면 도입함에 따라 GRS80 타원체를 기준타원체로 사용하고 있음

③ **지오이드**
  ㉠ 지오이드는 중력장 이론에 의하여 물리적으로 정의
  ㉡ 정지된 평균 해수면을 육지까지 연장한 지구 전체의 가상 곡면
  ㉢ 지구의 평균 해수면에 일치하는 등퍼텐셜면
  ㉣ 수준측량에서 정하는 표고는 지오이드를 기준으로 한 높이

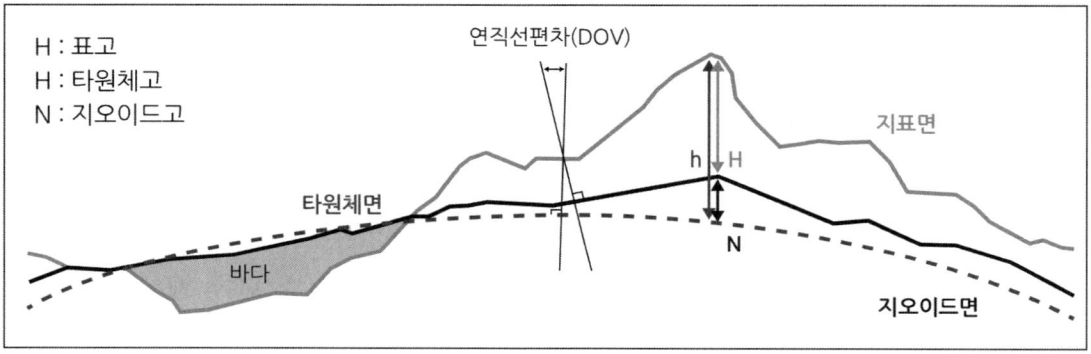

5 우리나라 측량 원점 및 측량 기준점

① **경·위도 원점** : 우리나라에서 2002년부터 세계 측지계가 도입됨으로써 GRS80 타원체와 국제 중심 좌표계(ITRF2000 좌표계)를 이용하여 측량 및 지도 제작이 이루어짐
  ㉠ 지점: 경기도 수원시 영통구 월드컵로 92(국토지리정보원에 있는 대한민국 경위도원점 금속표의 십자선 교점)
  ㉡ 수치
    - 경도: 동경 127도 03분 14.8913초
    - 위도: 북위 37도 16분 33.3659초
    - 원방위각: 165도 03분 44.538초
      (원점으로부터 진북을 기준으로 오른쪽 방향으로 측정한 우주측지관측센터에 있는 위성기준점 안테나 참조점 중앙)

② 평면 직각 좌표계 원점

명칭	원점의 경위도	투영원점의 가산(加算)수치	원점축척계수	적용 구역
서부 좌표계	경도: 동경 125° 00′ 위도: 북위 38° 00′	X(N) 600,000m Y(E) 200,000m	1.0000	동경 124°~126°
중부 좌표계	경도: 동경 127° 00′ 위도: 북위 38° 00′	X(N) 600,000m Y(E) 200,000m	1.0000	동경 126°~128°
동부 좌표계	경도: 동경 129° 00′ 위도: 북위 38° 00′	X(N) 600,000m Y(E) 200,000m	1.0000	동경 128°~130°
동해 좌표계	경도: 동경 131° 00′ 위도: 북위 38° 00′	X(N) 600,000m Y(E) 200,000m	1.0000	동경 130°~132°

※ 모든 점의 좌표가 양수(+)가 되도록 종축(X축)에 600,000m, 횡축(Y축)에 200,000m를 더함

③ 수준 원점
 ㉠ 지점: 인천광역시 미추홀구 인하로 100(인하공업전문대학에 있는 원점표석 수정판의 영 눈금선 중앙점
 ㉡ 수치: 인천만 평균해수면상의 높이로부터 26.6871미터 높이

④ 측량 기준점
 ㉠ 국가기준점
  - 우주측지기준점: 국가측지기준계를 정립하기 위하여 전 세계 초장거리간섭계와 연결하여 정한 기준점
  - 위성기준점: 지리학적 경위도, 직각좌표 및 지구중심 직교좌표의 측정 기준으로 사용하기 위하여 대한민국 경위도원점을 기초로 정한 기준점
  - 수준점: 높이 측정의 기준으로 사용하기 위하여 대한민국 수준원점을 기초로 정한 기준점
  - 중력점: 중력 측정의 기준으로 사용하기 위하여 정한 기준점
  - 통합기준점: 지리학적 경위도, 직각좌표, 지구중심 직교좌표, 높이 및 중력 측정의 기준으로 사용하기 위하여 위성기준점, 수준점 및 중력점을 기초로 정한 기준점
  - 삼각점: 지리학적 경위도, 직각좌표 및 지구중심 직교좌표 측정의 기준으로 사용하기 위하여 위성기준점 및 통합기준점을 기초로 정한 기준점
  - 지자기점(地磁氣點): 지구자기 측정의 기준으로 사용하기 위하여 정한 기준점
 ㉡ 공공기준점
  - 공공삼각점: 공공측량 시 수평위치의 기준으로 사용하기 위하여 국가기준점을 기초로 하여 정한 기준점
  - 공공수준점: 공공측량 시 높이의 기준으로 사용하기 위하여 국가기준점을 기초로 하여 정한 기준점
 ㉢ 지적기준점
  - 지적삼각점(地籍三角點): 지적측량 시 수평위치 측량의 기준으로 사용하기 위하여 국가기준점을 기준으로 하여 정한 기준점

- 지적삼각보조점: 지적측량 시 수평위치 측량의 기준으로 사용하기 위하여 국가기준점과 지적삼각점을 기준으로 하여 정한 기준점
- 지적도근점(地籍圖根點): 지적측량 시 필지에 대한 수평위치 측량 기준으로 사용하기 위하여 국가기준점, 지적삼각점, 지적삼각보조점 및 다른 지적도근점을 기초로 하여 정한 기준점

6 여러 가지 좌표계

① 평면 직각 좌표
㉠ 측량 범위가 넓지 않은 일반 측량에 널리 쓰인다.
㉡ 자오선을 X축 동서 방향을 Y축으로 한다.

② 경·위도 좌표계
㉠ 측량 범위가 넓은 지구상의 절대적 위치를 표시하는데 사용되는 좌표계
㉡ 본초자오선(영국 그리니치 천문대를 지나는 자오선)과 적도의 교점을 원점으로 삼는다. (위도 0°, 경도 0°)
㉢ 경도는 본초자오선을 기준으로 하여 어떤 지점을 지나는 자오선까지의 각 거리로 표시하고, 적도를 따라 동, 서쪽으로 각각 0°에서 180°까지 나타냄
㉣ 위도는 어떤 지점의 수직선이 적도면과 이루는 각으로 표시하는데 자오선을 따라 적도에서 각각 남, 북으로 0°에서 90°까지 나타냄

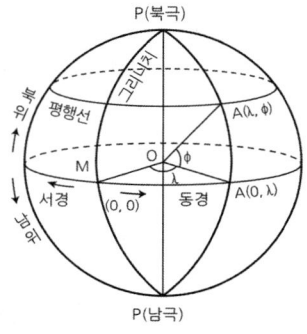

③ 3차원 직각 좌표계
㉠ 인공 위성을 이용한 위치 측정에서 주로 사용되는 좌표계로서 원점은 지구 중심이고, 적도면상에 X, Y축을 정하고 지구의 극축을 Z축으로 나타낸다.
㉡ 좌표축에서는 그리니치 자오면과 적도면의 교선을 X축으로 하고 Y축은 X, Z축에 직교하도록 동쪽으로 정한다.

④ U T M 좌표계
㉠ U.T.M(국제 횡 메르카토르(Mercator)) 투영법에 의하여 표현되는 좌표계로서 적도를 횡축, 자오선을 종축으로 하는 평면직각좌표를 말한다.
㉡ 종좌표에는 N을 횡좌표에는 E를 붙인다.
㉢ 우리나라는 51, 52종대 및 ST횡대에 속한다.

⑤ W G S 84 좌표계
  ㉠ 지도, 챠트, 측지의 목적으로 미국 국방성에서 개발
  ㉡ 지구의 질량 중심을 기준으로 한다.
  ㉢ 1986년 이후 GPS 측량의 기준으로 사용되며 WGS 72 좌표계를 보완, 대체한 좌표계이다.

7 측량의 오차

① 오차의 원인
  ㉠ 기계적 원인
    - 측량 기계 기구의 구조적 결함이나 조정 상태의 불완전 등에 의한 오차
    - 이런 오차를 줄이기 위해서는 측량 작업을 하기 전에 충분한 점검과 조정을 해야 함

  ㉡ 자연적 원인
    - 바람, 온도, 습도, 광선의 굴절 등 자연 현상 변화는 오차 발생의 원인이 됨
    - 주로 우연 오차의 원인이 되는 자연적 원인을 줄이기 위해서는 될 수 있는 한 측량에 적합한 기상 조건하에서 측량을 하는 것이 바람직

  ㉢ 개인적 원인
    - 개인의 숙련 정도나 습성 등의 차이로 발생하는 오차
    - 이런 오차를 줄이기 위해서는 주의 깊게 관측하고 스스로 잘못된 습성을 교정해야 함

② 오차의 종류
  ㉠ 정오차
    - 수학적 또는 물리적인 법칙에 따라 일정하게 발생
    - 측정 횟수가 증가함에 따라 그 오차가 누적되므로 누적 오차
    - 항상 같은 부호(+ 또는 -)를 가지며 조건과 상태가 변화하면 그 변화량에 따라 오차의 양도 변화되는 계통적 오차
    - 이 오차는 원인과 상태를 알면 일정한 법칙에 따라 보정
  ㉡ 부정오차
    - 착오와 정오차를 제거하고도 남는 오차
    - 발생 원인이 확실하지 않으므로 확률 법칙에 따라 최소제곱법의 원리를 사용하여 처리
    - 이 오차는 관측이 반복되는 동안 부분적으로 서로 상쇄되어 없어지기 때문에 상차 또는 우연 오차라고도 함
  ㉢ 착오
    - 관측자의 미숙과 부주의에 의해 주로 발생하며 관측시 주의를 기울이면 방지함
    - 일반적으로 관측한 값에 큰 오차가 포함되어 있을 때는 착오가 있음을 알 수 있다.

8 최확값 및 무게 또는 경중률

① **참값** : 참값은 정확한 값을 의미하며 관측을 하게 되면 오차가 항상 포함하므로 참값을 바로 알 수 없으나 참값이 존재하는 구간, 즉 오차의 범위는 알 수 있다.
② **참오차** : 참오차는 관측값과 참값의 차로 정의되는 추상적인 개념으로 참값을 정확하게 알 수 없으므로 참오차 역시 알 수 없다.
③ **잔차** : 잔차는 최확값과 각 관측값들 사이의 차로 정의되며, 관측값들의 조정 시에는 잔차를 이용
④ **최확값** : 측량을 반복하여 참값(정확값)에 도달하는 값.

㉠ 같은 조건으로 측정한 경우 : $Lo = \dfrac{\ell_1 + \ell_2 + \ell_3 + \cdots + \ell_n}{n} = \dfrac{[\ell]}{n}$

㉡ 다른 조건(경중률이 다른 측정) : $Lo = \dfrac{P_1\ell_1 + P_2\ell_2 + P_3\ell_3 + \cdots + P_n\ell_n}{P_1 + P_2 + P_3 + \cdots + P_n} = \dfrac{[P\ell]}{[P]}$

여기서 Lo : 최확값, n : 측정횟수, $\ell_1, \ell_2, \ell_3, \cdots \ell_n$: 측정값
$P_1, P_2, P_3 \cdots P_n$: 측정값의 경중률

⑤ **경중률** : 비중, 무게, 중량을 나타내는 값으로 관측값에 대한 신용의 정도를 표시하는 값.

㉠ 관측 횟수에 비례한다.($P_1 : P_2 = n_1 : n_2$)

㉡ 직접 수준 측량시 경중률은 노선 거리에 반비례한다.($P_1 : P_2 = \dfrac{1}{L_1} : \dfrac{1}{L_2}$)

㉢ 오차의 제곱에 반비례한다.($P_1 : P_2 = \dfrac{1}{e_1^2} : \dfrac{1}{e_2^2}$)

㉣ 정도의 제곱에 비례한다.($P_1 : P_2 = h_1^2 : h_2^2$)

9 정밀도

① **정밀도**란 어떤 양을 측정했을 때 정확도의 정도를 나타내는 방법으로 오차와 측정량의 비로서 분자를 1로 표시하여 나타낸다.

$$\text{정밀도} = \dfrac{\text{확률오차(또는 중등오차)}}{\text{최확값}} = \dfrac{\gamma_0 (\text{또는 } m_0)}{Lo}$$

② **표준편차(σ)와 표준오차(σ_m)**
㉠ 경중률이 같을 때

- 표준편차(σ) = $\sigma = \pm \sqrt{\dfrac{\Sigma v^2}{n-1}}$ (단, n : 측정 횟수, v : 잔차)

- 표준오차(σ_m) = $\sigma_m = \dfrac{\sigma}{\sqrt{n}} = \pm \sqrt{\dfrac{\Sigma v^2}{n(n-1)}}$

ⓒ 경중률이 다를 때

- 표준편차(σ) = $\sigma = \pm \sqrt{\dfrac{\Sigma Pv^2}{n-1}}$ (단, n : 측정 횟수, v : 잔차, P : 경중률)

- 표준오차(σ_m) = $\sigma_m = \dfrac{\sigma}{\sqrt{n}} = \pm \sqrt{\dfrac{\Sigma Pv^2}{P(n-1)}}$

③ 확률오차(γ_p) : $\gamma_p = C_p \cdot \sigma$ (단, γ_p : P(%)의 확률오차, C_p : 확률에 따라 얻어지는 계수)
   ㉠ 관측값에 대한 확률오차 : $\gamma = \pm 0.6745\sigma$
   ㉡ 최확값에 대한 확률오차 : $\gamma_m = \pm 0.6745\sigma_m$

10 축척

① 축척과 실제거리와의 관계

$$축척 = \dfrac{1}{M} = \dfrac{도상의\ 길이}{실제거리}$$
$$\therefore 실제거리 = 도상의\ 길이 \times M$$

② 축척과 면적과의 관계

$$축척 = \left(\dfrac{1}{M}\right)^2 = \dfrac{도상의\ 면적}{실면적}$$
$$\therefore 실면적 = 도상의\ 면적 \times M^2$$

2 거리 측량

1 거리 측량의 의의

① 두 점 간을 연결하는 직선의 길이
② 수평 거리, 경사 거리, 수직 거리의 세 가지로 구분되며, 보통 측량에서 거리라고 하면 수평 거리를 의미한다.

2 거리 측량의 분류

① 직접 거리 측량 : 테이프와 같은 거리 측량용 기구를 사용해서 직접 거리를 구하는 측량이다.

② 간접 거리 측량 : 전파나 광파, 삼각법 및 기타 기하학적 방법으로 거리를 간접적으로 구하는 측량이다.

3 거리 측량용 기구

① 강철 테이프
  ㉠ 10~50m 정도로 정밀한 거리 측정에 쓰인다.
  ㉡ 정도는 1/5,000~1/25,000 (표준장력 10kg, 표준온도 15℃)
  ㉢ 습도에 의한 길이의 신축이 거의 없어 정밀 거리 측량에 사용되나, 무겁고 녹이 슬기 쉬우며, 부러지기 쉬워 사용할 때 주의하여야 한다.

② 인바 테이프
  ㉠ 니켈(36%)과 강철(64%)로 합금
  ㉡ 팽창률이 강철테이프의 1/10정도로 아주 정밀한 기선 측정 등에 쓰인다.

③ 대자
  ㉠ 온도나 습기에 대한 신축이 없기 때문에 습지나 늪지에 사용
  ㉡ 다루기가 불편하다.

④ 폴(pole)
  ㉠ 지름 2.5~3cm, 길이 2~5m 정도 막대에 20cm 간격으로 적색과 흰색이 번갈아 칠해짐
  ㉡ 측점의 표시, 측선의 방향 결정, 측선의 연장 등 다양하게 쓰인다.

⑤ 간승(측승, measuring rope)
  ㉠ 유리 섬유에 염화비닐수지를 피복하여 만든 것으로 내수성과 유연성이 좋음
  ㉡ 보통 1cm 간격의 눈금 표시가 되어 있고 길이 100m 정도의 것을 많이 사용

⑥ 토털스테이션(total station)
  ㉠ 디지털 트랜싯 또는 디지털 세오돌라이트와 광파 거리 측량기의 기능을 모두 지닌 전자식 거리 및 각 측량 기계를 말함
  ㉡ 이 기능 외에 기계 전체를 조정하는 기능, 측정한 경사 거리와 수직각을 수평 거리나 고저차로 변환하는 기능 등 다양한 계산 기능을 가짐

⑦ VLBI(Very Long Baseline Interferometry)
  ㉠ VLBI는 지구로부터 수십억 광년 떨어진 전파원에서 방사된 전파를 지구상에서 서로 멀리 떨어진 두 대 이상의 전파 망원경에서 동시에 수신하여 전파의 도달 시각의 차이를 해석함으로써

관측점의 좌표를 정밀하게 계산할 수 있는 시스템
ⓒ 이 시스템으로 관측지점 간 거리를 수mm 이내의 정확도로 측정할 수 있음

⑧ 전자파 거리 측량기
  ㉠ 전파 거리 측량기
    ⓐ 극초단파를 변조고주파로 발사하여 돌아오는 반사파의 위상과 발사파의 위상차로부터 거리를 구하는 장치
    ⓑ 안개나 비 등의 기후에는 거의 영향을 받지 않으나, 발사된 전파는 약 10° 퍼지므로 전파장애물이 많은 송전선 부근이나 장애물이 많은 삼림이나 해면 또는 기복이 심한 지상에서는 불규칙한 반사파가 수신되므로 정확도가 떨어진다.
    ⓒ 텔루로미터(tellurometer)

  ㉡ 광파 거리 측량기
    ⓐ 강도를 변조시킨 빛을 발사하여 돌아오는 반사파의 위상과 발사파의 위상차로부터 거리를 구하는 장치
    ⓑ 광파는 평행광선이므로 시준만 잘되면 측정할 수 있으나 안개, 비 등에는 영향을 받아 관측 성과가 떨어진다.
    ⓒ 최근, 일반 건설 현장에서 전파 거리 측량기는 거의 사용되지 않고, 광파 거리 측량기가 많이 사용되고 있다.
    ⓓ 지오디미터(geodimeter)

4 거리 측량의 오차와 보정

① 오차의 종류

  ㉠ **착오** : 관측자의 미숙과 부주의에 의해 주로 발생되는 오차
    ⓐ 측점이 이동하였다.
    ⓑ 눈금을 크게 잘못 읽었다.
    ⓒ 측정 횟수의 착오가 있었다.
    ⓓ 야장에 측정값의 수치를 잘못 기록하였다.

  ㉡ **정오차** : 주로 기계적 원인에 의해 일정하게 발생하며 측정 횟수가 증가함에 따라 그 오차가 누적되는 오차이다.
    ⓐ 테이프의 길이가 표준 길이보다 길거나 짧을 경우
    ⓑ 측정시 테이프가 수평이 되지 않았다.
    ⓒ 측정시 테이프의 온도가 표준 온도와 다르다.

ⓓ 측정시 테이프에 가해진 장력이 표준 장력과 다르다.
ⓔ 측점과 측점 사이의 간격이 멀어서 테이프가 자중으로 인하여 처짐이 발생하였다.

ⓒ **부정 오차** : 발생 원인이 확실치 않는 우연 오차이다. 이 오차는 측정이 반복되는 동안 부분적으로 서로 상쇄되어 없어지기도 한다.
  ⓐ 습도 변화로 테이프 신축이 발생
  ⓑ 테이프의 눈금을 정확히 지상에 옮기지 못하였다.
  ⓒ 측정 중에 온도가 변하였다.
  ⓓ 측정 중 장력을 일정하게 유지하지 못하였다.

② **거리의 보정**

ⓐ **테이프의 상수 보정** : 사용 테이프의 길이와 표준 테이프 길이와의 차이를 보정
(표준길이 보다 길 때에는 +, 짧을 때는 − 이다.)

$$Cu = \pm L \cdot \frac{\triangle \ell}{\ell}$$
$$Lo = L \pm Cu$$

L : 구간 측정 길이
L_0 : 보정한 길이
ℓ : 테이프 길이
$\triangle \ell$: 특성치(늘음량 or 줄음량)

ⓑ **온도의 보정** : 측량 당시의 온도가 표준 온도(일반적으로 15℃)와 같지 않을 때 보정

$$C_t = L \cdot \alpha \cdot (t - t_0)$$

L : 구간 측정 길이, α : 테이프의 선팽창 계수(강철테이프 : 보통 0.0000117/℃),
t : 측정시의 온도, t_0 : 표준온도(15℃)

ⓒ **당기는 힘(장력)에 대한 보정** : 강철 테이프를 장력보다 큰 힘으로 당기면 표준값보다 늘어나고, 작은 힘으로 당기면 적게 늘어난다.

$$Cp = \frac{(P - P_0) \cdot L}{AE}$$

P : 관측시 장력, Po : 표준장력(보통10kg), A : 테이프 단면적(㎠),
E : 테이프의 탄성 계수(kg/㎠)

② **처짐에 대한 보정** : 테이프를 두 지점에 얹어 놓고 장력 P로 당기면 처지고 관측거리는 실제 길이보다 길어진다.

$$Cs = -\frac{L}{24}\left(\frac{w\ell}{P}\right)^2$$

$L : n \cdot \ell$, ℓ : 지지 말뚝의 간격, n : 지지 말뚝의 구간 수,
w : 테이프의 단위 무게(0.0078~0.0079kg/cm), P : 관측시 장력

◎ **평균 해수면에 대한 보정** : 기선은 평균 해수면에 평행한 곡선으로 측정하므로 이것을 평균 해수면에서 측정한 길이로 환산해야 한다.

$$Ch = -\frac{L \cdot H}{R}$$

H : 기선의 표고, R : 지구의 반지름(약 6370km)

⑭ **경사에 대한 보정** : 수평 거리를 직접 측정하지 못하고 경사거리 L을 측정 하였다면 다음과 같이 보정한다.

$$Ch = -\frac{h^2}{2L}$$

h : 경사높이, L : 경사거리

③ **관측값의 처리 방법**

㉠ **정오차(누적오차)** : 측정횟수에 비례하여 보정

$$r_1 = n \times a$$

n : 측정횟수, a : 1회 측정 오차

㉡ **부정오차(우연오차)** : 측정횟수의 평방근에 비례

$$r_2 = b\sqrt{n}$$

n : 측정횟수, b : 1회 측정 오차

㉢ **종합오차** $= \sqrt{(정오차)^2 + (부정오차)^2}$

④ **거리 측정 정밀도의 허용범위**

㉠ 산 지 : 1/500~1/1,000
㉡ 평 지 : 1/1,000~1/5,000
㉢ 시가지 : 1/5,000~1/50,000

5 줄자를 이용한 골조 및 세부 측량

① 골조 측량
  ㉠ 수선법
    - 골조의 안 또는 밖에 기준선을 정하고, 각 측점에서 기준선까지 수선을 내려 지거를 측정하여 측점의 위치를 결정하는 방법
    - 수선법은 측량하고자 하는 대상물의 경계 부분에 장애물이 많을 때 사용
    - 측량 구역 안에는 장애물이 적고 기복이 없어 시준이 잘 되는 평탄한 장소에 사용되는 방법

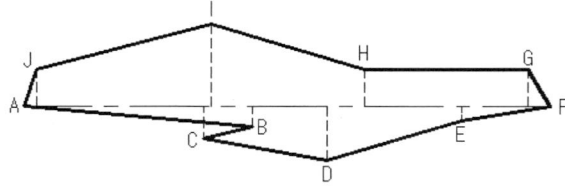

  ㉡ 삼각구분법
    - 측량 구역을 대각선으로 다수의 삼각형으로 형성하고, 각 변의 길이를 재어 측점의 위치를 결정하는 방법
    - 측량 구역 조건은 수선법과 거의 같으며, 경곗건 상에도 장애물이 없어야 함

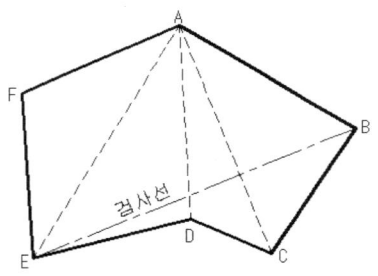

  ㉢ 계선법 : 트래버스 중앙에 장애물이 있거나 대각선 투시가 곤란한 경우(계선은 길수록 좋고, 각은 예각, 계선으로 이루는 삼각형은 될 수 있는 대로 정삼각형이 되도록 하면 오차를 줄일 수 있다.)

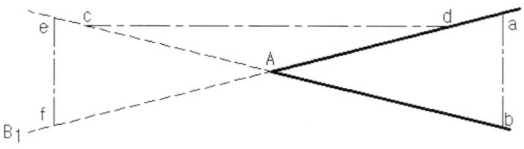

  ㉣ 방사법
    - 측량 구역의 중앙부 한 점을 중심으로 전 지역을 삼각형으로 구분하여 측정하는 방법
    - 각 측점까지의 방사 거리와 각 측점 간의 거리를 측정하여 각 측점의 위치를 결정

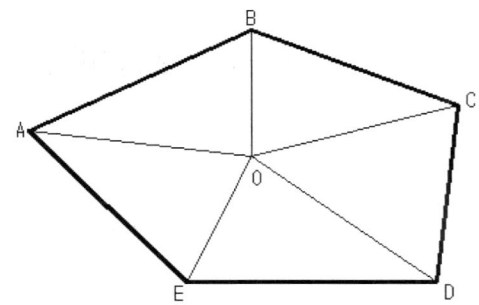

② 세부 측량
  ㉠ 세부측량은 지거법을 사용한다.
  ㉡ 지거법 : 측정점에서 기준선에 내린 수선의 길이를 지거라 함
    ⓐ 5도 이하 경사는 평지로 보며, 그 이상일 경우 한쪽을 올려 테이프를 수평으로 한다.
    ⓑ 지거는 될수록 짧아야 한다.(20m 이하)
    ⓒ 테이프보다 긴 거리는 좋지 않다.
    ⓓ 정밀을 요할 때는 사지거를 사용한다.

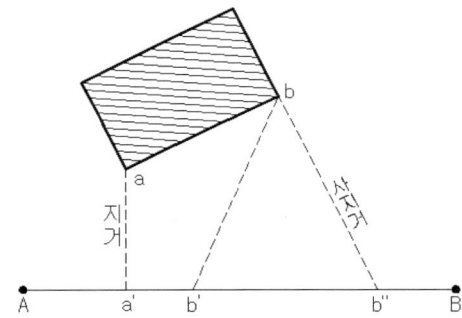

기출 및 예상문제

문제 1

정도 1/1,000,000의 측량에서 대지측량과 평면측량의 한계는?
(단, R=6370km)

① 반지름 11km 범위 ② 반지름 15km 범위
③ 반지름 17km 범위 ④ 반지름 20km 범위

해설
㉠ 평면 측량 : 지구의 곡률을 고려하지 않은 측량으로 반경 11Km, 즉 면적 400㎢이내의 범위
㉡ 측지 측량 : 대지 측량이라고도 하며, 지구의 곡률을 고려한 정밀 측량

문제 2

반경 11km 이내의 지역에 대하여 지구의 곡률을 고려하지 않고 평면으로 간주하는 측량은?

① 평면 측량 ② 대지 측량
③ 측지 측량 ④ 평판 측량

문제 3

측량의 대상물은 지표면, 지하, 수중 및 해양, 우주공간 등 인간 활동이 미칠 수 있는 모든 영역인 정량적 해석과 정성적 해석으로 크게 나누어진다. 다음 중 정성적 해석에 속하는 것은?

① 특성 해석 ② 형상 결정
③ 위치 결정 ④ 크기 해석

해설
㉠ 기하학적 측지학 : 3차원 위치 결정, 길이 및 시의 결정, 형상 결정, 크기 해석 (정량적 해석)
㉡ 물리학적 측지학 : 지구의 형상 해석, 중력 측량, 지자기 측량, 특성 해석 등 (정성적 해석)

문제 4

다음 중 국지적 측량 또는 고도의 정확성을 필요로 하지 않는 측량인 것은?

① 일반 측량 ② 기본 측량
③ 공공 측량 ④ 삼각 측량

해설
일반 측량 : 기본 측량 및 공공 측량 이외의 측량으로 대통령이 정하는 바에 의하여 건설교통부 장관이 지정하는 측량은 제외한다. 국지적 측량 또는 고도의 정확성을 필요로 하지 않는 측량이다.

정답 1. ① 2. ① 3. ① 4. ①

■ 제1장 측량 개요 및 거리 측량   33

문제 5

측량기계의 종류에 따른 분류가 아닌 것은?

① 테이프측량　　　　　　　　　② 스타디아측량
③ 노선측량　　　　　　　　　　④ 사진측량

해 설 측량 목적에 따른 분류 : 노선, 지형, 하천, 항만, 터널 측량 등

문제 6

측량 목적에 따른 분류가 아닌 것은?

① 지형 측량　　　　　　　　　② GPS 측량
③ 노선 측량　　　　　　　　　④ 하천 측량

해 설 GPS 측량은 측량 기계에 따른 분류에 속한다.

문제 7

측량의 법규에 따른 분류가 아닌 것은?

① 기본측량　　　　　　　　　　② 공공측량
③ 일반측량　　　　　　　　　　④ 평면측량

해 설 측량법에 따른 분류 : 기본 측량, 공공 측량, 일반 측량
평면 측량은 넓이에 따른 분류에 속한다.

문제 8

다음의 측정값으로 지구의 편평률을 구하면?
(단, 장반경: 6377397m, 단반경: 6356079m)

① $\dfrac{1}{299}$　　② $\dfrac{1}{298}$　　③ $\dfrac{1}{301}$　　④ $\dfrac{1}{321}$

해 설 편평률 $= \dfrac{a-b}{a} = \dfrac{6377397 - 6356079}{6377397} = \dfrac{1}{299}$

문제 9

지구타원체의 측정량에서 편평률을 맞게 설명한 식은?
(단, a는 적도 반지름, b는 극반지름)

① $\dfrac{b}{b-a}$　　② $\dfrac{b-a}{b}$　　③ $\dfrac{a}{a-b}$　　④ $\dfrac{a-b}{a}$

정답　5. 다　6. ②　7. ④　8. ①　9. ④

문제 10

자북선과 자오선(또는 진북선)이 이루는 각을 무엇이라 하는가?

① 수평각　　　② 수직각　　　③ 편각　　　④ 복각

해설　편각 : 진북(자오선)과 자북(지자기 방향)이 이루는 각(우리나라 서편각 5°~7°)

문제 11

일반적인 측량에 많이 이용되는 좌표는?

① 극좌표　　　② 평면직각좌표　　　③ 구면좌표　　　④ 사좌표

해설　측량 범위가 넓지 않은 일반 측량에서는 평면 직각 좌표계가 널리 사용된다.

문제 12

인공 위성을 이용한 위치 측정에서 주로 사용되는 좌표계는?

① 평면 직각 좌표계　　　② 3차원 직각 좌표계
③ TM투영법　　　④ UTM좌표계

해설　3차원 직각 좌표계 : 인공 위성을 이용한 위치 측정에서 주로 사용되는 좌표계로서 원점은 지구 중심이고, 적도면상에 X, Y축을 정하고 지구의 극축을 Z축으로 나타낸다.

문제 13

다음 중 거리측정에서 가장 정밀도가 낮은 것은?

① 레이저에 의한 거리 측정
② 전파 거리 측량기에 의한 거리 측정
③ 광파 거리 측량기에 의한 거리 측정
④ 스타디아 측량에 의한 거리 측정

해설　스타디아 측량은 작업이 간편하고 신속해서 현장에서 많이 쓰이나 정도가 매우 낮다.

문제 14

광파 거리 측량기의 사용에 있어서 장점이 아닌 것은?

① 기상조건에 전혀 영향을 받지 않는다.
② 지형의 영향을 받지 않는다.
③ 세오돌라이트(theodolite)를 병용하면 미지점의 3차원 좌표도 구할 수 있다.
④ 주로 중,단거리 측정용으로 사용된다.

해설　안개, 비 등에는 영향을 받아 관측 성과가 떨어진다.

정답　10. ③　11. ②　12. ②　13. ④　14. ①

문제 15

광파 거리 측정기의 장점에 해당되지 않는 것은?

① 지형의 영향을 받는다.
② 측정 거리가 100m 이상이면 높은 정밀도의 성과를 얻을 수 있다.
③ 작업 인원이 작고, 작업 속도가 신속하다.
④ 트래버스 측량 및 삼변측량 등과 같은 기준점 측량에 효과적이다.

해 설 지형의 영향을 받지 않는다.

문제 16

전파 거리 측량기(electronic wave distance measurment)의 반송파는?

① 레이저 광선　　　　　　　　② 극초단파
③ 적외선　　　　　　　　　　　④ 가시광선

해 설 전파 거리 측량기 : 극초단파를 변조고주파로 발사하여 돌아오는 반사파의 위상과 발사파의 위상차로부터 거리를 구하는 장치

문제 17

측량에 관한 설명으로 다음 중 옳지 않은 것은?

① 측량이란, 지구 표면상에 있는 모든 점들의 상대적 위치를 측정하는 작업이다.
② 측량지역의 현장답사 실측작업 등을 외업이라 한다.
③ 측량 외업의 자료를 얻어 지도의 작성, 필요한 값의 계산 등을 내업이라 한다.
④ 우리나라의 측량원점 중 동부원점의 경도와 위도는 동경 126° 북위 36°이다.

해 설 동부원점의 경도와 위도는 동경 129° 북위 38°이다.

문제 18

측량 중에 기온의 변화, 직사 광선에 의한 기계의 수축 및 팽창, 바람에 의한 진동, 삼각의 침하 등에 의해 생기는 오차는?

① 시준 오차　　　　　　　　　② 자연 오차
③ 착오　　　　　　　　　　　　④ 우연 오차

해 설 부정 오차 : 발생 원인이 확실치 않는 우연 오차이다. 이 오차는 측정이 반복되는 동안 부분적으로 서로 상쇄되어 없어지기도 한다.

정답　15. ①　16. ②　17. ④　18. ④

문제 19

관측값의 신뢰도를 표시하는 수치를 무엇이라고 하는가?

① 오차 ② 경중률 ③ 최확치 ④ 정확치

해설 관측값의 신뢰정도를 표시하는 값을 무게 또는 경중률이라 한다.

문제 20

표준길이 50m보다 5mm 짧은 강철테이프로 어느 구간의 거리를 측정한 결과 600m를 얻었다면 이 구간의 정확한 거리는 얼마인가?

① 599.06m ② 600.94m
③ 600.06m ④ 599.94m

해설 표준길이 보다 길 때에는 +, 짧을 때는 - 이다. $Cu = -L\dfrac{\triangle \ell}{\ell} = -600 \cdot \dfrac{5}{50000} = -0.06$,

∴ $Lo = L - Cu = 600 - 0.06 = 599.94\text{m}$

〈별해〉 실제 길이 = 관측 길이 × $\dfrac{\text{부정 길이}}{\text{표준 길이}} = 600 \times \dfrac{50 - 0.005}{50} = 599.94\text{m}$

문제 21

표준척보다 5cm 늘어난 50m의 강권척으로 232m를 측정하였을 때 보정치는?

① -4.64m ② +4.64m
③ -0.232m ④ +0.232m

해설 표준길이 보다 길 때에는 +, 짧을 때는 - 이다. $Cu = L\dfrac{\triangle \ell}{\ell} = 232 \cdot \dfrac{5}{5000} = 0.232$

문제 22

50m 테이프로 어떤 거리를 측정하였더니 175m이었다. 이 50m의 테이프를 표준척과 비교해보니 3cm가 짧았다면 실제의 길이는?

① 179.950m ② 176.050m
③ 175.105m ④ 174.895m

해설 실제 길이 = 관측 길이 × $\dfrac{\text{부정 길이}}{\text{표준 길이}} = 175 \times \dfrac{50 - 0.03}{50} = 174.895\text{m}$

정답 19. ② 20. ④ 21. ④ 22. ④

문제 23

표준자보다 1cm 짧은 20m 줄자로 사각형의 거리를 재어 면적을 계산하니 100㎡ 이었다. 이 면적을 표준자로 측정하여 계산하면 얼마인가?

① 100.0㎡ ② 100.1㎡
③ 99.9㎡   ④ 99.8㎡

해설 실제 면적 = 관측 면적 × $\frac{(부정\ 길이)^2}{(표준\ 길이)^2}$ = $100 \times \frac{(20-0.01)^2}{(20)^2} = 99.9\,㎡$

문제 24

30m 마다 6mm 늘어져 있는 줄자로 정사각형의 땅을 재었더니 62,500㎡ 이였다면 실제면적은?

① 62,625㎡ ② 62,615㎡
③ 62,525㎡ ④ 62,475㎡

해설 실제 면적 = 관측 면적 × $\frac{(부정\ 길이)^2}{(표준\ 길이)^2}$ = $62,500 \times \frac{(30+0.006)^2}{(30)^2} = 62,525\,㎡$

문제 25

고저차가 0.5m 되는 두 점간의 경사거리를 steel tape로 측정하여 50.0m를 얻었다. 이 때 수평거리로 보정할 때 보정 값은?

① -0.0045m ② +0.0035m
③ -0.0025m ④ +0.0015m

해설 $C_h = -\frac{h^2}{2L} = -\frac{0.5^2}{2 \times 50} = -0.0025(m)$

문제 26

일정한 경사지에서 A, B 2점간의 경사거리를 측정하여 150m를 얻었다. AB 간의 고저차가 20m였다면 수평 거리는?

① 148.7m ② 147.3m
③ 146.6m ④ 144.8m

해설 $C_h = -\frac{h^2}{2L} = -\frac{20^2}{2 \times 150} = -1.3(m)$ 수평 거리=경사 거리-경사 보정=150m-1.3m=148.7m

■ $D = \sqrt{\ell^2 - (\Delta h)^2} = \sqrt{150^2 - 20^2} = 148.7m$

정답 23. ③ 24. ③ 25. ③ 26. ①

문제 27

수평거리를 직접 측정하지 못하고 경사거리와 고저차를 측정하였을 때 경사에 대한 보정치(C)를 구하는 식은? (단, h:기선 양단의 고저차, L:경사거리)

① $C=-\dfrac{h}{L^2}$ ② $C=-\dfrac{h^2}{2L}$

③ $C=-\dfrac{h^2}{L}$ ④ $C=-\dfrac{h}{\sqrt{L}}$

문제 28

어느 거리를 세 구간으로 나누어 관측한 결과 구간별 확률오차가 각각 ±0.003m, ±0.005m, ±0.007m 라면 전거리에 대한 오차는?

① ±0.005m   ② ±0.007m
③ ±0.008m   ④ ±0.009m

해설 $M=\pm\sqrt{m_1^2+m_2^2+\cdots+m_n^2}=\pm\sqrt{(0.003)^2+(0.005)^2+(0.007)^2}=\pm 0.009\text{m}$

문제 29

VLBI로 어느 거리를 세 구간으로 나누어 관측한 결과 구간별 확률오차가 각각 ±0.001m, ±0.004m, ±0.007m 라면 전거리에 대한 오차는 얼마인가?

① ±0.001m   ② ±0.003m
③ ±0.008m   ④ ±0.015m

해설 $M=\pm\sqrt{m_1^2+m_2^2+\cdots+m_n^2}=\pm\sqrt{(0.001)^2+(0.004)^2+(0.007)^2}=\pm 0.008\text{m}$

문제 30

두 점간에 거리를 측정하여 중등오차 ±3mm를 얻었다. 이 두 점간의 확률오차를 계산한 값은?

① ±1.4225mm   ② ±2.0235mm
③ ±1.0235mm   ④ ±2.8449mm

해설 $\gamma_0 = 0.6745 m_0 = 0.6745 \times 3 = 2.0235\text{mm}$

정답 27. ②   28. ④   29. ③   30. ②

문제 31

어느 거리를 관측하여 482.16m, 482.17m, 482.20m, 482.18m의 관측값을 얻었고, 이들의 경중률이 각각 1:2:2:4라면 최확값은 얼마인가?

① 482.08m ② 482.18m
③ 482.36m ④ 482.56m

해 설

$$Lo = \frac{P_1\ell_1 + P_2\ell_2 + P_3\ell_3 + \cdots + P_n\ell_n}{P_1 + P_2 + P_3 + \cdots + P_n} = \frac{[P\ell]}{[P]}$$

$$= \frac{482.16 \times 1 + 482.17 \times 2 + 482.20 \times 2 + 482.18 \times 4}{1+2+2+4} = 482.18\text{m}$$

문제 32

어떤 기선을 측정하여 다음 표의 결과를 얻었다. 최확값을 구하면 다음 어느 것인가? (단, 오차는 측정회수에 비례)

① 149.782m
② 149.218m
③ 150.782m
④ 150.218m

측점	측정값(m)	측정회수
1	150.186	4
2	150.250	3
3	150.224	5

해 설

$$Lo = \frac{P_1\ell_1 + P_2\ell_2 + P_3\ell_3 + \cdots + P_n\ell_n}{P_1 + P_2 + P_3 + \cdots + P_n} = \frac{[P\ell]}{[P]}$$

$$= \frac{150.186 \times 4 + 150.250 \times 3 + 150.224 \times 5}{4+3+5} = 150.218\text{m}$$

문제 33

그림과 같이 거리와 각을 측정하여 AB의 간접거리를 재려고 한다. AB 두 점간의 거리는? (단, AC =4m, BC =5m이다.)

① 3m
② 4m
③ 6.4m
④ 7.2m

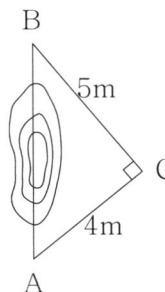

해 설 $AB^2 = AC^2 + BC^2$ 이므로 $AB = \sqrt{AC^2 + BC^2} = \sqrt{(4)^2 + (5)^2} = 6.4\text{m}$

정답 31. ② 32. ④ 33. ③

문제 34

그림에서 AC, AD, CE의 거리를 측정하여 다음 값을 얻었을 때 이것으로 AB의 거리를 구하면 얼마인가? (단, AC =30m, AD =40m, CE =62.5m)

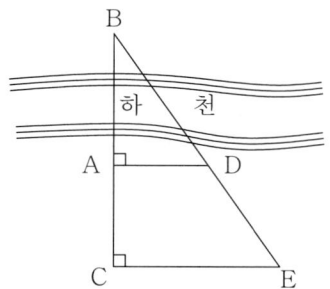

① 51.3m
② 52.3m
③ 53.3m
④ 54.3m

해 설 △BCE와 △BAD는 닮은 삼각형이므로 AB:AD=(AB+AC):CE, AB:40=(AB+30):62.5에서
40×(AB+30)=62.5×AB, ∴ $AB = \dfrac{1200}{62.5-40} = 53.3$m

문제 35

250m의 거리를 50m 줄자로 측정하였다. 그러나 50m 측정에 우연오차가 ±1㎝ 발생 하였다면 전체 길이에 대한 우연오차는 얼마인가?

① ±5㎝
② ±4㎝
③ ±3.5㎝
④ ±2.2㎝

해 설 우연오차는 측정횟수의 평방근에 비례(측정횟수=250m÷50m=5회)
$r_2 = \pm b\sqrt{n} = \pm 1㎝\sqrt{5} = \pm 2.2㎝$ (n : 측정횟수, b : 1회 측정 오차)

문제 36

2점간의 거리를 A가 3회 측정하여 30.4m, B가 2회 측정하여 28.4m를 얻었다. 이 거리의 최확값은?

① 28.6m   ② 29.4m   ③ 29.6m   ④ 30.2m

해 설 $Lo = \dfrac{P_1 \ell_1 + P_2 \ell_2 + P_3 \ell_3 + \cdots + P_n \ell_n}{P_1 + P_2 + P_3 + \cdots + P_n} = \dfrac{[P\ell]}{[P]} = \dfrac{30.4 \times 3 + 28.4 \times 2}{3+2} = 29.6$m

문제 37

우리나라 측량의 평면 직각 좌표계의 기본 원점 중 동부 원점의 위치는?

① 동경 125°   북위 38°
② 동경 129°   북위 38°
③ 동경 38°   북위 125°
④ 동경 38°   북위 129°

해 설 서부 원점:동경125° 북위38°, 중부 원점:동경127° 북위38°, 동부 원점:동경129° 북위38°

정답   34. ③   35. ④   36. ③   37. ②

문제 38

다음 중 축척이 가장 큰 것은?

① 1/500
② 1/1,000
③ 1/3,000
④ 1/5,000

해설 분모값이 작을수록 큰 축척이다.

문제 39

광파 거리 측량기를 전파 거리 측량기와 비교할 때 특징이 아닌 것은?

① 안개나 비 등의 기후에 영향을 받지 않는다.
② 비교적 단거리 측정에 이용된다.
③ 작업 인원이 적고, 작업 속도가 신속하다.
④ 일반 건설 현장에서 많이 사용된다.

해설 안개, 비 등에는 영향을 받아 관측 성과가 떨어진다.

문제 40

측량한 측선의 길이가 586m이고 정밀도가 1/600 이었다면 이때 오차는 몇 cm 인가?

① 95.57cm
② 96.57cm
③ 97.67cm
④ 98.67cm

해설 정밀도 $= \dfrac{오차}{측정량} = \dfrac{1}{600}$ 에서 오차 $= \dfrac{측정량}{600} = \dfrac{58600\text{cm}}{600} = 97.67\text{cm}$

문제 41

평균제곱근오차(표준편차) σ, 확률오차 r 이라 할 때 σ와 r 사이의 관계식은?

① $r = \pm 0.6745\sigma$
② $r = \pm 0.6745/\sigma$
③ $r = \pm 0.5\sigma$
④ $r = \pm \sigma/0.5$

문제 42

대지 측량을 가장 바르게 설명한 것은?

① 지구표면의 일부를 평면으로 간주하는 측량
② 지구의 곡률을 고려해서 하는 측량
③ 넓은 지역의 측량
④ 공공측량

정답 38. ① 39. ① 40. ③ 41. ① 42. ②

문제 43

50m의 줄자를 사용하여 480.7m의 거리를 측정하였다. 이때 이 줄자를 표준길이와 비교한 결과 5mm 늘어나 있었다면 정확한 실제거리는 얼마인가?

① 481.181m
② 480.748m
③ 480.652m
④ 480.219m

해설
표준길이 보다 길 때에는 +, 짧을 때는 - 이다.
실제 길이 = 관측 길이 × $\frac{부정\ 길이}{표준\ 길이}$ = $480.7 \times \frac{50+0.005}{50}$ = 480.748m

문제 44

일반적으로 측량에서 사용하는 거리를 의미하는 것은?

① 수직거리
② 경사거리
③ 수평거리
④ 간접거리

해설 수평 거리, 경사 거리, 수직 거리의 세 가지로 구분되며, 보통 측량에서 거리라고 하면 수평 거리를 의미한다.

문제 45

지구상의 임의의 점에 대한 절대적 위치를 표시하는데 일반적으로 널리 사용되는 좌표계는?

① 평면 직각 좌표계
② 경·위도 좌표계
③ 3차원 직각 좌표계
④ UTM 좌표계

해설
경·위도 좌표계
㉠ 측량 범위가 넓은 지구상의 절대적 위치를 표시하는데 사용되는 좌표계
㉡ 본초자오선(영국 그리니치 천문대를 지나는 자오선)과 적도의 교점을 원점으로 삼는다.
 (위도 0°, 경도 0°)

문제 46

실제 두 점간의 거리 50m를 도상에서 2mm로 표시하는 경우 축척은?

① 1/1000
② 1/2500
③ 1/25000
④ 1/50000

해설 축척 = $\frac{1}{M}$ = $\frac{도상의\ 길이}{실제거리}$ = $\frac{2}{50,000}$ = $\frac{1}{25,000}$

정답 43. ② 44. ③ 45. ② 46. ③

문제 47

두 점 사이의 거리를 같은 조건으로 5회 측정한 값이 150.38m, 150.56m, 150.48m, 150.30m, 150.33m 이었다면 최확값은 얼마인가?

① 150.41m　　　　　　　　② 150.31m
③ 150.21m　　　　　　　　④ 150.11m

해설 $Lo = \dfrac{\ell_1 + \ell_2 + \ell_3 + \cdots + \ell_n}{n} = \dfrac{[\ell]}{n} = \dfrac{150.38 + 150.56 + 150.48 + 150.30 + 150.33}{5} = 150.41\text{m}$

문제 48

다음 중 거리 측량을 실시 할 수 없는 측량장비는?

① 토탈스테이션(Total station)　　② GPS
③ VLBI　　　　　　　　　　　　　④ 덤피레벨(dumpy level)

해설 덤피레벨 : 수준 측량장비

문제 49

300m의 기선을 50m의 줄자로 6회로 나누어 측정할 때 줄자 1회 측정의 확률오차가 ±0.02m라면 이측정의 확률오차는 약 얼마인가?

① ±0.03m　　　　　　　　② ±0.05m
③ ±0.08m　　　　　　　　④ ±0.12m

해설 $r_2 = b\sqrt{n} = \pm 0.02\sqrt{6} = \pm 0.05\text{m}$ (n : 측정횟수, b : 1회 측정 오차)

문제 50

아래 그림에서 BE = 20m, CE = 6m, CD = 12m 인 경우 AB 의 거리는?

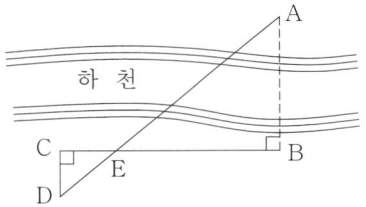

① 10m
② 26m
③ 36m
④ 40m

해설 △ABE와 △CDE는 닮은 삼각형이므로 AB:CD=BE:CE, AB:12=20:6에서 $AB = \dfrac{12 \times 20}{6} = 40\text{m}$

정답　47. ①　48. ④　49. ②　50. ④

문제 51

사용기계의 종류에 따른 측량의 분류에 해당하는 것은?

① 노선 측량　　② 골조 측량　　③ 스타디아 측량　　④ 터널 측량

해설	측량기계에 따른 분류 : 테이프 측량, 평판 측량, 데오돌라이트 측량, 레벨 측량, 스타디아 측량, 육분의 측량, 사진 측량, GPS 측량, 전자파 거리 측량, 토털스테이션 측량

문제 52

줄자를 이용하여 기울기 30°, 경사 거리 20m를 관측하였을 때 수평거리는 얼마인가?

① 10.00m　　② 11.55m　　③ 17.32m　　④ 18.32m

해설	수평거리=20m×cos30°=17.32m

문제 53

우리나라 수준원점의 높이는 얼마인가?

① 26.1768m　　② 26.6871m　　③ 27.7168m　　④ 27.8617m

해설	㉠ 1963년 인천광역시 남구 용현동 253번지(인하 공업 전문 대학 내)에 설치 ㉡ 인천만의 평균 해수면으로부터 26.6871m ㉢ 이 수준 원점을 중심으로 국도를 따라 1, 2등 수준점을 설치하여 사용하고 있다.

문제 54

다음 중 가장 정밀도가 높은 축척은?

① $\dfrac{1}{10,000}$　　② $\dfrac{1}{5,000}$　　③ $\dfrac{1}{1,000}$　　④ $\dfrac{1}{500}$

해설	분모값이 작을수록 큰 축척이며 정밀도가 높다.

문제 55

최확값과 경중률에 관한 설명으로 옳지 않은 것은?

① 관측값들의 경중률이 다르면 최확값은 경중률을 고려해서 구해야 한다.
② 경중률은 관측거리의 제곱에 비례한다.
③ 최확값은 어떤 관측량에서 가장 높은 확률을 가지는 값이다.
④ 경중률은 관측 횟수에 비례한다.

해설	직접 수준 측량시 경중률은 노선 거리에 반비례한다.

정답　51. ③　52. ③　53. ②　54. ④　55. ②

문제 56

우리나라 평면 직각 좌표계의 명칭과 투영점의 위치(동경)가 옳지 않은 것은?

① 명칭 : 서부좌표계, 투영점의 위치(동경) : 125°
② 명칭 : 중부좌표계, 투영점의 위치(동경) : 127°
③ 명칭 : 동부좌표계, 투영점의 위치(동경) : 129°
④ 명칭 : 제주좌표계, 투영점의 위치(동경) : 131°

해 설 서부 원점:동경125° 북위38°, 중부 원점:동경127° 북위38°, 동부 원점:동경129° 북위38°

문제 57

지구 반지름 R=6370km라 하고 거리의 허용 정밀도가 10^{-7}일 때, 평면으로 간주 할 수 있는 지름은?

① 7km
② 10km
③ 12km
④ 15km

해 설 허용 정도 $= \dfrac{\ell^2}{12R^2} = \dfrac{1}{10^7}$ $\therefore \ell = \sqrt{\dfrac{12 \times 6370^2}{10000000}} ≒ 7\text{km}$

문제 58

표준자보다 1.5cm가 긴 20m 줄자로 거리를 잰 결과 180m였다. 실제 거리는 얼마인가?

① 179.865m
② 180.135m
③ 180.215m
④ 180.531m

해 설 실제 길이 = 관측 길이 $\times \dfrac{\text{부정 길이}}{\text{표준 길이}} = 180 \times \dfrac{20+0.015}{20} = 180.135\text{m}$

문제 59

경중률에 대한 일반적인 설명으로 틀린 것은?

① 경중률은 관측회수에 비례한다.
② 서로 다른 조건으로 관측했을 때 경중률은 다르다.
③ 경중률은 관측거리에 반비례한다.
④ 경중률은 표준편차에 반비례한다.

해 설 경중률은 표준편차 제곱에 반비례한다.

정답 56. ④ 57. ① 58. ② 59. ④

문제 60

다음 표는 어떤 두 점 간의 거리를 같은 거리 측정기로 3회 측정한 결과를 나타낸 것이다. 이에 대한 표준오차(σ_m)는?

구분	측정값(m)
1	$L_1 = 154.4$
2	$L_2 = 154.7$
3	$L_3 = 154.1$

① ±0.173m ② ±0.254m ③ ±0.347m ④ ±0.452m

해설

표준오차는 중등오차 또는 평균제곱근 오차

측정값	최확값	잔차(측정값−최확값)	잔차^2
154.4	154.4	0	0
154.7	154.4	0.3	0.09
154.1	154.4	−0.3	0.09

최확값=(154.4+154.7+154.1)÷3=154.4, [w]=잔차^2=0.09+0.09=0.18

표준오차(σ_m) = $\sqrt{\dfrac{[vv]}{n(n-1)}} = \sqrt{\dfrac{0.18}{3 \times (3-1)}} = \pm 0.173\text{m}$

문제 61

축척 1:5000의 도면에서 면적을 측정한 결과 1cm²였다. 이 도면이 전체적으로 0.5% 수축된 것이라면 토지의 실제 면적은?

① 2450 m² ② 2475 m² ③ 2500 m² ④ 2525 m²

해설

실면적 = 관측면적×(부정%)² = (도상면적×M²)×(부정%)²
= (1×5000²)×(1.005)² = 25250625cm² = 2525m²

문제 62

평면직각 좌표에서 삼각점의 좌표가 x=−4325.68m, y=585.25m라 하면 이 삼각점은 좌표 원점을 중심으로 몇 상한에 있는가?

① 제1상한 ② 제2상한 ③ 제3상한 ④ 제4상한

해설

정답 60. ① 61. ④ 62. ②

문제 63

다음 중 거리측정 기구가 아닌 것은?

① 광파 거리 측정기　　　　　　　② 전파 거리 측정기
③ 보수계(步數計)　　　　　　　　④ 경사계(傾斜計)

해설　경사계: 어느 기준면에 대한 경사를 측정

문제 64

다음 측량의 분류 중 평면 측량과 측지 측량 대한 설명으로 틀린 것은?

① 거리 허용 오차를 10^{-6}까지 허용할 경우, 반지름 11km까지를 평면으로 간주한다.
② 지구 표면의 곡률을 고려하여 실시하는 측량을 측지 측량이라 한다.
③ 지구를 평면으로 보고 측량을 하여도 오차가 극히 작게 되는 범위의 측량을 평면 측량이라 한다.
④ 토목공사 등에 이용되는 측량은 보통 측지 측량이다.

해설　토목공사 등에 이용되는 측량은 보통 평면 측량이다.

문제 65

표준길이보다 2cm가 긴 30m 테이프로 A, B 두 점간의 거리를 측정한 결과 1000m이었다면 A, B간의 정확한 거리는?

① 999.00m　　　② 999.33m　　　③ 1000.00m　　　④ 1000.67m

해설　실제 길이 = 관측 길이 $\times \dfrac{\text{부정 길이}}{\text{표준 길이}} = 1000 \times \dfrac{30+0.02}{30} = 1000.67\,\text{m}$

문제 66

다음 중 지오이드(geoid)에 대한 설명으로 맞는 것은?

① 정지된 평균 해수면을 육지 내부까지 연장한 가상 곡선
② 연평균 최고 해수면을 육지 수준원점까지 연장한 곡면
③ 지구를 타원체로 한 기준 해수면에서 원점까지 거리
④ 지구의 곡률을 고려하지 않고 지표면을 평면으로 한 가상 곡선

문제 67

측량의 종류 중 법률에 따라 분류할 때 모든 측량의 기초가 되는 측량은?

① 공공 측량　　　② 기본 측량　　　③ 평면 측량　　　④ 대지 측량

해설　기본 측량 : 모든 측량의 기초가 되는 공간정보를 제공하기 위하여 국토해양부장관이 실시하는 측량

정답　63. ④　64. ④　65. ④　66. ①　67. ②

문제 68

EDM을 이용하여 1km의 거리를 ±0.007m의 확률 오차로 측정 하였다. 동일한 확률오차가 얻어지도록 똑같은 기술로 100km의 거리를 측정한 경우 연속 측정값에 대한오차는 얼마인가?

① ±0.007m ② ±0.07m ③ ±0.7m ④ ±7.0m

해 설

EDM : 전자파 거리 측량기
오차 $= \pm b\sqrt{n} = \pm 0.007\sqrt{100} = \pm 0.07m$
- b : 1회 측정 오차=±0.007m
- n : 측정횟수=100km÷1km=100

문제 69

동일 전파원으로부터 발사된 전파를 멀리 떨어진 2점에서 동시에 수신하여 도달하는 시간차를 정확히 관측하여 2점간의 거리를 구하는 장치는?

① 위성 거리 측량기
② GPS(Global Positioning System)
③ 토털스테이션(Total Station)
④ VLBI(Very Long Baseline Interferometry)

해 설

VLBI(Very Long Baseline Interferometry) : 지구상에서 1,000~10,000km 정도 떨어진 1조의 전파 간섭계를 설치하여 전파원으로부터 나온 전파를 수신, 2개의 간섭계에 도달하는 전파의 시간차를 관측하여 거리를 관측한다.

정답 68. ② 69. ④

제2장

각 측량

1. 구조 및 다루기
2. 검사 및 조정
3. 측각 및 오차와 정밀도

1 구조 및 다루기

1 데오돌라이트 구조 및 특징

① 데오돌라이트의 각 부 명칭
데오돌라이트는 제작 회사에 따라 외관이나 세부 구조에 있어서 다소 차이는 있으나 주요 부분의 구조와 원리는 대체로 같다.

② 데오돌라이트의 특징
㉠ 트랜싯에 비해 각도를 읽는 데 실수가 적고 측정 시간이 짧다.
㉡ 자기 진단 기능이 있어 기계의 기능이 정확하지 않을 때에는 에러 메시지가 표시
㉢ 수평각과 연직각을 동시에 표시할 수 있다.
㉣ 수평 분도반을 임의 방향에서 0° 0′ 0″에 설정할 수 있다.
㉤ 표시창과 망원경 십자선은 내장 램프로 조명되므로 야간 측량, 터널 내 측량 등에 편리하다.

③ 안전 및 유의 사항
㉠ 기계에 큰 충격이나 진동을 주지 않도록 한다.
㉡ 운반 상자에서 본체를 꺼낼 때에는 기계에 무리가 가지 않도록 주의한다.
㉢ 본체가 지면에 직접 닿는 일이 없도록 주의한다.
㉣ 멀리 이동할 때에는 삼각으로부터 본체를 분리한다.
㉤ 직사 광선이나 비, 습기 등이 직접 닿지 않도록 우산 등으로 보호한다.
㉥ 배터리를 본체로부터 분리할 때에는 전원 스위치를 끈 상태에서 한다.
㉦ 상자에 보관할 때에는 배터리를 분리한다.
㉧ 상자에 보관할 때 무리하게 넣지 말고 격납 요령에 따라 넣는다.
㉨ 상자를 닫기 전에 내부와 본체에 물기가 없는 것을 확인하고 닫는다.

2 데오돌라이트 설치법

① 데오돌라이트 세우기(구심 및 정준 작업)
㉠ 삼각을 적당히 벌려 삼각 끝이 지면에서 정삼각형이 되도록 설치함과 동시에 삼각 머리가 거의 수평이 되도록 한다.
㉡ 경사지에서는 이등변삼각형, 즉 삼각의 하나는 위쪽으로 나머지 2개는 아래쪽으로 향하도록 설치한다. 또한 기계 중심이 측점과 거의 동일 연직선상에 있도록 삼각을 치한다.
㉢ 광학 구심 장치를 통하여 측점을 보면서 측점이 구심경의 중심에 들어오도록 기계 중심과 측점을 동일 연직선상에 있도록 일치시킨다.

ⓔ 수평 조정 나사로 기포관의 기포를 중앙에 오도록 하며, 기계를 어느 방향으로 회전해도 기포가 중앙에 있게 한다.
ⓜ 위의 작업 ⓒ~ⓔ을 반복하여 구심과 정준을 정확하게 한다.

② **망원경 십자선 초점 맞추기**
㉠ 망원경을 배경이 밝은 곳으로 향하게 한다.
㉡ 망원경 접안 렌즈 조정 나사를 완전히 오른쪽으로 돌린다.
㉢ 접안 렌즈를 들여다보면서 접안 렌즈 조정 나사를 서서히 왼쪽으로 돌리다가 초점판 십자선이 흐려지기 직전에 멈춘다.
㉣ 이렇게 하면 눈에 피로가 적고, 장시간 재조정하지 않아도 된다.

③ **목표물에 초점맞추기**
㉠ 망원경 고정 나사와 수평 고정 나사를 풀고, 조준경을 이용하여 목표물을 망원경 중앙에 오도록 한다.
㉡ 양 고정 나사를 조여 준다.
㉢ 망원경 초점 손잡이로 목표물에 초점을 맞춘다.
㉣ 망원경 미동 나사와 수평 미동 나사를 돌려 목표물과 십자선을 정확하게 맞춘다.
㉤ 미동 나사의 마지막 조작은 우회전 방향으로 끝내는 것이 좋다.
㉥ 다시 한 번 목표물과 십자선 사이에 시차가 없을 때까지 초점 손잡이를 돌려 초점을 맞춘다.

④ **측정 준비**
㉠ 전원 스위치를 켠다.
㉡ 망원경 고정 나사를 풀고, 망원경을 수평축 둘레로 한 바퀴 회전시킨다.
㉢ 망원경이 정위에서 대물 렌즈가 수평 방향을 가로지를 때 측정 준비가 완료되고 '삐-'하는 소리가 울리면서 연직각이 표시된다.
㉣ 전원 스위치를 끈 상태에서는 리셋은 무효가 되므로 전원을 켠 상태에서 리셋을 해야 한다.
㉤ 전원 스위치를 켜고 나서 약 30분간 작업을 하지 않으면 전원이 자동으로 꺼진다.

⑤ **각 측정하기**
㉠ 첫째 번 목표물을 시준다.
㉡ 키보드 보호 커버를 올리고 (0, SET)키를 눌러 수평각 표시를 0° 0′ 0″ 로 한다.
㉢ 우회전으로 수평각을 측정할 때는 키보드에서 우회전 측정을 선택한다.
㉣ 수평 고정 나사와 망원경 고정 나사를 풀고 우회전하여 두 번째 측점을 대략 시준하고 양 고정 나사를 잠근다.
㉤ 미동 나사를 사용하여 두 번째 측점을 정확하게 시준한다.
㉥ 표시판 H에 표시된 각이 수평각이고, V는 연직각이다.

⑥ 수평각 고정하기
  ㉠ 고정 키를 누르면 표시된 수평각이 고정된다.
  ㉡ 고정 마크가 표시되며 기계를 회전하여도 수평각이 변하지 않는다.
  ㉢ 고정을 해제할 때에는 다시 한 번 고정 키를 누른다.

2 검사 및 조정

1 조정의 조건식

① $L \perp V$
② $C \perp H$
③ $H \perp V$

여기서 L : 기포관축, C : 시준선, V : 연직축, H : 수평축

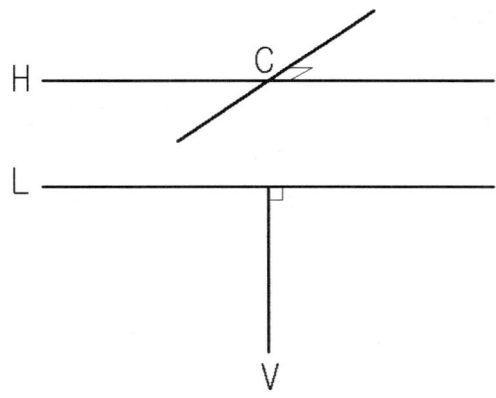

3 측각 및 오차와 정밀도

1 각의 종류
① 수평각
  ㉠ **방향각** : 임의의 기준선(일반적으로 직각 좌표의 X축)으로부터 어느 측선까지 시계방향으로 잰 수평각
  ㉡ **방위각** : 자오선을 기준으로 하여 어느 측선까지 시계 방향으로 잰 수평각

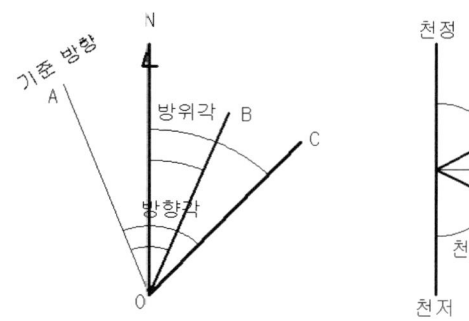 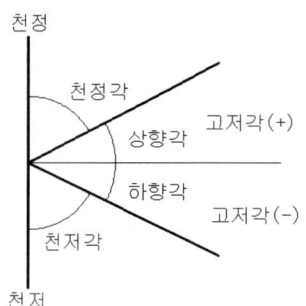

② 연직각(수직각)
  ㉠ **고저각** : 수평선을 기준으로 목표에 대한 시준선과 이루는 각으로 상향각을 (+), 하향각을 (−)로 한다.
  ㉡ **천정각** : 위쪽 방향을 기준으로 목표물에 대한 시준선과 이루는 각을 말한다. 수평선상의 시준각은 90°가 된다.
  ㉢ **천저각** : 아래쪽 방향을 기준으로 목표물에 대한 시준선과 이루는 각을 말한다.

2 각도를 표시하는 방법

① 60 진법
  ㉠ 원주를 360등분 할 때 그 한 호에 대한 중심각을 1도(°)로 표시한다.
  ㉡ 단위는 도, 분, 초(°, ′, ″)로 나타내고, 크기는 다음과 같다.

$$\text{원} = 360°, \quad 1° = 60′, \quad 1′ = 60″, \quad 1° = 3600″$$

② 호도법
  ㉠ 원의 반지름과 같은 호의 길이에 대한 중심각을 1라디안으로 표시
  ㉡ 단위는 라디안(rad)으로 나타내고 크기는 다음과 같다.
  반지름 R 인 원에서 둘레의 길이가 $2\pi R$ 이므로,

$$\text{원} = \frac{2\pi R}{R} = 2\pi \, (rad)$$

③ 60 진법과 호도법의 상호 관계
  원을 60 진법과 호도법으로 나타내면 360과 2π 라디안이므로,

$$360° = 2\pi \text{ rad}$$
$$\therefore 1 \text{ rad} = \frac{360°}{2\pi} ≒ 57.29578° ≒ 57°\,17′\,45″ = 206{,}265″$$
$$1° = \frac{2\pi \text{ rad}}{360} = 0.0174533 \text{rad}$$

3 수평각 측정 방법

① 한 점 주위의 각을 잴 경우

　㉠ **단측법** : 1개의 각을 1회 측정하는 방법으로 단각법이라고도 한다.

$$\text{단측각} = \text{나중 읽음값(종독)} - \text{처음 읽음값(초독)}$$

　㉡ **배각법** : 1개의 각을 2회 이상 반복 관측하여 어느 각을 측정하는 방법으로 반복법이라고도 한다.

$$\angle AOB = \frac{a_n - a_0}{n} \text{ 여기서, } a_n : \text{종독}, \ a_0 : \text{초독}$$

　㉢ **방향각법** : 1점 주위에 여러 개의 각이 있을 때 1점을 기준으로 하여 시계 방향으로 순차적 A, B, C, D의 각 점을 시준하여 측정값을 기록하고, 그들의 차에 의하여 ∠AOB, ∠BOC, ∠COD등을 얻는 방법이다.

　㉣ **각 관측법** : 그림과 같이 측정하며 수평각 관측법 중 가장 정확한 방법으로 1, 2등 삼각 측량에 주로 사용된다.

$$\text{총 관측수} = \frac{N(N-1)}{2}, \ \text{조건식의 수} = \frac{(N-1)(N-2)}{2}$$
$$\text{여기서, } N : \text{측선수}$$

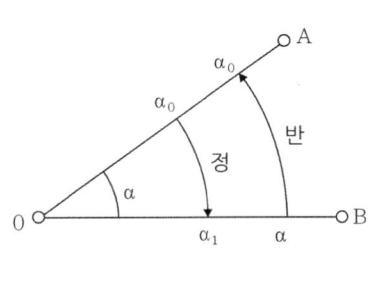

단측법

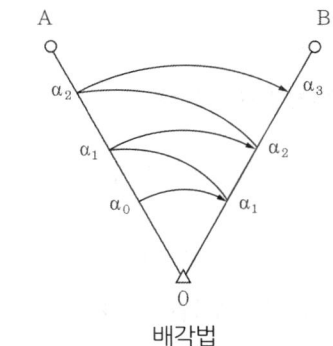

배각법

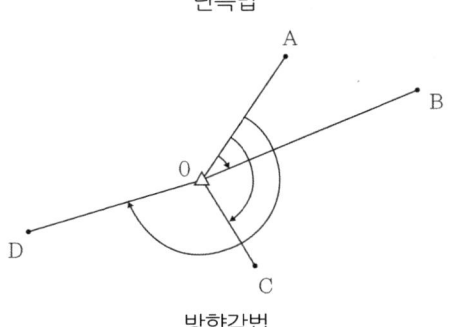

방향각법

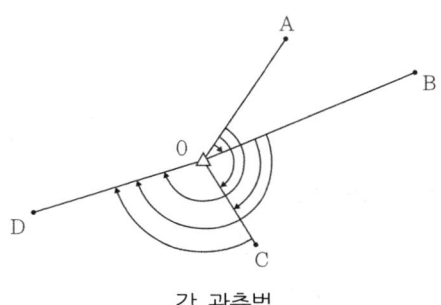

각 관측법

② 측선과 측선사이의 각을 잰 경우
　㉠ **교각법** : 어떤 측선이 그 앞의 측선과 이루는 각을 관측하는 방법으로 요구하는 정확도에 따라 단측법, 배각법으로 관측할 수 있다.
　㉡ **편각법** : 어떤 측선이 그 앞 측선의 연장선과 이루는 각을 측정하는 방법으로 선로의 중심선 측량에 적당하다.
　㉢ **방위각법** : 각 측선이 진북(자오선) 방향과 이루는 각을 시계방향으로 관측하는 방법으로 직접 방위각이 관측되어 편리하다.

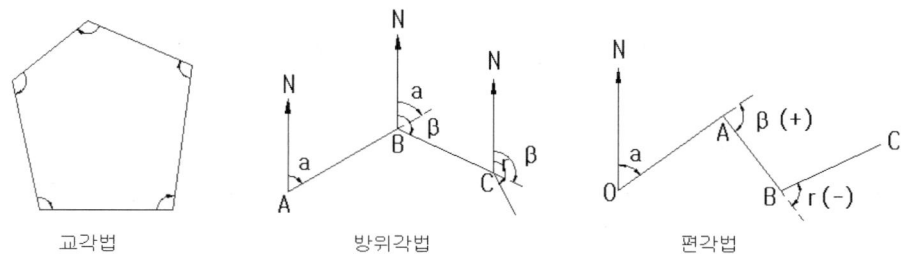

교각법　　　　　방위각법　　　　　편각법

③ 대회관측
　㉠ 기계의 정위와 반위로 한각을 한번씩 관측하며 이것을 1대회 관측이라 하고 측정정도에 따라 n대회까지 관측한다. 보통 1, 3, 5대회 관측을 많이 사용한다.
　㉡ n대회 관측시 초독의 위치는 $\dfrac{180°}{n}$씩 이동한다.

4 오차의 종류

① **배각법(반복법)의 오차**
　㉠ 1각에 포함되는 **시준 오차** : $m_1 = \pm \sqrt{\dfrac{2\alpha^2}{n}}$
　㉡ 1각에 포함되는 **읽기 오차** : $m_2 = \pm \dfrac{\sqrt{2\beta^2}}{n}$
　㉢ 1각에 생기는 **배각관측오차**

$$M = \pm \sqrt{\dfrac{2}{n}\left(\alpha^2 + \dfrac{\beta^2}{n}\right)}$$

　여기서, α : 시준오차, β : 읽기오차

② **방향각법의 오차**
　㉠ 1방향에 생기는 오차 : $m_1 = \pm \sqrt{\alpha^2 + \beta^2}$
　㉡ 2방향에 생기는 오차 (각 관측의 오차) : $m_2 = \pm \sqrt{2(\alpha^2 + \beta^2)}$

ⓒ n회 관측한 평균값에 의한 오차

$$M = \pm \sqrt{\frac{2}{n}(\alpha^2 + \beta^2)}$$

여기서, α : 시준오차, β : 읽기오차

③ 오차의 원인과 처리방법

오차의 종류	원 인	처리 방법
시준축 오차	시준축과 수평축이 직교하지 않는다	망원경을 정위, 반위로 측정하여 평균값을 취한다.
수평축 오차	수평축이 연직축에 직교하지 않는다.	망원경을 정위, 반위로 측정하여 평균값을 취한다.
연직축 오차	연직축이 정확히 연직선에 있지 않다.	연직축과 수평 기포관 축과의 직교를 조정한다.
편심 오차	회전축에 대하여 망원경의 위치가 편심되어 있다.	망원경을 정위, 반위로 측정하여 평균값을 취한다.

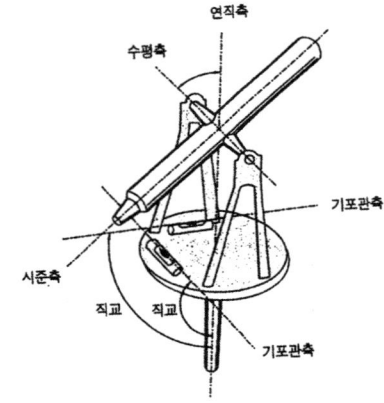

④ 부정오차

㉠ 망원경의 시차에 의한 오차
 ⓐ 원인 : 대물렌즈에 맺힌 상이 십자선 면의 상과 불일치
 ⓑ 처리방법 : 대물경과 접안경을 정확히 조정

㉡ 빛의 굴절에 의한 오차
 ⓐ 원인 : 공기밀도의 불균일 또는 시준선이 지나치게 지형이나 지물에 접근하여 있는 경우
 ⓑ 처리방법 : 수평각은 아침·저녁에, 수직각은 정오에 관측한다.

기출 및 예상문제

문제 1

토털스테이션의 사용상 주의사항이 아닌 것은?

① 이동시에는 기계를 삼각에서 분리시켜 이동한다.
② 기계를 지면에 직접 닿도록 한다.
③ 전원 스위치를 내린 후 배터리를 본체로부터 분리한다.
④ 커다란 진동이나 충격으로부터 기계를 보호한다.

해 설 본체가 지면에 직접 닿는 일이 없도록 주의한다.

문제 2

각의 종류에서 임의의 기준선으로부터 어느 측선까지 시계방향으로 잰 각은?

① 방위각　　② 방향각　　③ 고저각　　④ 천정각

해 설 방향각 : 임의의 기준선으로부터 어느 측선까지 시계방향으로 잰 수평각

문제 3

기준선을 자오선으로 하여 어느 측선까지 시계방향으로 잰 각을 무엇이라 하는가?

① 방향각　　② 방위각　　③ 연직각　　④ 수평각

해 설 방위각 : 자오선을 기준으로 하여 어느 측선까지 시계 방향으로 잰 수평각

문제 4

방위각의 설명 중 옳은 것은 어느 것인가?

① 자북을 기준으로 한 방향각이다.
② 진북을 기준으로 한 방향각이다.
③ 북극을 기준으로 한 방향각이다.
④ 지구의 회전축을 기준으로 한 방향각이다.

해 설 방위각 : 진북을 기준으로 하여 어느 측선까지 시계 방향으로 잰 수평각

정답　1. ②　2. ②　3. ②　4. ②

문제 5

다음 배각법의 장점에 대한 설명 중 틀린 것은?

① 각을 읽을 때 생기는 오차를 1/n로 줄일 수 있다.
② 버어니어로 읽을 수 있는 최소눈금보다 작은 각을 측정할 수 있다.
③ 높은 정밀도로 측정각을 얻을 수 있다.
④ 단각법 보다 빠른 결과를 얻을 수 있다.

해설 배각법은 1개의 각을 2회 이상 반복 관측하여 어느 각을 측정하는 방법으로 단각법보다 많은 시간이 소요된다.

문제 6

트랜싯의 수평각 측정 방법 중 아래 그림과 같이 측정하는 방법은?

① 방향각법
② 방위각법
③ 배각법
④ 단각법

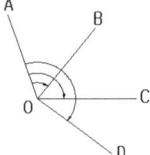

해설 방향각법 : 1점 주위에 여러 개의 각이 있을 때 1점을 기준으로 하여 시계 방향으로 순차적 A, B, C, D의 각 점을 시준하여 측정값을 기록하고, 그들의 차에 의하여 ∠AOB, ∠BOC, ∠COD등을 얻는 방법이다.

문제 7

방향각법에서 관측한 각의 오차 제한을 위한 용어의 설명 중 옳지 않는 것은?

① 동일 시준점의 1대회 망원경 정·반위로 관측한 값의 초수의 차를 교차라 한다.
② 동일 시준점의 1대회 망원경 정·반위로 관측한 값의 초수의 합을 배각이라 한다.
③ 각 대회 동일 시준점에 대한 교차의 최대와 최소의 차를 관측차라 한다.
④ 각 대회 동일 시준점에 대한 배각과 배각의 평균과의 차를 배각차라 한다.

해설 배각차 : 각 대회중의 동일 시준점에 배각의 최대값의 차

문제 8

수평각 관측에 있어서 동일 시준점의 1대회에 대한 정위, 반위 초수의 합을 무엇이라 하는가?

① 관측차   ② 배각차   ③ 교차   ④ 배각

해설 배각 : 수평각 관측에 있어서 동일 시준점의 1대회에 대한 정위, 반위 초수의 합

정답 5. ④   6. ①   7. ④   8. ④

문제 9

여러 개의 방향각 사이의 각을 차례로 방향각법으로 관측하여 최소 제곱법에 의하여 각각의 최확값을 구하는 수평각 관측법은?

① 단각법   ② 조합각 관측법   ③ 배각법   ④ 복각 관측법

해 설 여러 개의 방향각 사이의 각을 차례로 방향각법으로 관측하여 최소 제곱법에 의하여 각각의 최확값을 구하는 수평각 관측법은 조합각 관측법이다.

문제 10

수평각의 관측방법에서 1대회 관측이란?

① 망원경의 정위로 측정하는 것을 말한다.
② 망원경의 반위로 측정하는 것을 말한다.
③ 망원경의 정위와 반위로 한번씩 측정하는 것을 말한다.
④ 망원경의 정위와 반위로 2회 반복 측정하는 것을 말한다.

해 설 기계의 정위와 반위로 한각을 한번씩 관측하며 이것을 1대회 관측이라 하고 측정정도에 따라 n 대회까지 관측한다. 보통 1, 3, 5대회 관측을 많이 사용한다.

문제 11

수평각 측정에 있어 3대회 관측에서 초독의 위치로 옳은 것은?

① 0°, 30°, 60°   ② 0°, 60°, 120°
③ 0°, 45°, 90°   ④ 0°, 90°, 180°

해 설 n 대회 관측시 초독의 위치는 $\dfrac{180°}{n}$ 씩 이동한다.

문제 12

수평각 관측에서 진북을 기준으로 어느 측선까지의 각을 시계 방향으로 각 관측하는 방법은?

① 교각법   ② 편각법   ③ 방위각법   ④ 방향각법

해 설 방위각법 : 각 측선이 진북(자오선) 방향과 이루는 각을 시계방향으로 관측하는 방법으로 직접 방위각이 관측되어 편리하다.

정답 9. ②   10. ③   11. ②   12. ③

문제 13

각 측량의 기계적 오차 중 망원경을 정위, 반위로 측정하여 관측값을 평균하여도 제거되지 않는 오차는?

① 시준축 오차 ② 수평축 오차
③ 편심 오차 ④ 연직축 오차

해설 연직축 오차 : 연직축이 정확히 연직선에 있지 않아서 생기며 망원경을 정위, 반위로 측정하여 관측값을 평균하여도 제거되지 않는 오차

문제 14

수평축과 연직축이 직각되지 않기 때문에 생기는 오차는?

① 수평축 오차 ② 연직축 오차
③ 시준선의 편심 오차 ④ 회전축의 편심 오차

문제 15

트랜싯의 연직축이 기울어져 관측할 때 생기는 오차 제거에 관한 사항 중 옳은 것은?

① 양유표의 평균을 취한다.
② 반복법으로 관측한다.
③ 정반관측치의 평균을 취한다.
④ 어떠한 관측법으로도 제거할 수 없다.

문제 16

트랜싯 측량에서 목표물과 십자선의 초점이 정확히 일치 하지 않기 때문에 생기는 오차는?

① 시준 오차(시차) ② 우연 오차
③ 착오 ④ 수평축 오차

해설 망원경의 시차에 의한 오차
- 원인 : 대물렌즈에 맺힌 상이 십자선 면의 상과 불일치
- 처리방법 : 대물경과 접안경을 정확히 조정, 망원경 정·반위 읽음값 평균한다.

정답 13. ④ 14. ① 15. ④ 16. ①

문제 17

각을 관측할 때 시차를 없앨 수 있는 방법은?

① 시준선을 완전히 조정한다.
② A, B버어니어의 읽음값을 평균한다.
③ 망원경 정반위의 읽음값을 평균한다.
④ 제작상 결함으로 조정할 수 없다.

해 설 대물경과 접안경을 정확히 조정, 망원경 정반위 읽음값 평균한다.

문제 18

트랜싯으로 수평각을 측정할 때 시준축 오차를 제거하는 방법으로 옳은 것은?

① 배각법으로 측정하여 평균을 취한다.
② 시계와 반시계방향으로 측정하여 평균을 취한다.
③ 양쪽 버어니어에서 읽은 값의 평균을 취한다.
④ 망원경의 정·반위 위치에서 측정하여 평균을 취한다.

해 설 시준축 오차 : 시준축과 수평축이 직교하지 않는다.(망원경 정·반위 위치에서 측정하여 평균)

문제 19

데오돌라이트(Theodolite)의 대물렌즈를 합성렌즈로 사용하는 주된 이유는?

① 확대
② 구면 수차나 색수차
③ 밝기
④ 정립 허상

해 설
구면수차나 색수차를 없애기 위해 합성 렌즈를 사용한다.
- 합성 렌즈 : 오목 렌즈오 볼록 렌즈를 합성한 렌즈
- 구면수차 : 광선의 굴절 차이 상이 흐리게 되는 것
- 색수차 : 초점의 조정에 따라 여러 색상이 나타나는 것

문제 20

트랜싯의 시준선을 바르게 설명한 것은?

① 대물렌즈의 광심과 대안렌즈의 광심을 연결한 직선
② 대물렌즈의 광심과 수평축과 연직축의 교점을 연결한 직선
③ 렌즈위의 어느 한점을 통하여 입사하는 광선과 통과하는 광선이 평행하게 되는 직선
④ 대물렌즈의 광심과 십자선의 교점을 연결한 직선

정답 17. ③   18. ④   19. ②   20. ④

문제 21

트랜싯을 이용하여 1개의 수평각을 배각법으로 관측하였을 때 최확치로 알맞은 것은?

① 첫번째 관측한 값
② 마지막 관측한 값
③ 관측자가 가장 정확하다고 생각되는 값
④ 산술평균한 값

해설 산술평균한 값을 최확치로 한다.

문제 22

동일한 각을 측정회수가 다르게 측정하여 다음의 값을 얻었다. 최확치를 구한 값은? (단, 47°37'38" (1회 측정치), 47°37'21" (4회 측정 평균치), 47°37'30" (9회 측정 평균치))

① 47°37'30"   ② 47°37'36"   ③ 47°37'28"   ④ 47°37'32"

해설
최확치 $= \dfrac{P_1\ell_1 + P_2\ell_2 + P_3\ell_3}{P_1 + P_2 + P_3}$, 경중률은 횟수에 비례 1 : 4 : 9

$\dfrac{(1 \times 47°37'38'') + (4 \times 47°37'21'') + (9 \times 47°37'30'')}{1+4+9} = 47°37'28''$

문제 23

같은 사람이 20″ 읽기(P_1)와 40″ 읽기(P_2) 트랜싯을 사용하여 측각했다. 이 관측치에 대한 중량비는?

① $P_1 : P_2 = 2 : 1$
② $P_1 : P_2 = 4 : 1$
③ $P_1 : P_2 = 6 : 1$
④ $P_1 : P_2 = 9 : 1$

해설 $P_1 : P_2 = \dfrac{1}{E_1^2} : \dfrac{1}{E_2^2} = \dfrac{1}{20^2} : \dfrac{1}{40^2} = 4 : 1$

문제 24

1각을 측정 횟수가 다르게 측정하여 다음의 값을 얻었다. 최확값은?

49° 59′ 58″ (1회 측정), 50° 00′ 00″ (2회 측정), 50° 00′ 02″ (5회 측정)

① 49°59′59″
② 50°00′00″
③ 50°00′01″
④ 50°00′02″

해설
최확치 $= \dfrac{P_1\ell_1 + P_2\ell_2 + P_3\ell_3}{P_1 + P_2 + P_3}$, 경중률은 횟수에 비례 1 : 2 : 5

$\dfrac{(1 \times 49°59'58'') + (2 \times 50°00'00'') + (5 \times 50°00'02'')}{1+2+5} = 50°00'01''$

정답 21. ④ 22. ③ 23. ② 24. ③

문제 25

수평각 측정에서 배각법의 특징에 대한 설명으로 옳지 않은 것은?

① 배각법은 방향각법과 비교하여 읽기오차의 영향을 적게 받는다.
② 눈금의 부정에 의한 오차를 최소로 하기 위하여 n회의 반복결과가 360°에 가깝게 해야 한다.
③ 눈금을 직접 측정할 수 없는 미량의 값을 누적하여 반복회수로 나누면 세밀한 값을 읽을 수 있다.
④ 배각법은 수평각 관측법 중 가장 정밀한 방법이다.

해설 수평각 관측법 중 가장 정확한 방법으로 1, 2등 삼각 측량에 주로 사용되는 수평각 측정 방법은 각 관측법이다.

문제 26

30°는 몇 라디안인가?

① 0.52rad ② 1.57rad ③ 0.79rad ④ 0.42rad

해설 $360° : 2\pi \text{ rad} = 30° : x \Rightarrow x = \dfrac{30° \times 2\pi}{360°} = 0.52(\text{rad})$

문제 27

트래버스 측량의 수평각 관측에서 그림과 같이 진북을 기준으로 어느 측선까지의 각을 시계 방향으로 각 관측하는 방법은?

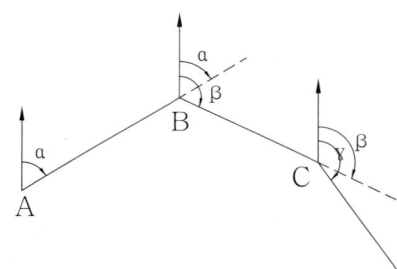

① 교각법 ② 편각법 ③ 방위각법 ④ 방향각법

해설 방위각법 : 각 측선이 진북(자오선) 방향과 이루는 각을 시계방향으로 관측하는 방법으로 직접 방위각이 관측되어 편리하다.

정답 25. ④ 26. ① 27. ③

문제 28

토탈스테이션(TS)에 대한 설명으로 옳지 않은 것은?

① 인공위성을 이용하므로 정확하다.
② 사용자가 필요에 따라 정보를 입력할 수 있다.
③ 레코드 모듈(record module)에 성과값을 저장, 기록할 수 있다.
④ 컴퓨터와 카드 리더(card reader)를 이용할 수 있다.

문제 29

수평각을 측정하는 다음의 방법 중 정밀도가 가장 높은 방법은?

① 단측법
② 배각법
③ 방향각법
④ 조합각 관측법(각 관측법)

해설 수평각 관측법 중 가장 정확한 방법으로 1, 2등 삼각 측량에 주로 사용되는 수평각 측정 방법은 각 관측법이다.

문제 30

다각측량의 각 관측에서 각 측선이 그 앞 측선의 연장선과 이루는 각을 관측하는 방법을 무엇이라고 하는가?

① 교각법
② 편각법
③ 방위각법
④ 교회법

해설 편각법 : 어떤 측선이 그 앞 측선의 연장선과 이루는 각을 측정하는 방법으로 선로의 중심선 측량에 적당하다.

문제 31

수평선을 기준으로 목표에 대한 시준선과 이루는 각을 무엇이라 하는가?

① 방향각
② 천저각
③ 고저각
④ 천정각

해설 고저각 : 수평선을 기준으로 목표에 대한 시준선과 이루는 각으로 상향각을 (+), 하향각을 (-)

문제 32

각도와 거리를 동시에 관측할 수 있는 장비로, 기계 내부의 프로그램에 의해 자동적으로 수평 거리 및 연직 거리가 계산되어 디지털(digital)로 표시되는 장비는?

① 토털 스테이션
② GPS
③ 데오드라이트
④ 위성 거리 측량기

정답 28. ① 29. ④ 30. ② 31. ③ 32. ①

문제 33

다음 각측량에서 기계오차에 해당되지 않는 것은?

① 수평축 오차　　② 편심 오차　　③ 시준 오차　　④ 눈금 오차

해설	수평축 오차 : 망원경을 정위, 반위로 측정하여 평균값을 취한다. 편심 오차 : 망원경을 정위, 반위로 측정하여 평균값을 취한다. 눈금 오차 : n회의 반복결과가 360°에 가깝게 해야 한다.

문제 34

토탈스테이션의 장점에 대한 설명으로 틀린 것은?

① 현장에서 복잡한 측량작업을 연속적으로 쉽게 해결할 수 있다.
② 평판측량에 비하여 초기 투자비용이 저렴하다.
③ 사용자가 필요에 따라 자유롭게 정보를 입력할 수 있다.
④ 측량결과를 수치적으로 도면화 하기에 편리 하다.

해설	평판측량에 비하여 구입 비용이 고가이다.

문제 35

트랜싯의 세우기와 시준시 안전 및 유의사항에 대한 설명으로 틀린 것은?

① 삼각대는 대체로 정삼각형을 이루게 하여 세운다.
② 망원경의 높이는 눈의 높이보다 약간 낮게 한다.
③ 기계 조작시 몸이나 옷이 기계에 닿지 않도록 주의 한다.
④ 정확한 관측을 위해 한쪽 눈을 감고 시준한다.

해설	정확한 관측을 위해 양쪽 눈을 다 뜨고 시준한다.

문제 36

어떤 각을 배각법으로 3번 반복하여 관측한 정위 및 반위각의 관측 결과값이 각각 150°15′30″ 및 150°30′30″ 이었다면 이 각의 최확값은?

① 150°23′30″　　　　　　　　　　② 150°15′20″
③ 50°07′40″　　　　　　　　　　　④ 50°00′00″

해설	정위각 = $\dfrac{150°15′30″}{3} = 50°05′10″$, 반위각 = $\dfrac{150°30′30″}{3} = 50°10′10″$, 최확값 = $\dfrac{50°05′10″ + 50°10′10″}{2} = 50°07′40″$

정답　33. ③　34. ②　35. ④　36. ③

문제 37

그림과 같이 각을 측정한 결과 ∠A=20°15′30″, ∠B=40°15′20″, ∠C=10°30′10″, ∠D=71°01′12″ 이었다면 ∠C와 ∠D의 보정값으로 옳은 것은?

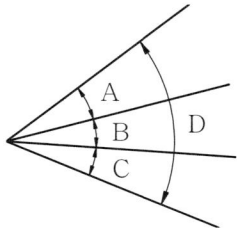

① ∠C=10° 30′ 10″, ∠D=71° 01′ 00″
② ∠C=10° 30′ 14″, ∠D=71° 01′ 08″
③ ∠C=10° 30′ 06″, ∠D=71° 01′ 00″
④ ∠C=10° 30′ 13″, ∠D=71° 01′ 09″

해설
조건식은 ∠D=∠A+∠B+∠C이다.
∠A+∠B+∠C=20°15′30″+40°15′20″+10°30′10″=71°01′00″
오차=∠D-(∠A+∠B+∠C)=71°01′12″-71°01′00″=12″
조정량=12″÷4=3″ ∠A,∠B,∠C의 합이 작으므로 +3″씩, ∠D는 크므로 -3″ 보정한다.

문제 38

각 관측에서 망원경을 정, 반으로 관측 평균하여도 소거되지 않는 오차는?

① 시준축과 수평축이 직교하지 않아 발생되는 오차
② 수평축과 연직축이 직교하지 않아 발생되는 오차
③ 연직축이 정확히 연직선에 있지 않아 발생되는 오차
④ 회전축에 대하여 망원경의 위치가 편심되어 발생되는 오차

해설
연직축 오차 : 연직축이 정확히 연직선에 있지 않아서 생기며 망원경을 정위, 반위로 측정하여 관측값을 평균하여도 제거되지 않는 오차

문제 39

P의 자북방위각이 80°09′22″, 자오선수차가 01′40″, 자침편차가 5°일 때 P점의 방향각은?

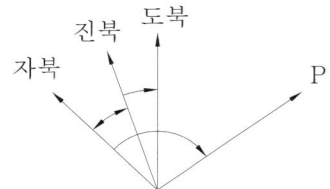

① 75° 07′ 42″ ② 75° 11′ 02″ ③ 85° 07′ 42″ ④ 85° 11′ 02″

해설
자오선수차 : 진북과 도북의 차이
자침편차 : 진북과 자북의 차이
P점의 방향각=자북방위각-자침편차-자오선수차=80° 09′ 22″-5°-01′ 40″=75° 07′ 42″

정답 37. ④ 38. ③ 39. ①

문제 40

어느 측점에 데오돌라이트를 설치하여 A, B 두 지점을 3배각으로 관측한 결과, 정위 126°12′36″, 반위 126°12′12″를 얻었다면 두 지점의 내각은 얼마인가?

① 126°12′24″ ② 63°06′12″ ③ 42°04′08″ ④ 31°33′06″

해설
① (정위+반위)÷2=(126° 12′ 36″+126° 12′ 12″)÷2=126° 12′ 24″
② 126° 12′ 24″÷3=42° 04′ 08″

문제 41

그림에서 ∠A 관측값의 오차 조정량으로 옳은 것은? (단, 동일조건에서 ∠A, ∠B, ∠C와 전체 각을 측정하였다.)

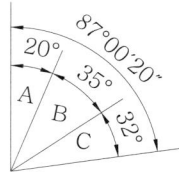

① +5″ ② +6″ ③ +8″ ④ +10″

해설
조건식은 전체각=∠A+∠B+∠C이다.
∠A+∠B+∠C=20°+35°+32°=87°
오차=전체각-(∠A+∠B+∠C)=87°00′20″-87°=20″
조정량=20″÷4=5″ ∠A,∠B,∠C의 합이 작으므로 +5″씩, 전체각은 크므로 -5″ 보정한다.

문제 42

자오선수차에 대한 설명으로 옳은 것은?

① 각 측선이 그 앞 측선의 연장선과 이루는 각
② 평면직교좌표를 기준으로 한 도북과 진북의 사이각
③ 도북방향을 기준으로 어느 측선까지 시계방향으로 잰 각
④ 자오선을 기준으로 어느 측선까지 시계방향으로 잰 각

해설 문제 39번 그림 참고

문제 43

다음 중 수평각을 관측하는 방법이 아닌 것은?

① 배각법(반복법) ② 방향각법
③ 조합각관측법(또는 각관측법) ④ 양각법

정답 40. ③ 41. ① 42. ② 43. ④

제3장

수준 측량

1. 수준 측량의 개요
2. 수준 측량용 기계기구
3. 검사 및 조정
4. 측량 방법 및 오차 조정
5. 수준 측량의 응용
6. 삼각 수준 측량

1 수준 측량의 개요

1 수준 측량의 정의

① 정의
- ㉠ 수준 측량은 3차원 좌표(x, y, z)에서 높이(z)를 결정하기 위한 것으로 지표면에 있는 여러 점들 사이의 고저차 또는 표고를 관측한다.
- ㉡ 수준 측량의 기준은 평균 해수면(지오이드)이다.
- ㉢ 수준 측량의 결과는 지도 제작, 설계 및 시공에 필요한 자료를 제공하는 중요한 측량이다.

② 수준 측량의 이용 분야
- ㉠ 기존지형에 가장 적당한 도로나 철도 및 운하를 설계할 때
- ㉡ 계획된 고저에 의한 건설공사의 배치 및 설계할 때
- ㉢ 토공량의 산정과 공사지역의 배수 및 상하수도 설치 및 조사할 때
- ㉣ 토지의 현황을 표현하는 지도 제작할 때

2 수준 측량의 분류

① 측량 방법에 따른 분류
- ㉠ **직접 수준 측량**
  레벨을 사용하여 두 점 간의 고저 차를 직접 구하는 측량
- ㉡ **간접 수준 측량**
  - ⓐ 삼각 수준 측량 : 두 점 사이의 연직각과 수평 거리 또는 경사 거리를 측정하고 삼각법에 의하여 고저차를 구하는 방법이다.
  - ⓑ 스타디아 수준 측량 : 스타디아 측량으로 고저차를 구하는 방법이다.
  - ⓒ 기압 수준 측량 : 기압계나 그 밖의 물리적 방법으로 기압차에 따라 고저차를 구하는 방법이다.
  - ⓓ 항공 사진 측량 : 항공 사진의 입체시에 의한 고저차를 결정하는 방법이다.
- ㉢ **교호 수준 측량** : 하천 또는 계곡 때문에 두 점 사이에 기계를 설치할 수 없을 때 양 안 간의 고저차를 직접 구하는 방법이다.

② 사용 기계에 따른 분류
- ㉠ **약식 수준 측량** : 간단한 기계 기구를 사용하여 개략적으로 고저차를 구하는 측량
- ㉡ **정밀 수준 측량** : 정밀 레벨과 인바 표척 등 높은 정밀도를 가진 기계 기구를 사용하여 고저차를 결정하기 위한 측량이다.
- ㉢ **일반 수준 측량** : 일반적으로 행해지는 수준 측량으로 주로 자동 레벨을 사용한다.

③ 측량 목적에 따른 분류
  ㉠ 고저차 수준측량 : 필요한 점들 사이의 고저차를 구하는 측량
  ㉡ 단면 수준 측량 : 일정한 노선 즉 도로, 철도, 수로 등을 따라 고저차를 측정하여 단면형을 결정하는 측량이다.
    ⓐ 종단 측량 : 계획된 노선의 중심선을 따라 측점의 높이와 거리를 측량하여 종단면도를 작성하기 위한 측량이다.
    ⓑ 횡단 측량 : 노선 중심선상의 각 측점에서 중심선에 대하여 직각 방향으로 지표의 고저차를 측량함으로써 횡단면도를 작성하기 위한 측량이다.
  ㉢ 표면 수준 측량 : 어떤 면적 내의 지면 높이를 측량하는 일종의 지형 측량과 같으며, 토공량 및 저수량의 산정 등에 쓰인다.

④ 정확도에 따른 분류
  ㉠ 기본 수준 측량
    ⓐ 1등 수준 측량 : 기본측량의 표고 기준점 측량으로서 공공측량 및 그 밖의 측량기준이 되는 1등 수준점의 표고를 결정하기 위한 측량으로, 2~4km마다 설치되어 있다.
    ⓑ 2등 수준 측량 : 1등 수준 측량 다음의 정도를 요하는 측량이다. 공공측량 및 그 외 측량기준이 된다. 또한 2등 수준 측량의 수준점 사이의 거리는 평균 2km이다.
  ㉡ 공공 수준 측량 : 각종 공사에 필요한 측량의 기준이 되는 측량이다.

3 수준 측량에 사용되는 용어

① 수준면
  ㉠ 연직선에 직교하는 모든 점을 잇는 곡면을 말한다.
  ㉡ 대략 지구의 형상을 이루며, 지오이드면과 평행한 곡면이다.
  ㉢ 소규모 측량에서는 평면으로 가정해도 무방하다.
② 수준선 : 지구의 중심을 포함한 평면과 수준면이 교차하는 곡선으로 보통 시준거리의 범위에서는 수평선과 일치한다.
③ 연직선 : 지표면의 어느 점으로부터 지구 중심에 이르는 선을 말한다.
④ 지평면 : 연직선에 직교하는 평면으로 어떤 점에서 수준면과 접하는 평면이다.
⑤ 지평선 : 연직선에 직교하는 직선으로 지평면 위에 있는 한 선이다.
⑥ 기준면
  ㉠ 지반의 높이를 비교할 때 기준이 되는 면으로 표고는 0m가 된다.
  ㉡ 수년 간 관측하여 얻어진 평균 해수면을 사용한다.
  ㉢ 세계의 여러 나라는 독립된 기준면을 가지고 있다.
⑦ 표고 : 기준면으로부터 어느 측점까지의 연직 거리를 표고라고 한다.
⑧ 수준 원점 : 기준면은 가상의 면이며, 실제 측량에 이용할 수 없으므로 수준 측량에 기준이 되는 점

을 정해 놓고, 기준면으로부터 정확한 높이를 측정하여 정해 놓은 점
⑨ **수준점** : 수준 원점으로부터 국도 및 주요 도로에 따라 2~4km마다 수준 표석을 설치하고 표고를 결정하여 놓은 점이며, 그 부근 점들의 높이를 정하는 데 기준이 된다.
⑩ **특별 기준면**
  ㉠ 섬에서는 내륙의 기준면을 직접 연결할 수 없으므로 그 섬 특유의 기준면을 사용한다.
  ㉡ 하천의 감조부나 항만 또는 해안 공사에서 해저 표고(-표고)의 불편함으로 인해 필요에 따라 편리한 기준면을 정하는 경우가 있는데, 이를 특별 기준면이라 한다.
  ㉢ 어느 지역에서만 임시로 사용하는 수준점, 즉 가수준점도 특별 기준면으로부터의 표고이다.

2 수준 측량용 기계 기구

1 레벨

① 미동 레벨
정준 나사로 원형 수준기의 기포를 중앙에 오게 하고 망원경을 경사 조정나사로 조정하여 시준선의 수평을 망원경 속의 기포관 장치를 통하여 확인하고 시준한다.

② 자동 레벨
  ㉠ 원형 기포관을 이용하여 대략 수평으로 세우면 망원경 속에 장치된 컴펜세이터(compensator:보정기)에 의해 자동적으로 정준이 되는 레벨
  ㉡ 측량 전반에 걸쳐서 좋은 정확도를 얻을 수 있다.
  ㉢ 신속하게 측정할 수 있으므로 많이 이용되는 레벨이다.

③ 디지털 레벨
  ㉠ 전자 기술을 집약시켜 개발된 레벨로서, 바코드 사용시 자동적으로 높이값과 거리를 함께 측정할 수 있는 차세대 레벨이다.
  ㉡ 1000점 이상의 측점을 저장할 수 있으며 최소 읽음값이 0.1~0.01mm로 높은 정확도를 기대할 수 있다.

2 간단한 수준 측량 기구

① 핸드 레벨
  ㉠ 측량의 답사에 많이 사용되는 기구로, 길이 15cm 정도의 놋쇠통으로 만들어져 있다.

ⓒ 위에는 작은 기포관이 있고, 통 안에는 시준선 방향과 45°의 각을 가진 반사경이 통의 왼쪽 반을 차지하게 장치되어 있으며, 오른쪽 반은 앞을 바라보게 되어 있다.

ⓒ 이 기구를 거의 수평으로 하여 시준공에서 시준하면 기포관의 기포가 반사경에 반사되며, 핸드 레벨이 수평이 되면 기포가 횡선으로 이등분된다. 이 때, 횡선과 일치한 표척의 눈금을 읽으면 된다.

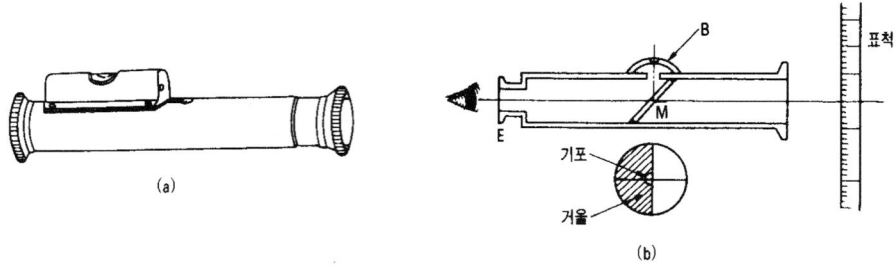

② 클리노미터

핸드 레벨과 같은 구조로 된 것이지만, 기포관이 있는 곳에 연직 분도원과 버어니어를 장치하여 경사각을 측정할 수 있게 되어 있다.

③ 표척

㉠ 표척의 종류

ⓐ 표척이 있는 표척 : 표척수가 눈금을 읽을 수 있는 홍백으로 칠한 표척이 붙은 자
ⓑ 자독식 표척 : 일반적으로 널리 사용하는 자로써 관측수가 망원경을 통해 눈금을 읽는 2~5m 정도의 표척이다.
ⓒ 인바표척 : 잣눈판은 팽창률이 극히 작은 인바 합금을 사용했으며 중앙에서 접도록 되어 있다. 1,2등 정밀 수준측량에 사용한다.

㉡ 표척대 : 이기점과 같이 중요한 점에서 표척이 이동하거나 가라앉는 것을 막기 위하여 정밀 수준 측량에서 사용된다.

㉢ 표척 사용 시 주의사항

ⓐ 표척을 연직으로 하기 위하여 기포관이 장치되어 있으나 이는 참고 정도로 한다.
ⓑ 관측자는 표척수에게 표척을 앞·뒤로 살며시 움직이게 하여 최소값을 읽는다.
ⓒ 표척의 밑면에 흙이 묻지 않게 하고 이음매에 주의하여야 한다.

3 레벨의 구조

① 망원경 : 주요 부분은 대물렌즈, 접안렌즈, 십자선이며 먼 거리의 물체를 명확하게 시준할 수 있도록 만들어진 광학기구이다. 보통 망원경의 배율은 20~30배이다.

$$배율(m) = \frac{대물렌즈의\ 촛점거리}{접안렌즈의\ 촛점거리} = \frac{F}{f}$$

② **십자선** : 대물렌즈의 중심과 십자선의 교점을 잇는 선으로 직교하는 종선과 횡선으로 되어 있으며 가는 거미줄로 되어 있다.

③ **기포관의 구조 및 감도**
　㉠ **기포관이 갖추어야 할 조건**
　　ⓐ 곡률 반지름이 커야 한다.
　　ⓑ 액체의 점성 및 표면장력이 작아야 한다.
　　ⓒ 관의 곡률이 일정하고 관의 내면이 매끈해야 한다.
　　ⓓ 기포의 길이는 될 수 있는 한 길어야 한다.
　㉡ **기포관의 감도** : 수평으로부터의 기울기를 어느 정도로 표시할 수 있는 성능을 말하며, 기포가 1눈금만큼 이동하는데 기포관축을 기울여야 하는 각도를 초($''$)로 나타낸 값을 말한다.
　　ⓐ 기포가 1눈금 이동하는데 기포관축을 기울여야 하는 각도
　　ⓑ 기포가 1눈금 이동하는데 끼인 기포관의 중심각을 기포관의 감도라 한다.
　㉢ **감도의 측정**
　　ⓐ 기포관의 곡률 반경(R)
　　　L : 기포가 n 눈금 움직였을 때 스타프 읽음값의 차이
　　　d : 기포관 1눈금의 길이로 2mm
　　　R : 기포관의 곡률 반경
　　　D : 레벨과 스타프의 거리라 하면

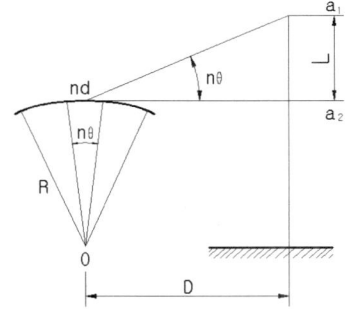

$$nd : R = L : D$$
$$\therefore R = \frac{nd}{L}D$$

　　ⓑ 기포관의 감도(P) : 호도법을 이용하여 감도($P = \frac{\theta}{n}$)를 구하면

$$nd = R \cdot \theta \ (\theta는\ 라디안)$$
$$\frac{\theta}{n} = \frac{d}{R} = \frac{L}{ndD}d\ (rad)$$
$$\therefore P = \rho'' \frac{L}{nD} = 206265'' \frac{L}{nD}$$

3 검사 및 조정

1 레벨의 조정 조건

① 기포관축과 연직축은 직각
② 시준선과 기포관축을 나란하게 할 것(이 조건이 가장 중요하며 이 조건이 완벽하게 만족되면 전·후시의 거리가 등거리가 아니어도 시준축 오차가 발생하지 않는다.)

2 미동 레벨

① 제1조정 : 원형기포관축과 연직축이 직각이 되게 한다.
② 제2조정 : 원형기포관축과 시준선을 평행하게 한다.

3 자동 레벨

① 제1조정 : 원형기포관축이 연직축과 직교해야 한다.
② 제2조정 : 십자선 횡선이 수평이어야 한다.
③ 제3조정 : 허용범위 내의 망원경의 기울기에 대하여 항상 시준선이 수평이어야 한다.

4 레벨의 말뚝 조정법(항정법)

$$d = \frac{D+e}{D}[(a_1 - b_1) - (a_2 - b_2)]$$

여기서, a_1, b_1 : 시준선 오차에 의한 A,B 표척 읽음 값
a_2, b_2 : 등거리 상에 있는 A,B 표척 읽음 값
d : B점 표척상에서 보정하여야 할 높이

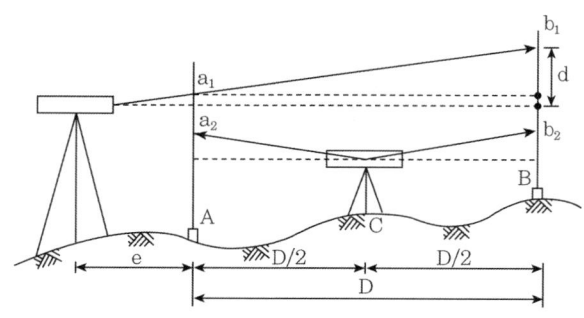

4 측량 방법 및 오차 조정

1 직접 수준 측량

① 수준 측량의 용어
  ㉠ **측점**(station, S) : 표척을 세워서 시준하는 점으로 수준 측량에서는 다른 측량방법과 달리 기계를 임의점에 세우고 측점에 세우지 않는다.
  ㉡ **후시**(back sight, B.S) : 높이를 알고 있는 점에 세운 표척의 눈금을 읽는 것
  ㉢ **전시**(fore sight, F.S) : 표고를 구하려는 점에 세운 표척의 눈금을 읽는 것
  ㉣ **기계고**(instrument height, I.H) : 기계를 수평으로 설치했을 때 기준면으로부터 망원경의 시준선까지의 높이

  $$\text{기계고} = \text{후시의 지반고} + \text{후시} \quad (I.H = G.H + B.S)$$

  ㉤ **지반고**(ground height, G.H) : 기준면에서 그 측점까지의 연직거리

  $$\text{지반고} = \text{기계고} - \text{전시} \quad (G.H = I.H - F.S)$$

  ㉥ **이기점**(turning point, T.P) : 전후의 측량을 연결하기 위하여 전시와 후시를 함께 취하는 점으로 다른 점에 영향을 주므로 정확하게 관측해야 한다.
  ㉦ **중간점**(intermediate point, I.P) : 전시만 관측하는 점으로 다른 측점에 영향을 주지 않는 점이다.
  ㉧ **고저차** : 두 점간의 표고의 차

② 수준 측량의 방법
  ㉠ 두 점간의 수준 측량
    ⓐ 두 점 A, B에 표척을 세우고 수평한 시준선으로 두 점의 읽음값을 b_A, f_B라 할 때, A, B 간의 고저차 h는,

    $$h = b_A - f_B$$

    ⓑ 이 때, 점 A의 표고가 H_A이면, 점 B의 표고 H_B는,

    $$H_B = H_A + (b_A - f_B)$$

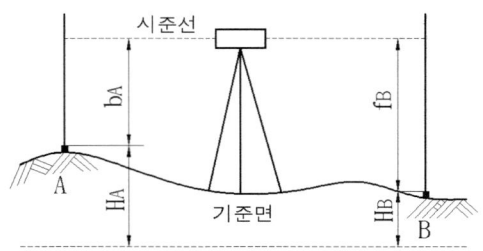

ⓒ 두 점 간의 거리가 멀고 고저차가 클 때
  ⓐ 두 점 간을 여러 구간으로 나누고, 각 구간의 후시를 $b_1, b_2, \cdots, b_n$ 전시를 $f_1, f_2, \cdots, f_n$ 으로 하면 두 점 간의 높이차 Δh는,

$$\Delta h = (b_1 - f_1) + (b_2 - f_2) + \cdots + (b_n - f_n)$$
$$= (b_1 + b_2 + \cdots + b_n) - (f_1 + f_2 + \cdots + f_n)$$
$$= \Sigma B.S - \Sigma F.S$$

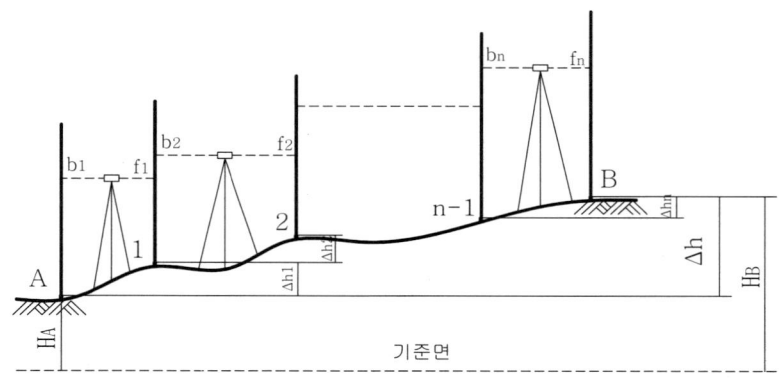

  ⓑ 이 때, 점 A의 표고가 H_A이면, 점 B의 표고 H_B는,

$$H_B = H_A + (\Sigma B.S - \Sigma F.S)$$

ⓒ 직접 수준 측량의 시준 거리
  ⓐ 아주 높은 정확도의 수준 측량 : 40m
  ⓑ 보통 정확도의 수준 측량 : 50~60m
  ⓒ 그 외의 수준 측량 : 5~120m
  ⓓ 시준거리 길면 : 작업→신속, 표척눈금 읽기→부정확, 정확도→높아짐
  ⓔ 시준거리 짧으면 : 작업→느리고, 표척눈금 읽기→정확, 정확도→낮아짐(레벨 세우는 횟수 증가)

ⓔ 교호 수준 측량 : 측선 중에 계곡, 하천 등이 있으면 측선의 중앙에 레벨을 세우지 못하므로 정밀도를 높이기 위해 양 측점에서 측량하여 두 점의 표고차를 2회 산출하여 평균하는 방법

$$H_B - H_A = \Delta h = \frac{(a_1 - b_1) + (a_2 - b_2)}{2}$$
$$= \frac{(a_1 + a_2) - (b_1 + b_2)}{2}$$

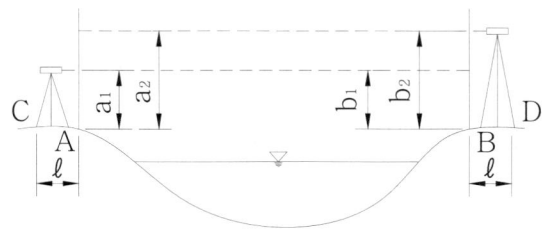

2 야장 기입 방법

① **고차식 야장** : 두 측점간의 고저 차만을 구하기에 적합하다.
② **기고식 야장** : 종단 및 횡단 수준측량에서 중간점이 많을 때 적합하다.
③ **승강식 야장** : 계산에서 완전히 검산할 수 있어 정밀을 요할 때 적합, 중간점이 많을 때는 계산이 복잡한 단점이 있다.

3 수준 측량의 오차와 정확도

① 오차의 원인
  ㉠ 기계적 원인
    ⓐ 레벨의 조정이 불완전하다.
    ⓑ 기포의 감도가 낮다.
    ⓒ 기포관 곡률이 균일하지 않다.
    ⓓ 표척 눈금이 불완전하다.
    ⓔ 표척 이음매 부분이 정확하지 않다.
    ⓕ 표척 바닥의 0 눈금이 맞지 않는다.

  ㉡ 개인적 원인
    ⓐ 시준할 때 기포가 정중앙에 있지 않다.
    ⓑ 조준의 불완전, 즉 시차가 있다.
    ⓒ 표척을 정확히 수직으로 세우지 않았다.

ⓒ 자연적 원인
　ⓐ 관측 중 레벨과 표척이 침하하였다.
　ⓑ 지구 곡률 오차가 있다.(구차)
　ⓒ 공기 굴절 오차가 있다.(기차)
　ⓓ 기상 변화에 의한 오차가 있다.

ⓔ 착오
　ⓐ 표척의 밑바닥에 흙이 붙어 있다.
　ⓑ 표척을 정확히 빼 올리지 않았다.
　ⓒ 십자선으로 읽지 않고 스타디아선으로 표척의 값을 읽었다.
　ⓓ 측정값의 오독이 있었다.
　ⓔ 야장 기입란을 바꾸어 기입하였다.
　ⓕ 기입 사항을 누락 및 오기를 하였다.

② **오차의 보정** : 수준 측량의 오차가 허용 범위 안에 있으면 배분하여 보정한다.
　㉠ **폐합 수준 측량** : 폐합 오차 = 출발점의 지반고 - 출발점의 측정 지반고

$$각\ 측점의\ 보정량 = 폐합\ 오차 \times \frac{출발점에서\ 그\ 측점까지의\ 거리}{수준\ 노선의\ 전체거리}$$
$$각\ 측점의\ 보정\ 지반고 = 그\ 측점의\ 측정\ 지반고 \pm 그\ 측점의\ 보정량$$

　㉡ **결합 수준 측량** : 결합 오차 = 결합점의 지반고 - 결합점의 측정 지반고

$$각\ 측점의\ 보정량 = 결합\ 오차 \times \frac{출발점에서\ 그\ 측점까지의\ 거리}{수준\ 노선의\ 전체거리}$$
$$각\ 측점의\ 보정\ 지반고 = 그\ 측점의\ 측정\ 지반고 \pm 그\ 측점의\ 보정량$$

　㉢ **왕복 수준 측량** (왕복 오차 : 출발점에서 출발, 왕복 측량하여 다시 출발점으로 돌아왔을 경우에 발생한 오차)

$$각\ 측점의\ 보정량 = 왕복\ 오차 \times \frac{출발점에서\ 그\ 측점까지의\ 거리}{왕복\ 거리}$$
$$각\ 측점의\ 보정\ 지반고 = 그\ 측점의\ 측정\ 지반고 \pm 그\ 측점의\ 보정량$$

③ **직접 수준 측량의 오차** : 거리와 측정횟수의 제곱근에 비례

$$E = \pm K\sqrt{L} = C\sqrt{n}$$

여기서, K : 1km 수준측량시의 오차
L : 수준측량의 거리(km)
C : 1회의 관측에 의한 오차

④ 수준 측량의 허용 오차
  ㉠ 왕복 측량할 때의 허용 오차
    ⓐ 1급 수준 측량 : $\pm 2.5\sqrt{L}$ ㎜
    ⓑ 2급 수준 측량 : $\pm 5.0\sqrt{L}$ ㎜

  ㉡ 환 또는 기지점과 결합할 때의 폐합차
    ⓐ 1급 수준 측량 : $\pm 2.0\sqrt{L}$ ㎜
    ⓑ 2급 수준 측량 : $\pm 5.0\sqrt{L}$ ㎜ (여기서, L은 편도 거리(km)이다.)

  ㉢ 하천 측량 : 종단 측량 2회의 측정값 4km에 대하여 다음과 같다.
    ⓐ 감조부 : ±10㎜ (조류가 느껴진다해서 유조부라고도 하며 하천이 바다와 만나는 하류부분을 말한다.)
    ⓑ 무조부 : ±15㎜ (조류의 영향이 없는 하천의 중류부분을 말한다.)
    ⓒ 급류부 : ±20㎜

⑤ 직접 수준 측량의 오차 조정
  2점간의 거리를 2개 이상의 다른 노선을 따라 측량한 경우에는 경중률을 고려한 최확값을 산정한다.

  ㉠ 경중률(P)은 거리(S)에 반비례
  $$P_A : P_B : P_C = \frac{1}{S_A} : \frac{1}{S_B} : \frac{1}{S_C}$$

  ㉡ 최확값
  $$\frac{P_A \cdot H_A + P_B \cdot H_B + P_C \cdot H_C}{P_A + P_B + P_C}$$

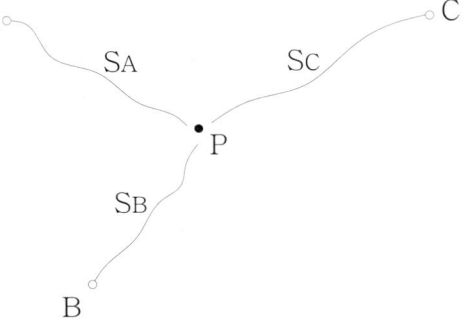

5 수준 측량의 응용

1 종단 수준 측량

① 철도, 도로, 수로와 같이 노선에 따라 지표면의 고저를 측정하여 종단면도를 만드는 작업측량
② 종단방향 20m식 말뚝을 박고 고저가 심한 경우는 측점과 측점 사이에 중간말뚝을 설치한다.
③ 일반적으로 수준측량 야장은 기고식을 사용한다.

2 횡단 수준 측량

① 종단측량의 중심말뚝 및 보조말뚝의 점에서 중심선에서 직각방향으로 지표면의 고저를 좌우로 측량하여 단면도를 작성하는 방법이다.
② 횡단 수준 측량의 방법
　㉠ 레벨에 의한 방법 : 가장 정밀하다.
　㉡ 테이프와 폴에 의한 방법
　㉢ 폴에 의한 방법 : 중요하지 않은 곳, 경사가 급한 곳에 사용한다.
③ 야장은 스케치식으로 하며, 분모는 중심 말뚝으로부터의 수평 거리이고, 분자는 중심 말뚝을 기준으로 한 고저차이다.

6 삼각 수준 측량

1 삼각 수준 측량

① 두 점 사이의 연직각과 거리를 측정하고 계산에 의하여 고저차를 구하는 간접 수준 측량이다.
② 두 점 사이의 거리가 멀 때, 또는 고저차가 심해서 직접 수준 측량이 어려울 때에 이용되는 방법이다.
③ 직접 수준 측량에 비하면 작업은 간단하나 정확도는 낮다.

2 두 측점간의 거리를 알 경우

$$H_A = H_B + i_B - \ell \tan\alpha_B - h_A$$
$$H_B = H_A + i_A + \ell \tan\alpha_A - h_B$$

양차(구차+기차)를 고려하면

$$H_A = H_B + i_B - \ell \tan\alpha_B - h_A + \frac{(1-K)\ell^2}{2R}$$

$$H_B = H_A + i_A + \ell \tan\alpha_A - h_B + \frac{(1-K)\ell^2}{2R}$$

여기서, H_A : 점 A의 표고, H_B : 점 B의 표고, i_A, i_B : 기계고,

h_A : 점 A에 세운 표척을 읽은 값, h_B : 점 B에 세운 표척을 읽은 값

α_A, α_B : 시준점에 대한 연직각

R : 지구반지름(약 6370km)

K : 공기 굴절 계수(우리 나라는 보통 0.14)

구차(거리 ℓ 이 크면 지구 곡률 때문에 생기는 오차) : $\frac{\ell^2}{2R}$

기차(빛의 굴절에 의한 오차) : $-\frac{K\ell^2}{2R}$ (항상 − 이다.)

양차(구차+기차) : $\frac{(1-K)\ell^2}{2R}$

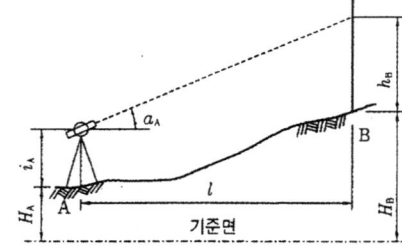 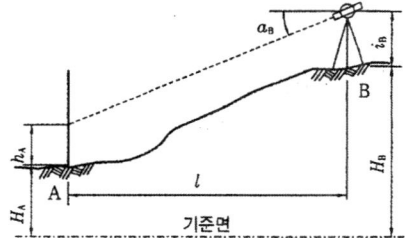

* 양차의 계산을 하지 않으려면 A, B 양 지점에서 관측하여 평균하면 된다.

$$H_A = H_B + i_B - \ell \tan\alpha_B - h_A + \frac{(1-K)\ell^2}{2R} \cdots ①$$

$$H_B = H_A + i_A + \ell \tan\alpha_A - h_B + \frac{(1-K)\ell^2}{2R} \cdots ②$$

①식을 H_B로 정리하면

$$H_B = H_A - i_B + \ell \tan\alpha_B + h_A - \frac{(1-K)\ell^2}{2R} \cdots ③$$

②식과 ③식의 양변을 각각 더하여 정리 하면 양차는 없어진다.

3 두 측점간의 거리를 모를 경우

㉠ 점 A 부근에 점 C를 선정하여 거리 AC = ℓ'를 측정한다.
㉡ 그림(b)에서처럼 A, C점에 기계를 세워 수평각 β, γ를 관측한다.
㉢ 삼각형 ABC에서 sin법칙을 이용해 ℓ을 구한다.

$$\frac{\ell'}{\sin 180 - (\beta + \gamma)} = \frac{\ell}{\sin \gamma}$$
$$\therefore \ell = \ell' \frac{\sin \gamma}{\sin (\beta + \gamma)}$$

㉣ ℓ을 구하면 ② 두 측점간의 거리를 알 경우와 동일한 방법으로 고저차를 구할 수 있다.

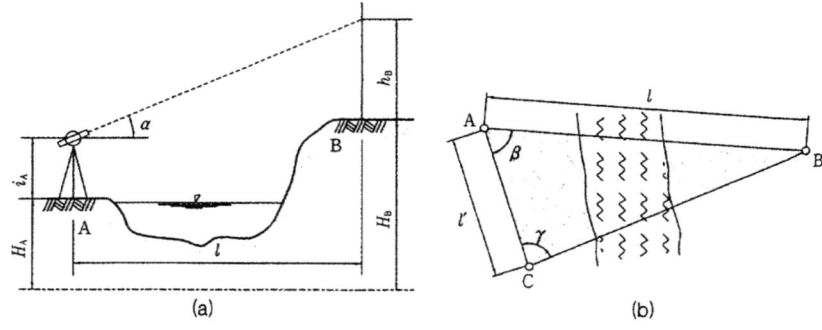

기출 및 예상문제

문제 1

높이를 비교하는 면으로 면의 모든 점의 높이가 0(zero)인 것으로 다음 중 가장 옳은 것은?

① 수평면 ② 수직면
③ 수준면 ④ 기준면

해설 기준면 : ㉠ 지반의 높이를 비교할 때 기준이 되는 면으로 표고는 0m가 된다.
㉡ 수년 간 관측하여 얻어진 평균 해수면을 사용한다.
㉢ 세계의 여러 나라는 독립된 기준면을 가지고 있다.

문제 2

수준 측량을 할 때 높이의 기준이 되는 면을 무엇이라 하는가?

① 최고 고조면 ② 최고 저조면
③ 지오이드면 ④ 평균 해수면

문제 3

수준면과 지구의 중심을 포함한 평면이 교차하는 선을 무엇이라 하는가?

① 수평면 ② 기준면
③ 연직선 ④ 수준선

해설 수준선 : 지구의 중심을 포함한 평면과 수준면이 교차하는 곡선으로 보통 시준거리의 범위에서는 수평선과 일치한다.

문제 4

수준 측량에 사용되는 용어의 설명 중에서 바르지 못한 것은?

① 수준면 : 연직선에 직교하는 모든 점을 잇는 곡면
② 수준선 : 수준면과 지구의 중심을 포함한 평면이 교차하는 선
③ 기준면 : 지반의 높이를 비교할 때 기준이 되는 면
④ 수준점 : 연직선에 직교하는 직선으로 어떤 점에서 수준선과 접하는 평면

해설 수준점 : 수준 원점으로부터 국도 및 주요 도로에 따라 2~4km마다 수준 표석을 설치하고 표고를 결정하여 놓은 점이며, 그 부근 점들의 높이를 정하는 데 기준이 된다.

정답 1. ④   2. ④   3. ④   4. ④

문제 5

수준측량에서 후시(B.S.)의 정의로 가장 적당한 것은?

① 측량진행 방향에서 기계 뒤에 있는 표척의 읽음 값
② 높이를 구하고자 하는 점의 표척의 읽음 값
③ 높이를 알고 있는 점의 표척의 읽음 값
④ 그 점의 높이만 구하고자 하는 점의 표척의 읽음 값

문제 6

내륙에서 멀리 떨어져 있는 섬에서는 내륙의 기준면을 직접 연결할 수 없어 하천이나 항만공사 등에서 필요에 따라 편리한 기준면을 정하는 경우가 있는데 이것을 무엇이라 하는가?

① 수준면　　② 기준면　　③ 수준 원점　　④ 특별 기준면

문제 7

자동 레벨에 있어서 원형 기포관을 이용하여 대략 수평으로 세우면 시준선이 자동적으로 수평 상태로 되게 하는 장치는?

① 컴펜세이터(compensator)　　② 측미경
③ 마이크로미터　　④ 미동 나사

문제 8

수준 측량에서 그 점의 표고만을 구하고자 표척을 세워 전시를 취하는 점은?

① 이기점　　② 기계고　　③ 지반고　　④ 중간점

해 설　중간점(intermediate point, I.P) : 전시만 관측하는 점으로 다른 측점에 영향을 주지 않는 점

문제 9

수준 측량시 한 측점에서 동시에 전시와 후시를 모두 취하는 점을 무엇이라 하는가?

① 전시점　　② 후시점　　③ 중간점　　④ 이기점

해 설　이기점(turning point, T.P) : 전후의 측량을 연결하기 위하여 전시와 후시를 함께 취하는 점으로 다른 점에 영향을 주므로 정확하게 관측해야 한다.

정답　5. ③　6. ④　7. ①　8. ④　9. ④

문제 10

다음 그림에서 A점과 B점의 고저차는? (단, 단위는 m임)

① 0.66m
② 1.49m
③ 1.79m
④ 1.87m

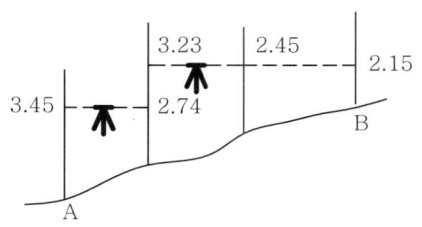

해 설 고저차=ΣB.S-ΣF.S=(3.45+3.23)-(2.74+2.15)=1.79m

문제 11

다음 수준 측량의 측량도를 보고 B점의 지반고를 계산한 값은?
(단, A점 지반고 30m, A점 함척눈금 1.456m, B점 함척높이 0.647m 이다.)

① 30.809m
② 29.191m
③ 28.143m
④ 26.147m

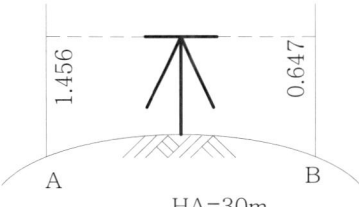

해 설 H_B=H_A+(ΣB.S-ΣF.S)=30+(1.456-0.647)=30.809

문제 12

다음 그림에서 NO.4의 지반고를 승강식 야장 방법에 의하여 구한 값은?
(단, 측점1의 지반고는 25.000m)

① 23.09m
② 24.12m
③ 25.88m
④ 26.91m

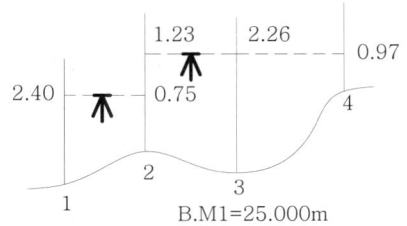

해 설 H_4=H_1+(ΣB.S-ΣF.S)=25+{(2.40+1.23)-(0.75+0.97)}=26.91m

정답 10. ③ 11. ① 12. ④

문제 13

아래 그림에서 B점에 장애물이 있어 함척을 거꾸로 세워 측정했다. C점의 표고는 얼마인가? (단, A점의 표고 =10m임)

① 9.851m
② 10.851m
③ 11.851m
④ 12.851m

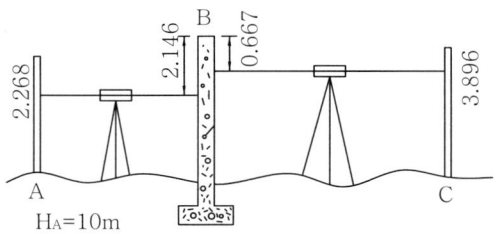

해 설 $H_C = H_A + (\Sigma B.S - \Sigma F.S) = 10 + (2.268 - 0.667) - (-2.146 + 3.896) = 9.851m$

문제 14

$\Sigma B.S = 7.256m$, $\Sigma F.S = 6.543m$ 이다. A점의 지반고 G.H=30.000m일 때 B점의 지반고(G.H)는 얼마인가? (단, A에서 B점을 향한 측량)

① 29.287m　　② 30.713m　　③ 31.528m　　④ 33.799m

해 설 $H_B = H_A + (\Sigma B.S - \Sigma F.S) = 30 + (7.256 - 6.543) = 30.713m$

문제 15

하천 또는 계곡에서 두 점간의 거리가 먼 경우 고저차를 구하는 가장 적당한 방법은?

① 삼각 수준 측량
② 간접 수준 측량
③ 직접 수준 측량
④ 교호 수준 측량

해 설 교호 수준 측량 : 측선 중에 계곡, 하천 등이 있으면 측선의 중앙에 레벨을 세우지 못하므로 정밀도를 높이기 위해(굴절오차와 시준오차를 소거하기 위해) 양 측점에서 측량하여 두 점의 표고차를 2회 산출하여 평균하는 방법

문제 16

두 점 사이에 강·호수 또는 계곡 등이 있어서 그 두 점 중간에 기계를 세울 수 없어, 기슭에서 양쪽에 세운 표척을 동시에 읽어 두 점의 표고차를 2회 산출 평균하는 측량방법을 무엇이라 하는가?

① 종단 수준 측량
② 횡단 수준 측량
③ 삼각 수준 측량
④ 교호 수준 측량

정답　13. ①　14. ②　15. ④　16. ④

문제 17

측량하려는 두 점 사이에 강, 호수, 하천 또는 계곡이 있어 그 두 점 중간에 기계를 세울 수 없는 경우 교호 수준측량을 실시한다. 이 측량에서 양안 기슭에 표척을 세워 시준하는 이유는?

① 굴절오차와 시준오차를 소거하기 위해
② 양안 경사거리를 쉽게 측량하기 위해
③ 양안의 표척과 기계사이의 거리를 다르게 하기 위해
④ 표고차를 4회 평균하여 산출하기 위해

문제 18

교호 수준 측량에 대한 내용이 아닌 것은 다음 중 어느 것인가?

① 두 점의 표고차를 2회 산출하여 평균한다.
② 양안에서 표척과 기계간의 거리는 같게 한다.
③ 기계를 세우는 점과 측점은 동일한 선상에 있으면 좋다.
④ 두 점 사이의 연직각과 거리를 측정한다.

문제 19

그림과 같이 수준 측량을 실시하여 다음의 결과를 얻었다. A점 지반고가 32.578m일 때 B점의 지반고는? (단, a_1 = 2.065m, a_2 = 1.573m, b_1 = 3.465m, b_2 = 2.158m)

① 31.585m
② 31.858m
③ 33.478m
④ 33.748m

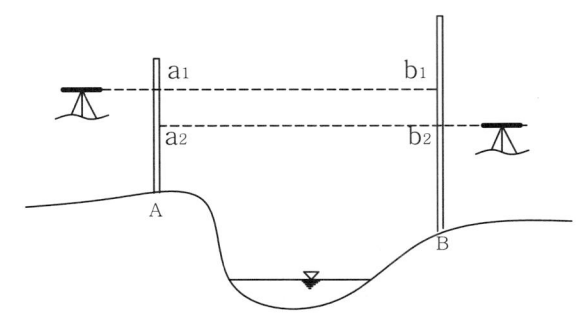

해설	고저차 $\Delta h = \dfrac{(a_1 + a_2) - (b_1 + b_2)}{2} = \dfrac{(2.065 + 1.573) - (3.465 + 2.158)}{2} = -0.993$m HB=HA+Δh=32.578-0.993=31.585m

문제 20

교호수준측량의 공식으로 옳은 것은?
(단, a_1, a_2 : 측점 A에서 읽은 값 b_1, b_2 : 측점 B에서 읽은 값)

① $H = \dfrac{(a_1 - b_1) + (a_2 - b_2)}{2}$

② $H = \dfrac{(a_1 - a_2) - (b_1 - b_2)}{2}$

③ $H = \dfrac{(a_1 - a_2) + (b_1 - b_2)}{2}$

④ $H = \dfrac{(a_1 + b_1) + (a_2 + b_2)}{2}$

해설 $H = \dfrac{(a_1 - b_1) + (a_2 - b_2)}{2} = \dfrac{(a_1 + a_2) - (b_1 + b_2)}{2}$

문제 21

교호 수준측량 결과가 각각 A점에서 $a_1=0.95m$, $a_2=1.60m$, B점에서 $b_1=0.34m$, $b_2=1.25m$ 일 때 B점의 표고는? (단, A점의 표고는 60.00m 임)

① 46.24m   ② 58.44m   ③ 60.48m   ④ 62.84m

해설 고저차 $\Delta h = \dfrac{(a_1 + a_2) - (b_1 + b_2)}{2} = \dfrac{(0.95 + 1.60) - (0.34 + 1.25)}{2} = 0.48m$
HB=HA+Δh=60+0.48=60.48m

문제 22

다음 그림과 같이 교호 수준측량을 실시하였다. 두점 A,B의 고저차는 얼마인가?
(단, aA =Bb)

① 49.6cm
② 79.6cm
③ 81.8cm
④ 94.2cm

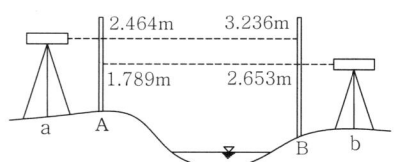

해설 $\Delta h = \dfrac{(a_1 + a_2) - (b_1 + b_2)}{2} = \dfrac{(2.464 + 1.789) - (3.236 + 2.653)}{2} = -0.818m = -81.8cm$
고저차를 구하기 때문에 부호는 상관없다.

문제 23

종단 및 횡단 수준 측량에서 중간점(I.P)이 많은 경우 편리한 방법은?

① 기고식   ② 고차식   ③ 승강식   ④ 교호수준식

해설 기고식 야장 : 종단 및 횡단 수준측량에서 중간점이 많을 때 적합하다.

정답 20. ①   21. ③   22. ③   23. ①

문제 24

정확히 검사를 할 수 있어 정밀을 요하는 측량에 많이 이용되나 중간점이 많을 때는 계산이 복잡해지는 단점을 갖고 있는 야장기입 방법은 어느 것인가?

① 고차식 ② 승강식
③ 기고식 ④ 종단식

해설 승강식 야장 : 계산에서 완전히 검산할 수 있어 정밀을 요할 때 적합, 중간점이 많을 때는 계산이 복잡한 단점이 있다.

문제 25

다음 야장에서 B 점의 표고는 얼마인가?

측 점	후 시	전 시	지반고	비 고
A	2.15		10.00	A점의 표고 : 10.00m (단위:m)
1	2.34	2.04		
2	1.98	1.46		
B		0.85		

① 12.12m ② 14.35m
③ 16.46m ④ 20.62m

해설 $H_B = H_A + (\Sigma B.S - \Sigma F.S) = 10 + (2.15+2.34+1.98) - (2.04+1.46+0.85) = 12.12m$

문제 26

다음 표는 수준측량 야장의 일부이며 이로부터 측점 NO.4의 지반고를 구한 값으로 옳은 것은?

(단위:m)

측 점	후 시	전 시	지반고
No.1	2.60		10.00
No.2	2.20	1.60	
No.3	3.60	1.80	
No.4		3.20	

① 12.00m ② 11.80m
③ 9.60m   ④ 8.20m

해설 $H_B = H_A + (\Sigma B.S - \Sigma F.S) = 10 + (2.60+2.20+3.60) - (1.60+1.80+3.20) = 11.80m$

정답 24. ② 25. ① 26. ②

문제 27

수준 측량시에 발생할 수 있는 오차의 원인 중 기계적 원인이 아닌 것은?

① 표척 눈금이 불완전하다.
② 표척을 정확히 수직으로 세우지 않았다.
③ 레벨의 조정이 불완전하다.
④ 표척 이음매 부분이 정확하지 않다.

문제 28

수준측량을 할 때 전, 후의 시준거리를 같게 취하고자 하는 중요한 이유는?

① 표척의 영점 오차를 없애기 위하여
② 표척 눈금의 부정확으로 생긴 오차를 없애기 위하여
③ 표척이 기울어져서 생긴 오차를 없애기 위하여
④ 구차 및 기차를 없애기 위하여

해 설 전시와 후시의 거리를 같게하므로 제거되는 오차 : 지구의 곡률오차, 빛의 굴절오차, 시준축 오차

문제 29

수준 측량의 경중률에 관한 설명으로 옳은 것은?

① 경중률은 오차의 제곱에 반비례한다.
② 경중률은 거리에 비례한다.
③ 경중률은 오차의 제곱근에 반비례한다.
④ 경중률은 측정횟수에 반비례한다.

해 설 경중률은 오차의 제곱에 반비례한다.

문제 30

수준 측량에서 고저 오차는 거리와 어떤 관계인가?

① 거리에 비례
② 거리에 반비례
③ 거리의 제곱근에 반비례
④ 거리의 제곱근에 비례

해 설 직접 수준 측량의 오차 : 거리와 측정횟수의 제곱근에 비례

정답 27. ②   28. ④   29. ①   30. ④

문제 31

거리 3km에 대한 수준 측량의 허용오차가 ±20mm일 때 같은 정확도로 거리 4km에 대하여 측량할 때 오차는 얼마인가?

① ± 12.13mm ② ± 20.13mm ③ ±23.09mm ④ ± 40.27mm

해 설 오차는 거리의 제곱근에 비례하므로 $\sqrt{3} : 20 = \sqrt{4} : x$ 에서 $x = 23.09$mm

문제 32

수준 측량의 5km에 대한 허용오차가 15mm일 때 2km 수준 측량의 허용오차로 가장 가까운 값은?

① 3mm ② 6mm ③ 9mm ④ 12mm

해 설 오차는 거리의 제곱근에 비례하므로 $\sqrt{5} : 15 = \sqrt{2} : x$ 에서 $x = 9.49$mm

문제 33

수준 측량에서 왕복 측량의 허용오차가 편도거리 2km에 대하여 20mm일 때 1km에 대한 허용오차는?

① 20 mm ② 14 mm ③ 10 mm ④ 7 mm

해 설 오차는 거리의 제곱근에 비례하므로 $\sqrt{2} : 20 = \sqrt{1} : x$ 에서 $x = 14.14$mm

문제 34

직접 수준 측량에서 2km 왕복 오차가 10mm라 하면 8km 왕복 했을 때의 오차는 얼마인가?

① 10mm ② 20mm ③ 30mm ④ 40mm

해 설 오차는 거리의 제곱근에 비례하므로 $\sqrt{4} : 10 = \sqrt{16} : x$ 에서 $x = 20$mm

문제 35

거리 1km당 수준 측량 오차를 ±3mm라 하면 거리 8km 왕복 수준 측량의 오차는?

① ±8mm ② ±9mm ③ ±10mm ④ ±12mm

해 설 오차는 거리의 제곱근에 비례하므로 $\sqrt{2} : 3 = \sqrt{16} : x$ 에서 $x = 8.49$mm

정답 31. ③ 32. ③ 33. ② 34. ② 35. ①

문제 36

우리나라의 2등 왕복수준측량에서 편도 4km 측량시 표고 허용 오차는?

① ±3mm ② ±10mm
③ ±15mm ④ ±20mm

해설
왕복 측량할 때의 허용 오차
ⓐ 1등 수준 측량 : ±2.5$\sqrt{L}$㎜, ⓑ 2등 수준 측량 : ±5.0$\sqrt{L}$㎜ (L : 편도거리)
허용 오차=±5.0$\sqrt{L}$㎜=±5.0$\sqrt{4}$㎜=±10㎜

문제 37

A, B 두 점 간의 고저차를 구하기 위하여 그림과 같이 ①,②,③노선을 지나는 직접 수준 측량을 실시하였다. 그 결과가 다음과 같을 때 최확치는?
① 32.234m ② 32.245m ③ 32.240m

① 32.241m
② 32.239m
③ 32.243m
④ 32.247m

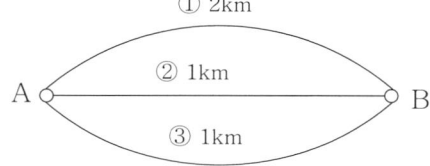

해설
경중률은 거리에 반비례하므로 P₁ : P₂ : P₃ = $\frac{1}{2}:\frac{1}{1}:\frac{1}{1}$ = 1 : 2 : 2

최확치=$\frac{(1\times32.234)+(2\times32.245)+(2\times32.240)}{1+2+2}$=32.241m

문제 38

평탄지에서 15km 떨어진 점을 시준하는 경우 시준표의 높이는 어느 정도로 하는 것이 좋은가?
(단, 지구반경 R=6370km)

① 14.24m ② 15.42m
③ 17.66m ④ 24.06m

해설
구차(거리 l이 크면 지구 곡률 때문에 생기는 오차)
$\frac{l^2}{2R}=\frac{15^2}{2\times6370}$=0.01766km=17.66m

문제 39

교호 수준 측량을 하여 그림과 같은 성과를 얻었다. 이때 A점과 B점의 표고차는?
(단, a₁=1.745m, a₂=2.452m, b₁=1.423m, b₂=2.118m)

정답 36. ② 37. ① 38. ③ 39. ③

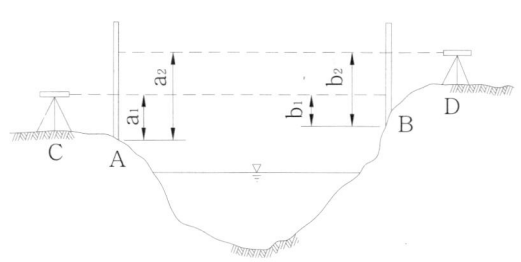

① 0.251m ② 0.289m ③ 0.328m ④ 0.354m

| 해설 | $\Delta h = \dfrac{(a_1+a_2)-(b_1+b_2)}{2} = \dfrac{(1.745+2.452)-(1.423-2.118)}{2} = 0.328\text{m}$ |

문제 40

두 개의 수준점 A점과 B점에서 C점의 높이를 구하기 위하여 직접 수준 측량을 하여 A점으로부터 높이 75.363m(거리 2km), B점으로부터 높이 75.377m(거리 5km)의 결과를 얻었을 때 C점의 보정된 높이는 얼마인가?

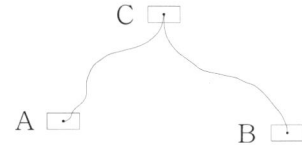

① 75.364m
② 75.367m
③ 75.370m
④ 75.373m

| 해설 | 경중률은 거리에 반비례하므로, $P_1 : P_2 = \dfrac{1}{2} : \dfrac{1}{5} = 5:2$ 최확치$= \dfrac{(5\times 75.363)+(2\times 75.377)}{5+2} = 75.367\text{m}$ |

문제 41

수준측량 결과 발생하는 고저의 오차는 거리와 어떤 관계를 갖는가?

① 거리에 비례한다.
② 거리에 반비례한다.
③ 거리의 제곱근에 비례한다.
④ 거리의 제곱근에 반비례한다.

| 해설 | 직접 수준 측량의 오차 : 거리와 측정횟수의 제곱근에 비례 |

문제 42

우리나라의 기본 수준 측량의 1등 수준 측량에 대한 수준점은 보통 얼마마다 설치되어 있는가?

① 100~500m ② 2~4km ③ 10~15km ④ 50~60km

| 해설 | 1등 수준 측량 : 기본측량의 표고 기준점 측량으로서 공공측량 및 그 밖의 측량 기준이 되는 1등 수준점의 표고를 결정하기 위한 측량으로, 2~4km마다 설치되어 있다. |

정답 40. ② 41. ③ 42. ②

문제 43

그림과 같은 수준측량에서 A와 B의 표고차는?

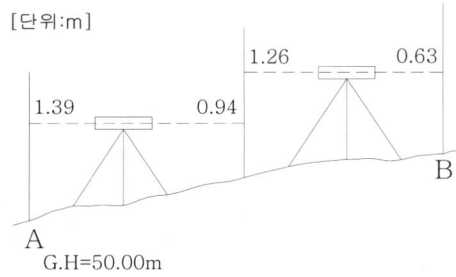

① 1.78m
② 1.65m
③ 1.44m
④ 1.08m

해설 고저차=ΣB.S-ΣF.S=(1.39+1.26)-(0.94+0.63)=1.08m

문제 44

거리 500m에서 구차를 구한 값으로 옳은 것은? (단, 지구의 반지름은 6370km이다.)

① 1.96mm   ② 9.8mm   ③ 19.6mm   ④ 39.2mm

해설 구차(거리 ℓ이 크면 지구 곡률 때문에 생기는 오차)

$$\frac{\ell^2}{2R} = \frac{0.5^2}{2 \times 6370} = 0.0000196 \text{km} = 0.0196 \text{m} = 1.96 \text{cm} = 19.6 \text{mm}$$

문제 45

레벨의 감도가 한 눈금에 40초 일 때 80m떨어진 표척을 읽은 후 2눈금 이동하였다면 이 때 생긴 오차량은?

① 0.02m   ② 0.03m   ③ 0.04m   ④ 0.05m

해설 감도(θ'') = $\frac{\ell}{n \cdot D}$ • 206265″ (ℓ: 수준오차, n: 기포 이동 눈금수, D: 기계와 표척 사이 거리)

$$\therefore \ell = \frac{\theta'' \times n \times D}{206265''} = \frac{40'' \times 2 \times 80m}{206265''} = 0.03\text{m}$$

문제 46

다음 중 오차를 줄일 수 있는 수준측량의 주의사항으로 옳지 않은 것은?

① 견고한 곳에 기계를 설치할 것
② 측정순간의 기포는 항상 중앙에 있을 것
③ 레벨을 세우는 횟수를 홀수로 할 것
④ 이기점의 전시와 후시의 거리를 같게 할 것

해설 표척의 0점 오차 : 기계의 세움을 짝수회로 하면 소거

정답 43. ④ 44. ③ 45. ② 46. ③

문제 47

A로부터 B에 이르는 수준 측량의 결과가 표와 같을 때 B의 표고는?

코스	측정결과	거리
1코스	32.42m	5km
2코스	32.43m	2km
3코스	32.40m	4km

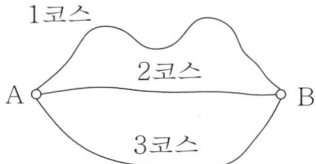

① 32.417m ② 32.420m ③ 32.432m ④ 32.440m

해 설

경중률은 거리에 반비례하므로

$P_1 : P_2 : P_3 = \dfrac{1}{5} : \dfrac{1}{2} : \dfrac{1}{4} = 4 : 10 : 5$

최확치 $= \dfrac{(4 \times 32.42) + (10 \times 32.43) + (5 \times 32.40)}{4 + 10 + 5} = 32.420m$

문제 48

기고식 야장결과로 측점 4의 지반고를 계산한 값은?
(단, 관측값의 단위는 m 이다.)

측점	B.S.	F.S. T.P.	F.S. I.P.	I.H.	G.H.
1	1.428				4.374
2			1.231		
3	1.032	1.572			
4			1.017		
5		1.762			

① 3.500m ② 4.230m ③ 4.245m ④ 4.571m

해 설

측점 1의 기계고(IH)=측점 1의 지반고(GH)+측점 1의 후시(BS)=4.374+1.428=5.802m
측점 3의 지반고(GH)=측점 1의 기계고(IH)-측점 3의 전시(FS⇒TP)=5.802-1.572=4.230m
측점 3의 기계고(IH)=측점 3의 지반고(GH)+측점 3의 후시(BS)=4.230+1.032=5.262m
측점 4의 지반고(GH)=측점 3의 기계고(IH)-측점 4의 전시(FS⇒IP)=5.262-1.017=4.245m

문제 49

원형 기포관을 이용하여 대략 수평으로 세우면 망원경 속에 장치된 컴펜세이터(Compensator)에 의해 시준선이 자동적으로 수평상태로 되는 레벨은 어느 것인가?

① 덤피레벨 ② 핸드레벨 ③ Y레벨 ④ 자동레벨

해 설

자동 레벨
㉠ 원형 기포관을 이용하여 대략 수평으로 세우면 망원경 속에 장치된
   컴펜세이터(compensator:보정기)에 의해 자동적으로 정준이 되는 레벨
㉡ 측량 전반에 걸쳐서 좋은 정확도를 얻을 수 있다.
㉢ 신속하게 측정할 수 있으므로 많이 이용되는 레벨이다.

정답 47. ② 48. ③ 49. ④

문제 50

수준측량의 오차 중 기계적 원인이 아닌 것은?

① 레벨 조정의 불완전
② 레벨 기포관의 둔감
③ 망원경 조준시의 시차
④ 기포관 곡률의 불균일

해 설 망원경 조준시의 시차는 관측자의 개인적인 오차이다.

문제 51

그림 A, C 사이에 연속된 담장이 가로막혔을 때의 수준측량시 C점의 지반고는?
(단, A점의 지반고 10m)

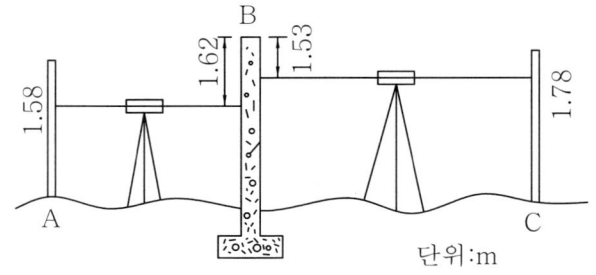

① 9.89m ② 10.62m ③ 11.86m ④ 12.54m

해 설 $H_C = H_A + (\Sigma B.S - \Sigma F.S) = 10 + (1.58 - 1.53) - (-1.62 + 1.78) = 9.89m$

문제 52

교호 수준 측량을 하는 주된 이유는?

① 안개에 의한 오차를 소거하기 위하여
② 관측자의 원인에 의한 오차를 소거하기 위하여
③ 굴절오차 및 시준축 오차를 소거하기 위하여
④ 표척의 이음부의 오차를 소거하기 위하여

문제 53

수준측량에 관한 설명으로 잘못된 것은?

① 수준측량은 토지의 현황을 표현하는 지도를 제작하는 자료로 활용된다.
② 수준측량에 있어서 진행방향에 대한 시준값을 후시라 한다.
③ 수준면은 연직선에 직교하는 모든 점을 잇는 곡면이다.
④ 중간점은 전시만 취하는 점으로 그 점의 지반고를 구할 경우에만 사용한다.

해 설 전시(fore sight, F.S) : 표고를 구하려는 점에 세운 표척의 눈금을 읽는 것 ⇒ 수준측량에 있어서 진행방향에 대한 시준값

정답 50. ③ 51. ① 52. ③ 53. ②

문제 54

수준측량에서 자연적인 오차가 아닌 것은?

① 구차
② 관측 동안의 기상변화
③ 기차
④ 기포의 낮은 감도

해 설 기포의 낮은 감도-기계적인 원인

문제 55

다음 그림은 ①, ②, ③ 노선을 지나 A, B점 간을 직접 수준 측량한 결과표이다. B점의 최확값은?

직접 수준측량 결과표
① 노선(3km) =16.726m
② 노선(2km) =16.728m
③ 노선(4km) =16.734m

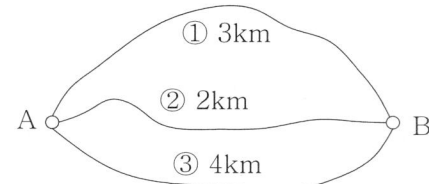

① 16.725m   ② 16.727m   ③ 16.729m   ④ 16.735m

해 설 경중률은 거리에 반비례하므로 $P_1 : P_2 : P_3 = \dfrac{1}{3} : \dfrac{1}{2} : \dfrac{1}{4} = 4 : 6 : 3$

최확치 $= \dfrac{(4 \times 16.726) + (6 \times 16.728) + (3 \times 16.734)}{4 + 6 + 3} = 16.729\text{m}$

문제 56

수준측량에서 표척을 세울 때 주의 사항으로 옳지 않은 것은?

① 표척을 세우는 장소는 지반이 견고하여야 한다.
② 표척은 수직으로 세운다.
③ 표척은 노출방지를 위해 복잡한 지역에 세운다.
④ 표척은 가능한 레벨로부터 두 점 사이의 거리가 같도록 세운다.

해 설 표척은 시준하기 좋은 곳에 세운다.

문제 57

다음 중 교호 수준 측량에 의해 제거될 수 있는 오차는?

① 빛의 굴절에 의한 오차와 시준오차
② 관측자의 원인에 의한 오차
③ 기포 감도에 의한 오차
④ 표척의 연결부 오차

정답 54. ④   55. ③   56. ③   57. ①

문제 58

수준 측량에 사용되는 용어에 대한 설명으로 틀린 것은?

① 수준면(level surface) : 연직선에 직교하는 모든 점을 잇는 곡면
② 수준선(level line) : 수준면과 지구의 중심을 포함한 평면이 교차하는 선
③ 기준면(datum plane) : 지반의 높이를 비교할 때 기준이 되는 면
④ 특별 기준면(special datum plane) : 연직선에 직교하는 평면으로 어떤 점에서 수준면과 접하는 평면

해 설   특별 기준면 : 하천의 감조부나 항만 또는 해안 공사에서 해저 표고(-표고)의 불편함으로 인해 필요에 따라 편리한 기준면을 정하는 경우가 있는데, 이를 특별 기준면이라 한다.

문제 59

직접수준측량으로 표고를 측정하기 위하여 I점에 레벨을 세우고 B점에 세운 표척을 시준하여 관측 하였다. A점(표고를 알고 있는 점)에 설치한 표척의 읽음값(i_a)을 구하는 식으로 옳은 것은? (단, i_b=B의 표척 읽음값, A_h=A의 표고, B_h=B의 표고)

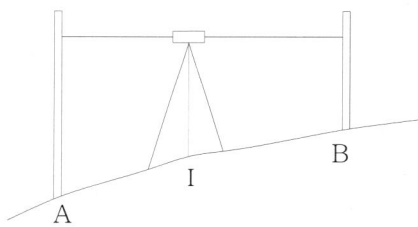

① $i_a = B_h + i_b + A_h$
② $i_a = B_h - i_b + A_h$
③ $i_a = B_h + i_b - A_h$
④ $i_a = B_h - i_b - A_h$

문제 60

다음 중 횡단 수준측량에 대한 설명으로 틀린 것은?

① 중심선에 직각방향으로 지표면의 고저를 측량하는 것을 말한다.
② 높은 정확도를 요하지 않을 경우에는 간접 수준 측량 방법을 사용할 수 있다.
③ 토공량 산정에 활용된다.
④ 관측 결과로 측점의 3차원 위치를 정확하게 얻는 것을 목적으로 한다.

해 설   횡단 측량은 종단 측량을 마친후 종단 측량 중심 말뚝에 따라 직각으로 폴 및 핸드 레벨을 이용하여 횡단면도를 얻는 측량이다.

정답   58. ④   59. ③   60. ④

문제 61

A, B, C 세 점으로부터 수준측량을 한 결과 P점의 관측값이 각각 P1, P2, P3 였다면 P점의 최확값을 구하는 식으로 옳은 것은? (여기서, A, B, C로부터 P점까지의 거리 비 A:B:C=2:1:2이다.)

① $\dfrac{P1\times 1 + P2\times 2 + P3\times 1}{1+2+1}$
② $\dfrac{P1\times 2 + P2\times 1 + P3\times 2}{2+1+2}$
③ $\dfrac{P1+P2+P3}{3}$
④ $\dfrac{P1\times P2\times P3}{3^2}$

해설 경중률은 거리에 반비례하므로 $P_1 : P_2 : P_3 = \dfrac{1}{2} : \dfrac{1}{1} : \dfrac{1}{2} = 1 : 2 : 1$

최확값 = $\dfrac{P1\times 1 + P2\times 2 + P3\times 1}{1+2+1}$

문제 62

수준측량의 오차 중 기계적인 원인이 아닌 것은?

① 레벨 조정의 불완전
② 레벨 기포관의 둔감
③ 망원경 조준시의 시차
④ 기포관 곡률의 불균일

해설 망원경 조준시의 시차 : 개인적인 오차

문제 63

교호수준측량에 관한 설명 중 옳지 않은 것은?

① 두 측점 사이에 강, 호수, 하천 등이 있어 중간에 기계를 세울 수 없을 때 사용한다.
② 양쪽 안에서 측량하고 두 점의 표고차를 2회 산출하여 평균한다.
③ 양쪽 안에 설치된 레벨과 바로 앞 표척간의 거리는 서로 다른 거리를 취하여야 한다.
④ 지면과 수면 위의 공기의 밀도차에 대한 보정과 시준측 오차를 소거하기 위하여 교호수준측량을 한다.

해설 양안에서 표척과 기계간의 거리는 같게 한다.

문제 64

구차와 기차를 합친 양차의 값은 얼마 정도인가?
(단, R= 6370km, K = 0.14, L = 수평거리[km])

① 4.45 L^2 [cm]
② 5.65 L^2 [cm]
③ 6.75 L^2 [cm]
④ 8.24 L^2 [cm]

해설 양차 = $\dfrac{(1-K)\ell^2}{2R} = \dfrac{(1-0.14)L^2}{2\times 6370} = 0.0000675 L^2$ [km] = $6.75 L^2$ [cm]

정답 61. ① 62. ③ 63. ③ 64. ③

문제 65

다음 중 측량의 오차에서 개인오차가 아닌 것은?

① 시각 및 습성 ② 조작의 불량
③ 부주의 및 과오 ④ 광선의 굴절

해설 광선의 굴절 : 자연적인 원인

문제 66

도로를 설치 할 때, 종단수준측량에 대한 설명으로 틀린 것은?

① 노선을 따라 지표면의 고저를 측량하여 종단면도를 만드는 작업을 종단수준측량이라 한다.
② 야장은 주로 고차식 야장법을 많이 이용한다.
③ 노선을 따라 보통 20m마다 중심말뚝을 설치한다.
④ 경사의 변환점이 있을 때에는 추가 말뚝을 설치하여 고저차를 측정한다.

해설 일반적으로 종단수준측량 야장은 기고식을 사용한다.

문제 67

수준측량의 성과의 일부 중에서 No.3 측점의 지반고는?
(단, B.M의 지반고 = 50.000m 고, 단위는 m)

측점	거리	후시	전시 T.P	전시 I.P
B.M.	0	3.520		
No.1	20			1.700
No.2	20			2.520
No.3	20	3.450	3.250	

① 50.270m ② 51.820m
③ 53.720m ④ 58.280m

해설 B.M의 기계고=B.M의 지반고+B.M의 후시=50.000+3.520=53.520m
No.3의 지반고=B.M의 기계고-No.3의 전시(TP)=53.520-3.250=50.270m

문제 68

어느 측점의 지반고 값이 42.821m 이었다. 이 때 이점의 후시값이 3.243m가 되면 이점의 기계고는 얼마인가?

① 13.204m ② 39.578m ③ 46.064m ④ 63.223m

해설 기계고=지반고+후시=42.821+3.243=46.064m

정답 65. ④ 66. ② 67. ① 68. ③

문제 69

삼각수준측량에서 A, B 두 점간의 거리가 8km 이고 굴절 계수가 0.14일 때 양차는?
(단, 지구 반지름 = 6370km 이다.)

① 4.32m ② 5.38m ③ 6.93m ④ 7.05m

해 설

양차(구차+기차) = $\dfrac{(1-K)\ell^2}{2R} = \dfrac{(1-0.14)\times 8^2}{2\times 6370} = 4.32m$

문제 70

수준 측량할 때 측정자의 주의 사항으로 옳은 것은?

① 표척을 전·후로 기울여 관측할 때에는 최대 읽음값을 취해야 한다.
② 표척과 기계와의 거리는 6m 내외를 표준으로 한다.
③ 표척을 읽을 때에는 최상단 또는 최하단을 읽는다.
④ 표척의 눈금은 이기점에서는 1mm까지 읽는다.

해 설
- 표척을 전·후로 기울여 관측할 때에는 최소 읽음값을 취해야 한다.
- 표척과 기계와의 거리는 60m 내외를 표준으로 한다.
- 표척을 읽을 때에는 최상단 또는 최하단을 피한다.
- 표척의 눈금은 이기점에서는 1mm, 그 밖의 점에서는 5mm 또는 1cm 단위로 읽는 것이 보통이다.

문제 71

다음 수준측량의 기고식 야장이다. 빈칸에 들어갈 항목이 맞게 짝지어진 것은?

측점	추가거리	①	②	③	④	비고
1						
2						

① ①-지반고, ②-기계고, ③-전시, ④-후시
② ①-후시, ②-지반고, ③-전시, ④-기계고
③ ①-후시, ②-기계고, ③-전시, ④-지반고
④ ①-기계고, ②-전시, ③-지반고, ④-후시

문제 72

종단 수준 측량시 추가말뚝에 대한 설명 중 틀린 것은?

① 도로, 철도 등 노선의 중심선 위에 20m마다 중심말뚝을 박고 경사나 방향이 변하는 곳에 설치한다.
② 추가말뚝의 표시는 전 측점 번호에 추가거리를 +로써 나타낸다.
③ 추가말뚝은 1 체인(chain)에 있어 지형의 기복에 따라 2개 이상이라도 설치할 수 있다.
④ 추가말뚝은 노선의 중심선과 관계없이 기복이 가장 심한 곳에 설치해야 한다.

해 설 도로, 철도 등 노선의 중심선 위에 20m마다 중심말뚝을 박고 경사나 방향이 변하는 곳에 설치한다.

정답 69. ① 70. ④ 71. ③ 72. ④

문제 73

1회 측정할 때마다 ±3mm의 우연오차가 생겼다면 5회 측정할 때 생기는 오차의 크기는?

① ±15.0mm ② ±12.0mm ③ ±9.3mm ④ ±6.7mm

해설 오차는 거리와 측정횟수의 제곱근에 비례, 오차 $=\pm 3\text{mm} \times \sqrt{5} = \pm 6.71\text{mm}$

문제 74

수준측량 방법에 따른 분류 중 간접 수준 측량에 해당되지 않는 것은?

① 기압수준측량 ② 삼각수준측량
③ 교호수준측량 ④ 항공사진측량

해설 교호수준측량 : 두 점 사이에 강·호수 또는 계곡 등이 있어서 그 두 점 중간에 기계를 세울 수 없어, 기슭에서 양쪽에 세운 표척을 동시에 읽어 두 점의 표고차를 2회 산술 평균하는 측량

문제 75

수준측량의 야장기입법이 아닌 것은?

① 기고식 ② 종단식 ③ 고차식 ④ 승강식

해설 ■ 야장 기입 방법
① 고차식 야장 : 두 측점간의 고저 차만을 구하기에 적합하다.
② 기고식 야장 : 종단 및 횡단 수준측량에서 중간점이 많을 때 적합하다.
③ 승강식 야장 : 계산에서 완전히 검산할 수 있어 정밀을 요할 때 적합, 중간점이 많을 때는 계산이 복잡한 단점이 있다.

문제 76

철도, 도로의 종단에 직각방향으로 횡단면도를 얻기 위해 실시하는 고저측량은?

① 종단고저측량 ② 횡단고저측량
③ 삼각고저측량 ④ 교호고저측량

해설 횡단고저측량 : 철도, 도로의 종단에 직각방향으로 횡단면도를 얻기 위해 실시하는 고저측량

문제 77

수준측량의 고저차를 확인하기 위한 검산식으로 옳은 것은?

① $\Sigma F.S - \Sigma T.P$ ② $\Sigma B.S - \Sigma T.P$ ③ $\Sigma I.H - \Sigma F.S$ ④ $\Sigma I.H - \Sigma B.S$

해설 $\Sigma B.S - \Sigma T.P$ = 마지막 지반고 − 처음 지반고

정답 73. ④ 74. ③ 75. ② 76. ② 77. ②

문제 78

수준측량에서 기계기구의 취급에 의한 오차로 옳지 않은 것은?

① 레벨의 침하에 의한 오차 ② 표척의 침하에 의한 오차
③ 표척눈금의 부정에 의한 오차 ④ 표척의 경사에 의한 오차

해 설 표척눈금의 부정에 의한 오차 : 기계적 원인

문제 79

수준측량의 기고식 야장이 표와 같을 때 중간점은?

측점	후시(B. S.)	전시(F. S.)
A	1. 158	
B	1. 158	1. 158
C		1. 158
D		1. 158

① A ② B ③ C ④ D

해 설 중간점(intermediate point, I.P) : 전시만 관측하는 점으로 다른 측점에 영향을 주지 않는 점

문제 80

그림과 같은 수준 측량 결과에서 No.3의 지반고는 얼마인가? (단, 단위는 m 이다.)

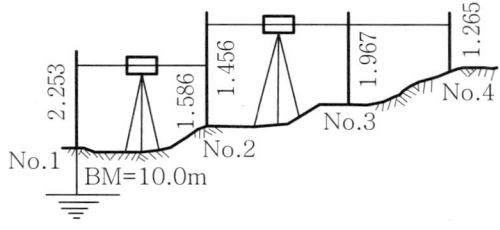

① 9. 456m ② 10. 156m ③ 10. 858m ④ 11. 234m

해 설 $H_B = H_A + (\Sigma B.S - \Sigma F.S) = 10 + \{(2.253+1.456)-(1.586+1.967)\} = 10.156 \text{m}$

문제 81

기차와 구차를 합한 오차를 양차라 한다. 양차 공식은?
(단, R : 지구반경, D : 거리, K : 굴절률)

① $\dfrac{KD^2}{2R}$ ② $\dfrac{(1-K)}{2R}D^2$ ③ $\dfrac{D^2}{2R}$ ④ $\dfrac{(1+K)}{2R}D^2$

정답 78. ③ 79. ③ 80. ② 81. ②

문제 82

키가 1.70m인 사람이 표고 500m 산 위에서 바라볼 수 있는 수평거리는?
(단, 지구의 곡률반경은 6370km)

① 79.95km　　② 89.95km　　③ 99.95km　　④ 109.95km

해설
구차(거리 ℓ이 크면 지구 곡률 때문에 생기는 오차) 공식을 활용
$h = \dfrac{\ell^2}{2R}$ 에서 $\ell = \sqrt{h \times 2R} = \sqrt{(500+1.7) \times 2 \times 6370000} = 79948\text{m} ≒ 79.95\text{km}$

문제 83

수준측량의 측량방법에 의한 분류 중 간접수준측량에 속하지 않는 것은?

① 삼각수준측량　　② 스타디아측량　　③ 교호수준측량　　④ 항공사진측량

해설
교호 수준 측량 : 하천 또는 계곡 때문에 두 점 사이에 기계를 설치할 수 없을 때 양 안 간의 고저차를 직접 구하는 방법이다.

문제 84

교호수준측량에 대한 설명으로 옳지 않은 것은?

① 수준노선 중에 하천이나 계곡이 있어서 레벨을 중간에 세울 수 없을 경우 실시한다.
② 교호수준측량은 기계오차를 제거할 수 있다.
③ 교호수준측량은 양차 중 구차만을 제거할 수 있다.
④ 교호수준측량은 양안에서 측량하여 두 점의 표고차를 2회 산출하여 평균한다.

해설
교호 수준 측량에 의해 제거될 수 있는 오차 : 빛의 굴절에 의한 오차와 시준오차

정답 82. ①　83. ③　84. ③

제4장

트래버스 측량

1. 트래버스 측량의 개요
2. 트래버스의 외업
3. 트래버스의 내업
4. 트래버스의 제도

1 트래버스 측량의 개요

1 트래버스 측량의 정의

① 정의
  ㉠ 트래버스 측량은 세부 측량에 사용할 기준점의 좌표를 결정하기 위하여 여러 측점을 연결함으로써 생긴 다각형의 각 변의 방향과 거리를 측정해 측점의 수평 위치(X, Y)를 결정하는 측량이다.
  ㉡ 트래버스 측량은 측량 지역에 대하여 기준이 되는 골조 측량으로서 외업 성과로부터 방위각, 위거, 경거를 계산하고 조정하여 각 측점의 좌표를 얻게 된다.

② 트래버스 측량의 이용 분야
  ㉠ 삼각 측량으로 결정된 삼각점을 기준으로 세부 측량의 기준점을 연결
  ㉡ 노선 측량, 삼림 지대, 시가지 등의 기준점 설치

2 트래버스의 종류 및 특징

① 개방 트래버스
  ㉠ 시작하는 측점과 끝나는 측점이 폐합되지 않으며, 기준점이 없거나 기준점이 있어도 한 점뿐인 트래버스
  ㉡ 측량 결과의 점검이 곤란하기 때문에 정확도를 계산할 수 없다.
  ㉢ 정확도가 낮은 트래버스이므로 노선 측량의 답사 등에 이용된다.

② 폐합 트래버스
  ㉠ 어떤 측점으로부터 차례로 측량을 하여 최후에 다시 출발한 측점으로 되돌아오는 방법
  ㉡ 다각형의 폐합 조건을 이용하여 측량 결과를 점검할 수 있으나, 결합 트래버스보다 정확도가 낮다.
  ㉢ 소규모 지역의 측량에 이용된다.

③ 결합 트래버스
  ㉠ 좌표를 알고 있는 기지점으로부터 출발하여 다른 기지점에 연결하는 측량 방법
  ㉡ 높은 정확도를 요구하는 대규모 지역의 측량에 이용된다.
  ㉢ 양쪽 기지점의 방위각을 측정할 수 있어야 하고, 기지점으로는 주로 삼각점이 이용된다.

④ 트래버스 망 : 2개 이상의 트래버스의 조합으로 형성된 망 형태

2 트래버스의 외업

1 측량 계획 및 답사

① 측량의 규모, 지역의 상황, 측량의 목적, 정확도, 인력, 경비 등을 감안하여 측량 기계 기구를 선정한다.
② 측량 방법 및 조정 방법에 대한 측량 계획을 세운다.
③ 이 측량 계획이 현장에서 실제 측량이 가능한지 답사를 통해 확인한다.

2 선점 및 표지 설치

답사의 결과에 따라 트래버스 측량을 실시할 측점의 위치를 현지에서 결정하는 것으로 선점은 측량의 능률과 정확도를 좌우하므로 다음 사항에 유의하여야 한다.
① 시준이 편리하고, 지반이 견고할 것
② 세부측량에 편리할 것
③ 측선 거리는 되도록 동일하게 하고, 큰 고저차가 없을 것
④ 측선의 거리는 될 수 있는 대로 길게 하고, 측점 수는 적게 하는 것이 좋으며, 일반적으로 측선의 거리는 30~200m 정도로 한다.
⑤ 측점은 찾기 쉽고, 안전하게 보존될 수 있는 장소로 한다.
⑥ 표지 영구 보존할 경우 석재나 콘크리트 말뚝을 묻게 되며, 임시 측점에는 나무 말뚝을 사용한다.

3 방위각 관측

트래버스의 첫째 번 측선이 진북과 이루는 각을 시계 방향으로 관측한다.

4 수평각 및 거리 관측

① **수평각 관측** : 교각법, 편각법, 방위각법 등이 사용된다.
　㉠ **교각법**
　　ⓐ 두 개의 측선이 이루는 각을 교각이라 하며 폐합트래버스인 경우에는 내각과 외각이 있고, 개방 및 결합 트래버스일 때에는 진행방향을 향하여 우측으로 재는 우측 교각 좌측으로 재는 좌측 교각이 있다.
　　ⓑ 반복법을 사용하여 각 관측의 정밀도를 높일 수 있다.
　　ⓒ 각 측점마다 독립하여 각 관측을 할 수 있으므로 작업 순서에 영향을 받지 않는다.
　　ⓓ 각 관측에 오차가 있더라도 다른 각에는 영향을 주지 않으며, 그 각만 재측량하여 보완할 수 있다.

ⓒ 편각법
  ⓐ 한 측선의 연장선과 다음 측선이 이루는 각
  ⓑ 편각은 좌.우 편각이 있으며, 폐합인 경우 편각총합은 360°이다.
  ⓒ 철도, 도로, 수로 등의 노선의 중심선 측량에 이용된다.
ⓒ 방위각법
  ⓐ 진북을 기준으로 어느 측선까지 시계 방향으로 측정하는 방법
  ⓑ 일반적으로 진북 방향의 관측은 용이하지 않으므로 자북 방향을 기준으로 할 때가 많다.
  ⓒ 방위각을 측정하므로 계산과 제도가 편리하여 신속히 관측할 수 있어 노선측량이나 지형측량에 이용
  ⓓ 한번 오차가 생기면 끝까지 영향을 미치며, 험준하고 복잡한 지형은 부적합

② 거리 관측
  ⓐ 측량의 목적에 따라 정확도가 결정되면, 이에 따라 적당한 방법으로 거리 측량을 하게 된다.
  ⓑ 전자파 거리 측량기를 이용하거나 거리가 가까운 경우에는 강철 테이프 또는 유리 섬유 테이프를 이용한다.
  ⓒ 트래버스 측량은 거리와 각을 조합하여 측점의 위치를 결정하므로, 각 관측과 거리 관측의 정확도를 균형 있게 유지하는 것이 원칙이다.

③ 거리와 각 관측의 정확도 균형

$$\frac{\theta''}{\rho''} = \frac{\Delta h}{D}$$

여기서, D : 관측거리, Δh : 위치 오차
θ'' : 측각 오차, ρ'' : 206265″

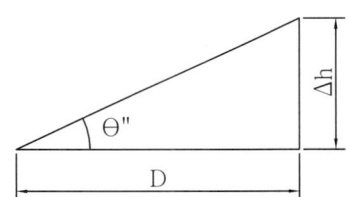

3 트래버스의 내업

1 각 관측값의 오차 점검

① 폐합 트래버스
  ㉠ 내각을 관측한 경우 : $W = [a] - 180°(n-2)$
  ㉡ 외각을 관측한 경우 : $W = [a] - 180°(n+2)$
  ㉢ 편각을 관측한 경우 : $W = [a] - 360°$

여기서, W : 각오차, $[a]$: $a_1+a_2+\cdots+a_n$, n : 변의 총수

ⓔ 방위각을 관측했을 경우

$$W = \text{첫 측선의 방위각} - \text{한 바퀴 돌아와서 측정한 첫 측선 방위각}$$

② 결합 트래버스
  ㉠ 그림(a)의 경우

  $$W = Wa + [a] - 180°(n+1) - Wb$$

  ㉡ 그림(b).(c)의 경우

  $$W = Wa + [a] - 180°(n-1) - Wb$$

  ㉢ 그림(d)의 경우

  $$W = Wa + [a] - 180°(n-3) - Wb$$

여기서, Wa : AL의 방위각
        Wb : BM의 방위각
        $[a]$: $a_1 + a_2 + a_3 + \cdots + a_n$
        n : 관측한 교각의 수

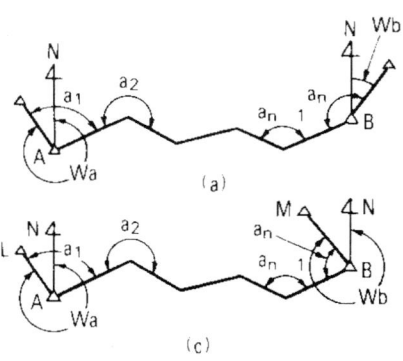
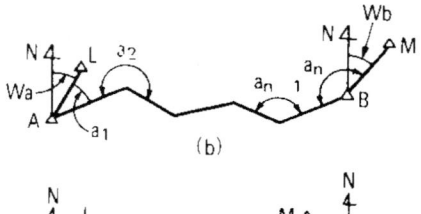
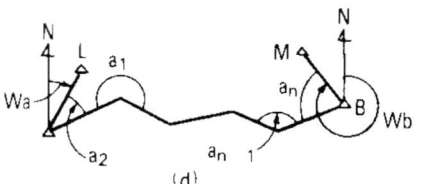

2 각 관측 오차의 허용 범위와 오차 배분

① 허용오차

$$E_a = \pm \sqrt{\epsilon_1^2 + \epsilon_2^2 + \cdots + \epsilon_n^2} = \pm \epsilon_a \sqrt{n}$$

여기서, E_a : n개각의 각 오차
       $\epsilon_1, \epsilon_2, \cdots, \epsilon_n$: 1개각의 각오차

n : 각 관측수

② 허용 범위
  ㉠ 시가지 : $20''\sqrt{n} \sim 30''\sqrt{n}$
  ㉡ 평탄지 : $30''\sqrt{n} \sim 60''\sqrt{n}$
  ㉢ 산림 및 복잡한 지형 : $90''\sqrt{n}$
  여기서, n은 트래버스의 측점 수

③ 오차 배분
  ㉠ 각 관측의 정도가 같은 경우 오차를 등분배한다.
  ㉡ 각 관측의 경중률이 다를 경우 오차를 경중률에 반비례하여 배분한다.
  ㉢ 변의 길이의 역수에 비례하여 배분한다.

3 방위각 계산

① 교각 측정시
  ㉠ 진행방향의 우측 교각을 측정한 경우

  > 어느 측선의 방위각 = 전측선의 방위각 + 180° − 그 측점의 교각

  ㉡ 진행방향의 좌측 교각을 측정한 경우

  > 어느 측선의 방위각 = 전측선의 방위각 + 180° + 그 측점의 교각

방위각 계산 결과가 360°가 넘으면 360°를 감(−) 하고, 방위각이 (−)가 나오면 360°를 가(+) 해 준다.

② 편각 측정시
  ㉠ 진행방향의 우측 편각을 측정한 경우(+편각)

  > 어느 측선의 방위각 = 전측선의 방위각 + 그 측점의 편각

  ㉡ 진행방향의 좌측 편각을 측정한 경우(−편각)

  > 어느 측선의 방위각 = 전측선의 방위각 − 그 측점의 편각

방위각 계산 결과가 360°가 넘으면 360°를 감(−) 하고, 방위각이 (−)가 나오면 360°를 가(+) 해 준다.

③ **역 방위각** : 방위각+180°

$$\overline{AB} \text{ 측선의 방위각} = \overline{BA} \text{ 측선의 방위각}+180°$$

4 방위의 계산

① **방위** : NS축을 중심으로 좌(W), 우(E)로 90° 까지의 각을 말하며 경거, 위거의 계산시 편리하게 사용된다.

② **방위각과 방위**

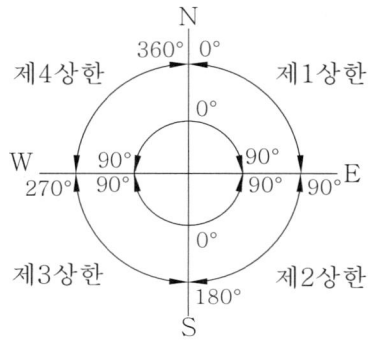

상 한	방위각(α)	방 위
제 1상한	0° ~ 90°	N α E
제 2상한	90° ~ 180°	S (180°-α) E
제 3상한	180° ~ 270°	S (α- 180°) W
제 4상한	270° ~ 360°	N (360°-α) W

5 위거 및 경거의 계산

① **위거** : 한 측선 AB에서 NS선상에 투영된 길이 A′B′ 를 말하며 원점에서 N으로 향하면 (+), S로 향하면 (-)로 한다.

$$L_{AB} = A'B' = AB\cos\theta$$

여기서, θ 는 방위각

② **경거** : 한 측선 AB에서 EW선상에서 투영된 길이 A″B″ 를 말하며 원점에서 E로 향하면 (+), W로 향하면 (-)로 한다.

$$D_{AB} = A''B'' = AB \sin\theta$$

여기서, θ 는 방위각

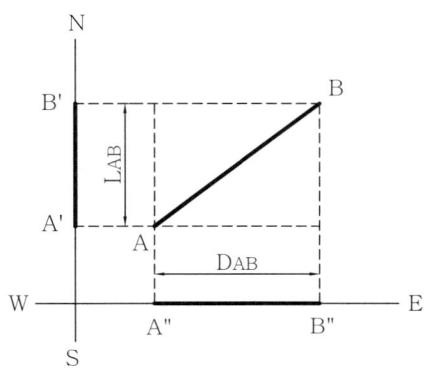

③ 위거 및 경거로부터 길이와 방위
  ㉠ AB의 실제 거리
  $$AB = \sqrt{(L_{AB})^2 + (D_{AB})^2}$$
  ㉡ AB의 방위각
  $$\tan\theta = \frac{D_{AB}}{L_{AB}} \quad \therefore \theta = \tan^{-1}\left(\frac{D_{AB}}{L_{AB}}\right)$$

④ 좌표를 사용한 계산

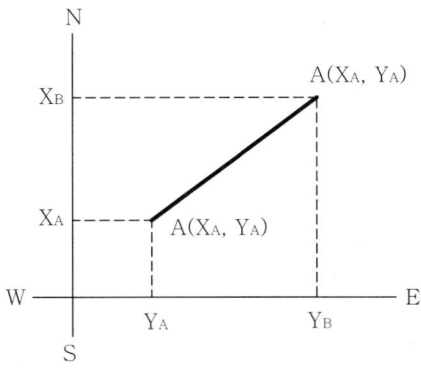

㉠ AB의 거리 $= \sqrt{(X_B - X_A)^2 + (Y_B - Y_A)^2}$
㉡ AB의 방위각 $\theta = \tan^{-1}\left(\dfrac{Y_B - Y_A}{X_B - X_A}\right)$
㉢ BA의 방위각 $= AB$의 역 방위각 $= \theta + 180°$

6 폐합 오차의 계산

① 폐합 트래버스
  ㉠ 위거 오차 : Σ위거
  ㉡ 경거 오차 : Σ경거

② 결합 트래버스
  ㉠ 위거 오차 : $X_A + \Sigma$위거 $- X_B$
  ㉡ 경거 오차 : $Y_A + \Sigma$경거 $- Y_B$

③ 폐합 오차 : $E = \sqrt{(위거 오차)^2 + (경거 오차)^2}$

7 폐합비의 계산

① 트래버스 측량의 정밀도는 폐합비로 나타낸다.
② 폐합비는 폐합오차를 측선 길이의 합으로 나눈 것을 말하며 분자가 1인 분수의 형태로 나타낸다.

$$R = \frac{폐합오차}{측선거리의\ 총합} = \frac{\sqrt{E_L^2 + E_D^2}}{\Sigma \ell} = \frac{1}{m}$$

③ 폐합비의 허용 범위
  ㉠ 시가지 : $\frac{1}{5,000} \sim \frac{1}{10,000}$
  ㉡ 논, 밭, 대지 등의 평지 : $\frac{1}{1,000} \sim \frac{1}{2,000}$
  ㉢ 산림, 임야, 호소지 : $\frac{1}{500} \sim \frac{1}{1,000}$
  ㉣ 산악지 : $\frac{1}{300} \sim \frac{1}{1,000}$

8 폐합 오차의 조정

① **컴퍼스 법칙** : 각측량과 거리측량의 정밀도가 같은 정도인 경우 이용하며, 오차를 측선의 길이에 비례하여 배분한다.

$$위거조정량 = \frac{해당측선의\ 길이}{측선길이의\ 총합} \times 위거오차량 = \frac{\ell}{\Sigma \ell} \times E_\ell$$

$$경거조정량 = \frac{해당측선의\ 길이}{측선길이의\ 총합} \times 경거오차량 = \frac{\ell}{\Sigma \ell} \times E_d$$

② **트랜싯 법칙** : 각 측량의 정밀도가 거리 측량의 정밀도보다 높을 때 이용되며, 위거 및 경거의 오차를 각 측선의 위거 및 경거의 크기에 비례하여 배분한다.

$$위거조정량 = \frac{해당측선의\ 위거}{위거의\ 절대값의\ 총합} \times 위거오차량 = \frac{|L|}{\Sigma|L|} \times E_\ell$$

$$경거조정량 = \frac{해당측선의\ 경거}{경거의\ 절대값의\ 총합} \times 경거오차량 = \frac{|D|}{\Sigma|D|} \times E_d$$

9 좌표 계산

① **합위거** : 원점에서 그 점까지 각 측선의 위거의 합 (X좌표)
② **합경거** : 원점에서 그 점까지 각 측선의 경거의 합 (Y좌표)
③ **합위거**와 **합경거**는 그 측점의 좌표가 되므로 도면을 그릴 때 사용된다.

10 면적의 계산

① **횡거와 배횡거**
  ㉠ **횡거** : 그 측선의 중점에서부터 자오선에 투영한 수선의 길이
  ㉡ **배횡거** : 횡거의 2배

  ⓐ 임의의 측선의 배횡거=전측선의 배횡거+전측선의 경거+그 측선의 경거
  ⓑ 첫측선의 배횡거=그 측선의 조정된 경거값
  ⓒ 마지막 측선의 배횡거=그 측선의 조정된 경거값의 절대치와 같고 부호가 반대이다.(검산에 이용)

② 면적의 계산법

> ⊙ 배면적(2A) = 배횡거 × 조정위거
> ⓒ 면적(A) = $\dfrac{배횡거 \times 조정위거}{2}$
> ⓒ 계산된 배면적을 다 더한 후 절대값을 취해 면적을 계산한다.

4 트래버스의 제도

① 트래버스 측량에서 얻어진 각 측점의 전개는 합위거, 합경거, 즉 좌표를 이용한다.

② 장점
    ⊙ 한 측점의 위치는 다른 측점의 위치와 관계 없이 좌표축으로부터 결정되므로 제도오차가 누적되지 않으므로, 측점의 위치를 정확하게 결정할 수 있다.
    ⓒ 도면의 크기를 미리 알 수 있으므로 도면배치가 쉽다.

③ 측점의 전개에 있어서 CAD프로그램을 이용하여 좌표 입력 방법을 이용하면 보다 정확하고 편리하다.

기출 및 예상문제

문제 1

시작하는 측점과 끝나는 측점이 폐합되지 않아 그 정확도가 낮은 트래버스 측량은 무엇인가?

① 개방 트래버스 ② 폐합 트래버스 ③ 결합 트래버스 ④ 트래버스망

| 해 설 | 개방 트래버스 : 정확도가 낮은 트래버스이므로 노선 측량의 답사 등에 이용된다. |

문제 2

트래버어스 측량의 순서로 옳은 것은?

① 측량계획 및 답사 → 방위각 관측 → 선점 및 표지설치 → 계산 및 조정
   → 수평각 및 거리 관측 → 측점 전개
② 측량계획 및 답사 → 선점 및 표지설치 → 방위각 관측 → 수평각 및 거리 관측
   → 계산 및 조정 → 측점 전개
③ 선점 및 표지설치 → 방위각 관측 → 측량계획 및 답사 → 계산 및 조정
   → 측점 전개 → 수평각 및 거리 관측
④ 선점 및 표지설치 → 측량계획 및 답사 → 방위각 관측 → 계산 및 조정
   → 측점 전개 → 수평각 및 거리 관측

문제 3

다음은 트래버스 측량에서 선점 및 표지 설치시의 주의사항이다. 이에 적당하지 않은 것은?

① 시준하기 좋고 지반이 견고한 장소일 것
② 후속되는 측량, 특히 세부측량에 편리할 것
③ 측점간의 거리는 가능한 한 비슷하고 고저차가 크지 않을 것
④ 측선의 거리는 될 수 있는 대로 짧게 할 것

| 해 설 | 측선의 거리는 될 수 있는 대로 길게 하고, 측점 수는 적게 하는 것이 좋으며, 일반적으로 측선의 거리는 30~200m 정도로 한다. |

문제 4

트래버스 측량에서 수평각 관측법 중 서로 이웃하는 두개의 측선이 이루는 각을 관측해 나가는 방법은?

① 교각법 ② 편각법 ③ 방위각법 ④ 부전법

정답 1. ① 2. ② 3. ④ 4. ①

문제 5

트래버스측량을 실시할 측점을 선점할 때 유의해야 할 사항으로 적당하지 않은 것은?

① 기계를 세우거나 시준하기에 좋고 지반이 견고한 장소이어야 한다.
② 후속되는 측량, 특히 세부 측량에 편리하여야 한다.
③ 측선의 거리는 가능한 한 비슷하게 하고, 고저차가 크지 않게 한다.
④ 측점은 안전하게 보존되어야 하므로 찾기 어렵고 잘 안 보이는 곳에 정해야 한다.

해설 측점은 찾기 쉽고, 안전하게 보존될 수 있는 장소로 한다.

문제 6

그림에서 ∠BAC =30°, ∠BAC′ =29°59′ 42″, AC 의 길이를 150 m로 할 때 생기는 오차는 몇 cm 인가?

① 0.3 cm
② 1.3 cm
③ 3 cm
④ 13 cm

해설 $\dfrac{\theta''}{\rho''}=\dfrac{\Delta h}{D}$ 에서 $\Delta h = \dfrac{D\theta''}{\rho''} = \dfrac{15000 \times (30° - 29°59'42'')}{206265''} = 1.3\text{cm}$

문제 7

거리가 6km 떨어진 두 점의 각 관측에서 측각오차가 1″ 일 때 발생하는 오차는 몇cm인가?

① 2.5cm   ② 2.9cm   ③ 3.2cm   ④ 3.5cm

해설 $\Delta h = \dfrac{D\theta''}{\rho''} = \dfrac{600000 \times 1''}{206265''} = 2.9\text{cm}$

문제 8

측점이 15개인 폐합트래버스의 내각의 합은?

① 2760°   ② 2520°   ③ 2160°   ④ 2340°

해설 내각의 합=180°$(n-2)$=180°×(15-2)=2340°

정답 5. ④   6. ②   7. ②   8. ④

문제 9

삼각형 ABC 의 내각을 측정한 결과, ∠A= 68°01'20", ∠B=51°59'10", ∠C=60°00'15"일 때 보정 후의 ∠B는?

① 51°58' 55" ② 51°58' 25" ③ 51°59' 55" ④ 51°59' 25"

해설
$W = [a] - 180°(n-2) = (68°01'20 + 51°59' 10 + 60°00'15'') - 180° = 45''$
보정할 각= $-\dfrac{45''}{3} = -15''$, ∴∠B= 51°59' 10"-15"= 51°58' 55"

문제 10

6각형 폐합트래버어스의 내각의 총합은?

① 720° ② 540° ③ 1080° ④ 1440°

해설 내각의 합=$180°(n-2) = 180°×(6-2) = 720°$

문제 11

폐합트래버스의 외각을 측정했을 때, 다음 중 각오차(W)를 구하는 식으로 맞는 것은? (단, n:변의 수, [a]:측정된 교각의 합)

① W=[a]−180(n−2) ② W=[a]+180(n−2)
③ W=[a]−180(n+2) ④ W=[a]+180(n+2)

해설 $W = [a] - 180°(n+2)$

문제 12

관측점이 17인 폐합트래버스의 외각의 합은?

① 3240° ② 3420° ③ 3600° ④ 3780°

해설 외각의 합 =$180°(n+2) = 180°×(17+2) = 3420°$

문제 13

폐합트래버스에서 편각을 측정하였을 때의 측각오차는?
(단, n은 변수이고 [α]는 편각의 합)

① $\Delta a = [a] - 180°(n-2)$ ② $\Delta a = [a] - 180°(n+2)$
③ $\Delta a = [a] - 360°$ ④ $\Delta a = [a] + 180°(n-2)$

해설 $W = [a] - 360°$

정답 9. ① 10. ① 11. ③ 12. ② 13. ③

문제 14

평탄지에서 측점의 수(n)이 9개인 트래버스 측량을 시행한 결과 측각 오차가 3′생겼다면 어떻게 하여야 하는가?
(단, 각 측점의 정확도는 같고, 허용오차는 $1.0'\sqrt{n}$ 이하로 가정한다.)

① 다시 측량을 실시한다.
② 각의 크기에 비례하여 오차 조정한다.
③ 각 각에 등배분하여 오차 조정한다.
④ 변의 크기에 비례하여 오차 조정한다.

해설 허용오차=$1.0'\sqrt{n}=1.0'\sqrt{9}=3'$이므로 각 각에 등배분하여 오차 조정한다.

문제 15

평탄지의 트래버스 측량에서 16변인 내각의 관측오차가 1′30″일 때 측각의 처리 방법은?

① 재 측량한다.
② 각의 크기에 비례하여 배분한다.
③ 각의 크기에 관계없이 등분배한다.
④ 변 길이의 역수에 비례하여 각각에 배분한다.

해설 평탄지에서 오차의 허용 범위 : $30''\sqrt{n} \sim 60''\sqrt{n}$
1′30″<4′이므로 각의 크기에 관계없이 등분배한다.

문제 16

그림과 같은 트래버스에서 AL의 방위각이 19°48′26″, BM의 방위각이 310°36′43″, 내각의 총합이 1190°47′22″일 때 측각오차는?

① 15″
② 25″
③ 47″
④ 55″

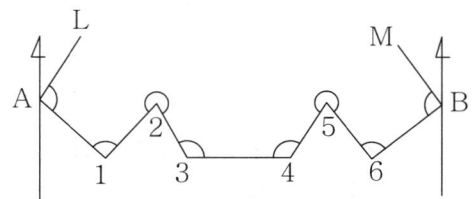

해설 W = Wa + [a] - 180°(n-3) - Wb=19°48′26″+1190°47′22″-180°(8-3)-310°36′43″=-55″

정답 14. ③ 15. ③ 16. ④

문제 17

그림에서 측선 BC의 방위각은?
(단, AB의 방위각= 82°19′, ∠B=111°45′, ∠C= 82°08′, ∠D= 76°30′, ∠A= 89°37′)

① 82°19′
② 150°34′
③ 248°26′
④ 351°56′

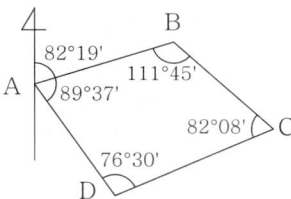

해설 AB측선의 방위각 =82°19′
BC측선의 방위각=전측선의 방위각+180°-교각=82°19′+180°-111°45′=150°34′

문제 18

측량 결과가 아래 그림과 같을 때 CD 의 방위각은?

① 105°05′
② 115°10′
③ 125°15′
④ 135°20′

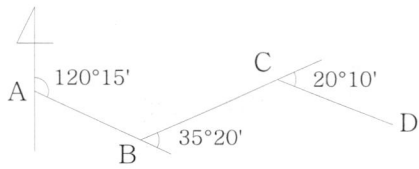

해설 AB 방위각=120°15′, BC 방위각=120°15′-35°20′=84°55′
CD 방위각=84°55′+20°10′=105°05′

문제 19

그림과 같이 진행 방향의 우측 교각을 관측했을 때 CD측선의 방위각은 얼마인가?

① 10°
② 20°
③ 30°
④ 40°

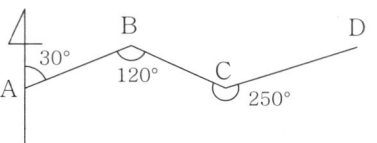

해설 AB 방위각=30°, BC 방위각 = 30°+180°-120°=90°, CD 방위각=90°+180°-250°=20°

문제 20

측선의 방위가 S 60°W 일 때 이 측선의 방위각은?

① 60°   ② 120°   ③ 180°   ④ 240°

해설 3상한에 있으므로 180°+60°=240°

정답 17. ②   18. ①   19. ②   20. ④

문제 21

다음은 방위각 계산을 설명한 것이다. 이중 옳지 않은 것은?

① 방위각과 역방위각의 차는 180°이다.
② 방위각이 360°를 넘으면 360°를 감한다.
③ 방위각이 (-)각이 나오면 360°를 더한다.
④ 어떤 측선의 방위각은 전측선의 방위각 ± 그 측선의 교각이다.

문제 22

방위 N 43°20′E 의 역방위는?

① N 43°20′W
② S 43°20′W
③ N 46°40′W
④ S 46°40′E

해설 N 43°20′E 의 역방위는 S 43°20′W이다.

문제 23

방위각 240°의 역방위는 얼마인가?

① N60°E
② S60°E
③ S60°W
④ N60°W

해설 역 방위각=방위각+180°=240°+180°=420°-360°=60° ∴N60°E

문제 24

다음 트래버스 측량에서 DC 측선의 방위각은?

① 10°
② 20°10′
③ 40°10′
④ 50°10′

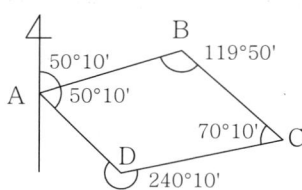

해설 AD방위각=50°10′+50°10′=100°20′, DC방위각=100°20′+180°-240°10′=40°10′

문제 25

방위각 235°10′의 방위는 어느 것인가?

① S55°10′W
② E55°10′S
③ S55°10′E
④ W55°10′S

해설 3상한에 있으므로 235°10′-180°=55°10′이므로 S55°10′W

정답 21. ④   22. ②   23. ①   24. ③   25. ①

문제 26

그림과 같은 다각측량에서 CD 측선의 방위는?

① N20°E
② S20°E
③ N20°W
④ S20°W

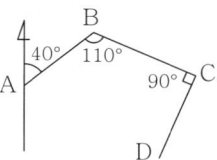

해설	AB 방위각=40°, BC 방위각 = 40°+180°-110°=110°, CD 방위각=110°+180°-90°=200° 200°는 3상한에 있으므로 200°-180°=20° ∴ S20°W

문제 27

방위각이 278°20′40″ 인 측선의 방위는?

① N81°39′20″W
② N81°20′40″E
③ N81°39′20″E
④ N98°20′40″W

해설	278°20′40″는 4상한에 있으므로 360°-278°20′40″=81°39′20″ ∴ N81°39′20″W

문제 28

방위각이 140°35′ 20″ 일 때 역방위는?

① S39° 24′ 40″ E
② E39° 24′ 40″ S
③ W39° 24′ 40″ N
④ N39° 24′ 40″ W

해설	방위각이 140°35′ 20″ 일 때 역방위각은 140°35′ 20″+180°=320°35′20″이므로 4상한에 있으므로 360°-320°35′20″=39°24′40″ ∴ N39°24′40″W

문제 29

방위각 250°는 몇 상한인가?

① 제1상한
② 제2상한
③ 제3상한
④ 제4상한

해설	상 한	방위각(a)	방 위
	제 1상한	0° ~ 90°	N a E
	제 2상한	90° ~ 180°	S (180° - a) E
	제 3상한	180° ~ 270°	S (a - 180°) W
	제 4상한	270° ~ 360°	N (360° - a) W

정답 26. ④   27. ①   28. ④   29. ③

문제 30

방위각이 120°이고 측선 길이가 100m 일 때 위거는?

① +50.0m ② −50.0m ③ +86.6m ④ −86.6m

해 설 위거=$l \cdot \cos\theta$=100×cos120°=-50m

문제 31

어느 측선의 거리가 86.61m 이고 방위각이 10°4′ 일 때 이 측선의 위거는 얼마인가?

① 65.277 m ② 85.277 m ③ 105.277 m ④ 125.777 m

해 설 위거=$l \cdot \cos\theta$=86.61×cos10°4′=85.277m

문제 32

어느 측선의 길이가 25m, 위거가 15m일 때 경거는?

① 10m ② 20m ③ 30m ④ 40m

해 설 위거=$l \cdot \cos\theta$에서 $\theta = \cos^{-1}\dfrac{위거}{l} = \cos^{-1}\dfrac{15}{25} = 53°7'48''$

경거=$l \cdot \sin\theta$=25×sin53°7′48″=20m

문제 33

다음 트래버스 측량에서 D점의 경거는 얼마인가?

① 58.826m
② 58.743m
③ 57.622m
④ 67.436m

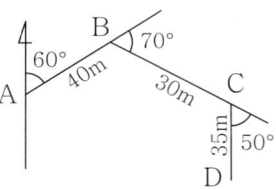

해 설
AB 경거=40×sin60°=34.641
BC 경거=30×sin130°=22.981(BC 방위각 =60°+70°=130°)
CD 경거=35×sin180°=0(CD 방위각 =130°+50°=180°)
∴ D점의 경거=34.641+22.981+0=57.622m

정답 30. ② 31. ② 32. ② 33. ③

문제 34

다음 트래버스측량 결과에서 위거 및 경거의 값은 어느 것인가?
(단, AB측선방위 N30°W AB측선의 길이 100m)

① 위거:+86.60, 경거:-50.00   ② 위거:-86.60, 경거:+50.00
③ 위거:+50.00, 경거:-86.00   ④ 위거:-50.00, 경거:+86.00

해 설
AB측선방위 N30°W 이므로 AB측선의 방위각은 360°-30°=330°
위거=$l \cdot \cos\theta$=100×cos330°=86.60, 경거=$l \cdot \sin\theta$=100×sin330°=-50

문제 35

어느 측선의 위거가 15m, 경거가 20m일 때 측선의 길이는 얼마인가?

① 10m   ② 15m   ③ 20m   ④ 25m

해 설
측선 길이=$\sqrt{위거^2 + 경거^2} = \sqrt{15^2 + 20^2} = 25\mathrm{m}$

문제 36

그림과 같은 트래버스에서 AB의 직선거리는?
(단, X_A=2m, Y_A=4m, X_B=8m, Y_B=10m임)

① 8.5m
② 7.5m
③ 6.5m
④ 5.5m

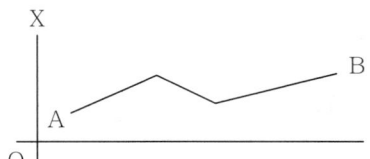

해 설
AB의 거리=$\sqrt{(X_B - X_A)^2 + (Y_B - Y_A)^2} = \sqrt{(8-2)^2 + (10-4)^2} = 8.5\mathrm{m}$

문제 37

다음 트래버스 측량에서 P점의 좌표가 X_P = -2,000m, Y_P= +1,000m이고 PQ의 거리는 1.5km, PQ의 방위각이 60°일 때 Q점의 좌표는?

① X_Q = -1,350m, Y_Q = +2,399m
② X_Q = -1,250m, Y_Q = +2,299m
③ X_Q = -1,450m, Y_Q = +2,099m
④ X_Q = -1,150m, Y_Q = +2,299m

해 설
PQ의 위거=$l \cdot \cos\theta$=1,500×cos60°=750m, ∴X_Q=-2,000+750=-1,250m
PQ의 경거=$l \cdot \sin\theta$=1,500×sin60°=1,299m, ∴Y_Q=+1,000+1,299=2,299m

정답 34. ① 35. ④ 36. ① 37. ②

문제 38

폐합 트래버스 측량 결과에서 위거의 오차가 -0.025m, 경거의 오차가 0.072m 일 때 폐합 오차는?

① 0.028m ② 0.013m ③ 0.076m ④ 0.132m

해설 폐합 오차 : $E = \sqrt{(위거\ 오차)^2 + (경거\ 오차)^2} = \sqrt{(-0.025)^2 + (0.072)^2} = 0.076\text{m}$

문제 39

전장 2,000m의 트래버스 측량을 한 결과 그 정도가 1/4,000이었다. 이 트래버스 측량의 폐합오차는?

① 0.2m ② 0.5m ③ 0.8m ④ 1.2m

해설 폐합비 $R = \dfrac{폐합오차}{측선거리의\ 총합} = \dfrac{\sqrt{E_L^2 + E_D^2}}{\Sigma \ell} = \dfrac{1}{m}$

폐합오차=측선거리의 총합 ÷m = 2,000÷4,000 = 0.5m

문제 40

트래버스 측량에서 위거의 총합의 오차가 +0.02m, 경거의 총합의 오차가 +0.20m 이었다. 거리의 총합이 460m 일 때 폐합비는?

① $\dfrac{1}{2239}$ ② $\dfrac{1}{2289}$ ③ $\dfrac{1}{2339}$ ④ $\dfrac{1}{2389}$

해설 폐합비 $R = \dfrac{폐합오차}{측선거리의\ 총합} = \dfrac{\sqrt{E_L^2 + E_D^2}}{\Sigma \ell} = \dfrac{\sqrt{(0.02)^2 + 0.20^2}}{460} = \dfrac{0.2}{460} = \dfrac{1}{2289}$

문제 41

폐합트래버스 측량에서 거리의 총합이 0.5km이고, 위거의 오차가 -0.04m, 경거의 오차가 +0.03m일 때 폐합비는?

① 1/500 ② 1/5000 ③ 1/10000 ④ 1/50000

해설 폐합비 $R = \dfrac{폐합오차}{측선거리의\ 총합} = \dfrac{\sqrt{E_L^2 + E_D^2}}{\Sigma \ell} = \dfrac{\sqrt{(-0.04)^2 + 0.03^2}}{500} = \dfrac{0.05}{500} = \dfrac{1}{10000}$

정답 38. ③　39. ②　40. ②　41. ③

문제 42

다각측량에서 거리의 총합이 1,250m 이고 위거의 오차가 -0.12m, 경거의 오차가 +0.25m 일 때 폐합비는?

① $\dfrac{1}{4,510}$ ② $\dfrac{1}{4,520}$ ③ $\dfrac{1}{4,530}$ ④ $\dfrac{1}{4,540}$

해설 폐합비 $R = \dfrac{\text{폐합오차}}{\text{측선거리의 총합}} = \dfrac{\sqrt{E_L^2 + E_D^2}}{\Sigma \ell} = \dfrac{\sqrt{(-0.12)^2 + 0.25^2}}{1,250} = \dfrac{0.277}{1,250} = \dfrac{1}{4,508}$

문제 43

배횡거에 조정위거를 곱하여 구한 배면적이 -11610.459㎡일 때 면적을 구하면?

① 1451.308㎡
② 2902.615㎡
③ 4353.923㎡
④ 5805.230㎡

해설 면적 $= \left|\dfrac{\text{배면적}}{2}\right| = \left|\dfrac{-11610.459}{2}\right| = 5805.230\,\text{m}^2$

문제 44

임의 측선의 방위각 계산에서 진행방향 오른쪽 교각을 측정했을 때의 방위각 계산은?

① 전 측선 방위각 + 180° - 그 측점의 교각
② 전 측선 방위각 × 180° + 그 측점의 교각
③ 전 측선 방위각 × 180° - 그 측점의 교각
④ 전 측선 방위각 - 180° + 그 측점의 교각

문제 45

트래버스 측량의 측각법 중 교각법에 대한 설명으로 옳은 것은?

① 앞 측선의 연장선과 다음 측선이 이루는 각을 측정하는 방법이다.
② 자북을 기준으로 시계방향으로 측정한 수평각을 측정하는 방법이다.
③ 서로 이웃하는 두 개의 측선이 만드는 각을 측정하는 방법이다.
④ 남북을 기준으로 좌우측으로 각각 측정하는 방법이다.

해설
편각법:앞 측선의 연장선과 다음 측선이 이루는 각을 측정하는 방법
방위각법:자북을 기준으로 시계방향으로 측정한 수평각을 측정하는 방법
교각법:서로 이웃하는 두 개의 측선이 만드는 각을 측정하는 방법

정답 42. ① 43. ④ 44. ① 45. ③

문제 46

다음 중 트래버스 측량에 관한 설명 중 옳은 것은?

① 컴퍼스 법칙은 각과 거리측량의 정도가 같은 경우에 이용된다.
② 위거=거리×$(\sin\theta)$(여기서 θ=방위각)
③ N 36°W 인 측선의 경거는 (+)이다.
④ 방위각은 90° 이상의 각이 있을 수 없다.

해설	위거=거리×$(\cos\theta)$(여기서 θ=방위각) N 36°W 인 측선의 경거는 (-)이다. 방위각은 90° 이상의 각이 있다.

문제 47

트래버스 측량에서 경거 및 위거의 용도가 아닌 것은?

① 오차 및 정도의 계산
② 실측도의 좌표 계산
③ 오차의 합리적 배분
④ 측점의 표고 계산

문제 48

직각좌표에 있어서 2점 A(2.0m, 4.0m), B(-3.0m, -1.0m)간의 거리는?

① 7.07m ② 7.48m ③ 8.08m ④ 9.04m

해설	AB의 거리= $\sqrt{(X_B-X_A)^2+(Y_B-Y_A)^2} = \sqrt{(-3-2)^2+(-1-4)^2} = 7.07m$

문제 49

그림과 같은 결합 트래버스에서 AC와 BD의 방위각이 Wa, Wb이고 A에서 순서대로 교각이 a_1, a_2, $\cdots$, a_n이면 측각오차를 구하는 식으로 맞는 것은?

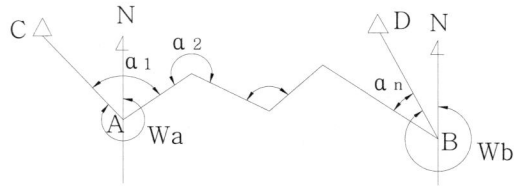

① $\triangle a = Wa + \sum a - (n+1)180° - Wb$
② $\triangle a = Wa + \sum a - (n-1)180° - Wb$
③ $\triangle a = Wa + \sum a - (n-2)180° - Wb$
④ $\triangle a = Wa + \sum a - (n-3)180° - Wb$

정답 46. ① 47. ④ 48. ① 49. ②

문제 50

트래버스 측량에서 좌표 원점을 중심으로 X(N)=150.25m, Y(E)=-50.48m 일 때의 방위는?

① N 71°25′W
② N 18°34′W
③ N 71°25′E
④ N 18°34′E

해설 $\theta = \tan^{-1}\left(\dfrac{Y_B - Y_A}{X_B - X_A}\right) = \tan^{-1}\left(\dfrac{-50.48}{150.25}\right) = -18°34′ = 341°26′$ (4상한) ⇒ N 18°34′W

문제 51

트래버스 선점시 유의사항으로 틀린 것은?

① 후속 측량이 편리하도록 한다.
② 측선의 거리는 가능한 짧게 한다.
③ 지반이 견고한 장소에 설치 한다.
④ 측점 수는 될 수 있는 대로 적게 한다.

해설 측선의 거리는 될 수 있는 대로 길게 하고, 측점 수는 적게 하는 것이 좋으며, 일반적으로 측선의 거리는 30~200m 정도로 한다.

문제 52

그림과 같은 트래버스를 측정하여 다음과 같은 성과를 얻었다. 이때 CD 측선의 방위각은?

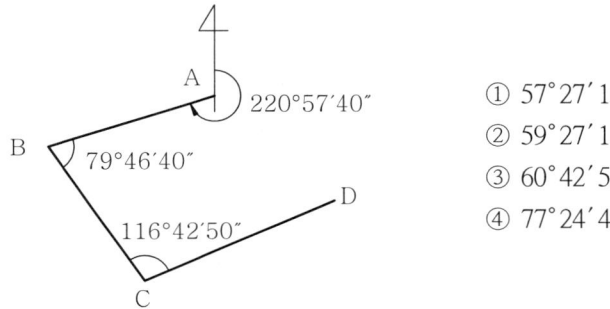

① 57°27′10″
② 59°27′10″
③ 60°42′50″
④ 77°24′40″

해설 AB 방위각=220°57′40″, BC 방위각 =220°57′40″-180°+79°46′40″=120°44′20″,
CD 방위각=120°44′20″-180°+116°42′50″=57°27′10″

문제 53

어느 측선의 방위가 S 30° E 이고 측선 길이가 80m 이다. 이 측선의 위거는?

① -40m
② +40m
③ -69.282m
④ +69.282m

해설 위거=거리×cosθ=80m×cos150°=-69.282m (S 30° E⇒150°)

정답 50. ② 51. ② 52. ① 53. ③

문제 54

전측선 길이의 총합이 200m, 위거오차가 +0.04m일 때 길이 50m인 측선의 컴퍼스법칙에 의한 위거 보정량은?

① +0.01m ② -0.01m ③ +0.02m ④ -0.02m

해설 위거 조정량 = $\dfrac{\text{해당 측선의 길이}}{\text{측선 길이의 총합}} \times$ 위거 오차량 $= \dfrac{50}{200} \times (-0.04) = -0.01\,m$

문제 55

N 45° 37′ E의 역방위는?

① S 44° 23′ E
② S 44° 23′ W
③ S 45° 37′ W
④ S 45° 37′ E

해설 N45°37′E의 방위각이 45°37′이므로 역방위각은 45°37′+180°=225°37′이고 3상한에 있으므로 225°37′-180°=45°37′ ∴ N45°37′E의 역방위는 S45°37′W 이다.

문제 56

측점수가 16개인 폐합 트래버스의 내각 관측시 총합은?

① 2880° ② 2520° ③ 2160° ④ 3240°

해설 내각의 합$=180°(n-2)=180°\times(16-2)=2520°$

문제 57

트래버스 측량의 결과로 배면적을 구하고자 할 때 사용되는 식으로 옳은 것은?

① Σ(횡거×조정위거)
② Σ(배횡거×조정위거)
③ Σ(배횡거×조정경거)
④ Σ(조정경거×조정위거)

문제 58

그림에서 B점의 좌표(X_B, Y_B)로 옳은 것은?

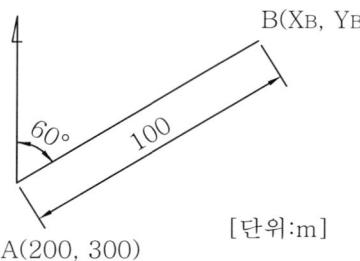

① X_B=250m, Y_B=387m
② X_B=300m, Y_B=200m
③ X_B=200m, Y_B=300m
④ X_B=387m, Y_B=250m

해설 AB의 위거=$\ell\cos\theta$=100×cos60°=50m, ∴X_B=200+50=250m
AB의 경거=$\ell\sin\theta$=100×sin60°=87m, ∴Y_B=300+87=387m

정답 54. ② 55. ③ 56. ② 57. ② 58. ①

문제 59

트래버스 측량의 내업 순서를 옳게 나타낸 것은?

| a. 위거, 경거 계산 | b. 관측각 조정 |
| c. 방위, 방위각 계산 | d. 폐합오차 및 폐합비 계산 |

① a→c→b→d   ② b→c→d→a   ③ b→c→a→d   ④ c→d→a→d

문제 60

트래버스 측량에서 어느 측선의 방위가 S 40° E 이라고 한다. 이 측선의 방위각은?

① 120°   ② 140°   ③ 180°   ④ 220°

해 설 2상한에 있으므로 180°-40°=140°

문제 61

어느 측선의 방위각이 30°이고, 측선길이가 120m라 하면 그 측선의 위거는 얼마인가?

① 60.000m   ② 95.472m   ③ 36.002m   ④ 103.923m

해 설 위거=$l \cdot \cos\theta$=120×cos30°=103.923m

문제 62

측점이 5개인 폐합 트래버스 내각을 측정한 결과 538°58′50″이었다. 측각오차는 얼마인가?

① 0°58′50″   ② 1°1′10″   ③ 1°10′10″   ④ 1°58′50″

해 설 내각의 합=180°$(n-2)$=180°×(5-2)=540°
측각오차=540°-538°58′50″=1°1′10″

문제 63

트래버스 측량에서 교각법의 특징이 아닌 것은?

① 각 측점마다 독립하여 관측을 할 수 있다.
② 각 관측에 배각법을 이용할 수 있다.
③ 각 관측 오차가 있어도 다른 각에 영향을 주지 않는다.
④ 각 관측 및 관측값 계산이 가장 신속하다.

정답 59. ③ 60. ② 61. ④ 62. ② 63. ④

문제 64

트래버스(Traverse)측량에서 어느 임의의 측선에 대한 방위각이 160°라고 할 때 이 측선의 방위는?

① N 160° E　　　② S 160° W　　　③ S 20° E　　　④ N 20° W

해설　2상한에 있으므로 180°-160°=20°이므로 S20°E

문제 65

아래 그림에서 DC측선의 방위각을 계산한 값은?

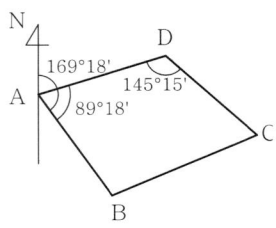

① 114° 45′　　　② 145° 15′　　　③ 294° 45′　　　④ 325° 15′

해설　AD측선의 방위각=169° 18′-89° 18′=80° 0′
DC측선의 방위각=AD측선의 방위각+180°-교각=80° 0′+180°-145° 15′=114° 45′

문제 66

A점의 합위거 및 합경거는 각각 0m 이고, B점의 합위거는 50m, 합경거는 40m라면 이 때 AB측선의 길이는?

① 48.190m　　　② 55.421m　　　③ 64.031m　　　④ 67.082m

해설　$AB = \sqrt{(X_B - X_A)^2 + (Y_B - Y_A)^2} = \sqrt{(50-0)^2 + (40-0)^2} = 64.031 \text{m}$

문제 67

트래버스 측량의 용도와 가장 거리가 먼 것은?

① 경계 측량　　　　　　　② 노선 측량
③ 종횡단 수준 측량　　　　④ 지적 측량

문제 68

트래버스 측량에서 평탄지일 경우에 각 관측 오차의 일반적인 허용 범위로 가장 적합한 것은? (단, n : 트래버스 측점의 수)

① $5″\sqrt{n} \sim 10″\sqrt{n}$　　　　　　② $0.5′\sqrt{n} \sim 1′\sqrt{n}$
③ $20′\sqrt{n} \sim 30′\sqrt{n}$　　　　　　④ $0.5°\sqrt{n} \sim 1°\sqrt{n}$

정답　64. ③　65. ①　66. ③　67. ③　68. ②

문제 69

배횡거를 이용한 면적 계산에 관한 설명 중 옳지 않은 것은?

① 각 측선의 중점에서부터 자오선에 투영한 수선의 길이를 횡거라 한다.
② 어느 측선의 배횡거는 하나 앞 측선의 배횡거에 하나앞 측선의 경거와 그 측선의 경거를 더한 값이다.
③ 실제의 면적은 배면적을 2로 나눈 값이다.
④ 배면적은 각 측선의 경거에 각 측선의 배횡거를 곱하여 합산한 값이다.

해 설 배면적은 각 측선의 조정 위거에 각 측선의 배횡거를 곱하여 합산한 값이다.

문제 70

좌표를 알고 있는 기지점으로부터 출발하여 다른 기지점에 연결하는 측량방법으로 높은 정확도를 요구하는 대규모 지역의 측량에 이용되는 트래버스는?

① 폐합 트래버스 ② 결합 트래버스 ③ 개방 트래버스 ④ 트래버스 망

문제 71

그림에서 측선 BC의 방위각(α)은? (단, ∠A= 120°10′50″, ∠B= 240°30′10″)

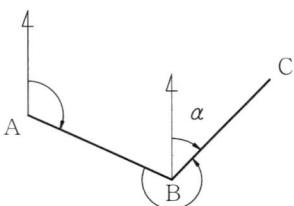

① 239°40′40″ ② 59°40′40″ ③ 0°41′00″ ④ 180°41′00″

해 설 AB측선의 방위각=120°10′50″
BC측선의 방위각=AB측선의 방위각+180°-교각=120°10′50″+180°-240°30′10″=59°40′40″

문제 72

평탄지에서 측점의 수 9개인 트래버스 측량을 한 결과 측각오차가 30″ 발생하였다면 오차의 처리방법으로 가장 적합한 것은? (단, 각 관측의 정밀도는 같다.)

① 다시 측량을 실시한다.
② 각의 크기에 비례하여 오차 조정한다.
③ 각 각에 등배분하여 오차 조정한다.
④ 변의 크기에 비례하여 오차 조정한다.

해 설 평탄지에서 오차의 허용 범위 : $30″\sqrt{n} \sim 60″\sqrt{n} = 30″\sqrt{9} \sim 60″\sqrt{9} = 90″ \sim 180″$
허용 범위 안이므로 각의 크기에 관계없이 등분배한다.

정답 69. ④ 70. ② 71. ② 72. ③

문제 73

어느 측선의 배횡거를 구하고자 할 때 계산 방법으로 옳은 것은?

① 해당 측선 경거 + 해당 측선 위거
② 전 측선의 배횡거 + 해당 측선 경거 + 해당 측선 위거
③ 전 측선의 배횡거 + 전 측선 경거 + 해당 측선 경거
④ 전 측선의 배횡거 + 전 측선 경거 + 전 측선 위거

문제 74

임의 측선의 방위가 N 30°20'20" W일 때 방위각은 얼마인가?

① 30°20'20"   ② 210°20'20"   ③ 329°39'40"   ④ 120°20'20"

해설 4상한에 있으므로 360°-30°20'20"=329°39'40"

문제 75

어느 측선의 방위가 S 45°20' W이고 측선의 길이가 64.210m일 때 이 측선의 위거는?

① +45.403m   ② −45.403m   ③ +45.138m   ④ −45.138m

해설 방위각=180°+45°20'=225°20'
위거=$l \cdot \cos\theta$=64.210×cos225°20'=-45.138m

문제 76

거리가 3km 떨어진 두 점의 각 관측에서 측각오차가 5″ 발생했을 때 위도 오차는 몇 cm 인가?

① 0.0727cm   ② 0.727cm   ③ 7.27cm   ④ 72.7cm

해설 $\dfrac{\theta''}{\rho''}=\dfrac{\Delta h}{D}$ 에서 $\Delta h = \dfrac{D\theta''}{\rho''} = \dfrac{300000\text{cm} \times 5''}{206265''} = 7.27\text{cm}$

문제 77

산악지의 트래버스 측량에서 폐합비의 일반적인 허용 범위로 가장 적합한 것은?

① 1/300~1/1000   ② 1/1000~1/1200   ③ 1/2000~1/5000   ④ 1/5000~1/10000

해설 폐합비의 허용 범위
㉠ 시가지 : $\dfrac{1}{5,000} \sim \dfrac{1}{10,000}$, ㉡ 논, 밭, 대지 등의 평지 : $\dfrac{1}{1,000} \sim \dfrac{1}{2,000}$
㉢ 산림, 임야, 호소지 : $\dfrac{1}{500} \sim \dfrac{1}{1,000}$, ㉣ 산악지 : $\dfrac{1}{300} \sim \dfrac{1}{1,000}$

정답 73. ③   74. ③   75. ④   76. ③   77. ①

문제 78

다음 그림과 같이 AB 측선의 방위각이 328°30´, BC측선의 방위각이 50°00´ 일 때 B점의 내각은?

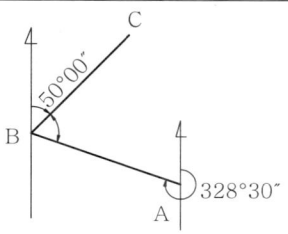

① 86°30´ ② 98°00´ ③ 98°30´ ④ 77°00´

해설
① BA측선의 방위각=AB측선의 역방위각=328°30´-180°=148°30´
② B점의 내각=BA측선의 방위각-BC측선의 방위각=148°30´-50°00´=98°30´

문제 79

다음 중 배횡거법과 배면적에 관한 설명으로 틀린 것은?

① 횡거는 각 측선의 중점에서부터 자오선에 투영한 수선의 길이를 말한다.
② 면적을 계산할 때 사용된다.
③ 폐합트래버스 조정이 끝난 후 조정된 경거와 위거를 이용한다.
④ 어느 측선의 배횡거를 계산할 때는 앞 측선의 배경거를 이용한다.

해설 어느 측선의 배횡거=전 측선의 배횡거 + 전 측선 경거 + 해당 측선 경거

문제 80

다각측량에서 아래와 같은 결과를 얻었을 때 측선 8의 배횡거는?

측선	위거(m)	경거(m)	배횡거(m)
6	123.50	6.144	134.440
7	-118.66	66.380	
8	-34.21	-51.260	

① 205.034m ② 189.914m ③ 206.680m ④ 222.084m

해설
7측선의 배횡거=134.440+6.144+66.380=206.964
8측선의 배횡거=206.964+66.380+(-51.260)=222.084m

문제 81

트래버스측량의 수평각 관측법 중에서 반전법, 부전법이 있으며 한번 오차가 생기면 그 영향이 끝까지 미치므로 주의를 요하는 방법은?

① 편각법 ② 교각법 ③ 방향각법 ④ 방위각법

해설 방위각법 : 한번 오차가 생기면 끝까지 영향을 미치며, 험준하고 복잡한 지형은 부적합

정답 78. ③ 79. ④ 80. ④ 81. ④

문제 82

그림과 같은 폐다각형에서 네 각을 측정한 결과가 다음과 같다. DC측선의 방위각은?
(단, α_1=87°26′20″, α_2=70°44′00″, α_3=112°47′40″, α_4=89°02′00″, θ=140°15′40″)

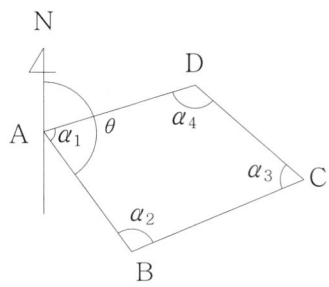

① 47°42′00″　　② 89°52′40″　　③ 143°47′20″　　④ 233°21′00″

해설　AD측선의 방위각 =AB측선의 방위각-α_1=140°15′40″-87°26′20″=52°49′20″
DC측선의 방위각=전측선의 방위각+180°-교각=52°49′20″+180°-89°02′00″=143°47′20″

문제 83

측선 AB의 방위각과 거리가 그림과 같을 때, 측점 B의좌표 계산으로 괄호 안에 알맞은 것은?

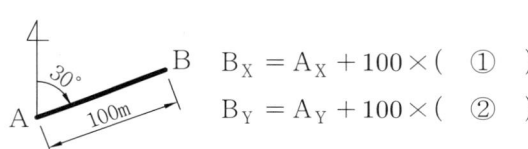

$B_X = A_X + 100 \times ($ ① $)$
$B_Y = A_Y + 100 \times ($ ② $)$

① ① cos30°　② sin30°　　　　② ① sin30°　② cos30°
③ ① cos30°　② tan30°　　　　④ ① tan30°　② cos30°

해설　AB의 위거=$\ell \cdot$cos30°, AB의 경거=$\ell \cdot$sin30°

문제 84

위거 및 경거에 대한 설명 중 옳은 것은?

① 위거는 임의 측선을 동서선 위에 정사투영한 거리이다.
② 경거는 임의 측선을 남북자오선에 정사투영한 거리이다.
③ 위거는 측선의 길이에 방위각이나 방위의 cos 값을 곱한 것이다.
④ 경거가 동쪽으로 향하면 그 부호는 (-)이다.

정답　82. ③　83. ①　84. ③

문제 85

트래버스에 대한 설명으로 옳은 것은?

① 개방 트래버스는 노선측량의 답사 등에 이용되며 정확도가 높다.
② 폐합 트래버스는 출발점에서 시작하여 다시 시작점으로 되돌아오는 방법이다.
③ 결합 트래버스는 높은 정확도의 측량보다 소규모 측량에 이용된다.
④ 트래버스의 종류는 형태만 차이가 있을 뿐 정확도에는 차이가 없다.

문제 86

트래버스 측량으로 면적을 구하고자 할 때 사용되는 식으로 옳은 것은?

① (배횡거×조정 위거)의 합
② (배횡거×조정 위거)의 합÷2
③ (배횡거×조정 경거)의 합÷2
④ (조정경거×조정 위거)의 합

해 설	■ 면적의 계산 ㉠ 배면적(2A)=배횡거×조정위거 ㉡ 면적(A)=(배횡거×조정 위거)의 합÷2 ㉢ 계산된 배면적을 다 더한 후 절대값을 취해 면적을 계산한다.

문제 87

트래버스 측량의 내업(계산 및 조정) 순서를 옳게 나타낸 것은)?

> a. 위거, 경거 계산
> b. 각 측량값의 오차 점검 및 배분
> c. 방위각 및 방위계산
> d. 폐합오차 및 폐합비 계산과 조정
> e. 좌표 및 면적 계산

① a → c → b → d → e
② b → c → d → a → e
③ b → c → a → d → e
④ c → b → a → d → e

문제 88

다음 AB 측선의 방위각이 27° 36′ 50″ 라면 BA측선의 방위각은?

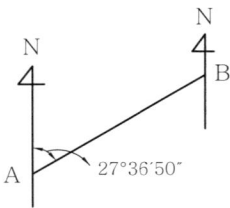

① 152° 23′ 10″
② 207° 36′ 50″
③ 242° 23′ 10″
④ 62° 23′ 50″

해 설	BA측선의 방위각=AB측선의 방위각+180°=27°36′50″+180°=207°36′50″

정답 85. ② 86. ② 87. ③ 88. ②

문제 89

트래버스측량을 실시하여 출발점으로 돌아왔을 경우 출발점과 정확하게 일치되지 않을 때, 이 오차를 무엇이라 하는가?

① 폐합오차　　　② 시준오차　　　③ 허용오차　　　④ 기계오차

정답　89. ①

제5장

삼각 측량

1. 삼각 측량의 개요
2. 삼각 측량의 외업
3. 삼각 측량의 내업
4. 삼변 측량

1 삼각 측량의 개요

1 삼각 측량의 정의
① 삼각 측량은 각 측점을 연결하여 다수의 삼각형을 만들고, 삼각망의 한 변의 길이를 정확하게 측량하여 기선으로 하고, 삼각망을 구성하는 모든 삼각형의 내각을 관측한다.
② 삼각법에 의해 각 변의 길이를 차례로 계산한 다음, 조건식에 의해 조정하여 삼각점들의 수평 위치(X, Y)를 결정하는 방법이다.
③ 삼각 측량은 기준점 측량 가운데 가장 정확하고 기본적인 측량 방법이다.

2 삼각 측량의 원리 및 특징
① **사인 법칙** : 삼각형에서 마주보는 변과 각의 비는 일정하다는 법칙으로 삼각형의 각과 변의 길이를 구하는데 편리하다.

$$(\sin 법칙) \quad \frac{a}{\sin\alpha} = \frac{b}{\sin\beta} = \frac{c}{\sin\gamma}$$

$$a = \frac{\sin\alpha}{\sin\gamma} \cdot c$$

$$b = \frac{\sin\beta}{\sin\gamma} \cdot c$$

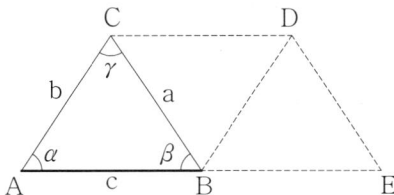

여기서, $c\,(AB)$는 다른 변들의 길이를 결정하는 데 기초가 되므로 기선이라 하며, 정확하게 실측하여야 한다.

② **삼각 측량의 특징**
　㉠ 넓은 지역에 동일 정밀도로 기준점배치에 편리⇒삼각점간의 거리를 크게 취할 수 있으며, 한 점 위치를 정확히 결정
　㉡ 넓은 면적의 측량에 적합
　㉢ 삼각점은 서로 시통이 잘되고 후속측량에 이용이 편리하도록 전망이 좋은 곳에 설치 ⇒ 작업이 어렵다.
　㉣ 조건식이 많아 조정계산이 복잡
　㉤ 각 단계에서 정확도 점검 가능

3 삼각망의 종류 및 등급

① **단열 삼각망** : 하천 측량, 터널 측량 등과 같이 폭이 좁고 거리가 먼 지역에 적합하며, 관측수가 적으므로 측량이 신속하고 경비가 적게 드는 반면에 정밀도는 가장 낮다.

② **사변형 삼각망** : 가장 높은 정밀도를 얻을 수 있으나 조정이 복잡하고 피복 면적이 적으며 많은 노력과 시간, 경비가 필요하고 기선 삼각망 등에 사용된다.

③ **유심 삼각망** : 넓은 지역의 측량에 적당하고, 정밀도는 단열 삼각망과 사변형 삼각망의 중간이다.

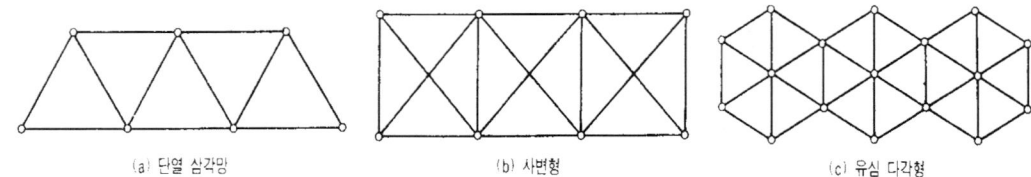

(a) 단열 삼각망 　　　　(b) 사변형 　　　　(c) 유심 다각형

④ **삼각점의 종류**

등 급	변 길 이	점 수	기 호
1등 삼각점(대삼각 본점)	30km	400점	●
2등 삼각점(대삼각 본점)	10km	2,401점	◎
3등 삼각점(소삼각 1등점)	5km	31,646점	●
4등 삼각점(소삼각 2등점)	2.5km		◎

→ 현재는 기존 4개 등급에서 1개의 등급(2등 기준, 변장 10km)로 통합되어 기준점 평면 위치를 결정하는 곳에 활용되고 있다.

2 삼각 측량의 외업

1 도상 계획

① 도면상의 계획은 측량 지역의 지도 또는 항공 사진을 이용하여 그 위에 관측할 삼각점을 선점 배치하는 것
② 측량의 정확도, 경비 등에 막대한 영향을 주게 되므로 신중하게 다루어야 한다.
③ 계획에서 검토되어야 할 중요한 요소들은 측량의 목적, 정확도, 지형 상황, 측량 방법, 기간, 인원 편

성, 측량 기기, 자재, 소모품, 예산, 작업 공정, 숙소, 통신, 일기, 관측 계획, 측량표 등이다.

2 답사 및 선점

① 답사는 현지에 도착하여 측량 지역 전반에 걸쳐 계획대로 작업할 수 있는가 조사하는 것
② 삼각점의 선점
    ㉠ 되도록 측점수가 적고, 후속 측량에 이용가치가 있을 것
    ㉡ 삼각형은 정삼각형에 가깝게 하고, 부득이 할 때는 한 내각의 크기를 30°~120° 범위로 한다.
    ㉢ 삼각점의 위치는 상호간 시준이 잘되고, 땅이 견고하며 침하가 없는 곳을 택한다.
    ㉣ 불규칙한 광선이나 연기 및 아지랭이의 영향을 받지 않도록 땅위 1m 이상 되도록 한다.
    ㉤ 무리하게 시준표나 관측대를 만드는 것은 피한다.

3 조표

① 삼각점의 선점 후 삼각점의 위치에 표석 등을 묻어 측점의 위치를 나타내는데, 이 표지를 측량표(삼각점 표지)라 한다.
② 다른 삼각점에서 측량표를 시준할 수 있도록 시준표를 설치하거나 관측대를 설치한 것을 조표라 한다.
③ 시준표의 중심과 측량표의 중심을 정확하게 같은 연직선 위에 둔다.

4 기선 측량

① 기선 측량의 정확도는 삼각 측량 전체에 영향을 끼치므로 삼각망 자체의 정확도보다 높은 정확한 관측을 해야 한다.

삼각점의 등급	1, 2등	3등	4등
기선길이의 정확도	1/500,000~1/2,000,000	1/200,000~1/500,000	1/10,000~1/50,000

② 높은 정확도를 필요로 하는 측량에서는 인바 테이프를 이용하지만, 최근에는 광파 및 전파를 이용한 전자파 거리 측량기나 GPS를 이용하기도 한다.

5 각 관측

① **수평각 관측법**
    ㉠ 대삼각 측량에는 데오돌라이트가 사용되고, 소삼각 측량에서는 정확도가 좀더 낮은 기계가 사용된다.
    ㉡ 기본 삼각 측량의 1등, 2등 삼각 측량에서는 가장 정밀한 조합각 관측법을 사용하고 그 외에는 방향각법, 배각법 등을 사용한다.

② 편심 관측과 계산
　㉠ 삼각 측량에서 수평각 관측은 삼각점에 기계를 세워 다른 삼각점을 시준해서 실시하나 부득이 하게 삼각점에 기계를 세우지 못하거나, 삼각점을 시준하지 못하고 편심시켜 관측해서 정확한 값을 계산해 내는 방법
　㉡ A점에 기계를 세우지 못하고, B점에 기계를 세운 경우
　　⇒ θ_1, θ_2를 구해서 β를 계산한다.

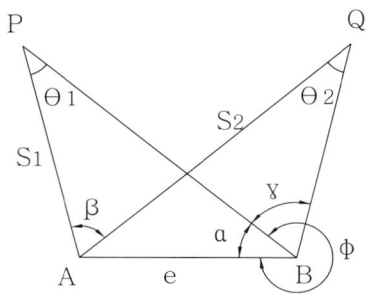

$\alpha = 360° - \phi$이며, △PAB와 △QAB에서
$$\frac{e}{\sin\theta_1} = \frac{S_1}{\sin\alpha}, \quad \frac{e}{\sin\theta_2} = \frac{S_2}{\sin(\alpha+\gamma)}$$

① $\theta_1 = \sin^{-1}\dfrac{e}{S_1}\sin\alpha$

　$\theta_2 = \sin^{-1}\dfrac{e}{S_2}\sin(\alpha+\gamma)$

② $\beta + \theta_1 = \gamma + \theta_2$
　∴ $\beta = \gamma + \theta_2 - \theta_1$

3 삼각 측량의 내업

1 삼각망의 조정

① 기하학적 조건
　㉠ 측점 조건
　　ⓐ 한 측점에서 측정한 여러 각의 합은 그 전체를 한 각으로 측정한 각과 같다.
　　ⓑ 한 측점의 둘레에 있는 모든 각을 합한 것은 360°이다.
　㉡ 도형 조건
　　ⓐ 삼각형 내각의 합은 180°이다.(각조건)
　　ⓑ 삼각망 중의 한 변의 길이는 계산 순서에 관계없이 일정하다.(변조건)

② 조건식의 수
　㉠ 측점 조건식의 수 $= W - (\ell - 1)$
　㉡ 각조건식의 수 $= L - L' - (P - 1)$
　㉢ 변조건식의 수 $= B + L - 2P + 2$
　㉣ 조건식의 총수 $= B + A - 2P + 3$

여기서, W : 한 측점에서 관측한 각의 총 수
 ℓ : 한 측점에서 나간 변의 수
 L : 변의 총수
 L' : 한쪽 끝에서만 각이 관측된 변수
 P : 삼각점의 수
 B : 기선의 수
 A : 관측각의 총수

③ 삼각망의 조정 계산

㉠ 사변형삼각망의 조정 계산

사변형삼각망	조정 계산방법
(그림)	• 각 조정에 의한 조정(제1조정) $\angle① + \angle② + ... + \angle⑧ = 360°$ $\angle① + \angle② = \angle⑤ + \angle⑥$ $\angle③ + \angle④ = \angle⑦ + \angle⑧$ • 변 조건에 의한 조정(제2조정) $\dfrac{\sin② \cdot \sin④ \cdot \sin⑥ \cdot \sin⑧}{\sin① \cdot \sin③ \cdot \sin⑤ \cdot \sin⑦} = 1$

㉡ 유심삼각망의 조정 계산방법

유심삼각망	조정 계산방법
(그림)	• 각 조정에 의한 조정(제1조정) $\angle\alpha + \angle\beta + \angle\gamma = 180°$ • 점 조건에 의한 조정(제2조정) • 변 조건에 의한 조정(제3조정)

㉢ 단열삼각망 조정 계산방법

단열삼각망	조정 계산방법
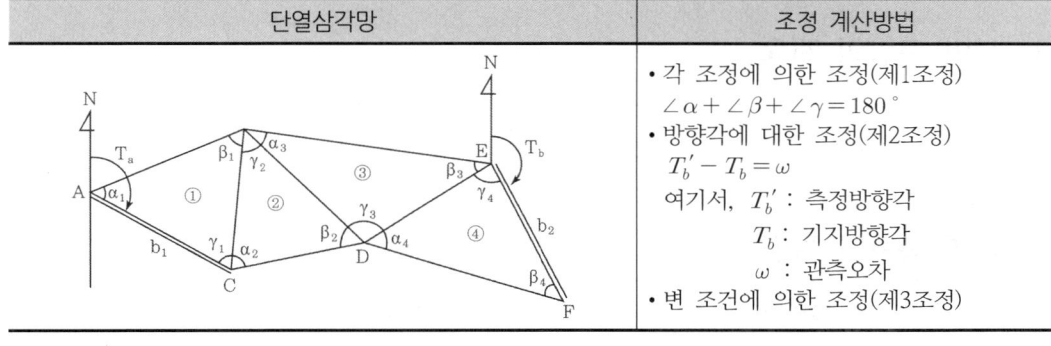	• 각 조정에 의한 조정(제1조정) $\angle\alpha + \angle\beta + \angle\gamma = 180°$ • 방향각에 대한 조정(제2조정) $T_b' - T_b = \omega$ 여기서, T_b' : 측정방향각 T_b : 기지방향각 ω : 관측오차 • 변 조건에 의한 조정(제3조정)

2 변장 계산 및 좌표 계산

① 변 길이 계산

$$\log a = \log b + \log \sin A - \log \sin B$$
$$\log c = \log b + \log \sin C - \log \sin B$$

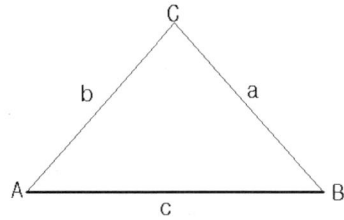

$$\frac{a}{\sin A} = \frac{b}{\sin B} = \frac{c}{\sin C}$$

$$a = b \frac{\sin A}{\sin B}$$

$$c = b \frac{\sin C}{\sin B}$$

② 좌표 계산

   삼각망의 각 변의 길이가 구해지면 이것을 정확히 전개하기 위해 트래버스 측량과 같은 방법으로 각 변의 방위각을 계산한 다음, 경거와 위거를 계산하고, 각 측점의 좌표(합위거, 합경거)를 구하면 된다.

4 삼변 측량

1 삼변 측량의 개요

① 삼각 측량에서 수평각을 관측하는 대신에 세 변의 길이를 측정하여 삼각점의 위치를 구하는 측량
② 최근 토털스테이션과 같은 관측기기를 이용하여 높은 정밀도의 삼변 측량을 수행

2 삼변 측량의 특징

① 변의 길이만을 이용하여 삼각망을 구성(변의 길이를 정확히 측정)

② 삼각 측량에 사용되는 기선의 확대 및 축소가 불필요하다.
③ 조건식 수가 적고, 조정이 오래 걸림

3 삼변 측량의 원리

① 삼변 측량은 cosine 제2법칙, 반각 공식, 면적 조건 등을 이용하여 변 길이로부터 각을 구하고 이 각과 변 길이에 의해 수평 위치를 구함

② 사용되는 공식

   ㉠ cosine 제2법칙

$$\cos A = \frac{b^2 + c^2 - a^2}{2bc}$$
$$\cos B = \frac{a^2 + c^2 - b^2}{2ac}$$
$$\cos C = \frac{a^2 + b^2 - c^2}{2ab}$$

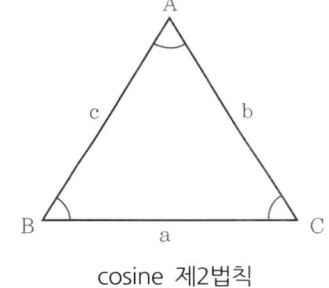

cosine 제2법칙

   ㉡ 반각공식

$$\sin\frac{A}{2} = \sqrt{\frac{(S-b)(S-c)}{bc}}, \quad \cos\frac{A}{2} = \sqrt{\frac{S(S-a)}{bc}}$$
$$\tan\frac{A}{2} = \sqrt{\frac{(S-b)(S-c)}{S(S-a)}} \quad 단, \ S = \frac{1}{2}(a+b+c)$$

   ㉢ 면적조건

$$\sin A = \frac{2}{bc}\sqrt{S(S-a)(S-b)(S-c)} \quad 단, \ S = \frac{1}{2}(a+b+c)$$

문제 1

삼각 측량의 주목적은 무엇을 하기 위한 것인가?

① 삼각점의 위치를 결정하기 위한 것
② 변의 길이를 산출하기 위한 것
③ 삼각형의 면적을 산출하기 위한 것
④ 기타 측량의 기준점을 확보하기 위한 것

해 설	삼각 측량 ① 삼각 측량은 각 측점을 연결하여 다수의 삼각형을 만들고, 삼각망의 한 변의 길이를 정확하게 측량하여 기선으로 하고, 삼각망을 구성하는 모든 삼각형의 내각을 관측한다. ② 삼각법에 의해 각 변의 길이를 차례로 계산한 다음, 조건식에 의해 조정하여 **삼각점들의 수평 위치(X, Y)를 결정하는 방법**이다. ③ 삼각 측량은 기준점 측량 가운데 가장 정확하고 기본적인 측량 방법이다.

문제 2

다음 중 삼각측량의 특징으로 틀린 것은?

① 삼각측량은 넓은 지역의 측량에 편리하다.
② 조건식이 적어 계산 및 방법이 편리하다.
③ 1등 삼각측량의 평균 변의 길이는 30km 정도이다.
④ 삼각점은 시통이 잘 되어야하고 후속 측량에 이용되므로 조망이 좋아야 한다.

해 설	삼각 측량은 조건식이 많아 조정계산이 복잡하다.

문제 3

하천 측량, 터널 측량과 같이 나비가 좁고 길이가 긴 지역의 측량에 적당한 것은?

① 유심 삼각망　　　　　　　　② 사변형 삼각망
③ 격자 삼각망　　　　　　　　④ 단열 삼각망

해 설	단열 삼각망 : 하천 측량, 터널 측량 등과 같이 폭이 좁고 거리가 먼 지역에 적합하며, 관측수가 적으므로 측량이 신속하고 경비가 적게 드는 반면에 정밀도는 가장 낮다.

정답　1. ①　2. ②　3. ④

문제 4

단열 삼각망을 이용하는 것이 효율적인 측량은?

① 넓은 지역의 골조 측량
② 시가지의 골조 측량
③ 복잡한 지형 측량의 골조 측량
④ 하천조사를 위한 골조 측량

문제 5

삼변측량에 대한 설명으로 옳지 않은 것은?

① 기선 삼각망의 확대가 불필요하다.
② 삼변측량의 관측요소는 각과 변장이다.
③ 변으로부터 각을 구하여 수평위치를 결정한다.
④ 삼각형 내각을 구하기 위하여 코사인 제2법칙과 반각공식을 이용한다.

해설 변 길이만을 측량해서 삼각망을 구성할 수 있다.

문제 6

다음 중 동일 측점수에 비하여 도달거리가 가장 길기 때문에 노선 측량, 하천 측량, 터널 측량 등과 같이 폭이 좁고 거리가 먼 지역에 적합한 삼각망은?

① 복심 삼각망　② 유심 삼각망　③ 사변형 삼각망　④ 단열 삼각망

문제 7

특별히 높은 정확도를 필요로 하는 측량이나 기선 삼각망 등에 이용되는 삼각망은?

① 단열 삼각망　② 사변형 삼각망　③ 유심 삼각망　④ 특별 삼각망

해설 사변형 삼각망 : 가장 높은 정밀도를 얻을 수 있으나 조정이 복잡하고 피복 면적이 적으며 많은 노력과 시간, 경비가 필요하고 기선 삼각망 등에 사용된다.

문제 8

삼각 측량 중 가장 정밀도가 좋은 것은?

① 단열 삼각망
③ 유심 다각 삼각망
② 사변형 삼각망
④ 삼각형 복열 삼각망

해설 사변형 삼각망 : 가장 높은 정밀도를 얻을 수 있으나 조정이 복잡하고 피복 면적이 적으며 많은 노력과 시간, 경비가 필요하고 기선 삼각망 등에 사용된다.

정답 4. ④　5. ②　6. ④　7. ②　8. ②

문제 9

동일 측점수에 비하여 피복 면적이 다른 삼각망에 비하여 넓으므로 넓은 지역의 측량에 적당한 삼각망은 다음 중 어느 것인가?

① 유심 삼각망
② 사변형 삼각망
③ 단열 삼각망
④ 복심 삼각망

해설 유심 삼각망 : 넓은 지역의 측량에 적당하고, 정밀도는 단열 삼각망과 사변형 삼각망의 중간임

문제 10

삼각 측량의 작업순서가 옳은 것은?

① 답사 및 선점 → 조표 → 측정 → 계산
② 조표 → 측정 → 답사 및 선점 → 계산
③ 답사 및 선점 → 측정 → 조표 → 계산
④ 조표 → 답사 및 선점 → 측정 → 계산

해설 삼각 측량의 작업순서 : 도상 계획→답사 및 선점→조표→측정→계산

문제 11

다음은 삼각측량의 방법을 흐름도(flow chart)로 나타낸 것 중의 일부이다. ( )에 알맞는 작업은?
도상 계획 → ( ) → 조표 → 기선 및 검기선 측량 → 각측량 → 수평각 관측 →
…… → 변장과 삼각점의 좌표 계산

① 답사 및 선점
② 편심관측
③ 천문관측
④ 삼각망의 조정

해설 삼각 측량의 작업순서 : 도상 계획→답사 및 선점→조표→측정→계산

문제 12

기선 삼각망을 설치할 때에 주의 사항으로 틀린 것은?

① 평탄한 곳이 없을 때 기선의 설정 위치는 경사 1/10 이하의 지형에 설치
② 1회의 기선 확대는 기선 길이의 3배 이내
③ 큰 삼각망에서 기선을 여러 번 확대할 때는 기선 길이의 10배 이내
④ 삼각망이 길게 될 때에는 기선 길이의 20배 정도의 간격으로 검기선 설치

해설 기선 설치 위치는 평탄한 곳으로 경사는 1/25이하일 것

정답 9. ① 10. ① 11. ① 12. ①

문제 13

삼각 측량에서 삼각점의 선점 시 주의사항에 해당되지 않는 것은?

① 되도록이면 측점수가 많을 것
② 삼각형은 될 수 있는 대로 정삼각형에 가까울 것
③ 삼각점 상호간에 시준이 잘 될 것
④ 땅이 견고하고 이동, 침하하지 않는 곳일 것

해 설   되도록 측점수가 적고, 후속 측량에 이용가치가 있을 것

문제 14

삼각망을 선점할 때 일반적으로 한 내각의 크기는 어느 정도 내에 있도록 하여야 하는가?

① 15°~150°
② 20°~140°
③ 25°~130°
④ 30°~120°

해 설   삼각형은 정삼각형에 가깝게 하고, 부득이 할 때는 한 내각의 크기를 30°~120° 범위로 한다.

문제 15

삼각점의 선점에 관한 설명 중에서 틀린 것은?

① 삼각점의 선점은 측량의 목적, 정확도 등을 고려하여 실시한다.
② 삼각점은 오래 보존하는 일이 많고 정확한 관측을 필요로 하므로 지반이 견고하여야 하고 침하 및 동결 지반은 피한다.
③ 삼각형 내각의 크기는 30~120°가 되게 한다.
④ 삼각형은 가능한 직각삼각형에 가깝도록 한다.

해 설   삼각형은 될 수 있는 대로 정삼각형에 가까울 것

문제 16

삼각 측량에서 삼각형의 모양은 어느 것이 이상적인가?

① 이등변 삼각형
② 정삼각형
③ 직각 삼각형
④ 임의의 삼각형

해 설   삼각형은 정삼각형에 가깝게 하고, 부득이 할 때는 한 내각의 크기를 30°~120° 범위로 한다.

정답   13. ①   14. ④   15. ④   16. ②

문제 17

다음 중 삼각 측량에서 정확도가 가장 높게 요구되는 삼각점은?

① 1등 삼각점　　　　　　② 2등 삼각점
③ 3등 삼각점　　　　　　④ 4등 삼각점

해설　삼각점은 각관측의 정확도에 의해 1, 2, 3, 4등 삼각점의 4등급으로 나누어진다.

문제 18

「한 측점의 둘레에 있는 모든 각의 합은 360°이다」라는 조건은?

① 도형 조건　　　　　　② 측점 조건
③ 각조건　　　　　　　　④ 변조건

해설　측점 조건 : ⓐ 한 측점에서 측정한 여러 각의 합은 그 전체를 한 각으로 측정한 각과 같다.
　　　　　　　　ⓑ 한 측점의 둘레에 있는 모든 각을 합한 것은 360°이다.

문제 19

도면과 같은 귀심 계산에서 T를 구하는 식 중 맞는 것은?

① $T = a + x_1 + x_2$
② $T = a + x_1 - x_2$
③ $T = b + x_1 - x_2$
④ $T = b + x_1 + x_2$

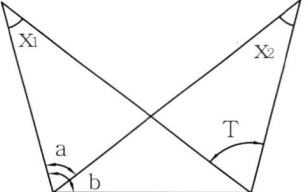

해설　$T + x_2 = a + x_1$　∴ $T = a + x_1 - x_2$

문제 20

그림과 같은 사변형에서 조건식의 총 수는?

① 1개
② 2개
③ 3개
④ 4개

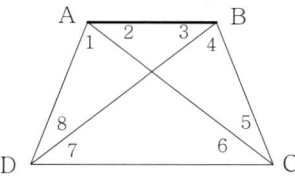

해설　조건식의 총수 $= B + A - 2P + 3 = 1 + 8 - (2 \times 4) + 3 = 4$
　　　　B : 기선(1개),　A : 총 각(8개),　P : 점(4개)

정답　17. ①　18. ②　19. ②　20. ④

문제 21

그림에서 AC(b)변의 길이는?

① 25.40m
② 35.38m
③ 43.40m
④ 51.48m

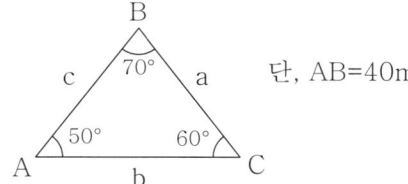
단, AB=40m

해설 $\dfrac{a}{\sin A} = \dfrac{b}{\sin B} = \dfrac{c}{\sin C}$, $b = c\dfrac{\sin B}{\sin C} = 40 \times \dfrac{\sin 70°}{\sin 60°} = 43.40$m

문제 22

다음 삼각망에서 BC 측선의 변장은 얼마인가?
(단, AB =300m, ∠A=59°30′ 40″, ∠B=69°20′ 50″, ∠C=51°08′ 30″)

① 360.499 m
② 331.987 m
③ 325.765 m
④ 271.095 m

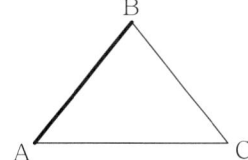

해설 $\dfrac{BC}{\sin A} = \dfrac{AC}{\sin B} = \dfrac{AB}{\sin C}$, $BC = AB\dfrac{\sin A}{\sin C} = 300 \times \dfrac{\sin 59°30′40″}{\sin 51°08′30″} = 331.987$m

문제 23

다음과 같은 삼각망에서 CD의 거리는?

① 383.022m
② 433.013m
③ 500.013m
④ 577.350m

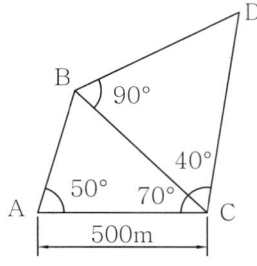

해설 $\dfrac{BC}{\sin 50°} = \dfrac{500}{\sin 60°}$, $BC = 500 \times \dfrac{\sin 50°}{\sin 60°} = 442.276$m

$\dfrac{CD}{\sin 90°} = \dfrac{442.276}{\sin 50°}$, $\therefore CD = 442.276 \times \dfrac{\sin 90°}{\sin 50°} = 577.350$m

정답 21. ③ 22. ② 23. ④

문제 24

전파나 광파를 이용한 전자파 거리측정기로 변 길이만을 측량하여 수평위치를 결정하는 측량은?

① 수준측량 ② 삼각측량
③ 삼변측량 ④ 삼각수준측량

해설 삼변 측량 : 전자파거리 측정기를 이용한 정밀한 장거리 측정으로 변장을 측정해서 삼각점의 위치를 결정하는 측량방법

문제 25

삼변측량을 실시하여 변장 a, b, c를 구했다. a변에 대응하는 ∠A에 대한 cos A를 구하기 위한 식은?

① $\dfrac{b^2+c^2-a^2}{2bc}$ ② $\dfrac{a^2+b^2-c^2}{2bc}$

③ $\dfrac{a^2+c^2-b^2}{2bc}$ ④ $\dfrac{a^2+b^2-c^2}{2abc}$

해설 $\cos A = \dfrac{b^2+c^2-a^2}{2bc}$, $\cos B = \dfrac{a^2+c^2-b^2}{2ac}$, $\cos C = \dfrac{a^2+b^2-c^2}{2ab}$

문제 26

삼각 측량에서 표차의 합이 199.7 이고 Σlog sin A-Σlog sin B의 값이 0.00005 일 때 보정량 값은?

① ±2.1″ ② ±2.3″
③ ±2.5″ ④ ±2.7″

해설 조정량 = $\dfrac{\sum \log \sin A - \sum \log \sin B}{\text{표차의 합}} = \dfrac{500}{199.7} = \pm 2.5''$

대수는 보통 소수 7자리까지 취한다(0.0000500→500으로 계산한다.)

문제 27

조정각이 23°44′36″일 때 표차는? (단, 대수 7자리까지로 함)

① 38.61 ② 40.27
③ 47.87 ④ 57.91

해설 표차 : log sinθ 와 log sin(θ±1″)의 차이값이다. 또한 대수는 보통 소수 7자리까지 취하므로 약식으로 계산한다.

표차 = $\dfrac{1}{\tan \theta} \times 21.055$ 또는 $21.055 \div \tan \theta$ 로 구한다. ∴ 표차 = 21.055÷tan23°44′36″=47.87

정답 24. ③   25. ①   26. ③   27. ③

문제 28

다음 〈설명〉은 삼각점의 선점에 대한 내용이다. (   )안에 알맞은 것은?

> 〈 설 명 〉
> 삼각점의 선점은 측량의 목적, 정확도 등을 고려하여 결정한다. 삼각형은 정삼각형에 가까울수록 각관측 오차가 변길이 계산에 끼치는 영향이 적으므로 정삼각형이 되게 하고 지형에 따라 부득이할 때에는 한 내각의 크기를 (   )° 내에 있도록 해야 한다.

① 10~70 ② 20~80 ③ 30~120 ④ 40~150

해설 삼각형은 정삼각형에 가깝게 하고, 부득이 할 때는 한 내각의 크기를 30°~120° 범위로 한다.

문제 29

삼각 측량의 작업 순서로 옳은 것은?

① 답사 및 선점 – 조표 – 관측 – 계산 – 성과표 작성
② 조표 – 성과표 작성 – 답사 및 선점 – 관측 – 계산
③ 조표 – 관측 – 답사 및 선점 – 성과표 작성 – 계산
④ 답사 및 선점 – 관측 – 조표 – 계산 – 성과표 작성

해설 삼각 측량의 작업순서 : 도상 계획→답사 및 선점→조표→측정→계산→성과표 작성

문제 30

삼각망의 제2조정각 54°56′15″에 대한 표차 값은?

① 11.54 ② 12.81 ③ 13.45 ④ 14.77

해설 표차=$\frac{1}{\tan\theta}\times 21.055$ 또는 $21.055\div\tan\theta$ 로 구한다. ∴표차 = 21.055÷tan54°56′15″=14.78

문제 31

삼각망 가운데 내각이 작은 것이 있으면 좋지 않는 이유에 대한 설명으로 옳은 것은?

① 삼각형의 내각 중 작은 각이 있으면 반드시 큰 각이 있고 큰 각에는 관측오차가 크게 되므로
② 삼각형의 내각 중 작은 각이 있으면 내각의 폐합차를 삼등분하여 3내각에 보정하는 것이 불합리하므로
③ 한 기지변으로부터 다른 변을 정현 비례로 구하는 경우에 작은 각이 있으면 오차가 크게 되므로
④ 경위도 또는 좌표(X, Y) 계산하기가 불편하게 되므로

해설 삼각형은 정삼각형에 가깝고, 내각이 30~120°범위로 한다. (각이 지니는 오차가 변에 미치는 영향을 최소로 하기 위함) 각 자체의 대소는 관계가 없으나 변장은 sin법칙을 사용하므로 각도에 대한 대수 6자리의 변화가 0° 및 180°에 가까울수록 커진다. 따라서 각 오차가 같을 때 변장에 미치는 영향은 각이 적을수록 커진다.

정답 28. ③ 29. ① 30. ④ 31. ③

문제 32

사변형 삼각망 변조정에서 $\Sigma \log \sin A = 39.2434474$, $\Sigma \log \sin B = 39.2433974$ 이고, 표차 총합이 199.7일 때 변조정량은?

① 1.9″ ② 2.5″ ③ 3.1″ ④ 3.5″

해설 조정량 = $\dfrac{\Sigma \log \sin A - \Sigma \log \sin B}{\text{표차의 합}} = \dfrac{39.2434474 - 39.2433974}{199.7} = \dfrac{500}{199.7} = 2.5″$

대수는 보통 소수 7자리까지 취한다(0.0000500 → 500으로 계산한다.)

문제 33

삼각망의 조정을 위한 조건 중 "삼각형 내각의 합은 180°이다."의 설명과 관계가 깊은 것은?

① 측점 조건 ② 각 조건 ③ 변 조건 ④ 기선 조건

문제 34

변 길이 계산에서 대수를 취한 식이 조건과 같을 때 다음 중 맞는 식은?

[조건] $\log c = \log b + \log \sin C - \log \sin B$

① $c = b\dfrac{\sin B}{\sin C}$ ② $c = b\dfrac{\sin C}{\sin B}$ ③ $c = b\dfrac{\log B}{\log C}$ ④ $c = b\dfrac{\log C}{\log B}$

문제 35

삼각망의 조정에서 어느 각이 62° 43′ 44″ 일 때 이에 대한 표차는?

① 24.81 ② 22.86 ③ 14.77 ④ 10.85

해설 표차 = $\dfrac{1}{\tan \theta} \times 21.055$ 또는 $21.055 \div \tan \theta$ 로 구한다. ∴ 표차 = $21.055 \div \tan 62° 43′ 44″ = 10.85$

문제 36

삼각측량의 기선 선정시 주의 사항으로 옳지 않은 것은?

① 1회의 기선 확대는 기선 길이의 3배 이내로 한다.
② 기선의 설정위치는 평탄한 곳이 좋다.
③ 검기선은 기선 길이의 40배 정도의 간격으로 설치한다.
④ 평탄한 곳이 없을 때에는 경사가 1:25 이하의 지형에 기선을 설치한다.

해설 삼각망이 길게 될 때에는 기선 길이의 20배 정도의 간격으로 검기선 설치

문제 37

삼각 측량에서 가장 이상적인 삼각망의 형태는?

① 이등변 삼각형 ② 정삼각형 ③ 직각 삼각형 ④ 둔각 삼각형

해설 삼각형은 정삼각형에 가깝게 하고, 부득이 할 때는 한 내각의 크기를 30°~120° 범위로 한다.

정답 32. ② 33. ② 34. ② 35. ④ 36. ③ 37. ②

문제 38

삼각 측량을 하기 위해서는 적어도 한 개 이상의 변장을 정확히 실측해야 하는데, 이를 무슨 측량이라 하는가?

① 거리 측량　　　② 삼변 측량　　　③ 기선 측량　　　④ 망 측량

문제 39

다음 그림에서 a변의 길이는 얼마인가?

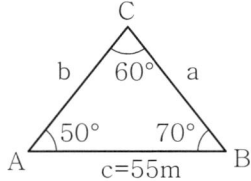

① 40.760m　　　② 48.650m　　　③ 56.526m　　　④ 61.334m

해 설　$\dfrac{a}{\sin A} = \dfrac{b}{\sin B} = \dfrac{c}{\sin C}$, $a = c \times \dfrac{\sin A}{\sin C} = 55 \times \dfrac{\sin 50°}{\sin 60°} = 48.650\text{m}$

문제 40

삼각망의 변길이 계산에서 싸인법칙에 의한 계산식 $a = b\dfrac{\sin A}{\sin B}$ 에 대수를 취한 것은?

① $\log a = \log b + \log \sin A - \log \sin B$
② $\log a = \log b - \log \sin A + \log \sin B$
③ $\log a = \log b + \log \sin A + \log \sin B$
④ $\log a = \log b - \log \sin A - \log \sin B$

문제 41

다음 중 삼변측량에 대한 설명으로 틀린 것은?

① 삼각측량에서와 같은 기선 삼각망 확대가 필요하다.
② 변 길이만을 측량해서 삼각망을 구성할 수 있다.
③ 삼각형의 내각을 구하기 위하여 코사인 제2법칙, 반각 공식 등이 사용된다.
④ 변의 길이 측정에는 DEM, 광파기와 같은 장비가 사용된다.

해 설　대삼각망의 기선장을 직접 관측하기 때문에 삼각 측량에서와 같은 기선 삼각망의 확대가 불필요하다.

정답　38. ③　39. ②　40. ①　41. ①

문제 42

다음 그림과 같은 사변형 삼각망의 조정에서 성립되는 각조건식으로 옳은 것은?
(여기서, 1, 2, …, 8은 표시된 각을 의미한다.)

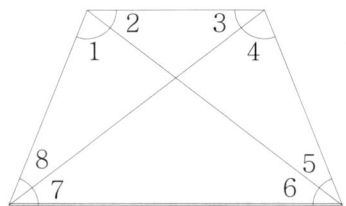

① ∠1+∠2=∠5+∠6
② ∠1+∠8+∠4+∠5=∠2+∠3+∠6+∠7
③ ∠2+∠3=∠6+∠7
④ ∠1+∠3+∠5+∠7=∠2+∠4+∠6+∠8

해설 ㉠ ∠1+∠2+∠3+∠4+∠5+∠6+∠7+∠8=360°, ㉡ ∠1+∠8=∠4+∠5, ㉢ ∠2+∠3=∠6+∠7

문제 43

그림에서 삼변측량에 적용하는 코사인 제 2법칙에서 cosB를 구하는 식은 어느 것인가?

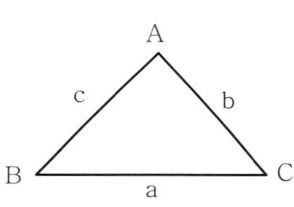

① $\dfrac{a^2+c^2-b^2}{ac}$

② $\dfrac{a^2+c^2-b^2}{2ac}$

③ $\dfrac{a^2+b^2-c^2}{ab}$

④ $\dfrac{a^2+b^2-c^2}{2ab}$

해설 $\cos A = \dfrac{b^2+c^2-a^2}{2bc}$, $\cos B = \dfrac{a^2+c^2-b^2}{2ac}$, $\cos C = \dfrac{a^2+b^2-c^2}{2ab}$

문제 44

삼각측량을 위한 삼각점 선점을 위하여 고려하여야 할 사항으로 가장 거리가 먼 것은?

① 삼각형은 되도록 정삼각형에 가까울 것
② 다음 측량을 하기에 편리한 위치일 것
③ 삼각점의 보존이 용이한 곳일 것
④ 직접 수준측량이 용이한 곳일 것

해설 삼각법에 의해 각 변의 길이를 차례로 계산한 다음, 조건식에 의해 조정하여 **삼각점들의 수평 위치(X, Y)를 결정하는 방법**이다.

정답 42. ③ 43. ② 44. ④

문제 45

그림과 같은 유심 삼각망에서 측점 방정식의 수는?

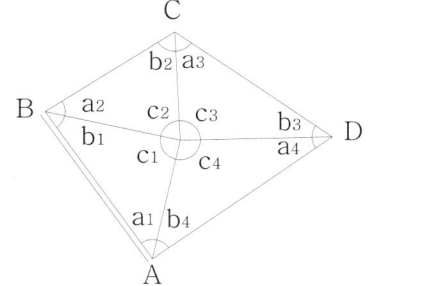

① 3
② 2
③ 1
④ 0

해설 $c_1 + c_2 + c_3 + c_4 = 360°$

문제 46

삼각측량에 대한 설명으로 틀린 것은?

① 삼각법에 의해 삼각점의 높이를 결정한다.
② 각 측점을 연결하여 다수의 삼각형을 만든다.
③ 삼각망을 구성하는 삼각형의 내각을 관측한다.
④ 삼각망의 한 변의 길이를 정확하게 관측하여 기선을 정한다.

해설 삼각법에 의해 각 변의 길이를 차례로 계산한 다음, 조건식에 의해 조정하여 **삼각점들의 수평 위치(X, Y)를 결정하는 방법**이다.

문제 47

삼각측량의 특징이 아닌 것은?

① 삼각점 간의 거리를 비교적 길게 취할 수 있다.
② 넓은 지역에 같은 정확도로 기준점을 배치하는데 편리하다.
③ 각 단계에서 정확도를 점검할 수 있다.
④ 조건식이 적어 계산 및 조정이 간단하다.

해설 삼각 측량은 조건식이 많아 조정계산이 복잡하다.

문제 48

삼각측량방법은 (도상 계획)⇒(　　　)⇒(조 표)⇒(기선측량)⇒…⇒(삼각망의 조정)순으로 실시한다. 괄호 안에 적당한 것은?

① 수직각 관측　　② 수평각 관측　　③ 삼각망 계산　　④ 답사 및 선점

정답 45. ③　46. ①　47. ④　48. ④

문제 49

그림과 같은 유심다각형에서 조건식의 총 수는?

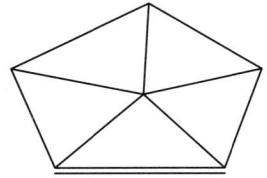

① 1개
② 3개
③ 5개
④ 7개

해설
조건식의 총수=B+A-2P+3=1+15-2×6+3=7
(B : 기선의 수, A : 관측각의 수=3n=3×5=15, n : 삼각형의 수, P : 삼각점의 수=n+1)

문제 50

한 점을 중심으로 6개의 삼각형으로 구성된 유심삼각망의 조건식에 대한 설명으로 틀린 것은?

① 관측각의 수는 18개이다.
② 삼각점의 수는 8개이다.
③ 변의 수는 12개이다.
④ 중심각의 수는 6개이다.

해설
n : 삼각형의 수=6개
관측각의 수=3n=3×6=18, 삼각점의 수=n+1=6+1=7, 변의 수=2n=2×6=12, 중심각의 수=n=6

문제 51

삼각형 세변이 각각 a=43m, b=46m, c=39m 로 주어 질 때 각 α는?

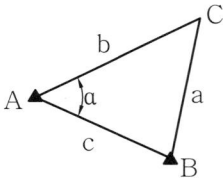

① 51° 50′ 41″
② 60° 06′ 38″
③ 68° 02′ 41″
④ 72° 00′ 26″

해설
$\cos\alpha = \dfrac{b^2 + c^2 - a^2}{2bc} = \dfrac{46^2 + 39^2 - 43^2}{2 \times 46 \times 39} = 0.498327759$, $\alpha = \cos^{-1} 0.498327759 = 60°06′38″$

문제 52

삼각측량의 삼각망에 대한 설명으로 옳지 않은 것은?

① 유심삼각망은 피복지역이 좁은 지역에서 적합하다.
② 삼각망을 구성하는 검기선은 변조정에 이용된다.
③ 사변형망은 가장 정확도가 높은 삼각망이다.
④ 단열삼각망은 폭이 좁고 거리가 먼 지역에 적합하다.

해설
㉠유심 삼각망 : 넓은 지역의 측량에 적당하고, 정밀도는 단열 삼각망과 사변형 삼각망의 중간임

정답 49. ④ 50. ② 51. ② 52. ①

문제 53

삼각측량에 대한 설명으로 틀린 것은?

① 기선을 관측한 다음 각만을 관측하여 기선과 각에 의하여 수평위치를 결정하는 방법이다.
② 삼각측량은 측지삼각측량과 평면삼각측량으로 구분할 수 있다.
③ 평면삼각측량은 지구의 표면을 구면으로 간주하는 측량이다.
④ 평면삼각측량은 관측한 기선과 각 관측 성과를 이용하여 수평위치를 결정하며 단열, 사변형, 유심형 태의 망을 형성하여 관측점의 위치를 결정한다.

해 설 지구의 곡률을 고려한 측량 : 측지학적 측량

정답 53. ③

제6장

지형 측량

1. 지형 측량의 개요
2. 등고선의 일반 개요
3. 등고선의 측정 및 작성
4. 지형도의 이용

1 지형 측량의 개요

1 지형 측량의 정의
지물(하천, 호수, 도로, 철도, 건축물 등의 자연적, 인위적 물체)과 지모(능선, 계곡, 언덕 등의 기복 상태)를 측정하여 지표의 기복 상태를 표시하는 지형도를 만들기 위한 측량이다.

2 지형 측량의 작업 순서
답사 → 골조 측량 → 세부 측량 → 지형도 제작
(자료수집 → 트래버스 측량 → 스타디아 측량 → 등고선 작도)

3 지형의 표시 방법
① **음영법** : 태양 광선이 서북쪽에서 45°의 각도로 비친다고 가정하고, 지표의 기복에 대하여 그 명암을 2~3색 이상으로 도면에 채색해 기복의 모양을 표시하는 방법이다.

② **우모법**
  ㉠ 게바라고 하는 짧은선으로 지표의 기복을 나타내는 것으로 영선법이라고도 한다.
  ㉡ 경사가 급하면 선을 굵고 짧게, 경사가 완만하면 가늘고 길게 표시한다.
  ㉢ 기복은 쉽게 이해되나 제도하기가 어렵다.

③ **채색법**
  ㉠ 지형이 높아질수록 색깔을 진하게, 낮아질수록 연하게 채색의 농도를 변화시켜 지표면의 고저를 나타내는 방법
  ㉡ 지리 관계의 지도나 소축척의 지형도에 사용된다.

④ **점고법**
  ㉠ 지상에 있는 임의 점의 표고를 숫자로 도상에 나타내는 방법
  ㉡ 해도, 하천, 호수, 항만의 수심을 나타내는 경우에 사용된다.

⑤ **등고선법**
  ㉠ 등고선은 지표의 같은 높이의 점을 연결한 곡선으로 일정한 간격 높이의 수평면과 지표면이 교차하는 선을 기준면 위에 투영시켜 생긴 선
  ㉡ 등고선에 의하여 지표면의 형태를 표시하며, 비교적 지형을 쉽게 표현할 수 있어 가장 널리 쓰이는 방법이다.

2 등고선의 일반 개요

1 등고선의 성질
① 같은 등고선 위의 모든 점은 높이가 같다.
② 한 등고선은 반드시 도면 안이나 밖에서 폐합되며, 도중에서 없어지지 않는다.
③ 등고선이 도면 안에서 폐합되면 산정이나 오목지가 된다.
　 오목지의 경우 대개는 물이 있으나, 없는 경우 낮은 방향으로 화살표시를 한다.
④ 높이가 다른 두 등고선은 동굴이나 절벽의 지형이 아닌 곳에서는 교차하지 않는다. 동굴이나 절벽에서는 2점에서 교차한다.
⑤ 경사가 일정한 곳에서는 평면상 등고선의 거리가 같다.
⑥ 같은 경사의 평면일 때에는 평행한 선이 된다.
⑦ 등고선의 경사가 급한 곳에서는 간격이 좁고, 완만한 경사에서는 넓어진다.
⑧ 등고선은 능선 또는 계곡선과 직각으로 만난다.
⑨ 한 쌍의 등고선의 산정부가 서로 마주 보고 있고 다른 한 쌍의 등고선이 바깥쪽으로 바라보고 내려갈 때 그 곳은 고개를 나타낸다.

2 등고선의 간격 : 등고선 사이의 연직 거리

등고선의 종류	표시 방법	등고선 간격(m)			
		1 : 1,000	1 : 5,000	1 : 25,000	1 : 50,000
주곡선	가는 실선	1	5	10	20
계곡선	굵은 실선	5	25	50	100
간곡선	가는 긴 파선	0.5	2.5	5	10
조곡선	가는 짧은 파선	0.25	1.25	2.5	5

3 등고선의 종류
① **주곡선** : 지형을 표시하는데 기준이 되는 등고선으로 가는 실선으로 표시하며, 지도의 축척을 1 : M 이라 하면, 주곡선의 간격 (Δh)은 대략 다음과 같이 결정한다.

$$\Delta h = \frac{M}{2,500}\,m \text{ (소축척)}$$

$$\Delta h = \frac{M}{2,000}\,m \text{ (중축척)}$$

$$\Delta h = \frac{M}{1,000}\,m \text{ (대축척)}$$

② **계곡선** : 표고의 읽음을 쉽게 하고, 지모의 상태를 명시하기 위해서 주곡선 5개마다 1개씩의 굵은 실선을 넣어서 표시한다.

③ **간곡선** : 산정 경사가 고르지 못한 완만한 경사지, 그 외에 주곡선만으로는 지모의 상태를 상세하게 나타낼 수 없는 경우에 표시하며, 주곡선 간격의 $\frac{1}{2}$ 간격에 가는 긴 파선으로 나타낸다.

④ **조곡선** : 간곡선 간격의 $\frac{1}{2}$ 거리로 간곡선만으로는 지형의 상태를 충분히 나타낼 수 없는 불규칙 지형에 가는 짧은 파선으로 표시한다.

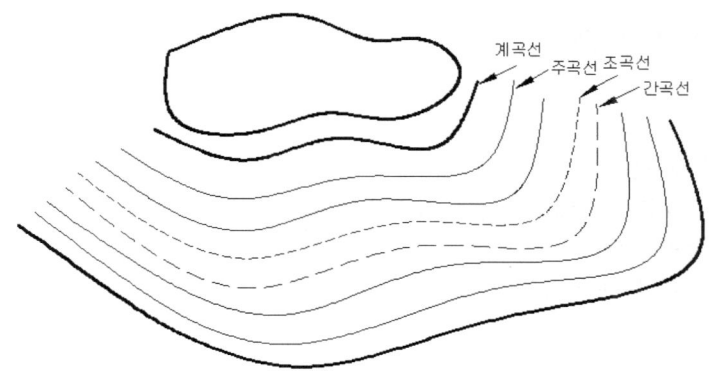

4 지성선

① **능선** : 빗물이 갈라지는 분수선(V자형)
② **합수선** : 빗물이 합쳐지는 합수선(A자형)
③ **경사변환선** : 방향이 바뀌는 점을 연결한 선
④ **최대경사선** : 물이 흘러가는 선

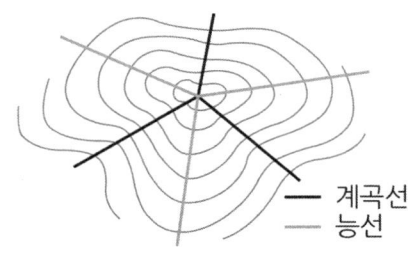

계곡선과 능선

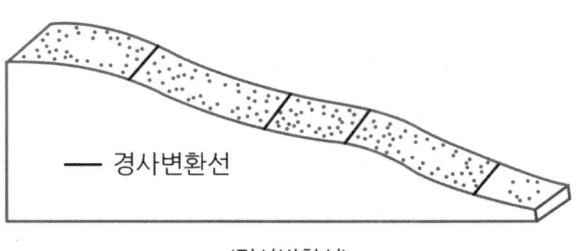

〈경사변환선〉

3 등고선의 측정 및 작성

1 등고선의 측정 방법

① **직접법** : 레벨에 의한 방법
  ㉠ 직접 수준 측량에 의해 등고선이 지나가는 점을 현지에서 구하고, 그 위치를 측정해서 도상에 표시하는 방법
  ㉡ 경사가 완만하고 기복이 복잡한 지형을 등고선 간격 0.5m~1.0m 정도로 정밀하게 나타낼 때 적당하다.
  ㉢ 시간은 많이 소요되나 정확도가 높으므로 대축척의 1지형도 작성에 주로 이용된다.

② **간접법**
  ㉠ 사각형 분할법(좌표점법)
    ⓐ 측량 구역을 사각형으로 분할하고, 각 교점의 표고를 구하여 각 교점 간에 등고선이 지나가는 점을 비례식으로 산출하여 등고선을 작도하는 방법이다.
    ⓑ 택지, 건물부지 등 평지의 정밀한 등고선 측정에 이용된다.

  ㉡ 횡단점법
    ⓐ 노선을 따라 종단 측량을 실시하고 난 후에, 이 중심선에 대해 좌우 직각 방향으로 지반의 경사가 변화하는 지점의 높이와 거리를 측정하여 등고선을 그리는 방법이다.
    ⓑ 도로, 철도, 수로 등의 노선 측량의 등고선 측정에 이용된다.

  ㉢ 기준점법(종단점법)
    ⓐ 측량 지역 내의 기준이 될 점과 지성선 위의 중요점 위치와 표고를 측정하여 각 등고선이 통과할 점을 구하여 넣는 방법
    ⓑ 지역이 넓은 소축척 지형도의 등고선 측정에 이용된다.

2 등고선의 기입 방법

① 계산에 의한 방법

$D : H_B - H_A = d : H_C - H_A$

$$\therefore d = \frac{H_C - H_A}{H_B - H_A}D = \frac{h}{H}D$$

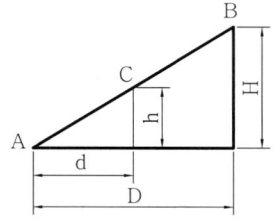

② 도식에 의한 방법

투사지에 등간격인 다수의 평행선을 그리고, 5칸 또는 10칸마다 굵은선을 그려 알아보기 쉽게 한 다음, 숫자로 표시한다.

4 지형도의 이용

① 단면도의 작성
② 유역 면적의 결정
③ 저수 용량의 산정
④ 신설 노선의 도상 선점
⑤ 토공량 산정
⑥ 가시권역 판단

기출 및 예상문제

문제 1

다음 중 지형측량의 작업순서가 올바르게 된 것은?

① 답사 → 세부측량 → 골조측량 → 지형도제작
② 세부측량 → 골조측량 → 답사 → 지형도제작
③ 답사 → 골조측량 → 세부측량 → 지형도제작
④ 골조측량 → 답사 → 세부측량 → 지형도제작

해설 답사 → 골조 측량 → 세부 측량 → 지형도 제작

문제 2

지형 측량의 순서에서 세부 측량에 해당되는 것은?

① 자료 수집
② 등고선 작도
③ 트래버스 측량
④ 스타디아 측량

해설 자료수집(답사) → 트래버스 측량(골조 측량) → 스타디아 측량(세부 측량) → 등고선 작도(지형도 제작)

문제 3

지형도의 표시 방법에서 명암을 2~3색 이상으로 도면에 채색하여 기복의 모양을 표시하는 방법은?

① 우모법
② 음영법
③ 등고선법
④ 점고법

해설 음영법 : 태양 광선이 서북쪽에서 45°의 각도로 비친다고 가정하고, 지표의 기복에 대하여 그 명암을 2~3색 이상으로 도면에 채색해 기복의 모양을 표시하는 방법이다.

문제 4

지형을 표시하는 방법으로 하천, 항만, 해양 등에서 일정한 간격으로 표고 또는 수심을 측정하여 도상에 숫자로 기입하는 방법은?

① 점고법
② 영선법
③ 음영법
④ 등고선법

해설 점고법
㉠ 지상에 있는 임의 점의 표고를 숫자로 도상에 나타내는 방법
㉡ 해도, 하천, 호수, 항만의 수심을 나타내는 경우에 사용된다.

정답 1. ③ 2. ④ 3. ② 4. ①

문제 5

일정한 간격 높이의 수평면과 지표면이 교차하는 선을 기준면 위에 투영시켜 생긴 선을 무엇이라 하는가?

① 영선　　　　② 등고선　　　　③ 음영선　　　　④ 교차선

해 설　등고선은 지표의 같은 높이의 점을 연결한 곡선으로 일정한 간격 높이의 수평면과 지표면이 교차하는 선을 기준면 위에 투영시켜 생긴 선

문제 6

다음은 등고선의 성질을 나타낸 것이다. 틀린 것은?

① 같은 등고선 위의 모든 점은 높이가 같다.
② 한 등고선은 도면 안이나 밖에서 서로가 폐합된다.
③ 높이가 다른 두 등고선은 동굴이나 절벽에서 반드시 한 점에 교차한다.
④ 등고선의 경사가 급한 곳에서는 간격이 좁다.

해 설　높이가 다른 두 등고선은 동굴이나 절벽의 지형이 아닌 곳에서는 교차하지 않는다. 동굴이나 절벽에서는 2점에서 교차한다.

문제 7

등고선의 특징에 관한 설명으로 옳지 않은 것은?

① 동일 등고선상에 있는 모든 점의 높이는 같다.
② 도면 내에서 등고선이 폐합되는 경우, 산정이나 분지를 나타낸다.
③ 지표면의 경사가 급한 곳에서는 등고선의 간격이 넓어지고, 완만한 경사에서는 좁아진다.
④ 높이가 다른 두 등고선은 절벽이나 동굴의 지형을 제외하고는 교차하거나 만나지 않는다.

해 설　등고선의 경사가 급한 곳에서는 간격이 좁고, 완만한 경사에서는 넓어진다.

문제 8

지형도에 이용되는 등고선의 설명 중 틀리는 것은?

① 등고선은 도면내 또는 도면외에서 반드시 폐합한다.
② 등고선 간격은 지표면상의 경사가 급한 경우에는 넓고 완경사인 경우에는 좁다.
③ 등고선은 일반적으로 교차하지 않으나 절벽이나 동굴에서는 교차할 수 있다.
④ 동일 등고선상에 있는 모든 점의 표고는 같다.

해 설　등고선의 경사가 급한 곳에서는 간격이 좁고, 완만한 경사에서는 넓어진다.

정답　5. ②　6. ③　7. ③　8. ②

문제 9

등고선의 성질 중 옳은 것은?

① 등고선은 지표의 최대 경사선의 방향과 직교하지 않는다.
② 같은 등고선 위의 모든 점은 높이가 서로 다르다.
③ 지표의 경사가 급할수록 등고선 간격이 넓어진다.
④ 높이가 다른 두 등고선은 동굴이나 절벽의 지형이 아닌 곳에서는 교차하지 않는다.

해설
- 등고선은 지표의 최대 경사선의 방향과 직교한다.
- 같은 등고선 위의 모든 점은 높이가 서로 같다.
- 지표의 경사가 급할수록 등고선 간격이 좁아진다.

문제 10

다음 등고선의 성질 중 옳지 못한 것은?

① 동일 등고선상의 모든 점의 높이는 같다.
② 한 개의 등고선은 도중에 2개로 나누어지지 않는다.
③ 등고선이 도면 안에서 폐합되는 경우는 산꼭대기나 분지가 된다.
④ 등고선 간격이 좁은 곳은 넓은 곳보다 경사가 완만한 곳이다.

해설 등고선의 경사가 급한 곳에서는 간격이 좁고, 완만한 경사에서는 넓어진다.

문제 11

축척 1/25000의 지형도에서 계곡선의 간격은 얼마인가?

① 5m
② 10m
③ 50m
④ 100m

해설 1/25000의 지형도 → 주곡선:10m, 계곡선:50m, 간곡선:5m, 조곡선:2.5m

문제 12

등고선의 간격이 20m라고 하는 말을 바르게 나타낸 것은?

① 경사 거리 20m
② 수평 거리 20m
③ 수직 거리 20m
④ 곡선 거리 20m

해설 등고선의 간격: 등고선 사이의 수직 거리

정답 9. ④ 10. ④ 11. ③ 12. ③

문제 13

어느 지형도에서 주곡선의 간격이 5m마다 표시되어 있다면 계곡선의 간격은 얼마인가?

① 2.5m
② 25m
③ 50m
④ 100m

해설 계곡선 : 표고의 읽음을 쉽게 하고, 지모의 상태를 명시하기 위해서 주곡선 5개마다 1개씩의 굵은 실선을 넣어서 표시한다.

문제 14

지표면이 높은 곳의 꼭대기 점을 연결한 선으로, 빗물이 이것을 경계로 좌우로 흐르게 되는 선을 무엇이라 하는가?

① 계곡선
② 능선
③ 경사 변환점
④ 방향 변환점

해설 능선 : 빗물이 갈라지는 분수선(V자형)

문제 15

다음 중 경사변환선에 대한 설명으로 옳은 것은?

① 지표면이 높은 곳의 꼭대기 점을 연결한 선
② 동일방향의 경사면에서 경사의 크기가 다른 두면의 접합선
③ 경사가 최대로 되는 방향을 표시한 선
④ 지표면의 낮거나 움푹 패인 점을 연결한 선

해설 경사변환선 : 방향이 바뀌는 점을 연결한 선

문제 16

등고선의 측정 방법 중 측량 구역을 정사각형 또는 직사각형으로 분할하고, 각 교점의 표고를 구하여 교점 간에 등고선이 지나가는 점을 비례식으로 산출하는 방법은?

① 기준점법
② 횡단점법
③ 종단점법
④ 좌표점법

해설 사각형 분할법(좌표점법) : 측량 구역을 사각형으로 분할하고, 각 교점의 표고를 구하여 각 교점 간에 등고선이 지나가는 점을 비례식으로 산출하여 등고선을 작도하는 방법이다.

정답 13. ② 14. ② 15. ② 16. ④

문제 17

A점의 표고가 34.6m, B점의 표고가 69.0m이며 AB간의 수평거리가 120m일 때 표고 50m인 등고선은 A점으로부터 수평거리로 얼마 떨어진 곳을 통과 하는가?

① 18.8m　　② 53.7m　　③ 66.3m　　④ 88.6m

해설
H : D = h : d
(69.0-34.6=34.4):120=(50-34.6=15.4):d
∴ d=53.7m

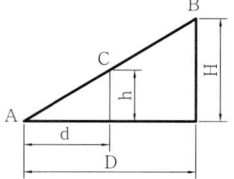

문제 18

A, B 두 점의 표고가 각각 34.6m, 69.0m, AB 사이의 거리 D=120m일 때 AB사이를 10m간격으로 등고선을 넣을 때 40m등고선이 지나는 점까지의 거리는 A에서부터 얼마 거리에 있는가?

① 10.5m　　② 14.7m　　③ 18.8m　　④ 21.6m

해설
H : D = h : d
(69.0-34.6=34.4):120=(40-34.6=5.4) :d
∴ d=18.8m

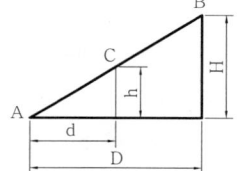

문제 19

일반적으로 축척 1:5,000 지형도에서 주곡선의 간격은 몇 m로 설치하는가?

① 1m　　② 5m　　③ 10m　　④ 20m

해설

등고선의 종류	표시 방법	등고선 간격(m)			
		1 : 1,000	1 : 5,000	1 : 25,000	1 : 50,000
주곡선	가는 실선	1	5	10	20
계곡선	굵은 실선	5	25	50	100
간곡선	가는 긴 파선	0.5	2.5	5	10
조곡선	가는 짧은 파선	0.25	1.25	2.5	5

정답　17. ②　18. ③　19. ②

문제 20

지형도에서 지형의 표시 방법에 해당 되지 않는 것은?

① 등고선법 ② 음영법 ③ 점고법 ④ 투시법

해설 지형의 표시 방법 : 음영법, 우모법, 채색법, 점고법, 등고선법

문제 21

게바라고 하는 짧은 선으로 지표의 기복을 나타내는 지형의 표시 방법은 어느 것인가?

① 음영법 ② 우모법 ③ 채색법 ④ 점고법

해설
㉠ 게바라고 하는 짧은선으로 지표의 기복을 나타내는 것으로 영선법이라고도 한다.
㉡ 경사가 급하면 선을 굵고 짧게, 경사가 완만하면 가늘고 길게 표시한다.
㉢ 기복은 쉽게 이해되나 제도하기가 어렵다.

문제 22

지형도의 이용 방법으로 옳지 않은 것은?

① 신설 노선의 도상 선정
② 저수 용량의 산정
③ 유역 면적의 결정
④ 지적도 작성

해설 ① 단면도의 작성 ② 유역 면적의 결정 ③ 저수 용량의 산정 ④ 신설 노선의 도상 선점

문제 23

A점의 표고 43.6m, B점의 표고 78.3m, 두 점의 수평거리 204m일 때, 축척 1:5000의 도상에서 표고 60m인 C점의 위치는 A점에서 몇 ㎜ 떨어져 위치하는가?

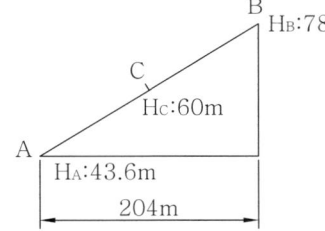

① 17㎜
② 19㎜
③ 23㎜
④ 27㎜

해설
오른쪽 그림에서 H : D = h : d
(78.3-43.6=34.7) : 204 = (60-43.6=16.4) : d
$$\therefore d = \frac{204 \times 16.4}{34.7} = 96.41\text{m}$$
축척 1:5,000의 도상에서의 표고는
$\frac{1}{5,000} = \frac{x}{96.41}$ 에서 $x = 96.41 \div 5,000 = 0.019\text{m} = 19㎜$

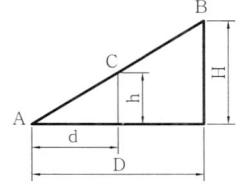

정답 20. ④ 21. ② 22. ④ 23. ②

문제 24

지형측량에서 등고선의 성질에 대한 설명으로 틀린 것은?

① 등경사 지면이 평면일 때에는 서로 간격이 같고 평행선을 이룬다.
② 등고선은 반드시 폐합되는 폐곡선이다.
③ 지표면 경사가 급한 곳에서 등고선 간격이 넓어지고 완만한 경사는 좁아진다.
④ 높이가 다른 두 등고선은 절벽이나 동굴의 지형을 제외하고는 교차하거나 만나지 않는다.

해 설 등고선의 경사가 급한 곳에서는 간격이 좁고, 완만한 경사에서는 넓어진다.

문제 25

일정한 중심선이나 지성선 방향으로 여러 개의 측선을 따라 기준점으로부터 필요한 점까지의 거리와 높이를 관측하여 등고선을 그려 가는 방법은?

① 망원경 엘리데이드에 의한 방법
② 사각형 분할법(좌표점법)
③ 종단점법(기준점법)
④ 횡단점법

해 설 기준점법(종단점법)
ⓐ 측량 지역 내의 기준이 될 점과 지성선 위의 중요점 위치와 표고를 측정하여 각 등고선이 통과할 점을 구하여 넣는 방법
ⓑ 지역이 넓은 소축척 지형도의 등고선 측정에 이용된다.

문제 26

표고의 읽음을 쉽게 하고, 지모의 상태를 명시하기 위해서 주곡선 5개마다 1개씩의 굵은 실선을 넣어서 표시하는 곡선을 무엇이라 하는가?

① 주곡선   ② 계곡선   ③ 간곡선   ④ 조곡선

문제 27

다음 중 지형도의 대상을 지물과 지모로 구분할 때 지물에 해당되는 것은?

① 산정   ② 평야   ③ 도로   ④ 구릉

해 설 지물 : 하천, 호수, 도로, 철도, 건축물 등의 자연적, 인위적 물체
지모 : 능선, 계곡, 언덕 등의 기복 상태

문제 28

지형표시 방법으로 지상에 있는 임의 점의 표고를 숫자로 도상에 나타내는 방법은?

① 점고법   ② 음영법   ③ 채색법   ④ 등고선법

해 설 점고법 ㉠ 지상에 있는 임의 점의 표고를 숫자로 도상에 나타내는 방법
㉡ 해도, 하천, 호수, 항만의 수심을 나타내는 경우에 사용된다.

정답 24. ③ 25. ③ 26. ② 27. ③ 28. ①

문제 29

다음 중 지형의 일반적인 표시법이 아닌 것은?

① 음영법   ② 묘사법   ③ 우모법   ④ 채색법

문제 30

지표면상의 지형 간 상호위치관계를 관측하여 얻은 결과를 일정한 축척과 도식으로 도지 위에 나타낸 것을 무엇이라 하는가?

① 단면도   ② 상세도   ③ 지형도   ④ 모형도

문제 31

우리나라 축척 1:5000 지형도에서 계곡선은 몇 m 간격으로 설치해야 하는가?

① 5m   ② 10m   ③ 20m   ④ 25m

문제 32

A점의 표고가 123m, B점의 표고가 35m일 때 10m 간격의 등고선은 몇 개가 들어가는가?

① 7개   ② 8개   ③ 9개   ④ 10개

해설 120m, 110m, 100m, 90m, 80m, 70m, 60m, 50m, 40m ⇒ 9개
■계산 : {(120-40)÷10}+1=9개

문제 33

지형 측량의 작업 순서로 옳은 것은?

① 골조측량 → 세부측량 → 측량계획작성 → 측량 원도 작성
② 측량계획작성 → 골조측량 → 세부측량 → 측량 원도 작성
③ 세부측량 → 골조측량 → 측량계획작성 → 측량 원도 작성
④ 측량계획작성 → 세부측량 → 측량 원도 작성 → 골조측량

문제 34

높이가 다른 두 등고선이 교차하는 지형으로 짝지어진 것은?

① 동굴 - 분지   ② 동굴 - 절벽   ③ 산정 - 계곡   ④ 계곡 - 분지

해설 동굴이나 절벽에서는 2점에서 교차한다.

정답 29. ②   30. ③   31. ④   32. ③   33. ②   34. ②

문제 35

지형의 표시 방법에서 건설 공사용으로 가장 널리 사용되는 것은?

① 채색법 ② 등고선법
③ 점고법 ④ 우모법

문제 36

등고선 간격이 5m이고 제한 경사 5%일 때 각 등고선의 수평 거리는?

① 100m ② 150m ③ 200m ④ 250m

해설 구배$(i) = \dfrac{h}{D} \times 100\%$ 이므로 $D = \dfrac{h}{i} \times 100 = \dfrac{5}{5} \times 100 = 100\text{m}$

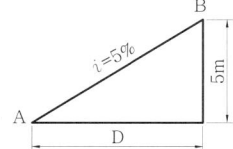

문제 37

등고선의 종류 중 조곡선을 표시하는 선의 종류로 옳은 것은?

① 가는 실선 ② 가는 짧은 파선 ③ 굵은 파선 ④ 굵은 실선

해설

등고선의 종류	표시 방법	등고선 간격(m)			
		1 : 1,000	1 : 5,000	1 : 25,000	1 : 50,000
주곡선	가는 실선	1	5	10	20
계곡선	굵은 실선	5	25	50	100
간곡선	가는 긴 파선	0.5	2.5	5	10
조곡선	가는 짧은 파선	0.25	1.25	2.5	5

문제 38

두 점 A, B의 표고가 각각 251m, 128m이고 수평거리가 300m인 등경사 지형에서 표고가 200m인 측점을 C라 할 때 A점으로부터 C점까지의 수평 거리는?

① 86.43m ② 105.38m ③ 124.39m ④ 175.61m

해설 H : D = h : d
(251-128=123):300=(251-200=51):d
∴ d=124.39m

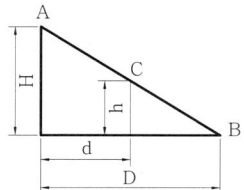

정답 35. ② 36. ① 37. ② 38. ③

문제 39

건설 공사에서 지형도를 이용한 예로 거리가 먼 것은?

① 폐합비 산출
② 횡단면도의 작성
③ 유역 면적의 결정
④ 저수 용량의 결정

해 설 지형도의 이용 : 단면도의 작성, 유역 면적의 결정, 저수 용량의 산정, 신설 노선의 도상 선점

문제 40

등고선 측정방법 중 직접법에 해당하는 것은?

① 레벨에 의한 방법
② 횡단점법
③ 사각형 분할법(좌표점법)
④ 기준점법(종단점법)

해 설 간접법 : 사각형 분할법(좌표점법), 횡단점법, 기준점법(종단점법)

문제 41

등고선의 종류에 관한 설명 중 틀린 것은?

① 주곡선은 지형을 표시하는데 기준이 되는 선으로 굵은 점선으로 표시한다.
② 계곡선은 표고의 읽음을 쉽게 하기 위하여 주곡선 5개마다 1개씩의 굵은 실선을 넣어서 표시한다.
③ 간곡선은 주곡선만으로는 지모의 상태를 상세하게 나타낼 수 없을 경우에 표시하며 가는 긴 파선으로 나타낸다.
④ 조곡선은 간곡선 간격의 1/2간격으로 가는 짧은 파선으로 표시한다.

해 설 주곡선은 지형을 표시하는데 기준이 되는 선으로 가는 실선으로 표시한다.

문제 42

지형을 지모와 지물로 구분할 때 지물로만 짝지어진 것은?

① 도로, 하천, 시가지
② 산정, 구릉, 평야
③ 철도, 평야, 경지
④ 촌락, 계곡, 경지

해 설
지물 : 하천, 호수, 도로, 철도, 건축물 등의 자연적, 인위적 물체
지모 : 능선, 계곡, 언덕 등의 기복 상태

문제 43

지모를 표현하는 지성선 중 등고선과 직교하는 선이 아닌 것은?

① 분수선(능선)
② 합수선(요선)
③ 최대 경사선
④ 경사 변환선

해 설 경사변환선 : 방향이 바뀌는 점을 연결한 선

정답 39. ① 40. ① 41. ① 42. ① 43. ④

문제 44

축척 1:50,000 지형도에서 표고가 각각 170m, 125m인 두지점의 수평거리가 30㎜ 일 때 경사 기울기는?

① 2.0 % ② 2.5 % ③ 3.0 % ④ 3.5%

해 설
수평거리=30㎜×50,000=1,500,000㎜=1,500m
표고차=170m-125m=45m
경사기울기= $\dfrac{표고차}{수평거리} \times 100 = \dfrac{45}{1,500} \times 100 = 3\%$

문제 45

지형의 표현 방법 중 지형이 높아질수록 색을 진하게, 낮아질수록 연하게 하여 농도로 지표면의 고저를 나타내는 방법은?

① 채색법 ② 우모법 ③ 등고선법 ④ 음영법

해 설
■ 채색법
㉠ 지형이 높아질수록 색깔을 진하게, 낮아질수록 연하게 채색의 농도를 변화시켜 지표면의 고 저를 나타내는 방법
㉡ 지리 관계의 지도나 소축척의 지형도에 사용된다.

문제 46

기본지형도의 등고선 표시 방법이 옳은 것은?

① 주곡선은 가는 실선이고, 간곡선은 가는 긴 파선이다.
② 간곡선은 가는 실선이고, 조곡선은 일점쇄선이다.
③ 보조곡선은 이점쇄선이고, 계곡선은 실선이다.
④ 계곡선은 가는 실선이고, 주곡선은 파선이다.

해 설
주곡선 : 가는 실선, 계곡선 : 굵은 실선, 간곡선 : 가는 긴 파선, 조곡선 : 가는 짧은 파선

문제 47

A점과 B점의 수평거리가 480m이고 A점의 표고가 82m, B점의 표고가 97m일 때 AB 사이의 표고가 88m 되는 C 점의 A점으로부터의 수평거리 AC는?

① 192m ② 210m ③ 270m ④ 288m

해 설
H : D = h : AC
(97-82=15):480=(88-82=6):AC
∴ AC=192m

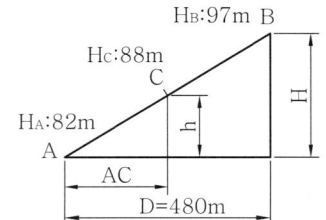

정답 44. ③ 45. ① 46. ① 47. ①

제7장

면적 및 체적 계산

1. 면적 계산
2. 체적 계산

1 면적 계산

1 수치 계산법

① **삼각형법** : 현지에서 직접 측정하여 면적을 계산하는 경우나 도면으로부터 거리를 측정하여 면적을 계산할 경우, 토지의 형상을 삼각형으로 구분하여 면적을 측정하는 방법이다.

㉠ **삼사법** : 삼각형의 밑변과 높이를 측정하여 면적을 구하는 방법(정확도를 높이기 위해서는 밑변과 높이를 거의 같게 하는 것이 좋다.)

$$A = \frac{1}{2}ah$$

㉡ **협각법** : 두 변과 그 사이에 낀 각을 측정했을 때 면적을 구하는 방법

$$A = \frac{1}{2}ab\ \sin\gamma = \frac{1}{2}ac\ \sin\beta = \frac{1}{2}bc\ \sin\alpha$$

㉢ **삼변법(헤론의 공식)** : 삼각형의 세변을 측정하여 면적을 구하는 방법(세변의 길이가 비슷할수록 정확도가 높아지며 제일 긴 변과 짧은 변의 길이의 비가 2:1이내가 되어야 한다.)

$$A = \sqrt{s(s-a)(s-b)(s-c)}$$
$$s = \frac{1}{2}(a+b+c)$$

② **좌표법** : 각 측점이 직각좌표 값(x, y)을 알 때 사용하는 방법으로 정확한 면적 계산이 가능하다.

$$A = \frac{1}{2}[y_1(x_n - x_2) + y_2(x_1 - x_3) + y_3(x_2 - x_4) + \cdots + y_n(x_{n-1} - x_1)]$$

〈별해〉

$$A = \frac{1}{2}\ |\ (a_1 \cdot b_2 + a_2 \cdot b_3 + a_3 \cdot b_4 + a_4 \cdot b_5 + a_5 \cdot b_1)$$
$$- (a_2 \cdot b_1 + a_3 \cdot b_2 + a_4 \cdot b_3 + a_5 \cdot b_4 + a_1 \cdot b_5)\ |$$

③ 지거법
  ㉠ 사다리꼴 공식

$$A = d\left(\frac{y_1 + y_n}{2} + y_2 + y_3 + y_4 + \cdots\cdots + y_{n-1}\right)$$

여기서, d : 지거의 간격, $y_1, y_2, \cdots y_n$: 지거의 높이

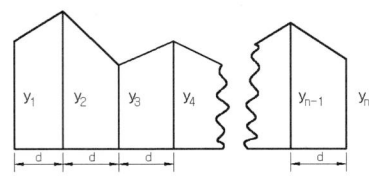

  ㉡ 심프슨 제1법칙 : 경계선을 2차 포물선으로 보고, 지거의 두 구간을 한 조로 하여 면적을 구하는 방법이다.

$$A = \frac{d}{3}\{y_1 + y_n + 4(y_2 + y_4 \cdots\cdots + y_{n-1}) + 2(y_3 + y_5 + \cdots\cdots + y_{n-2})\}$$

  ㉢ 심프슨 제2법칙 : 경계선을 3차 포물선으로 보고, 지거의 세 구간을 한 조로 하여 면적을 구하는 방법이다.

$$\therefore A = \frac{3d}{8}\{y_1 + y_n + 3(y_2 + y_3 + y_5 + y_6 \cdots\cdots) + 2(y_4 + y_7 + \cdots\cdots)\}$$

2 도해 계산법

주로 곡선으로 둘러싸인 면적을 구하려고 할 때 사용하는 방법으로, 주의하여 측정하면 높은 정확도를 얻을 수 있는 면적 계산법이다.

① **모눈종이법** : 투사지에 일정한 간격의 종횡선을 그려서 구하려는 면적의 모눈 수를 세고 경계선이 모눈에 들어간 경우는 비례에 의해 모눈을 세어 면적을 구하는 방법이다.
② **횡선법** : 투사지에 일정한 간격(d)으로 평행한 횡선(스트립:strip)을 그려 도면 위에 포개어 경계선에 둘러싸인 각 횡선의 중앙 길이($ℓ$)를 구하여 면적을 구하는 방법이다.

$$A = \Sigma(d\,\ell)$$

3 기기 계산법

① 극식 구적기(플라니미터 planimeter)에 의한 면적 계산
  ㉠ 극침을 도형 밖에 고정했을 때(작은 면적) $A = c \cdot n$

여기서 c : 단위 면적, n : $(n_2 - n_1)$으로 측륜의 회전 눈금 수

ⓒ 극침을 도형 안에 고정했을 때(큰 면적) $A = c(n + n_0)$

여기서 c : 단위 면적, n_0 : 가정수

ⓒ 활주간의 축척과 도형의 축척이 같지 않을 때 $A = \left(\dfrac{S}{L}\right)^2 c \cdot n$

여기서 S : 도형의 축척, L : 활주간의 축척

ⓔ 측정 정밀도 : 큰 면적의 경우 ±0.1~±0.2% 정도이고, 작은 면적은 ±1% 이내

② 디지털 구적기에 의한 면적 측정

면적, 좌표, 선길이, 호의 길이, 반지름 등을 측정할 수 있으며 정밀도는 ±0.1% 정도이다.

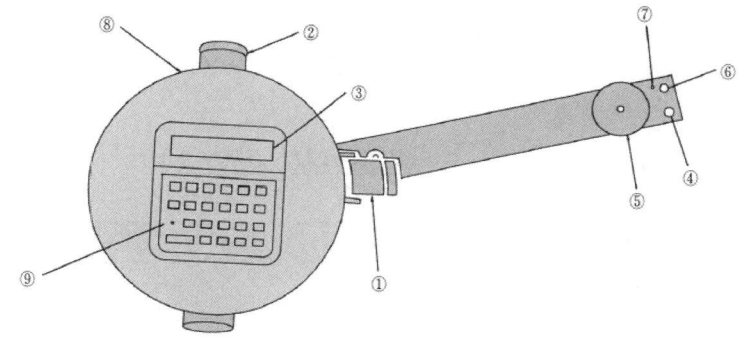

기기 번호	명 칭	기 능
①	전원 스위치	전원의 'ON', 'OFF'
②	접지륜	도면상의 미끄럼 방지와 직진 왕복 운동을 시킨다.
③	표시화면(디스플레이)	각종 조작 메시지와 측정 결과를 표시
④	스타트/포인트 스위치	측정 개시의 지시와 각 측점의 플로팅을 행한다.
⑤	이동 렌즈	대형 편심 회전 렌즈이므로 쉽게 볼 수 있다.
⑥	연속 스위치	연속 측정 모드(곡선)에서 포인트 모드(직선)로 변환한다.
⑦	연속 계산 표시등	빨간불이 들어와 있을 때는 연속 모드가 된다.
⑧	AC 충전기 잭	충전용 AC 충전기를 꽂아 놓는다.
⑨	조작판	각종 키로 구성된다.

4 면적의 분할

① 한 변에 평행한 직선에 의한 분할

$\triangle ABC : \triangle ADE = AB^2 : AD^2 = (m+n) : m$

$$AD = AB\sqrt{\frac{m}{m+n}}, \quad AE = AC\sqrt{\frac{m}{m+n}}$$

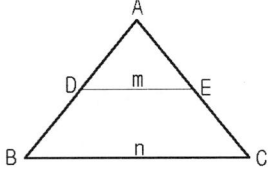

② 한 꼭지점을 지나는 직선에 의한 분할

㉠ 그림 a의 경우

$\triangle ABC : \triangle ABP = (AB \times BC) : (AB \times BP) = (m+n) : m$

$$BP = \frac{m}{m+n} \cdot BC$$

㉡ 그림 b의 경우

$\triangle ABC : \triangle ABP = (a+b+c) : a = \dfrac{BC \times AM}{2} : \dfrac{BP \times AM}{2}$

$$BP = \frac{a}{a+b+c} \cdot BC$$
$$PQ = \frac{b}{a+b+c} \cdot BC$$
$$QC = \frac{c}{a+b+c} \cdot BC$$

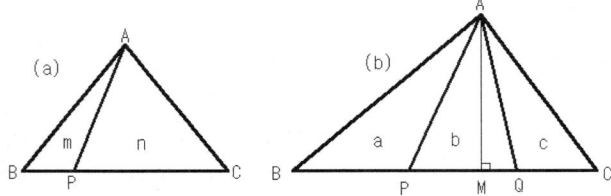

③ 한 변상 고정점을 지나는 직선에 의한 분할

$\triangle ADE : \triangle ABC = n : (m+n) = \dfrac{AD \times AE}{2} : \dfrac{AB \times AC}{2}$

$$AD = \frac{AB \times AC}{AE} \cdot \frac{m}{m+n}$$

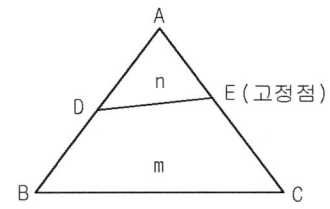

2 체적 계산

1 단면법 : 철도, 도로, 수로 등과 같이 긴 노선의 성토, 절토량을 산정할 경우에 이용되는 방법으로 양단면 평균법, 중앙 단면법, 각주 공식에 의한 방법 등이 있다.

① 양 단면 평균법

$$V = \frac{A_1 + A_2}{2} \cdot L$$

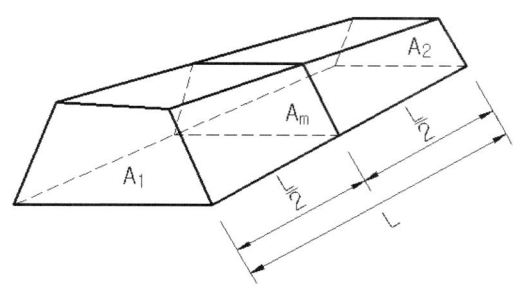

여기서, V : 체적
A_1, A_2 : 양 단면적
L : 양 단면 사이의 거리

② 중앙 단면법

$$V = A_m \cdot L$$

여기서, A_m : 중앙 단면적

③ 각주 공식 : 다각형으로 된 양 단면이 평행하고 측면이 전부 평면으로 된 입체를 각주라 한다.

$$V = \frac{L}{6}(A_1 + 4A_m + A_2)$$

④ 단면법의 체적 산정 결과는 ①>③>②의 크기를 나타낸다. 즉, 각주 공식이 가장 정확하다.

2 점고법 : 비교적 넓은 지역인 택지 조성, 비행장 건설, 운동장 건설 등의 정지 작업을 위하여 토공량을 계산하는 방법으로, 전 구역을 사각형이나 삼각형으로 나누어서 토량을 계산하는 방법이다.

① 직사각형 분할법에 의한 체적 계산

$$V = \frac{A}{4}(\Sigma h_1 + 2\Sigma h_2 + 3\Sigma h_3 + 4\Sigma h_4)$$

여기서, A : 1개의 직사각형 면적($a \times b$)
Σh_1 : 1개의 직사각형만이 관계되는 점의 지반고의 합
Σh_2 : 2개의 직사각형이 공유하는 점의 지반고의 합

Σh_3 : 3개의 직사각형이 공유하는 점의 지반고의 합
Σh_4 : 4개의 직사각형이 공유하는 점의 지반고의 합

② 삼각형 분할법에 의한 체적 계산

$$V = \frac{A}{3}(\Sigma h_1 + 2\Sigma h_2 + 3\Sigma h_3 + 4\Sigma h_4 + 5\Sigma h_5 + 6\Sigma h_6 + 7\Sigma h_7 + 8\Sigma h_8)$$

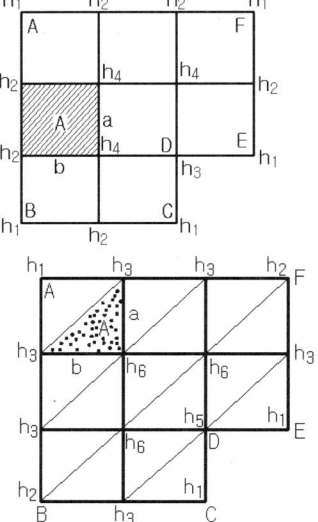

여기서, A : 1개의 삼각형 면적($\frac{a \times b}{2}$)
Σh_1 : 1개의 삼각형이 관계되는 점의 지반고의 합
⋮
Σh_8 : 8개의 삼각형이 공유하는 점의 지반고의 합

3 등고선법 : 체적을 근사적으로 구하는 경우에 편리하며, 부지의 땅고르기 작업에서 토량 산정 또는 저수지의 용량을 측정하는 데 이용된다.

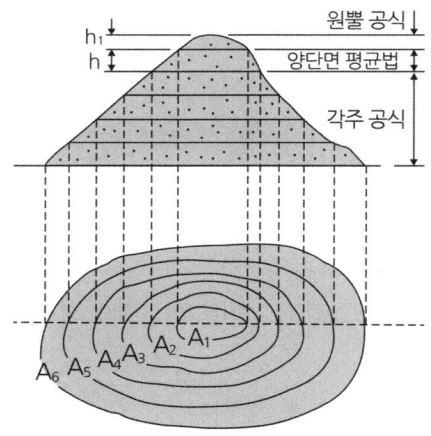

① 각주 공식

$$V = \frac{h}{3}\{A_1 + A_n + 4(A_2 + A_4 + \cdots + A_{n-1}) + 2(A_3 + A_5 + \cdots + A_{n-2})\}$$

여기서, $A_1, A_2 \cdots A_n$: 각 등고선으로 둘러싸인 면적(n: 홀수)

② 양 단면 평균법

$$V = h\left\{\frac{1}{2}(A_1 + A_n) + A_2 + A_3 + \cdots + A_{n-1}\right\}$$

③ **원뿔 공식** : 맨 윗부분을 원뿔로 보고 체적을 구한다.

$$V = \frac{1}{3} h' A_n$$

기출 및 예상문제

문제 1

두변의 길이가 각각 39.4m, 35.2m이고, 그 사이 각이 100°18′ 인 삼각형의 면적은?

① 468.3m² ② 568.3m² ③ 682.3m² ④ 782.3m²

해설 $A = \dfrac{1}{2}ab\,\sin\gamma = \dfrac{1}{2} \times 39.4 \times 35.2 \times \sin 100°18' = 682.3\,\text{m}^2$

문제 2

그림과 같은 삼각형의 면적은?

① 115m²
② 193m²
③ 230m²
④ 386m²

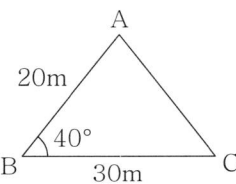

해설 $A = \dfrac{1}{2}ab\,\sin\gamma = \dfrac{1}{2} \times 20 \times 30 \times \sin 40° = 193\,\text{m}^2$

문제 3

삼각형 세변의 길이가 a=8m, b=6m, c=4m일 때 이 삼각형의 면적을 삼변법으로 구하면 얼마인가?

① 15.4m² ② 14.0m² ③ 11.6m² ④ 9.0m²

해설 $s = \dfrac{1}{2}(a+b+c) = \dfrac{1}{2} \times (8+6+4) = 9$
$A = \sqrt{s(s-a)(s-b)(s-c)} = \sqrt{9(9-8)(9-6)(9-4)} = 11.6\,\text{m}^2$

문제 4

세변의 길이가 각각 6.3m, 10.5m, 8.2m인 지형의 면적은 얼마인가?

① 25.8m² ② 26.8m² ③ 27.8m² ④ 28.8m²

해설 $s = \dfrac{1}{2}(a+b+c) = \dfrac{1}{2} \times (6.3+10.5+8.2) = 12.5$
$A = \sqrt{s(s-a)(s-b)(s-c)} = \sqrt{12.5(12.5-6.3)(12.5-10.5)(12.5-8.2)} = 25.8\,\text{m}^2$

정답 1. ③ 2. ② 3. ③ 4. ①

문제 5

삼각형 3변의 길이가 다음과 같을 때 면적을 구한 값은?
(단, 3변의 길이는 a=32m, b=16m, c=20m)

① 2,016㎡
② 1,309㎡
③ 201.6㎡
④ 130.9㎡

해설
$s = \frac{1}{2}(a+b+c) = \frac{1}{2} \times (32+16+20) = 34$
$A = \sqrt{s(s-a)(s-b)(s-c)} = \sqrt{34(34-32)(34-16)(34-20)} = 130.9㎡$

문제 6

다음 그림과 같은 사변형의 면적은?

① 914.98㎡
② 826.15㎡
③ 634.38㎡
④ 371.35㎡

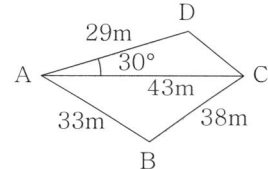

해설
△ABC 면적
$s = \frac{1}{2}(a+b+c) = \frac{1}{2} \times (33+38+43) = 57$
$A = \sqrt{s(s-a)(s-b)(s-c)} = \sqrt{57(57-33)(57-38)(57-43)} = 603.23㎡$

△ACD 면적 $A = \frac{1}{2}ab \sin\gamma = \frac{1}{2} \times 29 \times 43 \times \sin 30° = 311.75㎡$

□ABCD 면적=△ABC 면적+△ACD 면적=603.23+311.75=914.98㎡

문제 7

표에서 합위거, 합경거를 이용하여 폐합트래버스의 면적을 계산한 것은?

① 30.5㎡
② 15.5㎡
③ 7.5㎡
④ 4.0㎡

측 점	합위거	합경거
A	0	0
B	4	5
C	1	5

해설
$\begin{pmatrix} 0 & 4 & 1 & 0 \\ +0- & +5- & +5- & +0- \end{pmatrix}$ 에서 좌표법으로 계산하면

$A = \frac{1}{2} \times [(0 \times 5) + (4 \times 5) + (1 \times 0) - (4 \times 0) - (1 \times 5) - (0 \times 5)] = 7.5㎡$

정답 5. ④ 6. ① 7. ③

문제 8

곡선에 둘러싸인 면적에 적합한 도해 계산법이 아닌 것은?

① 좌표에 의한 방법
② 모눈종이법
③ 스트립법
④ 지거법

해 설
도해 계산법 : 주로 곡선으로 둘러싸인 면적을 구하려고 할 때 사용하는 방법
모눈종이법, 횡선법(스트립법), 지거법

문제 9

아래 그림과 같이 지거 간격 3m 등간격으로 각지거(y_1~y_7)를 측정하였다. 사다리꼴 공식에 의한 면적은?
(단, y_1=1.5m, y_2=1.2m, y_3=2.5m, y_4=3.5m, y_5=3.0m, y_6=2.8m, y_7=2.5m)

① 43㎡
② 44㎡
③ 45㎡
④ 46㎡

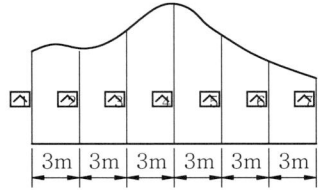

해 설
$$A = d(\frac{y_1 + y_n}{2} + y_2 + y_3 + y_4 + \ldots + y_{n-1})$$
$$= 3 \times (\frac{1.5 + 2.5}{2} + 1.2 + 2.5 + 3.5 + 3.0 + 2.8) = 45㎡$$

문제 10

그림과 같은 땅깎기 공사 단면의 절토 면적은?

① 64㎡
② 80㎡
③ 102㎡
④ 128㎡

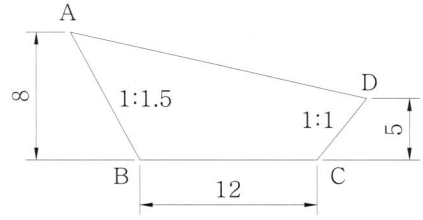

해 설
A점과 D점에서 수선(A', D')을 내려 사다리꼴 면적을 계산 후 양옆 삼각형 면적을 빼준다.
AA':BA'=8:BA'=1:1.5에서 BA'=12m,   DD':CD'=5:CD'=1:1에서 CD'=5m
높이=BA'(12m)+BC(12m)+CD'(5m)=29m, 사다리꼴 면적 $= \frac{8+5}{2} \times 29 = 188.5㎡$
$\triangle AA'B = \frac{1}{2} \times 12 \times 8 = 48㎡$, $\triangle CDD' = \frac{1}{2} \times 5 \times 5 = 12.5㎡$
∴ 절토면적=188.5-48-12.5=128㎡

정답 8. ①   9. ③   10. ④

문제 11

길이가 10m인 각주의 양 단면적이 4.2㎡, 5.6㎡이고 중앙 단면적이 4.9㎡일 때 이 각주의 체적은?

① 47㎥
② 48㎥
③ 49㎥
④ 50㎥

해설

중앙 단면법 $V = A_m \cdot L = 4.9 \times 10 = 49 \text{m}^3$

또는 각주 공식 $V = \dfrac{L}{6}(A_1 + 4A_m + A_2) = \dfrac{10}{6} \times \{4.2 + (4 \times 4.9) + 5.6\} = 49 \text{m}^3$

문제 12

각주의 양 단면적 A1= 2.6㎡, A2=1.8㎡, 중앙 단면적이 Am=2.2㎡이고 길이가 13.2m 일 때, 중앙 단면법으로 구한 체적은?

① 19.04㎥
② 29.04㎥
③ 34.04㎥
④ 42.04㎥

해설

$V = A_m \cdot L = 2.2 \times 13.2 = 29.04 \text{m}^3$

문제 13

토공량을 구하기 위하여 그림과 같은 결과를 얻었다. 이 지형의 토공량은 얼마인가?

① 230㎥
② 250㎥
③ 270㎥
④ 290㎥

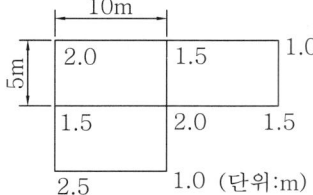

해설

$V = \dfrac{A}{4}(\Sigma h_1 + 2\Sigma h_2 + 3\Sigma h_3 + 4\Sigma h_4)$

$= \dfrac{5 \times 10}{4} \times [(2.0+1.0+1.5+1.0+2.5) + 2 \times (1.5+1.5) + 3 \times (2.0)] = 250 \text{m}^3$

문제 14

전면적이 200㎡, 전토량이 1,080㎥일 때 기준면상으로부터의 높이는?

① 5.0m
② 5.1m
③ 5.2m
④ 5.4m

해설

전토량 = 전면적 × 높이 ∴ 높이 = 전토량 ÷ 전면적 = 1,080 ÷ 200 = 5.4m

정답 11. ③   12. ②   13. ②   14. ④

문제 15

가로 10m, 세로 10m의 정사각형 토지에 기준면으로부터 각 꼭지점의 높이의 측정 결과가 그림과 같을 때 전토량은?

① 225m³
② 450m³
③ 900m³
④ 1,250m³

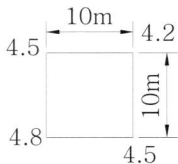

해설 $V = \dfrac{A}{4}(\Sigma h_1 + 2\Sigma h_2 + 3\Sigma h_3 + 4\Sigma h_4) = \dfrac{10 \times 10}{4} \times (4.5 + 4.2 + 4.5 + 4.8) = 450\text{m}^3$

문제 16

그림과 같은 지형의 토량은 얼마인가?

① 100m³
② 160m³
③ 200m³
④ 320m³

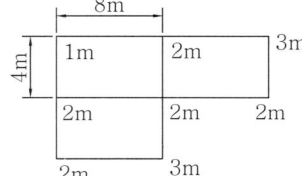

해설 $V = \dfrac{A}{4}(\Sigma h_1 + 2\Sigma h_2 + 3\Sigma h_3 + 4\Sigma h_4)$
$= \dfrac{4 \times 8}{4} \times [(1+3+2+3+2) + 2 \times (2+2) + 3 \times (2)] = 200\text{m}^3$

문제 17

다음 그림과 같은 표고를 가진 정사각형 땅을 같은 높이로 정지하고자 한다. 표고를 얼마로 하면 되겠는가?

① 52m
② 53m
③ 54m
④ 55m

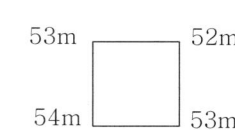

해설 (53+52+53+54)÷4=53m

정답 15. ② 16. ③ 17. ②

문제 18

아래 그림과 같이 토지를 구획정리하고자 한다. 계획고를 0.0m로 할 경우 토량은 얼마인가?

① 695㎥
② 795㎥
③ 895㎥
④ 995㎥

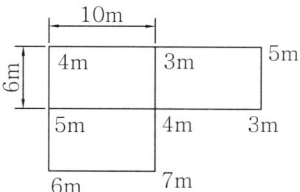

해설

$$V = \frac{A}{4}(\Sigma h_1 + 2\Sigma h_2 + 3\Sigma h_3 + 4\Sigma h_4)$$
$$= \frac{6 \times 10}{4} \times [(4+5+3+7+6) + 2\times(3+5) + 3\times(4)] = 795㎥$$

문제 19

전체 면적이 300㎡, 전토량이 2,030㎥일 때 절토량과 성토량이 같은 기준면상의 높이는 얼마인가?

① 5.2m   ② 5.5m   ③ 6.3m   ④ 6.8m

해설 높이 = 전토량 ÷ 전체 면적 = 2,030 ÷ 300 = 6.8m

문제 20

면적 계산법 중 수치 계산법이 아닌 것은?

① 삼사법   ② 좌표법   ③ 배횡거법   ④ 지거법

해설 지거법 ⇒ 도해 계산법

문제 21

그림과 같은 지형을 평탄지로 만들기 위하여 정지작업을 할 때 평균 계획고는?

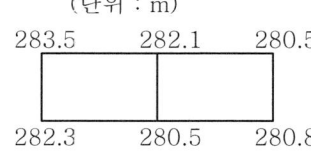

① 281.5m
② 282.5m
③ 283.5m
④ 284.5m

해설

$$토량(V) = \frac{A}{4}(\Sigma h_1 + 2\Sigma h_2 + 3\Sigma h_3 + 4\Sigma h_4)$$
$$= \frac{A}{4}[(283.5 + 280.5 + 280.8 + 282.3) + 2\times(282.1 + 280.5)] = \frac{A}{4}(2252.3)$$

계획고$(h) = \dfrac{V}{nA} = \dfrac{A \times 2252.3}{2 \times A \times 4} = 281.5m$

정답 18. ② 19. ④ 20. ④ 21. ①

문제 22

사각형 ABCD의 면적은 얼마인가? (단, 좌표의 단위는 m 이다.)

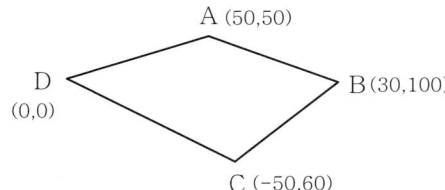

① 4950m²
② 5050m²
③ 5150m²
④ 5250m²

해설 좌표법으로 계산

측점	X(m)	Y(m)	$(X_{n-1} - X_{n+1})Y_n$
A	50	50	$(0-30) \times 50 = -1,500$
B	30	100	$\{50-(-50)\} \times 100 = 10,000$
C	-50	60	$(30-0) \times 60 = 1,800$
D	0	0	$(-50-50) \times 0 = 0$
계			배면적 = 10,300

$\therefore$ 면적$(A) = \dfrac{배면적}{2} = \dfrac{10,300}{2} = 5,150 \text{m}^2$

문제 23

그림과 같은 모양의 토량을 양 단면 평균법에 의하여 계산한 값은?

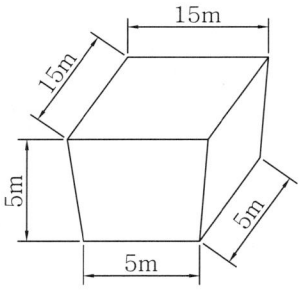

① 312.5m³
② 625m³
③ 1250m³
④ 2500m³

해설 $V = \dfrac{A_1 + A_2}{2} \cdot L = \dfrac{(15 \times 15) + (5 \times 5)}{2} \times 5 = 625 \text{m}^3$

문제 24

체적계산 방법 중 단면법에 해당하지 않는 것은?

① 양 단면 평균법
② 중앙 단면법
③ 점고법
④ 각주 공식에 의한 방법

정답 22. ③ 23. ② 24. ③

문제 25

다음 그림과 같은 삼각형의 면적은?

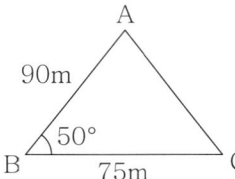

① 2545.7㎡
② 2585.4㎡
③ 2603.6㎡
④ 2623.1㎡

해설 $A = \dfrac{1}{2}ab\,\sin\gamma = \dfrac{1}{2} \times 90 \times 75 \times \sin 50° = 2585.4\,\text{㎡}$

문제 26

경계선을 3차 포물선으로 보고, 지거의 세 구간을 한 조로 하여 면적을 구하는 방법은?

① 심프슨 제 1 법칙
② 심프슨 제 2 법칙
③ 심프슨 제 3 법칙
④ 심프슨 제 4 법칙

해설 심프슨 제2법칙 : 경계선을 3차 포물선으로 보고, 지거의 세 구간을 한 조로 하여 면적을 구하는 방법이다.
$A = \dfrac{3d}{8}\{y_1 + y_n + 3(y_2 + y_3 + y_5 + y_6\ \ldots\ldots) + 2(y_4 + y_7 + \ldots\ldots)\}$

문제 27

그림과 같은 토지의 밑변 BC에 평행하게 면적을 m:n=1:3의 비율로 분할하고자 할 경우 AX의 길이는? (단, AB = 60m임)

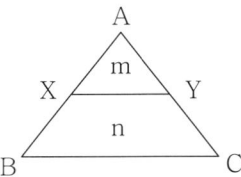

① 15m
② 20m
③ 25m
④ 30m

해설 $\triangle ABC : \triangle AXY = AB^2 : AX^2 = (m+n) : m$ 으로부터 $AX = AB\sqrt{\dfrac{m}{m+n}}$, $AY = AC\sqrt{\dfrac{m}{m+n}}$

$\therefore AX = AB\sqrt{\dfrac{m}{m+n}} = 60 \times \sqrt{\dfrac{1}{1+3}} = 30\text{m}$

문제 28

양 단면의 면적이 A₁=60㎡, A₂=30㎡, 중간 단면적이 Am=40㎡일 때 양 단면(A₁, A₂)간의 거리가 L=10m 이면 체적은? (단, 각주의 공식 사용)

① 315.7㎥
② 416.7㎥
③ 532.9㎥
④ 613.9㎥

해설 $V = \dfrac{L}{6}(A_1 + 4A_m + A_2) = \dfrac{10}{6} \times \{60 + (4 \times 40) + 30\} = 416.7\,\text{㎥}$

정답 25. ② 26. ② 27. ④ 28. ②

문제 29

그림과 같은 4각 뿔대의 토량을 양 단면 평균법으로 계산한 값은? (단, 윗면적=11㎡, 아래면적=29㎡, 높이=8m)

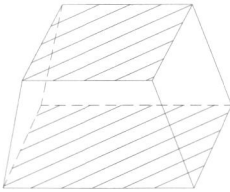

① 60㎥   ② 120㎥   ③ 160㎥   ④ 600㎥

해설 $V = \dfrac{A_1 + A_2}{2} \cdot L = \dfrac{11+29}{2} \times 8 = 160\,㎥$

문제 30

그림과 같은 트래버스의 면적은 얼마인가?

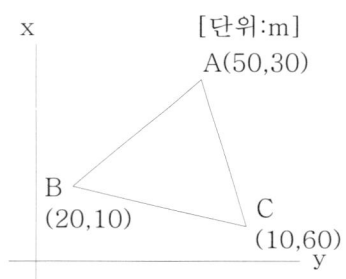

① 850㎡   ② 1150㎡   ③ 1450㎡   ④ 1750㎡

해설 좌표법으로 계산

측점	X(m)	Y(m)	$(X_{n-1} - X_{n+1})Y_n$
A	50	30	(10−20)×30 = −300
B	20	10	(50−10)×10 = 400
C	10	60	(20−50)×60 = −1,800
계			배면적 = 1700

∴ 면적$(A) = \dfrac{배면적}{2} = \dfrac{1700}{2} = 850\,㎡$

문제 31

체적을 근사적으로 구하는 경우에 편리하며 부지의 정지 작업에 필요한 토량 산정 또는 저수지의 용량 등을 측정하는데 이용되는 것은?

① 단면법   ② 점고법   ③ 지거법   ④ 등고선법

정답 29. ③   30. ①   31. ④

문제 32

디지털 플래니미터(구적기)의 구성과 기능 중에서 스타트/포인트 스위치의 기능으로 옳은 것은?

① 도면상의 미끄러짐을 없애고 정확한 직진 왕복 운동을 시킨다.
② 각종 조작 메시지와 측정 결과를 표시한다.
③ 측정 개시의 지시와 각 측점의 플로팅을 행한다.
④ 빨간 불이 들어오게 하여 연속 모드를 유지 시킨다.

문제 33

양 단면의 면적이 A_1(처음 단면적) = 70㎡, A_2(끝 단면적) = 30㎡, 중간 단면적 A_m = 45㎡가 되는 단면이 있을 때 처음 단면과 끝 단면과의 거리 h = 20m 이면 각주 공식에 의한 체적은 얼마인가?

① 1000㎥　　② 933㎥　　③ 900㎥　　④ 880㎥

| 해 설 | $V = \dfrac{L}{6}(A_1 + 4A_m + A_2) = \dfrac{20}{6} \times \{70 + (4 \times 45) + 30\} = 933㎥$ |

문제 34

그림과 같은 단면에서의 면적은 얼마인가?

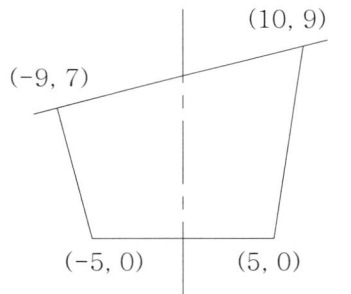

[단위:m]

① 29.0㎡　　② 115.5㎡　　③ 231.0㎡　　④ 377.5㎡

좌표법으로 계산

측점	X(m)	Y(m)	$(X_{n-1} - X_{n+1})Y_n$
A	-5	0	(-9-5)×0 = 0
B	5	0	{-5-10}×0 = 0
C	10	9	{5-(-9)}×9 = 126
D	-9	7	{10-(-5)}×7 = 105
계			배면적 = 231

$\therefore 면적(A) = \dfrac{배면적}{2} = \dfrac{231}{2} = 115.5㎡$

정답 32. ③　33. ②　34. ②

문제 35

그림과 같은 지역의 토량을 점고법(삼각형 분할법)으로 구한 값은?

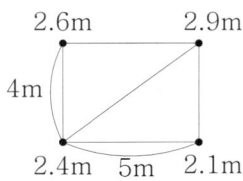

① 33m³　　② 51m³　　③ 76m³　　④ 90m³

해설
$$V = \frac{A}{3}(\Sigma h_1 + 2\Sigma h_2 + 3\Sigma h_3 + 4\Sigma h_4 + 5\Sigma h_5 + 6\Sigma h_6 + 7\Sigma h_7 + 8\Sigma h_8)$$
$$= \frac{4 \times 5 \div 2}{3}\{(2.6+2.1) + 2(2.9+2.4)\} = 51 m^3$$

문제 36

심프슨 제 2법칙을 이용하여 면적을 구한 값은? (단, 단위는 m이다.)

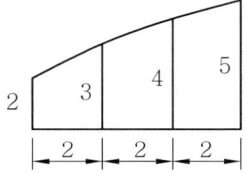

① 12m²
② 18m²
③ 21m²
④ 28m²

해설 심프슨 제2법칙 : 경계선을 3차 포물선으로 보고, 지거의 세 구간을 한 조로 하여 면적을 구하는 방법이다.
$$\therefore A = \frac{3d}{8}\{y_1 + y_n + 3(y_2 + y_3 + y_5 + y_6 \cdots) + 2(y_4 + y_7 + \cdots)\} = \frac{3 \times 2}{8}\{2 + 5 + 3 \times (3+4)\} = 21 m^2$$

문제 37

세변의 길이가 30m, 40m, 50m인 삼각형의 면적은?

① 500m²　　② 550m²　　③ 600m²　　④ 650m²

해설
$$s = \frac{1}{2}(a+b+c) = \frac{1}{2} \times (30+40+50) = 60$$
$$A = \sqrt{s(s-a)(s-b)(s-c)} = \sqrt{60(60-30)(60-40)(60-50)} = 600 m^2$$

문제 38

양 단면의 면적이 $A_1 = 100 m^2$, $A_2 = 50 m^2$ 일 때 체적은? (단, 단면 A_1에서 단면 A_2까지의 거리는 15m 이다.)

① 800m³　　② 930m³　　③ 1,125m³　　④ 1,265m³

해설
$$V = \frac{A_1 + A_2}{2} \cdot L = \frac{100 + 50}{2} \times 15 = 1,125 m^3$$

정답　35. ②　36. ③　37. ③　38. ③

문제 39

토공량, 저수지나 댐의 저수용량 및 콘크리트량 등의 체적을 구하기 위한 방법이 아닌 것은?

① 단면법　　　② 점고법　　　③ 등고선법　　　④ 우모법

해설　우모법 : 지형의 표시 방법

문제 40

면적 계산에서 경계선을 2차 포물선으로 보고 지거의 두 구간을 한 조로 하여 면적을 구하는 방법은?

① 심프슨의 제 1법칙
② 심프슨의 제 2법칙
③ 모눈종이법
④ 횡선법

해설
- 심프슨 제1법칙 : 경계선을 2차 포물선으로 보고, 지거의 두 구간을 한 조로 하여 면적을 구하는 방법이다.
- 심프슨 제2법칙 : 경계선을 3차 포물선으로 보고, 지거의 세 구간을 한 조로 하여 면적을 구하는 방법이다.

문제 41

그림과 같은 지형의 수준측량 결과를 이용하여 계획고 9m로 평탄 작업을 하기 위한 성(절)토량은?
(단, 토량의 변화율을 고려하지 않고, 각 격자의 크기는 같다.)

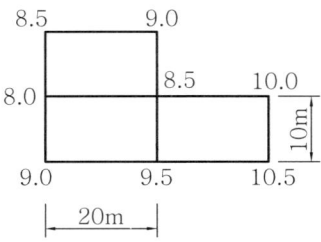

① 성토량=50m³　　② 성토량=25m³　　③ 절토량=50m³　　④ 절토량=25m³

해설

1. 토량

$\Sigma h_1 = 8.5+9+10+10.5+9 = 47$m, $\Sigma h_2 = 8+9.5 = 17.5$m, $\Sigma h_3 = 8.5$m

$V = \dfrac{A}{4}(1\Sigma h_1 + 2\Sigma h_2 + 3\Sigma h_3 + 4\Sigma h_4)$

$= \dfrac{20 \times 10}{4}(47 + 2 \times 17.5 + 3 \times 8.5) = 5,375$㎥

2. 계획고 9m일 때 토량

$V_9 = A \times h = (20 \times 10 \times 3) \times 9 = 5,400$㎥

3. 계획토량-토량=5,400-5,375=25㎥(부족토량⇒성토량)

정답　39. ④　40. ①　41. ②

제8장

노선 측량

1. 노선 측량의 개요
2. 곡선의 종류
3. 단곡선의 각부 명칭 및 기본 공식
4. 단곡선의 설치 방법
5. 완화곡선의 종류 및 특성

1 노선 측량의 개요

1 정의 : 노선 측량이란 도로, 철도, 관로, 갱도, 수로 등 노선상에 여러 구조물을 계획, 설계 및 시공을 목적으로 하여 실시하는 측량이다.

2 순서 : 도상 계획 → 답사 → 예측 → 도상 선정 → 실측 → 공사 측량

3 노선을 선정할 때 고려해야 할 사항

① 노선은 가능한 직선으로 하고 경사가 완만해야 한다.
② 토공량이 적으며, 절토와 성토가 균형을 이루게 한다.
③ 절토 및 성토의 운반 거리를 가급적 짧게 한다.
④ 배수가 잘 되는 곳이어야 한다.
⑤ 가능한 소음이 적고 민원 요소가 작아야 한다.

2 곡선의 종류

1 평면 곡선 : 노선의 방향이 변화되는 위치에 설치

① **원곡선** : 단곡선, 복심 곡선, 반향 곡선, 배향 곡선(머리핀 곡선)

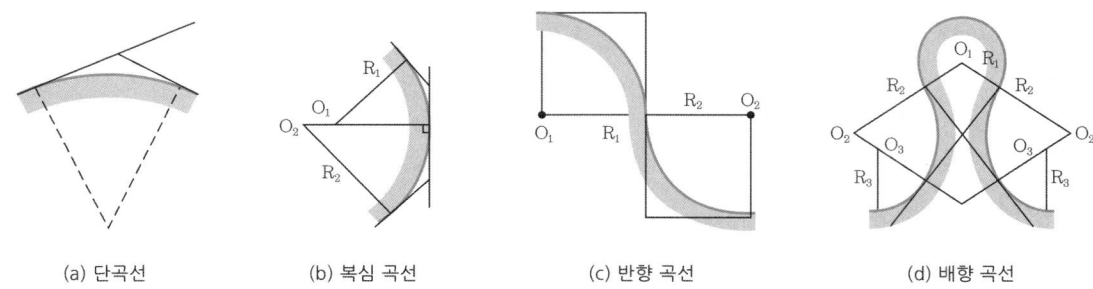

(a) 단곡선　　　(b) 복심 곡선　　　(c) 반향 곡선　　　(d) 배향 곡선

② **완화곡선** : 3차 포물선(철도), 클로소이드(도로), 램니스케이트(지하철)
③ **노선의 평면 형상** : 일반적으로 평면 선형은 직선-완화곡선-원곡선-완화곡선-직선으로 구성

2 수직 곡선 : 종단 곡선, 횡단 곡선

① 종단 곡선 : 충격을 완화하고 충분한 시거를 확보하여 줄 목적

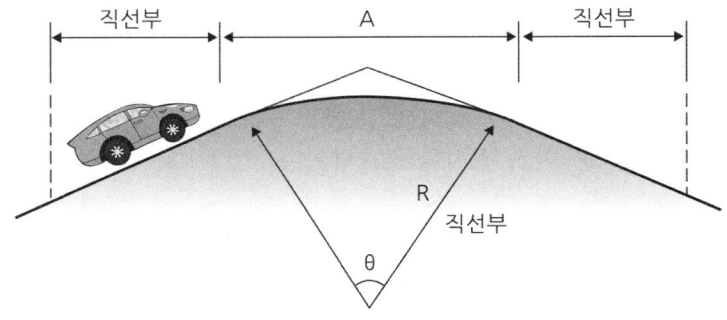

② 철도에서는 주로 원곡선, 도로에서는 2차 포물선이 종단 곡선으로 많이 쓰임

3 단곡선의 각부 명칭 및 기본 공식

1 단곡선의 각부 명칭 및 기호

① A : 곡선 시점 (B.C.)
② B : 곡선 종점 (E.C.)
③ D : 교점 (I.P.)
④ ∠CDB : 교각 (I 또는 I.A.)
⑤ ∠AOB : 중심각 (I)
⑥ $\overline{OA}=\overline{OB}$: 곡선 반지름 (R)
⑦ $\overline{AD}=\overline{BD}$: 접선 길이 (T.L.)
⑧ APB : 곡선 길이 (C.L.)
⑨ $\overline{DP}$: 외할 (E)
⑩ $\overline{PQ}$: 중앙 종거 (M)
⑪ ∠DAG : 편각 (δ)
⑫ $\overline{AB}$: 장현 (L),
　AG : 현의 길이 (ℓ)
⑬ P : 곡선 중점 (S.P.)
⑭ ∠DAB=∠DBA : 총 편각 ($\frac{I}{2}$)

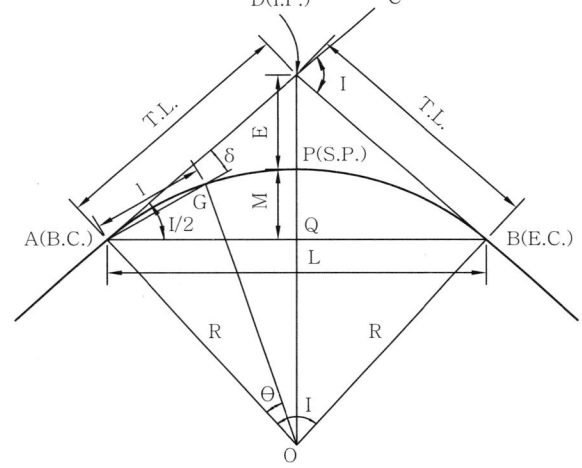

2 단곡선 공식

① 접선 길이 (T.L.) $= R \tan \frac{I}{2}$

② 곡선 길이 (C.L.) = R · I (I 는 라디안) = $\dfrac{\pi R \cdot I°}{180}$ = 0.0174533RI°

③ 외할 (E) = $R\left(\sec\dfrac{I°}{2} - 1\right)$

④ 중앙 종거 (M) = $R\left(1 - \cos\dfrac{I°}{2}\right)$

⑤ 장현 (L) = $2R\sin\dfrac{I°}{2}$, 단현(ℓ) = $2R\sin\delta = 2R\sin\dfrac{\theta}{2}$

⑥ 편각 (δ) = $\dfrac{l}{2R}$(라디안) = $\dfrac{l}{2R} \times \dfrac{180°}{\pi}$ = $1718.87 \times \dfrac{l}{R}$(분)

4 단곡선의 설치 방법

1 편각법에 의한 단곡선 설치

① **편각** : 단곡선에서 접선과 현이 이루는 각
② **편각법**은 정밀도가 가장 높아 많이 이용된다.
③ 계산 순서
    ㉠ 접선 길이(T.L.) 및 곡선 길이(C.L.)를 구한다.
    ㉡ 곡선 시점(B.C.) = I.P.−T.L.
    ㉢ 곡선 종점(E.C.) = B.C.+C.L.
    ㉣ 시단현의 길이 = B.C. 다음 측점까지의 거리−B.C.의 거리
    ㉤ 종단현의 길이 = E.C.의 거리−E.C. 전 측점의 거리
    ㉥ 편각(δ) = $\dfrac{\ell}{2R} \times \dfrac{180°}{\pi}$
        여기서, ℓ : 현의 길이로 시단현(ℓ_1), 종단현(ℓ_2), 그 사이 20m 간격
    ㉦ 총 편각 ($\Sigma\delta$) = $\dfrac{I°}{2}$

2 중앙 종거법에 의한 단곡선 설치

① 곡선 길이가 작고 편각법등으로 이미 설치된 중심말뚝 사이에 다시 세밀하게 설치하는 방법
② 시가지의 곡선 설치, 보도 설치 및 도로, 철도 등의 기설 곡선의 검사 또는 수정에 많이 사용된다.
③ 요소의 계산
    ㉠ $M_1 = R\left(1 - \cos\dfrac{I°}{2}\right) ≒ \dfrac{L_1^2}{8R}$

ⓒ $M_2 = R(1-\cos\dfrac{I°}{4}) ≒ \dfrac{L_2^2}{8R} ≒ \dfrac{M_1}{4}$

ⓒ 이와 같이 대략 1/4씩 줄어들어 1/4법이라고도 한다.

5 완화곡선의 종류 및 특성

1 용어 설명

① **캔트(편경사)** : 차량이 직선부에서 곡선부로 들어가면 원심력에 의하여 흔들림과 탈선 등의 불안정한 주행을 일으키는데 이를 방지하기 위해 내외측 레일 사이에 높이차를 두거나 노면에 편경사를 둠

$C = \dfrac{SV^2}{gR}$ (여기서 C: 캔트, S: 궤간, V: 속도(m/sec), R: 반경, g: 중력가속도)

② **슬랙(확폭)** : 곡선부를 주행하는 차의 뒷바퀴는 앞바퀴보다 항상 안쪽을 지나게 되므로 직선부 보다 넓은 도로 폭이 필요하게 되는데 이때 넓히는 것

2 완화곡선의 특징

① 완화 곡선의 반지름은 시점에서 무한대이고, 종점에서는 원곡선이 된다.
② 완화 곡선의 접선은 시점에서 직선에, 종점에서 원호에 접한다.
③ 완화 곡선에 연한 곡선 반지름의 감소율은 캔트의 증가율과 같다.

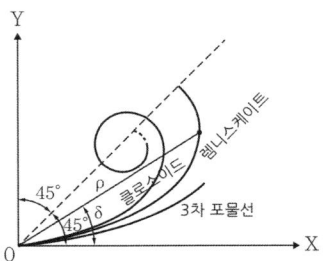

3 클로소이드 곡선

① 정의 : 곡률이 곡선의 길이에 비례하는 곡선으로 차가 일정 속도로 달리고 그 앞바퀴의 회전 속도를 일정하게 유지할 경우 이 차가 그리는 운동 궤적
② 우리나라 도로의 완화 곡선 설치에 주로 사용

③ 종류 : 기본형, S형, 난형, 철형, 복합형

클로소이드의 조합

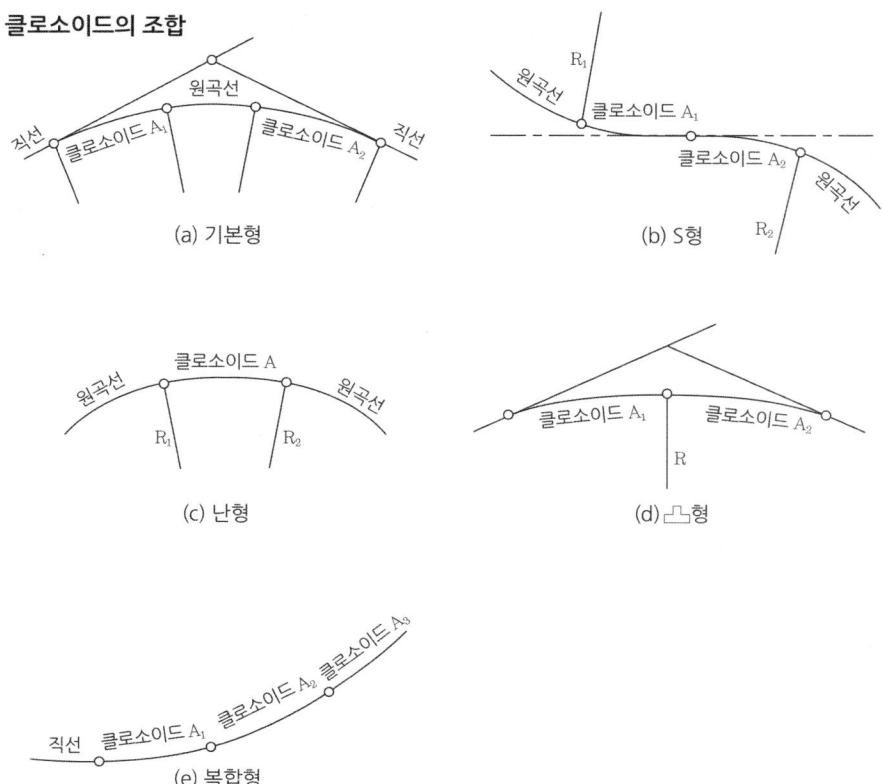

④ 매개변수(A)

㉠ $A^2 = R \cdot L \Rightarrow A = \sqrt{R \cdot L}$ (R: 곡선 반지름, L: 곡선 길이)

㉡ 매개변수 A는 원곡선 반지름 R의 $\frac{1}{3}$ 이상, R 이하로 설정하는 것이 바람직하다.

$$\frac{R}{3} \le A \le R$$

문제 1

노선의 선정에 있어서 유의해야 할 사항이 아닌 것은?

① 노선은 가능한 직선으로 하고, 경사를 완만하게 하는 것이 좋다.
② 절토 및 성토의 운반거리를 가급적 길게 한다.
③ 배수가 잘 되도록 충분히 고려한다.
④ 토공량이 적고, 절토와 성토가 균형을 이루게 한다.

해설 절토 및 성토의 운반거리를 가급적 짧게 한다.

문제 2

노선측량에서는 일반적으로 중심말뚝을 노선의 중심선을 따라 몇 m 마다 설치하는가?

① 10m   ② 20m   ③ 30m   ④ 40m

문제 3

노선 측량에서 곡선의 종류 중 원곡선에 해당되는 것은?

① 3차 포물선   ② 클로소이드 곡선
③ 렘니스케이트 곡선   ④ 복심 곡선

해설 원곡선 : 단곡선, 복심 곡선, 반향 곡선

문제 4

완화 곡선의 종류가 아닌 것은?

① 원곡선   ② 3차 포물선
③ 렘니스케이트곡선   ④ 클로소이드 곡선

해설 완화 곡선 : 3차 포물선, 클로소이드, 렘니스케이트

문제 5

다음 중 단곡선에서 가장 먼저 결정하여야 하는 중요 요소는?

① T.L.(접선길이)   ② C.L.(곡선길이)
③ R(곡선반지름)   ④ M(중앙종거)

해설 교점(I.P) 설치 ⇒ 교점 결정 ⇒ 곡선반지름(R) 결정 ⇒ 곡선의 시점 및 종점 결정 ⇒ 시단현 및 종단현길이 계산

정답 1. ② 2. ② 3. ④ 4. ① 5. ③

문제 6

다음 중 복심곡선의 설명으로 가장 적합한 것은?

① 노선의 비탈이 변화하는 곳에 1개의 원호로 된 곡선
② 2개 이상의 다른 반지름의 원곡선이 1개의 공통접선의 같은 쪽에서 연속하는 곡선
③ 직선부와 원곡선부, 곡선부와 원곡선 사이에 넣는 특수곡선
④ 2개의 원곡선이 1개의 공통접선의 양쪽에 서로 곡선 중심을 가지고 연속된 곡선

해설 복심곡선 : 2개 이상의 다른 반지름의 원곡선이 1개의 공통접선의 같은 쪽에서 연속하는 곡선

문제 7

단곡선에서 교각 I=90°, 반경 R=200m일 때 접선장 T.L은?

① 100m ② 120m ③ 150m ④ 200m

해설 $T.L = R \times \tan\frac{I}{2} = 200 \times \tan\frac{90°}{2} = 200m$

문제 8

단곡선에서 접선장(T.L.)의 공식은? (단, R:곡선반경, I:교각)

① $T.L. = 0.0174533R$
② $T.L. = R(1 - \cos\frac{I}{2})$
③ $T.L. = 2R\sin\frac{I}{2}$
④ $T.L. = R\tan\frac{I}{2}$

문제 9

교각이 42°16′ 30″ 인 곳에 반경 100m의 단곡선을 설치할 때 접선장은?

① 38.662m ② 48.662m ③ 90.913m ④ 80.913m

해설 $T.L = R \times \tan\frac{I}{2} = 100 \times \tan\frac{42°16'30''}{2} = 38.662m$

문제 10

노선 선정의 지형상 접선장의 길이가 18m이고, 교각이 21°30′ 일 때의 적당한 반지름 R은?

① 94.80m ② 91.40m ③ 72.63m ④ 63.83m

해설 $T.L. = R\tan\frac{I}{2}$ 에서 $R = T.L. \div \tan\frac{I}{2} = 18 \div \tan\frac{21°30'}{2} = 94.80m$

정답 6. ② 7. ④ 8. ④ 9. ① 10. ①

문제 11

단곡선에서 곡선 반지름 R=500m, 교각 I=50°일 때, 곡선 길이(C.L)는 몇 m 인가?

① 159.6m
② 244.6m
③ 336.4m
④ 436.3m

해설 $C.L = 0.0174533RI = 0.0174533 \times 500 \times 50° = 436.3m$

문제 12

단곡선에서 교각(I)이 54°12′이고, 곡선의 반지름(R)이 300m일 때 외할(E)의 값은?

① 35.00m
② 36.00m
③ 37.00m
④ 38.00m

해설 $E = R\left(\sec\dfrac{I°}{2} - 1\right) = 300 \times \left(\dfrac{1}{\cos\dfrac{54°12′}{2}} - 1\right) = 37m$

문제 13

두 직선 사이에 교각(I)이 80°인 원곡선을 설치하고자 한다. 외할(E)을 25m로 할 때 곡선 반지름(R)은?

① 80.9m
② 81.9m
③ 83.9m
④ 85.9m

해설 $25 = R\left(\sec\dfrac{80°}{2} - 1\right) = R \times \left(\dfrac{1}{\cos\dfrac{80°}{2}} - 1\right)$ 에서 R=81.9m

문제 14

다음 조건에서 중앙 종거 M_1은 약 얼마인가? (단, R=100m, I=120°)

① 1.5m
② 6.5m
③ 8.5m
④ 12.5m

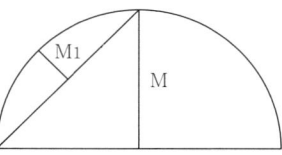

해설 $M = R(1 - \cos\dfrac{I°}{2}) = 100 \times (1 - \cos\dfrac{120°}{2}) = 50m$

$M_1 = R(1 - \cos\dfrac{I°}{4}) \fallingdotseq \dfrac{M}{4} = \dfrac{50}{4} = 12.5$

정답 11. ④   12. ③   13. ②   14. ④

문제 15

중앙 종거법에 의해 교각(I)이 60°, 곡선의 반지름(R)이 200m인 원곡선을 설치할 때 8등분점의 종거(M_3)는?

① 2.71m ② 0.71m ③ 1.71m ④ 3.27m

해 설 $M = R(1-\cos\frac{I°}{8}) = 200 \times (1-\cos\frac{60°}{8}) = 1.71\text{m}$

문제 16

중앙 종거법에 의한 곡선 설치에서 M_1은 M_2의 몇 배인가?

① 1배 ② 2배 ③ 3배 ④ 4배

해 설 $M_1 ≒ 4 M_2$

문제 17

곡선 반지름 200m의 원곡선에서 편각은? (단, ℓ = 20m 임)

① 2°50′53″ ② 2°51′53″ ③ 2°52′53″ ④ 2°53′53″

해 설 편각(δ) $= \frac{\ell}{2R} \times \frac{180°}{\pi} = \frac{20}{2 \times 200} \times \frac{180°}{\pi} = 2°51′53″$

문제 18

B.C의 위치가 No12+16.404m이고 곡선의 반지름이 200m, 중심말뚝의 간격이 20m일 때 시단현에 대한 편각은?

① 3°30′54″ ② 2°30′54″ ③ 1°30′54″ ④ 0°30′54″

해 설 시단현=20-16.404=3.596
편각(δ) $= \frac{\ell}{2R} \times \frac{180°}{\pi} = \frac{3.596}{2 \times 200} \times \frac{180°}{\pi} = 0°30′54″$

문제 19

단곡선 설치에 사용되는 방법이 아닌 것은?

① 접선 편거와 현편거법 ② 지거법
③ 중앙 종거법 ④ 수직곡선법

해 설 단곡선 설치에 사용되는 방법 : 접선 편거와 현편거법, 지거법, 중앙 종거법

정답 15. ③ 16. ④ 17. ② 18. ④ 19. ④

문제 20
곡선을 설치하는 방법 중에서 정밀도가 높아 가장 많이 사용하는 것은?

① 중앙 종거법　② 지거 종거법　③ 접선법　④ 편각법

해설　편각법 : 노선측량의 단곡선 설치에서 많이 사용되는 방법으로 트랜싯으로 접선과 현이 이루는 각을 재고 테이프로 거리를 재어 곡선을 설치하는 방법으로 정밀도가 가장 높아 많이 이용된다.

문제 21
노선측량의 단곡선 설치에서 많이 사용되는 방법으로 트랜싯으로 접선과 현이 이루는 각을 재고 테이프로 거리를 재어 곡선을 설치하는 방법은?

① 편각설치법　② 접전설치법　③ 종거설치법　④ 지거설치법

해설　편각법 : 노선측량의 단곡선 설치에서 많이 사용되는 방법으로 트랜싯으로 접선과 현이 이루는 각을 재고 테이프로 거리를 재어 곡선을 설치하는 방법으로 정밀도가 가장 높아 많이 이용된다.

문제 22
교점까지 추가거리가 648.54m이고, 교각이 28°36′일 때 곡선 시점(B.C)의 거리는? (단, 곡선반지름 200m, 중심말뚝간격은 20m이다.)

① 597.56m　② 697.39m　③ 732.26m　④ 824.54m

해설　B.C 거리=I.P거리-T.L=648.54-200×tan(28°36′÷2)=597.56m

문제 23
편각에 의한 단곡선을 설치할 때 다음의 계산 결과를 얻었다. E.C의 누가 거리는?
(단, I.P=257.373m, T.L=58.927m, C.L=125.373m)

① 307.302 m　② 313.278 m　③ 323.819 m　④ 332.923 m

해설　B.C 거리=I.P거리-T.L=257.373-58.927=198.446m
E.C거리=B.C거리+C.L=198.446+125.373=323.819m

문제 24
단곡선 설치에서 교각 I=60°, 반경 R=100m, 곡선시점 B.C.의 추가거리가 140.65m일 때 곡선종점 E.C.의 거리는 얼마인가?

① 104.70m　② 140.65m　③ 240.65m　④ 245.37m

해설　C.L=0.0174533RI=0.0174533×100×60°=104.72m
E.C거리=B.C거리+C.L=140.65+104.72=245.37m

정답　20. ④　21. ①　22. ①　23. ③　24. ④

문제 25

차량이 도로의 곡선부를 달리게 되면 원심력이 생겨 도로 바깥쪽으로 밀리려 한다. 이것을 방지하기 위하여 도로 안쪽보다 바깥쪽을 높여준다. 이것을 무엇이라 하는가?

① 레일(R) ② 플랜지(F) ③ 슬랙(S) ④ 캔트(C)

해설 캔트 : 차량이 도로의 곡선부를 달리게 되면 원심력이 생겨 도로 바깥쪽으로 밀리려 한다. 이것을 방지하기 위하여 도로 안쪽보다 바깥쪽을 높이는 정도를 말하고 편경사라고도 한다.

문제 26

다음 중앙 종거법에 의한 곡선 설치 방법에서 M₃의 값은? (단, 곡선반지름 R=300m, 교각 I=70°)

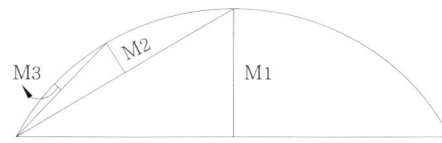

① 2.51m
② 3.49m
③ 5.02m
④ 6.98m

해설
$$M_1 = R(1-\cos\frac{I°}{2}) = 300 \times (1-\cos\frac{70°}{2}) = 54.25m$$
$$M_2 = R(1-\cos\frac{I°}{4}) = 300 \times (1-\cos\frac{70°}{4}) = 13.88m$$
$$M_3 = R(1-\cos\frac{I°}{8}) = 300 \times (1-\cos\frac{70°}{8}) = 3.49m$$

문제 27

고속도로의 완화 곡선으로 주로 사용되는 것은?

① 원곡선
② 3차 포물선
③ 클로소이드 곡선
④ 램니스케이트 곡선

해설 클로소이드 곡선 : 고속도로의 완화 곡선
3차 포물선 : 철도

문제 28

곡선이 수평면 내에 있는 것을 무엇이라 하는가?

① 평면 곡선 ② 수직 곡선 ③ 횡단 곡선 ④ 종단 곡선

해설 수직 곡선 : 종단 곡선, 횡단 곡선

정답 25. ④ 26. ② 27. ③ 28. ①

문제 29

노선의 위치 선정시 가장 많이 사용되는 측량결과는?

① 항공사진측량에 의한 지형도
② 평판측량에 의한 지형도
③ 등고선법에 의한 지형도
④ 종합측량도

해설 노선 측량은 도로, 철도 등 폭이 좁고 길이가 긴 구조물의 건설을 위한 설계 자료를 수집하기 위한 측량 작업이다. 조사와 설계를 위한 1단계 측량에서는 주로 항공 사진 측량이 많이 이용되고 있으며, 축척 1:50,000, 1:25,000, 1:5,000의 지형도가 잘 정비된 지역에서는 지형 측량을 하지 않고 기존의 지형도를 그대로 이용한다. 공사 측량을 위한 2단계 측량에서는 주로 지형 측량 방법이 이용된다.

문제 30

곡선 반지름 R=200m의 원곡선 설치에서 ℓ=20m에 대한 편각은?

① 2°51′53″
② 3°24′47″
③ 4°06′24″
④ 4°57′30″

해설 편각 $= \dfrac{\ell}{2R} \times \dfrac{180°}{\pi} = \dfrac{20}{2 \times 200} \times \dfrac{180°}{\pi} = 2°51′53″$

문제 31

다음 중 원곡선 설치시 철도나 도로 등에 가장 일반적으로 이용되는 방법은?

① 지거 설치법
② 장현에 대한 종거에 의한 설치법
③ 접선에 대한 지거에 의한 설치법
④ 편각 설치법

문제 32

다음 중 종단곡선으로 사용되는 곡선은?

① 원곡선
② 클로소이드 곡선
③ 3차 포물선
④ 렘니스케이트 곡선

해설 완화 곡선 : 3차 포물선, 클로소이드, 램니스케이트

문제 33

다음 단곡선에 관한 식 중 틀린 것은? (여기서, R:곡선반지름, I°: 편각)

① 중앙종거 $M = R\left(1 - \cos\dfrac{I°}{2}\right)$
② 곡선 길이 $C.L. = \dfrac{\pi}{180°} R I°$
③ 외할 $E = R\left(\sec\dfrac{I°}{2} - 1\right)$
④ 접선길이 $T.L. = R \sin\dfrac{I°}{2}$

해설 접선길이 $T.L. = R \tan \dfrac{I°}{2}$

정답 29. ① 30. ① 31. ④ 32. ① 33. ④

문제 34

클로소이드 곡선에서 곡률반지름 R=100m, 곡선길이 L=36m일 때 클로소이드 매개변수 A의 값은?

① 50m　　② 60m　　③ 80m　　④ 100m

해설　클로소이드는 완화 곡선으로 수평 곡선이며, 종 곡선(수직 곡선)으로는 2차 포물선이 주로 사용된다. 매개 변수 A값이 크면 곡선이 점차 완만해져 자동차의 고속 주행에 적합하다.
$A^2 = R \cdot L \Rightarrow A = \sqrt{R \cdot L} = \sqrt{100 \times 36} = 60m$

문제 35

도로 노선을 선정할 때 유의해야 할 사항으로 틀린 것은?

① 토공량이 적고, 절토와 성토가 균형을 이루게 한다.
② 배수가 잘 되는 곳이어야 한다.
③ 노선은 가능한 곡선으로 하고, 경사를 완만하게 한다.
④ 절토 및 성토의 운반 거리를 가급적 짧게 한다.

해설　노선은 가능한 직선으로 하고, 경사를 완만하게 하는 것이 좋다.

문제 36

노선 측량에서 노선 선정시 유의해야 할 사항으로 잘못된 것은?

① 노선은 가능한 직선으로 하고 경사를 완만하게 한다.
② 토공량이 많고 절토가 많은 것이 좋다.
③ 절토 및 성토의 운반 거리를 가급적 짧게 한다.
④ 배수가 잘 되는 곳이어야 한다.

해설　토공량이 적고, 절토와 성토가 균형을 이루게 한다.

문제 37

노선설계시 직선부와 곡선부 사이에 편경사와 확폭을 갑자기 설치하면 차량통행에 불편을 주므로 곡선 반지름을 무한대에서 일정 값까지 점차 감소시키는 곡선을 설치하게 되는데 이 곡선을 무엇이라 하는가?

① 단곡선　　② 완화 곡선　　③ 수직선　　④ 편곡선

문제 38

단곡선 설치에 필요한 명칭과 기호로 짝지어진 것 중 잘못 된 것은?

① 접선길이=T.L.　　② 곡선길이=C.L.　　③ 곡선시점=R.C.　　④ 곡선종점=E.C.

해설　곡선시점=B.C.

정답　34. ②　35. ③　36. ②　37. ②　38. ③

문제 39

평면곡선의 원곡선에 해당하지 않는 것은?

① 복심곡선 ② 단곡선 ③ 종단곡선 ④ 반향곡선

해설 원곡선 : 단곡선, 복심 곡선, 반향 곡선

문제 40

다음 조건에서 장현(L)의 길이는? (단, R=200m, I=60°20′)

① 154m ② 175m ③ 201m ④ 216m

해설 장현(L) $= 2R \sin \dfrac{I°}{2} = 2 \times 200 \times \sin \dfrac{60°20'}{2} = 201m$

문제 41

곡선의 종류 중 완화 곡선이 아닌 것은?

① 3차 포물선 ② 클로소이드 곡선
③ 반향 곡선 ④ 렘니스케이트 곡선

해설 원곡선 : 단곡선, 복심 곡선, 반향 곡선
완화 곡선 : 3차 포물선, 클로소이드, 램니스케이트

문제 42

교각 I=60°, 중앙종거 M=46.99m인 원곡선의 곡선 반지름은?

① 200.74m ② 250.74m ③ 300.74m ④ 350.74m

해설 $M = R(1 - \cos \dfrac{I°}{2})$ 에서 $R = \dfrac{M}{1 - \cos \dfrac{I°}{2}} = \dfrac{46.99}{1 - \cos 30°} = 350.74m$

문제 43

노선 측량 중 실측 단계의 주요 내용과 거리가 먼 것은?

① 지형 측량 ② 노선의 도상 선정
③ 중심선 설치 ④ 종·횡단 측량

해설
① 도상 계획 : 축척 1:50,000, 1:25,000의 지형도를 이용하여 도상에서 여러 개의 노선을 선정하고, 이들 노선에 대하여 현지 답사를 통하여 노선의 목적과 경제성, 시공 기술 등을 비교, 검토하여 몇 개의 후보 노선을 선정한다.
② 예측 : 도상 계획에 의하여 선정된 여러 개의 노선을 축척 1:5000 또는 1:2500의 지형도상에서 더 자세히 조사하고 이 결과로 도상에서 노선을 선정하게 되며 노선의 기울기, 곡선, 토공량, 터널과 같은 구조물의 위치와 크기, 공사비 등을 고려하여 가장 바람직한 노선을 지형도 위에 기입하는 도상 선정을 한다.
③ 실측 : 지형도 작성, 도상과 현지의 중심선 설치, 종횡단측량, 용지 측량, 평면 측량 실시
④ 공사 측량 : 노선을 시공, 중심 말뚝과 수준점의 높이를 검측, 토공의 기준틀 등을 측정

정답 39. ③ 40. ③ 41. ③ 42. ④ 43. ②

문제 44

노선 측량에서 종단 곡선에 대한 설명으로 잘못된 것은?

① 철도에서는 주로 원곡선이 이용된다.
② 도로에서는 2차 포물선이 많이 쓰인다.
③ 종단 곡선은 원심력에 의한 불안정한 운행을 방지하기 위해 설치한다.
④ 종단 곡선의 길이는 가능한 길게 취하는 것이 좋다.

해설 종단 곡선은 차량의 충격을 완화하고 충분한 시거를 확보해 줄 목적으로 설치한다.

문제 45

곡선 반지름(R)=300m, 시단현(ℓ_1)=2.44m 일 때 시단현에 의한 편각 δ_1은?

① 0° 13′ 59″　　② 0° 48′ 49″　　③ 13° 13′ 59″　　④ 13° 58′ 49″

해설 편각(δ) = $\dfrac{\ell}{2R} \times \dfrac{180°}{\pi}$ = $\dfrac{2.44}{2 \times 300} \times \dfrac{180°}{\pi}$ = $0°13'59''$

문제 46

단곡선 설치에 있어서 기점으로부터 교점까지 추가 거리가 548.25m이고, 교각 I=36°15′이며, 곡선 반지름 R=100m 일 때 접선길이(T.L)는?

① 32.73m　　② 73.32m　　③ 52.68m　　④ 37.23m

해설 $T.L = R \times \tan\dfrac{I}{2} = 100 \times \tan\dfrac{36°15'}{2} = 32.73m$

문제 47

노선측량의 작업 순서 중 노선의 기울기, 곡선, 토공량, 터널과 같은 구조물의 위치와 크기, 공사비 등을 고려하여 가장 바람직한 노선을 결정하는 단계는?

① 도상 계획　　② 도상 선정　　③ 공사 측량　　④ 실측

해설 노선의 기울기, 곡선, 토공량, 터널과 같은 구조물의 위치와 크기, 공사비 등을 고려하여 가장 바람직한 노선을 지형도 위에 기입하는 단계 : 도상 선정

문제 48

일반철도에 주로 사용되는 완화 곡선은?

① 복심 곡선
② 3차 포물선
③ 렘니스케이트 곡선
④ 머리핀 곡선

해설 클로소이드 곡선 : 고속도로의 완화 곡선, 3차 포물선 : 철도

정답　44. ③　45. ①　46. ①　47. ②　48. ②

문제 49

노선 측량의 순서로 알맞은 것은?

① 예측 → 도상 계획 → 실측 → 공사 측량
② 도상 계획 → 실측 → 예측 → 공사 측량
③ 도상 계획 → 예측 → 실측 → 공사 측량
④ 실측 → 도상 계획 → 예측 → 공사 측량

문제 50

그림과 같이 반지름이 다른 2개의 단곡선이 그 접속점에서 공통 접선을 갖고 곡선의 중심이 공통접선과 같은 방향에 있는 곡선은?

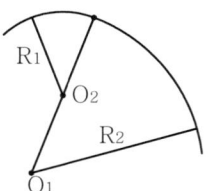

① 복심곡선　　② 반향곡선　　③ 횡단곡선　　④ 쌍곡선

해 설	복심곡선 : 2개 이상의 다른 반지름의 원곡선이 1개의 공통접선의 같은 쪽에서 연속하는 곡선

문제 51

단곡선을 설치 할 때 도로의 시점에서 곡선 시점까지의 거리가 427.68m, 곡선 종점까지의 거리는 554.39m일 때 시단현은? (단, 중심 말뚝 간격은 20m 이다.)

① 12.32m　　② 7.68m　　③ 14.39m　　④ 4.39m

해 설	시단현의 길이 = B.C. 다음 측점까지의 거리-B.C.의 거리=440-427.68=12.32m

문제 52

도로의 시점으로부터 단곡선의 교점(I.P)까지의 추가거리가 432.10m, 곡선의 교각(I)이 88°, 곡선 반지름(R)이 200m일 때 종곡점까지의 거리는?

① 497.69m　　② 524.75m　　③ 546.14m　　④ 571.76m

해 설	B.C 거리=I.P거리-T.L=432.10-200×tan(88°÷2)=238.96m C.L=0.0174533RI=0.0174533×200×88°=307.18m E.C거리=B.C거리+C.L=238.96+307.18=546.14m

정답　49. ③　50. ①　51. ①　52. ③

문제 53

노선측량에서 완화곡선이 아닌 것은?

① 클로소이드 곡선 ② 램니스케이트 곡선
③ 3차 포물선 ④ 머리핀 곡선

해 설 완화 곡선 : 3차 포물선, 클로소이드, 램니스케이트

문제 54

단곡선에서 교각 I=96° 28′, 곡선반지름 R=200m일 때 두 번째 중앙종거 M_2는?

① 16.46m ② 17.46m ③ 18.46m ④ 19.46m

해 설
$$M_1 = R(1-\cos\frac{I°}{2}) = 200 \times (1-\cos\frac{96°28'}{2}) = 66.78\text{m}$$
$$M_2 = R(1-\cos\frac{I°}{4}) = 200 \times (1-\cos\frac{96°28'}{4}) = 17.46\text{m}$$

문제 55

현 길이의 중점에서 수선을 올려 곡선을 설치하는 방법으로 중심 말뚝을 설치할 필요가 없는 곡선 설치와 기존 곡선의 검사 또는 수정에 주로 사용되는 곡선의 설치방법은?

① 편각법 ② 종횡거법 ③ 이정량법 ④ 중앙 종거법

정답 53. ④ 54. ② 55. ④

제 9 장

GNSS(위성측위) 측량

1. GNSS 측량 개요
2. GNSS 구성 및 신호 체계
3. GNSS에 의한 위치 결정
4. GNSS 측량의 오차와 보정 기술

1 GNSS 측량 개요

1 GNSS의 정의

GNSS(Global Navigation Satellite System)는 우주 공간에서 지구 주위를 돌면서 지구 상에서 위치, 길 안내, 시간 및 기상 정보를 제공하고 전파 신호 정보를 전송하는 인공위성들로서 GPS, GLONASS, GALILEO, COMPASS 위성시스템과 GNSS의 정확도를 향상시켜 주는 정지 위성 기반 보강 시스템(SBAS)과 지상 기준국 기반 보강 시스템(GBAS)을 모두 포함하는 전 세계 위성 측량 시스템을 말한다.

2 GNSS의 종류

① GNSS(Global Navigation Satellite System) : 범지구적 위성항법시스템
  ㉠ GPS(미국)
  ㉡ GLONASS(러시아)
  ㉢ GALILEO(유럽연합)
  ㉣ BEIDOU-3

② RNSS(Regional Navigation Satellite System) : 지역 한정 위성항법시스템
  ㉠ QZSS(일본)
  ㉡ IRNSS
  ㉢ BEIDOU-1, BEIDOU-2(COMPASS)

3 GNSS의 능력 및 특징

① PNT 기능
  ㉠ 위치 결정 능력(Positioning) - 실시간 위치 정보 서비스
  ㉡ 항법 능력(Navigation) - 자동차, 항공기, 선박, 등산, 사이클, 요트 등에서 경로(길) 안내 서비스
  ㉢ 시간 정보 제공 능력(Timing) - 시각 신호와 반송파를 높은 정확도로 공급하기 위해 위성에 탑재된 루비듐(Rb), 세듐(Cs), 수소(H) 원자 시계를 기본으로 시간 기준의 단일화가 실현되어 현재, 전 세계 표준 시계의 시각 동기가 GPS로 행해지고 있다.
  그 밖에도 GPS의 전송파를 활용하면 지구 전리층 교란 및 기상 정보를 알 수 있다.

② 운용상 특징
  ㉠ 기상에 관계없이 24시간 전천후 PNT 결정 가능

ⓒ 측점 간 시통과 관계없이 상공으로부터 위성 신호 수신이 가능하면 PNT 가능
　　ⓒ 다양한 정확도의 3차원 공간 정보를 사후 또는 실시간 획득
　　ⓔ 측량 거리에 비해 상대적으로 높은 정확도를 제공
　　ⓜ 다양한 측량기법으로부터 목적에 따른 정확도 확보 가능
　　ⓗ GNSS 민간용 신호를 무료로 무제한 사용
　　ⓢ 세계 측지계(WGS84타원체, WGS84좌표계)에 기준한 공간 정보를 제공
　　ⓞ 컴퓨터와 통신 기술의 융·복합으로 다양한 응용 분야 창출
　　　(측지, 지도 제작, 건설, 지구 물리, 천문, GIS 정보 구축원, 항법, 생활 등)

4　GNSS 측량 활용

　GNSS의 활용 분야로서 GNSS 신호를 수신하여 이용하는 전체 응용 부문으로 다음과 같이 매우 넓고 다양하며 현재도 새로운 분야의 응용에서 활발한 연구가 진행되고 있다.

① **우주 응용** : 저고도 위성의 위성 궤도 추적과 도킹, 우주 기상 (전리층 교란) 예측
② **민간 응용** : 선박의 접안, 해양 작업선의 정밀 위치 결정, 어선의 항법, 항공기의 자동 이착륙, 열차, 트럭, 택시, 각종 작업 차량의 운행 관리(버스, 화물 수송 차량 등의 관리 시스템 등), 토지, 환경, 식생, 재해 등의 조사
③ **측량 응용** : 기준점 측량, 공공 측량, 지적 측량, 각종 공사 측량, 구조물의 변형 측정, 지구 물리 관측(지각 변동, 지구 회전 등), 재해 측량(화산 관측, 지진 관측 등)
④ **시민 이용** : 차량 항법, 기상 예보, 탐험, 레저 스포츠, 일상생활 (위치 파악) 등
⑤ **시각 동기** : 국가 표준시의 유지 관리, 원자 시계의 국제 간 비교 등

2　GNSS 구성 및 신호 체계

1　GNSS 구성

　가장 대표적인 GNSS인 GPS의 구성과 신호 체계로 설명하며, GPS 구성은 크게 우주 부문, 제어 부문, 사용자 부문으로 구분된다.

① **우주 부문**
　　⊙ 반송파를 통하여 항법 메시지를 사용자에게 연속적으로 전송
　　ⓒ GPS 위성의 경사각은 적도면에서 55° 이며 6개의 원형궤도면에 4개씩 배치

ⓒ 20,180km 고도에서 11시간 58분 주기로 운행
ⓔ 지구 전역에서 최소한 4개 이상의 위성을 항상 수신할 수 있도록 설계

② 제어 부문
  ⓐ 세계 각지에 분포되어 있는 지상국을 통해 GPS 위성 추적 및 감시
  ⓑ 여러 가지 보정 정보를 위성으로 송신
  ⓒ 궤도와 시간 결정을 위해 위성 추적
  ⓓ 위성 시간의 동기화
  ⓔ 1개의 주관제국, 5개의 감시국, 3개의 지상 제어국으로 구성

③ 사용자 부문
  ⓐ 위성에서 보낸 전파를 수신하여 원하는 위치 및 거리 계산
  ⓑ 수신기를 응용하여 특정한 목적을 달성하기 위해 개발된 다양한 장치 포함
  ⓒ 수신기는 수신한 항법 데이터를 사용하여 사용자의 위치 및 속도 계산
  ⓓ 이동체의 항법 및 추적, 측지 측량, 항공기 자동 착륙 시스템 등에 이용

2 GPS 신호 체계

GPS 신호는 기본 주파수 10.23MHz의 154배와 120배인 2개의 반송파 L1(1575.42MHz)과 L2(1227.6MHz)로 송신하고 있다. GPS 신호는 코드와 항법 메시지 등의 측위 계산용 신호가 L1과 L2 2개의 전파에 실려 지상으로 방송되며, L5(1176.45MHz) 민간 신호가 추가되었다.

① **반송파(Carrier)** : 코드를 운반해 주는 역할, 궤도 요소를 포함, 오차를 보정하기 위해 파장이 다른 두 개의 전파를 동시에 수신
  ⓐ L1 : 1575.42MHz, C/A 코드와 P 코드 변조 가능
  ⓑ L2 : 1227.60MHz, P 코드만 변조 가능
  ⓒ L5 : 1176.45MHz, GPS 현대화 계획이 제안, 2010년 방송 시작

② **코드(Code)** : C/A코드, P코드
  ⓐ C/A 코드
    - 주파수 1.023MHz, 파장 300m

- L1에 의해 운반되어 사용자에게 제공
- 위성 신호가 어느 위성에서 송신되는지 쉽게 알 수 있음
- SPS(Standard Positioning Service): 표준 측위 서비스, 민간용

ⓛ P코드
- 주파수 10.23MHz, 파장 30m
- L1과 L2에 의해 운반되어 사용자에게 제공
- 암호화되어 PPS 사용자에게 제공
- PPS(Precise Positioning Service): 정밀 측위 서비스, 군사용

③ 항법메세지(Navigation Message) : 항법 메시지는 시각 정보, 위성의 궤도 정보, 타 위성의 항법 메시지 등을 포함

3 GNSS에 의한 위치 결정

1 GNSS 위치 결정 원리

① 코드 신호를 이용한 위치 결정
  ㉠ 위성에서 발생한 코드와 수신기에서 수신된 코드가 완전히 일치할 때까지 걸리는 시간을 관측
  ㉡ 이 시간에 전파 속도를 곱하여 거리를 구함(거리=광속×위성 신호 도달시간)
  ㉢ 여기에는 시간에 오차가 포함되어 있어 의사 거리(pseudo range)라 함
  ㉣ 오차 범위가 m 단위이기 때문에 높은 정확도를 요구하지 않는 부분에 사용

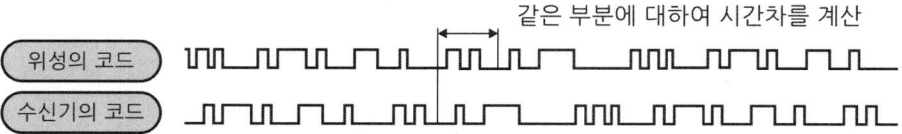

② 반송파를 이용한 위치 결정
  ㉠ 위성과 수신기 사이의 반송파 신호 파장 개수를 측정하고 파장 개수에 한 파의 길이를 곱하여 두

지점 사이의 거리를 정확하게 계산함
ⓒ 위성과 수신기 사이에 파장 개수를 알 수 없으며, 이를 모호 정수(Ambiguity)라 함
ⓒ 반송파를 이용한 위치 결정은 모호 정수를 해결해야만 정확한 위치를 결정
ⓔ 일반적으로 수신기 1대만으로 정확한 모호 정수를 결정할 수 없으며 최소 2개 이상의 수신기로부터 정확한 위상차를 계산하여 모호 정수를 결정
ⓜ 정확한 위상차를 계산하기 위해서는 위성 궤도 오차, 시간 오차, 모호 정수를 소거해야 함

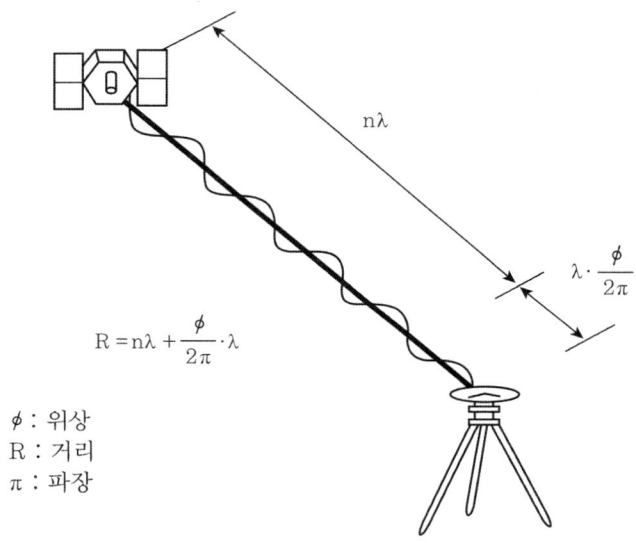

2 GNSS 측량 방법

GNSS 측량 방법은 수신기 하나만을 사용하는 단독 위치 결정과 2대 이상의 수신기를 사용하는 상대 위치 결정으로 구분된다. 상대 위치 결정 방법은 다시 실시간 DGPS, 후처리 DGPS, 실시간 이동 측량(RTK)으로 구분된다.

① 단독 위치 결정(절대관측 방법)
ⓐ 단독 위치 결정은 하나의 GNSS 수신기로 GNSS 위성 신호를 수신하여 위치를 해석하는 위치 결정 방법
ⓑ 4개 이상의 위성으로부터 받은 수신 신호 가운데 C/A 코드를 이용해 실시간으로 처리하여 수신기의 위치를 결정
ⓒ GNSS의 가장 일반적이고 기초적인 위치 결정 방법으로 위치 정확도가 낮아 재해, 레저, 군사작전, 열차, 자동차, 선박, 항공기 등의 항법 및 미사일 유도 등에 사용

② 상대 위치 결정(상대관측 방법)
   ㉠ 단독 위치 결정에 대응하는 개념으로 2대 이상의 GNSS 수신기를 활용하여 상대적인 측량을 실시하는 방법
   ㉡ 단독 위치 결정 방법에 비해 위치 정확도가 상당히 개선되어 기준점 측량 업무에 사용이 가능
   ㉢ 실시간 DGPS
      - 현장에서 실시간으로 정확하게 위치를 구할 수 있어서 선박의 항해, 해양 측량, 지하 매설물 보수 공사 등의 분야에 응용된다.
   ㉣ 후처리 DGPS
      - 후처리 기법을 이용하여 측량점의 위치를 매우 정밀하게 결정하는 방법으로 측지 측량 분야에 널리 사용
      - GNSS 수신기를 기준점과 측량점에 설치하여 GNSS 위성이 방송하는 코드 데이터와 반송파의 위상 자료를 수신한 후 사무실로 돌아와 GNSS 후처리 소프트웨어로 계산
         → 정지 측량(static survey): 기준점 측량에 주로 이용
         → 이동 측량(kinematic survey): 지형 측량, 노선 측량에 이용
         → 신속 정지 측량(fast static survey): 기준점 측량, 노선 측량에 이용
         → 실시간 이동 측량(realtime kinematic survey): 지형 측량, 횡단 측량 및 토공량 산출에 이용

③ 네트워크 RTK 측량
   ㉠ 네트워크 RTK(Real-Time Kinematic)
      - 측량은 이동국의 인근에 위치한 3개 이상의 위성 기준점에서 관측되는 위치 오차량을 보간하고, 이를 이동국 GNSS로 송신하여 관측값을 보정함으로써 1대의 GNSS 수신기만으로 고정밀 RTK 측량을 수행하는 방식
   ㉡ VRS(Virtual Reference Station)
      - 네트워크 모델링을 통하여 이동국 인근 임의의 위치에서 관측된 것과 같은 가상 기준점(VRS)을 생성하고, 이 가상 기준점과 이동국과의 실시간 이동 측량을 통하여 정밀한 이동국의 위치를 결정
   ㉢ FKP(Flachen Korrektur Parameter)
      - FKP는 VRS와는 달리 서버에서 수신기로 단방향 네트워크 기반 위치 보정 정보를 서비스하는 방식

4 GNSS 측량의 오차와 보정 기술

1 GNSS 측량의 오차

GNSS 측량의 오차는 구조적인 요인에 의한 거리 오차, 위성의 배치 상황에 따른 오차, 사이클 슬립(cycle slip) 등이 있다.

① 구조적인 요인에 의한 거리 오차
　㉠ 위성 시계 오차
　　- GNSS 위성에 내장되어 있는 시계의 부정확성으로 인해 발생
　　- 오차 범위는 0~1.5m 정도
　㉡ 위성 궤도 오차
　　- 위성 궤도 오차는 위성의 위치를 구하는 데 필요한 위성 궤도 정보의 부정확성으로 인해 발생
　　- 오차 범위는 1~5m 정도
　㉢ 전리층 오차(0~30m)
　　- 전리층은 지상으로부터 약 50㎞ ~ 1,000㎞ 사이에 존재하는 전자 또는 양이온 층을 말함
　　- 전리층 오차는 약 350km 고도에 집중적으로 분포되어 있는 자유 전자(free electron)와 GNSS 위성 신호와의 간섭 현상에 의해 발생
　　- 크기는 약 7m로서 오후에 최댓값을 나타내며, 야간에는 전리층 활동량이 적으므로 최솟값을 나타냄
　　- 2주파 수신기를 사용하여 오차를 보정
　㉣ 대류권 오차
　　- 대류권은 지상으로부터 약 50㎞ 이하에 존재하는 대기층을 말함
　　- 신호 경로에 대한 고도각, 온도, 기압 및 습도의 함수로 야기되는 오차
　　- 대류권 오차는 GNSS 위성 신호가 대류권을 통과하면서 생기는 굴절 현상으로 인해 발생하며 크기는 약 3~20m이다.
　㉤ 멀티패스(다중경로 오차)
　　- 멀티패스는 GNSS 위성에서 직접 수신된 전파 이외에 부가적으로 주위의 지형지물에 의해 반사된 전파로 인해 발생하는 오차로 실제 거리보다 길게 측정되는 오차
　㉥ 수신기 오차
　　- 수신기 채널 잡음과 신호의 다중 경로 때문에 발생
　　- 수신기 채널 잡음은 검증 과정을 통해 보정하나 수신기의 노후화로 잡음이 증가하면 수신기를 교체하는 것이 좋음
　　- 신호의 다중 경로의 경우 오차의 원인이 되므로 장애물에서 멀리 떨어져 관측하는 것이 좋음

② 위성의 배치 상황에 따른 오차(DOP)
　㉠ GNSS의 수신기와 위성 간의 기하학적인 배치와 관측되는 위성의 수에 따라 영향을 받는데, 이때 측위 정확도의 영향을 표시하는 계수를 DOP(Dilution of Precision, 정밀도 저하율)
　㉡ DOP는 위성의 배치가 잘 되었는지를 나타내 주는 수치로서, 좋은 위성 분포일수록 낮은 DOP을 보이며 높은 위치 정밀도를 확보할 수 있음
　㉢ DOP의 종류
　　- GDOP(Geometric Dilution of Precision) : 기하학적 정밀도 저하율
　　- PDOP(Position Dilution of Precision) : 위치 정밀도 저하율
　　- HDOP(Horizontal Dilution of Precision) : 수평 정밀도 저하율

- VDOP(Vertical Dilution of Precision) : 수직 정밀도 저하율
- TDOP(Time Dilution of Precision) : 시간 정밀도 저하율

ⓔ DOP는 수치가 작을수록 정확하며, 지표에서 가장 좋은 배치 상태일 때의 수치를 1로 함
ⓜ 5까지는 실사용에 지장은 없으나 6 이상은 좋지 않은 상태
ⓗ 수신기를 가운데 두고 4개의 위성이 정사면체를 이룰 때 GDOP, PDOP 등의 수치가 최소가 됨

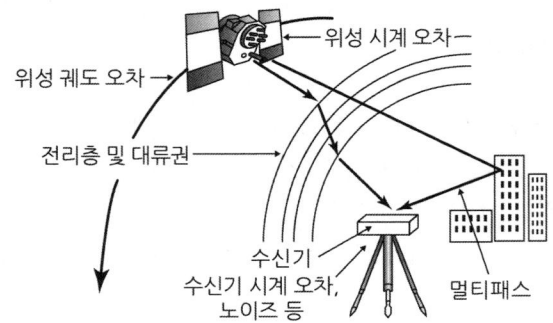

③ **사이클 슬립(Cycle Slip)**
㉠ 사이클 슬립은 GNSS 반송파 위상 추적 회로(phase lock loop)에서 반송파 위상치의 값이 여러 가지 요인으로 인해 순간적으로 단절되어 발생하는 오차
㉡ 주로 GNSS 안테나 주위의 지형과 지물에 의한 신호 단절, 높은 신호 잡음, 낮은 신호 강도, 낮은 위성의 고도각 등으로 인해 발생

2 GNSS 보정 기술(SBAS, GBAS)

① 미국 WAAS
② 인도 GAGAN
③ 일본 MSAS
④ 유럽 EGNOS

문제 1

정확한 위치를 알고 있는 인공위성에서 발사된 전파를 수신하여, 지상의 미지점에 대한 3차원 위치를 구하는 측량은?

① GNSS 측량 ② 육분의 측량
③ 스타디아 측량 ④ 사진 측량

해설 지구상의 위치를 결정하기 위한 위성과 이를 보강하기 위한 시스템 및 지역 보정시스템을 통칭하여 GNSS(위성측위)라 한다.

문제 2

GNSS 위성을 이용한 측위에 측점의 3차원적 위치를 구하기 위하여 수신이 필요한 최소 위성의 수는?

① 1대 ② 2대 ③ 3대 ④ 4대

해설 수신기 1대를 이용하여 위치를 결정할 수 있는 GNSS 측량 방법인 1점 측위는 시간 오차까지 보정하기 위하여 최소 4대 이상의 위성으로부터 수신하여야 한다.

문제 3

GNSS 위성 시스템이 아닌 것은?

① GPS ② GLONASS
③ GSIS ④ GALILEO

해설 미국의 GPS, 러시아의 GLONASS, 유럽연합의 GALILEO, 중국의 COMPASS, 일본의 QZSS 등이 GNSS 위성 시스템이다.

문제 4

각 나라의 GNSS 위성 시스템의 연결이 틀린 것은?

① 미국의 GPS ② 러시아의 GLONASS
③ 유럽연합의 GALILEO ④ 일본의 COMPASS

해설 GNSS 위성 시스템은 미국의 GPS, 러시아의 GLONASS, 유럽연합의 GALILEO, 중국의 COMPASS, 일본의 QZSS.

정답 1. ① 2. ④ 3. ③ 4. ④

문제 5

GPS가 채택하고 있는 세계 측지 기준계는?

① WGS 84
② WGS 70
③ GRS 80
④ GRS 74

해 설 GPS는 WGS 84 기준 좌표계를 이용한다.

문제 6

GPS의 특성으로 옳은 것은?

① 낮 시간에만 사용할 수 있다.
② 측량 거리에 비하여 정확도가 낮다.
③ 측점간 시통이 이루어져야 한다.
④ 기상에 관계없이 위치 결정이 가능하다.

해 설 GPS의 일반적 특성 : 하루 24시간 어느 시간이나 이용이 가능하고, 측량 거리에 비하여 상대적으로 높은 정확도를 지니고 있으며, 기선 결정의 경우 두 측점 간의 시통에 관계가 없고, 기상에 관계없이 위치 결정이 가능하다.

문제 7

GPS 측량의 특성에 대한 설명으로 옳지 않은 것은?

① 3차원 측량을 동시에 할 수 있다.
② 극 지방을 제외한 전 지역에서 이용할 수 있다.
③ 하루 24시간 어느 시간에서나 이용이 가능하다.
④ 측량 거리에 비하여 상대적으로 높은 정확도를 가지고 있다.

해 설 지구상 어느 곳에서나 이용할 수 있다.

문제 8

GPS에 대하여 설명한 것으로 틀린 것은?

① 3차원 위치 결정이 가능하다.
② 군사적 목적으로 개발되었다.
③ 미국에서 개발된 인공위성 측위 시스템이다.
④ 야간이나 측점 간 시통이 불가능한 지역에서는 측량이 불가능하다.

해 설 하루 24시간 어느 시간에서나 이용이 가능하다.

정답 5. ① 6. ④ 7. ② 8. ④

문제 9

GPS 측량에서 사용되는 반송파는?

① A1, A2 반송파　　　　　　　② D1, D2 반송파
③ G1, G2 반송파　　　　　　　④ L1, L2 반송파

해설 L1, L2 파는 코드 신호 및 항법 메시지를 운반한다고 하여 반송파라 한다.

문제 10

GPS 신호가 위성으로부터 수신기까지 도달한 시간이 0.7초라 할 때 위성과 수신기 사이의 거리는 얼마인가? (단, 빛의 속도는 300,000,000m/sec로 가정)

① 200,000km　　　　　　　② 210,000km
③ 220,000km　　　　　　　④ 230,000km

해설 위성과 수신기 사이의 거리 = 전파의 속도×전송 시간
= 300,000,000×0.7=210,000,000m=210,000km

문제 11

GPS가 사용하는 좌표계의 종류는?

① 지구극좌표계　　　　　　　② 지구적도좌표계
③ 지구중심좌표계　　　　　　　④ 지구준거좌표계

해설 GPS에 의해 구축된 지구중심좌표계를 세계 표준으로 채용하고, 이를 세계측지계라 한다.

문제 12

GPS의 3대 구성 요소가 아닌 것은?

① 지구 부분　　　　　　　② 우주 부분
③ 제어 부분　　　　　　　④ 사용자 부분

해설 GPS의 3대 구성 요소는 우주 부분, 제어 부분, 사용자 부분

문제 13

GPS 측량의 시스템 오차에 해당되지 않는 것은?

① 위성 시계 오차　　　　　　　② 위성 궤도 오차
③ 전리층 굴절 오차　　　　　　　④ 위성 방향 오차

해설 GPS 시스템 오차는 위성 시계 오차, 위성 궤도 오차, 전리층 굴절 오차, 대류권 굴절 오차 등이 있다.

정답　9. ④　10. ②　11. ③　12. ①　13. ④

문제 14

전리층 굴절 오차를 보정할 수 있는 방법으로 가장 적합한 것은?

① 위성 수신각을 높인다.
② 안테나 높이를 높인다.
③ 2주파 수신기를 사용한다.
④ 고층 구조물을 피하여 설치한다.

해설 전리층 굴절 오차는 2주파 수신기 사용자가 L1 신호와 L2 신호의 굴절 비율의 상이함을 이용하여 L1/L2의 선형 조합을 통해 보정할 수 있다.

문제 15

3차원 위치를 결정할 수 있는 위성 항측 시스템으로 두 점간의 시통이 되지 않는 지형에서도 관측 가능한 거리측량기는 무엇인가?

① 초장기선 간섭계
② 전파거리 측정기
③ GPS 측량기
④ 광파거리 측량기

해설 GPS(global positioning system)는 정확한 위치를 알고 있는 위성에서 발사된 전파를 수신하여 관측점까지의 소요 시간을 관측함으로써 미지점의 3차원 위치를 구하는 인공 위성을 이용한 범지구 위치 결정 체계이다.

문제 16

인공 위성을 이용한 범세계적 위치 결정의 체계로 정확히 위치를 알고 있는 위성에서 발사한 전파를 수신하여 관측점까지의 소요시간을 측정함으로써 관측점의 3차원 위치를 구하는 측량은?

① 전자파 거리측량
② 육분의 측량
③ GPS측량
④ 스타디아 측량

해설 GPS(global positioning system)는 정확한 위치를 알고 있는 위성에서 발사된 전파를 수신하여 관측점까지의 소요 시간을 관측함으로써 미지점의 3차원 위치를 구하는 인공 위성을 이용한 범지구 위치 결정 체계이다.

문제 17

거리 측정기에서 위성에서 송신되는 신호를 받아 3차원위치를 결정 할 수 있고 두 점간의 시통이 되지 않는 지형에서도 관측이 가능하며 기후의 영향도 거의 받지 않는 것은 어느 것인가?

① 초장 기선 간섭계(VLBI)
② GPS
③ 위성거리 측량(SLR)
④ 전파 거리 측정기

해설 GPS(global positioning system)는 정확한 위치를 알고 있는 위성에서 발사된 전파를 수신하여 관측점까지의 소요 시간을 관측함으로써 미지점의 3차원 위치를 구하는 인공 위성을 이용한 범지구 위치 결정 체계이다.

정답 14. ③ 15. ③ 16. ③ 17. ②

■ 제9장 GNSS(위성측위) 측량 239

문제 18

GPS의 구성 요소(부분)가 아닌 것은?

① 위성에 대한 우주 부분
② 지상 관제소에서의 제어 부분
③ 측량자가 사용하는 수신기에 대한 사용자 부분
④ 수신된 정보를 분석하여 재송신하는 해석 부분

해설 GPS의 구성 요소 : 우주 부분, 제어 부분, 사용자 부분

문제 19

수신기 1대를 이용하여 위치를 결정할 수 있는 GPS측량 방법인 1점 측위는 시간 오차까지 보정하기 위해서 최소 몇 대 이상의 위성으로부터 수신하여야 하는가?

① 1대　　　　② 2대　　　　③ 3대　　　　④ 4대

해설 3차원 위치 결정을 위해서는 3대의 위성으로부터 수신하면 된다. 그러나 시간 오차도 미지수에 속하므로 모두 4대의 위성으로부터 수신하여야 한다.

문제 20

GPS(Global Positioning System)를 이용한 위치 측정에서 사용되는 좌표계는?

① 평면 직각 좌표계　　　　② 세계측지계(WGS 84)
③ UPS좌표계　　　　　　　④ UTM좌표계

해설 세계 측지 기준계(WGS84)좌표계를 사용하므로, 지역 기준계를 사용하는 사용자에게는 다소 번거로움이 있다.

문제 21

GPS 시스템 오차 중 위성 시계 오차의 대략적인 범위로 옳은 것은?

① 0~1.5m　　　② 5~10m　　　③ 10~30m　　　④ 50~70m

해설

GPS 시스템 오차	오차범위(m)	비 고
위성 시계 오차	0~1.5	위성 궤도력에 포함된 오차
위성 궤도 오차	1~5	
전리층 굴절 오차	0~30	2주파 수신기 사용자는 L_1신호와 L_2신호의 굴절 비율의 상이함을 이용하여, L_1/L_2의 선형 조합을 통해 보정할 수 있다.
대류권 굴절 오차	0~30	신호 경로에 대한 고도각, 온도, 기압 및 습도의 함수로 야기되는 오차이다.
선택적 이용성	0~70	

정답 18. ④　19. ④　20. ②　21. ①

문제 22

수신기 1대는 기지점에 설치하고 다른 한 대는 미지점에 고정 설치하여 측량하는 GPS측량 방법은?

① 1점측위　　② 정적측량　　③ 동적측량　　④ 부적측량

문제 23

GPS를 직접 활용할 수 있는 분야로 거리가 먼 것은?

① 지상 기준점 측량　　② 터널 내 측점 설치
③ 항공기 운항　　④ 해상구조물 측설

| 해설 | GPS 측량 활용: 지상 기준점 측량, 지적 측량, 해양 탐사, 준설, 수심 측량, 해상 구조물 측설, 항공 사진 측량, 원격 탐측, 차량의 위치, 항공기 운항, 군사 작전, 각종 레저, 스포츠 분야등 |

문제 24

GPS 측량에서 위성 궤도의 고도는 약 몇 km 인가?

① 40400km　　② 30300km　　③ 20200km　　④ 10100km

| 해설 | 위성 궤도의 고도는 약 20,200km(지구 지름의 약 1.5배), 주기는 0.5항성일(약 11시간 58분) |

문제 25

다음 중 대류권 오차가 발생하는 원인이 아닌 것은?

① 신호경로에 대한 온도　　② 신호경로에 대한 습도
③ 신호경로의 고도각　　④ 신호경로의 신호대 잡음비

| 해설 | 대류권 굴절 오차는 신호 경로에 대한 고도각, 온도, 기압 및 습도의 함수로 야기되는 오차이다. |

문제 26

GPS 수신기 오차에서 수신기 채널 잡음의 해결 방법으로 가장 알맞은 것은?

① 높은 건물에 근접하여 관측한다.
② 배터리를 교체한다.
③ 검증과정을 통해 보정 하거나 수신기의 노후에 의한 것일 때는 교체한다.
④ 수신 위성의 수를 1대로 최소화 한다.

| 해설 | 수신기 오차
① 수신기 채널 잡음과 신호의 다중 경로 때문에 발생한다.
② 수신기 채널 잡음은 검증 과정을 통해 보정하나 수신기의 노후화로 잡음이 증가하면 수신기를 교체하는 것이 좋다.
③ 신호의 다중 경로의 경우 오차의 원인이 되므로 장애물에서 멀리 떨어져 관측하는 것이 좋다. |

정답　22. ②　23. ②　24. ③　25. ④　26. ③

문제 27

GPS 위성에서는 다양한 정보가 포함된 반송파를 연속적으로 방송한다. 이와 관련된 코드 및 신호가 아닌 것은?

① P　　　　　　② C/A　　　　　　③ L2　　　　　　④ R

해 설	C/A 코드 및 P 코드에 의해 변조되며 항법 메시지를 가지고 있는 L1신호(1575.42MHz), 그리고 P 코드에 의해서만 변조되며 항법 메시지를 가지고 있는 L2신호(1227.60MHz)가 있다.

문제 28

GPS측량의 일반적 특성이 아닌 것은?

① 측량 거리에 비하여 상대적으로 높은 정확도를 가지고 있다.
② 지구상 어느 곳에서나 이용이 가능하다.
③ 위치결정에 기상의 영향을 많이 받는다.
④ 하루 24시간 어느 시간에서나 이용이 가능하다.

해 설	기상에 관계 없이 위치 결정이 가능하다.

문제 29

지구를 둘러싸는 6개의 GPS 위성 궤도는 각 궤도간 몇도의 간격을 유지 하는가?

① 30°　　　　　② 60°　　　　　③ 90°　　　　　④ 120°

해 설	지구를 둘러싸는 6개의 궤도상(각 궤도는 60° 간격 유지)에 궤도당 최소 4대씩 배치되어 있다.

문제 30

위성과 수신기 사이의 거리를 계산하여 위치를 결정하는 식으로 옳은 것은?

① 전파의 속도 × 전송시간　　　　　② R코드속도 × 전송속도
③ P코드거리 × 전파의 파장거리　　　④ L1 신호거리 × 전파의 속도

해 설	위성과 수신기 사이의 거리=전파의 속도 × 전송시간

정답　27. ④　28. ③　29. ②　30. ①

제10장

평판 측량

1. 평판 측량 개요
2. 평판 측량 방법
3. 측량 오차와 정밀도

1 평판 측량 개요

1 평판 측량 개요

평판 측량이란 평판 측량기를 사용하여 현장에서 측점이나 사물의 위치를 도면위에 직접 작도하는 측량이다.

① 평판 측량의 장점
  ㉠ 현장에서 직접 도면에 지형이 작도되므로 잘못된 곳을 발견하기 쉽다.
  ㉡ 내업량이 적다.
  ㉢ 측량기계 기구나 측량방법이 어렵지 않다.
  ㉣ 현장에서 직접 도면을 작성하므로 야장이 필요 없고 착오가 생기지 않는다.
  ㉤ 세부를 스케치하고 중요한 점을 측정하면 능률적으로 측량할 수 있다.

② 평판 측량의 단점
  ㉠ 현장의 건습에 따라 도지가 늘어나거나 줄어 오차가 생기기 쉽다.
  ㉡ 기계부품이 많아 잃어버릴 경우가 많다.
  ㉢ 외업이 많고 우천시나 바람이 불 때는 측량이 곤란하다.
  ㉣ 야장을 사용하지 않아 현장에서 계산이 필요할 때 불편하고 정밀도가 낮다.

2 평판 측량에 사용되는 기계 및 기구

① 평판(도판)
  ㉠ 두께 1.5~3cm 정도의 전나무나 베니어판
  ㉡ 종류 : 대형 평판(50cm×60cm), 중형 평판(40cm×50cm), 소형 평판(30cm×40cm)
  ㉢ 측침이 잘 들어갈 수 있어야 한다.

② 앨리데이드
  ㉠ 평판을 정준하고 목표물을 시준하며, 시준선을 긋는데 사용한다.
  ㉡ 종류 : 보통 앨리데이드, 망원경 앨리데이드, 광파 앨리데이드
  ㉢ 보통 앨리데이드의 구조
    ⓐ 기포관 : 곡률반지름은 1.0~1.5m로 평판을 수평으로 세울 때 사용된다.
    ⓑ 전시준판 : 직경 0.2mm의 말총시준사, 시준공 1개로 되어 있으며, 간접적으로 거리와 고저차를 구하기 위하여 눈금이 새겨져 있다.
    ⓒ 후시준판 : 직경 0.5~0.8mm의 시준공 3개(하공0, 중공20, 상공35)와 눈금이 새겨져 있으며, 전시준판과의 거리는 22~27cm이다.

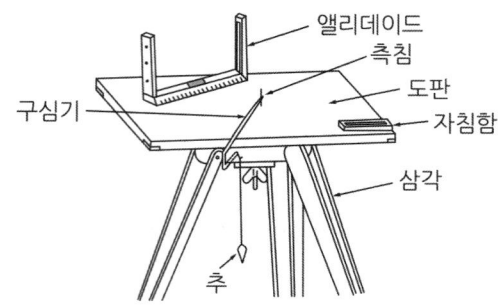

ⓓ 정준간 : 측량 도중 수평이 약간 틀렸을 때 앨리데이드의 수평을 교정하는 데 사용된다.
ⓔ 망원경 앨리데이드
ⓐ 망원경에는 버니어가 있는 연직 잣눈과 스타디아선이 있어 편리함
ⓑ 원거리 시준과 정확한 방향선을 결정할 때 편리하나 세부측량에는 시야가 좁아 불편함
③ **구심기와 추** : 평판 위의 측점과 지상의 측점을 일치시키는 데 사용된다.
④ **자침함** : 평판 위의 방위를 표시하거나 평판을 표정할 때 쓰이며 7~10cm의 길이
⑤ **측침** : 바늘 모양으로 지름 0.1mm, 길이 3.7cm 정도이고 특수 강철제 철침으로 도면 위의 측점에 꽂고 앨리데이드로 측점을 시준할 때 기준으로 한다.
⑥ **도지** : 표면이 매끈하고 조밀해야 하며 신축이 작은 것이 좋다.
⑦ **연필** : 4H 이상으로 단단하여야 한다.

3 평판의 검사와 조정

① **도판의 검사와 조정**
㉠ 도판의 표면은 평판이라야 한다. 정확한 삼각자 등을 평판위에 여러 방향으로 세워서, 삼각자와 평판 사이에 틈이 생기지 않도록 하면 된다.
㉡ 도판의 표면은 기기의 연직축과 수직일 것

② **앨리데이드의 검사**
㉠ 수평 눈금 모서리는 반드시 직선이라야 한다.
㉡ 앨리데이드의 수평 눈금은 정확해야 한다.
㉢ 시준판에 새겨진 눈금은 반드시 시준판의 내측간격의 1/100이 되어야 한다.
㉣ 시준판을 세웠을 때 시준판은 저면에 직각이어야 한다.
㉤ 시준공의 크기는 일정해야 하며, 크기는 직경 0.5mm가 표준
㉥ 시준공은 저면에 대해 동일 수직선상에 있어야 한다.
㉦ 수준기축은 기준저면에 평행이 되어야 한다.
㉧ 전후 시준판의 상대되는 분획 눈금을 연결한 선은 수준기축과 평행이 되어야 한다.
㉨ 시준면은 앨리데이드의 저면에 직교되어야 한다.

ⓒ 시준면은 자와 평행이 되어야 한다.

4 평판세우기 방법

① **정준**(수평맞추기) : 평판의 면을 수평이 되게 세워야 한다.
② **구심**(중심맞추기) : 지상점과 도상점이 연직선상에 일치되어야 한다.
③ **표정**(방향맞추기) : 기준선과 방향선에 일치되도록 해야 한다.
④ **평판의 3요소** : 정준, 구심, 표정

2 평판 측량 방법

1 방사법

① 한 측점에 평판을 세우고 각 측점을 시준하여 거리를 측정하여 도면을 만드는 방법으로 시준이 잘 되고 협소한 지역에 적당하다.
② 측량이 가능한 범위는 한 방향선의 길이가 도상에서 10cm 이하, 측점으로부터 지상 거리는 50~60m 이내가 적당하다.

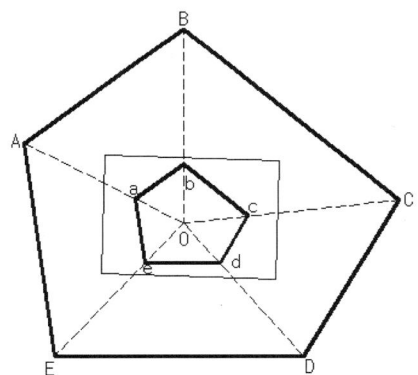

2 전진법

① 도선법 또는 절측법이라고도 한다.
② 어느 한 점에서 출발하여 측점의 방향과 거리를 측정하고 다음 측점으로 평판을 옮겨 차례로 전진하여 가면서 하는 측량으로서 측량구역이 좁거나 도시 및 산림지대와 같이 장애물이 있는 곳에 적당하다.
③ 변수25개 이내, 길이10~50m 이내가 좋다.

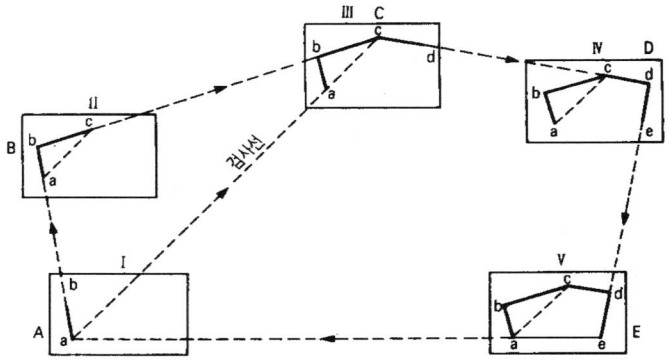

3 교회법(도해삼각측량)

① **전방교회법**
  ㉠ 이미 알고 있는 2-3개의 측점에 차례대로 평판을 세우고 목표물을 시준하여 교차점을 구하는 방법
  ㉡ 직시준 : 기지점에서 미지점을 시준하여 미지수를 결정하는 시준 방법
  ㉢ 시준오차, 평판정위오차 등을 검사할 수 없다.
  ㉣ 측점이 많을 때는 도면이 혼잡하여 틀리기 쉽다.
  ㉤ 방향선의 교각이 30~150° 이내에 들게 하지 않으면 정도가 떨어진다.

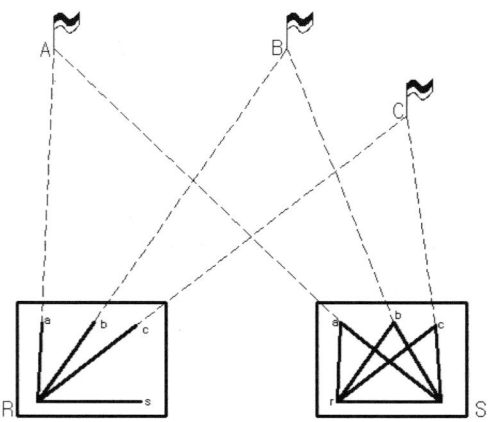

② **측방교회법**
  ㉠ 전방교회법과 후방교회법의 절충방법으로 도로와 하천의 연변에 있는 여러 점을 측정할 때 편리
  ㉡ 전방교회법과 마찬가지로 2개의 방향선으로는 시준오차와 방향선의 오차를 검사하기가 곤란

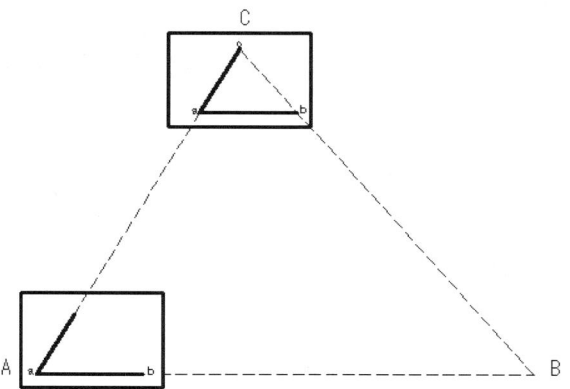

③ **후방교회법** : 도상에 없는 미지점에 평판을 세우고 기지점을 시준하여 시준선을 연장한 교차점을 도상에 표시하는 측정 방법

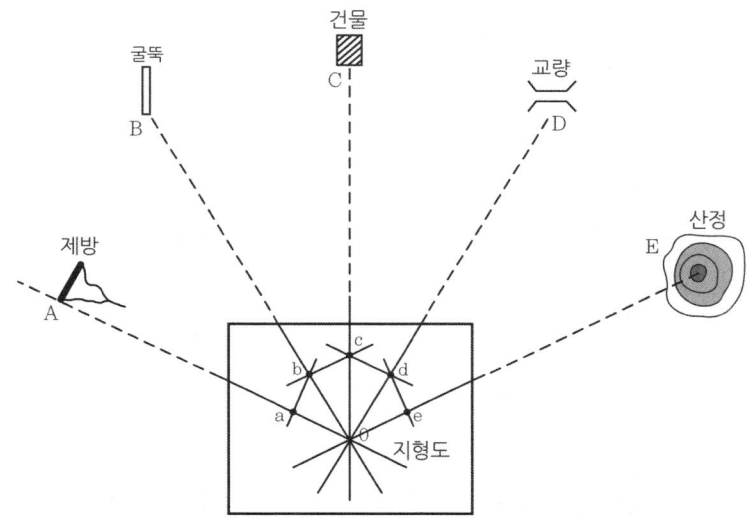

4 평판 측량의 응용

① 앨리데이드를 이용한 수평거리 측정

$D : i = 100 : n_1 - n_2$

$$D = \frac{100}{n_1 - n_2} \cdot i$$

여기서, D : 수평거리
$n_1,\ n_2$: 시준판의 눈금

i : 상, 하측표의 간격(폴의 높이)

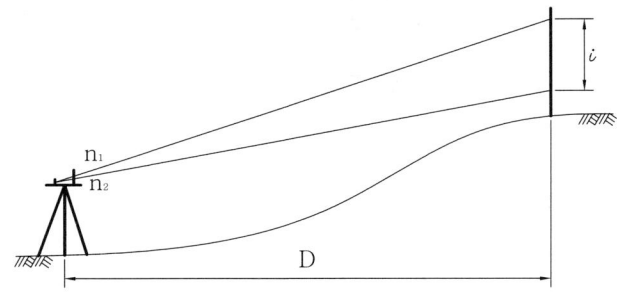

② 앨리데이드를 이용한 고저차 측정

$$H_B = H_A + I + H - h$$

여기서, HA : A의 표고
HB : B의 표고
I : 기계 높이
$H = \dfrac{n}{100}D \Leftarrow (\dfrac{n}{100} = \dfrac{H}{D})$
h : 시준고

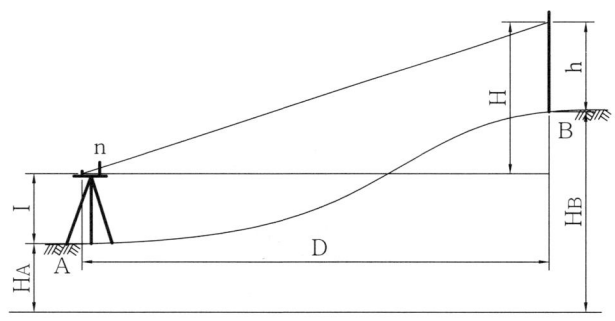

3 측량 오차와 정밀도

1 기계적인 오차

① **앨리데이드의 외심오차** : 앨리데이드 잣눈의 방향과 시준선이 일치하지 않을 때에 생기는 오차이다.

$$e_1 = \frac{e}{M}(mm)$$

여기서 e_1 : 앨리데이드의 외심 오차
  e : 앨리데이드의 편심 크기(보통 25mm이다.)
  M : 도면 축척의 분모수

즉, 도면 축척이 $\frac{1}{100}$ 이면 외심오차는 0.25mm가 된다.

축 척	$\frac{1}{100}$	$\frac{1}{500}$	$\frac{1}{600}$	$\frac{1}{1,200}$	$\frac{1}{50,000}$
외심오차(mm)	0.25	0.05	0.04	0.02	0.0005

제도할 때 눈으로 나타나는 도면상의 위치 오차는 0.2mm 이내이므로, 외심 오차를 $e_1 \leq 0.2\text{mm}$ 이내로 하려면 $e_1 = \frac{25\text{mm}}{M} \leq 0.2\text{mm}$ 이어야 한다. 즉 축척 1:125 이하의 측량에서는 외심 오차가 끼치는 영향은 거의 없다. 그러므로 보통 측량에서는 이 오차를 무시한다.

② **앨리데이드의 시준오차** : 앨리데이드 시준판에 있는 시준공의 지름 및 시준사의 크기에 따라 생기는 오차이다.

$$e_2 = \frac{\sqrt{d^2 + f^2}}{2\ell} \cdot L(\text{mm})$$

여기서, e_2 : 도면위의 시준오차
  d : 시준공의 지름
  f : 시준사 지름
  ℓ : 양시준판의 간격
  L : 방향선의 길이

일반적으로 시준공의 지름은 0.5~0.8mm, 시준사의 지름은 0.2~0.5mm가 적당하고, 방향선의 길이는 축척의 크기와는 관계 없이 양시준판 간격의 $\frac{1}{2}$을 초과해서는 안된다.

2 평판을 세울 때의 오차

① **수평맞추기 오차** : 평판이 수평이 아닐 때 방향 및 높이에 오차가 생긴다.

$$e_3 = \frac{2a}{r} \cdot \frac{n}{m} \cdot \ell(\text{mm}) : 기포의 이동눈금수가 주어졌을 때$$
$$e_3 = \frac{b}{r} \cdot \frac{n}{m} \cdot \ell(\text{mm}) : 기포의 이동량(\text{mm})이 주어졌을 때$$

여기서, e_3 : 수평맞추기 오차
a : 기포의 이동 눈금수
b : 평판의 경사에 의한 기포의 이동량(㎜)
r : 앨리데이드 기포관의 곡률 반지름(㎜)
n : 전방 시준판 눈금의 읽음
m : 양 시준판의 간격(100)
l : 도상 측점의 방향선 길이

기포관의 곡률 반지름을 1m, 방향선 길이를 20㎝, 전시준판의 눈금수가 20일 때, 도상의 위치 오차 $e_3 = 0.2$㎜ 라 하면 평판의 경사 b는

$$b = e_3 \cdot \frac{r \cdot m}{n \cdot l} = 0.2 \times \frac{1000 \times 100}{20 \times 200} = 5㎜$$

즉, 도상의 위치 오차를 0.2㎜까지 허용한다면, 평판의 경사에 의한 기포의 이동량은 5㎜가 된다. 이 때 허용할 수 있는 평판의 경사 정도는 $\frac{b}{r} = \frac{5}{1000} = \frac{1}{200}$이 된다.

② **중심맞추기 오차** : 지상점과 도상점이 일치되는 연직선상에 있지 않을 때 생기는 오차이다.

$$e_4 = \frac{qM}{2}$$

여기서, e_4 : 중심맞추기 오차
q : 제도의 오차한계
M : 도면 축척의 분모수

(단위 : ㎝)

축 척 ($\frac{1}{M}$)	$\frac{1}{100}$	$\frac{1}{300}$	$\frac{1}{500}$	$\frac{1}{1,000}$	$\frac{1}{2,000}$	$\frac{1}{5,000}$
허용제도오차 0.1㎜	0.5	1.5	2.5	5	10	25
허용제도오차 0.2㎜	1	3	5	10	20	50

③ **방향맞추기 오차**
㉠ 평판의 방향표정이 불안전할 때 생기는 오차이다.
㉡ 측량 결과에 가장 큰 영향을 주므로 평판을 설치할 때 특히 주의해야 한다.

3 측량할 때의 오차

① **방사법에 의한 오차** : 시준오차와 거리 축소에 의한 오차의 합으로 표시된다.

$$S_1 = \pm \sqrt{m_1^2 + m_2^2}$$

m_1, m_2를 각각 0.2mm로 하면

$$S_1 = \pm \ 0.3\text{mm}$$

여기서, S_1 : 방사법에 의한 오차
    m_1 : 시준오차, m_2 : 거리 오차 및 축척에 의한 오차

② **전진법에 의한 오차** : 시준오차와 거리의 축소에 의한 오차의 합과 측선수와의 곱의 제곱근으로 나타낸다.

$$S_2 = \pm \sqrt{n(m_1^2 + m_2^2)}$$

여기서, m_1(시준오차), m_2(축척에 의한 오차)를 각각 0.2mm로 하면

$$S_2 = \pm \ 0.3\sqrt{n} \quad (n : \text{측선수})$$

③ **교회법에 의한 오차** : 점의 위치가 2개의 방향선을 그은 교점에 의하여 결정되므로, 이 방향선이 변위될 때 오차가 생긴다.

$$S = \pm \sqrt{2} \cdot \frac{a}{\sin\theta}$$

여기서, 방향선의 변위인 a를 제도의 허용범위인 0.2mm라 하면

$$S = \pm \sqrt{2} \cdot \frac{0.2}{\sin\theta}$$

4 평판 측량의 정밀도

① 평탄지 : $\frac{1}{1000}$ 이하

② 완만한 경사지역 : $\frac{1}{600} \sim \frac{1}{800}$

③ 산지 및 복잡한 지역 : $\frac{1}{300} \sim \frac{1}{500}$

문제 1

다음 중 평판측량의 단점이 아닌 것은?

① 현장에서 측량이 잘못된 곳을 발견하기 어렵다.
② 날씨의 영향을 많이 받는다.
③ 부속품이 많아 관리에 불편하다.
④ 전체적으로 정밀도가 낮다.

해설 현장에서 직접 도면에 지형이 작도되므로 잘못된 곳을 발견하기 쉽다.

문제 2

평판측량의 방법에 대한 설명 중 옳지 않은 것은?

① 방사법은 골목길이 많은 주택지의 세부측량에 적합하다.
② 전진법은 평판을 옮겨 차례로 전진하면서 최종 측점에 도착하거나 출발점으로 다시 돌아오게 된다.
③ 교회법에서는 미지점까지의 거리관측이 필요하지 않다.
④ 현장에서는 방사법, 전진법, 교회법 중 몇 가지를 병용하여 작업하는 것이 능률적이다.

해설 방사법 : 한 측점에 평판을 세우고 각 측점을 시준하여 거리를 측정하여 도면을 만드는 방법으로 시준이 잘 되고 협소한 지역에 적당하다.

문제 3

평판측량의 장점은?

① 측량방법이 간단하다.
② 도면 축척의 변경이 용이하다.
③ 휴대하기 편하다.
④ 신축으로 인한 오차가 없다.

해설
㉠ 현장에서 직접 도면에 지형이 작도되므로 잘못된 곳을 발견하기 쉽다.
㉡ 내업량이 적다.
㉢ 측량기계 기구나 측량방법이 간단하다.
㉣ 현장에서 직접 도면을 작성하므로 야장이 필요 없고 착오가 생기지 않는다.
㉤ 세부를 스케치하고 중요한 점을 측정하면 능률적으로 측량할 수 있다.

정답 1. ① 2. ① 3. ①

문제 4

앨리데이드의 주요 용도가 아닌 것은?

① 목표물을 시준한다.
② 측점을 동일 연직선상에 있게 한다.
③ 시준선을 도상에 표시한다.
④ 평판을 정준한다.

해설 평판을 정준하고 목표물을 시준하며, 시준선을 긋는데 사용한다.

문제 5

다음 중 앨리데이드 검사와 조정으로 알맞지 않은 것은?

① 앨리데이드의 자 끝이 직선일 것
② 양시준판을 자의 밑면에 대하여 앞뒤로 기울지 않고 직각이 되게 할 것
③ 기포관축과 자의 밑면이 수직이 되도록 할 것
④ 양시준판이 자의 밑면에 대하여 좌우로 기울지 않고 직각이 되게 할 것

해설 기포관축과 자의 밑면은 수평이 되어야 한다.

문제 6

다음 중 앨리데이드 검사와 조정에 알맞지 않는 것은?

① 양시준판을 자의 밑면에 대하여 앞뒤로 기울지 않고 직각이 되게 할 것
② 양시준판이 자의 밑면에 대하여 좌우로 기울지 않고 직각이 되게 할 것
③ 앨리데이드의 자 끝이 직선일 것
④ 기포관축과 자의 밑면이 수직할 것

해설 기포관축과 자의 밑면은 수평이 되어야 한다.

문제 7

평판 세우기 방법에서 평판을 지상에 설치하기 위한 조건이 아닌 것은 어느 것인가?

① 수평맞추기
② 중심맞추기
③ 세로맞추기
④ 방향맞추기

해설
평판세우기 방법
① 정준(수평맞추기) : 평판의 면을 수평이 되게 세워야 한다.
② 구심(중심맞추기) : 지상점과 도상점이 연직선상에 일치되어야 한다.
③ 표정(방향맞추기) : 기준선과 방향선에 일치되도록 해야 한다.

정답 4. ② 5. ③ 6. ④ 7. ③

문제 8

평판을 세울 때의 오차 중 측량 결과에 가장 큰 영향을 주는 오차는?

① 수평맞추기 오차
② 중심맞추기 오차
③ 표준 오차
④ 방향맞추기 오차

해설 평판을 세울 때의 오차 중 측량 결과에 가장 큰 영향을 주는 오차는 방향맞추기(표정) 오차이다.

문제 9

시준을 방해하는 장애물이 없고, 비교적 좁은 지역에서 대축척으로 세부 측량을 할 경우 효율적인 평판 측량 방법은?

① 방사법
② 전진법
③ 전방 교회법
④ 후방 교회법

해설 방사법 : 한 측점에 평판을 세우고 각 측점을 시준하여 거리를 측정하여 도면을 만드는 방법으로 시준이 잘 되고 협소한 지역에 적당하다.

문제 10

한 측점에 평판을 세우고 그 점의 주위에 있는 목표점의 방향선과 거리를 측정하여 트래버스의 형태나 지형을 측정하는 방법은?

① 후방교회법
② 전진법
③ 방사법
④ 교회법

해설 방사법 : 한 측점에 평판을 세우고 각 측점을 시준하여 거리를 측정하여 도면을 만드는 방법으로 시준이 잘 되고 협소한 지역에 적당하다.

문제 11

세부 도근점을 결정하기 위한 방법으로 많은 점의 시준이 불가능하고 길고 좁은 지역의 측량에 이용되는 평판 측량 방법은?

① 교회법
② 방사법
③ 후방교회법
④ 전진법

해설 전진법
① 도선법 또는 절측법이라고도 한다.
② 어느 한 점에서 출발하여 측점의 방향과 거리를 측정하고 다음 측점으로 평판을 옮겨 차례로 전진하여 가면서 하는 측량으로서 측량구역이 좁거나 도시 및 산림지대와 같이 장애물이 있는 곳에 적당하다.
③ 변수25개 이내, 길이10~50m 이내가 좋다.

정답 8. ④ 9. ① 10. ③ 11. ④

문제 12

평판 측량 방법 중 어느 한점에서 출발하여 측점의 방향과 거리를 측정하고 다음 측점으로 평판을 옮겨 차례로 측정하여 최종 측점에 도착하는 측량방법은?

① 교회법　　　　　　　　　　② 방사법
③ 편각법　　　　　　　　　　④ 전진법

문제 13

다음 평판 측량 방법 중에서 복전진법에 관한 설명이다 잘못된 것은?

① 모든 측점에 차례대로 평판을 세운다.
② 복도선법이라고도 한다.
③ 한 점에서 많은 측점을 시준 할 수 없을 때 사용하는 방법이다.
④ 시가지에서는 적합하지 않다.

해설 측량구역이 좁거나 도시 및 산림지대와 같이 장애물이 있는 곳에 적당하다.

문제 14

평판 측량의 교회법에서 두 방향선이 만나는 각(교회각)은 얼마에 가까울수록 높은 정밀도를 얻을 수 있는가?

① 30°　　　　② 45°　　　　③ 90°　　　　④ 120°

해설 교회법에서 교각은 90°가 가장 이상적이나 지형상 30°~150°정도를 유지하면 정확도가 좋다.

문제 15

평판측량의 전방 교회법에서 방향선의 교각은 어느 정도가 가장 적당한가?

① 20°~30°　　　　　　　　　② 60°~180°
③ 20°~90°　　　　　　　　　④ 30°~150°

해설 교회법에서 교각은 90°가 가장 이상적이나 지형상 30°~150°정도를 유지하면 정확도가 좋다.

문제 16

장애물이 있어 직접 거리를 측정할 수 없을 때 사용하며 두 측점에서 시준하여 얻어지는 방향선의 교점으로부터 도상의 위치를 정하는 평판측량 방법은?

① 후방교회법　　② 전진법　　③ 전방교회법　　④ 방사교회법

해설 전방교회법 : 두 측점에 차례대로 평판을 세우고 목표물을 시준하여 교차점을 구하는 방법

정답 12. ④　13. ④　14. ③　15. ④　16. ③

문제 17

후방 교회법에서 평판에 도해할 때 시오삼각형이 생기게 되는 원인 중 가장 큰 요소는?

① 평판의 구심오차 때문에
② 평판의 표정이 옳지 않기 때문에
③ 평판이 정확하게 수평이 아닐 때
④ 주어진 점의 높이가 서로 다르기 때문에

해 설 시오삼각형이 생기는 주요 원인은 표정의 불안정이다.

문제 18

교회법으로 평판 측량할 때 시오삼각형(triangle of error)이 생기는 원인은?

① 정준오차
② 표정오차
③ 구심오차
④ 착오

해 설 시오삼각형이 생기는 주요 원인은 표정의 불안정이다.

문제 19

한점 A에 평판을 세우고 또 한점 B에 세운 표척 (아래, 위 표지 간격 : 3m)을 보통 앨리데이드로 시준하니 연직 잣눈이 위의 표지에서 +7.0, 아래 표지에서 +1.0 에 해당되었다. AB 사이의 거리는?

① 20m　② 30m　③ 40m　④ 50m

해 설 $D = \dfrac{100 \times h}{n} = \dfrac{100 \times 3}{6} = 50m$

문제 20

1/500의 축척 도면을 만들기 위한 거리측량 작업에서 제도가 가능한 한도가 0.2mm라고 하면 실제 측량을 할 때 몇 cm까지 눈금을 읽으면 되는가?

① 2cm　② 5cm　③ 10cm　④ 15cm

해 설 외심 오차 $q = \dfrac{e}{M}$에서 $e = 0.2 \times 500 = 100\text{mm} = 10\text{cm}$

정답 17. ②　18. ②　19. ④　20. ③

문제 21

축척 1/1000로 평판 측량을 실시할 때 중심 맞추기 오차는 몇 cm까지 허용 되는가? (단, 도상에서 제도의 허용 오차를 0.2mm라 한다.)

① 20cm   ② 16cm   ③ 13cm   ④ 10cm

해 설 중심맞추기 오차 $e = \dfrac{qM}{2} = \dfrac{0.02 \times 1,000}{2} = 10\,\text{cm}$ (주의 0.2mm=0.02cm로 고쳐서 계산할 것)

문제 22

축척 1:1,000인 평판 측량에서 도상점과 지상측점과의 편심거리가 10cm일 때 도상에서 제도의 허용 오차는?

① 0.1mm   ② 0.2mm   ③ 0.3mm   ④ 0.4mm

해 설 중심맞추기 오차 $e = \dfrac{qM}{2}$ 에서 $q = \dfrac{2e}{M} = \dfrac{2 \times 100}{1,000} = 0.2\,\text{mm}$ (10cm=100mm)

문제 23

평판측량에서 축척이 1/1200 일 때 허용 구심오차는?
(단, 제도 허용오차 0.2mm임)

① 12cm   ② 15cm   ③ 17cm   ④ 21cm

해 설 중심맞추기 오차 $e = \dfrac{qM}{2} = \dfrac{0.02 \times 1,200}{2} = 12\,\text{cm}$ (주의 0.2mm=0.02cm로 고쳐서 계산할 것)

문제 24

도상오차를 0.2mm 까지 허용하는 평판측량에서 축척을 $\dfrac{1}{600}$ 로 할 때 지상에서의 구심오차의 한계는?

① 5cm   ② 6cm   ③ 7cm   ④ 8cm

해 설 중심맞추기 오차 $e = \dfrac{qM}{2} = \dfrac{0.02 \times 600}{2} = 6\,\text{cm}$ (주의 0.2mm=0.02cm로 고쳐서 계산할 것)

문제 25

평판 측량에서 전진법을 행할 경우 폐합오차의 한계는? (단, 변수 n은 16이다.)

① ±1.0mm   ② ±1.2mm   ③ ±1.4mm   ④ ±1.6mm

해 설 $S_2 = \pm\, 0.3\sqrt{n} = \pm 0.3\sqrt{16} = \pm 1.2\,\text{mm}$

정답 21. ④   22. ②   23. ①   24. ②   25. ②

문제 26

전진법에 의한 평판 측량에서 변수가 25변에 대한 폐합오차의 한계는 얼마인가?

① ±1.2mm ② ±1.5mm ③ ±2.0mm ④ ±2.5mm

해설 $S_2 = \pm\, 0.3\sqrt{n} = \pm 0.3\sqrt{25} = \pm 1.5\text{mm}$

문제 27

평판으로 트래버스 측량을 하여 허용오차내로 폐합오차가 생겼다면 오차처리는 어떻게 해야 하는가?

① 각의 크기에 비례하여 조정
② 각의 수로 나누어 조정
③ 변의 길이에 비례하여 조정
④ 변의 수로 나누어 조정

해설 허용오차내로 폐합오차가 생겼다면 변의 길이에 비례하여 조정한다.

문제 28

평판측량에서 지상측선 방향과 도상측선 방향을 일치시키는 작업은?

① 표정 ② 정준
③ 구심 ④ 시준

해설 평판세우기 방법
① 정준(수평맞추기) : 평판의 면을 수평이 되게 세워야 한다.
② 구심(중심맞추기) : 지상점과 도상점이 연직선상에 일치되어야 한다.
③ 표정(방향맞추기) : 기준선과 방향선에 일치되도록 해야 한다.

문제 29

평판측량에서 사용되는 엘리데이드에 관한 설명으로 틀린 것은?

① 지름 0.2mm의 시준사와 3개의 시준공으로 되어 있다.
② 축척자는 방향선을 긋고 시준점을 표시할 때 사용된다.
③ 기포관에서 기포관의 곡률 반지름은 15m~20m로 평판을 세울 때 구심을 맞추기 위해 사용된다.
④ 정준간은 측량 도중 수평이 틀렸을 때 엘리데이드의 수평을 교정하는데 사용된다.

해설 기포관 : 곡률반지름은 1.0~1.5m로 평판을 수평으로 세울 때 사용된다.

정답 26. ② 27. ③ 28. ① 29. ③

문제 30

축척 1:100으로 평판측량을 할 때, 엘리데이드의 외심거리 e=20mm에 의해 생기는 허용 오차는?

① 0.2mm ② 0.4mm
③ 0.6mm ④ 0.7mm

해 설 외심 오차 = $\dfrac{\text{외심거리}}{\text{축척의 분모수}} = \dfrac{20\text{mm}}{100} = 0.2\text{mm}$

문제 31

외심거리가 3cm인 앨리데이드로, 축척 1:300인 평판측량을 하였을 때 도면상에 생기는 외심오차는 얼마인가?

① 0.1mm ② 0.2mm
③ 0.3mm ④ 0.4mm

해 설 외심 오차 = $\dfrac{\text{외심거리}}{\text{축척의 분모수}} = \dfrac{30\text{mm}}{300} = 0.1\text{mm}$

문제 32

평판측량에서 기지점으로부터 미지점 또는 미지점으로부터 기지점의 방향을 앨리데이드로 시준하여 방향선을 교차시켜 도상에서 미지점의 위치를 도해적으로 구하는 방법은?

① 방사법 ② 교회법
③ 전진법 ④ 편각법

문제 33

평판 측량에서 폐합비가 허용오차 이내일 경우 어떻게 처리하는가?

① 출발점으로부터 측점까지의 거리에 비례하여 배분
② 각 측점의 각 크게에 비례하여 배분
③ 각 측점의 각 크기에 반비례하여 배분
④ 출발점으로부터 측점까지의 거리에 반비례하여 배분

해 설 허용오차내로 폐합오차가 생겼다면 변의 길이에 비례하여 조정한다.

정답 30. ① 31. ① 32. ② 33. ①

문제 34
평판 측량의 장점이 아닌 것은?

① 잘못 측량을 하였을 경우, 현장에서 쉽게 발견하여 보완할 수 있다.
② 도지를 현장에서 직접 사용하므로 신축으로 인한 오차가 발생하지 않는다.
③ 내업 시간이 절약된다.
④ 특별한 경우를 제외하고는 야장이 불필요하므로 다른 측량에 비하여 그만큼 시간을 절약할 수 있다.

해 설 현장의 건습에 따라 도지가 늘어나거나 줄어 오차가 생기기 쉽다.

문제 35
평판측량의 오차 중 앨리데이드 구조상 시준하는 선과 도상의 방향선 위치(앨리데이드 자의 가장자리선)가 다르기 때문에 생기는 오차는?

① 외심 오차   ② 시준 오차   ③ 구심 오차   ④ 편심 오차

해 설 외심오차 : 앨리데이드 구조상 시준하는 선과 도상의 방향선 위치(앨리데이드 자의 가장자리선)가 다르기 때문에 생기는 오차, 축척 1:125 이하의 측량에서는 외심 오차가 끼치는 영향은 거의 없다. 그러므로 보통 측량에서는 이 오차를 무시한다.

문제 36
평판측량에서 앨리데이드의 외심거리가 30mm, 제도의 허용오차를 0.3mm라 하면 축척은 어느 정도까지 측량이 가능한가?

① 1:100   ② 1:200   ③ 1:300   ④ 1:500

해 설 외심 오차 = $\dfrac{외심\ 거리}{축척의\ 분모수}$ → 축척의 분모수 = $\dfrac{외심\ 거리}{외심\ 오차} = \dfrac{30\text{mm}}{0.3\text{mm}} = 100$

문제 37
평판 세우기의 조건 중 평판을 수평이 되도록 조정하여야 하는 것을 무엇이라 하는가?

① 구심   ② 정준   ③ 치심   ④ 표정

문제 38
평판측량 방법 중 어느 한 점에서 출발하여 측점의 방향과 거리를 측정하고 다음 측점으로 평판을 옮겨 차례로 측정하여 최종 측점에 도착하는 측량방법은?

① 교회법   ② 방사법   ③ 편각법   ④ 전진법

정답 34. ② 35. ① 36. ① 37. ② 38. ④

문제 39

평판측량에 대한 설명으로 옳지 않은 것은?

① 측량 방법이 비교적 간단하다.
② 특별한 경우를 제외하고 야장이 불필요하다.
③ 잘못 측량하였을 때 현장에서 쉽게 발견하여 보완할 수 있다.
④ 도면의 축척 변경이 용이하다.

해 설 도면의 축척 변경이 어렵다.

문제 40

평판을 세울 때 발생 되는 오차가 아닌 것은?

① 중심맞추기 오차
② 방향맞추기 오차
③ 방사맞추기 오차
④ 수평맞추기 오차

문제 41

평판측량에서 기지점을 2점 이상 취하고 기준점으로부터 미지점을 시준하여 방향선을 교차시켜 도면 상에서 미지점의 위치를 결정하는 방법은?

① 방사법
② 교회법
③ 전진법
④ 편각법

정답 39. ④ 40. ③ 41. ②

부 록

1. 측량기능사 기출문제(2004년-2016년)
2. 측량기능사 모의고사(1회-8회)
3. 지방직 측량 기출문제(2017년-2025년)

2004년부터 2012년까지 시행된 핵심 기출 문제 수록

1. 다음 중 국지적 측량 또는 고도의 정확성을 필요로 하지 않는 측량인 것은?
   가. 일반 측량   나. 기본 측량
   다. 공공 측량   라. 삼각 측량

2. 측량기계의 종류에 따른 분류가 아닌 것은?
   가. 테이프측량   나. 스타디아측량
   다. 노선측량   라. 사진측량

3. 평판 측량 방법 중 어느 한점에서 출발하여 측점의 방향과 거리를 측정하고 다음 측점으로 평판을 옮겨 차례로 측정하여 최종 측점에 도착하는 측량방법은?
   가. 교회법   나. 방사법
   다. 편각법   라. 전진법

4. 50m 테이프로 어떤 거리를 측정하였더니 175m 이었다. 이 50m의 테이프를 표준척과 비교해보니 3cm가 짧았다면 실제의 길이는?
   가. 179.950m   나. 176.050m
   다. 175.105m   라. 174.895m

5. 점 A로부터 2km 떨어진 두 점 B, C간의 거리가 100cm일 때 ∠BAC는 얼마인가?
   가. 103.13″   나. 105.13″
   다. 107.13″   라. 109.13″

6. 다음의 측정값으로 지구의 타원율을 구하면? (단, 장반경: 6377397m, 단반경: 6356079m)
   가. $\frac{1}{299}$ 나. $\frac{1}{298}$
   다. $\frac{1}{301}$ 라. $\frac{1}{321}$

7. 측량하려는 두 점 사이에 강, 호수, 하천 또는 계곡이 있어 그 두 점 중간에 기계를 세울 수 없는 경우 교호 수준측량을 실시한다. 이 측량에서 양안 기슭에 표척을 세워 시준하는 이유는?
   가. 굴절오차와 시준오차를 소거하기 위해
   나. 양안 경사거리를 쉽게 측량하기 위해
   다. 양안의 표척과 기계사이의 거리를 다르게 하기 위해
   라. 표고차를 4회 평균하여 산출하기 위해

8. 다음은 삼각측량의 방법을 흐름도(flow chart)로 나타낸 것 중의 일부이다. ( )에 알맞은 작업은?

   도상계획 → ( ) → 조표 → 기선 및 검기선 측량 → 각측량 → 수평각 관측 → …… → 변장과 삼각점의 좌표 계산

   가. 답사 및 선점   나. 편심관측
   다. 천문관측   라. 삼각망의 조정

9. 평판 설치의 3요소가 아닌 것은?
   가. 거리맞추기   나. 수평맞추기
   다. 중심맞추기   라. 방향맞추기

10. 기준선으로부터 어느 측선까지 시계 방향으로 잰 각을 무엇이라 하는가?
    가. 방향각   나. 방위각
    다. 연직각   라. 수평각

11. 평판 측량에서 시준에 방해하는 장애물이 없을 경우 비교적 좁은 지역에서 대축척으로 세부측량을 할 경우에 효율적인 방법은?
    가. 전방교회법   나. 방사법

정답 1. 가 2. 다 3. 라 4. 라 5. 가 6. 가 7. 가 8. 가 9. 가 10. 가 11. 나

다. 전진법   라. 후방교회법

12. 토털스테이션의 사용상 주의사항이 아닌 것은?
    가. 이동시에는 기계를 삼각에서 분리시켜 이동한다.
    나. 기계를 지면에 직접 닿도록 한다.
    다. 전원스위치를 내린 후 배터리를 본체로부터 분리한다.
    라. 커다란 진동이나 충격으로부터 기계를 보호한다.

13. 측량 결과가 아래 그림과 같을 때 CD의 방위각은?

    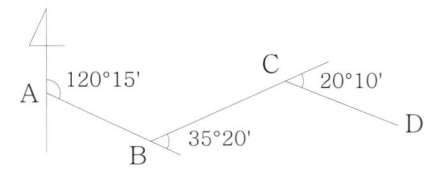

    가. 105°05′   나. 115°10′
    다. 125°15′   라. 135°20′

14. 축척 1/1200의 도면에서 도면상의 1cm의 실거리는?
    가. 1.2m   나. 12m
    다. 120m   라. 1200m

15. 수평각 측정에 있어 3대회 관측에서 초독의 위치로 옳은 것은?
    가. 0°,30°,60°   나. 0°,60°,120°
    다. 0°,45°,90°   라. 0°,90°,180°

16. 트랜싯을 이용하여 1개의 수평각을 배각법으로 관측하였을 때 최확치로 알맞은 것은?
    가. 첫 번째 관측한 값
    나. 마지막 관측한 값
    다. 관측자가 가장 정확하다고 생각되는 값
    라. 산술평균한 값

17. 수준 측량에 사용되는 용어의 설명 중에서 바르지 못한 것은?
    가. 수준면: 연직선에 직교하는 모든 점을 잇는 곡면
    나. 수준선: 수준면과 지구의 중심을 포함한 평면이 교차하는 선
    다. 기준면: 지반의 높이를 비교할 때 기준이 되는 면
    라. 수준점: 연직선에 직교하는 직선으로 어떤 점에서 수준선과 접하는 평면

18. 폐합트래버스의 외각을 측정했을 때, 다음 중 각오차(W)를 구하는 식으로 맞는 것은?
    (단, n: 변의 수, [α]: 측정된 교각의 합)
    가. W=[α]−180(n−2)
    나. W=[α]+180(n−2)
    다. W=[α]−180(n+2)
    라. W=[α]+180(n+2)

19. 측량 목적에 따른 분류가 아닌 것은?
    가. 지형 측량   나. GPS 측량
    다. 노선 측량   라. 하천 측량

20. 다음 표는 수준측량 야장의 일부이며 이로부터 측점 No.4의 지반고를 구한 값으로 옳은 것은?
    (단위: m)

측 점	후 시	전 시	지반고
No.1	2.60		10.00
No.2	2.20	1.60	
No.3	3.60	1.80	
No.4		3.20	

    가. 12.00m   나. 11.80m
    다. 9.60m   라. 8.20m

21. 일정한 경사지에서 AB 두 점 간의 사거리를 측정하니 150m였다. AB 간의 고저차가 20m 였다면 수평거리는?

정답 12. 나 13. 가 14. 나 15. 나 16. 라 17. 라 18. 다 19. 나 20. 나 21. 나

가. 147.81m 나. 148.66m
다. 149.72m 라. 150.00m

22. 각 관측에서 망원경을 정, 반으로 관측 평균하여도 소거되지 않는 오차는?
    가. 시준축 오차 나. 수평축 오차
    다. 연직축 오차 라. 외심 오차

23. 교호 수준측량 결과가 각각 A점에서 a_1=0.95, a_2=1.60, B점에서 b_1=0.34m, b_2=1.25m 일 때 B점의 표고는? (단, A점의 표고는 60.00m 임)
    가. 46.24m 나. 58.44
    다. 60.48m 라. 62.84m

24. 수준 측량시에 발생할 수 있는 오차의 원인 중 기계적 원인이 아닌 것은?
    가. 표척 눈금이 불완전하다.
    나. 표척을 정확히 수직으로 세우지 않았다.
    다. 레벨의 조정이 불완전하다.
    라. 표척 이음매 부분이 정확하지 않다.

25. 트래버스 측량에서 위거의 총합의 오차가 +0.02m, 경거의 총합의 오차가 +0.20m 이었다. 거리의 총합이 460m 일 때 폐합비는?
    가. $\dfrac{1}{2239}$ 나. $\dfrac{1}{2289}$
    다. $\dfrac{1}{2339}$ 라. $\dfrac{1}{2389}$

26. N45°23′E의 역방위는?
    가. N45°23′E 나. N45°23′W
    다. S45°23′W 라. S45°23′E

27. 「한 측점의 둘레에 있는 모든 각의 합은 360°이다.」라는 조건은?
    가. 도형 조건 나. 측정 조건
    다. 각조건 라. 변조건

28. 방위각이 120°이고 측선 길이가 100m 일 때 위거는?
    가. +50.0m 나. −50.0m
    다. +86.6m 라. −86.6m

29. 삼각점의 선점에 관한 설명 중에서 틀린 것은?
    가. 삼각점의 선점은 측량의 목적, 정확도 등을 고려하여 실시한다.
    나. 삼각점은 오래 보존하는 일이 많고 정확한 관측을 필요로 하므로 지반이 견고하여야 하고 침하 및 동결 지반은 피한다.
    다. 삼각형 내각의 크기는 30~120° 가 되게 한다.
    라. 삼각형은 가능한 직각삼각형에 가깝도록 한다.

30. 방위각 250°는 몇 상한인가?
    가. 제1상한 나. 제2상한
    다. 제3상한 라. 제4상한

31. 두변의 길이가 각각 39.4m, 35.2m 이고, 그 사이 각이 100°18′ 인 삼각형의 면적은?
    가. 468.3m² 나. 568.3m²
    다. 682.3m² 라. 782.3m²

32. 후방 교회법에서 평판에 도해할 때 시오삼각형이 생기게 되는 원인 중 가장 큰 요소는?
    가. 평판의 구심오차 때문에
    나. 평판의 표정이 옳지 않기 때문에
    다. 평판이 정확하게 수평이 아닐 때
    라. 주어진 점의 높이가 서로 다르기 때문에

33. 평판측량에서 축척이 1/1200 일 때 허용 구심오차는? (단, 제도 허용오차 0.2㎜임)
    가. 12㎝ 나. 15㎝
    다. 17㎝ 라. 21㎝

정답 22. 다 23. 다 24. 나 25. 나 26. 다 27. 나 28. 나 29. 라 30. 다 31. 다 32. 나 33. 가

34. 삼변측량을 실시하여 변장 a, b, c를 구했다. a변에 대응하는 ∠A에 대한 cos A를 구하기 위한 식은?

   가. $\dfrac{b^2+c^2-a^2}{2bc}$ 나. $\dfrac{a^2+b^2-c^2}{2bc}$

   다. $\dfrac{a^2+c^2-b^2}{2bc}$ 라. $\dfrac{a^2+b^2-c^2}{2bc}$

35. 단열 삼각망을 이용하는 것이 효율적인 측량은?
   가. 넓은 지역의 골조 측량
   나. 시가지의 골조 측량
   다. 복잡한 지형 측량의 골조 측량
   라. 하천조사를 위한 골조 측량

36. 축척 1/25000의 지형도에서 계곡선의 간격은 얼마인가?
   가. 5m   나. 10m
   다. 50m   라. 100m

37. 등고선의 특정에 관한 설명으로 옳지 않은 것은?
   가. 동일 등고선상에 있는 모든 점의 높이는 같다.
   나. 도면 내에서 등고선이 폐합되는 경우, 산정이나 분지를 나타낸다.
   다. 지표면의 경사가 급한 곳에서는 등고선의 간격이 넓어지고, 완만한 경사에서는 좁아진다.
   라. 높이가 다른 두 등고선은 절벽이나 동굴의 지형을 제외하고는 교차하거나 만나지 않는다.

38. 지형을 표시하는 방법으로 하천, 항만, 해양 등에서 일정한 간격으로 표고 또는 수심을 측정하여 도상에 숫자로 기입하는 방법은?
   가. 점고법   나. 영선법
   다. 음영법   라. 등고선법

39. 노선 측량에서 곡선의 종류 중 원곡선에 해당되는 것은?
   가. 3차 포물선   나. 클로소이드 곡선
   다. 렘니스케이트 곡선   라. 복심 곡선

40. 다음 중 거리측정에서 가장 정밀도가 낮은 것은?
   가. 레이저에 의한 거리 측정
   나. 전파 거리 측량기에 의한 거리 측정
   다. 광파 거리 측량기에 의한 거리 측정
   라. 스타디아 측량에 의한 거리 측정

41. 삼변법으로 면적을 구할 때 각을 몇 도에 가깝게 분할하는 것이 좋은가?
   가. 30°   나. 45°
   다. 60°   라. 90°

42. 두 직선 사이에 교각(I)이 80°인 원곡선을 설치하고자 한다. 외할(E)을 25m로 할 때 곡선 반지름(R)은?
   가. 80.9m   나. 81.9m
   다. 83.9m   라. 85.9m

43. 광파 거리 측량기의 사용에 있어서 장점이 아닌 것은?
   가. 기상조건에 전혀 영향을 받지 않는다.
   나. 지형의 영향을 받지 않는다.
   다. 세오돌라이트(theodolite)를 병용하면 미지점의 3차원 좌표도 구할 수 있다.
   라. 주로 중,단거리 측정용으로 사용된다.

44. 노선의 선정에 있어서 유의해야 할 사항이 아닌 것은?
   가. 노선은 가능한 직선으로 하고, 경사를 완

정답 34. 가 35. 라 36. 다 37. 다 38. 가 39. 라 40. 라 41. 다 42. 나 43. 가 44. 나

만하게 하는 것이 좋다.
나. 절토 및 성토의 운반거리를 가급적 길게 한다.
다. 배수가 잘 되도록 충분히 고려한다.
라. 토공량이 적고, 절토와 성토가 균형을 이루게 한다.

45. 그림과 같은 지형의 토량은 얼마인가?

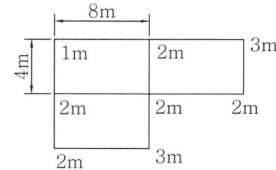

가. 100㎡ 나. 160㎡
다. 200㎡ 라. 320㎡

46. 단곡선에서 접선장(T.L.)의 공식은? (단, R: 곡선반경, I: 교각)
가. T.L.=0.017533 R
나. T.L.=R(1-cos$\frac{I}{2}$)
다. T.L.=2Rsin$\frac{I}{2}$
라. T.L.=Rtan$\frac{I}{2}$

47. 폐합트래버스에서 편각을 측정하였을 때의 측각오차는? (단, n은 변수이고 [α]는 편각의 합)
가. $\triangle a = [a] - 180°(n-2)$
나. $\triangle a = [a] - 180°(n+2)$
다. $\triangle a = [a] - 360°$
라. $\triangle a = [a] + 180°(n-2)$

48. 두 점 사이에 강·호수 또는 계곡 등이 있어서 그 두 점 중간에 기계를 세울 수 없어, 기슭에서 양쪽에 세운 표적을 동시에 읽어 두 점의 표고차를 2회 산술 평균하는 측량방법을 무엇이라 하는가?

가. 종단 수준 측량 나. 횡단 수준 측량
다. 삼각 수준 측량 라. 교호 수준 측량

49. 3차원 위치를 결정할 수 있는 위성 항측 시스템으로 두 점간의 시통이 되지 않는 지형에서도 관측 가능한 거리측량기는 무엇인가?
가. 초장기선 간섭계   나. 전파거리 측정기
다. GPS 측량기   라. 광파거리 측량기

50. 방위각 240°의 역방위는 얼마인가?
가. N60°E   나. S60°E
다. S60°W   라. N60°W

51. 평판 측량의 장점이 아닌 것은?
가. 측량의 과실을 발견하기 쉽다.
나. 측량 방법이 간단하다.
다. 높은 정확도를 기대할 수 있다.
라. 내업이 적다.

52. 삼각 측량 중 가장 정밀도가 좋은 것은?
가. 단열 삼각망
나. 사변형 삼각망
다. 유심 다각 삼각망
라. 삼각형 복열 삼각망

53. 표준척보다 5cm 늘어난 50m 의 강권척으로 232m를 측정하였을 때 보정치는?
가. -4.64m   나. +4.64m
다. -0.232m 라. +0.232m

54. 표준자보다 1cm 짧은 20m 줄자로 사각형의 거리를 재어 면적을 계산하니 100㎡ 이었다. 이 면적을 표준자로 측정하여 계산하면 얼마인가?
가. 100.0㎡ 나. 100.1㎡
다. 99.9㎡   라. 99.8㎡

정답 45. 다 46. 라 47. 다 48. 라 49. 다 50. 가 51. 다 52. 나 53. 라 54. 다

55. 폐합 트래버스 측량 결과에서 위거의 오차가 -0.025m, 경거의 오차가 0.072m 일 때 폐합 오차는?
    가. 0.028m   나. 0.013m
    다. 0.076m   라. 0.132m

56. 수평각 관측에서 진북을 기준으로 어느 측선까지의 각을 시계 방향으로 각 관측하는 방법은?
    가. 교각법   나. 편각법
    다. 방위각법   라. 방향각법

57. 3대회의 방향관측법으로 수평각을 관측할 때 트랜싯분도원의 위치는 어떻게 되어야 하는가?
    가. 0°, 90°, 180°   나. 0°, 60°, 120°
    다. 0°, 30°, 60°   라. 0°, 60°, 90°

58. 축척 1:1,000인 평판 측량에서 도상점과 지상 측점과의 편심거리가 10cm일 때 도상에서 제도의 허용오차는?
    가. 0.1mm   나. 0.2mm
    다. 0.3mm   라. 0.4mm

59. 측정이 15개인 폐합트래버스의 내각의 합은?
    가. 2760°   나. 2520°
    다. 2160°   라. 2340°

60. 지형 공간 정보 체계의 하드웨어 구성을 3개 그룹으로 구분할 때 가장 거리가 먼 것은?
    가. 자료의 입력
    나. 자료의 관리와 분석
    다. 자료의 출력
    라. 자료의 저장

61. 방위 S50°45′20″W를 방위각으로 나타내면 얼마인가?
    가. 320°45′20″   나. 230°45′20″
    다. 140°45′20″   라. 50°45′20″

62. 트랜싯 측량에서 목표물과 십자선의 초점이 정확히 일치하지 않기 때문에 생기는 오차는?
    가. 시준 오차(시차)   나. 우연 오차
    다. 착오   라. 수평축 오차

63. 높이를 비교하는 면으로 면의 모든 점의 높이가 0(zero)인 것으로 다음 중 가장 옳은 것은?
    가. 수평면   나. 수직면
    다. 수준면   라. 기준면

64. 수준면과 지구의 중심을 포함한 평면이 교차하는 선을 무엇이라 하는가?
    가. 수평면   나. 기준면
    다. 연직선   라. 수준선

65. 수준 측량시 한 측점에서 동시에 전시와 후시를 모두 취하는 점을 무엇이라 하는가?
    가. 전시점   나. 후시점
    다. 중간점   라. 이기점

66. 일정한 경사지에서 A, B 2점간의 경사거리를 측정하여 150m를 얻었다. AB 간의 고저차가 20m였다면 수평거리는?
    가. 148.7m   나. 147.3m
    다. 146.6m   라. 144.8m

67. 축척 1:5,000인 도면에서 도상의 길이가 2.5cm 인 다리의 실제 길이는?
    가. 25m   나. 50m
    다. 100m   라. 125m

68. 조정각이 23°44′36″일 때 표차는? (단, 대수 7자리까지로 함)
    가. 38.61   나. 40.27

정답 55. 다 56. 다 57. 나 58. 나 59. 라 60. 라 61. 나 62. 가 63. 라 64. 라 65. 라 66. 가 67. 라 68. 다

다. 47.87 라. 57.91

69. 수평축과 연직축이 직각되지 않기 때문에 생기는 오차는?
 가. 수평축 오차
 나. 연직축 오차
 다. 시준선의 편심 오차
 라. 회전축의 편심 오차

70. 수평거리를 직접 측정하지 못하고 경사거리와 고저차를 측정하였을 때 경사에 대한 보정치(C)를 구하는 식은? (단, h: 기선 양단의 고저차, L: 경사거리)
 가. $C=-\dfrac{h}{L^2}$ 나. $C=-\dfrac{h^2}{2L}$
 다. $C=-\dfrac{h^2}{L}$ 라. $C=-\dfrac{h}{\sqrt{L}}$

71. 각의 종류에서 임의의 기준선으로부터 어느 측선까지 시계방향으로 잰 각은?
 가. 방위각 나. 방향각
 다. 고저각 라. 천정각

72. 삼각 측량의 주목적은 무엇을 하기 위한 것인가?
 가. 삼각점의 위치를 결정하기 위한 것
 나. 변의 길이를 산출하기 위한 것
 다. 삼각형의 면적을 산출하기 위한 것
 라. 기타 측량의 기준점을 확보하기 위한 것

73. 세부 도근점을 결정하기 위한 방법으로 많은 점의 시준이 불가능하고 길고 좁은 지역의 측량에 이용되는 평판 측량 방법은?
 가. 교회법 나. 방사법
 다. 후방교회법 라. 전진법

74. 평판 세우기 방법에서 평판을 지상에 설치하기 위한 조건이 아닌 것은 어느 것인가?
 가. 수평맞추기 나. 중심맞추기
 다. 세로맞추기 라. 방향맞추기

75. 다음 수준 측량의 측량도를 보고 B점의 지반고를 계산한 값은? (단, A점 지반고 30m, A점 함척눈금 1.456m, B점 함척높이 0.647m 이다.)

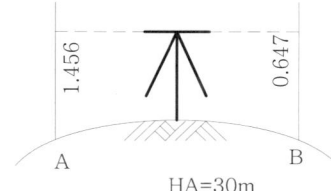

 가. 30.809m 나. 29.191m
 다. 28.143m 라. 26.147m

76. 삼각망을 선점할 때 일반적으로 한 내각의 크기는 어느 정도 내에 있도록 하여야 하는가?
 가. 15°~150° 나. 20°~140°
 다. 25°~130° 라. 30°~120°

77. 트래버스 측량의 순서 중 옳은 것은?
 가. 계획 및 답사 – 선점 – 표지 설치 – 관측 – 계산
 나. 표지 설치 – 계획 및 답사 – 선점 – 관측 – 계산
 다. 선점 – 계획 및 답사 – 표지 설치 – 관측 – 계산
 라. 계획 및 답사 – 표지 설치 – 관측 – 선점 – 계산

78. 자동 레벨에 있어서 원형 기포관을 이용하여 대략 수평으로 세우면 시준선이 자동적으로 수평 상태로 되게 하는 장치는?
 가. 컴펜세이터(compensator)
 나. 측미경

정답 69. 가 70. 나 71. 나 72. 가 73. 라 74. 다 75. 가 76. 라 77. 가 78. 가

다. 마이크로미터
라. 미동 나사

79. 다음 트래버스 측량에서 DC 측선의 방위각은?

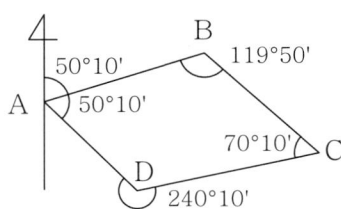

가. 10°   나. 20°10′
다. 40°10′   라. 50°10′

80. 삼각형 ABC 의 내각을 측정한 결과, ∠A=68°01′20″, ∠B=51°59′10″, ∠C=60°00′15″일 때 보정 후의 ∠B는?
가. 51°58′55″   나. 51°58′25″
다. 51°59′55″   라. 51°59′25″

81. 다음 중 삼각측량의 특징으로 틀린 것은?
가. 삼각측량은 넓은 지역의 측량에 편리하다.
나. 조건식이 적어 계산 및 방법이 편리하다.
다. 1등 삼각측량의 평균 변의 길이는 30km 정도이다.
라. 삼각점은 시통이 잘 되어야하고 후속 측량에 이용되므로 조망이 좋아야 한다.

82. 축척 1:2,500의 지형도에 A점 표고가 113m, 지형도상의 거리가 120㎜일 때 AB점 간의 경사가 4%라면 B점의 표고는?
가. 155m   나. 145m
다. 135m   라. 125m

83. 일정한 간격 높이의 수평면과 지표면이 교차하는 선을 기준면 위에 투영시켜 생긴 선을 무엇이라 하는가?
가. 영선   나. 등고선
다. 음영선   라. 교차선

84. 교점까지 추가거리가 648.54m이고, 교각이 28°36′일 때 곡선 시점(B.C)의 거리는? (단, 곡선반지름 200m, 중심말뚝간격은 20m이다.)
가. 597.56m   나. 697.39m
다. 732.26m   라. 824.54m

85. 가로 10m, 세로 10m의 정사각형 토지에 기준면으로부터 각꼭지점의 높이의 측정 결과가 그림과 같을 때 전토량은?

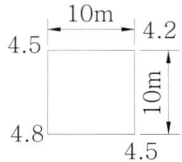

가. 225㎥   나. 450㎥
다. 900㎥   라. 1,250㎥

86. 완화 곡선의 종류가 아닌 것은?
가. 원곡선
나. 3차 포물선
다. 렘니스케이트곡선
라. 클로소이드 곡선

87. 곡선에 둘러싸인 면적에 적합한 도해 계산법이 아닌 것은?
가. 좌표에 의한 방법
나. 모눈종이법
다. 스트립법
라. 지거법

88. 단곡선에서 교각(I)이 54°12′이고, 곡선의 반지름(R)이 300m일 때 외할(E)의 값은?
가. 35.00m   나. 36.00m
다. 37.00m   라. 38.00m

89. 지표면이 높은 곳의 꼭대기 점을 연결한 선으로, 빗물이 이것을 경계로 좌우로 흐르게 되는 선을 무엇이라 하는가?
   가. 계곡선 나. 능선
   다. 경사 변환점 라. 방향 변환점

90. 그림과 같은 땅깎기 공사 단면의 절토 면적은?

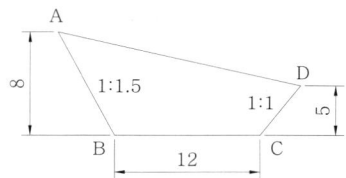

   가. 64㎡ 나. 80㎡
   다. 102㎡ 라. 128㎡

91. 중앙 종거법에 의해 교각(I)이 60°, 곡선의 반지름(R)이 200m인 원곡선을 설치할 때 8등분점의 종거(M3)는?
   가. 2.71m 나. 0.71m
   다. 1.71m 라. 3.27m

92. 노선측량의 일반적인 작업순서를 바르게 나열한 것은?
   가. 도상계획, 예측, 실측, 공사측량
   나. 예측, 도상계획, 실측, 공사측량
   다. 예측, 실측, 도상계획, 공사측량
   라. 도상계획, 예측, 공사측량, 실측

93. 고저차가 0.5m 되는 두 점간의 경사거리를 steel tape로 측정하여 50.0m를 얻었다. 이 때 수평거리로 보정할 때 보정값은?
   가. -0.0045m 나. +0.0035m
   다. -0.0025m 라. +0.0015m

94. 평판측량에서 전진법을 행할 경우 폐합오차의 한계는? (단, 변수 n은 16이다.)
   가. ±1.0mm 나. ±1.2mm
   다. ±1.4mm 라. ±1.6mm

95. 그림과 같이 수준측량을 실시하여 다음의 결과를 얻었다. A점 지반고가 32.578m일 때 B점의 지반고는? (단, a_1=2.065m, a_2=1.573m, b_1=3.465m, b_2=2.158m)

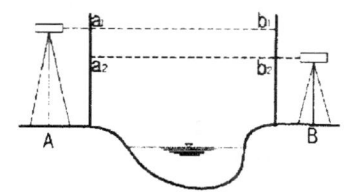

   가. 31.585m 나. 31.858m
   다. 33.478m 라. 33.748m

96. 다음 야장에서 B 점이 표고는 얼마인가?

측점	후시	전시	지반고	비고
A	2.15		10.00	A점의 표고 : 10.00m (단위:m)
1	2.34	2.04		
2	1.98	1.46		
B		0.85		

   가. 12.12m 나. 14.35m
   다. 16.46m 라. 20.62m

97. 거리 3km에 대한 수준측량의 허용오차가 ±20mm일 때 같은 정확도로 거리 4km에 대하여 측량할 때 오차는 얼마인가?
   가. ±12.13mm 나. ±20.13mm
   다. ±23.09mm 라. ±40.27mm

98. 평판측량의 장점이 아닌 것은?
   가. 내업이 적다.
   나. 정확도가 높다.
   다. 현장에서 바로 작도가 된다.
   라. 측량의 과실을 발견하기 쉽다.

정답 89. 나 90. 라 91. 다 92. 가 93. 다 94. 나 95. 가 96. 가 97. 다 98. 나

99. 표준길이 50m보다 5mm 짧은 강철테이프로 어느 구간의 거리를 측정한 결과 600m를 얻었다면 이 구간의 정확한 거리는 얼마인가?
   가. 599.06m　　나. 600.94m
   다. 600.06m　　라. 599.94m

100. 다음 그림에서 A점과 B점이 고저차는? (단, 단위는 m임)

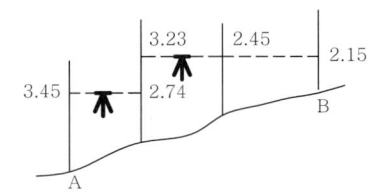

   가. 0.66m　　나. 1.49m
   다. 1.79m　　라. 1.87m

101. 삼각측량이 작업순서가 옳은 것은?
   가. 답사 및 선점 → 조표 → 측정 → 계산
   나. 조표 → 측정 → 답사 및 선점 → 계산
   다. 답사 및 선점 → 측정 → 조표 → 계산
   라. 조표 → 답사 및 선점 → 측정 → 계산

102. 종단 및 횡단수준측량에서 중간점(I.P)이 많은 경우 편리한 방법은?
   가. 기고식　　나. 고차식
   다. 승강식　　라. 교호수준식

103. 시준을 방해하는 장애물이 없고, 비교적 좁은 지역에서 대축척으로 세부측량을 할 경우 효율적인 평판 측량 방법은?
   가. 방사법　　나. 전진법
   다. 전방 교회법　　라. 후방 교회법

104. 전파나 광파를 이용한 전자파 거리측정기로 변 길이만을 측량하여 수평위치를 결정하는 측량은?
   가. 수준측량　　나. 삼각측량
   다. 삼변측량　　라. 삼각수준측량

105. 하천측량, 터널측량과 같이 나비가 좁고 길이가 긴 지역의 측량에 적당한 것은?
   가. 유심 삼각망　　나. 사변형 삼각망
   다. 격자 삼각망　　라. 단열 삼각망

106. 그림에서 측선 BC의 방위각은? 단, AB의 방위각=82°19′
   ∠B=111°45′
   ∠C=82°08′
   ∠D=76°30′
   ∠A=89°37′

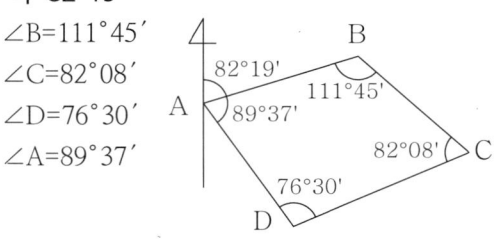

   가. 82°19′　　나. 150°34′
   다. 248°26′　　라. 351°56′

107. 어느 측선의 길이가 25m, 위거가 15m일 때 경거는?
   가. 10m　　나. 20m
   다. 30m　　라. 40m

108. 하천 또는 계곡에서 두 점간의 거리가 먼 경우 고저차를 구하는 가장 적당한 방법은?
   가. 삼각 수준 측량　　나. 간접 수준 측량
   다. 직접 수준 측량　　라. 교호 수준 측량

109. 방위 N 43°20′E 의 역방위는?
   가. N 43°20′W　　나. S 43°20′W
   다. N 46°40′W　　라. N 46°40′E

110. 측선의 방위가 S 60°W 일 때 이 측선의 방위각은?
   가. 60°　　나. 120°
   다. 180°　　라. 240°

정답　99. 라　100. 다　101. 가　102. 가　103. 가　104. 다　105. 라　106. 나　107. 나　108. 라　109. 나　110. 라

111. 평탄지에서 측점의 수(n)이 9개인 트래버스 측량을 시행한 결과 측각 오차가 3′생겼다면 어떻게 하여야 하는가? (단, 각 측점의 정확도는 같고, 허용오차는 $1.0'\sqrt{n}$ 이하로 가정한다.)
    가. 다시 측량을 실시한다.
    나. 각의 크기에 비례하여 오차 조정한다.
    다. 각 각에 등배분하여 오차 조정한다.
    라. 변의 크기에 비례하여 오차 조정한다.

112. 특별히 높은 정확도를 필요로 하는 측량이나 기선 삼각망 등에 이용되는 삼각망은?
    가. 단열 삼각망
    나. 사변형 삼각망
    다. 유심 삼각망
    라. 특별 삼각망

113. 트래버스 측량의 순서로 옳은 것은?
    가. 측량계획 및 답사 → 방위각 관측 → 선점 및 표지설치 → 계산 및 조정 → 수평각 및 거리 관측 → 측점 전개
    나. 측량계획 및 답사 → 선점 및 표지설치 → 방위각 관측 → 수평각 및 거리 관측 → 계산 및 조정 → 측점 전개
    다. 선점 및 표지설치 → 방위각 관측 → 측량계획 및 답사 → 계산 및 조정 → 측점 전개 → 수평각 및 거리 관측
    라. 선점 및 표지설치 → 측량계획 및 답사 → 방위각 관측 → 계산 및 조정 → 측점 전개 → 수평각 및 거리 관측

114. 트랜싯의 수평각 측정방법 중 아래 그림과 같이 측정하는 방법은?

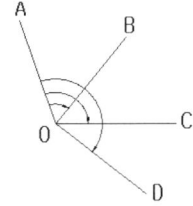

    가. 방향각법
    나. 방위각법
    다. 배각법
    라. 단각법

115. 각 측량의 기계적 오차 중 망원경을 정위, 반위로 측정하여 관측값을 평균하여도 제거되지 않는 오차는?
    가. 시준축 오차
    나. 수평축 오차
    다. 편심 오차
    라. 연직축 오차

116. 삼각측량에서 삼각점의 선점 시 주의사항에 해당되지 않는 것은?
    가. 되도록 측점수가 많을 것
    나. 삼각형은 될 수 있는 대로 정삼각형에 가까울 것
    다. 삼각점 상호간에 시준이 잘 될 것
    라. 땅이 견고하고 이동, 침하하지 않는 곳일 것

117. 수평각의 관측방법에서 1대회 관측이란?
    가. 망원경의 정위로 측정하는 것을 말한다.
    나. 망원경의 반위로 측정하는 것을 말한다.
    다. 망원경의 정위와 반위로 한번씩 측정하는 것을 말한다.
    라. 망원경의 정위와 반위로 2회 반복 측정하는 것을 말한다.

118. 평판을 세울 때의 오차 중 측량 결과에 가장 큰 영향을 주는 오차는?
    가. 수평맞추기 오차
    나. 중심맞추기 오차
    다. 표준 오차
    라. 방향맞추기 오차

119. 어느 거리를 관측하여 482.16m, 482.17m, 482.20m, 482.18m의 관측값을 얻었고, 이들의 경중률이 각각 1:2:2:4라면 최확값은 얼마인가?
    가. 482.08m
    나. 482.18m
    다. 482.36m
    라. 482.56m

정답 111. 다 112. 나 113. 나 114. 가 115. 라 116. 가 117. 다 118. 라 119. 나

120. 다음 중 삼각 측량에서 정확도가 가장 높게 요구되는 삼각점은?
    가. 1등 삼각형 나. 2등 삼각형
    다. 3등 삼각형 라. 4등 삼각형

121. 평판측량의 교회법에서 두 방향선이 만나는 각(교회각)은 얼마에 가까울수록 높은 정밀도를 얻을 수 있는가?
    가. 30°   나. 45°
    다. 90°   라. 120°

122. 트래버스 측량에서 수평각 관측법 중 서로 이웃하는 두 개의 측선이 이루는 각을 관측해 나가는 방법은?
    가. 교각법   나. 편각법
    다. 방위각법 라. 부전법

123. 축척 1/1000로 평판측량을 실시할 때 중심맞추기 오차는 몇 cm까지 허용되는가? (단, 도상에서 제도의 허용 오차를 0.2mm라 한다.)
    가. 20cm 나. 16cm
    다. 13cm 라. 10cm

124. 그림과 같은 트래버어스에서 AB의 직선거리는? (단, X_A=2m, X_A=4m, X_B=8m, X_B=10m임)

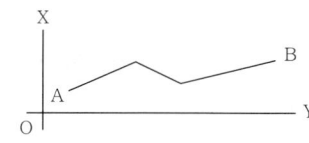

    가. 8.5m 나. 7.5m
    다. 6.5m 라. 5.5m

125. 축척 1/50,000의 도면상에서 저수지의 면적을 구하였더니 35㎠이었다. 이 저수지의 실제 면적은 얼마인가?
    가. 8.75㎢   나. 16.75㎢
    다. 24.25㎢ 라. 30.25㎢

126. 수준측량에서 그 점의 표고만을 구하고자 표척을 세워 전시를 취하는 점은?
    가. 이기점 나. 기계고
    다. 지반고 라. 중간점

127. 1/500의 축척도면을 만들기 위한 거리측량 작업에서 제도가 가능한 한도가 0.2mm라고 하면 실제 측량을 할 때 몇 cm까지 눈금을 읽으면 되는가?
    가. 2cm   나. 5cm
    다. 10cm 라. 15cm

128. 등고선의 측정 방법 중 측량구역을 정사각형 또는 직사각형으로 분할하고, 각 교점의 표고를 구하여 교점 간에 등고선이 지나가는 점을 비례식으로 산출하는 방법은?
    가. 기준점법 나. 횡단점법
    다. 종단점법 라. 좌표점법

129. 스타디아 측량이 이용되는 측량작업이 아닌 것은?
    가. 삼각측량
    나. 세부측량
    다. 간접수준측량
    라. 간접거리측량

130. 다음은 등고선의 성질을 나타낸 것이다. 틀린 것은?
    가. 같은 등고선 위의 모든 점은 높이가 같다.
    나. 한 등고선은 도면 안이나 밖에서 서로가 폐합된다.
    다. 높이가 다른 등고선은 동굴이나 절벽에서 반드시 한점에 교차한다.
    라. 등고선의 경사가 급한 곳에서는 간격이 좁다.

정답 120. 가 121. 다 122. 가 123. 라 124. 가 125. 가 126. 라 127. 다 128. 라 129. 가 130. 다

131. 다음 조건에서 중앙종거 M₁은 약 얼마인가?
(단, R=100m, I=120°)

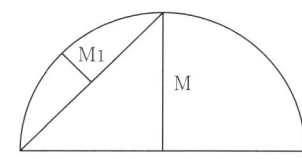

가. 1.5m   나. 8.5m
다. 6.5m   라. 12.5m

132. 단곡선에서 교각 I=60°, 반경 R=60m일 때 접선장 T.L은?
가. 30.46m   나. 32.56m
다. 34.64m   라. 36.68m

133. 단곡선 설치에 사용되는 방법이 아닌 것은?
가. 접선 편거와 현 편거법
나. 지거법
다. 중앙 종거법
라. 수직곡선법

134. 길이가 10m인 각주의 양 단면적이 4.2㎡, 5.6㎡이고 중앙 단면적이 4.9일 때 이 각주의 체적은?
가. 47㎥   나. 48㎥
다. 49㎥   라. 50㎥

135. 곡선 반지름 200m 의 원곡선에서 편각은?
(단, ℓ=20m 임)
가. 2°50′53″   나. 2°51′53″
다. 2°52′53″   라. 2°53′53″

136. 스타디아측량을 할 때 시준고를 기계고와 같게 하는 이유로 가장 적합한 것은?
가. 시준을 편리하게 하기 위하여
나. 오차를 적게 하기 위하여
다. 계산을 편리하게 하기 위하여
라. 외업을 능률적으로 하기 위하여

137. 삼각형 세변의 길이가 a=8m, b=6m, c=4m 일 때 이 삼각형의 면적을 삼변법으로 구하면 얼마인가?
가. 15.4㎡   나. 14.0㎡
다. 11.6㎡   라. 9.0㎡

138. 토공량을 구하기 위하여 그림과 같은 결과를 얻었다. 이 지형의 토공량은 얼마인가?

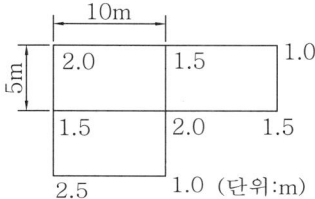

가. 230㎥   나. 250㎥
다. 270㎥   라. 290㎥

139. 편각법에 대한 설명으로 옳은 것은?
가. 진북을 기준으로 오른쪽으로 각을 측정하는 방법이다.
나. 편각이 잘못되면 다음 측선에도 영향을 미친다.
다. 각 측점 마다 독립적이다.
라. 작업 순서에 영향을 받지 않는다.

140. 총 길이가 2km인 폐합 트래버스 측량을 하여 위거의 오차 60cm, 경거의 오차가 80cm가 발생하였다면 폐합비는?
가. $\dfrac{1}{1,000}$ 나. $\dfrac{1}{2,000}$
다. $\dfrac{1}{3,000}$ 라. $\dfrac{1}{4,000}$

정답 131. 라 132. 다 133. 라 134. 다 135. 나 136. 다 137. 다 138. 나 139. 나 140. 나

141. 방위각 180°에서 270°는 몇 상한에 해당되는가?
   가. 제1상한   나. 제2상한
   다. 제3상한   라. 제4상한

142. P점의 표고를 결정하기 위하여 A.B.C수준점으로부터 수준측량을 한 결과가 다음과 같을 때 P점의 최확치는?

수준점	거리	관측값
A	5 km	35.263m
B	3 km	35.272m
C	2 km	35.269m

   가. 35.269m   나. 35.271m
   다. 35.281m   라. 35.329m

143. 기준선을 자오선으로 하여 어느 측선까지 시계방향을 젠 각을 무엇이라 하는가?
   가. 방향각   나. 방위각
   다. 연직각   라. 수평각

144. 다음 중, 자연적 원인에 의한 오차가 아닌 것은?
   가. 부주의   나. 온도
   다. 습도   라. 바람

145. 전진법에 의한 평판측량에서 변수가 25변에 대한 폐합오차의 한계는 얼마인가?
   가. ± 1.2mm   나. ± 1.5mm
   다. ± 2.0mm   라. ± 2.5mm

146. 그림에서 10cm의 폭(a)을 2km 거리(S)에서 보았을 때 그 사이의 각은?

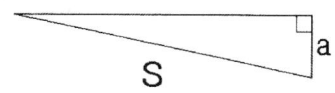

   가. 약10″   나. 약20″
   다. 약30″   라. 약40″

147. 다음 중 표차를 바르게 설명한 것은?
   가. log sin 1″ 차이를 말함
   나. log tan 1″ 차이를 말함
   다. log sin 10″ 차이를 말함
   라. log tan 10″ 차이를 말함

148. 다음 중 트래버스 측량 순서에서 일반적으로 측량 계획 및 답사 후에 바로 시행되는 것은?
   가. 계산 및 조정
   나. 수평각 및 거리 관측
   다. 방위각 관측
   라. 선점 및 표지 설치

149. 삼각측량에서 삼각점을 선점할 때 고려하여야 할 사항으로 옳지 않은 것은?
   가. 지반이 견고하고 침하가 되지 않는 곳
   나. 삼각형은 직삼각형에 가깝게 할 것
   다. 내각의 크기는 30°~120° 내에 있도록 할 것
   라. 될 수 있는 대로 측점 수가 적게 할 것

150. 다음 중 각 측량에서 교차란 무엇을 의미하는가?
   가. 동일 시준점의 1대회에 대한 정위, 반위 초수의 합
   나. 동일 시준점의 1대회에 대한 정위, 반위 초수의 차
   다. 각 대회 동일 시준점에 대한 배각의 최대, 최소의 차
   라. 각 대회 동일 시준점에 대한 배각의 최대, 최소의 합

정답 141. 다 142. 가 143. 나 144. 가 145. 나 146. 가 147. 가 148. 라 149. 나 150. 나

151. 그림과 같은 사변형에서 조건식의 총 수는?

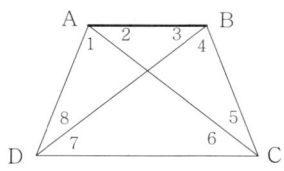

가. 1개   나. 2개
다. 3개   라. 4개

152. 종단 및 횡단수준 측량 시 중간점이 많은 경우에 적합한 야장 기록방법은?
가. 고차식   나. 기고식
다. 승강식   라. 약도식

153. 트래버스의 종류 중에서 좌표를 알고 있는 기지점으로부터 출발하여 다른 기지점에 결합하는 것은?
가. 트래버스망   나. 개방 트래버스
다. 폐합 트래버스   라. 결합 트래버스

154. 다음 중 평판을 세우는 3가지 조건이 아닌 것은?
가. 중심맞추기(구심)
나. 방향맞추기(표정)
다. 수평맞추기(정준)
라. 축척

155. 평판측량에서 중심맞추기를 할 때 도상점과 지상점에 대하여 허용되는 최대 오차는? (단, 도상의 제도 허용오차 0.3mm, 도면 축척 1/600)
가. 6cm   나. 7cm
다. 8cm   라. 9cm

156. 20m 강철 테이프를 사용하여 2000m를 측정하였다. 이때 예상되는 오차는? (단, 이 테이프는 20에 ± 3mm의 오차가 생긴다.)
가. ± 25mm   나. ± 30mm
다. ± 35mm   라. ± 45mm

157. 수준원점으로부터 국토 및 주요도로를 따라 2~4km마다 표고를 결정하여 놓은 점을 무엇이라 하는가?
가. 중간점   나. 이기점
다. 수준점   라. 도근점

158. 다음 그림은 교호수준측량 결과이다. B점의 표고는? (단, A점의 표고는 50m이다.)

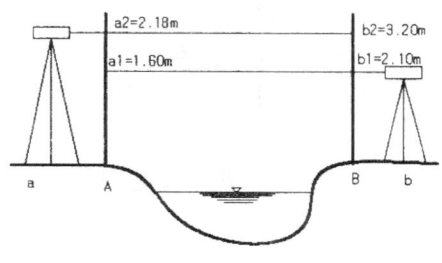

가. 52.27m   나. 51.60m
다. 50.76m   라. 49.24m

159. 삼각 측량에서 기선확대를 할 때 1회의 기선확대는 기선길이의 몇 배 이내이어야 하는가?
가. 2   나. 3
다. 5   라. 10

160. 삼각측량에서 시간과 경비가 많이 소요되나 가장 정밀한 측량성과를 얻을 수 있는 삼각망은?
가. 단열 삼각망
나. 사변형 삼각망
다. 유심 삼각망
라. 단 삼각형

161. 정지된 평균 해수면을 육지까지 연장한 지구 전체의 가상곡면을 말하는 것은?
가. 연직선   나. 지오이드
다. 기준면   라. 수준면

정답 151. 라 152. 나 153. 라 154. 라 155. 라 156. 나 157. 다 158. 라 159. 나 160. 나 161. 나

162. 토탈스테이션의 사용상 주의사항으로 틀린 것은?
   가. 측량작업 전에는 항상 기계의 이상 여부를 점검한다.
   나. 이동시 기계와 삼각대는 결합하여 운반한다.
   다. 큰 진동이나 충격으로부터 기계를 보호한다.
   라. 전원 스위치를 내린 후 배터리를 본체로부터 분리시킨다.

163. 수준 측량에서 중간점(I.P.)이란?
   가. 후시만 읽는 점
   나. 전시만 읽는 점
   다. 전시와 후시를 읽는 점
   라. 전시와 후시의 거리를 같게 취하는 점

164. 방위각 및 내각이 그림과 같은 경우 측선 BC의 방위각은?

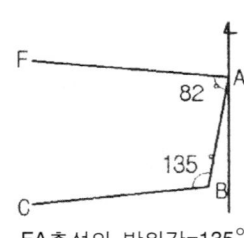

   가. 145°   나. 217°
   다. 232°   라. 278°

165. 지구 표면의 곡률을 고려해서 실시하는 측량을 무엇이라 하는가?
   가. 평면 측량   나. 측지 측량
   다. 수준 측량   라. 평판 측량

166. 두 측점간의 경사거리가 58m 이고, 고저차가 12m일 때 두 점간의 수평거리는?
   가. 52.72m   나. 55.75m
   다. 56.75m   라. 56.87m

167. 데오드라이트를 이용하여 1개의 수평각을 배각법으로 관측 하였을 때 최확치로 알맞은 것은?
   가. 첫 번째 관측한 값
   나. 마지막 관측한 값
   다. 관측자가 가장 정확하다고 생각되는 값
   라. 산술평균한 값

168. 수치지도에 관한 설명으로 옳은 것은?
   가. 수치지도는 표준 도식 적용 없이 제작한다.
   나. 수치지도는 특정 주제도만 제작한다.
   다. 수치지도는 기존 지도를 이용하여 제작할 수도 있다.
   라. 수치지도는 숫자로 되어 있기 때문에 특수목적에만 사용한다.

169. GPS가 채용하고 있는 표준 좌표계는 무엇인가?
   가. ITRF   나. WGS84
   다. GRS80   라. UTM좌표계

170. 직사각형의 넓이를 구하기 위하여 가로, 세로의 길이를 측정하니 30m와 60m이었다. 측정할 때 30m 줄자가 표준길이에 비하여 5mm 늘어난 상태였다면 정확한 상태였다면 정확한 실면적은?
   가. 1800.0m²   나. 1800.3m²
   다. 1800.6m²   라. 1800.9m²

171. 클로소이드 곡선에서 매개 변수 A=400m², 곡선의 반지름 R=150m일 때 곡선길이 (L)는?
   가. 556.7m   나. 866.7m
   다. 1066.7m   라. 2066.7m

172. 지상 1km²의 면적을 도상에서 4cm²로 표시할 때 필요한 축척은?
   가. $\dfrac{1}{2,500}$ 나. $\dfrac{1}{5,000}$

정답 162. 나 163. 나 164. 라 165. 나 166. 다 167. 라 168. 다 169. 나 170. 다 171. 다 172. 라

다. $\frac{1}{25,000}$ 라. $\frac{1}{50,000}$

173. 삼각형의 세변 a=15cm, b=10cm, c=13cm 일 때 삼변법에 의하여 계산된 면적은?
    가. 54㎠   나. 64㎠
    다. 74㎠   라. 84㎠

174. 다음 중 GPS의 일반적 특징이 아닌 것은?
    가. 기상에 관계없이 위치 결정이 가능하다.
    나. 하루 24시간 어느 시간에서나 이용이 가능하다.
    다. 3차원 측량을 동시에 할 수 있다.
    라. 사용 가능한 공간적 제약이 따르므로 지구상 어느 곳이나 이용할 수 없다.

175. 곡선 설치에 있어서 기점으로부터 교점까지 추가 거리가 548.25m이고 교각 I=36°15′이며, 곡선 반지름 R=100m 일 때 접선길이 (T.L)는?
    가. 32.73m   나. 73.32m
    다. 52.68m   라. 37.23m

176. 노선 측량에서 중심선 설치 시 중심 말뚝의 일반적인 간격은 몇 m 인가?
    가. 5m   나. 20cm
    다. 50cm   라. 100cm

177. 인공위성을 이용한 범세계적 위치 결정의 체계로 정확히 위치를 알고 있는 위성에서 발사한 전파를 수신하여 관측점까지의 소요시간을 측정함으로써 관측점의 3차원 위치를 구하는 측량은?
    가. 전자파 거리 측량
    나. 광파 거리 측량
    다. GPS 측량
    라. 육분의 측량

178. 주곡선 5개마다 굵은 실선으로 표시하는 것은?
    가. 간곡선   나. 주곡선
    다. 조곡선   라. 계곡선

179. 반지름이 서로 다른 2개의 원곡선이 공통접선을 이루고 그 중심이 공통접선에 대하여 같은 방향에 있는 곡선은?
    가. 배향곡선   나. 반향곡선
    다. 단곡선   라. 복심곡선

180. A.B 두 점의 표고가 각각 34.6m 69.0m AB 사이의 수평 거리 D=120m 일 때 AB사이를 10m 간격으로 등고선을 넣을 때 A에서부터 40m 등고선이 지나는 점까지의 수평거리는 얼마인가?
    가. 10.2m   나. 15.6m
    다. 18.8m   라. 21.3m

181. △ABC에서 BC상에 P,Q를 잡아 △ABP:△APQ:△AQC=2:4:3으로 분할 할 때 PQ의 거리는? (단, BC=37.8m)

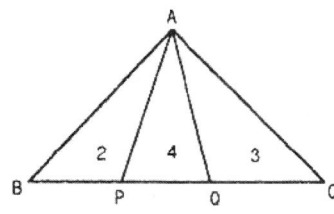

    가. 14.8m   나. 15.8m
    다. 16.8m   라. 17.8m

182. 지형공간정보체계에서 하드웨어 구성 중 자료의 입력 장치가 아닌 것은?
    가. 스캐너
    나. 디자타이저
    다. 플로터
    라. 키보드

정답 173. 나 174. 라 175. 가 176. 나 177. 다 178. 라 179. 라 180. 다 181. 다 182. 다

183. 등고선이 있는 지형도에서 축척을 $\dfrac{1}{S}$, 등고선의 간격을 h, 도상 거리를 L, 경사도를 i라 하면 경사도 i (%)를 구하는 식으로 맞는 것은?

　가. $i = \dfrac{100h}{LS}$　　나. $i = \dfrac{Lh}{100S}$

　다. $i = \dfrac{LS}{100h}$　　라. $i = \dfrac{h}{100L}$

184. 다음 중 영구표지가 아닌 것은?
　가. 삼각점표석　　나. 수준점표석
　다. 측표　　　　　라. 검조의

185. 삼각점 성과표를 통해 알 수 있는 정보가 아닌 것은?
　가. 삼각점의 등급　　나. 경도, 위도
　다. 진북 방향각　　　라. 삼각점의 지번

186. 트래버스 측량의 폐합비 허용범위는 목적과 조건에 따라 다르다. 일반적으로 시가지에 적용되는 허용 범위는?
　가. 1/5000~1/10000
　나. 1/1000~1/2000
　다. 1/500~1/1000
　라. 1/300~1/1000

187. 다음 그림은 ①,②,③ 노선을 지나 A, B점 간을 직접 수준 측량한 결과표이다. B점의 최확값은?

직접 수준 측량 결과표
① 노선(3km)=16.726m
② 노선(2km)=16.728m
③ 노선(4km)=16.734m

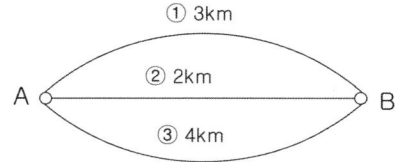

가. 16.728m　　나. 16.727m
다. 16.729m　　라. 16.735m

188. 레벨의 조정을 위하여 A, B에 세운 표척을 시준하여 아래의 값을 얻었다. 레벨을 조정한 후 D점에서 본 B표척의 값은 얼마이어야 하는가?

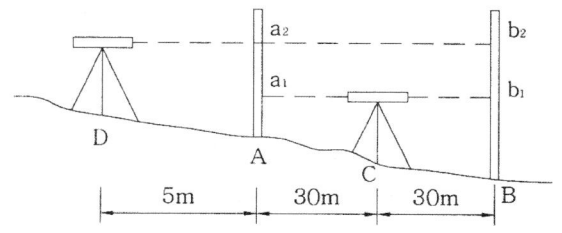

a_1 : 1.624m　a_2 : 1.892m
b_1 : 2.375m　b_2 : 2.641m

가. 2.643m　　나. 2.672m
다. 2.682m　　라. 2.688m

189. 일정한 경사지에서 A, B 두 점의 경사거리를 잰 결과 100m였다. AB간의 고저차가 20m였다면 수평거리는?
　가. 93.89m　　나. 93.98m
　다. 97.89m　　라. 97.98m

190. 삼각형의 3개 내각을 각각 다른 경중률로 측정할 때 각각의 최확치를 구하는 방법 중 옳은 것은?
　가. 경중률에 반비례하여 배분
　나. 경중률에 비례하여 배분
　다. 각의 크기에 비례하여 배분
　라. 각의 크기에 반비례하여 배분

191. 평판측량에서 평판을 세울 때 발생하는 오차 중 다른 오차에 비하여 그 영향이 매우 큰 오차는?
　가. 거리 오차
　나. 방향맞추기 오차
　다. 중심맞추기 오차

정답 183. 가 184. 다 185. 라 186. 가 187. 다 188. 가 189. 라 190. 나 191. 나

라. 기울기 오차

192. 다각측량에서 다음과 같은 결과를 얻었을 때 측선 8의 배횡거는?

측선	위거(m)	경거(m)	배횡거(m)
6	123.50	6.144	117.39
7	-118.66	66.380	
8	-34.21	-51.260	

가. 205.034m 나. 189.914m
다. 206.680m 라. 222.084m

193. 다음 중 지오이드면을 가장 바르게 설명한 것은?
가. 평균 해수면으로 지구 전체를 덮었다고 생각하는 가상의 곡면
나. 반지름을 6370km로 본 구면
다. 지구를 회전 타원체로 본 표면
라. 지구를 구면으로 본 표면

194. 수직각 중 위쪽 방향을 기준으로 목표물에 대한 시준선과 이루는 각을 무엇이라 하는가?
가. 방향각   나. 고저각
다. 천저각   라. 천정각

195. 수준측량할 때 측정자의 주의 사항으로 옳은 것은?
가. 표척을 전후로 기울여 관측할 때에는 최대 읽음값을 취해야 한다.
나. 표척과 기계와의 거리는 6m내외를 표준으로 한다.
다. 표척을 읽을 때에는 최상단 또는 최하단을 읽는다.
라. 표척의 눈금은 이기점에서는 1mm까지 읽는다.

196. 다음 중 세부 측량에 주로 이용되는 측량으로 가장 거리가 먼 것은?

가. 평판 측량   나. 사진 측량
다. 스타디아 측량   라. 삼변측량

197. 트래버스(Traverse)측량에서 어느 임의의 측선에 대한 방위각이 160°라고 할 때 이 측선의 방위는?
가. N 160°E   나. S 160°W
다. S 20°E   라. N 20°W

198. 하천 양안의 고저차를 측정할 때 교호 수준 측량을 이용하는 주요 이유는?
가. 시준오차와 광선굴절오차 제거
나. 연진축 오차 제거
다. 수평각 오차 제거
라. 기포관축 오차 제거

199. 20″ 읽기 트랜싯으로 각을 측정하여 초독 20°20′20″, 3배각의 종독이 10°20′20″ 였다. 단측법에 의한 결과가 116°40′20″일 때 정확한 값은?
가. 116°39′40″
나. 116°40′00″
다. 116°40′20″
라. 116°40′40″

200. 그림과 같이 AB 측선의 방위각이 160°이다. 이때 B의 교각이 120°라면 BC 측선의 방위각을 계산한 값은?

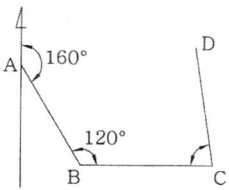

가. 100°   나. 120°
다. 160°   라. 180°

정답 192. 가 193. 가 194. 라 195. 라 196. 라 197. 다 198. 가 199. 나 200. 가

201. 그림과 같은 평면 삼각형 ABC에서 ∠A, ∠B, ∠C와 거리 a를 알고 있을 때 거리 b를 구하는 식은?

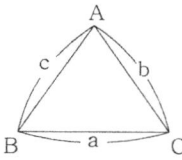

가. log b = log sin A + log sin B − log a
나. log b = log sin B − log sin A − log a
다. log b = log a + log sin B − log sin A
라. log b = log a + log sin B + log sin A

202. 그림에서 A점의 합위거 및 합경거는 0m 이고, B점의 합위거는 60m 이며 합경거는 30m이다. 이 때 AB측선의 길이는?

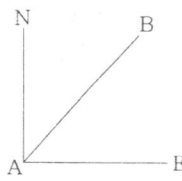

가. 8.190m 나. 15.421m
다. 33.541m 라. 67.082m

203. 평판 측량의 장점이 아닌 것은?
가. 잘못 측량을 하였을 경우, 현장에서 쉽게 발견하여 보완 할 수 있다.
나. 도지를 현장에서 직접 사용하므로 신축으로 인한 오차가 발생하지 않는다.
다. 내업 시간이 절약된다.
라. 특별한 경우를 제외하고는 야장이 불필요하므로 다른 측량에 비하여 그만큼 시간을 절약할 수 있다.

204. 트래버스 측량의 용도와 가장 거리가 먼 것은?
가. 경계 측량 나. 노선 측량
다. 종·횡단 수준 측량 라. 지적 측량

205. 삼각측량의 기선 선정 시 주의 사항으로 옳지 않은 것은?
가. 1회의 기선 확대는 기선 길이의 3배 이내로 한다.
나. 기선의 설정위치는 평탄한 곳이 좋다.
다. 검기선은 기선 길이의 40배 정도의 간격으로 설치한다.
라. 평탄한 곳이 없을 때에는 경사가 1:25 이하의 지형에 기선을 설치한다.

206. 수준측량에 관한 용어의 설명으로 틀린 것은?
가. 연직선이란 지표면의 어느 점으로부터 지구 중심에 이르는 선이다.
나. 지평선이란 연직선에 직교하는 직선이다.
다. 기준면은 일반적으로 여러 해 동안 관측한 평균 해수면을 사용한다.
라. 기준면에서부터 어떤 점까지의 수평거리를 표고라 한다.

207. 폐한 트래버스에 있어서 편각의 합은?
가. 90° 나. 180°
다. 270° 라. 360°

208. 전자파 거리 측정기에 대한 설명으로 틀린 것은?
가. 전파 거리 측정기는 광파 거리 측정기보다 먼 거리를 측정할 수 있다.
나. 전파 거리 측정기는 광파 거리 측정기보다 지면에 대한 반사파의 영향을 많이 받는다.
다. 전파 거리 측정기는 광파 거리 측정기보다 기상에 대한 영향을 크게 받는다.
라. 지오디메터(Geodimeter)는 광파 거리 측정기의 일종이다.

정답 201. 다 202. 라 203. 나 204. 다 205. 다 206. 라 207. 라 208. 다

209. 측량에 관한 설명으로 틀린 것은?
   가. 측량은 정량적 해석과 정성적 해석이 가능하다.
   나. 측량은 지구표면에 국한된 대상물의 위치와 특성을 해석하는 것이다.
   다. 측량은 인간생활에 필요한 도로, 철도, 교량 등의 공사에 필수적이다.
   라. 최근 항공기와 인공위성을 이용한 다양한 지형정보를 얻고 있다.

210. 기계에서 30m 떨어진 곳에 표척을 세워 기포가 4눈금 이동 되었을 때 표척의 읽음값 차가 0.024m를 얻었다. 이 때 수준기의 감도는 얼마인가?
   가. 21″
   나. 31″
   다. 41″
   라. 51″

211. 거리 측량한 결과 평균 제곱근 오차(표준오차)가 2cm 일 때 확률오차는 얼마인가?
   가. ±1.949cm
   나. ±1.649cm
   다. ±1.349cm
   라. ±1.049cm

212. 다음 중 평판측량 방법이 아닌 것은?
   가. 방사법
   나. 전진법
   다. 교회법
   라. 삼사법

213. 다음 삼각망의 조정에 대한 설명으로 옳지 않은 것은?
   가. 한 측점에서 여러 방향의 협각을 관측했을 때 여러 각 사이의 관계를 표시하는 조건을 측점조건이라 한다.
   나. 삼각형 내각의 합은 180°라는 각조건은 도형조건이다.
   다. 삼각형 중의 한 변의 길이는 계산 순서에 따라 일정하지 않다.
   라. 한 측점의 둘레 있는 모든 각의 합은 360°이다.

214. 삼변을 측정하여 a, b, c를 구했다. a변의 대응각 A를 반각공식으로 구하려 할 때 $\sin\frac{A}{2}$ 의 값은? (단, $S=\frac{a+b+c}{2}$)
   가. $\sqrt{\frac{S(S-A)}{bc}}$
   나. $\sqrt{\frac{(S-b)(S-c)}{S(S-a)}}$
   다. $\sqrt{\frac{(S-b)(S-c)}{bc}}$
   라. $\sqrt{S(S-a)(S-b)(S-c)}$

215. 수준측량시의 오차의 원인 중에서 우연오차라고 볼 수 없는 것은?
   가. 시차에 의한 오차
   나. 표척 읽음에 의한 오차
   다. 기상변화에 의한 오차
   라. 구차와 기차에 의한 오차

216. 완화곡선의 종류에 해당되지 않는 것은?
   가. 3차 포물선
   나. 클로소이드 곡선
   다. 2차 포물선
   라. 렘니스케이트 곡선

217. GPS위성궤도의 고도는 약 얼마인가?
   가. 10200 km
   나. 20200 km
   다. 30200 km
   라. 40200 km

218. 곡선부 철도의 내외측 레일 사이의 높이차를 무엇이라고 하는가?
   가. 확폭(slack)
   나. 완화 곡선
   다. 캔트(cant)
   라. 레일 간격

정답 209. 나 210. 다 211. 다 212. 라 213. 다 214. 다 215. 라 216. 다 217. 나 218. 다

219. 노선측량에서 기지점에서 노선시점(B.C)까지의 거리가 1600m이고 접선길이(T.L)가 200m, 곡선길이(C.L)가 430m이면 노선종점(E.C)까지의 거리는?
  가. 1800m 나. 2030m
  다. 2230m 라. 2540m

220. 철도, 도로, 수로 등과 같이 긴 노선의 성토량, 절토량을 계산할 경우에 주로 이용되는 체적계산 방법으로 가장 적합한 것은?
  가. 단면법 나. 점고법
  다. 지거법 라. 횡거법

221. 축척 1:3000인 도면의 면적을 측정하였더니 3㎠ 이었다. 이 때 도면은 종횡으로 1% 씩 수축되어 있다면 이 토지의 실제 면적은 얼마인가?
  가. 2700㎡ 나. 2727㎡
  다. 2754㎡ 라. 2785㎡

222. 단곡선 설치 과정에서 가장 먼저 정해야 할 사항은?
  가. 곡선반지름
  나. 시단현
  다. 접선장
  라. 중심말뚝의 위치

223. 다음 그림과 같이 수준측량을 하여 각 측점의 높이를 측정하였다. 절토량 및 성토량이 균형을 이루는 계획고는?

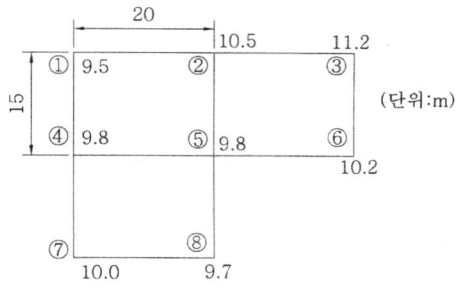

  가. 9.59m 나. 9.95m
  다. 10.05m 라. 10.50m

224. GPS 측량에서 위성은 지구를 둘러싸는 6개의 궤도상에 배치된다. 궤도당 최소 몇 대씩 배치되어 있는가?
  가. 8 나. 6
  다. 4 라. 2

225. 등고선에 대한 설명 중 올바른 것은?
  가. 동일 등고선상에 있는 각점은 모두 같은 높이이다.
  나. 높이가 다른 두 등고선은 어느 경우라도 교차하거나 만나지 않는다.
  다. 등경사 지면에 대한 등고선은 양 등고선 간의 간격이 같은 정도로 작아진다.
  라. 지표면의 경사가 급한 곳에서는 등고선의 간격이 넓어진다.

226. 지형측량의 작업 순서로 옳은 것은?
  가. 골조측량 → 세부측량 → 측량계획작성 → 측량 원도 작성
  나. 측량계획작성 → 골조측량 → 세부측량 → 측량 원도 작성
  다. 세부측량 → 골조측량 → 측량계획작성 → 측량 원도 작성
  라. 측량계획작성 → 세부측량 → 측량 원도 작성 → 골조측량

227. 지형측량에서 건설공사용으로 많이 사용되는 지형의 표시방법은?
  가. 우모법
  나. 등고선법
  다. 음영법
  라. 채색법

정답 219. 나 220. 가 221. 다 222. 가 223. 다 224. 다 225. 가 226. 나 227. 나

228. 그림과 같은 등고선에서 A, B의 수평거리가 50m일 때 AB의 경사는?

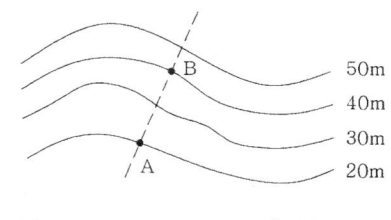

가. 10% 나. 20%
다. 30% 라. 40%

229. 노선측량의 작업 순서 중 노선의 기울기, 곡선, 토공량, 터널과 같은 구조물의 위치와 크기, 공사비 등을 고려하여 가장 바람직한 노선을 결정하는 단체는?
가. 도상 계획 나. 도상 선정
다. 공사 측량 라. 실측

230. 다음 중 지오이드(geoid)에 대한 설명으로 맞는 것은?
가. 정지된 평균 해수면을 육지 내부까지 연장한 가상곡선
나. 연평균 최고 해수면을 육지 수준원점까지 연장한 곡면
다. 지구를 타원체로 한 기준 해수면에서 원점까지 거리
라. 지구의 곡률을 고려하지 않고 지표면을 평면으로 한 가상곡선

231. 다음 중 평판측량의 단점이 아닌 것은?
가. 현장에서 측량이 잘못된 곳을 발견하기 어렵다.
나. 날씨의 영향을 많이 받는다.
다. 부속품이 많아 관리에 불편하다.
라. 전체적으로 정밀도가 낮다.

232. 평판측량에서 축척은 1:600이고 외심거리 e=24mm일 때 앨리데이드 외심오차는?
가. 0.02mm 나. 0.04mm
다. 0.08mm 라. 0.25mm

233. 우리나라 측량원점에 해당하는 것은?
가. 대한민국 도근점
나. 대한민국 삼각점
다. 대한민국 특별기준점
라. 대한민국 경·위도원점

234. 직접 수준 측량에서 사용되는 용어의 설명으로 틀린 것은?
가. 그 점의 표고만을 구하고자 표척을 세워 전시만 취하는 점을 중간점이라 한다.
나. 기준면으로부터 측점까지의 연직거리를 지반고라 한다.
다. 기준면으로부터 기계 시준선까지의 거리를 기계고라 한다.
라. 기지점에 세운 표척의 읽음을 전시라 한다.

235. 측선 AB의 길이가 80m, 그 측선의 방위각이 150°일 때 위거 및 경거는?
가. 위거 -69.3m, 경거 +40.0m
나. 위거 +69.3m, 경거 -40.0m
다. 위거 -40.0m, 경거 +69.3m
라. 위거 +40.0m, 경거 -69.3m

236. 삼각측량의 특징이 아닌 것은?
가. 거리를 비교적 길게 취할 수 있다.
나. 넓은 지역에 적합하다.
다. 각 단계에서 정도를 점검할 수 있다.
라. 계산 및 조정이 간단하다.

정답 228. 라 229. 나 230. 가 231. 가 232. 나 233. 라 234. 라 235. 가 236. 라

237. 각종 목적에 따라 내용이 상세한 도면이나 지형도를 만드는 측량을 세부 측량이라 하는데, 이에 속하지 않는 것은?
   가. 평판 측량   나. 사진 측량
   다. 스타디아 측량   라. 삼각 측량

238. 폐합 트래버스 측량결과 폐합 오차가 6㎜ 일 때 위거 오차가 3㎜이면 경거 오차는?
   가. 약 3㎜   나. 약 5㎜
   다. 약 7㎜   라. 약 9㎜

239. 방위각이 247° 20′ 40″ 일 때 방위로 표시한 것으로 옳은 것은?
   가. N 67° 40′ 20″ W
   나. S 76° 40′ 20″ W
   다. S 67° 20′ 40″ W
   라. N 56° 20′ 40″ W

240. 시작되는 측점과 끝나는 점 간에 아무런 조건이 없으며 노선측량이나 답사 등에 편리한 트래버스는?
   가. 폐합 트래버스   나. 결합 트래버스
   다. 개방 트래버스   라. 트래버스 망

241. 트래버스 측량에서 배횡거(D)를 구하는 식은? (단, 하나 앞 측선의 배횡거=E, 하나 앞 측선의 경거=F, 그 측선의 경거=G)
   가. D = 2E + F + G
   나. D = E + F + G
   다. D = E + 2F + G
   라. D = 2E + 2F + G

242. 수준측량에서 왕복 오차의 제한이 거리 4㎞에 대하여 ±20㎜일 때 거리 3㎞에 대한 왕복 오차의 제한 값은?
   가. ±7㎜   나. ±14㎜
   다. ±15㎜   라. ±17㎜

243. 삼각측량을 할 때 한 내각의 크기로 허용 되는 일반적인 범위로 옳은 것은?
   가. 20°~60°   나. 30°~120°
   다. 90°~130°   라. 10°~140°

244. 평판측량 방법 중 방사법에서 지상 거리는 측점으로부터 얼마 이내가 가장 적당한가?
   가. 50~60m   나. 100~120m
   다. 150~160m   라. 200~210m

245. 다음 그림과 같이 AB측선의 방위각이 328° 30′, BC측선의 방위각이 50°00′일 때 B점의 내각은?

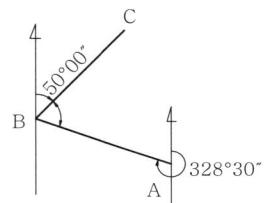

   가. 86°30′   나. 98°00′
   다. 98°30′   라. 77°00′

246. 관측값의 신뢰도를 표시하는 값에서 경중률에 대한 설명으로 틀린 것은?
   가. 경중률은 관측 횟수에 비례한다.
   나. 경중률은 측정 거리에서 반비례한다.
   다. 경중률은 표준 편차의 제곱에 반비례한다.
   라. 경중률은 측정 오차에 비례한다.

247. 다음 표는 어떤 두 점 간의 거리를 같은 거리측정기로 3회 측정한 결과를 나타낸 것이다. 이에 대한 표준오차는?

구분	측정값 (m)
1	L_1 = 154.4
2	L_2 = 154.7
3	L_3 = 154.1

정답 237. 라 238. 나 239. 다 240. 다 241. 나 242. 라 243. 나 244. 가 245. 다 246. 라 247. 가

가. ±0.173m   나. ±0.254m
다. ±0.347m   라. ±0.452m

248. 다음 그림은 삼각측량 결과이다. BA 측선의 방위각은?

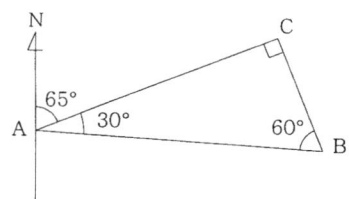

가. 95°   나. 135°
다. 245°   라. 275°

249. 표준길이보다 3cm가 짧은 30m의 테이프로 거리를 측정하니 210m이었다. 이 거리의 정확한 값은?
가. 208.95 m
나. 208.97 m
다. 209.64 m
라. 209.79 m

250. 방위각에 대한 설명으로 옳은 것은?
가. 임의의 방향을 기준으로 한 방향각이다.
나. 지구의 회전축을 기준으로 한 방향각이다.
다. 자북(磁北)을 기준으로 한 방향각이다.
라. 자오선을 기준으로 한 방향각이다.

251. 기차의 구차를 합한 오차를 양차라 한다. 양차 공식은?
가. $\dfrac{KD^2}{2R}$ 나. $\dfrac{1-K}{2R}D^2$
다. $\dfrac{D^2}{2R}$ 라. $\dfrac{1+K}{2R}D^2$

252. 다음 중 거리측정 기구가 아닌 것은 어느 것인가?
가. 광파 거리 측정기
나. 전파 거리 측정기
다. 보수계(步數計)
라. 경사계(傾斜計)

253. 각의 측정에서 한 측점에서 관측해야 할 방향의 수가 6개일 경우, 각관측법(조합각 관측법)에 의해서 측정되어야 할 각의 총수는?
가. 12개   나. 15개
다. 18개   라. 21개

254. 그림과 같은 수준측량의 결과에 의한 B점의 지반고는? (단, A점 지반고 50m, A점 표척읽음값 1.500m, B점 표척읽음값 0.470m 이다.)

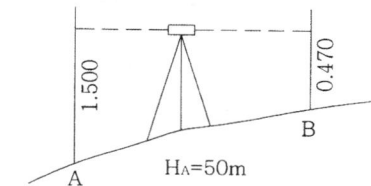

가. 48.970m   나. 51.030m
다. 52.470m   라. 53.150m

255. 한 점을 중심으로 6개의 삼각형으로 구성된 유심 삼각망의 조건식에 대한 설명으로 틀린 것은?
가. 관측각의 수는 18개 이다.
나. 삼각점의 수는 8개 이다.
다. 변의 수는 12개 이다.
라. 중심각의 수는 6개 이다.

256. 삼각측량을 위한 삼각점 선점을 위하여 고려하여야 할 사항으로 가장 거리가 먼 것은?
가. 삼각형은 되도록 정삼각형에 가까울 것
나. 다음 측량을 하기에 편리한 위치일 것
다. 삼각점의 보존이 용이한 곳일 것
라. 직접 수준측량이 용이한 곳일 것

정답 248. 라 249. 라 250. 라 251. 나 252. 라 253. 나 254. 나 255. 나 256. 라

257. 삼각형 ABC에서 기선 a를 알고 b변을 구하는 식으로 맞는 것은?

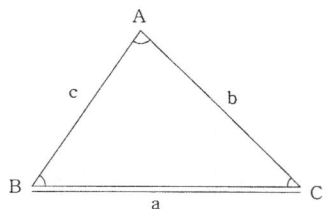

가. log b = log a + log sin B − log sin A
나. log b = log a + log sin A − log sin B
다. log b = log b + log sin B − log sin C
라. log b = log a + log sin A − log sin C

258. 다음 중 교호 수준 측량에 의해 제거될 수 있는 오차는?
가. 빛의 굴절에 의한 오차와 시준오차
나. 관측자의 원인에 의한 오차
다. 기포 감도에 의한 오차
라. 표척의 연결부 오차

259. 수준측량에서 표척을 세울 때 주의 사항으로 옳지 않은 것은?
가. 표척을 세우는 장소는 지반이 견고하여야 한다.
나. 표척은 수직으로 세운다.
다. 표척은 복잡한 지역에 세운다.
라. 표척은 가능한 레벨로부터 두 점 사이의 거리가 같도록 세운다.

260. 거리 1km에서 각도 오차가 1분이라면 위치오차는?
가. 0.1m   나. 0.2m
다. 0.3m   라. 0.4m

261. GPS측량의 일반적 특성이 아닌 것은?
가. 측량 거리에 비하여 상대적으로 높은 정확도를 가지고 있다.
나. 지구상 어느 곳에서나 이용이 가능하다.
다. 위치결정에 기상의 영향을 받는다.
라. 하루 24시간 어느 시간에서나 이용이 가능하다.

262. 다음 그림에서 등고선 간격이 5m이고, A_2 = 30㎡, A_3 = 45㎡이다. 양 단면 평균법으로 토량을 계산한 값은?

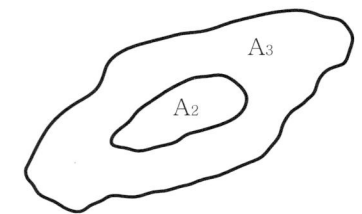

가. 196.8㎥   나. 187.5㎥
다. 1875㎥   라. 1968㎥

263. 캔트(Cant)에 대한 설명 중 틀린 것은?
가. 레일 간격에 비례한다.
나. 실제 속도의 제곱에 비례한다.
다. 곡선 반지름에 반비례한다.
라. 중력 가속도에 비례한다.

264. 도로, 철도와 같이 긴 노선의 토량을 구하기 위한 방법이 아닌 것은?
가. 각주 공식
나. 중앙 단면법
다. 양 단면 평균법
라. 심프슨 공식

265. 다음 중 중앙 종거법이 사용되는 경우와 거리가 먼 것은?
가. 보도의 설치
나. 시가지 곡선 설치
다. 설치되어 있는 곡선의 검사
라. 고속도로의 곡선설치

정답 257. 가 258. 가 259. 다 260. 다 261. 다 262. 나 263. 라 264. 라 265. 라

266. GPS 오차 중에서 위성 시계 오차, 위성 궤도 오차, 전리층 굴절 오차, 대류권 굴절 오차 및 선택적 이용성에 의한 오차는 다음 중 어느 오차에 해당 되는가?
   가. 위성의 배치 상태에 따른 오차
   나. GPS 수신기 오차
   다. 시스템 오차
   라. 선택적 오차

267. 곡선의 종류 중 완화 곡선이 아닌 것은?
   가. 3차 포물선
   나. 클로소이드 곡선
   다. 반향 곡선
   라. 렘니스케이트 곡선

268. 동일 등고선상에 있는 측점에 대한 설명으로 옳은 것은?
   가. 정상으로부터 같은 거리이다.
   나. 모두 같은 높이이다.
   다. 지형의 특성에 따라 높이가 다르다.
   라. 수준점으로부터 거리가 같다.

269. 단곡선 설치에서 기점부터 곡선시점(B.C.)까지의 거리가 150m 일 때 기점부터 곡선종점(E.C.)까지의 거리는? (단, 교각은 55°, 곡선반지름은 100m 이다.)
   가. 232.89m   나. 245.99m
   다. 320.59m   라. 347.89m

270. 다음 중 지형의 일반적인 표시법이 아닌 것은?
   가. 음영법   나. 묘사법
   다. 우모법   라. 채색법

271. 등고선의 종류 중 계곡선을 표시하는 방법으로 알맞은 것은?
   가. 가는 실선   나. 굵은 실선
   다. 가는 긴 파선   라. 가는 짧은 파선

272. 노선을 선정할 때 유의해야 할 사정으로 틀린 것은?
   가. 토공량이 적고, 절토와 성토가 균형을 이루게 한다.
   나. 노선은 가능한 곡선으로 한다.
   다. 절토 및 성토의 운반 거리를 가급적 짧게 한다.
   라. 배수가 잘 되는 곳이어야 한다.

273. 축척 1:5000의 도면에서 면적을 측정한 결과 $1cm^2$였다. 이 도면이 전체적으로 0.5% 수축되었다면 토지의 실제 면적은?
   가. $2450m^2$ 나. $2475m^2$
   다. $2500m^2$ 라. $2525m^2$

274. 다음 중 지성선의 종류에 속하지 않는 것은?
   가. 합수선   나. 분수선
   다. 수평선   라. 경사변환선

275. 수평선을 기준으로 목표에 대한 시준선과 이루는 각을 무엇이라 하는가?
   가. 방향각   나. 천저각
   다. 고저각   라. 천정각

276. 등고선 측정방법 중 직접법에 해당하는 것은?
   가. 레벨에 의한 방법
   나. 횡단점법
   다. 사각형 분할법(좌표점법)
   라. 기준점법(종단점법)

277. 등고선의 종류에 관한 설명 중 틀린 것은?
   가. 주곡선은 지형을 표시하는데 기준이 되는 선으로 굵은 점선으로 표시한다.
   나. 계곡선은 표고의 읽음을 쉽게 하기 위하

정답 266. 다 267. 다 268. 나 269. 나 270. 나 271. 나 272. 나 273. 라 274. 다 275. 다 276. 가 277. 가

여 주곡선 5개마다 1개씩의 굵은 실선을 넣어서 표시한다.

다. 간곡선은 주곡선만으로는 지모의 상태를 상세하게 나타낼 수 없을 경우에 표시하며 가는 긴 파선으로 나타낸다.

라. 조곡선은 간곡선 간격의 1/2간격으로 가는 짧은 파선으로 표시한다.

278. 그림과 같은 지형을 토량의 변화 없이 평탄지로 만들기 위하여 정지작업을 할 때 평균 계획고는?

가. 280.5m 　　　나. 281.5m
다. 282.5m 　　　라. 283.5m

279. GPS 측량 방법을 설명한 것 중 틀린 것은?
가. 1점 측위는 상대측위에 비해 정확도가 떨어진다.
나. 동적측위(이동측위)는 비교적 높은 정확도가 필요하지 않은 지형측량 등에 사용된다.
다. 정적측위는 수 초의 짧은 관측시간으로도 높은 정밀도를 얻을 수 있는 측위 방법이다.
라. 반송파를 이용하는 경우가 코드 신호를 이용하는 것보다 정확도가 우수하다.

280. 지형측량에서 일반적으로 사용되는 지형의 표시 방법이 아닌 것은?
가. 음영법 　　　나. 우모법
다. 점고법 　　　라. 단선법

281. 노선측량에서는 일반적으로 중심말뚝을 노선의 중심선을 따라 몇 m 마다 설치하는가?
가. 5m 　　　나. 10m
다. 20m 　　　라. 50m

282. 다음 중 단곡선에서 가장 먼저 결정하여야 하는 중요 요소는?
가. T.L.(접선길이)
나. C.L.(곡선길이)
다. R(곡선반지름)
라. M(중앙종거)

283. 도로의 평면 곡선 중 원곡선의 종류에 속하지 않는 것은?
가. 단곡선
나. 복심 곡선
다. 반향 곡선
라. 클로소이드 곡선

284. 다음 중 GPS 구성요소가 아닌 것은?
가. 사용자 부분 　　　나. 우주부분
다. 제어부분 　　　라. 천문부분

285. 체적계산 방법 중 단면법에 해당하지 않는 것은?
가. 양 단면 평균법
나. 중앙 단면법
다. 점고법
라. 각주 공식에 의한 방법

286. 지형을 지모와 지물로 구분할 때 지물로만 짝지어진 것은?
가. 도로, 하천, 시가지
나. 산정, 구릉, 평야
다. 철도, 평야, 경지
라. 촌락, 계곡, 경지

정답 278. 나　279. 다　280. 라　281. 다　282. 다　283. 라　284. 라　285. 다　286. 가

287. 교각 I=90°, 곡선반경 R=200m 일 때 접선길이(T.L)는?
   가. 100m   나. 120m
   다. 150m   라. 200m

288. 일반철도에 주로 사용되는 완화 곡선은?
   가. 복심 곡선
   나. 3차 포물선
   다. 렘니스케이트 곡선
   라. 머리핀 곡선

289. 그림과 같은 단면에서의 면적은 얼마인가?

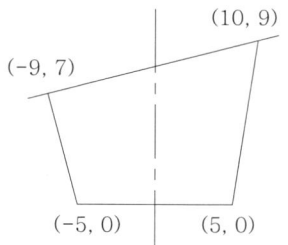

[단위:m]

   가. 29.0m²   나. 115.5m²
   다. 231.0m²   라. 377.5m²

정답 287. 라   288. 나   289. 나

2013년 1회 시행 문제

1. 전자파 거리 측정기 등을 이용한 높은 정확도로 중장거리를 정확히 관측하여 삼각점의 위치를 결정하는 측량 방법은?
   ① 삼각측량
   ② 삼변측량
   ③ 삼각수준측량
   ④ 수준측량

2. 외심거리가 3cm인 앨리데이드로, 축척 1:300인 평판측량을 하였을 때 도면상에 생기는 외심오차는?
   ① 0.1mm   ② 0.2mm
   ③ 0.3mm   ④ 0.4mm

3. 수준측량 방법 중 간접 수준 측량에 해당되지 않는 것은?
   ① 트랜싯에 의한 삼각 고저측량법
   ② 스타디아 측량에 의한 고저측량법
   ③ 레벨과 수준척에 의한 고저측량법
   ④ 두 점 간의 기압차에 의한 고저측량법

4. 20m 강철 테이프를 사용하여 2,000m를 측정하였다. 이때 예상되는 오차는? (단, 이 테이프는 20m에 ±3mm의 오차가 생긴다.)
   ① ±25mm   ② ±30mm
   ③ ±35mm   ④ ±45mm

5. 교호 수준 측량에 대한 설명 중 옳은 것은?
   ① 두 점 간의 연직각과 수평거리도 삼각법에 의해 구한다.
   ② 넓은 하천 또는 계곡을 건너서 두 점 사이의 고저차를 구한다.
   ③ 스타디아법으로 고저차를 구한다.
   ④ 기압차로 고저차를 구한다.

6. 관측자의 부주의로 인하여 발생하는 오차는?
   ① 착오   ② 부정 오차
   ③ 우연 오차   ④ 정오차

7. 총 길이 2km인 폐합트래버스 측량을 하여 위거의 오차 60cm, 경거의 오차가 80cm가 발생하였다면 폐합비는?
   ① $\dfrac{1}{1,000}$ ② $\dfrac{1}{2,000}$
   ③ $\dfrac{1}{2,500}$ ④ $\dfrac{1}{3,333}$

해 설

1. 삼변측량 : 전자파거리 측정기를 이용한 정밀한 장거리 측정으로 변장을 측정해서 삼각점의 위치를 결정하는 측량방법

2. 외심오차 = $\dfrac{\text{외심거리}}{\text{축척의 분모수}}$
   $= \dfrac{30mm}{300} = 0.1mm$

3. 레벨과 수준척에 의한 고저측량법 : 직접 수준 측량

4. n = 2000m ÷ 20m = 100
   오차 = $\pm e\sqrt{n} = \pm 3\sqrt{100}$
   $= \pm 30mm$

5. 교호 수준 측량 : 측선 중에 계곡, 하천 등이 있으면 측선의 중앙에 레벨을 세우지 못하므로 정밀도를 높이기 위해(굴절오차와 시준오차를 소거하기 위해) 양 측점에서 측량하여 두 점의 표고차를 2회 산출하여 평균하는 방법

6. 착오 : 관측자의 과실이나 미숙에 의하여 생기는 오차

7. 폐합비 = $\dfrac{\sqrt{E_L^2 + E_D^2}}{\Sigma \ell}$
   $= \dfrac{\sqrt{(0.6)^2 + 0.8^2}}{2,000} = \dfrac{1}{2,000}$

정 답

1. ② 2. ① 3. ③ 4. ② 5. ②
6. ① 7. ②

8. 다음 각의 종류에 대한 설명이 옳지 않은 것은?
   ① 방향각 : 임의의 기준선으로부터 어느 측선까지 시계방향으로 잰 수평각
   ② 방위각 : 자오선을 기준으로 하여 어느 측선까지 시계방향으로 잰 수평각
   ③ 고저각 : 수평선을 기준으로 목표에 대한 시준선과 이루는 각
   ④ 천정각 : 수평선을 기준으로 90°까지를 잰 시준각

9. 수준측량에서 시점의 지반고가 215m이고 전시의 총합이 120.4m, 후시의 총합이 90.5m일 때 종점의 지반고는?
   ① 185.1m
   ② 244.9m
   ③ 355.4m
   ④ 425.9m

10. 트래버스 측량의 순서로 가장 적합한 것은?
    ① 계획 및 답사 - 표지 설치 - 관측 - 선점 - 계산
    ② 선점 - 계획 및 답사 - 관측 - 표지 설치 - 계산
    ③ 선점 - 계획 및 답사 - 표지 설치 - 관측 - 계산
    ④ 계획 및 답사 - 선점 - 표지 설치 - 관측 - 계산

11. 표준 길이보다 3cm가 짧은 30m의 테이프로 거리를 측정하니 180m이었다. 이 거리의 정확한 값은?
    ① 178.21m   ② 179.03m
    ③ 179.82m   ④ 179.99m

12. 트래버스 측량의 폐합오차 조정에 대한 설명 중 옳은 것은?
    ① 컴퍼스 법칙은 각 관측의 정확도가 거리 관측의 정확도보다 좋은 경우에 사용된다.
    ② 트랜싯 법칙은 각 관측과 거리 관측의 정밀도가 서로 비슷한 경우에 사용된다.
    ③ 컴퍼스 법칙은 폐합오차를 각 측선의 길이의 크기에 반비례하여 배분한다.
    ④ 트랜싯 법칙은 위거 및 경거의 폐합오차를 각 측선의 위거 및 경거의 크기에 비례 배분하여 조정하는 방법이다.

13. 다음 중 거리 측량을 실시할 수 없는 측량장비는?
    ① 토탈스테이션   ② 레이저 레벨
    ③ VLBI   ④ GPS

해 설

8.
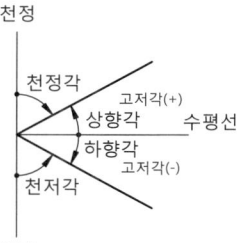

■ 천정각 : 수직각 중 위쪽 방향을 기준으로 목표물에 대한 시준선과 이루는 각

9. $H_B = H_A + (\Sigma B.S - \Sigma F.S)$
   $= 215 + (90.5 - 120.4)$
   $= 185.1m$

10. 측량계획 및 답사 → 선점 및 표지설치 → 방위각 관측 → 수평각 및 거리 관측 → 계산 및 조정 → 측점 전개

11. 실제길이
    $= 관측길이 \times \dfrac{부정길이}{표준길이}$
    $= 180 \times \dfrac{30 - 0.03}{30} = 179.82m$

■ 부정길이 : 표준길이 보다 길 때에는 +, 짧을 때는 - 이다.

12. 트래버스 측량의 폐합오차 조정
    ① 컴퍼스 법칙 : 각측량과 거리측량의 정밀도가 같은 정도인 경우 이용하며, 오차를 측선의 길이에 비례하여 배분한다.
    ② 트랜싯 법칙 : 각 측량의 정밀도가 거리 측량의 정밀도보다 높을 때 이용되며, 위거 및 경거의 오차를 각 측선의 위거 및 경거의 크기에 비례하여 배분한다.

13. 레이저 레벨 : 레이저광선을 주사하는 레벨로서, 원거리에 레벨을 두고 레이저를 감지하는 표척으로 레벨이 조성하는 수평면을 확인할 수 있게 함으로써 기계수가 없어도 고저측량을 가능하도록 함.

정 답

8. ④ 9. ① 10. ④ 11. ③ 12. ④
13. ②

14. 삼변을 측정하여 값 a, b, c를 구했다. a변의 대응각 A를 반각공식으로 구하여야 할 때 $\sin\frac{A}{2}$ 의 값은? (단, $S=\frac{a+b+c}{2}$)
   ① $\sqrt{\frac{(S-b)(S-c)}{bc}}$
   ② $\sqrt{\frac{(S-b)(S-c)}{S(S-a)}}$
   ③ $\sqrt{\frac{S(S-A)}{bc}}$
   ④ $\sqrt{S(S-a)(S-b)(S-c)}$

15. 각관측 방법에 대한 설명으로 옳지 않은 것은?
   ① 조합각 관측법은 관측할 여러 개의 방향선 사이의 각을 차례로 방향각법으로 관측하여 최소제곱법에 의하여 각각의 최확값을 구한다.
   ② 단측법은 높은 정확도를 요구하지 않은 경우에 사용하면 정·반위 관측하여 평균을 구한다.
   ③ 배각법은 반복 관측으로 한 측점에서 한 개의 각을 높은 정밀도로 측정할 때 사용한다.
   ④ 방향각법은 수평각 관측법 중 가장 정확한 값을 얻을 수 있는 방법으로 1등 삼각측량에서 주로 이용된다.

16. 다음 중 평판측량의 방사법에서 측점간의 지상 거리로 가장 적당한 것은?
   ① 50~60m
   ② 200~250m
   ③ 500~600m
   ④ 1~2km

17. 평판을 세우는 3가지 조건이 아닌 것은?
   ① 중심맞추기
   ② 방향맞추기
   ③ 수평맞추기
   ④ 축척맞추기

18. 조건식의 수가 가장 많기 때문에 가장 높은 정확도를 얻을 수 있는 삼각망은?
   ① 단열 삼각망
   ② 유심 삼각망
   ③ 사변형 삼각망
   ④ 단삼각망

19. 수준측량시 시준할 때에 발생되는 오차(시준 오차)에 대한 설명으로 옳지 않은 것은?
   ① 시준할 순간에 기포가 중앙에 없을 때
   ② 조준이 완전하지 못할 때
   ③ 기계의 조정이 잘 안되었을 때
   ④ 표척이 침하되었거나 혹은 경사지게 세웠을 때

해 설

14. $\sin\frac{A}{2} = \sqrt{\frac{(S-b)(S-c)}{bc}}$

15. 수평각 관측법 중 가장 정확한 방법으로 1, 2등 삼각 측량에 주로 사용되는 수평각 측정 방법은 조합각 관측법이다.

16. 측량이 가능한 범위는 한 방향선의 길이가 도상에서 10cm 이하, 측점으로부터 지상 거리는 50~60m 이내가 적당하다.

17. 평판세우기 방법
   ① 정준(수평맞추기) : 평판의 면을 수평이 되게 세워야 한다.
   ② 구심(중심맞추기) : 지상점과 도상점이 연직선상에 일치되어야 한다.
   ③ 표정(방향맞추기) : 기준선과 방향선에 일치되도록 해야 한다.

18. 사변형 삼각망 : 가장 높은 정밀도를 얻을 수 있으나 조정이 복잡하고 피복 면적이 적으며 많은 노력과 시간, 경비가 필요하고 기선 삼각망 등에 사용된다.

19. 기계의 조정이 잘 안되었을 때 : 기계적인 오차

정 답

14. ① 15. ④ 16. ① 17. ④
18. ③ 19. ③

20. 삼각수준측량에서 A, B 두 점간의 거리가 10km이고 굴절계수가 0.14일 때 양차는? (단, 지구 반지름=6,370km)
   ① 4.32m ② 5.38m
   ③ 6.75m ④ 7.05m

21. 1:1,000,000의 허용 정밀도로 측량한 경우 측지측량과 평면측량의 한계는?
   ① 반지름 11km ② 반지름 15km
   ③ 반지름 20km ④ 반지름 25km

22. 1회 관측의 우연오차를 ±0.01m라고 하면 9회 연속 관측시 전체 오차는?
   ① ±0.01m ② ±0.03m
   ③ ±0.09m ④ ±0.10m

23. 전자파 거리 측정기(EDM : Electronic Distance Measurement Devices)에서 발생하는 오차 중 반사 프리즘의 실제적인 중심이 이론적인 중심과 일치하지 않아 발생하는 오차는 무슨 오차인가?
   ① 정오차 ② 부정오차
   ③ 착오 ④ 개인오차

24. 평판측량에 대한 설명으로 옳지 않은 것은?
   ① 현장에서 직접 대상물의 위치를 관측하여 축척에 맞게 평면도를 그리는 측량이다.
   ② 대단위 지역의 지형도 측량에 많이 사용한다.
   ③ 복잡한 지형이나 시가지, 농지 등의 세부 측량에 이용할 수 있다.
   ④ 현장에서 측량이 잘못된 곳을 발견하기 쉽다.

25. 그림에서 ∠A 관측값의 오차 조정량으로 옳은 것은? (단, 동일 조건에서 ∠A, ∠B, ∠C와 전체 각을 관측하였다.)
   ① +5″
   ② +6″
   ③ +8″
   ④ +10″

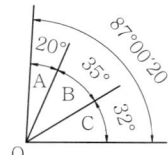

26. 방위각 180°∼ 270°는 몇 상한에 해당되는가?
   ① 제1상한 ② 제2상한
   ③ 제3상한 ④ 제4상한

해 설

20. 양차(구차+기차)
$$= \frac{(1-K)\ell^2}{2R}$$
$$= \frac{(1-0.14) \times 10^2}{2 \times 6370} = 6.75m$$

21.

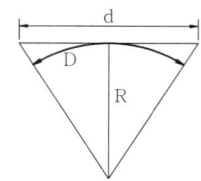

■ 허용 정밀도
$$= \frac{d-D}{D} = \frac{1}{12} \cdot \frac{D^2}{R^2}$$
$$= \frac{1}{1,000,000} = \frac{1}{12} \times \frac{D^2}{6,370^2}$$

지름 $D = \sqrt{\frac{12 \times 6,370^2}{1,000,000}} = 22km$

지름이 22km이므로 반지름은 11km이다.

22. 우연오차 $= \pm b\sqrt{n}$
$= \pm 0.01mm\sqrt{9} = \pm 0.03mm$
(n : 측정횟수, b : 1회 측정 오차)

23. 정오차 : 주로 기계적 원인에 의해 일정하게 발생하며 측정 횟수가 증가함에 따라 그 오차가 누적되는 오차

24. 대단위 지역의 지형도 측량 : 사진 측량 방법 이용

25. 전체각=87°00′20″
(∠A+∠B+∠C)
=20°+35°+32°=87°
오차=전체각-(∠A+∠B+∠C)
=87°00′20″-87°=20″
조정량=20″÷4=5″
∠A,∠B,∠C의 합이 작으므로 +5″씩, 전체각은 크므로 -5″ 보정한다.

26. 3상한 : 방위각 180°∼ 270°

정 답

20. ③ 21. ① 22. ② 23. ①
24. ② 25. ① 26. ③

27. 평면직각좌표계상에서 점 A의 좌표가 X=1,500m, Y=1,500m이며 점 A에서 점 B까지의 평면거리 450m, 방위각이 120°일 때 점 B의 좌표는?
   ① X=-500m, Y=1,433m   ② X=1,275m, Y=1,433m
   ③ X=1,275m, Y=1,890m   ④ X=-250m, Y=1,933m

28. 측선 AB의 거리가 87.61m이고 방위각이 219°40′38″일 때 이 측선의 위거는?
   ① 67.429m   ② 55.936m
   ③ -55.936m   ④ -67.429m

29. 두 점 간의 거리를 측정하니 최확값이 100m이고 평균 제곱근 오차가 각각 4mm이었다면 정밀도는?
   ① $\dfrac{1}{1,000}$ ② $\dfrac{1}{2,000}$
   ③ $\dfrac{1}{25,000}$ ④ $\dfrac{1}{50,000}$

30. 어느 측점에서 20.5km 떨어진 두 점 간의 거리가 2.05m일 때, 두 점 사이의 각은?
   ① 7.81″   ② 10.31″
   ③ 15.62″   ④ 20.63″

31. 기준점 측량에 관련이 가장 먼 것은?
   ① 위도 결정
   ② 고저 측량
   ③ 정지 측위(static GPS)
   ④ 도면 작성

32. 트래버스 측량의 설명으로 옳지 않은 것은?
   ① 트래버스 측량은 측선의 거리와 그 측선들이 만나서 이루는 수평각을 측정하여 각 측선의 위거와 경거를 계산하고 각 측점의 좌표를 구한다.
   ② 개방 트래버스 측량은 종점이 시점으로 돌아오지 않는 형태의 측량으로 높은 정확도를 요구하는 측량에는 사용되지 않는다.
   ③ 폐합 트래버스 측량은 종점이 시점으로 되돌아와 합치하여 하나의 다각형을 형성하는 측량으로 트래버스 측량 중에 정확도가 가장 높다.
   ④ 결합 트래버스 측량은 기지점에서 출발하여 다른 기지점으로 연결하는 측량으로 높은 정확도를 요구하는 대규모 지역의 측량에 이용된다.

해 설

27. AB의 위거=$\ell\cos\theta$
    =450×cos120°=-225m
    ∴ XB=1,500-225=1,275m
    AB의 경거=$\ell\sin\theta$
    =450×sin120°=390m
    ∴ YB=1,500+390=1,890m

28. 위거=$\ell\cos\theta$
    = 87.61×cos219°40′38″
    = -67.429m

29. 정밀도=$\dfrac{오차}{측정량}=\dfrac{0.004}{100}$
    =$\dfrac{1}{25,000}$

30. $\theta''=\rho''\times\dfrac{h}{D}$
    =$206265''\times\dfrac{2.05m}{20,500m}$
    = 20.63″

31.
   ■ 기준점 측량 : 삼각 측량, 삼변 측량, 다각 측량, 수준 측량, GPS 측량 등
   ■ 세부 측량 : 평판 측량, 사진 측량, 스타디아 측량

32. 폐합 트래버스
   ㉠ 어떤 측점으로부터 차례로 측량을 하여 최후에 다시 출발한 측점으로 되돌아오는 방법
   ㉡ 다각형의 폐합 조건을 이용하여 측량 결과를 점검할 수 있으나, 결합 트래버스보다 정확도가 낮다.
   ㉢ 소규모 지역의 측량에 이용된다.

정 답

27. ③ 28. ④ 29. ③ 30. ④
31. ④ 32. ③

33. 서로 이웃하는 두 개의 측선이 만나 이루는 각을 무엇이라 하는가?
① 교각　　　　　　② 복각
③ 배각　　　　　　④ 방향각

34. 삼각점의 선점 시 주의사항으로 옳지 않은 것은?
① 측점수가 적고 세부측량 등에 이용가치가 큰 점이어야 한다.
② 삼각형은 될 수 있는 대로 정삼각형으로 한다.
③ 지반이 견고하고 이동, 침하 및 동결 지반은 피한다.
④ 삼각망의 한 내각의 크기는 90°~130°로 해야 한다.

35. 수준점을 가장 올바르게 설명한 것은?
① 어떤 점에서 중력방향에 직각인 점
② 어떤 점에서 지구의 중심방향에 수직인 점
③ 어떤 면상의 각 점에서 중력의 방향에 수직한 곡면
④ 기준면에서부터 어떤 점까지의 연직거리를 정확히 측정하여 표시한 점

36. GPS 시스템 오차 중 위성 시계 오차의 대략적인 범위로 옳은 것은?
① 0~1.5m　　　　　② 5~10m
③ 10~30m　　　　　④ 50~70m

37. 곡선 설치에서 교점(I.P)까지의 추가 거리가 150.80m이고, 곡선 반지름(R)이 200m, 교각(I)가 56°32′이었을 때, 곡선 종점(E.C)까지의 추가거리는?
① 107.54m　　　　② 197.34m
③ 240.60m　　　　④ 275.36m

38. 인공위성을 이용한 범세계적 위치 결정의 체계로 정확히 위치를 알고 있는 위성에서 발사한 전파를 수신하여 관측점까지의 소요시간을 측정함으로써 관측점의 3차원 위치를 구하는 측량은?
① 전자파 거리 측량　② 광파 거리 측량
③ GPS 측량　　　　④ 육분의 측량

39. 반지름이 서로 다른 2개의 원곡선이 그 접속점에서 공통 접선을 이루고, 그들의 중심이 공통 접선에 대하여 같은 방향에 있는 곡선은?
① 반향곡선　　　　② 복심곡선
③ 단곡선　　　　　④ 클로소이드 곡선

해설

33. 교각법 : 어떤 측선이 그 앞의 측선과 이루는 각을 관측하는 방법으로 요구하는 정확도에 따라 단측법, 배각법으로 관측할 수 있다.

34. 삼각형은 정삼각형에 가깝게 하고, 부득이 할 때는 한 내각의 크기를 30°~120° 범위로 한다.

35. 수준점 : 기준면에서부터 어떤 점까지의 연직거리를 정확히 측정하여 표시한 점

36.

GPS 시스템 오차	범위(m)
위성 시계 오차	0~1.5
위성 궤도 오차	1~5
전리층 굴절 오차	0~30
대류권 굴절 오차	0~30
선택적 이용성	0~70

37. B.C 거리=I.P 거리-T.L
　　=150.80-200×tan(56°32′÷2)
　　=43.26m
　C.L=0.0174533RI
　　=0.0174533×200×56°32′
　　=197.34m
　E.C 거리=B.C 거리+C.L
　　=43.26+197.34=240.60m

38. GPS 측량 : 인공위성을 이용한 범세계적 위치 결정의 체계로 정확히 위치를 알고 있는 위성에서 발사한 전파를 수신하여 관측점까지의 소요시간을 측정함으로써 관측점의 3차원 위치를 구하는 측량

39. 복심곡선 : 2개 이상의 다른 반지름의 원곡선이 1개의 공통접선의 같은 쪽에서 연속하는 곡선

정답

33. ① 34. ④ 35. ④ 36. ①
37. ③ 38. ③ 39. ②

40. 지물과 지모의 평면적 위치 관계 또는 고저 관계를 측량하여 약속된 기호와 도식에 의하여 표현하는 측량은?
① 기준 측량　　　　② 지형 측량
③ 노선 측량　　　　④ 조사 측량

41. 측점 A에서의 횡단면적이 32㎡, 측점 B에서의 횡단면적이 48㎡이고, 측점 AB간 거리가 10m일 때의 토공량은?
① 400㎥　　　　② 500㎥
③ 600㎥　　　　④ 700㎥

42. 세 변의 길이가 3m, 4m, 5m인 삼각형의 면적은?
① 6㎡　　　　② 8㎡
③ 10㎡　　　　④ 12㎡

43. 단곡선에서 외할(E)을 구하는 공식은?
(단, R : 곡선반지름, I : 교각)
① $R\left(\sec\dfrac{I}{2}-1\right)$　　　② $R\left(1-\cos\dfrac{I}{2}\right)$
③ $R\left(\tan\dfrac{I}{2}-1\right)$　　　④ $2R\sin\dfrac{I}{2}$

44. GPS의 기본구성에서 3부문으로 나눌 때 이에 해당되지 않는 것은?
① 제어 부문　　　　② 우주 부문
③ 응용 부문　　　　④ 사용자 부문

45. 노선측량의 작업 순서 중 노선의 기울기, 곡선, 토공량, 터널과 같은 구조물의 위치와 크기, 공사비 등을 고려하여 가장 바람직한 노선을 결정하는 단계는?
① 도상 계획　　　　② 도상 선정
③ 공사 측량　　　　④ 실측

46. 길이가 10m인 각주의 양단면적이 4.2㎡, 5.6㎡이고 중앙단면적이 4.9㎡일 때 이 각주의 체적은?
① 47㎥　　　　② 48㎥
③ 49㎥　　　　④ 50㎥

47. 지형측량의 단계를 측량 계획 작성, 골조측량, 세부측량, 측량 원도 작성으로 구분할 때, 세부측량에 해당되는 것은?
① 자료 수집　　　　② 등고선 작도
③ 트래버스 측량　　　　④ 지물 측량

해 설

40. 지형 측량 : 지물(하천, 호수, 도로, 철도, 건축물 등의 자연적, 인위적 물체)과 지모(능선, 계곡, 언덕 등의 기복 상태)를 측정하여 지표의 기복 상태를 표시하는 지형도를 만들기 위한 측량이다.

41. $V = \dfrac{A_1 + A_2}{2} \times L$
$= \dfrac{32+48}{2} \times 10 = 400㎥$

42. $s = \dfrac{1}{2}(a+b+c)$
$= \dfrac{1}{2} \times (3+4+5) = 6$
$A = \sqrt{s(s-a)(s-b)(s-c)}$
$= \sqrt{6(6-3)(6-4)(6-5)}$
$= 6㎡$

43. 외할(E) $= R\left(\sec\dfrac{I}{2}-1\right)$

44. GPS의 구성 요소 : 우주 부분, 제어 부분, 사용자 부분

45. 노선의 기울기, 곡선, 토공량, 터널과 같은 구조물의 위치와 크기, 공사비 등을 고려하여 가장 바람직한 노선을 지형도 위에 기입하는 단계 : 도상 선정

46. $V = \dfrac{L}{6}(A_1 + 4A_m + A_2)$
$= \dfrac{10}{6} \times (4.2 + 4 \times 4.9 + 5.6)$
$= 49㎥$

47. 자료수집(답사) → 트래버스 측량(골조 측량) → 지물 측량(세부 측량) → 등고선 작도(지형도 제작)

정 답

40. ②　41. ①　42. ①　43. ①
44. ③　45. ②　46. ③　47. ④

48. 축척 1:50,000의 지형도에서 주곡선의 간격은?
   ① 5m ② 10m
   ③ 15m ④ 20m

49. 노선을 선정할 때 유의해야 할 사항으로 옳지 않은 것은?
   ① 노선은 가능한 직선으로 하고 경사를 완만하게 한다.
   ② 토공량이 적고 절토와 성토가 균형을 이루게 한다.
   ③ 절토 및 성토의 운반 거리를 가급적 길게 한다.
   ④ 배수가 잘 되는 곳이어야 한다.

50. 다음 중 체적을 계산하는 방법이 아닌 것은?
   ① 단면법 ② 점고법
   ③ 등고선법 ④ 도해 계산법

51. 등고선 간격에 대한 설명으로 가장 적합한 것은?
   ① 등고선 간의 지표의 거리
   ② 등고선 간의 경사방향의 거리
   ③ 등고선 간의 수평방향의 거리
   ④ 등고선 간의 수직방향의 거리

52. 노선 경계와 면적을 산출하여 보상 문제의 자료로 이용되는 측량은?
   ① 용지 측량 ② 종·횡단측량
   ③ 시공 측량 ④ 평면 측량

53. 등고선을 측정하기 위해 어느 한 곳에 레벨을 세우고 표고 20m 지점의 표척 읽음값이 1.8m이었다. 21m 등고선을 구하려면 시준선의 표척 읽음값을 얼마로 하여야 하는가?

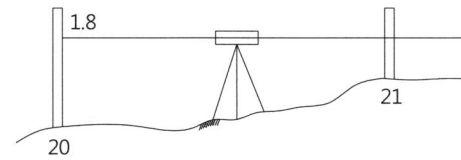

[단위 : m]

   ① 0.2m ② 0.8m
   ③ 1.8m ④ 2.9m

54. 지형의 표시방법에서 하천, 호수 및 항만 등의 수심을 측정하여 표고를 도상에 숫자로 나타내는 방법은?
   ① 채색법 ② 점고법
   ③ 우모법 ④ 등고선법

해 설

48. 주곡선 : 가는 실선
    1 : 1,000 ⇒ 1m
    1 : 5,000 ⇒ 5m
    1 : 25,000 ⇒ 10m
    1 : 50,000 ⇒ 20m

49. 절토 및 성토의 운반 거리를 가급적 짧게 한다.

50. 도해 계산법 : 주로 곡선으로 둘러싸인 면적을 구하려고 할 때 사용하는 방법⇒모눈종이법, 횡선법(스트립법), 지거법

51. 등고선 간격 : 등고선 간의 수직방향의 거리

52. 용지 측량 : 노선 경계와 면적을 산출하여 보상 문제의 자료로 이용되는 측량

53. 20+1.8=21+표척 읽음값
    표척 읽음값=21-21.8=0.8m

54. 점고법
    ① 지상에 있는 임의 점의 표고를 숫자로 도상에 나타내는 방법
    ② 해도, 하천, 호수, 항만의 수심을 나타내는 경우에 사용된다.

정 답

48. ④ 49. ③ 50. ④ 51. ④
52. ① 53. ② 54. ②

55. 단곡선 설치법에서 곡선 시점에서 접선과 현이 이루는 각을 이용하여 곡선을 설치하는 방법으로 정확도가 비교적 높은 방법은?
   ① 지거법
   ② 중앙종거법
   ③ 편거법
   ④ 편각법

56. 그림과 같은 △ABC의 넓이는? (단, AB=4m, AC=5m)
   ① 5m²
   ② 10m²
   ③ 15m²
   ④ 20m²

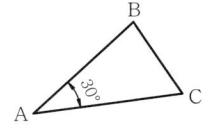

57. 다음 중 완화 곡선의 종류가 아닌 것은?
   ① 램니스케이트 곡선
   ② 클로소이드 곡선
   ③ 3차 포물선
   ④ 단곡선

58. 아래 그림과 같이 지거 간격 3m로 각 지거($y_1 \sim y_7$)를 측정하였다. 사다리꼴 공식에 의한 면적은? (단, $y_1=1.5$m, $y_2=1.2$m, $y_3=2.5$m, $y_4=3.5$m, $y_5=3.0$m, $y_6=2.8$m, $y_7=2.5$m)

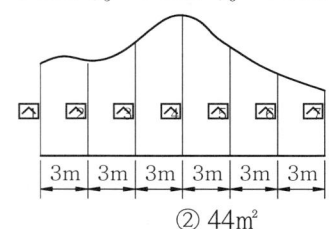

   ① 43m²
   ② 44m²
   ③ 45m²
   ④ 46m²

59. 도로의 기점으로부터 곡선시점까지 추가 거리가 500m이고 곡선 반지름이 200m, 교각이 90°일 때 곡선의 중간점까지의 추가 거리는?
   ① 600m
   ② 657m
   ③ 700m
   ④ 814m

60. 축척 1:600 도면에서 도상면적이 25㎠일 때 실제 면적은?
   ① 500m²
   ② 700m²
   ③ 900m²
   ④ 1200m²

해 설

55. 편각법 : 노선측량의 단곡선 설치에서 많이 사용되는 방법으로 접선과 현이 이루는 각을 재고 테이프로 거리를 재어 곡선을 설치하는 방법으로 정밀도가 가장 높아 많이 이용된다.

56. $A = \frac{1}{2}ab \sin\alpha$
   $= \frac{1}{2} \times 4 \times 5 \times \sin 30° = 5\text{m}^2$

57. 완화 곡선 : 3차 포물선, 클로소이드, 램니스케이트

58. 사다리꼴 공식에 의한 면적
   $= d(\frac{y_1+y_n}{2}+y_2+...+y_{n-1})$
   $= 3 \times (\frac{1.5+2.5}{2}+1.2+2.5+3.5+3.0+2.8) = 45\text{m}^2$

59. B.C 거리=500m
   C.L=0.0174533RI
   =0.0174533×200×90
   =314m
   곡선 중간점까지의 추가거리
   =B.C 거리+C.L÷2
   =500+(314÷2)=657m

60. 실제 면적=도상면적×M²
   =25×600²=9,000,000㎠
   =900㎡

정 답

55. ④ 56. ① 57. ④ 58. ③
59. ② 60. ③

2013년 4회 시행 문제

1. 폐합트래버스 측량을 실시한 후 폐합오차를 계산하기 위하여 모든 선의 위거·경거의 합을 계산한 결과 각각 -0.02m, -0.043m일 때 폐합 오차는?
   ① 0.035m
   ② 0.041m
   ③ 0.047m
   ④ 0.049m

2. 수준측량의 야장 기입법이 아닌 것은?
   ① 기고식
   ② 종단식
   ③ 고차식
   ④ 승강식

3. 직각좌표에 있어서 두 점 A(2.0m, 4.0m), B(-3.0m, -1.0m) 간의 거리는?
   ① 7.07m
   ② 7.48m
   ③ 8.08m
   ④ 9.04m

4. 수평각 측정 방법 중 가장 정확한 값을 얻을 수 있는 방법으로 1등 삼각 측량에서 주로 이용되는 것은?
   ① 조합각 관측법
   ② 방향각 관측법
   ③ 배각법
   ④ 단측법

5. 시작점과 종점의 각각의 좌표를 알고 있는 상태에서 측점들의 위치를 결정하는 트래버스는?
   ① 폐합 트래버스
   ② 결합 트래버스
   ③ 개방 트래버스
   ④ 트래버스망

6. 삼각망의 조정에 대한 설명으로 옳지 않은 것은?
   ① 한 측점에서 여러 방향의 협각을 관측했을 때 여러 각 사이의 관계를 표시하는 조건을 측점조건이라 한다.
   ② 삼각형 내각의 합은 180°라는 각 조건을 만족하여야 한다.
   ③ 삼각형 중의 한 변의 길이는 계산 순서에 따라 달라질 수 있다.
   ④ 한 측점의 둘레에 있는 모든 각의 합은 360°이다.

해설

1. 폐합 오차
$$= \sqrt{(위거\ 오차)^2 + (경거\ 오차)^2}$$
$$= \sqrt{(-0.02)^2 + (-0.043)^2}$$
$$= 0.047m$$

2. 야장 기입 방법
   ① 고차식 야장 : 두 측점간의 고저차만을 구하기에 적합하다.
   ② 기고식 야장 : 종단 및 횡단 수준측량에서 중간점이 많을 때 적합하다.
   ③ 승강식 야장 : 계산에서 완전히 검산할 수 있어 정밀을 요할 때 적합, 중간점이 많을 때는 계산이 복잡한 단점이 있다.

3. AB의 거리
$$= \sqrt{(X_B - X_A)^2 + (Y_B - Y_A)^2}$$
$$= \sqrt{(-3-2)^2 - (-1-4)^2}$$
$$= 7.07m$$

4. 수평각 관측법 중 가장 정확한 방법으로 1, 2등 삼각 측량에 주로 사용되는 수평각 측정 방법은 조합각 관측법이다.

5. 결합 트래버스 : 좌표를 알고 있는 기지점으로부터 출발하여 다른 기지점에 연결하는 측량방법으로 높은 정확도를 요구하는 대규모 지역의 측량에 이용되는 트래버스

6. 삼각망 중의 한 변의 길이는 계산 순서에 관계없이 일정하다.(변 조건)

정답

1. ③ 2. ② 3. ① 4. ① 5. ②
6. ③

7. 토털스테이션의 사용상 주의사항이 아닌 것은?
   ① 이동 시에는 기계를 삼각대에서 분리시켜 이동한다.
   ② 기계는 지면에 직접 닿도록 내려놓는다.
   ③ 전원 스위치를 내린 후 배터리를 본체로부터 분리한다.
   ④ 커다란 진동이나 충격으로부터 기계를 보호한다.

8. 다음 중 축척이 가장 큰 것은?
   ① 1/500
   ② 1/1,000
   ③ 1/3,000
   ④ 1/5,000

9. 트래버스 측량에서 어떤 두 점의 위치 관계를 구하기 위해 일반적으로 사용되는 좌표는?
   ① 구면 좌표
   ② 극좌표
   ③ UTM 좌표
   ④ 평면 직각 좌표

10. 폐합트래버스 측량을 하여 허용 오차 범위 이내로 폐합오차가 생겼을 경우 컴퍼스 법칙에 의한 오차 처리는?
    ① 각 측선의 위거 및 경거의 크기에 비례 배분하여 조정한다.
    ② 각 측선의 위거 및 경거의 크기에 반비례 배분하여 조정한다.
    ③ 각 측선의 길이에 비례하여 조정한다.
    ④ 각 측선의 길이에 반비례하여 조정한다.

11. 임의의 기준선으로부터 어느 측선까지 시계 방향으로 잰 수평각을 무엇이라 하는가?
    ① 방향각
    ② 방위각
    ③ 연직각
    ④ 천정각

12. 삼각측량을 위한 삼각점 선점을 위하여 고려하여야 할 사항으로 가장 거리가 먼 것은?
    ① 삼각형은 되도록 정삼각형에 가까울 것
    ② 다음 측량을 하기에 편리한 위치일 것
    ③ 삼각점의 보존이 용이한 곳일 것
    ④ 직접 수준측량이 용이한 곳일 것

해 설

7. 본체가 지면에 직접 닿는 일이 없도록 주의한다.

8. 분모값이 작을수록 큰 축척이며 정밀도가 높다.

9. 평면 직각 좌표 : 트래버스 측량에서 어떤 두 점의 위치 관계를 구하기 위해 일반적으로 사용되는 좌표
   ㉠ 측량 범위가 넓지 않은 일반 측량에 널리 쓰인다.
   ㉡ 자오선을 X축 동서 방향을 Y축으로 한다.

10. 트래버스 측량의 폐합오차 조정
    ① 컴퍼스 법칙 : 각측량과 거리측량의 정밀도가 같은 정도인 경우 이용하며, 오차를 측선의 길이에 비례하여 배분한다.
    ② 트랜싯 법칙 : 각 측량의 정밀도가 거리 측량의 정밀도보다 높을 때 이용되며, 위거 및 경거의 오차를 각 측선의 위거 및 경거의 크기에 비례하여 배분한다.

11. 방향각 : 임의의 기준선으로부터 어느 측선까지 시계 방향으로 잰 각

12. 삼각점들의 수평 위치(X, Y)를 결정하는 방법

정 답

7. ② 8. ① 9. ④ 10. ③ 11. ①
12. ④

13. 다음 측량의 오차 중 기계적 원인의 오차에 해당되는 것은?
   ① 광선의 굴절
   ② 조작의 불량
   ③ 부주의 및 과오
   ④ 기계의 조정 불완전

14. 측점 O에서 $X_1 = 30°$, $X_2 = 45°$, $X_3 = 77°$의 각 관측값을 얻었다. X_1의 조정된 값은?

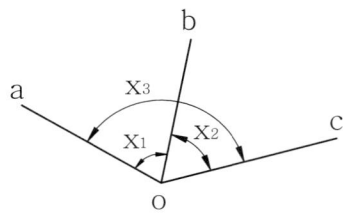

   ① 30°40′
   ② 30°20′
   ③ 29°40′
   ④ 29°20′

15. 측점 수가 7개인 폐합 트래버스의 외각을 측정하는 경우 외각의 총합은?
   ① 1,260°
   ② 1,440°
   ③ 1,620°
   ④ 1,800°

16. 그림과 같은 삼각측량 결과에서 방위각 T_{CB}는?

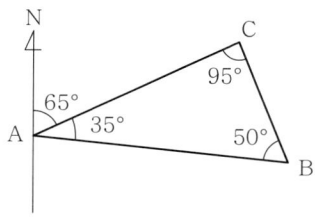

   ① 150°
   ② 180°
   ③ 245°
   ④ 250°

17. 다음은 삼각측량 방법의 순서이다. ( )안에 적당한 것은?

   도상 계획 ⇒ ( ) ⇒ 조표 ⇒ 기선측량
   ⇒ … ⇒ 삼각망의 조정

   ① 수직각 관측
   ② 수평각 관측
   ③ 삼각망 계산
   ④ 답사 및 선점

해 설

13.
■ 광선의 굴절 : 자연적인 원인
■ 조작의 불량, 부주의 및 과오 : 개인 오차

14. 오차 = $X_3 - (X_1 + X_2)$
   = 77°-(30°+45°)=2°(=120′)
   조정량=120′÷3=40′
   X_1, X_2의 합이 작으므로 +40′
   전체각 X_3는 크므로 -40′ 보정
   ∴ X_1=30°+40′=30°40′

15. 외각의 합 = $180°(n+2)$
   = $180° \times (7+2) = 1620°$

16. AC방위각=65°
   CB방위각
   =AC방위각+180°-∠C
   =65°+180°-95°
   =150°

17. 삼각 측량의 작업순서 :
   도상 계획→답사 및 선점→조표
   →측정→계산→성과표 작성

정 답

13. ④ 14. ① 15. ③ 16. ①
17. ④

18. 다음 두 점(A, B)의 좌표에서 AB의 방위각은?

측점	X(m)	Y(m)
A	15	5
B	20	10

① 5°26′06″
② 10°10′10″
③ 18°26′06″
④ 45°00′00″

해 설

18. AB의 방위각
$= \tan^{-1}\left(\dfrac{Y_B - Y_A}{X_B - X_A}\right)$
$= \tan^{-1}\left(\dfrac{10-5}{20-15}\right) = 45°00′00″$

19. 평판측량에서 평판을 세울 때 발생되는 오차로 측량 결과에 가장 큰 영향을 주므로 주의해야 할 오차는?
① 지상 측점과 도상 측점의 불일치에서 오는 오차
② 평판의 방향맞추기가 불완전하여 생기는 오차
③ 폴(pole)대의 경사에서 오는 오차
④ 거리 관측의 오차

19. 평판을 세울 때의 오차 중 측량 결과에 가장 큰 영향을 주는 오차는 방향맞추기(표정) 오차이다.

20. 단열삼각망의 특징에 대한 설명으로 틀린 것은?
① 노선, 하천, 터널 등과 같이 폭이 좁고 거리가 먼 지역에 적합하다.
② 조건식의 수가 많아 삼각측량이나 기선 삼각망 등에 주로 사용한다.
③ 거리에 비하여 측점 수가 적으므로 측량이 신속하다.
④ 다른 삼각망에 비해 정확도가 낮다.

20. 조건식의 수가 많아 삼각측량이나 기선 삼각망 등에 주로 사용되는 삼각망은 사변형 삼각망이다.

21. 관측값의 신뢰도를 나타내는 경중률(weight)에 대한 설명 중 틀린 것은?
① 표준편차의 제곱에 반비례한다.
② 관측거리에 반비례한다.
③ 관측횟수에 비례한다.
④ 잔차에 비례한다.

21. 경중률 : 관측값의 신뢰도를 표시하는 값
① 같은 정도로 측정했을 때 : 측정 횟수에 비례한다.
② 정밀도의 제곱에 비례한다.
③ 오차의 제곱에 반비례한다.
④ 표준 편차의 제곱에 반비례한다.
⑤ 직접수준측량 : 거리에 반비례
⑥ 간접수준측량 : 거리의 제곱에 반비례 한다.

22. 어느 거리를 동일 조건으로 6회 관측한 결과로 잔차의 제곱의 합 (ΣV^2)을 ±0.02686 얻었다면 표준오차는?
① ±0.014m
② ±0.024m
③ ±0.030m
④ ±0.044m

22. 표준오차$(\sigma_m) = \sqrt{\dfrac{[vv]}{n(n-1)}}$
$= \sqrt{\dfrac{0.02686}{6 \times (6-1)}} = \pm 0.030\text{m}$

23. 기선 양단의 고저차 h=45㎝, 기선을 관측한 거리가 320m일 때 경사보정량은?
① -0.0003m
② -0.0005m
③ -0.0007m
④ -0.0008m

23. 보정량 $= -\dfrac{h^2}{2L} = -\dfrac{0.45^2}{2 \times 320}$
$= -0.0003\text{m}$

정 답

18. ④ 19. ② 20. ② 21. ④
22. ③ 23. ①

24. 평판측량에서 폐합비가 허용오차 이내일 경우 오차의 처리 방법으로 옳은 것은?
   ① 출발점으로부터 측점까지의 거리에 비례하여 배분한다.
   ② 각 측선의 길이에 비례하여 배분한다.
   ③ 각 측선의 길이에 반비례하여 배분한다.
   ④ 출발점으로부터 측점까지의 거리에 반비례하여 배분한다.

25. 폐합 트래버스의 거리 및 수평각 관측에 대한 설명으로 옳지 않은 것은?
   ① 폐합 트래버스를 구성하는 측점간 거리는 가능하면 등간격으로 하고 현저하게 짧은 측선은 피하도록 한다.
   ② 교각법은 측정 순서에 관계없이 측정할 수 있으며 오측이 발견될 때에는 그 각만을 재측하여 점검하기 쉽다.
   ③ 방위각법은 교각법에 비해 작업이 신속하나 한 번 오차가 발생하면 끝까지 영향을 미치므로 주의하여야 한다.
   ④ 수평각 오차가 크더라도 거리 오차를 작게 할 경우 측점의 위치 오차는 현저하게 감소시킬 수 있다.

26. 평판측량의 특징에 대한 설명으로 틀린 것은?
   ① 간단한 기계 조작과 방법으로 측량 결과를 도면으로 얻을 수 있다.
   ② 현장에서 직접 도면이 그려지므로 잘못된 곳을 찾아 수정하기 쉽다.
   ③ 사용하는 부품이 많아 분실의 염려가 있다.
   ④ 다른 측량 방법에 비하여 비교적 정확도가 높다.

27. 50m 테이프로 어떤 거리를 측정하였더니 175m이었다. 이 50m의 테이프를 표준척과 비교해보니 3cm가 짧았다면 실제의 길이는?
   ① 173.950m
   ② 174.895m
   ③ 175.105m
   ④ 176.050m

28. 평판측량에서 기지점을 2점 이상 취하고 기준점으로부터 미지점을 시준하여 방향선을 교차시켜 도면상에서 미지점의 위치를 결정하는 방법은?
   ① 방사법   ② 교회법
   ③ 전진법   ④ 편각법

해 설

24. 평판측량에서 폐합비가 허용오차 이내일 경우 출발점으로부터 측점까지의 거리에 비례하여 배분

25. 트래버스 측량은 거리와 각을 조합하여 측점의 위치를 결정하므로, 각 관측과 거리 관측의 정확도를 균형 있게 유지하는 것이 원칙이다.

26. 다른 측량에 비해 정확도가 낮다.

27. 실제길이
    = 관측길이 × $\dfrac{부정길이}{표준길이}$
    = $175 \times \dfrac{50 - 0.03}{50}$ = 174.895m
   ■ 부정길이 : 표준길이 보다 길 때에는 +, 짧을 때는 - 이다.

28. 교회법 : 이미 알고 있는 2-3개의 측점에 차례대로 평판을 세우고 목표물을 시준하여 교차점을 구하는 방법

정 답

24. ① 25. ④ 26. ④ 27. ②
28. ②

29. 하천 또는 계곡 등에 있어서 두 점 중간에 기계를 세울 수 없는 경우에 고저차를 구하는 방법으로 가장 적합한 것은?
① 삼각 수준 측량
② 스타디아 측량
③ 교호 수준 측량
④ 기압 수준 측량

30. 직접수준측량에서 발생하는 오차의 원인 중 정오차는?
① 시차에 의한 오차
② 표척 읽음 오차
③ 표척눈금 부정에 의한 오차
④ 불규칙한 기상변화에 의한 오차

31. 트래버스 측량을 위한 선점상의 주의사항으로 옳지 않은 것은?
① 후속측량, 특히 세부측량에 편리하여야 한다.
② 측선거리는 될 수 있는 대로 짧게 하여 측점 수를 많게 하는 것이 좋다.
③ 측선거리는 가능하면 동일하게 하고 고저차가 크지 않아야 한다.
④ 찾기 쉽고 안전하게 보존될 수 있는 장소로 한다.

32. 수평각 측정에서 그림과 같이 1점 주위에 여러 개의 각을 측정할 때 한 점을 기준으로 순차적으로 시준하여 측정값을 기록하고 그 차로 각각의 각을 얻는 방법은?

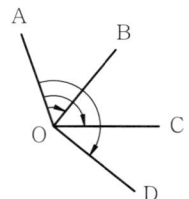

① 배각법
② 조합각 관측법
③ 단측법
④ 방향각법

33. 우리나라 수준원점의 표고로 옳은 것은?
① 28.6871m
② 26.6871m
③ 27.6871m
④ 25.6871m

해 설

29. 교호 수준 측량 : 측선 중에 계곡, 하천 등이 있으면 측선의 중앙에 레벨을 세우지 못하므로 정밀도를 높이기 위해(굴절오차와 시준오차를 소거하기 위해) 양 측점에서 측량하여 두 점의 표고차를 2회 산출하여 평균하는 방법

30.
■ 시차에 의한 오차 : 개인적 오차
■ 표척 읽음 오차 : 착오
■ 불규칙한 기상변화에 의한 오차 : 자연적 원인

31. 측선의 거리는 될 수 있는 대로 길게 하고, 측점 수는 적게 하는 것이 좋으며, 일반적으로 측선의 거리는 30~200m 정도로 한다.

32. 방향각법 : 1점 주위에 여러 개의 각이 있을 때 1점을 기준으로 하여 시계 방향으로 순차적 A, B, C, D의 각 점을 시준하여 측정값을 기록하고, 그들의 차에 의하여 ∠AOB, ∠BOC, ∠COD등을 얻는 방법이다.

33. 수준원점
㉠ 1963년 인천광역시 남구 인하로 100(인하공업전문대학 내)에 설치
㉡ 인천만의 평균 해수면으로부터 26.6871m
㉢ 이 수준 원점을 중심으로 국도를 따라 1, 2등 수준점을 설치하여 사용하고 있다.

정 답

29. ③ 30. ③ 31. ② 32. ④
33. ②

34. 직접수준측량에서 표고를 측정하기 위하여 I점에 레벨을 세우고 B점에 세운 표척을 시준하여 관측하였다. A점에 설치한 표척의 읽음값(i_a)을 구하는 식으로 옳은 것은? (단, $i_b = B$의 표척 읽음값, $A_h = A$의 표고, $B_h = B$의 표고)

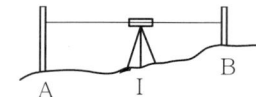

① $i_a = B_h + i_b + A_h$
② $i_a = B_h - i_b + A_h$
③ $i_a = B_h - i_b - A_h$
④ $i_a = B_h + i_b - A_h$

35. 내각을 관측하여 육각형 폐합트래버스 측량한 결과 719°59′12″일 때 각 측점의 조정량은?
① 2″
② -2″
③ 8″
④ -8″

36. 노선을 선정할 때 유의해야 할 사항으로 틀린 것은?
① 토공량이 적고, 절토와 성토가 균형을 이루게 한다.
② 절토 및 성토의 운반 거리를 가급적 짧게 한다.
③ 배수가 잘 되는 곳이어야 한다.
④ 선형은 가능한 곡선으로 한다.

37. 단곡선에서 중앙 외할(E)을 구하는 공식은? (단, I : 교각, R : 곡선반지름)
① $R\tan\dfrac{I}{2}$
② $R\left(1 - \cos\dfrac{I}{2}\right)$
③ $R\left(\sec\dfrac{I}{2} - 1\right)$
④ $0.0174533RI$

38. GPS 측량의 시스템 오차에 해당되지 않는 것은?
① 위성 시준 오차
② 위성 궤도 오차
③ 전리층 굴절 오차
④ 위성 시계 오차

39. 지형도에서 등경사지인 A점의 표고는 100m이고, B점의 표고는 180m이다. AB의 수평거리가 1,000m일 때 A로부터 120m인 등고선의 수평거리는?
① 250m
② 500m
③ 750m
④ 1,000m

해 설

34. $i_a = B_h + i_b - A_h$

35.
육각형 내각의 합
　$=180°(n-2)=180°×(6-2)$
　$=720°$
각오차=720°-719°59′12″=48″
조정량=48″÷6=8″

36. 노선은 가능한 직선으로 하고 경사를 완만하게 한다.

37.
■ 접선장 $= R\tan\dfrac{I}{2}$
■ 중앙종거 $= R\left(1 - \cos\dfrac{I}{2}\right)$
■ 곡선장=0.01745RI

38. GPS 시스템 오차 : 위성 시계 오차, 위성 궤도 오차, 전리층 굴절 오차, 대류권 굴절 오차 및 선택적 이용성에 의한 오차

39.

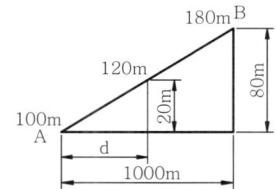

그림에서 1,000 : 80 = d : 20
$d = \dfrac{1,000 \times 20}{80} = 250m$

정 답

34. ④　35. ③　36. ④　37. ③
38. ①　39. ①

40. A, B 두 점 간의 수평거리가 200m인 도로에서 높이차가 7m라고 하면 경사각은?
   ① 약 2°
   ② 약 3°
   ③ 약 4°
   ④ 약 5°

41. 단곡선에서 교각 I=60°, 반지름 R=60m일 때 접선장은?
   ① 30.46m   ② 32.56m
   ③ 34.64m   ④ 36.68m

42. 철도의 곡선부에 설치되는 내·외측 레일 사이의 높이차를 무엇이라 하는가?
   ① 확폭(slack)   ② 완화 곡선
   ③ 캔트(cant)   ④ 레일 간격

43. 10m 간격의 등고선으로 표시되어 있는 구릉지에서 디지털구적기로 면적을 구하여 $A_0 = 100 m^2$, $A_1 = 570 m^2$, $A_2 = 1,480 m^2$, $A_3 = 4,320 m^2$, $A_4 = 8,350 m^2$일 때 체적은?
   ① 95,323m³
   ② 96,323m³
   ③ 98,233m³
   ④ 103,233m³

44. 곡선의 시점에서 접선과 이루는 각으로 단곡선을 설치하는 방법은?
   ① 배각법   ② 편각법
   ③ 방향각법   ④ 교각법

45. 각 지점의 지거가 $y_0 = 3.2m$, $y_1 = 9.5m$, $y_2 = 11.4m$, $y_3 = 11.5m$, $y_4 = 6.2m$이고 지거 간격이 6m일 때 사다리꼴 공식에 의한 면적은?

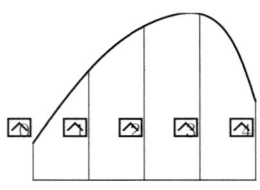

   ① 222.6m²   ② 246.6m²
   ③ 266.6m²   ④ 288.6m²

해 설

40. 경사각 $= \tan^{-1}\dfrac{7}{200} = 2°$

41. $T.L = R \times \tan\dfrac{I}{2}$
    $= 60 \times \tan\dfrac{60°}{2} = 34.64m$

42. 캔트 : 곡선부를 통과하는 열차의 원심력으로 인한 낙차를 고려하여 바깥 레일을 안쪽보다 높이는 정도. 도로에서는 편경사라 한다.

43. 체적은
    $= \dfrac{h}{3}\{A_0 + A_4 + 4(A_1 + A_3) + 2(A_2)\}$
    $= \dfrac{10}{3}\{100 + 8,350 + 4(570 + 4,320) + 2(1,480)\} = 103,233 m^3$

44. 편각법 : 노선측량의 단곡선 설치에서 많이 사용되는 방법으로 접선과 현이 이루는 각을 재고 테이프로 거리를 재어 곡선을 설치하는 방법으로 정밀도가 가장 높아 많이 이용된다.

45. 사다리꼴 공식에 의한 면적
    $= d\left(\dfrac{y_1 + y_n}{2} + y_2 + ... + y_{n-1}\right)$
    $= 6 \times \left(\dfrac{3.2 + 6.2}{2} + 9.5 + 11.4 + 11.5\right)$
    $= 222.6 m^2$

정 답

40. ① 41. ③ 42. ③ 43. ④
44. ② 45. ①

46. 토량과 같은 체적을 구하기 위한 방법이 아닌 것은?
   ① 각주공식
   ② 중앙 단면법
   ③ 양단면 평균법
   ④ 심프슨 공식

47. GPS의 특성에 대해 설명한 것으로 틀린 것은?
   ① 기상에 관계없이 위치결정이 가능하다.
   ② 지구 지표면 상의 어느 곳에서나 이용할 수 있다.
   ③ GPS에 의해 직접 관측되는 성과는 정표고이다.
   ④ GPS 측량 정확도는 측량기법에 따라 수 ㎜부터 수 m까지 다양하다.

48. 도로 수평 곡선의 약호 중 접선 길이를 나타내는 것은?
   ① B.C
   ② E.C
   ③ T.L
   ④ C.L

49. 다음 중 복심곡선의 설명으로 가장 적합한 것은?
   ① 노선의 비탈이 변화하는 곳에 1개의 원호로 된 곡선
   ② 2개 이상의 다른 반지름의 원곡선이 1개의 공통접선의 같은 쪽에서 연속하는 곡선
   ③ 직선부와 원곡선부, 곡선부와 원곡선 사이에 넣는 특수곡선
   ④ 2개의 원곡선이 1개의 공통접선의 양쪽에 서로 곡선 중심을 가지고 연속된 곡선

50. 곡선 설치 시 완화곡선과 거리가 먼 것은?
   ① 3차 포물선
   ② 원곡선
   ③ 렘니스케이트 곡선
   ④ 클로소이드 곡선

51. 등고선의 성질에 대한 설명으로 옳지 않은 것은?
   ① 등고선의 경사가 급할수록 간격이 좁다.
   ② 등고선은 능선이나 계곡선과 직교한다.
   ③ 등고선은 도면 내 또는 도면 외에서 반드시 폐합한다.
   ④ 등고선은 절대로 교차하지 않는다.

52. GPS 시간오차를 제거한 3차원 위치 결정을 위해 필요한 최소 위성의 수는?
   ① 1대
   ② 2대
   ③ 3대
   ④ 4대

해 설

46. 심프슨 공식은 면적 계산

47.
- GPS로부터 취득되는 위치는 WGS-84 타원체에 의한 3차원 좌표
- GPS 높이의 기준 ⇒ 타원체고
- 타원체고 - 지오이드고 = 정표고

시점 : B.C, 종점 : E.C
38. 곡선중점 : S.P

48. B.C⇒곡선 시점, E.C⇒곡선 종점
    C.L⇒곡선장

49.
① 단곡선(원곡선)
② 복심곡선
③ 클로소이드
④ 반향곡선

50.
- 원곡선 : 단곡선, 복심 곡선, 반향 곡선
- 완화 곡선 : 3차 포물선, 클로소이드, 램니스케이트

51. 높이가 다른 두 등고선은 동굴이나 절벽의 지형이 아닌 곳에서는 교차하지 않는다. 동굴이나 절벽에서는 2점에서 교차한다.

52. 3차원 위치 결정을 위해서는 3대의 위성으로부터 수신하면 된다. 그러나 시간 오차도 미지수에 속하므로 모두 4대의 위성으로부터 수신하여야 한다.

정 답

46. ④ 47. ③ 48. ③ 49. ②
50. ② 51. ④ 52. ④

53. 양 단면의 면적이 $A_1 = 65\,m^2$, $A_2 = 27\,m^2$, 정중앙의 단면적이 $A_m = 45\,m^2$이고 길이 $L = 30m$일 때 각주공식에 의한 체적은?

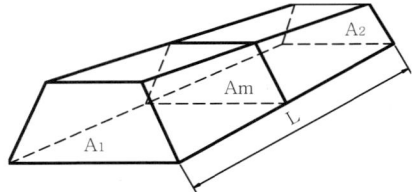

① 1,060m³
② 1,260m³
③ 1,360m³
④ 2,040m³

해설

53. $V = \dfrac{L}{6}(A_1 + 4A_m + A_2)$
 $= \dfrac{30}{6} \times (65 + 4 \times 45 + 27)$
 $= 1,360\,m^3$

54. 그림과 같은 지역을 삼분법에 의하여 구한 토공량은? (단, 각 분할된 구역의 크기는 동일하다.)

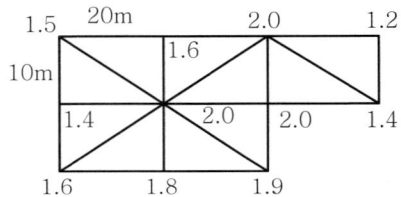

① 1,787m³
② 2,453m³
③ 1,087m³
④ 2,653m³

54. $A = 10m \times 20m \div 2 = 100\,m^2$
$\Sigma h_1 = 1.2$
$2\Sigma h_2 = 2 \times (1.5 + 1.6 + 1.4 + 1.9 + 1.8 + 1.6 + 1.4) = 22.4$
$3\Sigma h_3 = 3 \times 2.0 = 6$
$4\Sigma h_4 = 4 \times 2.0 = 8$
$8\Sigma h_8 = 8 \times 2.0 = 16$
$V = \dfrac{A}{3}(\Sigma h_1 + 2\Sigma h_2 + 3\Sigma h_3 + 4\Sigma h_4 + 5\Sigma h_5 + 6\Sigma h_6 + 7\Sigma h_7 + 8\Sigma h_8)$
$= \dfrac{100}{3}(1.2 + 22.4 + 6 + 8 + 16)$
$= 1,787\,m^3$

55. 곡선 설치에서 곡선 반지름 R=600m일 때, 현의 길이 L=20m에 대한 편각은?
① 0°42′58″
② 0°57′18″
③ 1°08′45″
④ 1°25′57″

55. 편각(δ) $= \dfrac{\ell}{2R} \times \dfrac{180°}{\pi}$
$= \dfrac{20}{2 \times 600} \times \dfrac{180°}{\pi}$
$= 0°57′18″$

56. 임의 점의 표고를 숫자로 도상에 나타내는 지형표시 방법은?
① 점고법
② 우모법
③ 채색법
④ 음영법

56. 점고법
① 지상에 있는 임의 점의 표고를 숫자로 도상에 나타내는 방법
② 해도, 하천, 호수, 항만의 수심을 나타내는 경우에 사용된다.

정답

53. ③ 54. ① 55. ② 56. ①

57. 2개 이상의 관측점에 수신기를 설치하고 동시에 위성신호를 수신하여 위치를 관측하는 방법으로 주로 기준점 측량에 이용되는 것은?
   ① 단독 GPS
   ② 이동식 GPS 방법
   ③ 실시간 이동식 GPS
   ④ 정지식 GPS 방법

58. 기본지형도의 등고선 표시 방법으로 옳은 것은?
   ① 주곡선은 가는 실선이고, 간곡선은 가는 긴 파선이다.
   ② 간곡선은 가는 실선이고, 조곡선은 일점 쇄선이다.
   ③ 조곡선은 이점 쇄선이고, 계곡선은 실선이다.
   ④ 계곡선은 가는 실선이고, 주곡선은 파선이다.

59. 다음 중 등고선의 측정 방법이 아닌 것은?
   ① 직접법
   ② 영선법
   ③ 기준점법
   ④ 사각형 분할법

60. 삼각형의 세 변의 길이가 5m, 8m, 11m인 삼각형의 면적은?
   ① 12.12㎡
   ② 18.33㎡
   ③ 28.66㎡
   ④ 32.32㎡

해 설

57. ① 정적 측량(정지식 GPS)
   ㉠ 수신기를 계속 고정한 상태로 관측하는 방법이다.
   ㉡ 수신기 한 대는 기지점에 설치하고 다른 한 대는 미지점에 설치하여 측량한다.
   ㉢ 수신완료 후 컴퓨터로 각 수신기의 위치, 거리계산
   ㉣ 계산된 위치 및 거리 정확도가 높음
   ㉤ 측지 측량에 이용

   ② 동적 측량(이동식 GPS)
   ㉠ 수신기를 들고 다니며 측량 작업을 하는 방법으로 수신기 한 대는 기지점 위에 설치하고, 다른 수신기는 많은 미지점상에 세워 일정 시간(수 초~수 분)동안 수신을 한다.
   ㉡ 이동하는 중에도 위성으로부터의 전파 수신은 계속 이루어져야 한다.
   ㉢ 지형 측량에 이용하면 편리한 기법이다.

59. 우모법(영선법) : 지형의 표시 방법

60. $s = \dfrac{1}{2}(a+b+c)$
   $= \dfrac{1}{2} \times (5+8+11) = 12$
   $A = \sqrt{s(s-a)(s-b)(s-c)}$
   $= \sqrt{12(12-5)(12-8)(12-11)}$
   $= 18.33㎡$

정 답

57. ④ 58. ① 59. ② 60. ②

2014년 1회 시행 문제

1. 어떤 기선을 측정하여 다음 표와 같은 결과를 얻었을 때 최확값은?

측정군	측정값	측정횟수
Ⅰ	80.186m	1
Ⅱ	80.249m	2
Ⅲ	80.223m	3

① 80.186m ② 80.210m
③ 80.226m ④ 80.249m

2. 하천 양안의 고저차를 측정할 때 교호 수준 측량을 이용하는 주요 이유는?
   ① 기계오차와 광선굴절오차 제거
   ② 연직축오차 제거
   ③ 수평각오차 제거
   ④ 기포관축오차 제거

3. 수평각 관측방법 중 가장 정확한 값을 얻을수 있는 관측방법은?
   ① 방향각 관측법
   ② 조합각 관측법
   ③ 배각 관측법
   ④ 단각 관측법

4. 평판측량에 대한 설명 중 옳지 않은 것은?
   ① 기후의 영향을 많이 받는다.
   ② 현장에서 결측을 발견하기 쉽다.
   ③ 다른 측량에 비해 정확도가 낮다.
   ④ 외업 시간에 비해 내업 시간이 길다.

5. 우리나라 측량의 평면 직각 좌표원점 중 서부원점의 위치는?
   ① 동경 125° 북위 38°
   ② 동경 127° 북위 38°
   ③ 동경 129° 북위 38°
   ④ 동경 131° 북위 38°

해설

1. $Lo = \dfrac{P_1\ell_1 + P_2\ell_2 + P_3\ell_3}{P_1 + P_2 + P_3}$

   $= \dfrac{80.186 \times 1 + 80.249 \times 2 + 80.223 \times 3}{1 + 2 + 3}$

   $= 80.226m$

2. 교호 수준 측량에 의해 제거될 수 있는 오차 : 빛의 굴절에 의한 오차와 시준오차

3. 수평각 관측법 중 가장 정확한 방법으로 1, 2등 삼각 측량에 주로 사용되는 수평각 측정 방법은 조합각 관측법이다.

4. 내업이 다른 측량보다 적다.

5. 서부 원점 : 동경125° 북위38°
   중부 원점 : 동경127° 북위38°
   동부 원점 : 동경129° 북위38°

정답

1. ③ 2. ① 3. ② 4. ④ 5. ①

6. 측선 AB의 방위각과 거리가 그림과 같을 때, 측점 B의 좌표 계산으로 괄호 안에 알맞은 것은?

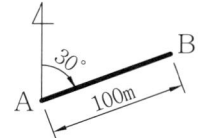

$B_X = A_X + 100 \times (\;㉠\;)$
$B_Y = A_Y + 100 \times (\;㉡\;)$

① ㉠ cos30° ㉡ sin30°
② ㉠ cos30° ㉡ tan30°
③ ㉠ sin30° ㉡ tan30°
④ ㉠ tan30° ㉡ cos30°

7. 트래버스 측량에서 선점할 때의 유의사항에 대한 설명으로 틀린 것은?
  ① 지반이 견고한 장소이어야 한다.
  ② 세부측량에 편리해야 한다.
  ③ 측점수는 많게 하는 것이 좋다.
  ④ 측선의 거리는 가능한 길게 한다.

8. 그림에서 BE=20m, CE=6m, CD=12m인 경우에 AB의 거리는?

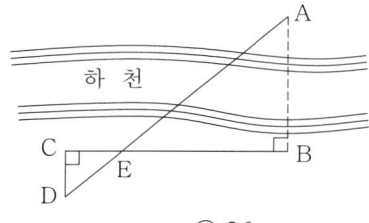

① 10m
② 26m
③ 36m
④ 40m

9. 트래버스 측량에서 어느 측선의 방위각이 160°라고 할 때 이 측선의 방위는?
  ① N 160° E
  ② S 160° W
  ③ S 20° E
  ④ N 20° W

10. 방위 N 70°W의 역방위각은 얼마인가?
  ① 290°
  ② 160°
  ③ 110°
  ④ 70°

해 설

6. AB의 위거=$\ell\cos30°$
   AB의 경거=$\ell\sin30°$

7. 되도록 측점수가 적고, 후속 측량에 이용가치가 있을 것

8. △ABE와 △CDE는 닮은 삼각형이므로 AB:CD=BE:CE,
   AB:12=20:6에서
   $AB = \dfrac{12 \times 20}{6} = 40m$

9. 2상한에 있으므로
   180°-160°=20°이므로 S20°E

10. N70°W의 방위각이
    360°-70°=290°이므로
    역방위각은
    290°-180°=110°이다.

정 답

6. ① 7. ③ 8. ④ 9. ③ 10. ③

11. 50m에 대해 5mm가 긴 테이프로 토지를 측량하였더니 그 넓이가 10.000m²이었다면 실제 넓이는?
   ① 9.998m²
   ② 9.999m²
   ③ 10.001m²
   ④ 10.002m²

12. 테이프를 이용하여 기울기가 20°인 경사거리를 관측하여 20m를 얻었다. 이 테이프의 길이는 50m이고 표준길이보다 2cm가 짧다면 수평거리는?
   ① 17.314m
   ② 18.786m
   ③ 19.265m
   ④ 20.621m

13. 세부측량에 사용할 기준점의 좌표를 결정하기 위하여 각 변의 방향과 거리를 측정하여 측점의 좌표를 결정하는 측량은?
   ① 트래버스 측량   ② 스타디아 측량
   ③ 수준측량   ④ GPS 측량

14. 평판을 세울 때의 오차에 해당하지 않는 사항은?
   ① 수평 맞추기 오차
   ② 시준 맞추기 오차
   ③ 중심 맞추기 오차
   ④ 방향 맞추기 오차

15. 실제 두 점 간의 거리 50m를 도상에서 2mm로 표시하는 경우 축척은?
   ① 1 : 1,000   ② 1 : 2,500
   ③ 1 : 25,000   ④ 1 : 50,000

16. 5각형 폐합트래버스의 내각을 측정하고자 한다. 각관측 오차가 다른 각에 영향을 주지 않는 각관측 방법은?
   ① 방향각법   ② 방위각법
   ③ 편각법   ④ 교각법

17. 관측자의 미숙과 부주의에 의해 주로 발생되며 관측시 주의를 기울이면 방지할 수 있는 오차는?
   ① 부정오차   ② 정오차
   ③ 참오차   ④ 착오

해설

11. 부정 길이($\Delta\ell$)가 있을 때

$$\text{실면적} = \text{관측 면적} \times \left(\frac{\text{부정 길이}}{\text{표준 길이}}\right)^2$$

$$= 10 \times \left(\frac{50 + 0.005}{50}\right)^2$$

$$= 10.002 \text{m}^2$$

12. 수평거리
$= 20\text{m} \times \cos 20° = 18.794\text{m}$
부정 길이($\Delta\ell$)가 있을 때

$$\text{실제거리} = \text{관측 길이} \times \frac{\text{부정 길이}}{\text{표준 길이}}$$

$$= 18.794 \times \frac{50 - 0.02}{50}$$

$$= 18.786\text{m}$$

13. 트래버스 측량 : 세부측량에 사용할 기준점의 좌표를 결정하기 위하여 각 변의 방향과 거리를 측정하여 측점의 좌표를 결정하는 측량

14. 평판세우기 방법
① 정준(수평맞추기) : 평판의 면을 수평이 되게 세워야 한다.
② 구심(중심맞추기) : 지상점과 도상점이 연직선상에 일치되어야 한다.
③ 표정(방향맞추기) : 기준선과 방향선에 일치되도록 해야 한다.

15. 축척 $= \frac{1}{M} = \frac{\text{도상의 길이}}{\text{실제거리}}$

$= \frac{2}{50,000} = \frac{1}{25,000}$

16. 교각법 : 각 관측 오차가 다른 각에 영향을 주지 않는 각관측 방법

17. 착오 : 관측자의 과실이나 미숙에 의하여 생기는 오차

정답

11. ④ 12. ② 13. ① 14. ②
15. ③ 16. ④ 17. ④

18. 임의의 기준선으로부터 어느 측선까지 시계 방향으로 잰 수평각을 무엇이라고 하는가?
   ① 방위각
   ② 방향각
   ③ 천정각
   ④ 천저각

19. 수준측량의 야장 기입방법 중 기계고(I.H)를 계산하는 난이 있는 방법은?
   ① 고차식
   ② 기고식
   ③ 승강식
   ④ 종단식

20. 평판측량의 오차 중 엘리데이드 구조상 시준하는 선과 도상의 방향선 위치(엘리데이드 자의 가장자리선)가 다르기 때문에 생기는 오차는?
   ① 시준오차
   ② 외심오차
   ③ 구심오차
   ④ 편심오차

21. 국제 타원체로서 1979년 IUGG총회에서 결정하여 발표한 세계측지계로 우리나라의 측량 기준인 것은?
   ① 베셀
   ② 클라크
   ③ GRS80
   ④ WGS84

22. 삼각망의 변조정 계산에서 sin 법칙에 의한 계산식 $a = b\dfrac{\sin A}{\sin B}$에 대수를 취한 것으로 옳은 것은?
   ① $\log a = \log b + \log \sin A - \log \sin B$
   ② $\log a = \log b - \log \sin A + \log \sin B$
   ③ $\log a = \log b + \log \sin A + \log \sin B$
   ④ $\log a = \log b - \log \sin A - \log \sin B$

23. 삼각망의 한 종류로서 농지 측량 등 방대한 지역의 측량에 적합하고 측점 수에 비하여 포함면적이 가장 넓은 것은?
   ① 유심 삼각망
   ② 사변형 삼각망
   ③ 단열 삼각망
   ④ 팔각형 삼각망

해설

18. 방향각 : 임의의 기준선으로부터 어느 측선까지 시계 방향으로 잰 각

19. 기고식 야장 : 종단 및 횡단 수준측량에서 중간점이 많을 때 적합하다. 기계고(I.H)를 계산하는 난이 있다.

20. 외심 오차
   ① 앨리데이드 구조상 시준하는 선과 도상의 방향선 위치(앨리데이드 자의 가장자리선)가 다르기 때문에 생기는 오차
   ② 축척 1:125 이하의 측량에서는 외심 오차가 끼치는 영향은 거의 없다. 그러므로 보통 측량에서는 이 오차를 무시한다.

21. WGS84 :
   ■ GPS가 채용하고 있는 표준 좌표계
   ■ 1984년에 만들어진 ECEF (Earth-Centered, Earth-Fixed) 좌표계로서 지구 전체를 대상으로 하는 세계공통 좌표계

22. $\log a$ = log b + log sinA - log sinB

23. 유심 삼각망 : 넓은 지역의 측량에 적당하고, 정밀도는 단열 삼각망과 사변형 삼각망의 중간임

정답

18. ② 19. ② 20. ② 21. ③
22. ① 23. ①

24. 거리가 2km 떨어진 두 점의 각 관측에서 측각 오차가 3″일 때 발생되는 거리오차는 몇 cm인가?
   ① 2.9cm ② 3.6cm
   ③ 5.9cm ④ 6.5cm

25. 삼각측량의 특징에 대한 설명으로 옳지 않은 것은?
   ① 넓은 면적 측량에 적합하다.
   ② 단계별 정확도를 점검할 수 있다.
   ③ 넓은 지역에 같은 정확도로 기준점을 배치하는데 편리하다.
   ④ 계산을 위한 조건식이 적어 계산 및 조정 방법이 단순하다.

26. 수준측량의 용어 중 기준면으로부터 측점까지의 연직거리를 의미하는 것은?
   ① 기계고 ② 지반고
   ③ 후시   ④ 전시

27. 수준측량 결과 발생하는 고저의 오차는 거리와 어떤 관계를 갖는가?
   ① 거리에 비례한다.
   ② 거리에 반비례한다.
   ③ 거리의 제곱근에 비례한다.
   ④ 거리의 제곱근에 반비례한다.

28. 후시(B.C)가 1.550m, 전시(F.S)가 1.445m일 때 미지점의 지반고가 100.000m였다면 기지점의 높이는?
   ① 97.005m ② 98.450m
   ③ 99.895m ④ 100.695m

29. 그림과 같은 사변형 삼각망의 조정에서 성립되는 각 조건식으로 옳은 것은? (단, 1, 2, …, 8은 표시된 각을 의미한다.)

   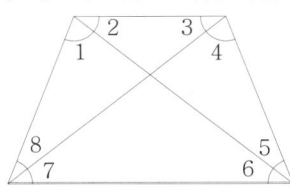

   ① ∠2+∠3 = ∠6+∠7
   ② ∠1+∠2 = ∠5+∠6
   ③ ∠1+∠8+∠4+∠5 = ∠2+∠3+∠6+∠7
   ④ ∠1+∠3+∠5+∠7 = ∠2+∠4+∠6+∠8

해설

24. $\dfrac{\theta''}{\rho''} = \dfrac{\Delta h}{D}$ 에서

   $\Delta h = \dfrac{D\theta''}{\rho''} = \dfrac{200000\text{cm} \times 3''}{206265''}$
   $= 2.9\text{cm}$

25. 조건식이 많아 계산 및 조정 방법이 복잡하다.

26. 지반고 : 기준면으로부터 측점까지의 연직거리

27. 수준측량 결과 발생하는 고저의 오차는 거리의 제곱근에 비례한다.

28. $H_B = H_A + (\Sigma B.S - \Sigma F.S)$
   $100 = H_A + (1.550 - 1.445)$
   $H_A = 100 - (1.550 - 1.445)$
   $= 99.895\text{m}$

29.
   ㉠ ∠1+∠2+∠3+∠4+∠5+∠6+∠7+∠8 = 360°
   ㉡ ∠1+∠8 = ∠4+∠5
   ㉢ ∠2+∠3 = ∠6+∠7

정답

24. ① 25. ④ 26. ② 27. ③
28. ③ 29. ①

30. 폐합 트래버스에서 폐합 오차의 배분 방법으로 옳은 것은? (단, 각의 정확도가 같고, 오차가 허용 한도 내에 있는 경우)
   ① 각의 크기에 비례하여 배분한다.
   ② 각의 크기에 반비례하여 배분한다.
   ③ 다시 측량하여 오차가 없도록 한다.
   ④ 각의 크기에 관계없이 같게 배분한다.

31. 삼각형의 내각을 측정하였더니 ∠A=68°01′10″, ∠B=51°59′06″, ∠C=60°00′05″ 이었다면, 각 보정 후의 ∠B는?
   ① 51°58′50″
   ② 51°58′59″
   ③ 51°59′00″
   ④ 51°59′05″

32. 폐합 트래버스에서 내각의 총합을 구하는 식은? (단, n : 폐합 트래버스의 변의 수)
   ① $180°(n+2)$
   ② $180°(n-2)$
   ③ $360°(n-2)$
   ④ $360°(n+2)$

33. 각의 관측에 사용할 수 없는 기계는?
   ① 토털스테이션   ② 트랜싯
   ③ 세오돌라이트   ④ 레이저 레벨

34. 그림과 같은 결합 다각측량의 측각 오차는? (단, $A_1 = 40°20′20″$, $A_n = 252°06′35″$, $a_1 = 30°23′40″$, $a_2 = 120°15′20″$, $a_3 = 260°18′30″$, $a_4 = 115°18′15″$, $a_5 = 45°30′20″$)

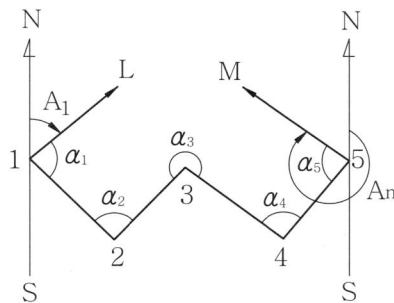

   ① -10″
   ② -20″
   ③ -30″
   ④ -40″

해 설

30. 허용 범위 안이므로 각의 크기에 관계없이 등분배한다.

31. ∠A+∠B+∠C
   =68°01′10″+51°59′06″+60°00′05″
   =180°00′21″
   보정량=$\frac{21″}{3}=7″$
   ∠B=51°59′06″-7″=51°58′59″

32. 내각의 합=$180°(n-2)$

33. 레이저 레벨 : 레이저광선을 주사하는 레벨로서, 원거리에 레벨을 두고 레이저를 감지하는 표척으로 레벨이 조성하는 수평면을 확인할 수 있게 함으로써 기계수가 없어도 고저측량을 가능하도록 함.

34. [α]=30°23′40″+120°15′20″+260°18′30″+115°18′15″+45°30′20″=571°46′05″
   △α=A1-An+[α]-180°(n-3)
   =40°20′20″-252°06′35″+571°46′05″-180°(5-3)=-10″

정 답

30. ④ 31. ② 32. ② 33. ④
34. ①

35. A, B, C 세 점으로부터 수준 측량을 한 결과 P점의 관측값이 각각 P_1, P_2, P_3 이었다면 P점의 최확값을 구하는 식으로 옳은 것은? (단, A, B, C로부터 P점까지의 거리 비 A : B : C = 2 : 1 : 2 이다.)

① $\dfrac{P_1 \times 1 + P_2 \times 2 + P_3 \times 1}{1 + 2 + 1}$

② $\dfrac{P_1 \times 2 + P_2 \times 1 + P_3 \times 2}{2 + 1 + 2}$

③ $\dfrac{P_1 + P_2 + P_3}{3}$

④ $\dfrac{P_1 \times P_2 \times P_3}{3^2}$

해 설

35. 경중률은 거리에 반비례하므로
$= \dfrac{1}{2} : \dfrac{1}{1} : \dfrac{1}{2} = 1 : 2 : 1$
최확값
$= \dfrac{P_1 \times 1 + P_2 \times 2 + P_3 \times 1}{1 + 2 + 1}$

36. 노선 측량에서 교점이 기점에서부터 130.4m의 위치에 있고 곡선 반지름이 60m, 교각이 50°20′일 때 접선의 길이는?
 ① 8.79m
 ② 28.19m
 ③ 51.11m
 ④ 102.21m

36. $T.L = R \times \tan\dfrac{I}{2}$
$= 60 \times \tan\dfrac{50°20''}{2} = 28.19m$

37. 완화곡선에서 원심력에 의한 낙차를 고려하여 바깥 레일을 안쪽보다 높게 만드는 것으로 도로에서는 편경사라 하는 것은?
 ① 확폭(slack)
 ② 캔트(cant)
 ③ 경사(slope)
 ④ 길어깨(shoulder)

37. 캔트 : 차량이 도로의 곡선부를 달리게 되면 원심력이 생겨 도로 바깥쪽으로 밀리려 한다. 이것을 방지하기 위하여 도로 안쪽보다 바깥쪽을 높이는 정도를 말하고 편경사라고도 한다.

38. 원곡선 기호에서 I.P가 표시하는 것은?
 ① 시점
 ② 종점
 ③ 교점
 ④ 곡선중점

38. 시점 : B.C, 종점 : E.C
곡선중점 : S.P

39. 지형도(종이지도)의 이용에 대한 설명으로 옳지 않은 것은?
 ① 확대지도(대축척지도) 편집
 ② 하천의 유역면적 결정
 ③ 노선의 도면상 선정
 ④ 저수량의 결정

39. 지형도의 이용방법
 ① 단면도의 작성
 ② 유역 면적의 결정
 ③ 저수 용량의 산정
 ④ 신설 노선의 도상 선점

정 답

35. ① 36. ② 37. ② 38. ③
39. ①

40. 인공위성을 이용한 범세계적 위치 결정의 체계로 정확히 위치를 알고 있는 위성에서 발사한 전파를 수신하여 관측점까지의 소요시간을 측정함으로써 관측점의 3차원 위치를 구하는 측량은?
   ① 전자파 거리 측량
   ② 스타디아 측량
   ③ 원격탐측
   ④ GPS 측량

41. 단곡선 설치에서 교각이 60°, 중앙종거가 6.54m일 때 반지름(R)은?
   ① 18.96m
   ② 26.15m
   ③ 32.96m
   ④ 48.82m

42. 체적 산정 방법 중 단면법에 대한 설명은?
   ① 사각형 분할법과 삼각형 분할법이 있다.
   ② 등고선으로 둘러싸인 면적을 구적기를 이용하여 계산한다.
   ③ 철도, 도로, 수로 등과 같이 긴 노선의 성토, 절토량 산정시 이용한다.
   ④ 넓은 지역의 택지, 운동장 등의 정지 작업을 위해 토공량 산정시 이용한다.

43. 축척 1 : 50,000 지형도에서 200m 등고선 상의 A점과 300m 등고선 상의 B점 간의 도상의 거리가 15cm였다면 AB점 간의 경사도는?
   ① $\frac{1}{5}$
   ② $\frac{1}{25}$
   ③ $\frac{1}{50}$
   ④ $\frac{1}{75}$

44. GPS 측량의 특징에 대한 설명으로 옳지 않은 것은?
   ① 3차원 측량을 동시에 할 수 있다.
   ② 극 지방을 제외한 전 지역에서 이용할 수 있다.
   ③ 하루 24시간 어느 시간에서나 이용이 가능하다.
   ④ 측량 거리에 비하여 상대적으로 높은 정확도를 가지고 있다.

45. 총길이 L=24m인 각주의 양 단면적 $A_1 = 3m^2$, $A_2 = 2m^2$, 중앙 단면적 $A_3 = 2.5m^2$일 때 이 각주의 체적은? (단, 각주 공식을 사용한다.)
   ① 15m³
   ② 30m³
   ③ 45m³
   ④ 60m³

해 설

40. GPS 측량 : 인공위성을 이용한 범세계적 위치 결정의 체계로 정확히 위치를 알고 있는 위성에서 발사한 전파를 수신하여 관측점까지의 소요시간을 측정함으로써 관측점의 3차원 위치를 구하는 측량

41. $M = R(1 - \cos\frac{I°}{2})$ 에서
$R = \frac{M}{1 - \cos\frac{I°}{2}}$
$= \frac{6.54}{1 - \cos 30°} = 48.82m$

42. 단면법 : 철도, 도로, 수로 등과 같이 긴 노선의 성토량, 절토량을 계산할 경우에 주로 이용되는 체적 계산 방법으로 가장 적합

43. 수평거리=0.15m×50,000
=7,500m
표고차=300m-200m=100m
경사기울기=$\frac{\text{표고차}}{\text{수평거리}}$
$= \frac{100}{7,500} = \frac{1}{75}$

44. 지구상 어느 곳에서나 이용할 수 있다.

45. $V = \frac{L}{6}(A_1 + 4A_m + A_2)$
$= \frac{24}{6} \times (3 + 4 \times 2.5 + 2)$
$= 60m^3$

정 답

40. ④ 41. ④ 42. ③ 43. ④
44. ② 45. ④

46. 편각법에 의한 단곡선 설치에서 종단현이 10m였다면 종단현에 대한 편각은? (단, 곡선반지름은 200m)
   ① 1°25′57″
   ② 2°51′53″
   ③ 5°43′46″
   ④ 171°53′14″

47. 토지의 형상을 삼각형으로 구분하여 측정하는 방법이 아닌 것은?
   ① 배횡거법
   ② 삼사법
   ③ 협각법
   ④ 삼변법

48. 축척 1 : 600 도면에서 구한 면적이 60㎠일 때 실제 면적은?
   ① 1,800㎡   ② 2,160㎡
   ③ 3,500㎡   ④ 3,000㎡

49. 지형도의 표시법을 설명한 것 중 틀린 것은?
   ① 음영법은 어느 특정한 곳에서 일정한 방향을 평행광선을 비칠 때 생기는 그림자를 바로 위에서 본 상태로 기복의 모양을 표시하는 방법이다.
   ② 우모법은 짧고 거의 평행한 선을 이용하여 이 선의 간격, 굵기, 길이, 방향 등에 의하여 지형의 기복을 알 수 있도록 표시하는 방법이다.
   ③ 우모법은 경사가 급하면 가늘고 길게, 완만하면 굵고 짧게 지면의 최대 경사방향으로 그린다.
   ④ 점고법은 하천, 항만, 해양측량 등에서 수심을 나타낼 때 측점에 숫자를 기입하여 수상 등을 나타내는 방법이다.

50. 노선측량에서 중심선 설치시 중심 말뚝의 일반적인 간격은 몇 m 인가?
   ① 5m   ② 20m
   ③ 50m   ④ 100m

51. 주곡선의 1/2 간격으로 그리는 등고선은?
   ① 변곡선   ② 계곡선
   ③ 간곡선   ④ 조곡선

해 설

46. 편각(δ) = $\dfrac{\ell}{2R} \times \dfrac{180°}{\pi}$

= $\dfrac{10}{2 \times 200} \times \dfrac{180°}{\pi}$

= $1°25′57″$

47. 배횡거법 : 수치계산법

48. 실제 면적 = 도상면적 × M^2
= 60×600^2 = 21,600,000㎠
= 2,160㎡

49. 우모법은 경사가 급하면 굵고 짧게, 경사가 완만하면 가늘고 길게 표시한다.

50. 노선측량에서는 일반적으로 중심말뚝을 노선의 중심선을 따라 20m 마다 설치

51.

등고선의 종류	표시 방법	등고선 간격(m)			
		1 : 1,000	1 : 5,000	1 : 25,000	1 : 50,000
주곡선	가는 실선	1	5	10	20
계곡선	굵은 실선	5	25	50	100
간곡선	가는 긴 파선	0.5	2.5	5	10
조곡선	가는 짧은 파선	0.25	1.25	2.5	5

정 답

46. ① 47. ① 48. ② 49. ③
50. ② 51. ③

52. 노선 설계시 직선부와 곡선부 사이에 편경사와 확폭을 갑자기 설치하면 차량통행에 불편을 줌으로 곡선 반지름을 무한대에서 일정 값까지 점차 감소시키는 곡선을 설치하게 되는데 이를 무엇이라 하는가?
① 완화곡선   ② 단곡선
③ 수직선   ④ 편곡선

53. 그림과 같은 토지의 면적은 얼마인가?

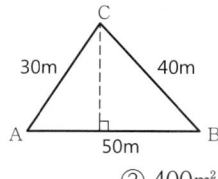

① 300㎡   ② 400㎡
③ 500㎡   ④ 600㎡

54. GPS 측량 방법 중 상대 위치 결정 방법이 아닌 것은?
① 실시간 DGPS
② 1점 측위
③ 후처리 DGPS
④ 실시간 이동측량(RTX)

55. 그림과 같은 지형의 수준측량 결과를 이용하여 계획고 5m로 평탄작업을 하기 위한 성(절)토량은? (단, 토량의 변화율을 고려하지 않고 각 격자의 크기는 같다.)

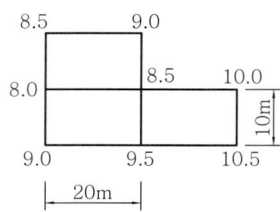

① 성토량=2,375㎥
② 성토량=2,575㎥
③ 절토량=2,375㎥
④ 절토량=2,575㎥

56. 노선을 설정할 때 유의해야 할 사항으로 틀린 것은?
① 절토 및 성토의 운반거리는 가급적 길게 한다.
② 배수가 잘되는 곳이어야 한다.
③ 노선은 가능한 직선으로 한다.
④ 경사를 완만하게 한다.

57. 등경사 지형에서 표고가 각각 100m, 130m인 두 점의 수평거리가 200m일 때, 표고 100m 지점으로부터 표고 120m인 지점까지의 거리는?
① 66.667m
② 100.000m
③ 133.333m
④ 166.667m

58. GPS 신호가 위성으로부터 수신기까지 도달한 시간이 0.5초라 할 때 위성과 수신기 사이의 거리는?
(단, 빛의 속도 300,000km/sec로 가정한다.)
① 150,000km
② 200,000km
③ 300,000km
④ 600,000km

59. 원곡선에서 외선길이(E)를 구하는 공식으로 옳은 것은? (단, R : 곡선의 반지름, I : 교각)
① $R\left(\sec\dfrac{I}{2}-1\right)$
② $2R\sin\dfrac{I}{2}$
③ $0.017453 \times R \times I$
④ $R\tan\dfrac{I}{2}$

60. 등고선의 성질에 대한 설명으로 틀린 것은?
① 같은 등고선 위의 모든 점은 높이가 같다.
② 경사가 급한 곳에서는 등고선의 간격이 좁다.
③ 한 등고선은 도면 안 또는 밖에서 반드시 서로 폐합된다.
④ 높이가 다른 두 등고선은 어떠한 경우라도 서로 교차하지 않는다.

해 설

57.

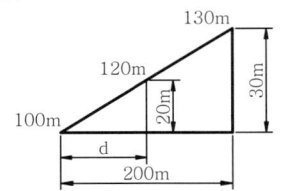

그림에서 200 : 30 = d : 20
d = $\dfrac{200 \times 20}{30}$ = 133.333m

58. 위성과 수신기 사이의 거리
= 전파(빛)의 속도 × 전송시간
= 300,000km/sec × 0.5sec
= 150,000km

59. $E = R\left(\sec\dfrac{I}{2}-1\right)$

60. 높이가 다른 두 등고선은 동굴이나 절벽의 지형이 아닌 곳에서는 교차하지 않는다. 동굴이나 절벽에서는 2점에서 교차한다.

정 답

57. ③ 58. ① 59. ① 60. ④

2014년 4회 시행 문제

1. 어느 거리를 관측하여 48.18m, 48.12m, 48.15m, 48.25m의 관측값을 얻었고 이들 경중률이 각각 1, 2, 3, 4라고 할 때 최확값은?
   ① 48.123m
   ② 48.187m
   ③ 48.250m
   ④ 48.246m

2. 거리 10km 떨어진 곳에 대한 양차로 옳은 것은? (단, 지구의 반지름은 6,370km이고 굴절계수는 0.12로 한다.)
   ① 9.6m ② 7.4m
   ③ 6.9m ④ 4.7m

3. 삼각망의 조정계산에 필요한 3가지 조건이 아닌 것은?
   ① 각 조건 ② 변 조건
   ③ 지형 조건 ④ 측점 조건

4. 어느 측점에서 20.5km 떨어진 두 지점의 점간 거리가 2m일 때, 두 점 사이의 각은?
   ① 7.81″
   ② 10.31″
   ③ 15.62″
   ④ 20.12″

5. 단열삼각망에서 삼각형의 내각이 ∠A=92°21′20″, ∠B=52°30′20″, ∠C=35°08′29″이라면 각 오차의 배분방법으로 옳은 것은? (단, 관측의 경중률은 동일하다.)
   ① 각 관측각에 −3″ 를 보정한다.
   ② 각 관측각에 +3″ 를 보정한다.
   ③ 각 관측각에 −2″ 를 보정한다.
   ④ 각 관측각에 +2″ 를 보정한다.

6. 트래버스 측량에서 선점할 때의 주의할 사항으로 틀린 것은?
   ① 기계를 세우기 좋고 시준하기 좋을 것
   ② 지반이 견고한 장소일 것
   ③ 측점의 거리는 가능한 짧게 하여 측점수를 많게 할 것
   ④ 측점 간 거리는 가능한 같고 고저차가 적을 것

해 설

1.
- $P_1\ell_1 + P_2\ell_2 + P_3\ell_3 + P_4\ell_4$
  $=48.18×1+48.12×2+48.15×3+48.25×4$
  $=481.87$
- $P_1+P_2+P_3+P_4$
  $=1+2+3+4=10$
- $L_0 = \dfrac{P_1\ell_1 + P_2\ell_2 + P_3\ell_3 + P_4\ell_4}{P_1+P_2+P_3+P_4}$
  $= \dfrac{481.87}{10} = 48.187\text{m}$

2. 양차(구차+기차)
$$= \frac{(1-K)\ell^2}{2R} = \frac{(1-0.12)\times 10^2}{2\times 6370} = 6.9\text{m}$$

3. 삼각망의 조정
㉠ 측점 조건
 ⓐ 한 측점에서 측정한 여러 각의 합은 그 전체를 한각으로 측정한 각과 같다.
 ⓑ 한 측점의 둘레에 있는 모든 각을 합한 것은 360°이다.
㉡ 도형 조건
 ⓐ 삼각형 내각의 합은 180°이다. (각 조건)
 ⓑ 삼각망 중의 한 변의 길이는 계산 순서에 관계없이 일정하다. (변 조건)

4. $\theta'' = \rho'' \times \dfrac{h}{D}$
   $= 206265'' \times \dfrac{2\text{m}}{20,500\text{m}}$
   $= 20.12''$

5. ∠A+∠B+∠C
$=92°21′20″+52°30′20″+35°08′29″$
$=180°00′09″$
보정량 $= \dfrac{9''}{3} = 3''$
∴ 각 관측각에 −3″를 보정한다.

6. 측선의 거리는 될 수 있는 대로 길게 하고, 측점 수는 적게 하는 것이 좋으며, 일반적으로 측선의 거리는 30~200m 정도로 한다.

정 답

1. ② 2. ③ 3. ③ 4. ④ 5. ①
6. ③

7. 교호 수준 측량에 의해 제거될 수 있는 오차는?
   ① 빛의 굴절에 의한 오차와 시준오차
   ② 관측자의 원인에 의한 오차
   ③ 기포 감도에 의한 오차
   ④ 표척의 연결부 오차

8. 각측량에서 기계오차에 해당되지 않는 것은?
   ① 수평축 오차
   ② 편심 오차
   ③ 시준 오차
   ④ 연직축 오차

9. 평면 삼각형 ABC에서 ∠A, ∠B와 변의 길이 a를 알고 있을 때 변의 길이 b를 구할 수 있는 식은?

   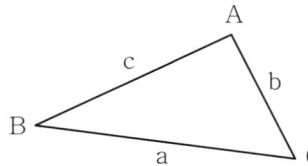

   ① $b = \dfrac{a}{\sin \angle A} \sin \angle B$
   ② $b = \dfrac{a}{\cos \angle A} \cos \angle B$
   ③ $b = \dfrac{a}{\cos \angle B} \sin \angle A$
   ④ $b = \dfrac{a}{\sin \angle A} \sin \angle A$

10. 트래버스 측량에서 경거 및 위거의 용도가 아닌 것은?
    ① 오차 및 정도의 계산
    ② 실측도의 좌표 계산
    ③ 오차의 합리적 배분
    ④ 측점의 표고 계산

11. 1등 삼각측량을 할 때 수평각 측정 시 사용하는 수평각 관측방법은?
    ① 단측법
    ② 배각법
    ③ 방향각법
    ④ 조합각 관측법

해 설

7. 교호 수준 측량에 의해 제거될 수 있는 오차 : 빛의 굴절에 의한 오차와 시준오차

8. 기계오차
   ① 수평축 오차 : 망원경을 정위, 반위로 측정하여 평균값을 취한다.
   ② 편심 오차 : 망원경을 정위, 반위로 측정하여 평균값을 취한다.
   ③ 눈금 오차 : n회의 반복결과가 360°에 가깝게 해야 한다.
   ④ 연직축 오차 : 연직축이 정확히 연직선에 있지 않아서 생기며 망원경을 정위, 반위로 측정하여 관측값을 평균하여도 제거되지 않는 오차

9. $\dfrac{a}{\sin A} = \dfrac{b}{\sin B}$ 에서
   $b = a \times \dfrac{\sin B}{\sin A}$

10. 측점의 표고 계산 : 수준 측량

11. 수평각 관측법 중 가장 정확한 방법으로 1, 2등 삼각 측량에 주로 사용되는 수평각 측정 방법은 조합각 관측법이다.

정 답

7. ① 8. ③ 9. ① 10. ④ 11. ④

12. 트래버스 측량에서 좌표 원점으로부터 $\Delta X(N)$=150.25m, $\Delta Y(E)$=-50.48m인 점의 방위는?
   ① N 18°34′W
   ② N 18°34′E
   ③ N 71°26′W
   ④ N 71°26′E

13. 트래버스 측량에서 총거리가 240m이고 위거오차 -0.004m, 경거오차 0.003m일 때 폐합비는?
   ① 1/24,000
   ② 1/48,000
   ③ 1/60,000
   ④ 1/80,000

14. 어느 거리를 관측하여 100.6m, 100.3m, 100.2m의 관측값을 얻었고, 이들의 관측 횟수가 각각 2회, 3회, 5회라고 할 때 최확값은?
   ① 100.11m
   ② 100.31m
   ③ 100.37m
   ④ 100.43m

15. 삼각망의 한 종류로서 조건식의 수가 많아 정확도가 가장 높은 것은?
   ① 단열삼각망
   ② 사변형망
   ③ 유심다각망
   ④ 육각형망

16. 그림과 같이 AB 측선의 방위각이 328°30′, BC 측선의 방위각이 50°00′일 때 B점의 내각(∠ABC)은?

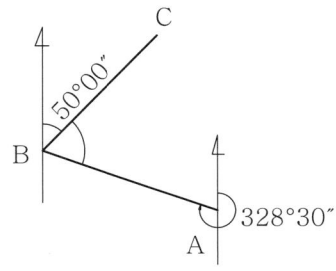

   ① 85°00′
   ② 87°30′
   ③ 86°00′
   ④ 98°30′

해 설

12. $\theta = \tan^{-1}\left(\dfrac{Y_B - Y_A}{X_B - X_A}\right)$
    $= \tan^{-1}\left(\dfrac{-50.48}{150.25}\right) = -18°34′$
    $= 341°26′$ (4상한)
    방위는 N 18°34′ W

13. 폐합비 $= \dfrac{\sqrt{E_L^2 + E_D^2}}{\Sigma \ell}$
    $= \dfrac{\sqrt{(-0.004)^2 + 0.003^2}}{240}$
    $= \dfrac{1}{48,000}$

14. $L_0 = \dfrac{P_1 \ell_1 + P_2 \ell_2 + P_3 \ell_3}{P_1 + P_2 + P_3}$
    $= \dfrac{100.6 \times 2 + 100.3 \times 3 + 100.2 \times 5}{2+3+5}$
    $= 100.31\text{m}$
    ■ 경중률은 관측횟수(n)에 비례한다.
    $P_1 : P_2 : P_3 = n_1 : n_2 : n_3 = 2 : 3 : 5$

15. 사변형 삼각망 : 가장 높은 정밀도를 얻을 수 있으나 조정이 복잡하고 피복 면적이 적으며 많은 노력과 시간, 경비가 필요하고 기선 삼각망 등에 사용된다.

16. ① BA 방위각=AB 역방위각
    =328°30′-180°=148°30′
    ② B점의 내각
    =BA 방위각-BC 방위각
    =148°30′-50°00′=98°30′

정 답

12. ① 13. ② 14. ② 15. ②
16. ④

17. 트래버스 측량에서 수평각 관측법 중 서로 이웃하는 두 개의 측선이 이루는 각을 관측해 나가는 방법은?
   ① 교각법
   ② 편각법
   ③ 방위각법
   ④ 부전법

18. A점과 B점의 거리를 왕복하여 측량한 결과 88.53m와 88.59m를 얻었다면, 정밀도는?
   ① 1/8,856
   ② 1/3,326
   ③ 1/2,952
   ④ 1/1,478

19. 평판측량에 관한 설명으로 옳은 것은?
   ① 간단한 장비로 기후의 영향을 거의 받지 않고 측량할 수 있다.
   ② 앨리데이드는 평판측량에서 가장 중요한 기구의 하나로 구심에 사용된다.
   ③ 도면상에 측점을 전개하여 대규모 지역의 기준점 측량에 효율적이다.
   ④ 현지에서 평면도를 작성할 수 있지만 높은 정밀도는 기대할 수 없다.

20. 측량을 측량 목적에 따라 분류할 때 이에 속하지 않는 것은?
   ① 지형 측량
   ② 지적 측량
   ③ 터널 측량
   ④ GPS 측량

21. 다음 중 수평각 관측에서 트랜싯의 조정 불완전에서 오는 오차를 소거하는 방법으로 가장 적합한 것은?
   ① 관측거리를 멀리한다.
   ② 방향각법으로 관측한다.
   ③ 관측자를 교체하여 관측하고 평균을 취한다.
   ④ 망원경 정·반위 위치에서 관측하여 그 평균을 취한다.

해 설

17.
- 교각법 : 트래버스 측량에서 서로 이웃하는 2개의 측선이 만드는 각을 측정해 나가는 방법
- 편각법 : 어떤 측선이 그 앞 측선의 연장선과 이루는 각을 측정하는 방법으로 선로의 중심선 측량에 적당하다.
- 방위각법 : 각 측선이 진북(자오선) 방향과 이루는 각을 시계방향으로 관측하는 방법으로 직접 방위각이 관측되어 편리하다.

18. 정밀도 $= \dfrac{\text{오차}}{\text{측정량}}$

$= \dfrac{88.59 - 88.53}{88.53 + 88.59} = \dfrac{0.06}{177.12}$

$= \dfrac{1}{2,952}$

19.
- 기후의 영향을 많이 받는다.
- 앨리데이드 : 평판을 수평으로 맞추고 목표물을 시준하여 시준선을 도상에 표시할 때 사용하는 기구
- 복잡한 지형이나 시가지, 농지 등의 세부 측량에 이용할 수 있다.

20. GPS 측량은 측량 기계에 따른 분류에 속한다.

21. 트랜싯의 조정 불완전에서 오는 오차(시준축 오차, 수평축 오차)를 소거하는 방법 : 망원경 정·반위 위치에서 관측하여 그 평균을 취한다.

정 답

17. ① 18. ③ 19. ④ 20. ④
21. ④

22. 교호수준측량을 실시하여 다음과 같은 결과를 얻었다. A점의 표고가 100.256m이면 B점의 지반고는? (여기서, a=1.876m, b=1.246m, c=0.746m, d=0.076m)

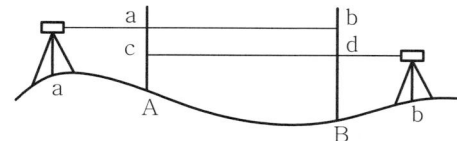

① 99.606m
② 100.906m
③ 101.006m
④ 101.556m

23. 지상의 측점과 이에 대응하는 평판 위의 점을 동일 연직선의 위에 있게 하는 작업은?
① 중심 맞추기
② 수평 맞추기
③ 방향 맞추기
④ 조정

24. 표준길이 50m보다 5mm 짧은 강철테이프로 어느 구간의 거리를 측정한 결과 600m를 얻었다면 이 구간의 정확한 거리는?
① 599.06m
② 599.94m
③ 600.06m
④ 600.94m

25. 트래버스 측량에서 어느 측선의 방위가 S40°E이라고 할 때 이 측선의 방위각은?
① 140°
② 130°
③ 220°
④ 320°

26. 전진법에 의해 평판측량을 실시하여 측선 길이의 총계가 630m이고 폐합오차가 30cm이었다면 폐합비는?
① 1/1,200
② 1/2,100
③ 1/2,500
④ 1/50,000

해 설

22. 고저차
$$= \frac{(a+c)-(b+d)}{2}$$
$$= \frac{(1.876+0.746)-(1.246+0.076)}{2}$$
$$= 0.65m$$
∴ HB=HA+Δh=100.256+0.65
=100.906m

23. 평판세우기 방법
① 정준(수평 맞추기) : 평판의 면을 수평이 되게 세워야 한다.
② 구심(중심 맞추기) : 지상점과 도상점이 연직선상에 일치되어야 한다.
③ 표정(방향 맞추기) : 기준선과 방향선에 일치되도록 해야 한다.

24. 표준길이 보다 길 때에는 +, 짧을 때는 - 이다.
보정량 $=-L \times \frac{\triangle \ell}{\ell}$
$$=-600 \times \frac{0.005}{50}=-0.06$$
∴ 정확한 거리
=600-0.06=599.94m
〈별해〉 실제길이
$$= 관측길이 \times \frac{부정길이}{표준길이}$$
$$= 600 \times \frac{50-0.005}{50} = 599.94m$$

25. 2상한에 있으므로
180°- 40°=140°

26. 폐합비 $= \frac{폐합오차}{측선거리의 총합}$
$$= \frac{0.3}{630} = \frac{1}{2,100}$$

정답

22. ② 23. ① 24. ② 25. ①
26. ②

27. 측점 A, B의 좌표에서 AB 측선에 대해 상한별 방위는 θ로 표시할 수 있다. 측점 A, B가 제1상한에 있기 위한 방위각 α는?
① $\alpha = \theta$
② $\alpha = 180° - \theta$
③ $\alpha = 180° + \theta$
④ $\alpha = 360° - \theta$

28. 평판을 세울 때의 오차 중 측량 결과에 가장 큰 영향을 주는 것은?
① 수평 맞추기 오차(정준)
② 중심 맞추기 오차(구심)
③ 방향 맞추기 오차(표정)
④ 온도에 의한 오차

29. 수준측량의 야장에 관한 내용 중 옳지 않은 것은?
① 기계고는 레벨이 세워진 지면으로부터 망원경 시준선까지의 연직거리를 말한다.
② 고차식 야장 기입법은 두 점 사이의 고저차를 구하는 것이 주목적이다.
③ 승강식 야장 기입법은 중간점이 많을 때 계산이 복잡해진다.
④ 기고식 야장 기입법은 중간점이 많을 때 적합하다.

30. 레벨의 불완전 조정에 의한 오차를 제거하기 위하여 가장 유의하여야 할 점은?
① 관측시 기포가 항상 중앙에 오게 한다.
② 시준선 거리를 될 수 있는 한 짧게 한다.
③ 표척을 수직으로 세운다.
④ 전시와 후시의 거리를 같게 한다.

31. 트래버스 측량의 순서로 옳은 것은?
① 답사 - 조표 - 선점 - 관측 - 방위각 계산
② 선점 - 답사 - 조표 - 방위각 계산 - 관측
③ 답사 - 선점 - 조표 - 관측 - 방위각 계산
④ 선점 - 조표 - 답사 - 관측 - 방위각 계산

32. 삼각측량에서 가장 이상적인 삼각망의 형태는?
① 이등변 삼각형
② 정삼각형
③ 직각삼각형
④ 둔각삼각형

해 설

27.

상한	방위	방위각
1	N θ E	$\alpha = \theta$
2	S θ E	$\alpha = 180° - \theta$
3	S θ W	$\alpha = 180° + \theta$
4	N θ W	$\alpha = 360° - \theta$

28. 평판을 세울 때의 오차 중 측량 결과에 가장 큰 영향을 주는 오차는 방향 맞추기(표정) 오차이다.

29. 기계를 고정시켰을 때 기준면에서 망원경 시준선까지의 높이를 기계고라 한다.
■ 기계고=지반고+후시값

30. 레벨의 조정이 불완전하여 시준선이 기포관축과 평행하지 않아 발생하는 오차는 전시와 후시의 거리를 같게 한다.

31. 측량계획 및 답사 → 선점 및 표지설치 → 방위각 관측 → 수평각 및 거리 관측 → 계산 및 조정 → 측점 전개

32. 삼각형은 정삼각형에 가깝게 하고, 부득이 할 때는 한 내각의 크기를 30°~120° 범위로 한다.

정 답

27. ① 28. ③ 29. ① 30. ④
31. ③ 32. ②

33. 다음 수준측량 결과에 의한 측점 5의 지반고는? (단위:m)

측점	B.S	F.S		I.H	G.H
		T.P	I.P		
1	1.428				4.374
2			1.231		
3	1.032	1.572			
4			1.017		
5		1.762			

① 3.230m
② 3.500m
③ 4.245m
④ 4.571m

해설

33. H5=H1+(ΣB.S-ΣF.S)
   =4.374+(1.428+1.032)
   -(1.572+1.762)
   =3.5000m

34. 그림과 같은 수준측량에서 A와 B의 표고차는?

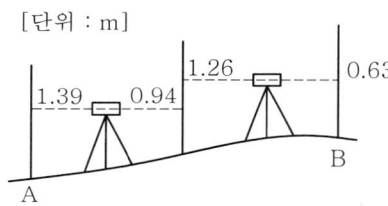

① 1.78m
② 1.65m
③ 1.44m
④ 1.08m

34. 표고차=ΣB.S-ΣF.S
   =(1.39+1.26)-(0.94+0.63)
   =1.08m

35. 어떤 관측량에서 가장 높은 확률로 가지는 값을 무엇이라 하는가?
① 잔차
② 경중률
③ 최확값
④ 표차

35. 최확값은 어떤 관측량에서 가장 높은 확률을 가지는 값이다.

36. 축척 1:5,000 지형도를 축소하여 동일한 크기의 축척 1:25,000 지형도를 편집하려고 할 때, 필요한 1:5,000 지형도의 수는?
① 5장
② 15장
③ 25장
④ 50장

36. 축척비 = $\frac{25,000}{5,000}$ = 5(배)
   면적비=가로×세로=5×5
   =25(장)

정답

33. ② 34. ④ 35. ③ 36. ③

37. 삼각형 형태의 지형에 대하여 각 지점 간의 거리를 측정한 결과 a=40m, b=35m, c=50m이었다면 삼각형의 면적은?
① 395.269㎡
② 459.269㎡
③ 595.269㎡
④ 695.269㎡

38. GPS 위성에서 사용되는 PRN 코드끼리 짝지어진 것은?
① C/A code, P code
② C/A code, A code
③ Z/X code, P code
④ Z/X code, A code

39. 면적측량 방법으로 삼각형법에 해당하지 않는 것은?
① 삼변법
② 협각법
③ 삼사법
④ 좌표법

40. 곡선의 종류 중 완화곡선이 아닌 것은?
① 반향 곡선
② 3차 포물선
③ 클로소이드 곡선
④ 렘니스케이트 곡선

41. 등경사 지형에서 A, B 두 점의 표고가 각각 43.6m, 77.0m, AB 사이의 수평거리 D=120m일 때 A에서부터 50m 등고선이 지나는 점까지의 수평거리는?
① 23.0m
② 15.3m
③ 11.5m
④ 5.8m

42. 등고선의 성질에 대한 설명으로 틀린 것은?
① 등고선은 반드시 폐합한다.
② 등고선은 능선 또는 계곡선과 직각으로 만난다.
③ 경사각 급한 곳에서는 등고선의 간격이 넓어진다.
④ 동일 등고선 위에 있는 각 점은 모두 같은 높이이다.

해 설

37. $s = \dfrac{1}{2}(a+b+c)$
$= \dfrac{1}{2} \times (40+35+50) = 62.5$
$A = \sqrt{s(s-a)(s-b)(s-c)}$
$= \sqrt{62.5(62.5-40)(62.5-35)(62.5-50)}$
$= 695.269㎡$

38. PRN 부호 : 어떠한 정보를 담고 있는 것이 아니라 이름에서 알 수 있듯이(Random Noise) 어떠한 규칙에 의해 만들어지는 불규칙한 이진 수열로써 위성까지의 거리를 측정하는데 사용되어지기 위한 것(C/A 부호, P 부호(Precise code))

39. 좌표법 : 수치계산법

40.
■ 원곡선 : 단곡선, 복심 곡선, 반향 곡선
■ 완화 곡선 : 3차 포물선, 클로소이드, 렘니스케이트

41.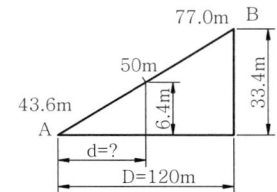
그림에서 120 : 33.4 = d : 6.4
$d = \dfrac{120 \times 6.4}{33.4} = 23.0m$

42. 경사가 급한 곳에서는 등고선의 간격이 좁다.

정 답

37. ④ 38. ① 39. ④ 40. ①
41. ① 42. ③

43. $\frac{1}{4}$법이라고도 하며 시가지의 곡선설치, 보도설치 및 도로, 철도 등의 기설곡선의 검사 또는 수정에 주로 사용되는 단곡선 설치법은?
① 편각법에 의한 설치법
② 중앙 종거에 의한 설치법
③ 접선 편거에 의한 설치법
④ 지거에 의한 설치법

44. 원곡선의 접선 길이를 구하는 식은?
(여기서, R : 곡선반지름, I : 교각, ℓ : 현의 길이)
① $R\tan\frac{I}{2}$
② $0.01745RI$
③ $1718.87 \times \frac{\ell}{R}$
④ $R\left(1-\cos\frac{I}{2}\right)$

45. 지거의 간격이 3m이고, 각 지거의 길이가 $y_1 = 3.0m$, $y_2 = 10.1m$, $y_3 = 12.4m$, $y_4 = 11.0m$, $y_5 = 4.2m$일 때 심프슨 제1법칙에 의한 면적은?
① 95.4㎡
② 100.4㎡
③ 116.4㎡
④ 126.4㎡

46. 그림에서 등고선 간격이 10m이고 $A_2 = 30㎡$, $A_3 = 45㎡$이다. 양단면 평균법으로 토량을 계산한 값은?

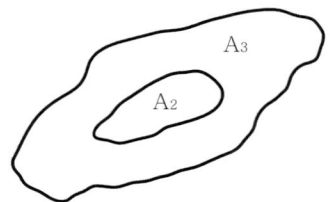

① 375㎥
② 750㎥
③ 3,750㎥
④ 7,500㎥

해 설

43. 중앙 종거법 : $\frac{1}{4}$법이라고도 하며 시가지의 곡선설치, 보도설치 및 도로, 철도 등의 기설곡선의 검사 또는 수정에 주로 사용되는 단곡선 설치법

44.
- 접선장 = $R\tan\frac{I}{2}$
- 곡선장 = $0.01745RI$
- 편각 = $1718.87 \times \frac{\ell}{R}$(분)
- 중앙종거 = $R\left(1-\cos\frac{I}{2}\right)$

45. 심프슨 제1법칙 : 경계선을 2차 포물선으로 보고, 지거의 두 구간을 한 조로 하여 면적을 구하는 방법
$A = \frac{d}{3}\{y_1+y_n+4(y_2+y_4\cdots\cdots+y_{n-1}) + 2(y_3+y_5+\cdots\cdots+y_{n-2})\}$
$= \frac{3}{3}[3+4.2+4\times(10.1+11) + 2\times 12.4]$
$= 116.4㎡$

46. $V = \frac{A_1+A_2}{2} \times L$
$= \frac{30+45}{2} \times 10 = 375㎥$

정 답

43. ② 44. ① 45. ③ 46. ①

47. 단곡선 설치에서 중앙 종거 M=32.94m, 교각 I=54°12′일 때 곡선반지름 R은?
   ① 100m
   ② 200m
   ③ 300m
   ④ 400m

48. 등고선 간격이 10m이고 경사가 5%일 때 등고선 간의 수평거리는?
   ① 100m
   ② 150m
   ③ 200m
   ④ 250m

49. 지형도 축척에 따른 주곡선 간격으로 옳은 것은?
   ① 1:50,000-25m
   ② 1:25,000-10m
   ③ 1:10,000-4m
   ④ 1:5,000-2m

50. 체적을 구하는 방법에 대한 각각의 특징을 설명한 것이 순서(가~다)대로 바르게 짝지어진 것은?

   > 가. 비교적 넓은 지역인 택지, 운동장 등의 정지작업을 위하여 토공량을 계산 하는데 사용된다.
   > 나. 체적을 근사적으로 구하는 경우에 편리하며, 대지의 땅고르기 작업에서 토량 산정 또는 저수지의 용량을 측정하는데 이용된다.
   > 다. 철도, 도로, 수로 등과 같이 긴 노선의 성토, 절토량을 산정할 경우에 이용되는 방법이다.

   ① 등고선법 - 점고법 - 단면법
   ② 점고법 - 등고선법 - 단면법
   ③ 단면법 - 점고법 - 등고선법
   ④ 등고선법 - 단면법 - 점고법

51. 지형의 표시방법 중 임의점의 표고를 숫자로 도상에 나타내는 방법은?
   ① 점고법
   ② 우모법
   ③ 등고법
   ④ 채색법

해 설

47. $M = R(1 - \cos \frac{I°}{2})$ 에서

$$R = \frac{M}{1 - \cos \frac{I°}{2}}$$

$$= \frac{32.94}{1 - \cos \frac{54°12'}{2}} = 300m$$

48. 경사$(i) = \frac{h}{D} \times 100\%$ 이므로

$$D = \frac{h}{i} \times 100$$

$$= \frac{10}{5} \times 100 = 200m$$

49.
■ 1:50,000(소축척)
$\Delta h = \frac{M}{2,500} = \frac{50,000}{2,500} = 20m$

■ 1:25,000(소축척)
$\Delta h = \frac{M}{2,500} = \frac{25,000}{2,500} = 10m$

■ 1:10,000(중축척)
$\Delta h = \frac{M}{2,000} = \frac{10,000}{2,000} = 5m$

■ 1:5,000(대축척)
$\Delta h = \frac{M}{1,000} = \frac{5,000}{1,000} = 5m$

50.
가. ⇒ 점고법
나. ⇒ 등고선법
다. ⇒ 단면법

51. 점고법
① 지상에 있는 임의 점의 표고를 숫자로 도상에 나타내는 방법
② 해도, 하천, 호수, 항만의 수심을 나타내는 경우에 사용된다.

정 답

47. ③ 48. ③ 49. ② 50. ②
51. ①

52. GPS의 특징으로 옳은 것은?
   ① 낮 시간에만 사용할 수 있다
   ② 측점 간 시통이 이루어져야 한다.
   ③ 측량거리에 비해 정확도가 낮다.
   ④ 지구 어느 곳에서나 사용할 수 있다.

53. 노선을 선정할 때 유의해야 할 사항이 아닌 것은?
   ① 토공량이 많고 절토 및 성토의 운반거리를 길게 한다.
   ② 노선은 가능한 직선으로 하고 경사를 완만하게 한다.
   ③ 절토량과 성토량의 균형을 이루게 한다.
   ④ 배수가 잘되는 곳이어야 한다.

54. 캔트(Cant)에 대한 설명으로 틀린 것은?
   ① 레일 간격에 비례한다.
   ② 중력 가속도에 비례한다.
   ③ 곡선 반지름에 반비례한다.
   ④ 설계속도의 제곱에 비례한다.

55. 단곡선의 각부 명칭에서, 곡선 종점을 의미하는 것은?
   ① B.C   ② E.C
   ③ I.A   ④ I.P

56. GPS 수신기 오차에서 수신기 채널 잡음의 해결방법으로 가장 알맞은 것은?
   ① 배터리를 교체한다.
   ② 높은 건물에 근접하여 관측한다.
   ③ 수신 위성의 수를 1대로 최소화한다.
   ④ 검증과정을 통해 보정하거나 수신기의 노후에 의한 것일 때는 교체한다.

57. 각주의 체적을 구하는 공식이 아래와 같을 때 (□)에 들어갈 숫자는? (단, A_1: 하단의 면적, A_2: 상단의 면적, A_m: 중앙단면의 면적, L: A_1과 A_2 간의 거리)

$$V = \frac{L}{6}(A_1 + \square A_m + A_2)$$

   ① 2   ② 4
   ③ 5   ④ 6

해설

52.
- 하루 24시간 어느 시간에서나 이용이 가능하다.
- 기선 결정의 경우 두 측점 간의 시통에 관계가 없다.
- 측량 거리에 비하여 상대적으로 높은 정확도를 가지고 있다.

53. 토공량이 적고 절토 및 성토의 운반거리를 가급적 짧게 한다.

54. 캔트 : 곡선부를 통과하는 열차의 원심력으로 인한 낙차를 고려하여 바깥 레일을 안쪽보다 높이는 정도. 도로에서는 편경사라 한다.

$$C = \frac{b \times V^2}{g \times R}$$

식에서
b : 차측(레일) 사이의 간격
V : 차량의 속도(설계 속도)
g : 중력 가속도
R : 곡선 반경
- 중력 가속도에 반비례한다.

55.
- B.C ⇒ 곡선 시점
- E.C ⇒ 곡선 종점
- I.A ⇒ 교각(I)
- I.P ⇒ 교점

56. 수신기 오차
① 수신기 채널 잡음과 신호의 다중 경로 때문에 발생한다.
② 수신기 채널 잡음은 검증 과정을 통해 보정하거나 수신기의 노후화로 잡음이 증가하면 수신기를 교체하는 것이 좋다.
③ 신호의 다중 경로의 경우 오차의 원인이 되므로 장애물에서 멀리 떨어져 관측하는 것이 좋다.

57. 각주 공식 : 다각형으로 된 양 단면이 평행하고 측면이 전부 평면으로 된 입체를 각주라 한다.

$$V = \frac{L}{6}(A_1 + 4A_m + A_2)$$

정답

52. ④ 53. ① 54. ② 55. ②
56. ④ 57. ②

58. 두 직선 사이에 한 개의 원곡선을 삽입하는 단곡선의 설치방법이 아닌 것은?
   ① 편각법
   ② 중앙 종거법
   ③ 지거법
   ④ 3차 포물선법

59. 노선측량의 일반적인 작업순서로 옳은 것은?
   ① 도상계획-예측-공사측량-실측
   ② 예측-도상계획-실측-공사측량
   ③ 예측-실측-도상계획-공사측량
   ④ 도상계획-예측-실측-공사측량

60. 수신기 1대는 기지점에 설치하고 다른 한 대는 미지점에 고정 설치하여 측량하는 GPS 측량방법은?
   ① 1점측위
   ② 정적측량
   ③ 동적측량
   ④ 부적측량

해 설

58. 단곡선 설치에 사용되는 방법 : 편각법, 지거법, 중앙 종거법

59. 노선 측량의 순서 : 도상 계획 → 예측 → 실측 → 공사 측량

60. 정적측량 : 수신기 1대는 기지점에 설치하고 다른 한 대는 미지점에 고정 설치하여 측량하는 GPS측량방법

정 답

58. ④ 59. ④ 60. ②

2015년 1회 시행 문제

1. 시작되는 측점과 끝나는 측점 간에 아무런 조건이 없으며 노선측량이나 답사 등에 편리한 트래버스는?
   ① 폐합 트래버스
   ② 결합 트래버스
   ③ 개방 트래버스
   ④ 트래버스 망

2. 제3상한에 해당되는 방위를 S$\theta°$ W 로 표현 할 수 있다면 방위각(α)을 계산하는 식은?
   ① $\alpha = \theta°$
   ② $\alpha = 360° - \theta°$
   ③ $\alpha = 180° - \theta°$
   ④ $\alpha = 180° + \theta°$

3. 수평각을 관측할 경우 망원경을 정·반위 상태로 관측하여 평균값을 취해도 소거되지 않는 오차는?
   ① 연직축 오차
   ② 시준축 오차
   ③ 수평축 오차
   ④ 편심오차

4. 어느 거리를 세 구간으로 나누어 관측한 결과 구간별 오차가 각각 ±0.004m, ±0.009m, ±0.007m라면 전체 거리에 대한 오차는?
   ① ±0.007m
   ② ±0.012m
   ③ ±0.016m
   ④ ±0.019m

5. 그림과 같은 사변형 삼각망 조정에서 조건식의 총수는?

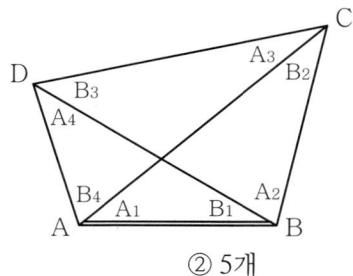

   ① 4개
   ② 5개
   ③ 6개
   ④ 7개

해 설

1. 개방 트래버스 : 시작되는 측점과 끝나는 점 간에 아무런 조건이 없으며 노선측량이나 답사 등에 편리한 트래버스

2.
상한	방위	방위각
1	NθE	$\alpha = \theta$
2	SθE	$\alpha = 180° - \theta$
3	SθW	$\alpha = 180° + \theta$
4	NθW	$\alpha = 360° - \theta$

3. 연직축 오차 : 연직축이 정확히 연직선에 있지 않아서 생기며 망원경을 정위, 반위로 측정하여 관측값을 평균하여도 제거되지 않는 오차

4. $M = \pm\sqrt{m_1^2 + m_2^2 + \cdots + m_n^2}$
   $= \pm\sqrt{(0.004)^2 + (0.009)^2 + (0.007)^2}$
   $= \pm 0.012m$

5. 조건식의 총수
   = B+A-2P+3
   = 1+8-(2×4)+3 = 4
   B : 기선 ⇒ 1개
   A : 총 각 ⇒ 8개
   P : 점 ⇒ 4개

정 답

1. ③ 2. ④ 3. ① 4. ② 5. ①

6. 하천 양안에서 교호수준측량을 실시하여 그림과 같은 결과를 얻었다. A점의 지반고가 100.250m일 때 B점의 지반고는?

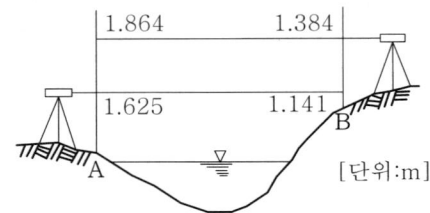

① 99.286m
② 99.768m
③ 100.732m
④ 101.214m

해 설

6. 고저차
$$\Delta h = \frac{(a_1+a_2)-(b_1+b_2)}{2}$$
$$= \frac{(1.864+1.625)-(1.384+1.141)}{2}$$
$$= 0.482m$$
HB = HA + Δh = 100.250 + 0.482
= 100.732m

7. 트래버스의 계산에 대한 설명으로 옳은 것은?
① 폐합 트래버스의 편각의 총합은 720°이다.
② 방위각이 92°인 측선의 역방위각은 272°이다.
③ 폐합 트래버스인 n다각형의 내각의 합은 (n−3)×180°이다.
④ 방위각 계산에서 (−)각이 생기면 180°를 더해 주어야 한다.

7.
■ 폐합 트래버스에 있어서 편각의 합은 360°이다.
■ 내각의 합=180°(n−2)
■ 방위각이 (−)각이 나오면 360°를 더한다.

8. 기계에서 30m 떨어진 곳에 표척을 세워 기포가 4눈금 이동되었을 때 표척의 읽음값 차가 0.024m이었다면 수준기의 감도는?
① 21″
② 31″
③ 41″
④ 51″

8. 감도 $\theta'' = \frac{\ell}{n \times D} \times 206265''$
$= \frac{0.024}{4 \times 30} \times 206265''$
$= 41''$

9. 다음 (　) 안에 알맞은 용어는?

어느 측선의 (　)=전 측선의 조정경거
　　　　　+ 전 측선의 배횡거 + 그 측선의 조정경거

① 배면적
② 배횡거
③ 합위거
④ 합경거

9. 어느 측선의 배횡거
=전 측선의 배횡거 + 전 측선 경거
+ 해당 측선 경거

10. 삼각측량의 특징에 대한 설명으로 옳지 않은 것은?
① 넓은 면적의 측량에 적합하다.
② 높은 정확도를 기대할 수 있다.
③ 다른 기준점 측량과 비교하여 조건식이 많아 계산 및 조정방법이 복잡하다.
④ 평야지대나 삼림지대에서는 작업이 매우 간단하여 유용하다.

10. 삼각점은 서로 시통이 잘되고 후속측량에 이용이 편리하도록 전망이 좋은 곳에 설치 ⇒ 작업이 어렵다.

정 답

6. ③　7. ②　8. ③　9. ②　10. ④

11. 1점을 중심으로 6개의 삼각형으로 구성된 유심 삼각망의 조건식에 대한 설명으로 틀린 것은?
   ① 관측각의 수는 18개이다.
   ② 중심각의 수는 6개이다.
   ③ 변의 수는 12개이다.
   ④ 삼각점의 수는 6개이다.

해 설

11. n : 삼각형의 수=6개
■ 관측각의 수=$3n$=3×6=18
■ 중심각의 수=n=6
■ 변의 수=$2n$=2×6=12
■ 삼각점의 수=n+1=6+1=7

12. 수준측량에서 기계적 및 자연적 원인에 의한 오차를 대부분 소거시킬 수 있는 가장 좋은 방법은?
   ① 간접수준측량을 실시한다.
   ② 표척의 최댓값을 읽어 취한다.
   ③ 전시와 후시의 거리를 동일하게 한다.
   ④ 관측거리를 짧게 하여 관측횟수를 많게 한다.

12. 전시와 후시의 거리를 같게 하므로 제거되는 오차 : 지구의 곡률오차, 빛의 굴절오차, 시준축 오차

13. 표준길이보다 2cm가 짧은 20m 줄자로 테니스장의 면적을 관측하였더니 600㎡가 되었다. 이 테니스장을 표준자로 관측한다면 몇 ㎡가 되겠는가?
   ① 598.8㎡
   ② 599.4㎡
   ③ 600.4㎡
   ④ 601.2㎡

13. 실제 면적
= 관측 면적 × $\frac{(부정\ 길이)^2}{(표준\ 길이)^2}$
= $600 \times \frac{(20-0.02)^2}{(20)^2}$ = 598.8㎡
■ 표준길이보다 길면(+), 짧으면(-)

14. 평판측량 방법 중에서 기준점으로부터 미지점을 시준하여 방향선을 교차시켜 도면 상에서 미지점의 위치를 결정하는 방법으로 거리를 측정할 필요가 없는 것은?
   ① 방사법
   ② 전진법
   ③ 교회법
   ④ 기고법

14. 교회법 : 이미 알고 있는 2-3개의 측점에 차례대로 평판을 세우고 목표물을 시준하여 교차점을 구하는 방법

15. 측선 AB의 길이가 80m, 그 측선의 방위각이 150°일 때 위거 및 경거는?
   ① 위거 -69.3m, 경거 +40.0m
   ② 위거 +69.3m, 경거 -40.0m
   ③ 위거 -40.0m, 경거 +69.3m
   ④ 위거 +40.0m, 경거 -69.3m

15.
■ 위거= AB$\cos\theta$
= 80m × cos150° = -69.3m
■ 경거= AB$\sin\theta$
= 80m × sin150° = 40.0m

정 답

11. ④ 12. ③ 13. ① 14. ③
15. ①

16. 그림에서 AC=b의 거리를 구하기 위하여 log를 취했을 때 옳은 식은?

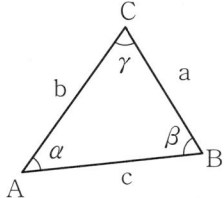

① $\log b = \log \sin \alpha + \log a + \log \sin \beta$
② $\log b = \log \sin \alpha + \log a - \log \sin \beta$
③ $\log b = \log \sin \beta - \log a - \log \sin \alpha$
④ $\log b = \log \sin \beta + \log a - \log \sin \alpha$

17. 수준측량에 사용되는 용어에 대한 설명으로 틀린 것은?
① 수준면(Level Surface) : 연직선에 직교하는 모든 점을 잇는 곡면
② 수준선(Level Line) : 수준면과 지구의 중심을 포함한 평면이 교차하는 선
③ 기준면(Datum Plane) : 지반의 높이를 비교할 때 기준이 되는 면
④ 특별 기준면(Special Datum Plane) : 연직선에 직교하는 평면으로 어떤 점에서 수준면과 접하는 평면

18. 평판측량에서 축척은 1:200이고 외심거리 e=24cm일 때 앨리데이드에 의한 외심오차는?
① 0.2mm ② 0.4mm
③ 0.8mm ④ 1.2mm

19. 1개의 각 관측 오차가 ±5″인 기계를 이용하여 1점에서 9개의 각 측량을 실시하였을 때 각 오차의 총합은?
① ±15″ ② ±20″
③ ±30″ ④ ±45″

20. 수준측량 야장 기입법 중 고차식에 대한 설명으로 옳은 것은?
① 전시의 합과 후시의 합의 차로서 고저차를 구하는 방법
② 임의의 점의 시준고를 구한 다음, 여기에 임의의 점의 지반고에 그 후시를 더하여 기계고를 얻고 이것에서 다른 점의 전시를 빼서 그 점의 지반고를 얻는 방법
③ 전시값이 후시값보다 적을 때는 그 차를 승란에, 클 때는 강란에 기입하는 방법
④ 노선측량의 종단측량이나 횡단측량에 많이 쓰이며 중간시가 많을 때 정당한 방법

해 설

16. $\dfrac{a}{\sin \alpha} = \dfrac{b}{\sin \beta}$에서
$b = a \times \dfrac{\sin \beta}{\sin \alpha}$에 대수를 취하면
$\log b = \log a + \log \sin \beta - \log \sin \alpha$

17. 특별 기준면
㉠ 섬에서는 내륙의 기준면을 직접 연결할 수 없으므로 그 섬 특유의 기준면을 사용한다.
㉡ 하천의 감조부나 항만 또는 해안 공사에서 해저 표고(-표고)의 불편함으로 인해 필요에 따라 편리한 기준면을 정하는 경우가 있는데, 이를 특별 기준면이라 한다.
㉢ 어느 지역에서만 임시로 사용하는 수준점, 즉 가수준점도 특별 기준면으로부터의 표고이다.

18. 외심오차 = $\dfrac{외심거리}{축척의 분모수}$
$= \dfrac{240mm}{200} = 1.2mm$

19. 오차의 총합 = ±오차 × $\sqrt{n}$
$= ±5″ × \sqrt{9} = ±15″$

20. 야장 기입 방법
① 고차식 야장 : 두 측점간의 고저차만을 구하기에 적합하다.
② 기고식 야장 : 종단 및 횡단 수준측량에서 중간점이 많을 때 적합하다.
③ 승강식 야장 : 계산에서 완전히 검산할 수 있어 정밀을 요할 때 적합, 중간점이 많을 때는 계산이 복잡한 단점이 있다.

정 답

16. ④ 17. ④ 18. ④ 19. ①
20. ①

21. 평판을 세울 때 갖추어야 할 조건이 아닌 것은?
   ① 정준
   ② 수준
   ③ 구심
   ④ 표정

22. EDM을 이용하여 1km의 거리를 ±0.004m의 오차로 측정하였다. 동일한 오차가 얻어지도록 같은 조건으로 25km의 거리를 측정한 경우 연속 측정값에 대한 오차는?
   ① ±0.05m
   ② ±0.04m
   ③ ±0.03m
   ④ ±0.02m

23. 그림과 같은 수준측량에서 A점의 지반고는? (단, C점의 지반고는 13m이다.)

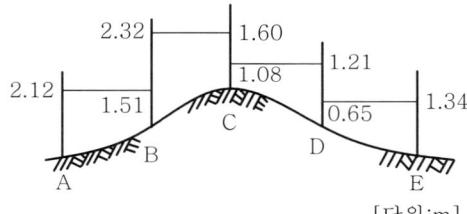

   ① 9.67m
   ② 10.67m
   ③ 11.67m
   ④ 12.67m

24. 수준측량에서 후시(B.S)의 정의로 옳은 것은?
   ① 높이를 알고 있는 점의 표척의 읽음 값
   ② 높이를 구하고자 하는 점의 표척의 읽음 값
   ③ 측량 진행 방향에서 기계 뒤에 있는 표척의 읽음 값
   ④ 그 점의 높이만 구하고자 하는 점의 표척의 읽음 값

25. 그림에서 AC=5m, CE=4m, DE=8m일 때 AB의 거리는? (단, AB와 DE는 평행하다.)

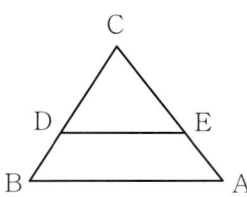

   ① 12m
   ② 10m
   ③ 8m
   ④ 6m

해 설

21. 평판세우기 방법
   ① 정준(수평 맞추기) : 평판의 면을 수평이 되게 세워야 한다.
   ② 구심(중심 맞추기) : 지상점과 도상점이 연직선상에 일치되어야 한다.
   ③ 표정(방향 맞추기) : 기준선과 방향선에 일치되도록 해야 한다.

22. EDM : 전자파 거리 측량기
   오차 $=\pm b\sqrt{n}$
   $=\pm 0.004\sqrt{25}=\pm 0.02m$
   ■ b : 1회 측정 오차 $=\pm 0.004m$
   ■ n : 측정횟수 $=25km \div 1km=25$

23. $H_A = H_C + (\Sigma B.S - \Sigma F.S)$
   $=13+(1.60+1.51)-(2.32+2.12)$
   $=11.67m$

24. 후시 : 높이를 알고 있는 점의 표척의 읽음 값

25. AB : AC = DE : CE
   $AB = \dfrac{AC \times DE}{CE} = \dfrac{5 \times 8}{4}$
   $=10m$

정 답

21. ② 22. ④ 23. ③ 24. ①
25. ②

26. 높은 정확도를 요구하는 대규모 지역의 측량에 이용되는 트래버스는?
   ① 개방 트래버스
   ② 폐합 트래버스
   ③ 결합 트래버스
   ④ 수렴 트래버스

27. 사용 기계의 종류에 따른 측량의 분류에 해당하는 것은?
   ① 노선 측량
   ② 골조 측량
   ③ 토털스테이션 측량
   ④ 터널 측량

28. 방위각 105°39′42″에 대한 방위는?
   ① N 15°39′12″ W
   ② S 15°39′42″ E
   ③ S 74°20′18″ E
   ④ N 74°20′18″ E

29. 데오드라이트(세오돌라이트)의 세우기와 시준 시 유의사항에 대한 설명으로 옳지 않은 것은?
   ① 정확한 관측을 위해 한쪽 눈을 감고 시준 한다.
   ② 망원경의 높이는 눈의 높이보다 약간 낮게 한다.
   ③ 삼각대는 대체로 정삼각형을 이루게 하여 세운다.
   ④ 기계 조작 시 몸이나 옷이 기계에 닿지 않도록 주의한다.

30. 수평각 관측법 중 1측점에서 1개의 각을 높은 정밀도로 측정할 때 사용하는 방법으로 같은 각을 여러 번 관측하여 시준할 때의 오차를 줄일 수 있고 최소 눈금 미만의 정밀한 관측값을 얻을 수 있는 방법은?
   ① 단각법
   ② 배각법
   ③ 방향각법
   ④ 조합각 관측법

31. 관측자의 미숙과 부주의에 의해 발생되는 오차는?
   ① 착오
   ② 정오차
   ③ 부정오차
   ④ 수준오차

해설

26. 결합 트래버스 : 좌표를 알고 있는 기지점으로부터 출발하여 다른 기지점에 연결하는 측량방법으로 높은 정확도를 요구하는 대규모 지역의 측량에 이용되는 트래버스

27. 측량기계에 따른 분류 : 테이프 측량, 평판 측량, 데오돌라이트 측량, 레벨 측량, 스타디아 측량, 육분의 측량, 사진 측량, GPS 측량, 전자파 거리 측량, 토털스테이션 측량

28. 2상한에 있으므로
180°-105°39′42″=74°20′18″
이므로 S74°20′18″E

29. 정확한 관측을 위해 두 눈을 뜨고 시준 한다.

30. 배각법은 반복 관측으로 한 측점에서 한 개의 각을 높은 정밀도로 측정할 때 사용한다.

31. 착오 : 관측자의 과실이나 미숙에 의하여 생기는 오차

정답

26. ③ 27. ③ 28. ③ 29. ①
30. ② 31. ①

32. 평판측량의 특징에 대한 설명으로 틀린 것은?
   ① 현장에서 잘못된 곳을 발견하기 쉽다.
   ② 부속품이 많아서 분실하기 쉽다.
   ③ 기후의 영향을 많이 받는다.
   ④ 전체적으로 정확도가 높다.

33. 그림과 같이 A점에서 B점이 보이지 않아 P점을 관측하여 P점의 방위가 T′=59°를 관측하였다. 이때 AB 측선의 방위각 T는? (단, 선분 AB=150m, e=3m, P의 외각 ∅=300°)

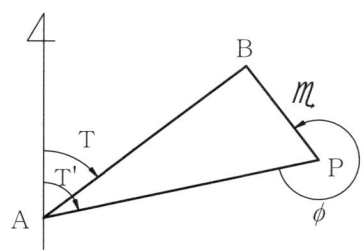

   ① 55°18′17″
   ② 57°17′12″
   ③ 58°00′27″
   ④ 59°00′00″

34. 고저차가 0.35m인 두 점을 스틸 테이프로 경사거리를 관측하여 30m를 얻었다. 수평거리로 보정할 때 보정값은?
   ① -1mm
   ② -2mm
   ③ -3mm
   ④ -4mm

35. 측선 길이의 합이 640m인 폐합 트래버스 측량에서 위거의 오차가 0.05m이고, 경거의 오차가 0.04m일 때 폐합비는?
   ① 1/5,000
   ② 1/10,000
   ③ 1/15,000
   ④ 1/20,000

36. 그림과 같은 측량결과가 얻어졌다면 이 지역의 토량은?

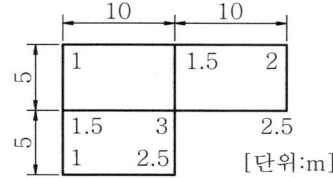

   ① 252.0m³
   ② 262.0m³
   ③ 272.0m³
   ④ 300.0m³

해설

32. 다른 측량에 비해 정확도가 낮다.

33.

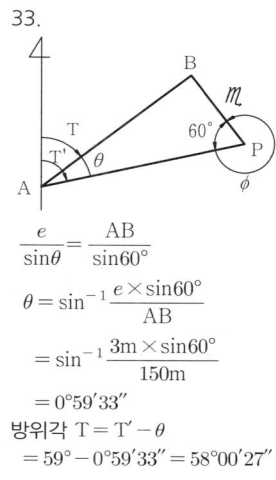

$$\frac{e}{\sin\theta} = \frac{AB}{\sin 60°}$$

$$\theta = \sin^{-1}\frac{e \times \sin 60°}{AB}$$

$$= \sin^{-1}\frac{3m \times \sin 60°}{150m}$$

$$= 0°59′33″$$

방위각 $T = T' - \theta$
$= 59° - 0°59′33″ = 58°00′27″$

34. 보정량 $= -\frac{h^2}{2L} = -\frac{0.35^2}{2 \times 30}$
$= -0.002m = -2mm$

35. 폐합비 $= \frac{\sqrt{E_L^2 + E_D^2}}{\Sigma \ell}$
$= \frac{\sqrt{0.05^2 + 0.04^2}}{640}$
$= \frac{1}{10,000}$

36. 토량
$\Sigma h_1 = 1+2+2.5+2.5+1 = 9m$
$2\Sigma h_2 = 2\times(1.5+1.5) = 6m$
$3\Sigma h_3 = 3\times 3 = 9m$

$V = \frac{A}{4}(1\Sigma h_1 + 2\Sigma h_2 + 3\Sigma h_3 + 4\Sigma h_4)$
$= \frac{10 \times 5}{4}(9+6+9)$
$= 300m³$

정답

32. ④ 33. ③ 34. ② 35. ②
36. ④

37. 그림과 같은 삼각형의 면적은?

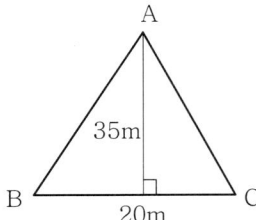

① 300m²
② 350m²
③ 400m²
④ 450m²

38. 지형의 표시방법 중 짧은 선으로 지표의 기복을 표시하는 방법은?
① 채색법
② 우모법
③ 점고법
④ 등고선법

39. 노선측량에서 완화 곡선에 대한 설명으로 옳지 않은 것은?
① 완화 곡선에 연한 곡선 반지름의 감소율은 캔트의 증가율과 같다.
② 완화 곡선의 반지름은 종점에서 원곡선의 반지름과 같다.
③ 완화 곡선의 접선은 종점에서 원호에 접한다.
④ 곡률이 곡선 길이에 반비례하는 곡선을 클로소이드라 한다.

40. 노선측량에서 단곡선을 설치하려 한다. 곡선반지름(R)이 500m이고 교점의 교각이 90°일 때 곡선의 길이는?
① 292.7m
② 392.7m
③ 592.4m
④ 785.4m

41. GPS 측량의 일반적 특성이 아닌 것은?
① 측량 거리에 비하여 상대적으로 높은 정확도를 가지고 있다.
② 지구상 어느 곳에서나 이용이 가능하다.
③ 위치 결정에 기상의 영향을 많이 받는다.
④ 하루 24시간 중 어느 시간에나 이용이 가능하다.

해 설

37. 면적 = $\dfrac{20 \times 35}{2}$ = 350m²

38. 우모법 : 게바라고 하는 짧은 선으로 지표의 기복을 나타내는 지형의 표시 방법

39. 곡률이 곡선 길이에 비례하는 곡선을 클로소이드라 한다.

40. C.L = 0.0174533RI
   = 0.0174533 × 500 × 90°
   = 785.4m

41. 기상에 관계없이 위치 결정이 가능하다.

정 답

37. ② 38. ② 39. ④ 40. ④
41. ③

42. 단곡선에 관한 기본식 중 틀린 것은?
    (단, R : 곡선반지름, I° : 교각)

    ① 중앙종거 $M = R\left(1 - \cos\dfrac{I°}{2}\right)$

    ② 곡선길이 $C.L = \left(\dfrac{\pi}{180°}\right)RI°$

    ③ 외할 $E = R\left(\sec\dfrac{I°}{2} - 1\right)$

    ④ 접선길이 $T.L = R\sin\dfrac{I°}{2}$

43. 측점 A에서의 횡단면적이 32㎡, 측점 B에서의 횡단면적이 48㎡이고, 측점 AB간 거리가 15m일 때의 토공량은?
    ① 400㎥ ② 500㎥
    ③ 600㎥ ④ 700㎥

44. 등고선의 성질에 대한 설명으로 틀린 것은?
    ① 한 등고선은 도면 내외에서 반드시 폐합된다.
    ② 등고선은 능선 또는 계곡선과 직각으로 만난다.
    ③ 경사가 급하면 간격이 좁고, 완만하면 간격이 넓다.
    ④ 높이가 다른 두 등고선은 절대 교차하거나 만나지 않는다.

45. 편각에 의한 단곡선 설치에서 곡선반지름 R=120m일 때 20m에 대한 편각은?
    ① 4°43′46″
    ② 4°46′29″
    ③ 4°48′46″
    ④ 4°52′43″

46. 그림과 같이 토지의 한 변 BC와 평행하게 m:n=1:4의 면적 비율로 분할할 때 AB=45m이면 AX의 길이는?

    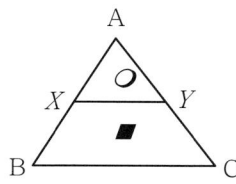

    ① 22.5m ② 20.1m
    ③ 17.5m ④ 15.6m

해 설

42. 접선길이 $T.L = R\tan\dfrac{I°}{2}$

43. $V = \dfrac{A_1 + A_2}{2} \times L$
    $= \dfrac{32 + 48}{2} \times 15 = 600㎥$

44. 높이가 다른 두 등고선은 동굴이나 절벽의 지형이 아닌 곳에서는 교차하지 않는다. 동굴이나 절벽에서는 2점에서 교차한다.

45. 편각(δ) $= \dfrac{\ell}{2R} \times \dfrac{180°}{\pi}$
    $= \dfrac{20}{2 \times 120} \times \dfrac{180°}{\pi}$
    $= 4°46′29″$

46. $\triangle ABC : \triangle AXY$
    $= AB^2 : AX^2 = (m+n) : m$
    $\Rightarrow AX = AB\sqrt{\dfrac{m}{m+n}}$
    $= 45 \times \sqrt{\dfrac{1}{1+4}} = 20.1m$

정 답

42. ④ 43. ③ 44. ④ 45. ②
46. ②

47. 축척 1:25,000의 지형도에서 120m 등고선 상의 A점과 140m 등고선 상의 B점 사이의 경사도는? (단, AB의 도상 거리는 40mm 이다.)
   ① 1%
   ② 2%
   ③ 3%
   ④ 4%

48. 원곡선 설치에서 반지름 R=120m, 교각 I=60°30′일 때 접선 길이(T.L)는?
   ① 212m
   ② 106m
   ③ 70m
   ④ 50m

49. GPS의 구성 중 사용자 부분에 대하여 설명한 것으로 틀린 것은?
   ① 사용자 부분은 응용장비와 자료 처리 소프트웨어가 포함된다.
   ② 측량기법에 따라 정확도가 다르다.
   ③ GPS 안테나의 모양에 따라 정확도가 크게 좌우된다.
   ④ 응용 분야에 따른 사용자 부분은 측지, 군사 및 레저 분야에까지 다양하다.

50. 구역을 사각형의 규칙적인 형상으로 분할하여 각 교점의 표고를 구하고 각 교점 간에 등고선이 지나가는 점을 비례식으로 산출하여 등고선을 그리는 방법은?
   ① 사각형 분할법(좌표점법)
   ② 기준점법(종단점법)
   ③ 횡단점법
   ④ 점고법

51. 노선의 선정에 있어서 유의해야 할 사항이 아닌 것은?
   ① 노선은 가능한 직선으로 하고 경사를 완만하게 하는 것이 좋다.
   ② 절토 및 성토의 운반거리를 가급적 길게 한다.
   ③ 배수가 잘 되도록 충분히 고려한다.
   ④ 토공량이 적고. 절토와 성토가 균형을 이루게 한다.

52. 노선을 건설할 때 실시하는 측량의 순서로 옳은 것은?
   ① 지형측량 – 종·횡단측량 – 공사측량 – 준공측량
   ② 종·횡단측량 – 지형측량 – 공사측량 – 준공측량
   ③ 공사측량 – 준공측량 – 종·횡단측량 – 지형측량
   ④ 지형측량 – 공사측량 – 준공측량 – 종·횡단측량

해 설

47. 수평거리=0.04m×25,000
=1,000m
표고차=140m-120m=20m
경사기울기=$\frac{표고차}{수평거리}$
=$\frac{20}{1,000}$=$\frac{1}{50}$
경사도=$\frac{1}{50} \times 100 = 2\%$

[별해] $i = \frac{100h}{LS} = \frac{100 \times 20}{0.04 \times 25,000}$
= 2%

48. $T.L = R \tan \frac{I}{2}$
$= 120 \times \tan \frac{60°30'}{2} = 70m$

49. 하드웨어는 GPS 수신기와 안테나로서 위성 신호 추적 및 신호 관측을 한다.

50. 사각형 분할법(좌표점법) : 측량 구역을 사각형으로 분할하고, 각 교점의 표고를 구하여 각 교점 간에 등고선이 지나가는 점을 비례식으로 산출하여 등고선을 작도하는 방법이다.

51. 절토 및 성토의 운반거리를 가급적 짧게 한다.

52. 지형측량 ⇒ 종·횡단측량 ⇒ 공사측량 ⇒ 준공측량

정 답

47. ② 48. ③ 49. ③ 50. ①
51. ② 52. ①

53. 그림과 같이 반지름이 다른 2개의 단곡선이 그 접속점에서 공통 접선의 반대쪽에 곡선의 중심을 가지고 연결된 곡선을 무엇이라고 하는가?

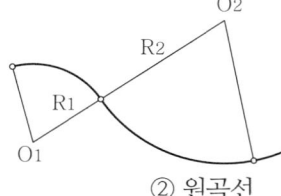

① 반향곡선
② 원곡선
③ 복곡선
④ 완화곡선

54. 노선측량에서 기지점으로부터 노선 시점(B.C)까지의 거리가 1,590m이고 접선길이(T.L)가 200m, 곡선길이(C.L)가 550m이면 노선 종점(E.C)까지의 거리는?
① 1,390m
② 1,790m
③ 2,140m
④ 2,340m

55. 지형 측량의 순서로 옳은 것은?
① 측량계획 작성 – 세부측량 – 골조측량 – 측량원도 작성
② 측량계획 작성 – 측량원도 작성 – 골조측량 – 세부측량
③ 측량계획 작성 – 측량원도 작성 – 세부측량 – 골조측량
④ 측량계획 작성 – 골조측량 – 세부측량 – 측량원도 작성

56. 택지조성 등 넓은 지역의 땅고르기 작업을 위하여 토공량을 계산하는 데 사용하는 방법으로 전 구역을 직사각형이나 삼각형으로 나누어서 계산하는 방법은?
① 단면법
② 점고법
③ 등고선법
④ 각주공식

57. 삼각형의 세 변 a, b, c를 측정했을 때 면적 A를 구하는 식으로 옳은 것은? (단, $s = \frac{1}{2}(a+b+c)$)
① $A = \sqrt{s(s-a)(s-b)(s-c)}$
② $A = \sqrt{s(s+a)(s+b)(s+c)}$
③ $A = \sqrt{(s-a)(s-b)(s-c)}$
④ $A = \sqrt{(s+a)(s+b)(s+c)}$

해 설

53. 반향곡선 : 반지름이 다른 2개의 단곡선이 그 접속점에서 공통 접선의 반대쪽에 곡선의 중심을 가지고 연결된 곡선

54. E.C거리=B.C거리+C.L
=1,590+550=2,140m

55. 지형 측량의 순서
측량 계획 작성→골조측량→세부측량→측량 원도 작성

56. 점고법 : 체적 계산에서 넓은 지역이나 택지 조성 등의 정지 작업을 위한 토공량을 계산하는 데 주로 사용하는 방법으로, 전 구역을 직사각형이나 삼각형으로 나누어서 토량을 계산하는 방법

57. 삼변법(헤론의 공식) : 삼각형의 세변을 측정하여 면적을 구하는 방법(세변의 길이가 비슷할수록 정확도가 높아지며 제일 긴 변과 짧은 변의 길이의 비가 2:1이내가 되어야 한다.)
$A = \sqrt{s(s-a)(s-b)(s-c)}$
$s = \frac{1}{2}(a+b+c)$

정 답

53. ① 54. ③ 55. ④ 56. ②
57. ①

58. GPS 위성으로부터 직접 수신된 전파 이외에 부가적으로 주위의 지형지물에 의하여 반사된 전파 때문에 발생하는 오차를 무엇이라 하는가?
   ① 위성 궤도 오차
   ② 대류권 굴절 오차
   ③ 다중 경로 오차
   ④ 사이클 슬립

59. 주곡선만으로는 지모의 상태를 상세하게 표시할 수 없는 곳에 주곡선 간격의 1/2마다 가는 긴 파선으로 나타내는 등고선은?
   ① 간곡선
   ② 계곡선
   ③ 조곡선
   ④ 편곡선

60. GPS에 의해 결정한 위치오차를 줄이는 기술로, 이미 알고 있는 기지점의 좌표를 이용하여 오차를 최대한 소거시켜 관측점의 위치 정확도를 높이기 위한 위치 결정 방식은?
   ① DGPS(Differential GPS)
   ② RTK(Real-Time Kinematic)
   ③ 정지측위(Static Survey)
   ④ 이동측위(Kinematic Survey)

해 설

58. 다중 경로 오차 : GPS 위성으로부터 직접 수신된 전파 이외에 부가적으로 주위의 지형지물에 의하여 반사된 전파 때문에 발생하는 오차

59.

등고선의 종류	표시 방법	등고선 간격(m)			
		1:1,000	1:5,000	1:25,000	1:50,000
주곡선	가는 실선	1	5	10	20
계곡선	굵은 실선	5	25	50	100
간곡선	가는 긴 파선	0.5	2.5	5	10
조곡선	가는 짧은 파선	0.25	1.25	2.5	5

60. GPS 위치측정 데이터는 군사상으로 사용되는 PPS(Precision Positioning Service)인 경우에는 50m 이내, 민간에 제공되고 있는 SPS(Standard Positioning Service)는 200m 이내의 오차범위를 가진다. 이러한 오차를 보정하는 방법으로 특정 위치의 좌표 값과 그 곳의 측정값과의 차이를 이용하여 보정된 데이터를 반영하는 DGPS(Differential GPS)가 사용되고 있는데, DGPS를 사용하면 오차범위를 5m 이내로 줄일 수 있다. 출처(GPS:시사상식사전)

정 답

58. ③ 59. ① 60. ①

2015년 4회 시행 문제

1. 레벨을 세우는 횟수를 짝수로 하면 없앨 수 있는 오차는?
   ① 구차에 의한 오차
   ② 기차에 의한 오차
   ③ 표척의 이음매에 의한 오차
   ④ 표척의 눈금 오차

2. 각 점들이 중력 방향에 직각으로 이루어진 곡면으로 지오이드 면과 평행한 곡면을 무엇이라 하는가?
   ① 연직면(plumb plane)
   ② 수준면(level surface)
   ③ 기준면(datum plane)
   ④ 표고(elevation)

3. 사변형 삼각망 변조정에서 Σlog sinA=39.2434474, Σlog sinB=39.2433974 이고, 표차 총합이 199.4일 때 변조정량의 크기는?
   ① 1.42″
   ② 1.93″
   ③ 2.51″
   ④ 3.62″

4. 경중률에 대한 설명으로 옳은 것은?
   ① 오차의 제곱에 비례한다.
   ② 표준편차의 제곱에 비례한다.
   ③ 직접수준측량에서는 거리에 반비례한다.
   ④ 같은 정도로 측정했을 때에는 측정 횟수에 반비례한다.

5. 트래버스 측량에서 다음 결과를 얻었을 때 측선 EA의 거리는? (단, 폐합이며 오차는 없음)

측선	위거(m) (+)	위거(m) (-)	경거(m) (+)	경거(m) (-)
AB		56.6	43.2	
BC		29.7		26.8
CD		25.9		96.6
DE	53.5			49.7

   ① 142.547m
   ② 149.628m
   ③ 153.532m
   ④ 156.315m

해설

1. 레벨을 세우는 횟수를 짝수로 하는 것은 0눈금(영점) 오차를 소거하기 위함이다.

2. 수준면(level surface) : 각 점들이 중력 방향에 직각으로 이루어진 곡면으로 지오이드 면과 평행한 곡면

3. 조정량
$= \dfrac{\Sigma \log \sin A - \Sigma \log \sin B}{\text{표차의 합}}$
$= \dfrac{39.2434474 - 39.2433974}{199.4}$
$= \dfrac{500}{199.4} = 2.51''$
대수는 보통 소수 7자리까지 취한다(0.0000500→500으로 계산한다.)

4. 경중률 : 관측값의 신뢰도를 표시하는 값
   ① 같은 정도로 측정했을 때 : 측정 횟수에 비례한다.
   ② 정밀도의 제곱에 비례한다.
   ③ 오차의 제곱에 반비례한다.
   ④ 표준 편차의 제곱에 반비례한다.
   ⑤ 직접수준측량 : 거리에 반비례
   ⑥ 간접수준측량 : 거리의 제곱에 반비례 한다.

5. 위거차(L_{EA})
   =53.5-(56.6+29.7+25.9)=-58.7
   경거차(D_{EA})
   =43.2-(26.8+96.6+49.7)=-129.9
   EA의 거리= $\sqrt{(L_{EA})^2 + (D_{EA})^2}$
   $= \sqrt{(-58.7)^2 + (-129.9)^2}$
   =142.547m

정답

1. ④ 2. ② 3. ③ 4. ③ 5. ①

6. 어느 측점의 지반고(G.H)가 32.126m 이고 이 측점의 후시값(B.S)이 1.412m이면 이 측점의 기계고는?
   ① 33.538m
   ② 34.538m
   ③ 46.064m
   ④ 63.223m

7. 각 관측 방법에 대한 설명으로 옳지 않은 것은?
   ① 조합각 관측법은 관측할 여러 개의 방향선 사이의 각을 차례로 방향각법으로 관측하여 최소제곱법에 의하여 각각의 최확값을 구한다.
   ② 단측법은 높은 정확도를 요구하지 않을 경우에 사용하며 정·반위 관측하여 평균을 한다.
   ③ 배각법은 반복 관측으로 한 측점에서 한 개의 각을 높은 정밀도로 측정할 때 사용한다.
   ④ 방향각법은 수평각 관측법 중 가장 정확한 값을 얻을 수 있는 방법으로 1등 삼각측량에서 주로 이용된다.

8. 평판을 세울 때 갖추어야 할 조건이 아닌 것은?
   ① 평판은 수평이 되어야 한다.
   ② 평판 위의 측점과 지상의 측점이 동일 연직선 상에 있어야 한다.
   ③ 평판은 항상 일정한 방향을 유지하여야 한다.
   ④ 시준축과 수평축이 평행하여야 한다.

9. 삼각망의 종류에 대한 설명으로 옳지 않은 것은?
   ① 단열삼각망 : 하천, 도로, 터널측량 등 좁고 긴 지역에 적합하며 경제적이다.
   ② 사변형삼각망 : 가장 정도가 낮으며, 피복면적이 작아 비경제적이다.
   ③ 유심삼각망 : 측점 수에 배해 피복면적이 가장 넓다.
   ④ 사변형삼각망 : 조건식이 많아서 가장 정도가 높으므로 기선삼각망에 사용된다.

10. 4km 거리를 20m 줄자로 관측하여 20m 마다 ±3mm의 우연오차가 발생하였다면 전체 우연오차는?
    ① ±32.33mm
    ② ±42.43mm
    ③ ±346.41mm
    ④ ±600.00mm

해 설

6. 기계고=지반고+후시값
   =32.126+1.412=33.538m

7. 수평각 관측법 중 가장 정확한 방법으로 1, 2등 삼각 측량에 주로 사용되는 수평각 측정 방법은 조합각 관측법이다.

8. 평판세우기 방법
   ① 정준(수평 맞추기) : 평판의 면을 수평이 되게 세워야 한다.
   ② 구심(중심 맞추기) : 지상점과 도상점이 연직선상에 일치되어야 한다.
   ③ 표정(방향 맞추기) : 기준선과 방향선에 일치되도록 해야 한다.

9. 사변형 삼각망 : 가장 높은 정밀도를 얻을 수 있으나 조정이 복잡하고 피복 면적이 적으며 많은 노력과 시간, 경비가 필요하고 기선삼각망 등에 사용된다.

10. 측정횟수=4000m÷20m=200회
    우연오차=$\pm b\sqrt{n}$
    =$\pm 3mm\sqrt{200}$=±42.43mm
    (n : 측정횟수, b : 1회 측정 오차)

정 답

6. ① 7. ④ 8. ④ 9. ② 10. ②

11. 삼각측량에서 삼각법(사인법칙)에 의해 변 a의 길이를 구하는 식으로 옳은 것은? (단, b는 기선)

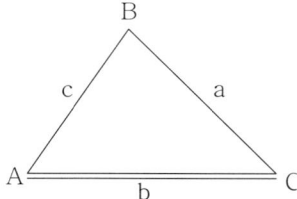

① $\log a = \log b + \log \sin A + \log \sin B$
② $\log a = \log b + \log \sin A - \log \sin B$
③ $\log a = \log b - \log \sin A - \log \sin B$
④ $\log a = \log b - \log \sin A + \log \sin B$

12. 좌표를 알고 있는 기지점으로부터 출발하여 다른 기지점에 연결하는 측량방법으로 높은 정확도를 요구하는 대규모 지역의 측량에 이용되는 트래버스는?
① 폐합 트래버스
② 개방 트래버스
③ 결합 트래버스
④ 트래버스 망

13. 트래버스 측량의 내용 설명으로 옳지 않은 것은?
① 세부측량에 사용할 기준점의 좌표를 결정한다.
② 각 변의 방향과 거리를 측정하여 수평위치를 결정한다.
③ 외업의 성과로부터 방위각, 위거, 경거를 계산하고 조정하여 각 측점의 좌표를 얻는다.
④ 트래버스 종류 중 가장 정확도가 높은 것은 폐합 트래버스이다.

14. 각 측량에서 망원경을 정위, 반위로 측정하여 평균값을 취해도 해결되지 않는 기계적 오차는?
① 시준축과 수평축이 직교하지 않는다
② 수평축이 연직축에 직교하지 않는다.
③ 연직축이 정확이 연직선에 있지 않다.
④ 회전축에 대하여 망원경의 위치가 편심되어 있다.

15. 삼각형 세변이 각각 a=43m, b=46m, c=39m 로 주어 질 때 각 α는?

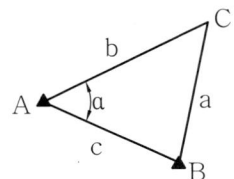

해 설

11. $\dfrac{a}{\sin A} = \dfrac{b}{\sin B}$ 에서
$a = b \times \dfrac{\sin A}{\sin B}$ 에 대수를 취하면
log a = log b + log sin A - log sin B

12. 결합 트래버스 : 좌표를 알고 있는 기지점으로부터 출발하여 다른 기지점에 연결하는 측량방법으로 높은 정확도를 요구하는 대규모 지역의 측량에 이용되는 트래버스

13. 트래버스 종류 중 가장 정확도가 높은 것은 결합 트래버스이다.

14. 연직축 오차 : 연직축이 정확히 연직선에 있지 않아서 생기며 망원경을 정위, 반위로 측정하여 관측값을 평균하여도 제거되지 않는 오차

15. $\cos\alpha = \dfrac{b^2 + c^2 - a^2}{2bc}$
$= \dfrac{46^2 + 39^2 - 43^2}{2 \times 46 \times 39}$
$= 0.498327759$
$\alpha = \cos^{-1} 0.498327759$
$= 60°06'38''$

정 답

11. ② 12. ③ 13. ④ 14. ③
15. ②

① 51° 50′ 41″
② 60° 06′ 38″
③ 68° 02′ 41″
④ 72° 00′ 26″

16. 임의 측선의 방위각 계산에서 진행방향 오른쪽 교각을 측정했을 때의 방위각 계산은?
① 전 측선의 방위각 + 180° - 그 측점의 교각
② 전 측선의 방위각 × 180° + 그 측점의 교각
③ 전 측선의 방위각 × 180° - 그 측점의 교각
④ 전 측선의 방위각 - 180° + 그 측점의 교각

해 설

16. 방위각
 = 전 측선 방위각 + 180° ± 교각
■ 오른쪽 교각 측정 : -교각
■ 왼쪽 교각 측정 : +교각

17. 수준측량에서 발생할 수 있는 오차의 원인 중 기계적 원인에 의한 오차가 아닌 것은?
① 표척 눈금이 불완전하다.
② 레벨의 조정이 불완전하다.
③ 표척 이음매 부분이 정확하지 않다.
④ 표척을 정확히 수직으로 세우지 않았다.

17. 표척을 정확히 수직으로 세우지 않았다 ⇒ 개인적 원인

18. 삼각점의 선점은 측량의 목적, 정확도 등을 고려하여 실시하여야 한다. 이 때 주의하여야 할 사항에 대한 설명으로 옳지 않은 것은?
① 삼각점은 될 수 있는 한 정확한 측량을 위해 측점수를 늘려 많게 한다.
② 삼각점은 지반이 견고하고 이동, 침하 및 동결 지반은 피한다.
③ 삼각점의 위치는 트래버스 측량, 세부 측량 등의 후속 측량에 편리한 곳에 설치하여야 한다.
④ 삼각형은 가능한 정삼각형의 형태로 하는 것이 관측의 정확도를 높이는데 유리하다.

18. 삼각점은 될 수 있는 한 정확한 측량을 위해 측점수를 적게 한다.

19. 다음은 횡단수준측량을 한 결과이다. d점의 지반고는? (단, No.4의 지반고는 15m이다.)

왼쪽			측점	오른쪽	
			(No.4)		
-1.20	-2.00	-0.90	1.30	-2.00	+2.75
15.00	12.00	4.00	0	8.00	15.00
a	b	c		d	e

① 14.30m ② 8.30m
③ 13.00m ④ 8.00m

19. 분모값은 거리이므로 분자의 고저 읽음값으로 d점 지반고를 구한다. (-값은 내려감, +값은 올라감을 뜻한다.)
■ $H_d = H_4 + H$
 $= 15 + (1.30 - 2.00) = 14.30m$

정 답

16. ① 17. ④ 18. ① 19. ①

20. 방위각의 기준에 대한 설명으로 옳은 것은?
    ① 임의의 방향을 기준으로 한다.
    ② 적도를 기준으로 한다.
    ③ 자북(磁北)을 기준으로 한다.
    ④ 자오선의 북쪽을 기준으로 한다.

21. 평판을 세울 때 결과에 미치는 영향이 가장 큰 오차는?
    ① 방향맞추기 오차
    ② 수평맞추기 오차
    ③ 중심맞추기 오차
    ④ 치심 오차

22. 줄자를 이용하여 기울기 30°, 경사 거리 20m를 관측하였을 때 수평거리는?
    ① 10.00m   ② 11.55m
    ③ 17.32m   ④ 18.32m

23. 표준자보다 1.5㎝가 긴 20m 줄자로 거리를 관측한 결과 180m 이었다면 실제 거리는?
    ① 179.865m   ② 180.135m
    ③ 180.215m   ④ 180.531m

24. 삼각형의 내각이 각각 ∠A=90°, ∠B=30°, ∠C=60° 이고, 측선 BC(a)가 210.0m 일 때, 측선 AC(b)의 길이는?

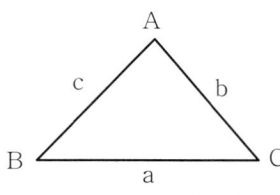

    ① 100.0m   ② 105.0m
    ③ 173.2m   ④ 200.0m

25. 트래버스 측량에서 폐합비의 일반적인 허용범위로 옳지 않은 것은?
    ① 시가지 : 1/5000~1/10000
    ② 산림, 임야 : 1/500~1/1000
    ③ 산악지 : 1/3000~1/5000
    ④ 논, 밭, 대지 등의 평지 : 1/1000~1/2000

해 설

20. 방위각 : 자오선을 기준으로 하여 어느 측선을 시계방향으로 잰 수평각

21. 평판을 세울 때의 오차 중 측량 결과에 가장 큰 영향을 주는 오차는 방향맞추기(표정) 오차이다.

22. 수평거리
    =20m×cos30°=17.32m

23. 실제 거리
    = 관측 길이 × $\frac{부정\ 길이}{표준\ 길이}$
    = $180 \times \frac{20+0.015}{20}$
    = 180.135m
    ■ 표준길이보다 길면(+), 짧으면(-)

24. sin 법칙
    $\frac{a}{\sin A} = \frac{b}{\sin B} = \frac{c}{\sin C}$ 에서
    $b = a \times \frac{\sin B}{\sin A} = 210 \times \frac{\sin 30°}{\sin 90°}$
    = 105.0m

25. 산악지 : 1/300~1/1,000

정 답

20. ④ 21. ① 22. ③ 23. ②
24. ② 25. ③

26. 방위각 175°는 몇 상한에 위치하는가?
    ① 제 1 상한
    ② 제 2 상한
    ③ 제 3 상한
    ④ 제 4 상한

27. 평면 위치 결정을 위한 측량 방법과 거리가 먼 것은?
    ① 수준 측량
    ② 거리 측량
    ③ 트래버스 측량
    ④ 삼변 측량

28. 트래버스 측량에서 서로 이웃하는 2개의 측선이 만드는 각을 측정해 나가는 방법은?
    ① 편각법
    ② 방위각법
    ③ 교각법
    ④ 전원법

29. 평판 측량 방법 중 세부 측량에 가장 많이 이용되는 방법으로 평판을 한번 세워 여러 점을 측정할 수 있는 것은?
    ① 전진법
    ② 교회법
    ③ 방사법
    ④ 삼사법

30. 트래버스 측량의 수평각 관측에서 그림과 같이 진북을 기준으로 어느 측선까지의 각을 시계 방향으로 각 관측하는 방법은?

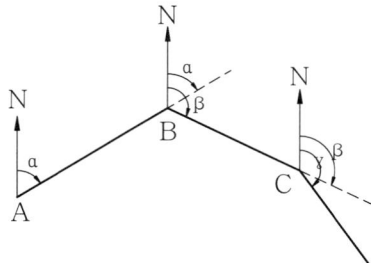

    ① 교각법
    ② 편각법
    ③ 방향각법
    ④ 방위각법

해설

26.

상 한	방위각
제 1상한	0° ~ 90°
제 2상한	90° ~ 180°
제 3상한	180° ~ 270°
제 4상한	270° ~ 360°

27. 수준 측량은 3차원 좌표(x, y, z)에서 높이(z)를 결정하기 위한 것으로 지표면에 있는 여러 점들 사이의 고저차 또는 표고를 관측한다.

28.
■ 교각법 : 트래버스 측량에서 서로 이웃하는 2개의 측선이 만드는 각을 측정해 나가는 방법
■ 편각법 : 어떤 측선이 그 앞 측선의 연장선과 이루는 각을 측정하는 방법으로 선로의 중심선 측량에 적당하다.
■ 방위각법 : 각 측선이 진북(자오선) 방향과 이루는 각을 시계방향으로 관측하는 방법으로 직접 방위각이 관측되어 편리하다.

29. 방사법 : 한 측점에 평판을 세우고 각 측점을 시준하여 거리를 측정하여 도면을 만드는 방법으로 시준이 잘 되고 협소한 지역에 적당하다.

30. 방위각법 : 각 측선이 진북(자오선) 방향과 이루는 각을 시계방향으로 관측하는 방법으로 직접 방위각이 관측되어 편리하다.

정답

26. ② 27. ① 28. ③ 29. ③
30. ④

31. 다음 중 평판측량 방법이 아닌 것은?
   ① 방사법
   ② 전진법
   ③ 교회법
   ④ 삼사법

32. 트래버스 측량에서 선점 시 유의해야 할 사항으로 옳지 않은 것은?
   ① 측선의 거리는 될 수 있는 대로 짧게 하고, 측점 수는 많게 하는 것이 좋다.
   ② 측선 거리는 될 수 있는 대로 동일하게 하고, 고저차가 크지 않게 한다.
   ③ 기계를 세우거나 시준하기 좋고, 지반이 견고한 장소이어야 한다.
   ④ 후속 측량, 특히 세부 측량에 편리하여야 한다.

33. 각 측량의 기계적 오차 중 정위, 반위로 각을 측정하여 평균하여도 소거되지 않는 오차는?
   ① 시준축 오차
   ② 수평축 오차
   ③ 연직축 오차
   ④ 편심 오차

34. 평판측량에 사용되는 기계·기구가 아닌 것은?
   ① 측침
   ② 클리노미터
   ③ 자침함
   ④ 엘리데이드

35. 높이 260.05m의 수준점(BM 0)으로부터 6km의 수준환에서 수준측량을 행하여 표와 같은 결과를 얻었다. 이 때 BM 1의 최확값은? (단, 관측의 경중률은 모두 동일하다.)

수준점	BM 0부터의 거리(km)	측점의 표고(m)
BM 0	0	260.05
BM 1	2	250.24
BM 2	4	257.46
BM 0	6	260.35

   ① 250.34m
   ② 250.14m
   ③ 250.10m
   ④ 250.05m

해설

31. 삼사법 : 다각형의 토지 등을 여러 개의 삼각형으로 분할한 다음, 삼각형의 밑변과 높이를 측정함으로써 전체 넓이를 구하는 방법

32. 측선의 거리는 될 수 있는 대로 길게 하고, 측점 수는 적게 하는 것이 좋으며, 일반적으로 측선의 거리는 30~200m 정도로 한다.

33. 연직축 오차 : 연직축이 정확히 연직선에 있지 않아서 생기며 망원경을 정위, 반위로 측정하여 관측값을 평균하여도 제거되지 않는 오차

34. 클리노미터 : 지층의 경사나 주향을 잴 때 사용하는 나침반과 같은 기구이다.

35. 폐합오차(E)=260.05-260.35 =-0.3m
■ BM1의 조정량
$$=E \times \frac{\text{그점까지의 거리}}{\Sigma L}$$
$$=-0.3 \times \frac{2}{6}=-0.1m$$
■ BM1의 최확값=250.24-0.1 =250.14m

정답

31. ④ 32. ① 33. ③ 34. ②
35. ②

36. 수신기 1대를 이용하여 위치를 결정할 수 있는 GPS측량 방법인 1점 측위는 시간 오차까지 보정하기 위해서는 최소 몇 대 이상의 위성으로부터 수신하여야 하는가?
   ① 1대
   ② 2대
   ③ 3대
   ④ 4대

37. 축척 1:600 도면에서 도상면적이 35㎠일 때 실제 면적은?
   ① 500m²
   ② 735m²
   ③ 900m²
   ④ 1260m²

38. 체적 계산 방법 중 전체 구역을 직사각형이나 삼각형으로 나누어서 토량을 계산하는 방법은?
   ① 점고법
   ② 단면법
   ③ 좌표법
   ④ 배횡거법

39. 곡선을 포함되는 위치에 따라 구분할 때, 수평면 내에 위치하는 곡선을 무엇이라 하는가?
   ① 평면 곡선
   ② 수직 곡선
   ③ 횡단 곡선
   ④ 종단 곡선

40. 삼각형 세변의 거리가 a=17m, b=10m, c=14m 일 때 삼변법에 의하여 계산된 면적은?
   ① 54m²
   ② 64m²
   ③ 70m²
   ④ 84m²

41. 윗면적=11㎡, 아래면적=29㎡, 높이=8m인 4각뿔대의 토량을 양단면 평균법으로 구한 값은?
   ① 80m³
   ② 120m³
   ③ 160m³
   ④ 600m³

해 설

36. 3차원 위치 결정을 위해서는 3대의 위성으로부터 수신하면 된다. 그러나 시간 오차도 미지수에 속하므로 모두 4대의 위성으로부터 수신하여야 한다.

37. 실면적=도상면적×M^2
    =35×600^2=12,600,000㎠
    =1,260㎡

38. 점고법 : 체적 계산에서 넓은 지역이나 택지 조성 등의 정지 작업을 위한 토공량을 계산하는 데 주로 사용하는 방법으로, 전 구역을 직사각형이나 삼각형으로 나누어서 토량을 계산하는 방법

39. 곡선을 포함되는 위치에 따라 구분할 때, 수평면 내에 위치하는 곡선⇒평면 곡선

40. $s = \frac{1}{2}(a+b+c)$
    $= \frac{1}{2} \times (17+10+14) = 20.5$
    $A = \sqrt{s(s-a)(s-b)(s-c)}$
    $= \sqrt{20.5(20.5-17)(20.5-10)(20.5-14)}$
    $= 70㎡$

41. $V = \frac{A_1 + A_2}{2} \times L$
    $= \frac{11+29}{2} \times 8 = 160㎥$

정 답

36. ④ 37. ④ 38. ① 39. ①
40. ③ 41. ③

42. 곡선 반지름 R=250m의 원곡선 설치에서 ℓ=15m에 대한 편각은?
  ① 2°51′53″
  ② 1°43′08″
  ③ 1°06′24″
  ④ 1°57′30″

43. 등고선의 성질에 대한 설명으로 틀린 것은?
  ① 동일 등고선상의 모든 점들은 높이가 같다.
  ② 등고선은 도면 내·외에서 폐합한다.
  ③ 높이가 다른 두 등고선은 동굴이나 절벽이 아닌 곳에서 교차한다.
  ④ 도면 내에서 등고선이 폐합하면 등고선의 내부에 분지나 산정이 있다.

44. 노선의 곡선반지름 R=200m, 곡선길이 L=40m일 때 클로소이드의 매개변수 A는?
  ① 80.44m   ② 81.44m
  ③ 88.44m   ④ 89.44m

45. A, B 두 점간의 수평거리가 120m, 높이차가 4.8m일 때 A, B의 경사도는?
  ① 0.4%   ② 2.5%
  ③ 4.0%   ④ 25.0%

46. 지형도 표시법 중 하천, 항만, 해양 등의 수심을 나타내는 경우에 도상에 숫자를 기입하여 표시하는 방법은?
  ① 점고법
  ② 우모법
  ③ 음영법
  ④ 등고선법

47. 등고선을 간접적으로 측량하는 방법 중 일정한 중심선이나 지성선 방향으로 여러 개의 측선을 따라 기준점으로부터 필요한 점까지의 거리와 높이를 관측하여 등고선을 그리는 방법은?
  ① 횡단점법
  ② 후방교회법
  ③ 정방형 분할법
  ④ 기준점법(종단점법)

해 설

42. 편각$(\delta) = \dfrac{\ell}{2R} \times \dfrac{180°}{\pi}$
  $= \dfrac{15}{2 \times 250} \times \dfrac{180°}{\pi}$
  $= 1°43′08″$

43. 높이가 다른 두 등고선은 동굴이나 절벽의 지형이 아닌 곳에서는 교차하지 않는다. 동굴이나 절벽에서는 2점에서 교차한다.

44. 클로소이드는 완화 곡선으로 수평 곡선이며, 종 곡선(수직 곡선)으로는 2차 포물선이 주로 사용된다. 매개 변수 A값이 크면 곡선이 점차 완만해져 자동차의 고속 주행에 적합하다.
  $A^2 = R \cdot L \Rightarrow A = \sqrt{R \cdot L}$
  $= \sqrt{200 \times 40} = 89.44m$

45. 경사도 $= \dfrac{\text{표고차}}{\text{수평거리}} \times 100$
  $= \dfrac{4.8}{120} \times 100 = 4.0\%$

46. 점고법
  ① 지상에 있는 임의 점의 표고를 숫자로 도상에 나타내는 방법
  ② 해도, 하천, 호수, 항만의 수심을 나타내는 경우에 사용된다.

47. 기준점법(종단점법)
  ① 측량 지역 내의 기준이 될 점과 지성선 위의 중요점 위치와 표고를 측정하여 각 등고선이 통과할 점을 구하여 넣는 방법
  ② 지역이 넓은 소축척 지형도의 등고선 측정에 이용된다.

정 답

42. ② 43. ③ 44. ④ 45. ③
46. ① 47. ④

48. 가로 10m, 세로 10m의 정사각형 토지에 기준면으로부터 각 꼭 지점의 높이의 측정 결과가 그림과 같을 때 절토량은?

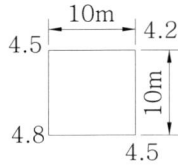

① 225m³
② 450m³
③ 900m³
④ 1250m³

49. 노선측량 작업에서 도상 및 현지에서의 중심선 설치를 하는 작업 단계는?
① 도상계획
② 예측
③ 실측
④ 공사측량

50. 지구를 둘러싸는 6개의 GPS 위성 궤도는 각 궤도간 몇 도의 간격을 유지 하는가?
① 30°
② 60°
③ 90°
④ 120°

51. GPS위성의 신호 중 C/A 코드 및 P 코드에 의하여 변조되며 항법 메시지를 가지고 있는 신호는 무엇인가?
① L1 신호
② L2 신호
③ L3 신호
④ L4 신호

52. 축척 1:25,000 지형도에서 주곡선의 간격은?
① 5m
② 10m
③ 25m
④ 50m

해 설

48. 절토량
$= \dfrac{A}{4}(\Sigma h_1 + 2\Sigma h_2 + 3\Sigma h_3 + 4\Sigma h_4)$
$= \dfrac{10 \times 10}{4} \times (4.5 + 4.2 + 4.5 + 4.8)$
$= 450\text{m}^3$

49. 실측 단계 : 지형도 작성, 도상과 현지의 중심선 설치, 종횡단측량, 용지 측량, 평면 측량 실시

50. 지구를 둘러싸는 6개의 궤도상 (각 궤도는 60° 간격 유지)에 궤도당 최소 4대씩 배치되어 있다.

51. C/A 코드 및 P 코드에 의해 변조되며 항법 메시지를 가지고 있는 L1신호(1575.42㎒), 그리고 P 코드에 의해서만 변조되며 항법 메시지를 가지고 있는 L2신호(1227.60㎒) 가 있다.

52. 1:25,000(소축척)
$\Delta h = \dfrac{M}{2,500} = \dfrac{25,000}{2,500} = 10\text{m}$

정 답

48. ② 49. ③ 50. ② 51. ①
52. ②

53. 두 직선 사이에 교각(I)이 80°인 원곡선을 설치하고자 한다. 외할(E)을 25m로 할 때 곡선 반지름(R)은?
   ① 80.9m
   ② 81.9m
   ③ 83.9m
   ④ 85.9m

54. 곡선 반지름 R=100m, 교각 I=30°일 때 접선길이(T.L)은?
   ① 36.79m
   ② 32.79m
   ③ 29.78m
   ④ 26.79m

55. 레벨로 등고선 측량을 할 때, A점의 표고가 28.35m이고, A점의 표척 읽음값이 2.65m이다. B점이 30m 표고의 등고선이 되기 위하여 시준하여야 할 표척의 높이는?

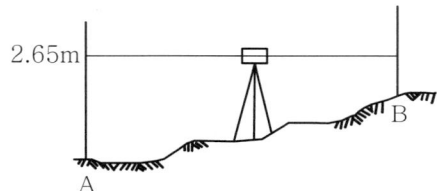

   ① 0.50m
   ② 1.00m
   ③ 1.15m
   ④ 1.50m

56. GPS 측량의 제어(관제)부분에 대한 설명으로 틀린 것은?
   ① 제어부분은 위성들을 매일 같이 관리하기 위한 역할을 한다.
   ② 위성을 추적하여 각 위성의 상태를 체크한다.
   ③ 위성의 각종 정보를 갱신하거나 예측하는 업무를 담당한다.
   ④ GPS 수신기와 안테나, 자료 처리 소프트웨어 및 측량 기법들로 구성되어 있다.

57. 노선 선정시 고려사항에 대한 설명 중 틀린 것은?
   ① 가능한 곡선으로 한다.
   ② 경사가 완만해야 한다.
   ③ 배수가 잘 되어야 한다.
   ④ 토공량이 적고 절토와 성토가 균형을 이루어야 한다.

해 설

53. $E = R(\sec\frac{I°}{2} - 1)$

   $\Rightarrow R = \dfrac{E}{(\sec\frac{I°}{2} - 1)}$

   $= 25 \div \left(\dfrac{1}{\cos\frac{80°}{2}} - 1\right)$

   $= 81.9m$

54. $T.L = R \times \tan\dfrac{I}{2}$

   $= 100 \times \tan\dfrac{30°}{2} = 26.79m$

55. 28.35+2.65=30+표척 읽음값
    표척 읽음값=1.00m

56. 사용자부분 : GPS 수신기와 안테나, 자료 처리 소프트웨어 및 측량 기법들로 구성되어 있다.

57. 노선은 가능한 직선으로 한다.

정 답

53. ② 54. ④ 55. ② 56. ④
57. ①

58. 중앙종거에 의한 단곡선 설치에서 최초 중앙종거 M_1은? (단, 곡선 반지름 R=300m, 교각 I=120°)
   ① 40m
   ② 80m
   ③ 150m
   ④ 300m

59. 경계선을 3차 포물선으로 보고, 지거의 세 구간을 한 조로 하여 면적을 구하는 방법은?
   ① 심프슨 제1법칙
   ② 심프슨 제2법칙
   ③ 심프슨 제3법칙
   ④ 심프슨 제4법칙

60. 교각 I=62°30′, 반지름 R=200m인 원곡선을 설치할 때 곡선길이(C.L)는?
   ① 79.25m
   ② 217.47m
   ③ 218.17m
   ④ 318.52m

해설

58. $M = R(1 - \cos\frac{I°}{2})$
    $= 300 \times (1 - \cos\frac{120°}{2})$
    $= 150m$

59. 심프슨 제2법칙 : 경계선을 3차 포물선으로 보고, 지거의 세 구간을 한 조로 하여 면적을 구하는 방법이다.

60. $C.L. = \frac{\pi}{180°}RI°$
    $= \frac{\pi}{180°} \times 200 \times 62°30′$
    $= 218.17m$

정답

58. ③ 59. ② 60. ③

2016년 1회 시행 문제

1. 다음 중 지오이드면에 대한 설명으로 옳은 것은?
   ① 평균해수면으로 지구 전체를 덮었다고 생각하는 가상의 곡면
   ② 반지름을 6,370km로 본 구면
   ③ 지구의 회전타원체로 본 표면
   ④ GPS 측량의 기준이 되는 면

2. 오차의 종류 중 관측자의 부주의로 인하여 발생하는 오차는?
   ① 착오
   ② 부정오차
   ③ 우연오차
   ④ 정오차

3. 우리나라 측량의 평면 직각 좌표계의 기본 원점 중 동부 원점의 위치는?
   ① 125°E, 38°N
   ② 129°E, 38°N
   ③ 38°E, 125°N
   ④ 38°E, 129°N

4. 측량을 측량 구역의 넓이에 따라 분류할 때 지구의 곡률을 고려하여 실시하는 측량은?
   ① 측지측량
   ② 평면측량
   ③ 세부측량
   ④ 공공측량

5. 하나의 측점에서 5개의 방향선이 구성되어 있을 때 조합각 관측법(각 관측법)으로 관측할 경우 관측하여야 할 각의 수는?
   ① 7개   ② 8개
   ③ 9개   ④ 10개

6. 광파기를 이용하여 50m 거리를 ±0.0001m의 오차로 관측하였다. 이와 동일한 조건으로 5km의 거리를 나누어 관측할 경우, 연속 관측값에 대한 오차는?
   ① ±0.001m
   ② ±0.007m
   ③ ±0.0001m
   ④ ±0.0007m

해 설

1. 지오이드(geoid) : 정지된 평균 해수면을 육지 내부까지 연장한 가상 곡선

2. 착오 : 관측자의 과실이나 미숙에 의하여 생기는 오차

3. 서부 원점 : 동경125° 북위38°
   중부 원점 : 동경127° 북위38°
   동부 원점 : 동경129° 북위38°

4. 측지 측량 : 대지 측량이라고도 하며, 지구의 곡률을 고려한 정밀 측량이다.

5. 측정할 각의 총수
   $= \dfrac{N(N-1)}{2} = \dfrac{5 \times (5-1)}{2}$
   $= 10$개
   여기서, N : 측선수

6. 오차 $= \pm b\sqrt{n}$
   $= \pm 0.0001\sqrt{100} = \pm 0.001$m
   ■ b : 1회 측정 오차 ± 0.0001m
   ■ n : 측정횟수
   $= 5000$m$\div 50$m$= 100$

정 답

1. ① 2. ① 3. ② 4. ① 5. ④
6. ①

7. 방위각 247°20′40″를 방위로 표시한 것으로 옳은 것은?
   ① N 67°20′40″ W
   ② S 20°39′20″ W
   ③ S 67°20′40″ W
   ④ N 22°39′20″ W

해설

7. 3상한에 있으므로
   247°20′40″-180°=67°20′40″
   방위 : S67°20′40″W

8. 기고식 야장에서 다음 ㉮, ㉯의 값은 각각 얼마인가? (단, 수준점 A의 표고는 30.000m 이다.)

[단위 : m]

측점	추가거리	후시(BS)	기계고(IH)	전시(FS) 이기점(TP)	전시(FS) 중간점(IP)	지반고(GH)
A	0	㉮	33.512			30.000
B	50	2.654	㉯	1.238		
C	100				1.852	

   ① ㉮ 63.512　㉯ 34.928
   ② ㉮ 63.512　㉯ 36.166
   ③ ㉮ 3.512　㉯ 34.928
   ④ ㉮ 3.512　㉯ 36.166

8.
기계고=지반고+후시
⇒ ㉮ 후시=기계고-지반고
　　=33.512-30=3.512
B점 지반고=A점 기계고-B점 전시
　　=33.512-1.238=32.274
㉯ 기계고=B점 지반고+B점 후시
　　=32.274+2.654=34.928

9. 편심관측에서 요구되는 편심요소로서 옳게 짝지어진 것은?
   ① 중심각, 표고
   ② 편심점, 중심각
   ③ 편심거리, 표고
   ④ 편심각, 편심거리

9. 편심요소 : 편심각, 편심거리

10. 두 점 간의 거리를 4회 관측한 결과 525.36m를 얻었고, 다시 2회 관측하여 525.63m를 얻었다. 이때 두 점 간의 거리에 대한 최확값은?
    ① 525.40m
    ② 525.45m
    ③ 525.50m
    ④ 525.55m

10. 최확값=$\dfrac{P_1 \ell_1 + P_2 \ell_2}{P_1 + P_2}$
   $=\dfrac{525.36 \times 4 + 525.63 \times 2}{4+2}$
   $=525.45m$

11. 평판측량에서 측량 구역의 중앙부에 장애물이 많고 측량 지역이 좁고 긴 경우에 적합한 방법은?
    ① 방사법
    ② 대각선법
    ③ 전진법
    ④ 수선법

11. 전진법 : 어느 한 점에서 출발하여 측점의 방향과 거리를 측정하고 다음 측점으로 평판을 옮겨 차례로 전진하여 가면서 하는 측량으로서 측량구역이 좁거나 도시 및 산림지대와 같이 장애물이 있는 곳에 적당하다.

정답

7. ③　8. ③　9. ④　10. ②　11. ③

12. 평판측량의 특징으로 옳지 않은 것은?
   ① 외업에 많은 시간이 소요된다.
   ② 기계의 조작이 비교적 간단하다.
   ③ 다른 측량에 비해 정확도가 높다.
   ④ 현장에서 측량이 잘못된 곳을 발견하기 쉽다.

13. 각 오차 30″와 같은 정밀도의 100m에 대한 거리 오차는?
   ① 0.0145m   ② 0.0454m
   ③ 0.1454m   ④ 0.2931m

14. 그림에서 DE 측선의 방위는 얼마인가?

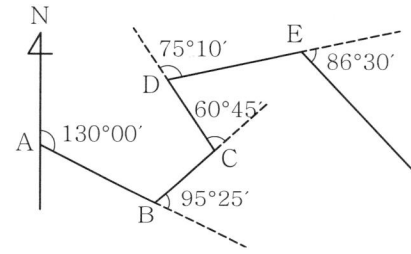

   ① N 34°35′ E   ② N 26°10′ W
   ③ S 44°30′ E   ④ N 49°00′ E

15. 그림과 같이 P점의 높이를 직접 수준측량에 의해 구했을 때 P점의 최확값은? (단, A⇒P=21.542m, B⇒P=21.539m, C⇒P=21.534m 이다.)

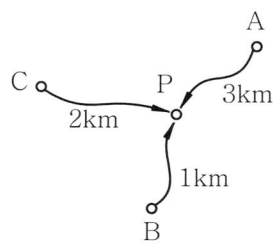

   ① 21.540m   ② 21.538m
   ③ 21.536m   ④ 21.537m

16. 수준측량을 할 때 전·후의 시준거리를 같게 취하고자 하는 중요한 이유는?
   ① 표척의 영점 오차를 없애기 위하여
   ② 표척 눈금의 부정확으로 생긴 오차를 없애기 위하여
   ③ 표척이 기울어져서 생긴 오차를 없애기 위하여
   ④ 구차 및 기차를 없애기 위하여

해설

12. 다른 측량에 비해 정확도가 낮다.

13. $\dfrac{\theta''}{\rho''} = \dfrac{\Delta h}{D}$ 에서

$\Delta h = \dfrac{D\theta''}{\rho''} = \dfrac{100\text{m} \times 30''}{206265''}$

$= 0.0145\text{m}$

14.
BC 방위각 = 130°00′−95°25′
　　　　　=34°35′
CD 방위각 = 34°35′−60°45′
　　　　　=−26°10′+360°=333°50′
DE 방위각 = 333°50′+75°10′
　　　　　=409°00′−360°=49°00′(1상한)
∴ DE 방위 = N49°00′E

15. 경중률은 거리에 반비례하므로
PA : PB : PC
$= \dfrac{1}{3} : \dfrac{1}{1} : \dfrac{1}{2} = 2 : 6 : 3$

최확치
$= \dfrac{(2 \times 21.542)+(6 \times 21.539)+(3 \times 21.534)}{2+6+3}$
$= 21.538\text{m}$

16. 전시와 후시의 거리를 같게 하므로 제거되는 오차 : 지구의 곡률오차, 빛의 굴절오차, 시준축 오차

정답

12. ③ 13. ① 14. ④ 15. ②
16. ④

17. 다음 삼각망에서 BD의 거리는 얼마인가?

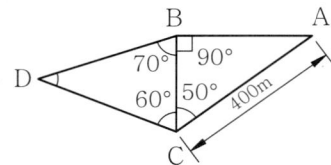

① 257.115m
② 290.673m
③ 314.385m
④ 343.274m

해 설

17. ∠D=180°-(70°+60°)=50°

$$\frac{400}{\sin 90°} = \frac{BC}{\sin 50°} = \frac{BD}{\sin 60°}$$

$$\therefore BD = \frac{400 \times \sin 60°}{\sin 90°}$$

$$= 290.673m$$

18. 표의 ㉮, ㉯에 들어갈 배횡거로 옳게 짝지어진 것은? (단, 단위는 m임)

측선	위거(L)	경거(D)	배횡거(M)
1-2	30	-30	㉮
2-3	30	30	-30
3-4	-30	30	㉯
4-5	-30	-30	30

① ㉮ 0   ㉯ 0
② ㉮ 30   ㉯ -30
③ ㉮ -30   ㉯ 30
④ ㉮ -30   ㉯ -30

18. 배횡거 계산
■ 임의의 측선의 배횡거=전측선의 배횡거+전측선의 경거+그 측선의 경거
■ 첫측선의 배횡거=그 측선의 조정된 경거값
■ 마지막 측선의 배횡거=그 측선의 조정된 경거값의 절대치와 같고 부호가 반대이다.(검산에 이용)
㉮ 1-2측선의 배횡거
　=1-2측선의 경거=-30
㉯ 3-4측선의 배횡거
　=2-3측선의 배횡거+2-3측선의 경거+3-4측선의 경거
　=-30+30+30=30

19. 삼각망의 종류에서 조건식의 수는 많으나 가장 높은 정확도로 측량할 수 있는 방법은?
① 유심 삼각망
② 복합 삼각망
③ 단열 삼각망
④ 사변형 삼각망

19. 사변형 삼각망 : 가장 높은 정밀도를 얻을 수 있으나 조정이 복잡하고 피복 면적이 적으며 많은 노력과 시간, 경비가 필요하고 기선 삼각망 등에 사용된다.

20. 트래버스 측량의 조정방법에 대한 설명으로 틀린 것은?
① 컴퍼스 법칙은 각측량과 거리측량의 정밀도가 대략 같은 경우에 사용한다.
② 트랜싯 법칙은 각 측선의 길이에 비례하여 조정한다.
③ 컴퍼스 법칙은 각 측선의 길이에 비례하여 조정한다.
④ 트랜싯 법칙은 거리측량보다 각측량 정밀도가 높을 때 사용한다.

20. 트래버스 측량의 폐합오차 조정
① 컴퍼스 법칙 : 각측량과 거리측량의 정밀도가 같은 정도인 경우 이용하며, 오차를 측선의 길이에 비례하여 배분한다.
② 트랜싯 법칙 : 각 측량의 정밀도가 거리 측량의 정밀도보다 높을 때 이용되며, 위거 및 경거의 오차를 각 측선의 위거 및 경거의 크기에 비례하여 배분한다.

정 답

17. ② 18. ③ 19. ④ 20. ②

21. 평판 설치의 3요소에 의해 발생하는 오차가 아닌 것은?
   ① 평판이 수평이 아닐 때 방향 및 높이에 생기는 오차
   ② 거리를 측정하여 도상에 방향선을 그릴 때 생기는 오차
   ③ 방향 맞추기가 불완전하여 생기는 오차
   ④ 지상점과 도상점이 편위되어 생기는 오차

22. 수준측량의 용어에 대한 설명으로 옳지 않은 것은?
   ① 알고 있는 점에 세운 표척의 눈금을 읽는 것을 후시라 한다.
   ② 표고를 구하려고 하는 점의 표척의 눈금을 읽는 것을 전시라 한다.
   ③ 기계를 고정시켰을 때 기준면에서 망원경 시준선까지의 높이를 기계고라 한다.
   ④ 전시만 취하는 점으로, 표고를 관측할 점을 이기점(Turning Point)이라 한다.

23. 수준측량에서 중간점이 많은 경우에 편리한 야장 기입 방법은?
   ① 기고식   ② 승강식
   ③ 고차식   ④ 약식

24. 트래버스 측량 시 각 관측에서 오차가 발생하였을 때, 관측각의 오차 배분 조정 방법으로 틀린 것은?
   ① 각 관측의 경중률이 다를 경우 오차를 경중률에 반비례하여 배분한다.
   ② 변의 길이 역수에 비례하여 배분한다.
   ③ 각 관측의 정확도가 같을 경우 각의 크기에 비례하여 배분한다.
   ④ 오차가 허용범위를 초과할 경우 측량을 다시 하여야 한다.

25. 수준측량 오차 원인 중에서 자연적 원인에 의한 오차라고 볼 수 없는 것은?
   ① 관측 중 레벨과 표척의 침하에 의한 오차
   ② 지구 곡률 오차
   ③ 기상 변화에 의한 오차
   ④ 레벨 조정 불완전에 의한 오차

26. 어느 측선의 방위가 S 45°20′W이고 측선의 길이가 64.210m일 때 이 측선의 위거는?
   ① +45.403m   ② -45.403m
   ③ +45.138m   ④ -45.138m

해 설

21. 평판세우기 방법
   - 정준(수평 맞추기) : 평판의 면을 수평이 되게 세워야 한다.
   - 구심(중심 맞추기) : 지상점과 도상점이 연직선상에 일치되어야 한다.
   - 표정(방향 맞추기) : 기준선과 방향선에 일치되도록 해야 한다.

22.
   - 중간점(intermediate point, I.P) : 전시만 관측하는 점으로 다른 측정에 영향을 주지 않는 점
   - 이기점(turning point, T.P) : 전후의 측량을 연결하기 위하여 전시와 후시를 함께 취하는 점으로 다른 점에 영향을 주므로 정확하게 관측해야 한다.

23. 야장 기입 방법
   - 고차식 야장 : 두 측점간의 고저차만을 구하기에 적합하다.
   - 기고식 야장 : 종단 및 횡단 수준측량에서 중간점이 많을 때 적합하다.
   - 승강식 야장 : 계산에서 완전히 검산할 수 있어 정밀을 요할 때 적합, 중간점이 많을 때는 계산이 복잡한 단점이 있다.

24. 각 관측의 정확도가 같을 경우 각의 크기에 관계없이 등분배한다.

25. 레벨 조정 불완전에 의한 오차 : 기계적 원인

26. 방위를 방위각으로 환산
   S 45° 20′W ⇒ 180°+45° 20′ =225° 20′
   - 위거=거리×cosθ
     =64.210m×cos225° 20′
     =-45.138m

정 답

21. ② 22. ④ 23. ① 24. ③
25. ④ 26. ④

27. 트래버스 측량에서 선점 시 주의사항으로 옳은 것은?
   ① 시준이 잘되는 굴뚝이나 바위 등이 좋다.
   ② 기계를 세울 때 삼각대가 잘 꽂히는 늪지대 같은 곳이 좋다.
   ③ 기계를 세우거나 시준하기 좋고 지반이 튼튼한 곳이 좋다.
   ④ 변의 길이는 될 수 있는 대로 짧고 측점수는 많게 하는 것이 좋다.

28. 두 점 간의 경사거리가 50m이고, 고저차가 1.5m일 때 경사보정량은?
   ① −0.015m
   ② −0.023m
   ③ −0.033m
   ④ −0.045m

29. A점의 좌표가 $X_A = 50m$, $Y_A = 100m$이고 AB의 거리가 1000m, AB의 방위각이 60°일 때 B점의 좌표는?
   ① $X_B = 550m$, $Y_B = 966m$
   ② $X_B = 966m$, $Y_B = 550m$
   ③ $X_B = 916m$, $Y_B = 600m$
   ④ $X_B = 600m$, $Y_B = 916m$

30. 다음 수준측량 중 간접수준측량이 아닌 것은?
   ① 스타디아 수준측량
   ② 기압수준측량
   ③ 항공사진측량
   ④ 핸드 레벨 수준 측량

31. 1회 관측의 우연오차를 ±0.01m라고 할 때 9회 연속 관측 시 전체 오차는?
   ① ±0.01m
   ② ±0.03m
   ③ ±0.09m
   ④ ±0.10m

32. 삼각측량의 작업순서로 옳은 것은?
   ① 조표-선점-각 관측-계산-성과표 작성-기선측량-삼각망도 작성
   ② 선점-조표-기선측량-각 관측-계산-성과표 작성-삼각망도 작성
   ③ 선점-조표-각 관측-계산-기선측량-성과표 작성-삼각망도 작성
   ④ 조표-선점-기선측량-각 관측-성과표 작성-계산-삼각망도 작성

해 설

27. 트래버스 측량에서 선점 시 주의사항
   ■ 측점수가 적고 세부측량 등에 이용가치가 큰 점이어야 한다.
   ■ 삼각형은 정삼각형에 가깝게 하고, 부득이 할 때는 한 내각의 크기를 30°~120° 범위로 한다.
   ■ 지반이 견고하고 이동, 침하 및 동결 지반은 피한다.

28. 보정량 $= -\dfrac{h^2}{2L} = -\dfrac{1.5^2}{2 \times 50}$
   $= -0.023m$

29. AB의 위거 $= \ell \cos\theta$
   $= 1000 \times \cos 60° = 500m$
   ∴ $X_B = 50 + 500 = 550m$
   AB의 경거 $= \ell \sin\theta$
   $= 1000 \times \sin 60° = 866m$
   ∴ $Y_B = 100 + 866 = 966m$

30. 핸드 레벨 : 횡단 측량 등 정밀을 요하지 않는 점 간의 고저차 측정에 이용

31. 우연오차 $= \pm b\sqrt{n}$
   $= \pm 0.01\text{mm}\sqrt{9} = \pm 0.03\text{mm}$
   (n : 측정횟수, b : 1회 측정 오차)

32. 삼각측량의 작업순서 :
   계획 및 준비→답사 및 선점→조표→측정→계산→정리

정 답

27. ③ 28. ② 29. ① 30. ④
31. ② 32. ②

33. 사변형 삼각망에서 변조건 조정을 하기 위하여 Σlog sin A=39.2961535, Σlog sin B=39.2962211이고 표차의 합이 198.45일 때 변조건 조정량은?
   ① 3.4″
   ② 4.6″
   ③ 5.2″
   ④ 6.4″

34. 반지름이 서로 다른 2개의 원곡선이 그 접속점에서 공통 접선을 이루고, 그들의 중심이 공통 접선에 대하여 같은 방향에 있는 곡선은?
   ① 반향곡선
   ② 복심곡선
   ③ 단곡선
   ④ 클로소이드 곡선

35. 토공량을 구하기 위하여 측량을 실시한 후 그림과 같은 결과를 얻었다. 이 지역의 전체 토공량은?

   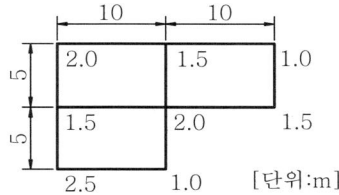

   ① 230m³
   ② 250m³
   ③ 270m³
   ④ 290m³

36. 수준측량에 기준이 되는 점으로 기준면으로부터 정확한 높이를 측정하여 정해 놓은 점은?
   ① 수준원점
   ② 시준점
   ③ 수평점
   ④ 특별 기준점

37. 인공위성을 이용한 범세계적 위치 결정의 체계로 정확히 위치를 알고 있는 위성에서 발사한 전파를 수신하여 관측점까지의 소요시간을 측정함으로써 관측점의 3차원 위치를 구하는 측량은?
   ① 전자파 거리 측량
   ② 광파 거리 측량
   ③ GNSS 측량
   ④ 육분의 측량

해 설

33. 조정량
$$= \frac{\Sigma \log \sin A - \Sigma \log \sin B}{\text{표차의 합}}$$
$$= \frac{39.2961535 - 39.2962211}{198.45}$$
$$= \frac{676}{198.45} = 3.4″$$

대수는 보통 소수 7자리까지 취한다(0.0000676→676으로 계산한다.)

34. 복심곡선 : 2개 이상의 다른 반지름의 원곡선이 1개의 공통접선의 같은 쪽에서 연속하는 곡선

35. 토공량
$\Sigma h_1 = 2+1+1.5+1+2.5 = 8m$
$2\Sigma h_2 = 2\times(1.5+1.5) = 6m$
$3\Sigma h_3 = 3\times 2 = 6m$

$$V = \frac{A}{4}(1\Sigma h_1 + 2\Sigma h_2 + 3\Sigma h_3 + 4\Sigma h_4)$$
$$= \frac{10\times 5}{4}(8+6+6)$$
$$= 250㎥$$

36. 수준원점
㉠ 1963년 인천광역시 남구 인하로 100(인하공업전문대학 내)에 설치
㉡ 인천만의 평균 해수면으로부터 26.6871m
㉢ 이 수준 원점을 중심으로 국도를 따라 1, 2등 수준점을 설치하여 사용하고 있다.

37. GNSS : 인공위성 네트워크를 이용하여 지상에 있는 목표물의 위치를 정확하게 추적 할 수 있는 시스템으로 미국의 GPS, 소련의 글로나스(GLONASS), 유럽의 Galileo 프로젝트, 중국의 베이더우(Beidou), 일본의 준텐초(Quasi-Zenith Satellite System : QZSS)등이 여기에 속한다.

정 답
33. ① 34. ② 35. ② 36. ①
37. ③

38. 수평각 관측법 중에서 가장 정확한 값을 얻을 수 있는 방법은?
   ① 조합각 관측법(각 관측법)
   ② 방향각법(방향 관측법)
   ③ 배각법(반복법)
   ④ 단측법(단각법)

39. 지형 측량의 순서로 옳은 것은?
   ① 세부측량→측량 계획 작성→골조측량→측량 원도 작성
   ② 측량 계획 작성→세부측량→골조측량→측량 원도 작성
   ③ 세부측량→골조측량→측량 계획 작성→측량 원도 작성
   ④ 측량 계획 작성→골조측량→세부측량→측량 원도 작성

40. 등고선의 종류 중 계곡선을 표시하는 방법으로 알맞은 것은?
   ① 가는 실선
   ② 굵은 실선
   ③ 가는 긴 파선
   ④ 가는 짧은 파선

41. 지형의 표현방법 중 지형이 높아질수록 색을 진하게, 낮아질수록 연하게 하여 농도로 지표면의 고저를 나타내는 방법은?
   ① 채색법
   ② 우모법
   ③ 등고선법
   ④ 음영법

42. GPS 측량의 시스템 오차에 해당되지 않는 것은?
   ① 위성시준오차
   ② 위성궤도오차
   ③ 전리층 굴절오차
   ④ 위성시계오차

43. 그림과 같은 횡단면의 면적은?

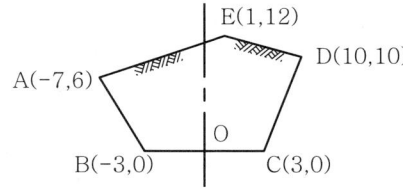

   ① 75m²
   ② 105m²
   ③ 124m²
   ④ 210m²

해설

38. 수평각 관측법 중 가장 정확한 방법으로 1, 2등 삼각 측량에 주로 사용되는 수평각 측정 방법은 조합각 관측법이다.

39. 지형 측량의 순서
   측량 계획 작성→골조측량→세부측량→측량 원도 작성

40.

등고선의 종류	표시 방법	등고선 간격(m)			
		1 : 1,000	1 : 5,000	1 : 25,000	1 : 50,000
주곡선	가는 실선	1	5	10	20
계곡선	굵은 실선	5	25	50	100
간곡선	가는 긴 파선	0.5	2.5	5	10
조곡선	가는 짧은 파선	0.25	1.25	2.5	5

41. 채색법 : 지형이 높아질수록 색깔을 진하게, 낮아질수록 연하게 채색의 농도를 변화시켜 지표면의 고저를 나타내는 방법

42. GPS 시스템 오차 : 위성 시계 오차, 위성 궤도 오차, 전리층 굴절 오차, 대류권 굴절 오차 및 선택적 이용성에 의한 오차

43.

측점	X (m)	Y (m)	$(X_{n-1} - X_{n+1})Y_n$
A	-7	6	{1-(-3)}×6=24
B	-3	0	(-7-3)×0=0
C	3	0	(-3-10)×0=0
D	10	10	(3-1)×10=20
E	1	12	{10-(-7)}×12=204
계			배면적 = 248

면적$(A) = \dfrac{배면적}{2}$
$= \dfrac{248}{2} = 124$ m²

정답

38. ① 39. ④ 40. ② 41. ①
42. ① 43. ③

44. 노선측량에 있어서 중심선에 설치된 중심 말뚝 및 추가 말뚝의 지반고를 측량하는 방법은?
   ① 횡단측량
   ② 용지측량
   ③ 평면측량
   ④ 종단측량

45. 각국의 위성측위시스템(GNSS)의 연결이 틀린 것은?
   ① GPS : 미국
   ② Galileo : 유럽연합
   ③ GLONASS : 러시아
   ④ QZSS : 인도

46. 차량이 도로의 곡선부를 달리게 되면 원심력이 생겨 도로 바깥쪽으로 밀리려 한다. 이것을 방지하기 위하여 도로 안쪽보다 바깥쪽을 높여주는 것을 무엇이라 하는가?
   ① 레일(R)
   ② 플랜지(F)
   ③ 슬랙(S)
   ④ 캔트(C)

47. 세변의 길이가 각각 4m, 6m, 8m인 삼각형의 면적은?
   ① 6.4m²
   ② 8.9m²
   ③ 11.6m²
   ④ 12.3m²

48. 단곡선을 설치할 때 도로기점에서 교점(IP)까지의 거리가 494.25m이고 교각이 84°, 곡선반지름이 250m일 때 도로기점으로부터 곡선종점까지의 거리는?
   ① 599.35m
   ② 619.35m
   ③ 635.67m
   ④ 653.94m

49. 단곡선 설치에 있어서 접선과 현이 이루는 각을 이용하여 설치하는 방법은?
   ① 편각 설치법
   ② 중앙 종거법
   ③ 지거 설치법
   ④ 종거에 의한 설치법

해 설

44. 종단 수준 측량
- 철도, 도로, 하천 등과 같은 노선을 따라 각 측점의 고저차를 측정하는 측량을 말한다.
- 종단면도를 작성하기 위한 측량이다.
- 중간점이 많아 기고식으로 작성하는 것이 편리하다.

45. 인도 : IRNSS

46. 캔트 : 곡선부를 통과하는 열차의 원심력으로 인한 낙차를 고려하여 바깥 레일을 안쪽보다 높이는 정도. 도로에서는 편경사라 한다.

47. $s = \dfrac{1}{2}(a+b+c)$
$= \dfrac{1}{2} \times (4+6+8) = 9$
$A = \sqrt{s(s-a)(s-b)(s-c)}$
$= \sqrt{9(9-4)(9-6)(9-8)}$
$= 11.6\text{m}^2$

48.
- 접선길이 $T.L = R\tan\dfrac{I°}{2}$
$= 250 \times \tan\dfrac{84°}{2} = 225.10\text{m}$
- B.C 거리=I.P거리-T.L
$= 494.25 - 225.10 = 269.15\text{m}$
- $C.L = 0.0174533 RI$
$= 0.0174533 \times 250 \times 84°$
$= 366.52\text{m}$
- E.C거리=B.C거리+C.L
$= 269.15 + 366.52 = 635.67\text{m}$

49. 편각법 : 노선측량의 단곡선 설치에서 많이 사용되는 방법으로 접선과 현이 이루는 각을 재고 테이프로 거리를 재어 곡선을 설치하는 방법으로 정밀도가 가장 높아 많이 이용된다.

정 답

44. ④ 45. ④ 46. ④ 47. ③
48. ③ 49. ①

50. 토지를 삼각형으로 분할하여 각 교점의 지반고가 그림과 같을 때 전체 체적은?

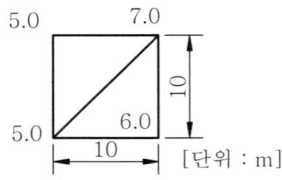

① 340.4m³
② 475.5m³
③ 583.3m³
④ 630.5m³

해 설

50. A=10m×10m÷2=50㎡
$\sum h_1 = 5+6=11$
$2\sum h_2 = 2\times(7+5)=24$
$V = \dfrac{A}{3}(\sum h_1 + 2\sum h_2)$
$= \dfrac{50}{3}\times(11+24) = 583.3\text{m}^3$

51. 용지측량을 위하여 필요한 도면은?
 ① 현황도
 ② 지적도
 ③ 국가기본도
 ④ 도시계획도

51. 용지측량을 위하여 필요한 도면 : 지적도

52. 등고선의 측정방법 중 측량구역을 정사각형 또는 직사각형으로 분할하고, 각 교점의 표고를 구하여 교점 간에 등고선이 지나가는 점을 비례식으로 산출하는 방법은?
 ① 기준점법
 ② 횡단점법
 ③ 종단점법
 ④ 좌표점법

52. 사각형 분할법(좌표점법) : 측량구역을 사각형으로 분할하고, 각 교점의 표고를 구하여 각 교점 간에 등고선이 지나가는 점을 비례식으로 산출하여 등고선을 작도하는 방법이다.

53. 등고선의 성질에 대한 설명으로 옳지 않은 것은?
 ① 등고선의 경사가 급할수록 간격이 좁다.
 ② 등고선은 능선이나 계곡선과 직교한다.
 ③ 등고선은 도면 내 또는 도면 외에서 반드시 폐합한다.
 ④ 등고선은 절대로 교차하지 않는다.

53. 높이가 다른 두 등고선은 동굴이나 절벽의 지형이 아닌 곳에서는 교차하지 않는다. 동굴이나 절벽에서는 2점에서 교차한다.

54. 그림과 같은 삼각형의 면적은?

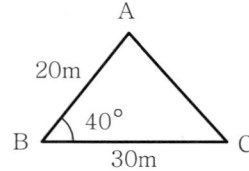

① 115.3m²
② 192.8m²
③ 229.8m²
④ 385.6m²

54. $A = \dfrac{1}{2}ab\sin\alpha$
$= \dfrac{1}{2}\times 20\times 30\times \sin 40°$
$= 192.8\text{m}^2$

정 답

50. ③ 51. ② 52. ④ 53. ④
54. ②

55. 축척 1 : 50000 지형도에서 A, B점의 도상 수평거리가 2cm이고, A점 및 B점의 표고가 각각 220m, 320m일 때 두 점 사이의 경사도는?
① 0.1%
② 10%
③ 20%
④ 30%

56. 노선측량에서 완화곡선의 종류가 아닌 것은?
① 클로소이드 곡선
② 렘니스케이트 곡선
③ 3차 포물선
④ 2차 포물선

57. 단곡선을 설치할 때 교각(I)이 38°20′, 반지름(R)이 300m이면 중앙종거(M_1)는?
① 16.630m
② 4.187m
③ 1.049m
④ 0.262m

58. GPS에 대한 설명으로 옳지 않은 것은?
① 인공위성의 고도는 약 20,200km이다.
② 인공위성의 공전 주기는 1항성일이다.
③ GPS 위성의 궤도면은 6개이다.
④ 우주부분은 GPS 위성으로 구성되어 있다.

59. 노선을 선정할 때 유의해야 할 사항으로 틀린 것은?
① 노선은 곡선을 많이 적용하여 지루함이 없도록 한다.
② 토공량이 적고, 절토와 성토가 균형을 이루게 한다.
③ 절토 및 성토의 운반거리가 짧아야 한다.
④ 배수가 잘되는 곳이어야 한다.

60. 3개의 연속된 단면에서 양 끝단의 단면적이 각각 $A_1 = 40m^2$, $A_2 = 60m^2$이고 두 단면 사이의 중앙에 있는 단면의 면적 $A_m = 50m^2$일 때 각주공식에 의한 체적은? (이때, 양 끝단의 거리는 20m이다.)
① 750m³
② 1,000m³
③ 1,250m³
④ 1,500m³

해 설

55. $\frac{1}{m} = \frac{\text{도상 수평거리}}{\text{실제 수평거리}}$
- 실제 수평거리 = 0.02m×50000 = 1,000m
- 표고차 = 320m-220m = 100m
- 경사기울기 = $\frac{\text{표고차}}{\text{수평거리}} = \frac{100}{1,000} = \frac{1}{10}$
- 경사도 = $\frac{1}{10} \times 100 = 10\%$

[별해] $i = \frac{100h}{LS} = \frac{100 \times 100}{0.02 \times 50000} = 10\%$

56. 완화 곡선 : 3차 포물선, 클로소이드, 렘니스케이트

57. $M = R(1 - \cos\frac{I°}{2})$
$= 300 \times (1 - \cos\frac{38°20′}{2})$
$= 16.630m$

58. 인공위성의 공전 주기는 0.5항성일(11시간 58분)이다.

59. 노선은 가능한 직선으로 한다.

60. $V = \frac{L}{6}(A_1 + 4A_m + A_2)$
$= \frac{20}{6} \times (40 + 4 \times 50 + 60)$
$= 1000m^3$

정 답
55. ② 56. ④ 57. ① 58. ②
59. ① 60. ②

2016년 4회 시행 문제

1. 시준선이 수평축에 직교되지 않기 때문에 발생하는 오차는?
   ① 시준축오차
   ② 구심오차
   ③ 연직축오차
   ④ 눈금오차

2. 광파 거리 측정기와 전파 거리 측정기에 대한 설명으로 틀린 것은?
   ① 광파 거리 측정기는 적외선, 레이저광, 가시광선 등을 이용한다.
   ② 전파 거리 측정기는 주로 중단거리 관측용으로 가볍고 조작이 간편하다.
   ③ 전파 거리 측정기는 안개나 구름과 같은 기상 조건에 비교적 영향을 받지 않는다.
   ④ 일반 건설현장에서는 광파 거리 측정기가 많이 사용된다.

3. 수준측량의 야장 기입 방법 중 기고식에 대한 설명으로 옳은 것은?
   ① 기계고를 구하여 이 기계고에서 표고를 알고자 하는 점의 전시를 빼 주어 표고를 얻는 방법이다.
   ② 후시에서 전시를 빼어 그 값의 (+), (−)를 승, 강의 칸에 기입하는 방법이다.
   ③ 가장 간단한 방법으로 두 점 사이의 표고차만을 구하는 것이 주목적이다.
   ④ 중간점이 많은 수준측량의 경우에는 계산이 복잡해지는 단점이 있다.

4. 지구 표면의 곡률을 고려하여 실시하는 측량을 무엇이라 하는가?
   ① 평면 측량
   ② 측지 측량
   ③ 수준 측량
   ④ 평판 측량

5. 축척 1:1200의 도면에서 도면상의 1cm의 실제 거리는?
   ① 1.2m
   ② 12m
   ③ 120m
   ④ 1,200m

해 설

1. 시준축오차 : 시준선이 수평축에 직교되지 않기 때문에 발생하는 오차, 전시와 후시의 거리를 같게 하면 제거되는 오차

2. 비교적 단거리 측정에 이용 : 광파 거리 측정기

3.
   ① 기고식
   ② 승강식
   ③ 고차식
   ④ 승강식

4. 측지 측량 : 대지 측량이라고도 하며, 지구의 곡률을 고려한 정밀 측량이다.

5. $\dfrac{1}{M} = \dfrac{\text{도상 거리}}{\text{실제 거리}}$
   실제 거리 = M × 도상 거리
   = 1200 × 0.01 = 12m

정 답

1. ① 2. ② 3. ① 4. ② 5. ②

6. 수평각 관측방법 중 가장 정확한 값을 얻을 수 있는 관측방법은?
   ① 배각 관측법
   ② 단각 관측법
   ③ 조합각 관측법
   ④ 방향각 관측법

7. 축척 1:5000의 평판측량에서 도상의 오차를 ±0.2mm까지 허용할 때, 측점의 편심량인 구심오차는?
   ① ±10cm
   ② ±20cm
   ③ ±50cm
   ④ ±80cm

8. 2점 사이의 연직각과 수평거리 또는 경사거리를 측정하고 삼각법에 의하여 고저차를 구하는 수준 측량은?
   ① 스타디아 측량
   ② 삼각 수준 측량
   ③ 교호 수준 측량
   ④ 정밀 수준 측량

9. 관측값의 신뢰도를 표시하는 값에서 경중률에 대한 설명으로 틀린 것은?
   ① 경중률은 관측 횟수에 비례한다.
   ② 경중률은 관측 거리에 반비례한다.
   ③ 경중률은 표준 편차의 제곱에 반비례한다.
   ④ 경중률은 관측 오차에 비례한다.

10. 실제거리 750m를 30m 줄자로 측정하였다. 줄자에 의한 거리 측정의 오차가 30m에 대해 ±3mm라면 전체 길이에 대한 거리 측정 오차는?
    ① ±5mm
    ② ±15mm
    ③ ±50mm
    ④ ±75mm

11. 토탈스테이션의 사용상 주의사항으로 틀린 것은?
    ① 측량작업 전에는 항상 기계의 이상 여부를 점검한다.
    ② 이동시 기계와 삼각대는 결합하여 운반한다.
    ③ 큰 진동이나 충격으로부터 기계를 보호한다.
    ④ 전원 스위치를 내린 후 배터리를 본체로부터 분리시킨다.

해 설

6. 수평각 관측법 중 가장 정확한 방법으로 1, 2등 삼각 측량에 주로 사용되는 수평각 측정 방법은 조합각 관측법이다.

7. 구심 오차
$$e = \frac{qM}{2} = \frac{0.02 \times 5000}{2} = 50\text{cm}$$
(주의 0.2mm=0.02cm로 고쳐서 계산할 것)

8. 삼각 수준 측량 : 2점 사이의 연직각과 수평거리 또는 경사거리를 측정하고 삼각법에 의하여 고저차를 구하는 수준 측량

9. 경중률 : 관측값의 신뢰도를 표시하는 값
   ■ 같은 정도로 측정했을 때 : 측정 횟수에 비례한다.
   ■ 정밀도의 제곱에 비례한다.
   ■ 오차의 제곱에 반비례한다.
   ■ 표준 편차의 제곱에 반비례한다.
   ■ 직접수준측량 : 거리에 반비례
   ■ 간접수준측량 : 거리의 제곱에 반비례 한다.

10. 측정 횟수=750m÷30m=25회
    $M = \pm m\sqrt{n}$
    $= \pm 3\text{mm}\sqrt{25} = \pm 15\text{mm}$
    (m : 1회 측정 오차, n : 측정 횟수)

11. 이동 시에는 기계를 삼각대에서 분리시켜 이동한다.

정 답

6. ③ 7. ③ 8. ② 9. ④ 10. ②
11. ②

12. 내륙에서 멀리 떨어져 있는 섬에서는 내륙의 기준면을 직접 연결할 수 없어 하천이나 항만공사 등에서 필요에 따라 편리한 기준면을 정하는 경우가 있는데 이것을 무엇이라 하는가?
   ① 수준면
   ② 기준면
   ③ 수준 원점
   ④ 특별 기준면

13. 직접수준측량으로 표고를 측정하기 위하여 I점에 레벨을 세우고 B점에 세운 표척을 시준하여 관측 하였다. A점에 설치한 표척의 읽음값(i_a)을 구하는 식으로 옳은 것은? (단, i_b = B의 표척 읽음값, A_h = A의 표고, B_h = B의 표고)

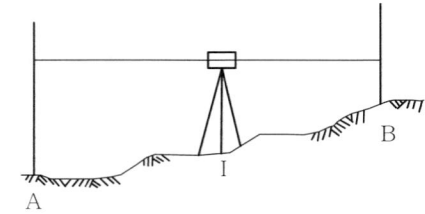

① $i_a = B_h + i_b + A_h$
② $i_a = B_h - i_b + A_h$
③ $i_a = B_h - i_b - A_h$
④ $i_a = B_h + i_b - A_h$

14. 그림과 같이 수준측량을 실시하여 다음의 결과를 얻었다. A점 지반고가 32.578m일 때 B점의 지반고는?
   (단, a_1 = 2.065m, a_2 = 1.573m, b_1 = 3.465m, b_2 = 2.159m)

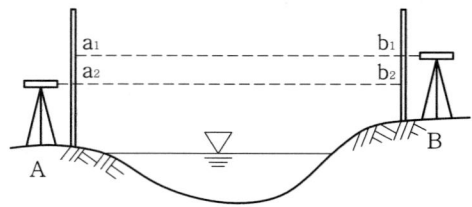

① 31.585m
② 31.858m
③ 33.478m
④ 33.748m

해 설

12. 특별 기준면
㉠ 섬에서는 내륙의 기준면을 직접 연결할 수 없으므로 그 섬 특유의 기준면을 사용한다.
㉡ 하천의 감조부나 항만 또는 해안공사에서 해저 표고(-표고)의 불편함으로 인해 필요에 따라 편리한 기준면을 정하는 경우가 있는데, 이를 특별 기준면이라 한다.
㉢ 어느 지역에서만 임시로 사용하는 수준점, 즉 가수준점도 특별 기준면으로부터의 표고이다.

13. $A_h + i_a = B_h + i_b$
   $\Rightarrow i_a = B_h + i_b - A_h$

14. 고저차
$$\Delta h = \frac{(a_1 + a_2) - (b_1 + b_2)}{2}$$
$$= \frac{(2.065 + 1.573) - (3.465 + 2.159)}{2}$$
= -0.993m
HB = HA + Δh = 32.578 - 0.993
  = 31.585m

정 답

12. ④ 13. ④ 14. ①

15. 한 지점에 평판을 세우고 여러 측점을 시준하여 방향과 거리를 측정하여 도면을 만드는 방법으로 시준이 잘 되고 협소한 지역에 적당한 평판측량 방법은?
   ① 방사법
   ② 전진법
   ③ 전방교회법
   ④ 후방교회법

16. 두 점의 거리 관측을 실시하여 3회 관측의 평균이 530.5m, 2회 관측의 평균이 531.0m, 5회 관측의 평균이 530.3m 이었다면 이 거리의 최확값은?
   ① 530.3m
   ② 530.4m
   ③ 530.5m
   ④ 530.6m

17. 직접 수준측량의 오차 원인 중 우연오차에 해당하는 것은?
   ① 표척의 0(零)점 오차
   ② 표척눈금 부정에 의한 오차
   ③ 구차에 의한 오차
   ④ 기상변화에 의한 오차

18. 하천 또는 계곡 등에 있어서 두 점 중간에 기계를 세울 수 없는 경우에 고저차를 구하는 방법으로 가장 적합한 것은?
   ① 삼각 수준 측량
   ② 스타디아 측량
   ③ 교호 수준 측량
   ④ 기압 수준 측량

19. 두 점 사이의 경사거리를 측정한 결과 50m, 고저차가 0.6m일 때 경사 보정량은?
   ① -2.2mm
   ② -3.6mm
   ③ -4.8mm
   ④ -5.2mm

20. 종단수준측량에 대한 설명으로 틀린 것은?
   ① 철도, 도로, 하천 등과 같은 노선을 따라 각 측점의 고저차를 측정하는 측량을 말한다.
   ② 종단수준측량은 종단면도를 작성하기 위한 측량이다.
   ③ 종단수준측량은 중간점이 많아 기고식으로 작성하는 것이 편리하다.
   ④ 각 측점에서 중심선에 직각방향으로 지표면의 고저차를 측정하는 측량을 말한다.

해설

15. 방사법 : 한 측점에 평판을 세우고 각 측점을 시준하여 거리를 측정하여 도면을 만드는 방법으로 시준이 잘 되고 협소한 지역에 적당하다.

16. $L_0 = \dfrac{P_1\ell_1 + P_2\ell_2 + P_3\ell_3}{P_1 + P_2 + P_3}$
    $= \dfrac{3 \times 530.5 + 2 \times 531.0 + 5 \times 530.3}{3 + 2 + 5}$
    $= 530.5\text{m}$

17. 기상변화에 의한 오차 : 우연오차

18. 교호 수준 측량 : 측선 중에 계곡, 하천 등이 있으면 측선의 중앙에 레벨을 세우지 못하므로 정밀도를 높이기 위해(굴절오차와 시준오차를 소거하기 위해) 양 측점에서 측량하여 두 점의 표고차를 2회 산출하여 평균하는 방법

19. 보정량 $= -\dfrac{h^2}{2L} = -\dfrac{0.6^2}{2 \times 50}$
    $= -0.0036\text{m} = -3.6\text{mm}$

20. 각 측점에서 중심선에 직각방향으로 지표면의 고저차를 측정하는 측량은 횡단수준측량 이다.

정답

15. ① 16. ③ 17. ④ 18. ③
19. ② 20. ④

21. 그림과 같은 다각형을 교각법으로 측정한 결과 CD측선의 방위각은?

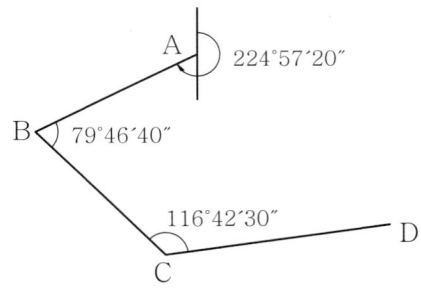

① 61°26′30″
② 61°27′30″
③ 60°26′27″
④ 60°27′27″

22. 트래버스 측량에서 선점 및 표지 설치시의 주의 사항으로 틀린 것은?
① 시준하기 좋고 지반이 견고한 장소일 것
② 후속되는 측량, 특히 세부측량에 편리할 것
③ 측점간의 거리는 가능한 비슷하고 고저차가 크지 않을 것
④ 측선의 거리는 될 수 있는 대로 짧게 할 것

23. 삼각망 조정을 위한 기하학적 조건에 대한 설명으로 옳지 않은 것은?
① 삼각형 내각의 오차는 각의 크기에 비례하여 배분한다.
② 삼각형 내각의 합은 180°이다.
③ 삼각망 중 한 변의 길이는 계산 순서에 관계없이 일정하다.
④ 한 측점의 둘레에 있는 모든 각의 합은 360°이다.

24. 그림에서 CD의 방위각이 144°00′이고 DA의 방위각이 225°30′일 때 D점의 내각은?

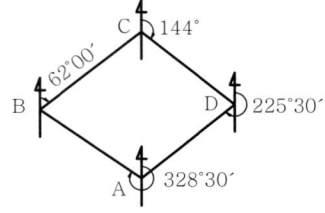

① 98°30′
② 98°00′
③ 86°30′
④ 77°00′

해 설

21. AB 방위각=224°57′20″
BC 방위각
=224°57′20″-180°+79°46′40″
=124°44′00″
CD 방위각
=124°44′00″-180°+116°42′30″
=61°26′30″

22. 측선의 거리는 될 수 있는 대로 길게 하고, 측점 수는 적게 하는 것이 좋으며, 일반적으로 측선의 거리는 30~200m 정도로 한다.

23. 삼각망의 조정
㉠ 측점 조건
 ⓐ 한 측점에서 측정한 여러 각의 합은 그 전체를 한각으로 측정한 각과 같다.
 ⓑ 한 측점의 둘레에 있는 모든 각을 합한 것은 360°이다.(점 조건)
㉡ 도형 조건
 ⓐ 삼각형 내각의 합은 180°이다. (각 조건)
 ⓑ 삼각망 중 한 변의 길이는 계산 순서에 관계없이 일정하다. (변 조건)

24. ① DC 방위각=CD 역방위각
=144°+180°=324°
② D점의 내각
=DC 방위각-DA 방위각
=324°-225°30′=98°30′

정 답

21. ① 22. ④ 23. ① 24. ①

25. 삼각 수준 측량에 관한 설명으로 틀린 것은?
   ① 주로 두 점 사이의 거리가 가까운 정밀 수준측량에 이용한다.
   ② 두 점 사이의 연직각과 거리를 측정하고 계산에 의하여 고저차를 구한다.
   ③ 고저차가 심해서 수준 측량이 어려울 때 이용되는 방법이다.
   ④ 간접 수준 측량이다.

26. 그림과 같은 사변형에서 각 조건식의 수는?

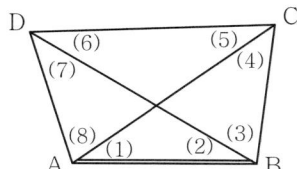

   ① 2
   ② 3
   ③ 4
   ④ 5

27. 트래버스 측량에서 어느 측선의 방위각이 160°라고 할 때 이 측선의 방위는?
   ① N160°E
   ② S160°W
   ③ S20°E
   ④ N20°W

28. 삼각망 중에서 정밀도가 가장 높은 것은?
   ① 단 삼각망
   ② 유심 삼각망
   ③ 단열 삼각망
   ④ 사변형 삼각망

29. 평탄지에서 9변을 트래버스 측량하여 1′10″의 측각 오차가 있었다면 이 오차의 처리 방법은? (단, 허용오차 $= 0.5′\sqrt{n}$, n : 측량한 변의 수이다.)
   ① 오차가 너무 크므로 재측한다.
   ② 오차를 각각 등분해 배분한다.
   ③ 변의 크기에 비례하여 배분한다.
   ④ 각의 크기에 비례하여 배분한다.

30. 삼각망에서 기지점의 좌표(X_a, Y_a)로부터 변의 길이(L)와 방위각(α)을 이용하여 미지점의 좌표(X_b, Y_b)를 구하기 위한 식으로 옳은 것은?
   ① $X_b = X_a + L\sec\alpha$, $Y_b = Y_a + L\cos\alpha$
   ② $X_b = X_a + L\cos\alpha$, $Y_b = Y_a + L\sin\alpha$
   ③ $X_b = X_a + L\sin\alpha$, $Y_b = Y_a + L\cos\alpha$
   ④ $X_b = X_a + L\sin\alpha$, $Y_b = Y_a + L\sec\alpha$

해 설

25. 직접수준측량에 비해 비용 및 시간이 절약되지만 정확도는 낮다.

26.
㉠ ∠1+∠2+∠3+∠4+∠5+∠6+∠7+∠8 =360°
㉡ ∠1+∠8=∠4+∠5
㉢ ∠2+∠3=∠6+∠7

27. 2상한에 있으므로
180°-160°=20°
이므로 S20°E

28. 사변형 삼각망 : 가장 높은 정밀도를 얻을 수 있으나 조정이 복잡하고 피복 면적이 적으며 많은 노력과 시간, 경비가 필요하고 기선 삼각망 등에 사용된다.

29. 허용오차 $= 0.5′\sqrt{n}$
$= 0.5′\sqrt{9} = 1′30″$
측각오차(1′10″)가 허용오차 범위 안이므로 각의 크기에 관계없이 등분배한다.

30. $X_b = X_a + L\cos\alpha$
$Y_b = Y_a + L\sin\alpha$

정 답

25. ① 26. ② 27. ③ 28. ④
29. ② 30. ②

31. 측점 A, B의 좌표가 각각 A(10,20), B(20,40)일 때 AB의 수평거리는? (단, 좌표의 단위는 m 이다.)
   ① 20.45m
   ② 22.36m
   ③ 23.57m
   ④ 25.69m

32. 총 거리가 500m인 트래버스 측량을 하여 폐합 오차가 0.01m이었다. 이 때의 폐합비는?
   ① 1/500
   ② 1/5000
   ③ 1/25000
   ④ 1/50000

33. 삼각 측량의 작업 순서로 옳은 것은?
   ① 답사 및 선점-관측-조표-계산-성과표 작성
   ② 조표-성과표 작성-답사 및 선점-관측-계산
   ③ 조표-관측-답사 및 선점-성과표 작성-계산
   ④ 답사 및 선점-조표-관측-계산-성과표 작성

34. 트래버스의 종류 중에서 측량 결과에 대한 점검이 되지 않기 때문에 노선 측량의 답사 등에 주로 이용되는 트래버스는?
   ① 트래버스 망
   ② 폐합 트래버스
   ③ 개방 트래버스
   ④ 결합 트래버스

35. 트래버스 측량의 순서로 옳은 것은?

   a. 답사 및 선점   b. 조표   c. 계획 및 준비
   d. 계산 및 제도   e. 관측

   ① c → b → e → a → d
   ② c → a → b → e → d
   ③ c → e → b → d → e
   ④ c → a → d → b → e

36. 지표의 같은 높이의 점을 연결한 곡선으로 지표면의 형태를 표시하는 방법은?
   ① 채색법
   ② 점고법
   ③ 등고선법
   ④ 음영법

해 설

31. AB의 수평거리
$$= \sqrt{(X_B - X_A)^2 + (Y_B - Y_A)^2}$$
$$= \sqrt{(20-10)^2 + (40-20)^2}$$
$$= 22.36m$$

32. 폐합비 $= \dfrac{\text{폐합오차}}{\text{측선거리의 총합}}$
$$= \dfrac{0.01}{500} = \dfrac{1}{50000}$$

33. 삼각측량의 작업순서 : 계획 및 준비→답사 및 선점→조표→측정→계산→정리

34. 개방 트래버스 : 시작되는 측점과 끝나는 점 간에 아무런 조건이 없으며 노선측량이나 답사 등에 편리한 트래버스

35. 계획 및 준비 → 답사 및 선점 → 조표 → 관측 → 계산 및 제도

36. 지표의 같은 높이의 점을 연결한 곡선으로 지표면의 형태를 표시하는 방법 : 등고선법

정 답

31. ② 32. ④ 33. ④ 34. ③
35. ② 36. ③

37. 노선을 설정할 때 유의해야 할 사항으로 틀린 것은?
   ① 절토 및 성토의 운반거리는 가급적 길게 한다.
   ② 배수가 잘 되는 곳이어야 한다.
   ③ 노선은 가능한 직선으로 한다.
   ④ 경사를 완만하게 한다.

38. 전면적이 200㎡, 전토량이 1080㎥ 일 때 기준면으로부터의 평균 높이는?
   ① 5.0m
   ② 5.1m
   ③ 5.2m
   ④ 5.4m

39. 공통접선의 반대쪽에 중심이 있고 반지름이 같거나 서로 다른 원호인 곡선은?
   ① 배향곡선
   ② 반향곡선
   ③ 복심곡선
   ④ 단곡선

40. 면적 산정 방법 중 심프슨 제2법칙에 대한 설명으로 옳은 것은?
   ① 지거의 2구간을 1조로 하여 면적을 구하는 방법이다.
   ② 지거의 3구간을 1조로 하여 면적을 구하는 방법이다.
   ③ 경계선을 2차 포물선으로 보고 면적을 구하는 방법이다.
   ④ 경계선을 직선으로 보고 면적을 구하는 방법이다.

41. 사각형 ABCD의 면적은? (단, 좌표의 단위는 m 이다.)

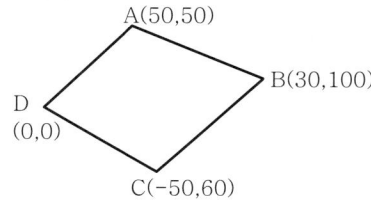

   ① 4950㎡
   ② 5050㎡
   ③ 5150㎡
   ④ 5250㎡

해 설

37. 절토 및 성토의 운반거리를 가급적 짧게 한다.

38. $h = \dfrac{V}{A} = \dfrac{1080}{200} = 5.4m$

39. 반향곡선 : 반지름이 다른 2개의 단곡선이 그 접속점에서 공통 접선의 반대쪽에 곡선의 중심을 가지고 연결된 곡선

40. 심프슨 제2법칙 : 경계선을 3차 포물선으로 보고, 지거의 세 구간을 한 조로 하여 면적을 구하는 방법이다.

41.

측점	X (m)	Y (m)	$(X_{n-1} - X_{n+1})Y_n$
A	50	50	(0−30)×50=−1500
B	30	100	{50−(−50)}×100 =10000
C	−50	60	(30−0)×60=1800
D	0	0	(−50−50)×0=0
계			배면적 = 10300

면적$(A) = \dfrac{배면적}{2} = \dfrac{10300}{2} = 5150㎡$

정 답

37. ① 38. ④ 39. ② 40. ②
41. ③

42. 지형측량시 지상에 있는 임의 점의 표고를 숫자로 도상에 나타내는 방법으로 주로 해도, 하천, 호수, 항만의 수심을 나타내는 경우에 사용되는 방법은?
   ① 채색법
   ② 점고법
   ③ 등고선법
   ④ 우모법

43. 도면의 경계선이 불규칙한 곡선으로 둘러싸인 경우 사용되는 면적 측정 기기는?
   ① 레벨
   ② 스케일
   ③ 구적기
   ④ 엘리데이드

44. 토공량, 저수지나 댐의 저수용량 및 콘크리트량 등의 체적을 구하기 위한 방법이 아닌 것은?
   ① 단면법
   ② 점고법
   ③ 등고선법
   ④ 우모법

45. 도로 수평 곡선의 약호 중 접선 길이를 나타내는 것은?
   ① B.C
   ② E.C
   ③ T.L
   ④ C.L

46. 기점으로부터 교점까지 추가거리가 483.26m이고, 교각 36°18′일 때 접선장의 길이는? (단, 곡선반지름은 200m, 중심말뚝 간격은 20m이다.)
   ① 55.56m
   ② 65.56m
   ③ 75.56m
   ④ 85.56m

47. 지형도(종이지도)의 이용에 대한 설명으로 옳지 않은 것은?
   ① 확대 지도(대축척 지도) 편집
   ② 하천의 유역면적 결정
   ③ 노선의 도면상 선정
   ④ 저수량의 결정

해 설

42. 점고법
   ① 지상에 있는 임의 점의 표고를 숫자로 도상에 나타내는 방법
   ② 해도, 하천, 호수, 항만의 수심을 나타내는 경우에 사용된다.

43. 구적기 : 도면의 경계선이 불규칙한 곡선으로 둘러싸인 경우 사용되는 면적측정 기기

44. 우모법 : 게바라고 하는 짧은 선으로 지표의 기복을 나타내는 지형의 표시 방법

45. B.C⇒곡선 시점, E.C⇒곡선 종점
   C.L⇒곡선장

46. $T.L = R \times \tan\dfrac{I}{2}$
   $= 200 \times \tan\dfrac{36°18′}{2}$
   $= 65.56m$

47. 지형도의 이용방법
   ① 단면도의 작성
   ② 유역 면적의 결정
   ③ 저수 용량의 산정
   ④ 신설 노선의 도상 선점

정 답

42. ② 43. ③ 44. ④ 45. ③
46. ② 47. ①

48. GPS 시간 오차를 제거한 3차원 위치 결정을 위해 필요한 최소 위성의 수는?
   ① 1대   ② 2대
   ③ 3대   ④ 4대

49. GPS가 채택하고 있는 세계 측지계는?
   ① WGS-84
   ② WGS-72
   ③ ITRF-92
   ④ GRS-2000

50. GPS 측량의 특징에 대한 설명으로 옳지 않은 것은?
   ① 3차원 측량을 동시에 할 수 있다.
   ② 극 지방을 제외한 전 지역에서 이용할 수 있다.
   ③ 하루 24시간 어느 시간에서나 이용이 가능하다.
   ④ 측량 거리에 비하여 상대적으로 높은 정확도를 가지고 있다.

51. 그림과 같은 1:50000 지형도에서 AB의 거리를 측정하니 3.2cm이었다. B점에서의 경사각은?

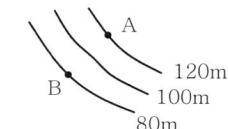

   ① 1°16′
   ② 1°26′
   ③ 1°36′
   ④ 1°46′

52. GPS의 구성 요소(부분)가 아닌 것은?
   ① 위성에 대한 우주 부분
   ② 지상 관제소에서의 제어 부분
   ③ 측량자가 사용하는 수신기에 대한 사용자 부분
   ④ 수신된 정보를 분석하여 재송신하는 해석 부분

53. 노선설계 시 직선부와 곡선부 사이에 원심력을 줄이기 위해 곡선 반지름을 무한대에서 일정 값까지 점차 감소시키는 곡선을 무엇이라 하는가?
   ① 완화 곡선   ② 단곡선
   ③ 수직곡선   ④ 편곡선

해 설

48. GPS 시간 오차를 제거한 3차원 위치 결정을 위해 필요한 최소 위성의 수 : 4대

49. GPS가 채택하고 있는 세계 측지계 : WGS-84

50. 지구상 어느 곳에서나 이용할 수 있다.

51.
- 수평거리=M×도상거리 =50000×0.032=1600m
- 표고차=120-80=40m
- 경사각= $\tan^{-1} \dfrac{표고차}{수평거리}$ = $\tan^{-1} \dfrac{40}{1600}$ = 1°26′

52. GPS의 구성 요소 : 우주 부분, 제어 부분, 사용자 부분

53. 완화곡선 : 노선 설계시 직선부와 곡선부 사이에 편경사와 확폭을 갑자기 설치하면 차량통행에 불편을 주므로 곡선 반지름을 무한대에서 일정 값까지 점차 감소시키는 곡선

정 답

48. ④ 49. ① 50. ② 51. ②
52. ④ 53. ①

54. 반지름이 100m, 교각(I)이 56°20′인 단곡선의 곡선길이는?
   ① 98.32m   ② 198.32m
   ③ 298.32m   ④ 398.32m

55. 단곡선 설치에 사용되는 방법이 아닌 것은?
   ① 접선 편거와 현 편거법
   ② 중앙 종거법
   ③ 수직곡선법
   ④ 지거법

56. 편각법에 의한 단곡선 설치에서 곡선 반지름 200m 일 때 중심말뚝 간격 20m에 대한 편각은?
   ① 1°25′59″   ② 2°51′53″
   ③ 4°38′16″   ④ 5°43′56″

57. A, B 두 점의 표고가 각각 110m, 160m 이고 수평거리가 200m인 등경사일 때 A 점에서 AB 위에 있는 표고 120m 지점까지의 수평거리는?
   ① 40m   ② 70m
   ③ 80m   ④ 100m

58. 삼각형 3변의 길이가 다음과 같을 때 면적을 구한 값은? (단, 3변의 길이는 a=32m, b=16m, c=20m 이다.)
   ① 2016㎡
   ② 1309㎡
   ③ 201.6㎡
   ④ 130.9㎡

59. 다음 중 등고선의 종류가 아닌 것은?
   ① 주곡선
   ② 간곡선
   ③ 계곡선
   ④ 단곡선

60. 단곡선에서 곡선시점의 추가거리가 350.45m이고 곡선길이가 64.28m일 때 종단현의 길이는?
   ① 15.24m
   ② 14.73m
   ③ 5.27m
   ④ 7.28m

해 설

54. $C.L. = \dfrac{\pi}{180°} RI°$

   $= \dfrac{\pi}{180°} \times 100 \times 56°20′$

   $= 98.32m$

55. 단곡선 설치에 사용되는 방법 : 편각법, 지거법, 중앙 종거법

56. 편각 $= \dfrac{\ell}{2R} \times \dfrac{180°}{\pi}$

   $= \dfrac{20}{2 \times 200} \times \dfrac{180°}{\pi}$

   $= 2°51′53″$

57.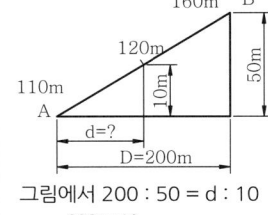

   그림에서 $200 : 50 = d : 10$
   $d = \dfrac{200 \times 10}{50} = 40m$

58. $s = \dfrac{1}{2}(a+b+c)$

   $= \dfrac{1}{2} \times (32+16+20) = 34$

   $A = \sqrt{s(s-a)(s-b)(s-c)}$

   $= \sqrt{34(34-32)(34-16)(34-20)}$

   $= 130.9㎡$

59.

등고선의 종류	표시 방법	등고선 간격(m)			
		1:1,000	1:5,000	1:25,000	1:50,000
주곡선	가는 실선	1	5	10	20
계곡선	굵은 실선	5	25	50	100
간곡선	가는 긴 파선	0.5	2.5	5	10
조곡선	가는 짧은 파선	0.25	1.25	2.5	5

60. 종단현의 길이
   = E.C.의 거리-E.C. 전 측점의 거리
   =(350.45+64.28)-400=14.73m

정 답

54. ① 55. ③ 56. ② 57. ①
58. ④ 59. ④ 60. ②

모의고사(Ⅰ)

1. 평균제곱근오차(표준편차) σ, 확률오차 r이라 할 때 σ와 r사이의 관계식은?
   ① $r = \pm 0.6745\sigma$
   ② $r = \pm 0.6745/\sigma$
   ③ $r = \pm 0.5\sigma$
   ④ $r = \pm \sigma/0.5$

2. 거리 500m에서 구차를 구한 값으로 옳은 것은?
   ① 1.96mm
   ② 9.8mm
   ③ 19.6mm
   ④ 39.2mm

3. 대지 측량을 가장 바르게 설명한 것은?
   ① 지구표면의 일부를 평면으로 간주하는 측량
   ② 지구의 곡률을 고려해서 하는 측량
   ③ 넓은 지역의 측량
   ④ 공공측량

4. 측량하려는 두 점 사이에 강, 호수, 하천 또는 계곡이 있어 그 두 점 중간에 기계를 세울 수 없는 경우 교호 수준측량을 실시한다. 이 측량에서 양안 기슭에 표척을 세워 시준하는 이유는?
   ① 굴절오차와 시준축 오차를 소거하기 위해
   ② 양안 경사거리를 쉽게 측량하기 위해
   ③ 양안의 표척과 기계 사이의 거리를 다르게 하기 위해
   ④ 표고차를 4회 평균하여 산출하기 위해

5. 외심거리가 3cm인 앨리데이드로, 축척 1:300인 평판측량을 하였을 때 도면상에 생기는 외심오차는 얼마인가?
   ① 0.1mm
   ② 0.2mm
   ③ 0.3mm
   ④ 0.4mm

6. 레벨의 감도가 한 눈금에 40초 일 때 80m떨어진 표척을 읽은 후 2눈금 이동하였다면 이 때 생긴 오차량은?
   ① 0.02m
   ② 0.03m
   ③ 0.04m
   ④ 0.05m

7. 다음 중 오차를 줄일 수 있는 수준측량의 주의사항으로 옳지 않은 것은?
   ① 견고한 곳에 기계를 설치할 것
   ② 측정순간의 기포는 항상 중앙에 있을 것
   ③ 레벨을 세우는 횟수를 홀수로 할 것
   ④ 이기점의 전시와 후시의 거리를 같게 할 것

해 설

1. $r = \pm 0.6745\sigma$

2. 구차 : 거리 ℓ이 크면 지구 곡률 때문에 생기는 오차
$$\frac{\ell^2}{2R} = \frac{0.5^2}{2 \times 6370} = 0.0000196\text{km}$$
$$= 0.0196\text{m} = 1.96\text{cm} = 19.6\text{mm}$$

3. 대지 측량 : 지구의 곡률을 고려해서 하는 측량

4. 교호 수준 측량 : 측선 중에 계곡, 하천 등이 있으면 측선의 중앙에 레벨을 세우지 못하므로 정밀도를 높이기 위해(굴절오차와 시준 오차를 소거하기 위해) 양 측점에서 측량하여 두 점의 표고차를 2회 산출하여 평균하는 방법

5. 외심오차 = $\dfrac{외심거리}{축척의 분모수}$
$= \dfrac{30\text{mm}}{300} = 0.1\text{mm}$

6. 감도(θ'') = $\dfrac{\ell}{n \times D} \times 206265''$
ℓ : 오차량
n : 기포이동 눈금수
D : 기계와 표척사이 거리
오차량(ℓ) = $\dfrac{\theta'' \times n \times D}{206265''}$
$= \dfrac{40'' \times 2 \times 80\text{m}}{206265''} = 0.03\text{m}$

7. 표척의 0점 오차 : 기계의 세움을 짝수회로 하면 소거

정 답

1. ① 2. ③ 3. ② 4. ① 5. ①
6. ② 7. ③

8. 트래버스 선점시 유의사항으로 틀린 것은?
   ① 후속 측량이 편리하도록 한다.
   ② 측선의 거리는 가능한 짧게 한다.
   ③ 지반이 견고한 장소에 설치 한다.
   ④ 측점 수는 될 수 있는 대로 적게 한다.

9. 그림과 같은 트래버스를 측정하여 다음과 같은 성과를 얻었다. 이 때 CD 측선의 방위각은?

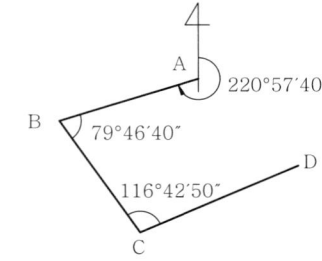

   ① 57° 27′ 10″
   ② 59° 27′ 10″
   ③ 60° 42′ 50″
   ④ 77° 24′ 40″

10. 어느 측선의 방위가 S 30°E 이고 측선 길이가 80m 이다. 이 측선의 위거는?
    ① -40m
    ② +40m
    ③ -69.282m
    ④ +69.282m

11. 전측선 길이의 총합이 200m, 위거오차가 +0.04m일 때 길이 50m인 측선의 컴퍼스법칙에 의한 위거 보정량은?
    ① +0.01m
    ② -0.01m
    ③ +0.02m
    ④ -0.02m

12. N 45°37′E의 역방위는?
    ① S 44° 23′ E
    ② S 44° 23′ W
    ③ S 45° 37′ W
    ④ S 45° 37′ E

13. 삼각망 가운데 내각이 작은 것이 있으면 좋지 않는 이유에 대한 설명으로 옳은 것은?
    ① 삼각형의 내각 중 작은 각이 있으면 반드시 큰 각이 있고 큰 각에는 관측오차가 크게 되므로
    ② 삼각형의 내각 중 작은 각이 있으면 내각의 폐합차를 삼등분하여 3내각에 보정하는 것이 불합리하므로
    ③ 한 기지변으로부터 다른 변을 정현 비례로 구하는 경우에 작은 각이 있으면 오차가 크게 되므로
    ④ 경위도 또는 좌표(X.Y) 계산하기가 불편하게 되므로

해 설

8. 측선의 거리는 될 수 있는 대로 길게 하고, 측점 수는 적게 하는 것이 좋으며, 일반적으로 측선의 거리는 30~200m 정도로 한다.

9. AB 방위각=220°57′40″
   BC 방위각
   =220°57′40″-180°+79°46′40″
   =120°44′20″
   CD 방위각
   =120°44′20″-180°+116°42′50″
   =57°27′10″

10. S 30° E ⇒ 150°
    위거=거리×cosθ
    =80m×cos150°=-69.282m

11. 위거조정량
    $= \dfrac{\text{해당 측선의 길이}}{\text{측선 길이의 총합}} \times \text{위거 오차량}$
    $= \dfrac{50}{200} \times (-0.04) = -0.01\text{m}$

12. N45°37′E의 방위각이 45°37′이므로 역방위각은
    45°37′+180°=225°37′이고 3상한에 있으므로
    225°37′-180°=45°37′
    ∴ N45°37′E의 역방위는 S45°37′W 이다.

13. 삼각형은 정삼각형에 가깝고, 내각이 30~120°범위로 한다. (각이 지니는 오차가 변에 미치는 영향을 최소로 하기 위함) 각 자체의 대소는 관계가 없으나 변장은 sin법칙을 사용하므로 각도에 대한 대수 6자리의 변화가 0° 및 180°에 가까울수록 커진다. 따라서 각 오차가 같을 때 변장에 미치는 영향은 각이 적을수록 커진다.

정 답

8. ② 9. ① 10. ③ 11. ② 12. ③
13. ③

14. 측점수가 16개인 폐합 트래버스의 내각 관측시 총합은?
   ① 2880°
   ② 2520°
   ③ 2160°
   ④ 3240°

15. 50m의 줄자를 사용하여 480.7m의 거리를 측정하였다. 이때 이 줄자를 표준길이와 비교한 결과 5㎜ 늘어나 있었다면 정확한 실제 거리는 얼마인가?
   ① 481.181m
   ② 480.748m
   ③ 480.652m
   ④ 480.219m

16. 기고식 야장결과로 측점 4의 지반고를 계산한 값은? (단, 관측값의 단위는 m 이다.)

측점	B.S.	F.S.		I.H.	G.H.
		T.P.	I.P.		
1	1.428				4.374
2			1.231		
3	1.032	1.572			
4			1.017		
5		1.762			

   ① 3.500m
   ② 4.230m
   ③ 4.245m
   ④ 4.571m

17. A로부터 B에 이르는 수준 측량의 결과가 표와 같을 때 B의 표고는?

코스	측정결과	거리
1코스	32.42m	5km
2코스	32.43m	2km
3코스	32.40m	4km

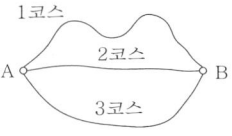

   ① 32.417m
   ② 32.420m
   ③ 32.432m
   ④ 32.440m

18. 트래버스 측량의 결과로 배면적을 구하고자 할 때 사용되는 식으로 옳은 것은?
   ① Σ(횡거×조정위거)
   ② Σ(배횡거×조정위거)
   ③ Σ(배횡거×조정경거)
   ④ Σ(조정경거×조정위거)

19. 사변형 삼각망 변조정에서 Σlog sinA=39.2434474, Σlog sinB = 39.2433974 이고, 표차 총합이 199.7일 때 변조정량은?
   ① 1.9″
   ② 2.5″
   ③ 3.1″
   ④ 3.5″

해설

14. 내각의 합 $= 180°(n-2)$
    $= 180° \times (16-2) = 2520°$

15. 실제길이
    $= 관측\ 길이 \times \dfrac{부정\ 길이}{표준\ 길이}$
    $= 480.7 \times \dfrac{50+0.005}{50}$
    $= 480.748m$
    (표준길이 보다 길 때에는 +, 짧을 때는 - 이다.)

16.

측점	B.S.	F.S.		I.H.	G.H.
		T.P.	I.P.		
1	1.428			5.802	4.374
2			1.231		4.571
3	1.032	1.572		5.262	4.230
4			1.017		4.245
5		1.762			3.500

기계고(IH)=지반고(GH)+후시(BS)
지반고(GH)=기계고(IH)-전시(IP)

17. 경중률은 거리에 반비례하므로
    P1 : P2 : P3
    $= \dfrac{1}{5} : \dfrac{1}{2} : \dfrac{1}{4} = 4 : 10 : 5$
    최확치=
    $\dfrac{(4 \times 32.42)+(10 \times 32.43)+(5 \times 32.40)}{4+10+5}$
    $= 32.420m$

18. Σ(배횡거×조정위거)

19. 조정량
    $= \dfrac{\Sigma \log \sin A - \Sigma \log \sin B}{표차의\ 합}$
    $= \dfrac{39.2434474 - 39.2433974}{199.7}$
    $= \dfrac{500}{199.7} = 2.5″$
    대수는 보통 소수 7자리까지 취한다(0.0000500→500으로 계산한다.)

정답
14. ② 15. ② 16. ③ 17. ②
18. ② 19. ②

20. 원형 기포관을 이용하여 대략 수평으로 세우면 망원경 속에 장치된 컴펜세이터(Compensator)에 의해 시준선이 자동적으로 수평 상태로 되는 레벨은 어느 것인가?
   ① 덤피레벨　　　② 핸드레벨
   ③ Y레벨　　　　④ 자동레벨

21. 평판측량에서 기지점으로부터 미지점 또는 미지점으로부터 기지점의 방향을 앨리데이드로 시준하여 방향선을 교차시켜 도상에서 미지점의 위치를 도해적으로 구하는 방법은?
   ① 방사법　　　　② 교회법
   ③ 전진법　　　　④ 편각법

22. 평판 측량에서 폐합비가 허용오차 이내일 경우 어떻게 처리하는가?
   ① 출발점으로부터 측점까지의 거리에 비례하여 배분
   ② 각 측점의 각 크게에 비례하여 배분
   ③ 각 측점의 각 크기에 반비례하여 배분
   ④ 출발점으로부터 측점까지의 거리에 반비례 하여 배분

23. 트래버스 측량의 수평각 관측에서 그림과 같이 진북을 기준으로 어느 측선까지의 각을 시계 방향으로 각 관측하는 방법은?

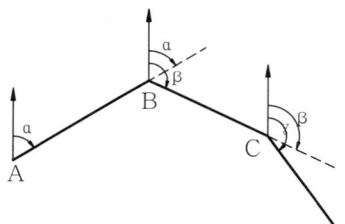

   ① 교각법
   ② 편각법
   ③ 방위각법
   ④ 방향각법

24. 토탈스테이션(TS)에 대한 설명으로 옳지 않은 것은?
   ① 인공위성을 이용하므로 정확하다.
   ② 사용자가 필요에 따라 정보를 입력할 수 있다.
   ③ 레코드 모듈(record module)에 성과값을 저장, 기록할 수 있다.
   ④ 컴퓨터와 카드 리더(card reader)를 이용할 수 있다.

25. 일반적으로 측량에서 사용하는 거리를 의미하는 것은?
   ① 수직거리　　　② 경사거리
   ③ 수평거리　　　④ 간접거리

26. 수평각을 측정하는 다음의 방법 중 정밀도가 가장 높은 방법은?
   ① 단측법　　　　② 배각법
   ③ 방향각법　　　④ 조합각 관측법(각 관측법)

해설

20. 자동 레벨 : 원형 기포관을 이용하여 대략 수평으로 세우면 망원경 속에 장치된 컴펜세이터(compensator:보정기)에 의해 자동적으로 정준이 되는 레벨

21. 교회법: 기지점으로부터 미지점 또는 미지점으로부터 기지점의 방향을 앨리데이드로 시준하여 방향선을 교차시켜 도상에서 미지점의 위치를 도해적으로 구하는 방법

22. 폐합비가 허용오차 이내일 경우 : 출발점으로부터 측점까지의 거리에 비례하여 배분

23. 방위각법 : 각 측선이 진북(자오선) 방향과 이루는 각을 시계방향으로 관측하는 방법으로 직접 방위각이 관측되어 편리하다.

24. 토탈스테이션(TS)
   ① 각도와 거리를 동시에 관측할 수 있는 장비로, 기계 내부의 프로그램에 의해 자동적으로 수평 거리 및 연직 거리가 계산되어 디지털(digital)로 표시되는 장비
   ② 사용자가 필요에 따라 정보를 입력할 수 있다.
   ③ 레코드 모듈(record module)에 성과값을 저장, 기록할 수 있다.
   ④ 컴퓨터와 카드 리더(card reader)를 이용할 수 있다.

25. 보통 측량에서 거리라고 하면 수평 거리를 의미한다.

26. 수평각 관측법 중 가장 정확한 방법으로 1, 2등 삼각 측량에 주로 사용되는 수평각 측정 방법은 각 관측법이다.

정답

20. ④　21. ②　22. ①　23. ③
24. ①　25. ③　26. ④

27. 수준측량의 오차 중 기계적 원인이 아닌 것은?
    ① 레벨 조정의 불완전
    ② 레벨 기포관의 둔감
    ③ 망원경 조준시의 시차
    ④ 기포관 곡률의 불균일

28. 그림에서 B점의 좌표(X_B, Y_B)로 옳은 것은?

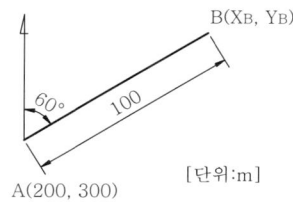

    ① X_B=250m, Y_B=387m
    ② X_B=300m, Y_B=200m
    ③ X_B=200m, Y_B=300m
    ④ X_B=387m, Y_B=250m

29. 삼각측량에서 가장 정확도가 높은 삼각망은?
    ① 단열 삼각망
    ② 유심 삼각망
    ③ 사변형 삼각망
    ④ 육각형 삼각망

30. 삼각망의 조정을 위한 조건 중 "삼각형 내각의 합은 180°이다."의 설명과 관계가 깊은 것은?
    ① 측점 조건
    ② 각 조건
    ③ 변 조건
    ④ 기선 조건

31. GPS(Global Positioning System)를 이용한 위치 측정에서 사용되는 좌표계는?
    ① 평면 직각 좌표계
    ② 세계측지계(WGS 84)
    ③ UPS좌표계
    ④ UTM좌표계

32. 게바라고 하는 짧은 선으로 지표의 기복을 나타내는 지형의 표시 방법은 어느 것인가?
    ① 음영법
    ② 우모법
    ③ 채색법
    ④ 점고법

33. 다음 중 원곡선 설치시 철도나 도로 등에 가장 일반적으로 이용되는 방법은?
    ① 지거설치법
    ② 장현에 대한 종거에 의한 설치법
    ③ 접선에 대한 지거에 의한 설치법
    ④ 편각설치법

해 설

27. 망원경 조준시의 시차는 관측자의 개인적인 오차이다.

28. AB의 위거=$\ell \cos\theta$
    =100×cos60°=50m
    ∴X_B=200+50=250m
    AB의 경거=$\ell \sin\theta$
    =100×sin60°=87m
    ∴Y_B=300+87=387m

29. 사변형 삼각망 : 가장 높은 정밀도를 얻을 수 있으나 조정이 복잡하고 피복 면적이 적으며 많은 노력과 시간, 경비가 필요하고 기선 삼각망 등에 사용된다.

30. 삼각망의 조정
    ㉠ 측점 조건
     ⓐ 한 측점에서 측정한 여러 각의 합은 그 전체를 한각으로 측정한 각과 같다.
     ⓑ 한 측점의 둘레에 있는 모든 각을 합한 것은 360°이다.
    ㉡ 도형 조건
     ⓐ 삼각형 내각의 합은 180°이다. (각 조건)
     ⓑ 삼각망 중의 한 변의 길이는 계산 순서에 관계없이 일정하다.(변 조건)

31. 세계측지계(WGS 84) : GPS(Global Positioning System)를 이용한 위치 측정에서 사용되는 좌표계

32. 우모법 : 게바라고 하는 짧은 선으로 지표의 기복을 나타내는 지형의 표시 방법

33. 원곡선 설치시 철도나 도로 등에 가장 일반적으로 이용되는 방법 : 편각설치법

정 답

27. ③ 28. ① 29. ③ 30. ②
31. ② 32. ② 33. ④

34. 그림과 같은 모양의 토량을 양 단면 평균법에 의하여 계산한 값은?

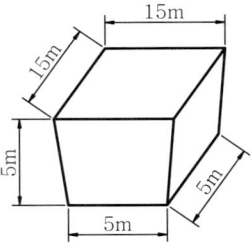

① 312.5㎥
② 625㎥
③ 1250㎥
④ 2500㎥

35. 체적계산 방법 중 단면법에 해당하지 않는 것은?
① 양 단면 평균법
② 중앙 단면법
③ 점고법
④ 각주 공식에 의한 방법

36. 다음 중 종단곡선으로 사용되는 곡선은?
① 원곡선
② 클로소이드 곡선
③ 3차 포물선
④ 렘니스케이트 곡선

37. 다음 단곡선에 관한 식 중 틀린 것은? (여기서, R : 곡선반지름, I° : 편각)
① 중앙종거 $M = R\left(1 - \cos\dfrac{I°}{2}\right)$
② 곡선 길이 $C.L. = \dfrac{\pi}{180°} R I°$
③ 외할 $E = R\left(\sec\dfrac{I°}{2} - 1\right)$
④ 접선길이 $T.L. = R \sin\dfrac{I°}{2}$

38. 클로소이드 곡선에서 곡률반지름 R=100m, 곡선길이 L=36m일 때 클로소이드 매개변수 A의 값은?
① 50m
② 60m
③ 80m
④ 100m

해 설

34. $V = \dfrac{A_1 + A_2}{2} \times L$
$= \dfrac{(15 \times 15) + (5 \times 5)}{2} \times 5$
$= 625 ㎥$

35. 단면법
㉠ 양 단면 평균법
㉡ 중앙 단면법
㉢ 각주 공식

36. 종단곡선 : 원곡선, 2차 포물선

37. $T.L. = R \tan\dfrac{I°}{2}$

38. 클로소이드는 완화 곡선으로 수평 곡선이며, 종 곡선(수직 곡선)으로는 2차 포물선이 주로 사용된다. 매개 변수 A값이 크면 곡선이 점차 완만해져 자동차의 고속 주행에 적합하다.
$A^2 = R \cdot L \Rightarrow A = \sqrt{R \cdot L}$
$= \sqrt{100 \times 36} = 60 m$

정 답

34. ② 35. ③ 36. ① 37. ④
38. ②

39. 도로 노선을 선정할 때 유의해야 할 사항으로 틀린 것은?
　① 토공량이 적고, 절토와 성토가 균형을 이루게 한다.
　② 배수가 잘 되는 곳이어야 한다.
　③ 노선은 가능한 곡선으로 하고, 경사를 완만하게 한다.
　④ 절토 및 성토의 운반 거리를 가급적 짧게 한다.

40. 인공 위성을 이용한 범세계적 위치 결정의 체계로 정확히 위치를 알고 있는 위성에서 발사한 전파를 수신하여 관측점까지의 소요시간을 측정함으로써 관측점의 3차원 위치를 구하는 측량은?
　① 전자파 거리측량　　　② 원격탐측
　③ GPS측량　　　　　　④ 스타디아 측량

41. GPS 시스템 오차 중 위성 시계 오차의 대략적인 범위로 옳은 것은?
　① 0~1.5m
　② 5~10m
　③ 10~30m
　④ 50~70m

42. 다음 그림과 같은 삼각형의 면적은?

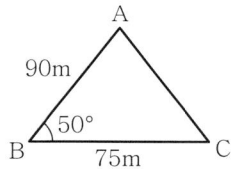

　① 2545.7㎡
　② 2585.4㎡
　③ 2603.6㎡
　④ 2623.1㎡

43. 지형도의 이용방법으로 옳지 않은 것은?
　① 신설 노선의 도상 선정　　② 저수 용량의 산정
　③ 유역 면적의 결정　　　　　④ 지적도 작성

44. 지형측량에서 등고선의 성질에 대한 설명으로 틀린 것은?
　① 등경사 지면이 평면일 때에는 서로 간격이 같고 평행선을 이룬다.
　② 등고선은 반드시 폐합되는 폐곡선이다.
　③ 지표면 경사가 급한 곳에서 등고선 간격이 넓어지고 완만한 경사는 좁아진다.
　④ 높이가 다른 두 등고선은 절벽이나 동굴의 지형을 제외 하고는 교차하거나 만나지 않는다.

해 설

39. 노선은 가능한 직선으로 하고, 경사를 완만하게 하는 것이 좋다.

40. GPS측량 : 인공 위성을 이용한 범세계적 위치 결정의 체계로 정확히 위치를 알고 있는 위성에서 발사한 전파를 수신하여 관측점까지의 소요시간을 측정함으로써 관측점의 3차원 위치를 구하는 측량

41.

GPS 시스템 오차	범위(m)
위성 시계 오차	0~1.5
위성 궤도 오차	1~5
전리층 굴절 오차	0~30
대류권 굴절 오차	0~30
선택적 이용성	0~70

42. $A = \dfrac{1}{2}ab \sin\gamma$

　$= \dfrac{1}{2} \times 90 \times 75 \times \sin 50°$

　$= 2585.4\text{m}^2$

43. 지형도의 이용방법
　㉠ 단면도의 작성
　㉡ 유역 면적의 결정
　㉢ 저수 용량의 산정
　㉣ 신설 노선의 도상 선점

44. 지표면 경사가 급한 곳에서 등고선 간격이 좁아지고 완만한 경사는 넓어진다.

정 답

39. ③　40. ③　41. ①　42. ②
43. ④　44. ③

45. A점의 표고 43.6m, B점의 표고 78.3m, 두점의 수평거리 204m 일 때, 축척 1:5000의 도상에서 표고 60m인 C점의 위치는 A점에서 몇 ㎜ 떨어져 위치하는가?

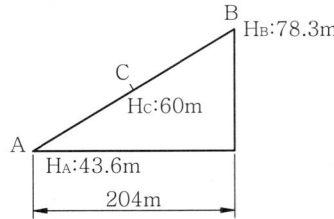

① 17㎜
② 19㎜
③ 23㎜
④ 27㎜

46. 지구상의 임의의 점에 대한 절대적 위치를 표시하는데 일반적으로 널리 사용되는 좌표계는?
① 평면 직각 좌표계
② 경·위도 좌표계
③ 3차원 직각 좌표계
④ UTM 좌표계

47. 다각측량의 각 관측에서 각 측선이 그 앞 측선의 연장선과 이루는 각을 관측하는 방법을 무엇이라고 하는가?
① 교각법
② 편각법
③ 방위각법
④ 교회법

48. 평판 측량의 장점이 아닌 것은?
① 잘못 측량을 하였을 경우, 현장에서 쉽게 발견하여 보완할 수 있다.
② 도지를 현장에서 직접 사용하므로 신축으로 인한 오차가 발생하지 않는다.
③ 내업 시간이 절약된다.
④ 특별한 경우를 제외하고는 야장이 불필요하므로 다른 측량에 비하여 그만큼 시간을 절약할 수 있다.

49. 수평선을 기준으로 목표에 대한 시준선과 이루는 각을 무엇이라 하는가?
① 방향각
② 천저각
③ 고저각
④ 천정각

해설

45.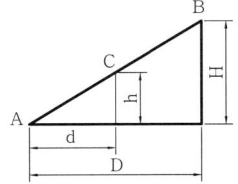

그림에서 H : D = h : d
(78.3-43.6=34.7):204
=(60-43.6=16.4) :d

∴ $d = \dfrac{204 \times 16.4}{34.7} = 96.41\,m$

축척 1:5,000의 도상에서의 표고는
$\dfrac{1}{5,000} = \dfrac{x}{96.41}$ 에서
$x = 96.41 \div 5,000 = 0.019m = 19㎜$

46. 경·위도 좌표계
㉠ 측량 범위가 넓은 지구상의 절대적 위치를 표시하는데 사용되는 좌표계
㉡ 본초자오선(영국 그리니치 천문대를 지나는 자오선)과 적도의 교점을 원점으로 삼는다. (위도 0°, 경도 0°)

47. 편각법 : 어떤 측선이 그 앞 측선의 연장선과 이루는 각을 측정하는 방법으로 선로의 중심선 측량에 적당하다.

48. 현장의 건습에 따라 도지가 늘어나거나 줄어 오차가 생기기 쉽다.

49. 고저각 : 수평선을 기준으로 목표에 대한 시준선과 이루는 각으로 상향각을 (+), 하향각을 (-)

정답

45. ② 46. ② 47. ② 48. ②
49. ③

50. 그림 A, C 사이에 연속된 담장이 가로막혔을 때의 수준 측량시 C 점의 지반고는? (단, A점의 지반고 10m)

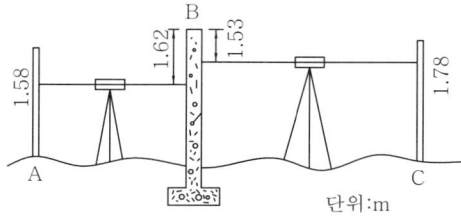

① 9.89m ② 10.62m
③ 11.86m ④ 12.54m

51. 실제 두 점간의 거리 50m를 도상에서 2mm로 표시하는 경우 축척은?
① 1/1000 ② 1/2500
③ 1/25000 ④ 1/50000

52. 교호 수준 측량을 하는 주된 원인은?
① 안개에 의한 오차를 소거하기 위하여
② 관측자의 원인에 의한 오차를 소거하기 위하여
③ 굴절오차 및 시준축 오차를 소거하기 위하여
④ 표척의 이음부의 오차를 소거하기 위하여

53. 평판측량의 오차 중 앨리데이드 구조상 시준하는 선과 도상의 방향선 위치(앨리데이드 자의 가장자리선)가 다르기 때문에 생기는 오차는?
① 외심 오차 ② 시준 오차
③ 구심 오차 ④ 편심 오차

54. 수준측량에 관한 설명으로 잘못된 것은?
① 수준측량은 토지의 현황을 표현하는 지도를 제작하는 자료로 활용된다.
② 수준측량에 있어서 진행방향에 대한 시준값을 후시라 한다.
③ 수준면은 연직선에 직교하는 모든 점을 잇는 곡면이다.
④ 중간점은 전시만 취하는 점으로 그 점의 지반고를 구할 경우에만 사용한다.

55. 변 길이 계산에서 대수를 취한 식이 조건과 같을 때 다음 중 맞는 식은? [조건] log c=log b+log sinC-log sinB
① $c = b\dfrac{\sin B}{\sin C}$ ② $c = b\dfrac{\sin C}{\sin B}$
③ $c = b\dfrac{\log B}{\log C}$ ④ $c = b\dfrac{\log C}{\log B}$

해 설

50. HC=HA+(ΣB.S-ΣF.S)
=10+(1.58-1.53)-(-1.62+1.78)
=9.89m

51. 축척 = $\dfrac{1}{M}$ = $\dfrac{\text{도상의 길이}}{\text{실제거리}}$
= $\dfrac{2}{50,000}$ = $\dfrac{1}{25,000}$

52. 교호 수준 측량 : 측선 중에 계곡, 하천 등이 있으면 측선의 중앙에 레벨을 세우지 못하므로 정밀도를 높이기 위해(굴절오차와 시준오차를 소거하기 위해) 양 측점에서 측량하여 두 점의 표고차를 2회 산출하여 평균하는 방법

53. 외심 오차
① 앨리데이드 구조상 시준하는 선과 도상의 방향선 위치(앨리데이드 자의 가장자리선)가 다르기 때문에 생기는 오차
② 축척 1:125 이하의 측량에서는 외심 오차가 끼치는 영향은 거의 없다. 그러므로 보통 측량에서는 이 오차를 무시한다.

54. 전시(fore sight, F.S) : 표고를 구하려는 점에 세운 표척의 눈금을 읽는 것⇒수준측량에 있어서 진행방향에 대한 시준값

55. $c = b\dfrac{\sin C}{\sin B}$

정 답

50. ① 51. ③ 52. ③ 53. ①
54. ② 55. ②

56. 삼각망의 조정에서 어느 각이 62°43′44″ 일 때 이에 대한 표차는?
   ① 24.81
   ② 22.86
   ③ 14.77
   ④ 10.85

57. 두 점 사이의 거리를 같은 조건으로 5회 측정한 값이 150.38m, 150.56m, 150.48m, 150.30m, 150.33m 이었다면 최확값은 얼마인가?
   ① 150.41m
   ② 150.31m
   ③ 150.21m
   ④ 150.11m

58. 동일한 각을 측정회수가 다르게 측정하여 다음의 값을 얻었다. 최확치를 구한 값은?

   47°37′38″(1회 측정치)
   47°37′21″(4회 측정 평균치)
   47°37′30″(9회 측정 평균치)

   ① 47°37′30″
   ② 47°37′36″
   ③ 47°37′28″
   ④ 47°37′32″

59. 다음 중 평판을 세울 때의 오차로 측량 결과에 가장 큰 영향을 주는 오차는?
   ① 수평맞추기 오차
   ② 중심맞추기 오차
   ③ 표준 오차
   ④ 방향맞추기 오차

60. 다음 각측량에서 기계오차에 해당되지 않는 것은?
   ① 수평축 오차
   ② 편심 오차
   ③ 시준 오차
   ④ 눈금 오차

해설

56. 표차 $= \dfrac{1}{\tan\theta} \times 21.055$
    $= 21.055 \div \tan\theta$
    $= 21.055 \div \tan 62°43′44″$
    $= 10.85$

57. $[\ell] = 150.38 + 150.56 + 150.48 + 150.30 + 150.33$
    $= 752.05$
    $n = 5회$
    최확값 $= \dfrac{[\ell]}{n} = \dfrac{752.05}{5} = 150.41m$

58. 경중률은 횟수에 비례 1 : 4 : 9
    최확치 $= \dfrac{P_1\ell_1 + P_2\ell_2 + P_3\ell_3}{P_1 + P_2 + P_3}$
    $= \dfrac{(1 \times 38″) + (4 \times 21″) + (9 \times 30″)}{1 + 4 + 9}$
    $= 28″$
    ∴ 최확치 $= 47°37′28″$

59. 평판을 세울 때의 오차 중 측량 결과에 가장 큰 영향을 주는 오차는 방향맞추기(표정) 오차이다.

60. 기계오차
    ㉠ 수평축 오차 : 망원경을 정위, 반위로 측정하여 평균값을 취한다.
    ㉡ 편심 오차 : 망원경을 정위, 반위로 측정하여 평균값을 취한다.
    ㉢ 눈금 오차 : n회의 반복결과가 360°에 가깝게 해야 한다.

정답

56. ④ 57. ① 58. ③ 59. ④
60. ③

모의고사(Ⅱ)

1. 수준측량에서 왕복측량의 허용오차가 편도거리 2km에 대하여 ±20 mm일 때 1km 대한 허용오차는?

① ±20mm ② ±14mm
③ ±10mm ④ ±7mm

2. 다음 그림은 ①, ②, ③ 노선을 지나 A, B점 간을 직접 수준 측량한 결과표이다. B점의 최확값은?

직접 수준측량 결과표
① 노선(3km) =16.726m
② 노선(2km) =16.728m
③ 노선(4km) =16.734m

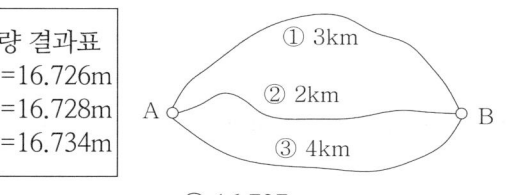

① 16.725m ② 16.727m
③ 16.729m ④ 16.735m

3. 삼각측량의 기선 선정시 주의 사항으로 옳지 않은 것은?
① 1회의 기선 확대는 기선 길이의 3배 이내로 한다.
② 기선의 설정위치는 평탄한 곳이 좋다.
③ 검기선은 기선 길이의 40배 정도의 간격으로 설치한다.
④ 평탄한 곳이 없을 때에는 경사가 1:25 이하의 지형에 기선을 설치한다.

4. 하천측량, 터널측량과 같이 나비가 좁고 길이가 긴 지역의 측량에 적당한 것은?
① 유심 삼각망
② 사변형 삼각망
③ 격자 삼각망
④ 단열 삼각망

5. 트래버스 측량의 내업 순서를 옳게 나타낸 것은?

a. 위거, 경거 계산
b. 관측각 조정
c. 방위, 방위각 계산
d. 폐합오차 및 폐합비 계산

① a→c→b→d ② b→c→d→a
③ b→c→a→d ④ c→d→a→d

해 설

1. 오차는 거리의 제곱근에 비례하므로 $\sqrt{2}:20 = \sqrt{1}:x$ 에서
$x=14.14$mm

2. 경중률은 거리에 반비례하므로
P1 : P2 : P3
$= \dfrac{1}{3}:\dfrac{1}{2}:\dfrac{1}{4} = 4:6:3$

최확치
$= \dfrac{(4\times 16.726)+(6\times 16.728)+(3\times 16.734)}{4+6+3}$
$= 16.729$m

3. 삼각망이 길게 될 때에는 기선 길이의 20배 정도의 간격으로 검기선 설치

4. 단열 삼각망 : 하천 측량, 터널 측량 등과 같이 폭이 좁고 거리가 먼 지역에 적합하며, 관측수가 적으므로 측량이 신속하고 경비가 적게 드는 반면에 정밀도는 가장 낮다.

5. 트래버스 측량의 내업 순서
① 관측각 조정
② 방위, 방위각 계산
③ 위거, 경거 계산
④ 폐합오차 및 폐합비 계산
⑤ 좌표 및 면적 계산

정 답

1. ② 2. ③ 3. ③ 4. ④ 5. ③

6. 다음 중 거리 측량을 실시 할 수 없는 측량장비는?
   ① 토탈스테이션(Total station)
   ② GPS
   ③ VLBI
   ④ 덤피레벨(dumpy level)

7. 300m의 기선을 50m의 줄자로 6회로 나누어 측정할 때 줄자 1회 측정의 확률오차가 ±0.02m라면 이측정의 확률 오차는 약 얼마인가?
   ① ±0.03m
   ② ±0.05m
   ③ ±0.08m
   ④ ±0.12m

8. 수준측량을 할 때 전, 후의 시준거리를 같게 취하고자 하는 중요한 이유는?
   ① 표척의 영점 오차를 없애기 위하여
   ② 표척 눈금의 부정확으로 생긴 오차를 없애기 위하여
   ③ 표척이 기울어져서 생긴 오차를 없애기 위하여
   ④ 구차 밑 기차를 없애기 위하여

9. 트래버스 측량에서 어느 측선의 방위가 S 40°E 이라고 한다. 이 측선의 방위각은?
   ① 120°
   ② 140°
   ③ 180°
   ④ 220°

10. 아래 그림에서 BE=20m, CE=6m, CD=12m 인 경우 AB의 거리는?

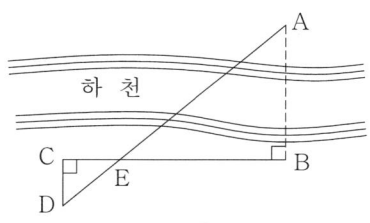

   ① 10m
   ② 26m
   ③ 36m
   ④ 40m

11. 삼각측량에서 가장 이상적인 삼각망의 형태는?
   ① 이등변 삼각형
   ② 정삼각형
   ③ 직각 삼각형
   ④ 둔각 삼각형

해 설

6. 덤피레벨 : 수준 측량장비

7. 확률오차 $= b\sqrt{n}$
   $= ±0.02\sqrt{6} = ±0.05m$
   (n : 측정횟수, b : 1회 측정 오차)

8. 전시와 후시의 거리를 같게 하므로 제거되는 오차 : 지구의 곡률오차, 빛의 굴절오차, 시준축 오차

9. 2상한에 있으므로
   180°- 40°=140°

10. △ABE와 △CDE는 닮은 삼각형이므로 AB:CD=BE:CE,
    AB:12=20:6에서
    $AB = \dfrac{12 \times 20}{6} = 40m$

11. 삼각형은 정삼각형에 가깝게 하고, 부득이 할 때는 한 내각의 크기를 30°~120° 범위로 한다.

정 답

6. ④ 7. ② 8. ④ 9. ② 10. ④
11. ②

12. 토탈스테이션의 장점에 대한 설명으로 틀린 것은?
   ① 현장에서 복잡한 측량작업을 연속적으로 쉽게 해결할 수 있다.
   ② 평판측량에 비하여 초기 투자비용이 저렴하다.
   ③ 사용자가 필요에 따라 자유롭게 정보를 입력할 수 있다.
   ④ 측량결과를 수치적으로 도면화 하기에 편리하다.

13. 어느 측선의 방위각이 30°이고, 측선 길이가 120m라 하면 그 측선의 위거는 얼마인가?
   ① 60.000m
   ② 95.472m
   ③ 36.002m
   ④ 103.923m

14. 배횡거에 조정 위거를 곱하여 구한 배면적이 −11610.459㎡일 때 면적은?
   ① 1451.308㎡
   ② 2902.615㎡
   ③ 4353.923㎡
   ④ 5805.230㎡

15. 측점이 5개인 폐합 트래버스 내각을 측정한 결과 538°58′50″이었다. 측각오차는 얼마인가?
   ① 0°58′50″
   ② 1°1′10″
   ③ 1°10′10″
   ④ 1°58′50″

16. 방위각 250°는 몇 상한에 위치하는가?
   ① 제 1 상한
   ② 제 2 상한
   ③ 제 3 상한
   ④ 제 4 상한

17. 경계선을 3차 포물선으로 보고, 지거의 세 구간을 한 조로 하여 면적을 구하는 방법은?
   ① 심프슨 제 1 법칙
   ② 심프슨 제 2 법칙
   ③ 심프슨 제 3 법칙
   ④ 심프슨 제 4 법칙

18. 일정한 중심선이나 지성선 방향으로 여러 개의 측선을 따라 기준점으로부터 필요한 점까지의 거리와 높이를 관측하여 등고선을 그려 가는 방법은?
   ① 망원경 엘리데이드에 의한 방법
   ② 사각형 분할법(좌표점법)
   ③ 종단점법(기준점법)
   ④ 횡단점법

해 설

12. 평판측량에 비하여 구입 비용이 고가이다.

13. 위거=$\ell \times \cos\theta$
    =120×cos30°=103.923m

14. 면적=$\left|\dfrac{배면적}{2}\right|$
    =$\left|\dfrac{-11610.459}{2}\right|$
    =5805.230㎡

15. 내각의 합=180°$(n-2)$
    =180°×(5-2)=540°
    측각오차
    =540°−538°58′50″=1°1′10″

16.

상 한	방위각
제 1상한	0° ~ 90°
제 2상한	90° ~ 180°
제 3상한	180° ~ 270°
제 4상한	270° ~ 360°

17. 심프슨 제2법칙 : 경계선을 3차 포물선으로 보고, 지거의 세 구간을 한 조로 하여 면적을 구하는 방법이다.

18. 종단점법(기준점법)
    ① 측량 지역 내의 기준이 될 점과 지성선 위의 중요점 위치와 표고를 측정하여 각 등고선이 통과할 점을 구하여 넣는 방법
    ② 지역이 넓은 소축척 지형도의 등고선 측정에 이용된다.

정 답

12. ② 13. ④ 14. ④ 15. ②
16. ③ 17. ② 18. ③

19. 그림과 같은 토지의 밑변 BC에 평행하게 면적을 m:n=1:3의 비율로 분할하고자 할 경우 AX의 길이는? (단, AB = 60m임)

① 15m
② 20m
③ 25m
④ 30m

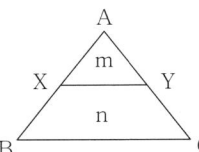

해 설

19. $\triangle ABC : \triangle AXY$
$= AB^2 : AX^2 = (m+n) : m$
$\Rightarrow AX = AB\sqrt{\dfrac{m}{m+n}}$
$= 60 \times \sqrt{\dfrac{1}{1+3}} = 30m$

20. 수신기 1대는 기지점에 설치하고 다른 한 대는 미지점에 고정 설치하여 측량하는 GPS측량방법은?
① 1점측위
② 정적측량
③ 동적측량
④ 부적측량

20. 정적측량 : 수신기 1대는 기지점에 설치하고 다른 한 대는 미지점에 고정 설치하여 측량하는 GPS측량방법

21. 표고의 읽음을 쉽게 하고, 지모의 상태를 명시하기 위해서 주곡선 5개마다 1개씩의 굵은 실선을 넣어서 표시하는 곡선을 무엇이라 하는가?
① 주곡선
② 계곡선
③ 간곡선
④ 조곡선

21. 계곡선 : 표고의 읽음을 쉽게 하고, 지모의 상태를 명시하기 위해서 주곡선 5개마다 1개씩의 굵은 실선을 넣어서 표시하는 곡선

22. 양 단면의 면적이 A1=60m², A2=30m², 중간 단면적이 Am=40m²일 때 양 단면(A1, A2)간의 거리가 L=10m 이면 체적은?
① 315.7m³
② 416.7m³
③ 532.9m³
④ 613.9m³

22. $V = \dfrac{L}{6}(A_1 + 4A_m + A_2)$
$= \dfrac{10}{6} \times \{60 + (4 \times 40) + 30\}$
$= 416.7m^3$

23. GPS를 직접 활용할 수 있는 분야로 거리가 먼 것은?
① 지상 기준점 측량
② 터널 내 측점 설치
③ 항공기 운항
④ 해상구조물 측설

23. GPS 측량 활용 : 지상 기준점 측량, 지적 측량, 해양 탐사, 준설, 수심 측량, 해상 구조물 측설, 항공 사진 측량, 원격 탐측, 차량의 위치, 항공기 운항, 군사 작전, 각종 레저, 스포츠 분야 등

24. 다음 중 지형도의 대상을 지물과 지모로 구분할 때 지물에 해당되는 것은?
① 산정
② 평야
③ 도로
④ 구릉

24.
■ 지물 : 하천, 호수, 도로, 철도, 건축물 등의 자연적, 인위적 물체
■ 지모 : 능선, 계곡, 언덕 등의 기복 상태

25. 노선 측량에서 노선 선정시 유의해야 할 사항으로 잘못된 것은?
① 노선은 가능한 직선으로 하고 경사를 완만하게 한다.
② 토공량이 많고 절토가 많은 것이 좋다.
③ 절토 및 성토의 운반 거리를 가급적 짧게 한다.
④ 배수가 잘 되는 곳이어야 한다.

25. 토공량이 적고, 절토와 성토가 균형을 이루게 한다.

정 답

19. ④ 20. ② 21. ② 22. ②
23. ② 24. ③ 25. ②

26. 노선 설계시 직선부와 곡선부 사이에 편경사와 확폭을 갑자기 설치하면 차량통행에 불편을 주므로 곡선 반지름을 무한대에서 일정 값까지 점차 감소시키는 곡선을 설치하게 되는데 이 곡선을 무엇이라 하는가?
① 단곡선 ② 완화 곡선
③ 수직선 ④ 편곡선

27. 단곡선 설치에 필요한 명칭과 기호로 짝지어진 것 중 잘못 된 것은?
① 접선길이=T.L. ② 곡선길이=C.L.
③ 곡선시점=R.C. ④ 곡선종점=E.C.

28. 평면곡선의 원곡선에 해당하지 않는 것은?
① 복심곡선 ② 단곡선
③ 종단곡선 ④ 반향곡선

29. 지형표시 방법으로 지상에 있는 임의 점의 표고를 숫자로 도상에 나타내는 방법은?
① 점고법 ② 음영법
③ 채색법 ④ 등고선법

30. 다음 조건에서 장현(L)의 길이는? (단, R=200m, I=60°20′)
① 154m ② 175m
③ 201m ④ 216m

31. 각도와 거리를 동시에 관측할 수 있는 장비로, 기계 내부의 프로그램에 의해 자동적으로 수평 거리 및 연직 거리가 계산되어 디지털(digital)로 표시되는 장비는?
① 토털 스테이션
② GPS
③ 데오드라이트
④ 위성 거리 측량기

32. 삼각 측량을 하기 위해서는 적어도 한 개 이상의 변장을 정확히 실측해야 하는데, 이를 무슨 측량이라 하는가?
① 거리 측량 ② 삼변 측량
③ 기선 측량 ④ 망 측량

33. 사용기계의 종류에 따른 측량의 분류에 해당하는 것은?
① 노선 측량 ② 골조 측량
③ 스타디아 측량 ④ 터널 측량

해 설

26. 완화곡선 : 노선 설계시 직선부와 곡선부 사이에 편경사와 확폭을 갑자기 설치하면 차량통행에 불편을 주므로 곡선 반지름을 무한대에서 일정 값까지 점차 감소시키는 곡선

27. 곡선시점=B.C.

28. 원곡선 : 단곡선, 복심 곡선, 반향 곡선

29. 점고법
① 지상에 있는 임의 점의 표고를 숫자로 도상에 나타내는 방법
② 해도, 하천, 호수, 항만의 수심을 나타내는 경우에 사용된다.

30. 장현$(L) = 2R \sin \dfrac{I°}{2}$
$= 2 \times 200 \times \sin \dfrac{60°20'}{2}$
$= 201m$

31. 토털 스테이션 : 각도와 거리를 동시에 관측할 수 있는 장비로, 기계 내부의 프로그램에 의해 자동적으로 수평 거리 및 연직 거리가 계산되어 디지털(digital)로 표시되는 장비

32. 기선 측량 : 삼각 측량에서 기초가 되는 기선의 길이를 측량하는 일. 기본이 되는 선분(線分)의 길이와 방위각을 정확히 측정하여 이것을 모든 측량의 기초로 삼는다.

33. 측량기계에 따른 분류 : 테이프 측량, 평판 측량, 데오돌라이트 측량, 레벨 측량, 스타디아 측량, 육분의 측량, 사진 측량, GPS 측량, 전자파 거리 측량, 토털스테이션 측량

정 답

26. ② 27. ③ 28. ③ 29. ①
30. ③ 31. ① 32. ③ 33. ③

34. 줄자를 이용하여 기울기 30°, 경사 거리 20m를 관측하였을 때 수평거리는 얼마인가?
   ① 10.00m
   ② 11.55m
   ③ 17.32m
   ④ 18.32m

35. 수준측량에서 표척을 세울 때 주의 사항으로 옳지 않은 것은?
   ① 표척을 세우는 장소는 지반이 견고하여야 한다.
   ② 표척은 수직으로 세운다.
   ③ 표척은 노출방지를 위해 복잡한 지역에 세운다.
   ④ 표척은 가능한 레벨로부터 두 점 사이의 거리가 같도록 세운다.

36. 평판측량에서 앨리데이드의 외심거리가 30mm, 제도의 허용오차를 0.3mm라 하면 축척은 어느 정도까지 측량이 가능한가?
   ① 1:100
   ② 1:200
   ③ 1:300
   ④ 1:500

37. 트래버스 측량에서 교각법의 특징이 아닌 것은?
   ① 각 측점마다 독립하여 관측을 할 수 있다.
   ② 각 관측에 배각법을 이용할 수 있다.
   ③ 각 관측 오차가 있어도 다른 각에 영향을 주지 않는다.
   ④ 각 관측 및 관측값 계산이 가장 신속하다.

38. 트래버스(Traverse)측량에서 어느 임의의 측선에 대한 방위각이 160°라고 할 때 이 측선의 방위는?
   ① N 160°E
   ② S 160°W
   ③ S 20°E
   ④ N 20°W

39. 아래 그림에서 DC측선의 방위각을 계산한 값은?

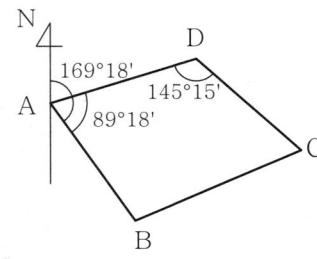

   ① 114°45′
   ② 145°15′
   ③ 294°45′
   ④ 325°15′

해 설

34. 수평거리
   =20m×cos30°=17.32m

35. 표척은 시준하기 좋은 곳에 세운다.

36. 외심오차 = $\frac{외심\ 거리}{축척의\ 분모수}$ ⇒
   축척의 분모수
   = $\frac{외심\ 거리}{외심\ 오차} = \frac{30mm}{0.3mm} = 100$
   축척=1:100

37. 각 관측 및 관측값 계산이 가장 신속한 방법은 방위각법이다.

38. 2상한에 있으므로
   180°-160°=20°이므로 S20°E

39. AD측선의 방위각
   =169° 18′-89° 18′=80° 0′
   DC측선의 방위각
   =AD측선의 방위각+180°-교각
   =80° 0′+180°-145° 15′=114° 45′

정 답

34. ③ 35. ③ 36. ① 37. ④
38. ③ 39. ①

40. A점의 합위거 및 합경거는 각각 0m 이고, B점의 합위거는 50m, 합경거는 40m라면 이 때 AB측선의 길이는?
   ① 48.190m
   ② 55.421m
   ③ 64.031m
   ④ 67.082m

41. 트래버스 측량의 용도와 가장 거리가 먼 것은?
   ① 경계 측량
   ② 노선 측량
   ③ 종·횡단 수준 측량
   ④ 지적 측량

42. 다음 표는 어떤 두 점 간의 거리를 같은 거리 측정기로 3회 측정한 결과를 나타낸 것이다. 이에 대한 표준오차(σ_m)는?

구분	측정값(m)
1	$L_1 = 154.4$
2	$L_2 = 154.7$
3	$L_3 = 154.1$

   ① ±0.173m
   ② ±0.254m
   ③ ±0.347m
   ④ ±0.452m

43. 다음 중 교호 수준 측량에 의해 제거될 수 있는 오차는?
   ① 빛의 굴절에 의한 오차와 시준오차
   ② 관측자의 원인에 의한 오차
   ③ 기포 감도에 의한 오차
   ④ 표척의 연결부 오차

44. 트래버스 측량에서 평탄지일 경우에 각 관측 오차의 일반적인 허용 범위로 가장 적합한 것은? (단, n : 트래버스 측점의 수)
   ① $5''\sqrt{n} \sim 10''\sqrt{n}$
   ② $0.5'\sqrt{n} \sim 1'\sqrt{n}$
   ③ $20'\sqrt{n} \sim 30'\sqrt{n}$
   ④ $0.5°\sqrt{n} \sim 1°\sqrt{n}$

45. 우리나라 수준원점의 높이는 얼마인가?
   ① 26.1768m
   ② 26.6871m
   ③ 27.7168m
   ④ 27.8617m

해 설

40. AB측선의 길이
$= \sqrt{(X_B - X_A)^2 + (Y_B - Y_A)^2}$
$= \sqrt{(50-0)^2 + (40-0)^2}$
$= 64.031m$

41. 트래버스 측량의 용도
① 경계선 측량
② 선형이 좁고 긴 지역(도로, 하천, 철도)의 장거리 노선 측량이 필요한 경우
③ 조밀한 간격의 보조기준점을 만들 경우
④ 지적 측량등의 골조 측량

42.

측정값	최확값	잔차 (측정값-최확값)	잔차2
154.4	154.4	0	0
154.7	154.4	0.3	0.09
154.1	154.4	-0.3	0.09

최확값
=(154.4+154.7+154.1)÷3=154.4
[vv]=[잔차2]=0.09+0.09=0.18

표준오차(σ_m) = $\sqrt{\dfrac{[vv]}{n(n-1)}}$

$= \sqrt{\dfrac{0.18}{3 \times (3-1)}} = \pm 0.173m$

43. 교호 수준 측량에 의해 제거될 수 있는 오차 : 빛의 굴절에 의한 오차와 시준오차

44. 허용 범위
① 시가지 : $20''\sqrt{n} \sim 30''\sqrt{n}$
② 평탄지 : $30''\sqrt{n} \sim 60''\sqrt{n}$
③ 산림 및 복잡한 지형 : $90''\sqrt{n}$

45.
㉠ 1963년 인천광역시 남구 인하로 100(인하공업전문대학 내)에 설치
㉡ 인천만의 평균 해수면으로부터 26.6871m
㉢ 이 수준 원점을 중심으로 국도를 따라 1, 2등 수준점을 설치하여 사용하고 있다.

정 답

40. ③ 41. ③ 42. ① 43. ①
44. ② 45. ②

46. 다음 중 가장 정밀도가 높은 축척은?
   ① $\dfrac{1}{10,000}$ ② $\dfrac{1}{5,000}$
   ③ $\dfrac{1}{1,000}$ ④ $\dfrac{1}{500}$

47. 수준측량에서 자연적인 오차가 아닌 것은?
   ① 구차   ② 관측 동안의 기상변화
   ③ 기차   ④ 기포의 낮은 감도

48. 수준 측량에 사용되는 용어에 대한 설명으로 틀린 것은?
   ① 수준면(level surface) : 연직선에 직교하는 모든 점을 잇는 곡면
   ② 수준선(level line) : 수준면과 지구의 중심을 포함한 평면이 교차하는 선
   ③ 기준면(datum plane) : 지반의 높이를 비교할 때 기준이 되는 면
   ④ 특별 기준면(special datum plane) : 연직선에 직교하는 평면으로 어떤 점에서 수준면과 접하는 평면

49. 트랜싯의 세우기와 시준시 안전 및 유의사항에 대한 설명으로 틀린 것은?
   ① 삼각대는 대체로 정삼각형을 이루게 하여 세운다.
   ② 망원경의 높이는 눈의 높이보다 약간 낮게 한다.
   ③ 기계 조작시 몸이나 옷이 기계에 닿지 않도록 주의 한다.
   ④ 정확한 관측을 위해 한쪽 눈을 감고 시준 한다.

50. 평판 세우기의 조건 중 평판을 수평이 되도록 조정하여야 하는 것을 무엇이라 하는가?
   ① 구심   ② 정준
   ③ 치심   ④ 표정

51. 다음 그림에서 a변의 길이는 얼마인가?

   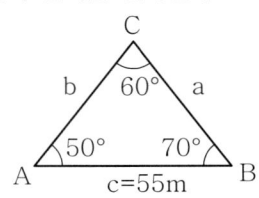

   ① 40.760m   ② 48.650m
   ③ 56.526m   ④ 61.334m

해설

46. 분모값이 작을수록 큰 축척이며 정밀도가 높다.

47. 기포의 낮은 감도 ⇒ 기계적인 원인

48. 특별 기준면 : 하천의 감조부(하천에서, 밀물과 썰물의 영향이 미치는 구역)나 항만 또는 해안 공사에서 해저 표고(-표고)의 불편함으로 인해 필요에 따라 편리한 기준면을 정하는 경우가 있는데, 이를 특별 기준면이라 한다.

49. 정확한 관측을 위해 양쪽 눈을 다 뜨고 시준한다.

50. 정준 : 평판 세우기의 조건 중 평판을 수평이 되도록 조정하여야 하는 것

51. $\dfrac{a}{\sin A} = \dfrac{b}{\sin B} = \dfrac{c}{\sin C}$

   $a = c \times \dfrac{\sin A}{\sin C}$

   $= 55 \times \dfrac{\sin 50°}{\sin 60°} = 48.650 m$

정답

46. ④   47. ④   48. ④   49. ④
50. ②   51. ②

52. 최확값과 경중률에 관한 설명으로 옳지 않은 것은?
① 관측값들의 경중률이 다르면 최확값은 경중률을 고려해서 구해야 한다.
② 경중률은 관측거리의 제곱에 비례한다.
③ 최확값은 어떤 관측량에서 가장 높은 확률을 가지는 값이다.
④ 경중률은 관측 횟수에 비례한다.

53. 삼각망의 변길이 계산에서 싸인법칙에 의한 계산식 $a = b\dfrac{\sin A}{\sin B}$에 대수를 취한 것은?
① $\log a = \log b + \log \sin A - \log \sin B$
② $\log a = \log b - \log \sin A + \log \sin B$
③ $\log a = \log b + \log \sin A + \log \sin B$
④ $\log a = \log b - \log \sin A - \log \sin B$

54. 어떤 각을 배각법으로 3번 반복하여 관측한 정위 및 반위각의 관측 결과값이 각각 150°15′30″ 및 150°30′30″이었다면 이 각의 최확값은?
① 150°23′30″
② 150°15′20″
③ 50°07′40″
④ 50°00′00″

55. 배횡거를 이용한 면적 계산에 관한 설명 중 옳지 않은 것은?
① 각 측선의 중점에서부터 자오선에 투영한 수선의 길이를 횡거라 한다.
② 어느 측선의 배횡거는 하나 앞 측선의 배횡거에 하나앞 측선의 경거와 그 측선의 경거를 더한 값이다.
③ 실제의 면적은 배면적을 2로 나눈 값이다.
④ 배면적은 각 측선의 경거에 각 측선의 배횡거를 곱하여 합산한 값이다.

56. 직접수준측량으로 표고를 측정하기 위하여 I점에 레벨을 세우고 B점에 세운 표척을 시준하여 관측 하였다. A점(표고를 알고 있는 점)에 설치한 표척의 읽음값(ia)을 구하는 식으로 옳은 것은? (단, ib=B의 표척 읽음값, Ah=A의 표고, Bh=B의 표고)

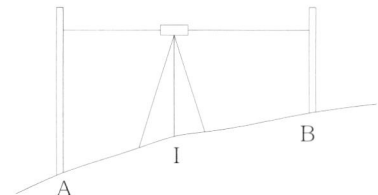

① ia = Bh + ib + Ah
② ia = Bh − ib + Ah
③ ia = Bh + ib − Ah
④ ia = Bh − ib − Ah

57. 다음 중 횡단 수준측량에 대한 설명으로 틀린 것은?
① 중심선에 직각방향으로 지표면의 고저를 측량하는 것을 말한다.
② 높은 정확도를 요하지 않을 경우에는 간접 수준 측량 방법을 사용할 수 있다.
③ 토공량 산정에 활용된다.
④ 관측 결과로 측점의 3차원 위치를 정확하게 얻는 것을 목적으로 한다.

58. 다음 중 삼변측량에 대한 설명으로 틀린 것은?
① 삼각측량에서와 같은 기선 삼각망 확대가 필요하다.
② 변 길이만을 측량해서 삼각망을 구성할 수 있다.
③ 삼각형의 내각을 구하기 위하여 코사인 제2법칙, 반각 공식 등이 사용된다.
④ 변의 길이 측정에는 DEM, 광파기와 같은 장비가 사용된다.

59. A, B, C 세 점으로부터 수준측량을 한 결과 P점의 관측값이 각각 P1, P2, P3 였다면 P점의 최확값을 구하는 식으로 옳은 것은? (여기서, A, B, C로부터 P점까지의 거리 비 A:B:C=2:1:2이다.)

① $\dfrac{P_1 \times 1 + P_2 \times 2 + P_3 \times 1}{1+2+1}$
② $\dfrac{P_1 \times 2 + P_2 \times 1 + P_3 \times 2}{2+1+2}$
③ $\dfrac{P_1 + P_2 + P_3}{3}$
④ $\dfrac{P_1 + P_2 + P_3}{3^2}$

60. 다음 그림과 같은 사변형 삼각망의 조정에서 성립되는 각조건식으로 옳은 것은? (여기서, 1, 2, …, 8은 표시된 각을 의미한다.)

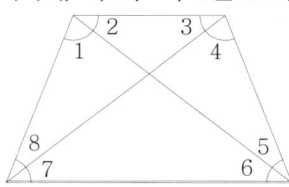

① ∠1+∠2=∠5+∠6
② ∠1+∠8+∠4+∠5=∠2+∠3+∠6+∠7
③ ∠2+∠3=∠6+∠7
④ ∠1+∠3+∠5+∠7=∠2+∠4+∠6+∠8

해 설

57. 횡단 측량은 종단 측량을 마친 후 종단 측량 중심 말뚝에 따라 직각으로 폴 및 핸드 레벨을 이용하여 횡단면도를 얻는 측량이다.

58. 대삼각망의 기선장을 직접 관측하기 때문에 삼각 측량에서와 같은 기선 삼각망의 확대가 불필요하다.

59. 경중률은 거리에 반비례하므로
P1 : P2 : P3
= $\dfrac{1}{2} : \dfrac{1}{1} : \dfrac{1}{2}$ = 1 : 2 : 1
최확값
= $\dfrac{P_1 \times 1 + P_2 \times 2 + P_3 \times 1}{1+2+1}$

60.
㉠ ∠1+∠2+∠3+∠4+∠5+∠6+∠7+∠8 =360°
㉡ ∠1+∠8=∠4+∠5
㉢ ∠2+∠3=∠6+∠7

정 답

57. ④ 58. ① 59. ① 60. ③

모의고사 (Ⅲ)

1. 그림과 같이 각을 측정한 결과
∠A=20°15′30″, ∠B=40°15′20″, ∠C=10°30′10″, ∠D=71°01′12″ 이었다면 ∠C와 ∠D의 보정값으로 옳은 것은?

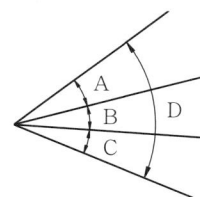

   ① ∠C=10°30′10″, ∠D=71°01′00″
   ② ∠C=10°30′14″, ∠D=71°01′08″
   ③ ∠C=10°30′06″, ∠D=71°01′00″
   ④ ∠C=10°30′13″, ∠D=71°01′09″

2. 다음 중 지형의 일반적인 표시법이 아닌 것은?
   ① 음영법   ② 묘사법
   ③ 우모법   ④ 채색법

3. 지표면상의 지형 간 상호위치관계를 관측하여 얻은 결과를 일정한 축척과 도식으로 도지 위에 나타낸 것을 무엇이라 하는가?
   ① 단면도   ② 상세도
   ③ 지형도   ④ 모형도

4. 곡선의 종류 중 완화 곡선이 아닌 것은?
   ① 3차 포물선   ② 클로소이드 곡선
   ③ 반향 곡선   ④ 렘니스케이트 곡선

5. 교각 I=60°, 중앙종거 M=46.99m인 원곡선의 곡선 반지름은?
   ① 200.74m
   ② 250.74m
   ③ 300.74m
   ④ 350.74m

6. 그림과 같은 4각 뿔대의 토량을 양 단면 평균법으로 계산한 값은?
   (단, 윗면적=11㎡, 아래면적=29㎡, 높이=8m)

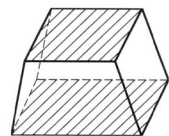

   ① 60㎥   ② 120㎥
   ③ 160㎥   ④ 600㎥

해 설

1. 조건식은 ∠D=∠A+∠B+∠C이다.
∠A+∠B+∠C
=20°15′30″+40°15′20″+10°30′10″
=71°01′00″
오차=∠D−(∠A+∠B+∠C)
   =71°01′12″−71°01′00″=12″
조정량=12″÷4=3″
∠A, ∠B, ∠C의 합이 작으므로 +3″씩, ∠D는 크므로 −3″ 보정한다.

2. 지형의 표시 방법:
음영법, 우모법, 채색법, 점고법, 등고선법

3. 지형도: 지표면상의 지형 간 상호위치관계를 관측하여 얻은 결과를 일정한 축척과 도식으로 도지 위에 나타낸 것

4.
- 원곡선: 단곡선, 복심 곡선, 반향 곡선
- 완화 곡선: 3차 포물선, 클로소이드, 램니스케이트

5. $M = R\left(1 - \cos\dfrac{I}{2}\right)$에서
$$R = \dfrac{M}{1-\cos\dfrac{I°}{2}}$$
$$= \dfrac{46.99}{1-\cos 30°} = 350.74\,\text{m}$$

6. $V = \dfrac{A_1 + A_2}{2} \times L$
$= \dfrac{11+29}{2} \times 8 = 160\,\text{㎥}$

정 답
1. ④ 2. ② 3. ③ 4. ③ 5. ④
6. ③

7. 그림과 같은 트래버스의 면적은 얼마인가?

[단위:m]

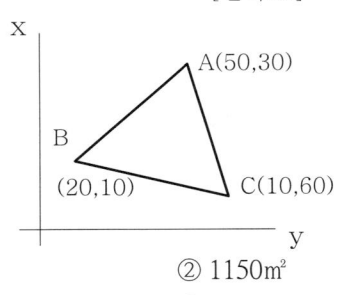

① 850m²
② 1150m²
③ 1450m²
④ 1750m²

8. 노선 측량 중 실측 단계의 주요 내용과 거리가 먼 것은?
① 지형 측량
② 노선의 도상 선정
③ 중심선 설치
④ 종·횡단 측량

9. GPS 측량에서 위성 궤도의 고도는 약 몇 km 인가?
① 40400km
② 30300km
③ 20200km
④ 10100km

10. 우리나라 축척 1:5000 지형도에서 계곡선은 몇 m 간격으로 설치해야 하는가?
① 5m
② 10m
③ 20m
④ 25m

11. 디지털 플래니미터(구적기)의 구성과 기능 중에서 스타트/포인트 스위치의 기능으로 옳은 것은?
① 도면상의 미끄러짐을 없애고 정확한 직진 왕복 운동을 시킨다.
② 각종 조작 메시지와 측정 결과를 표시한다.
③ 측정 개시의 지시와 각 측점의 플로팅을 행한다.
④ 빨간 불이 들어오게 하여 연속 모드를 유지 시킨다.

12. 노선 측량에서 종단 곡선에 대한 설명으로 잘못된 것은?
① 철도에서는 주로 원곡선이 이용된다.
② 도로에서는 2차 포물선이 많이 쓰인다.
③ 종단 곡선은 원심력에 의한 불안정한 운행을 방지하기 위해 설치한다.
④ 종단 곡선의 길이는 가능한 길게 취하는 것이 좋다.

해 설

7. 좌표법으로 계산

측점	X	Y	$(X_{n-1}-X_{n+1})Y_n$
A	50	30	(10-20)×30 = -300
B	20	10	(50-10)×10 = 400
C	10	60	(20-50)×60 = -1,800
계			배면적 = 1,700

∴ 면적 $(A) = \dfrac{배면적}{2}$

$= \dfrac{1,700}{2} = 850 m²$

8. 실측 단계 : 지형도 작성, 도상과 현지의 중심선 설치, 종·횡단측량, 용지 측량, 평면 측량 실시

9. 위성 궤도의 고도는 약 20,200 km(지구 지름의 약 1.5배), 주기는 0.5항성일(약 11시간 58분)

10. 1/5,000의 지형도
주곡선 : 5m, 계곡선 : 25m, 간곡선 : 2.5m, 조곡선 : 1.25m

11. 측정 개시의 지시와 각 측점의 플로팅을 행한다.

12. 종단 곡선은 차량의 충격을 완화하고 충분한 시거를 확보해 줄 목적으로 설치한다.

정 답

7. ① 8. ② 9. ③ 10. ④ 11. ③
12. ③

13. 곡선 반지름(R)=300m, 시단현(ℓ_1)=2.44m 일 때 시단현에 의한 편각 δ_1은?
   ① 0°13′59″
   ② 0°48′49″
   ③ 13°13′59″
   ④ 13°58′49″

해 설

13. 편각(δ) = $\dfrac{\ell}{2R} \times \dfrac{180°}{\pi}$
    = $\dfrac{2.44}{2 \times 300} \times \dfrac{180°}{\pi}$
    = 0°13′59″

14. A점의 표고가 123m, B점의 표고가 35m일 때 10m 간격의 등고선은 몇 개가 들어가는가?
   ① 7개
   ② 8개
   ③ 9개
   ④ 10개

14. 120m, 110m, 100m, 90m, 80m, 70m, 60m, 50m, 40m ⇒ 9개
■ 10의 배수인 40m~120m의 높이에 등고선을 넣는다.
■ 계산 : {(120-40)÷10}+1=9

15. 다음 중 대류권 오차가 발생하는 원인이 아닌 것은?
   ① 신호경로에 대한 온도
   ② 신호경로에 대한 습도
   ③ 신호경로의 고도각
   ④ 신호경로의 신호대 잡음비

15. 대류권 굴절 오차는 신호 경로에 대한 고도각, 온도, 기압 및 습도의 함수로 야기되는 오차이다.

16. 경사가 일정한 A, B 두 점 간을 측정하여 경사거리 150m를 얻었다. A, B 간의 고저차가 20m 이었다면 수평거리는?
   ① 116.4m
   ② 120.5m
   ③ 131.6m
   ④ 148.7m

16. D = $\sqrt{\ell^2 - (\Delta h)^2}$
    = $\sqrt{150^2 - 20^2}$ = 148.7m

17. 어느 측점의 지반고 값이 42.821m 이었다. 이 때 이점의 후시값이 3.243m가 되면 이점의 기계고는 얼마인가?
   ① 13.204m
   ② 39.578m
   ③ 46.064m
   ④ 63.223m

17. 기계고=지반고+후시
    =42.821+3.243=46.064m

18. 평면직각 좌표에서 삼각점의 좌표가 X=-4325.68m, Y=585.25m 라 하면 이 삼각점은 좌표 원점을 중심으로 몇 상한에 있는가?
   ① 제1상한
   ② 제2상한
   ③ 제3상한
   ④ 제4상한

18.

19. 전파나 광파를 이용한 전자파 거리측정기로 변 길이만을 측량하여 수평위치를 결정하는 측량은?
   ① 수준측량
   ② 삼각측량
   ③ 삼변측량
   ④ 삼각수준측량

19. 삼변측량 : 전자파거리 측정기를 이용한 정밀한 장거리 측정으로 변장을 측정해서 삼각점의 위치를 결정하는 측량방법

정 답

13. ① 14. ③ 15. ④ 16. ④
17. ③ 18. ② 19. ③

20. 삼각측량의 특징이 아닌 것은?
    ① 삼각점 간의 거리를 비교적 길게 취할 수 있다.
    ② 넓은 지역에 같은 정확도로 기준점을 배치하는데 편리하다.
    ③ 각 단계에서 정확도를 점검할 수 있다.
    ④ 조건식이 적어 계산 및 조정이 간단하다.

21. 거리가 3km 떨어진 두 점의 각 관측에서 측각오차가 5″ 발생했을 때 위도 오차는 몇 cm 인가?
    ① 0.0727cm
    ② 0.727cm
    ③ 7.27cm
    ④ 72.7cm

22. 평판측량의 방법에 대한 설명 중 옳지 않은 것은?
    ① 방사법은 골목길이 많은 주택지의 세부측량에 적합하다.
    ② 전진법은 평판을 옮겨 차례로 전진하면서 최종 측점에 도착하거나 출발점으로 다시 돌아오게 된다.
    ③ 교회법에서는 미지점까지의 거리관측이 필요하지 않다.
    ④ 현장에서는 방사법, 전진법, 교회법 중 몇 가지를 병용하여 작업하는 것이 능률적이다.

23. 다음 중 거리측정 기구가 아닌 것은?
    ① 광파 거리 측정기
    ② 전파 거리 측정기
    ③ 보수계(步數計)
    ④ 경사계(傾斜計)

24. 삼각수준측량에서 A, B 두 점간의 거리가 8km 이고 굴절 계수가 0.14일 때 양차는? (단, 지구 반지름 = 6370km 이다.)
    ① 4.32m   ② 5.38m
    ③ 6.93m   ④ 7.05m

25. 측량하려는 두 점 사이에 강, 호수, 하천 또는 계곡이 있어 그 두 점 중간에 기계를 세울 수 없는 경우 교호 수준 측량을 실시한다. 이 측량에서 양안 기슭에 표척을 세워 시준하는 이유는?
    ① 굴절오차와 시준축 오차를 소거하기 위해
    ② 양안 경사거리를 쉽게 측량하기 위해
    ③ 양안의 표척과 기계 사이의 거리를 다르게 하기 위해
    ④ 표고차를 4회 평균하여 산출하기 위해

해 설

20. 계산 및 조정이 복잡하다.

21. $\dfrac{\theta''}{\rho''} = \dfrac{\Delta h}{D}$ 에서
$$\Delta h = \dfrac{D\theta''}{\rho''} = \dfrac{300000\text{cm} \times 5''}{206265''} = 7.27\text{cm}$$

22. 방사법 : 한 측점에 평판을 세우고 각 측점을 시준하여 거리를 측정하여 도면을 만드는 방법으로 시준이 잘 되고 협소한 지역에 적당하다.

23. 경사계: 어느 기준면에 대한 경사를 측정

24. 양차(구차+기차)
$$= \dfrac{(1-K)\ell^2}{2R}$$
$$= \dfrac{(1-0.14) \times 8^2}{2 \times 6370} = 4.32\text{m}$$

25. 굴절오차와 시준축 오차를 소거하기 위해

정 답

20. ④ 21. ③ 22. ① 23. ④
24. ① 25. ①

26. 수준 측량할 때 측정자의 주의 사항으로 옳은 것은?
    ① 표척을 전·후로 기울여 관측할 때에는 최대 읽음값을 취해야 한다.
    ② 표척과 기계와의 거리는 6m 내외를 표준으로 한다.
    ③ 표척을 읽을 때에는 최상단 또는 최하단을 읽는다.
    ④ 표척의 눈금은 이기점에서는 1㎜까지 읽는다.

27. 다음 측량의 분류 중 평면 측량과 측지 측량에 대한 설명으로 틀린 것은?
    ① 거리 허용 오차를 10^{-6}까지 허용할 경우, 반지름 11㎞까지를 평면으로 간주한다.
    ② 지구 표면의 곡률을 고려하여 실시하는 측량을 측지 측량이라 한다.
    ③ 지구를 평면으로 보고 측량을 하여도 오차가 극히 작게 되는 범위의 측량을 평면 측량이라 한다.
    ④ 토목공사 등에 이용되는 측량은 보통 측지 측량이다.

28. 표준길이보다 2㎝가 긴 30m 테이프로 A, B 두 점간의 거리를 측정한 결과 1000m이었다면 A, B간의 정확한 거리는?
    ① 999.00m
    ② 999.33m
    ③ 1000.00m
    ④ 1000.67m

29. 일반적으로 측량에서 사용하는 거리를 의미하는 것은?
    ① 수직거리
    ② 경사거리
    ③ 수평거리
    ④ 간접거리

30. 삼각측량을 할 때 한 내각의 크기로 허용되는 일반적인 범위로 옳은 것은?
    ① 20°~60°
    ② 30°~120°
    ③ 90°~130°
    ④ 60°~180°

해설

26.
- 표척을 전·후로 기울여 관측할 때에는 최소 읽음값을 취해야 한다.
- 표척과 기계와의 거리는 60m 내외를 표준으로 한다.
- 표척을 읽을 때에는 최상단 또는 최하단을 피한다.
- 표척의 눈금은 이기점에서는 1㎜, 그 밖의 점에서는 5㎜ 또는 1㎝ 단위로 읽는 것이 보통이다.

27. 토목공사 등에 이용되는 측량은 보통 평면 측량이다.

28. 실제 길이
$$= 관측\ 길이 \times \frac{부정\ 길이}{표준\ 길이}$$
$$= 1000 \times \frac{30+0.02}{30}$$
$$= 1000.67m$$

29. 수평 거리, 경사 거리, 수직 거리의 세 가지로 구분되며, 보통 측량에서 거리라고 하면 수평 거리를 의미한다.

30. 삼각형은 정삼각형에 가깝게 하고, 부득이 할 때는 한 내각의 크기를 30°~120° 범위로 한다.

정답

26. ④ 27. ④ 28. ④ 29. ③
30. ②

31. P의 자북방위각이 80°09′22″, 자오선수차가 01′40″, 자침편차가 5°일 때 P점의 방향각은?

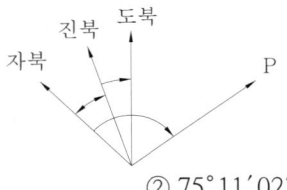

① 75°07′42″ ② 75°11′02″
③ 85°07′42″ ④ 85°11′02″

해 설

31. 자오선수차 : 진북과 도북의 차이
   자침편차 : 진북과 자북의 차이
   P점의 방향각=자북방위각-자침편차-자오선수차
   =80°09′22″-5°-01′40″
   =75°07′42″

32. 다음 그림과 같이 AB 측선의 방위각이 328°30′, BC측선의 방위각이 50°00′일 때 B점의 내각은?

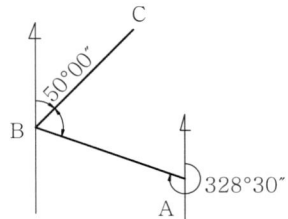

① 86°30′ ② 98°00′
③ 98°30′ ④ 77°00′

32. ① BA 방위각=AB 역방위각
    =328°30′-180°=148°30′
   ② B점의 내각
    =BA 방위각-BC 방위각
    =148°30′-50°00′=98°30′

33. 다음 수준측량의 기고식 야장이다. 빈칸에 들어갈 항목이 맞게 짝 지어진 것은?

측점	추가거리	①	②	③	④	비고
1						
2						

① ① 지반고, ② 기계고, ③ 전시, ④ 후시
② ① 후시, ② 지반고, ③ 전시, ④ 기계고
③ ① 후시, ② 기계고, ③ 전시, ④ 지반고
④ ① 기계고, ② 전시, ③ 지반고, ④ 후시

33. ① 후시, ② 기계고, ③ 전시, ④ 지반고

34. 임의의 기준선으로부터 어느 측선까지 시계 방향으로 잰 각을 무엇이라 하는가?
① 방향각
② 방위각
③ 연직각
④ 천정각

34. 방향각 : 임의의 기준선으로부터 어느 측선까지 시계 방향으로 잰 각

정 답

31. ① 32. ③ 33. ③ 34. ①

35. 어느 측점에 데오돌라이트를 설치하여 A, B 두 지점을 3배각으로 관측한 결과, 정위 126°12′36″, 반위 126°12′12″를 얻었다면 두 지점의 내각은 얼마인가?
   ① 126° 12′ 24″
   ② 63° 06′ 12″
   ③ 42° 04′ 08″
   ④ 31° 33′ 06″

36. 다음 중 평판측량의 단점이 아닌 것은?
   ① 현장에서 측량이 잘못된 곳을 발견하기 어렵다.
   ② 날씨의 영향을 많이 받는다.
   ③ 부속품이 많아 관리에 불편하다.
   ④ 전체적으로 정밀도가 낮다.

37. 방위각 45°20′의 역방위는 얼마인가?
   ① N 45°20′E
   ② S 45°20′E
   ③ S 45°20′W
   ④ N 45°20′W

38. 종단 수준 측량시 추가말뚝에 대한 설명 중 틀린 것은?
   ① 도로, 철도 등 노선의 중심선 위에 20m마다 중심말뚝을 박고 경사나 방향이 변하는 곳에 설치한다.
   ② 추가말뚝의 표시는 전 측점 번호에 추가거리를 +로써 나타낸다.
   ③ 추가말뚝은 1 체인(chain)에 있어 지형의 기복에 따라 2개 이상이라도 설치할 수 있다.
   ④ 추가말뚝은 노선의 중심선과 관계없이 기복이 가장 심한 곳에 설치해야 한다.

39. 트래버스 측량에서 외업을 실시한 결과, 측선의 방위각이 339°54′일 때 방위는?
   ① N 339°54′W
   ② N 69°54′E
   ③ N 20°06′W
   ④ N 159°54′E

40. 1회 측정할 때마다 ±3㎜의 우연오차가 생겼다면 5회 측정할 때 생기는 오차의 크기는?
   ① ±15.0㎜
   ② ±12.0㎜
   ③ ±9.3㎜
   ④ ±6.7㎜

41. 수준측량에서 후시(B.S.)의 정의로 가장 적당한 것은?
   ① 측량진행 방향에서 기계 뒤에 있는 표척의 읽음 값
   ② 높이를 구하고자 하는 점의 표척의 읽음 값
   ③ 높이를 알고 있는 점의 표척의 읽음 값
   ④ 그 점의 높이만 구하고자 하는 점의 표척의 읽음 값

해 설

35. 정위각
   $= \dfrac{126°12′36″}{3} = 42°04′12″$
   반위각
   $= \dfrac{126°12′12″}{3} = 42°04′04″$
   최확값
   $= \dfrac{42°04′12″ + 42°04′04″}{2}$
   $= 42°04′08″$

36. 현장에서 측량이 잘못된 곳을 발견하기 쉽다.

37. 역 방위각=방위각+180°
   =45°20′+180°=225°20′
   3상한에 있으므로
   225°20′−180°=45°20′
   ∴ 45°20′의 역방위는
   S45°20′W 이다.

38. 도로, 철도 등 노선의 중심선 위에 20m마다 중심말뚝을 박고 경사나 방향이 변하는 곳에 설치한다.

39. 339°54′는 4상한에 있으므로
   360°−339°54′=20°06′
   ∴ N 20°06′W

40. 오차는 거리와 측정횟수의 제곱근에 비례,
   오차=±3㎜×$\sqrt{5}$=±6.71㎜

41. 후시(B.S) : 높이를 알고 있는 점의 표척의 읽음 값

정 답

35. ③ 36. ① 37. ③ 38. ④
39. ③ 40. ④ 41. ③

42. 다음 중 배횡거법과 배면적에 관한 설명으로 틀린 것은?
    ① 횡거는 각 측선의 중점에서부터 자오선에 투영한 수선의 길이를 말한다.
    ② 면적을 계산할 때 사용된다.
    ③ 폐합트래버스 조정이 끝난 후 조정된 경거와 위거를 이용한다.
    ④ 어느 측선의 배횡거를 계산할 때는 앞 측선의 배경거를 이용한다.

43. 다음 중 지오이드(geoid)에 대한 설명으로 맞는 것은?
    ① 정지된 평균 해수면을 육지 내부까지 연장한 가상 곡선
    ② 연평균 최고 해수면을 육지 수준원점까지 연장한 곡면
    ③ 지구를 타원체로 한 기준 해수면에서 원점까지 거리
    ④ 지구의 곡률을 고려하지 않고 지표면을 평면으로 한 가상곡선

44. 산악지의 트래버스 측량에서 폐합비의 일반적인 허용 범위로 가장 적합한 것은?
    ① 1/300~1/1000
    ② 1/1000~1/1200
    ③ 1/2000~1/5000
    ④ 1/5000~1/10000

45. 트래버스 측량시 방위각은 무엇을 기준으로 하여 시계방향으로 측정된 각인가?
    ① 진북 자오선   ② 도북선
    ③ 앞 측선   ④ 후 측선

46. 시작하는 측점과 끝나는 측점이 폐합되지 않아 그 정확도가 낮은 트래버스 측량은 무엇인가?
    ① 폐합트래버스   ② 결합트래버스
    ③ 트래버스망   ④ 개방트래버스

47. 등고선의 종류 중 조곡선을 표시하는 선의 종류로 옳은 것은?
    ① 가는 실선   ② 가는 짧은 파선
    ③ 굵은 파선   ④ 굵은 실선

48. 단곡선 설치에서 트랜싯을 곡선 시점에 세워 접선과 현이 이루는 각을 재고 테이프로 거리를 재어 곡선을 설치하는 방법은?
    ① 현설치법
    ② 중앙 종거법
    ③ 종·횡거법
    ④ 편각법

해 설

42. 어느 측선의 배횡거
    =전 측선의 배횡거 + 전 측선 경거 + 해당 측선 경거

43. 지오이드(geoid) : 정지된 평균 해수면을 육지 내부까지 연장한 가상 곡선

44. 폐합비의 허용 범위
    ㉠ 시가 : $\frac{1}{5,000}$ ~ $\frac{1}{10,000}$
    ㉡ 논, 밭, 대지 등의 평지 : $\frac{1}{1,000}$ ~ $\frac{1}{2,000}$
    ㉢ 산림, 임야, 호소지 : $\frac{1}{500}$ ~ $\frac{1}{1,000}$
    ㉣ 산악지 : $\frac{1}{300}$ ~ $\frac{1}{1,000}$

45. 트래버스 측량시 방위각 : 진북 자오선을 기준으로 어느 측선까지 시계방향으로 측정된 각

46. 개방 트래버스 : 정확도가 낮은 트래버스이므로 노선 측량의 답사 등에 이용된다.

47. 주곡선 : 가는 실선
    계곡선 : 굵은 실선
    간곡선 : 가는 긴 파선
    조곡선 : 가는 짧은 파선

48. 편각법 : 노선측량의 단곡선 설치에서 많이 사용되는 방법으로 접선과 현이 이루는 각을 재고 테이프로 거리를 재어 곡선을 설치하는 방법으로 정밀도가 가장 높아 많이 이용된다.

정 답

42. ④ 43. ① 44. ① 45. ①
46. ④ 47. ② 48. ④

49. 축척 1:3000인 도면의 면적을 측정하였더니 3cm²이었다. 이 때 도면은 종횡으로 1%씩 수축되어 가고 있다면 이 토지의 실제 면적은 약 얼마인가?
   ① 2700m² ② 2727m²
   ③ 2754m² ④ 2785m²

50. 두 점 A, B의 표고가 각각 251m, 128m이고 수평거리가 300m인 등경사 지형에서 표고가 200m인 측점을 C라 할 때 A점으로부터 C점까지의 수평 거리는?
   ① 86.43m ② 105.38m
   ③ 124.39m ④ 175.61m

51. 건설 공사에서 지형도를 이용한 예로 거리가 먼 것은?
   ① 폐합비 산출
   ② 횡단면도의 작성
   ③ 유역 면적의 결정
   ④ 저수 용량의 결정

52. GPS 신호가 위성으로부터 수신기까지 도달한 시간이 0.7초라할 때 위성과 수신기 사이의 거리는 얼마인가? (단, 빛의 속도는 300,000,000m/sec로 가정한다.)
   ① 200,000km
   ② 210,000km
   ③ 300,000km
   ④ 430,000km

53. 그림과 같은 지역의 토량을 점고법(삼각형 분할법)으로 구한 값은?
   ① 33m³
   ② 51m³
   ③ 76m³
   ④ 90m³

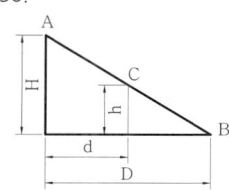

54. 지형도에서 지형의 표시 방법에 해당 되지 않는 것은?
   ① 등고선법
   ② 음영법
   ③ 점고법
   ④ 투시법

해 설

49. 실제 면적
   = 관측면적×(부정%)²
   = (도상면적×M²)×(부정%)²
   = (3×3000²)×(1.01)²
   = 27,542,700cm² = 2,754m²

50.

H=251-128=123m
h=251-200=51m
H : D = h : d
123 : 300 = 51 : d
∴ d=124.39m

51. 지형도의 이용 : 단면도의 작성, 유역 면적의 결정, 저수 용량의 산정, 신설 노선의 도상 선점

52. 위성과 수신기 사이의 거리
   = 전파(빛)의 속도×전송시간
   = 300,000,000m/sec×0.7sec
   = 210,000,000m=210,000km

53. A=4×5÷2=10m²
   Σh_1 =2.6+2.1=4.7
   Σh_2 =2.9+2.4=5.3
   $V = \frac{A}{3}(\Sigma h_1 + 2\Sigma h_2)$
   $= \frac{10}{3}\{4.7+2\times 5.3\}$
   $= 51m^3$

54. 지형의 표시 방법 : 음영법, 우모법, 채색법, 점고법, 등고선법

정 답

49. ③ 50. ③ 51. ① 52. ②
53. ② 54. ④

55. 클로소이드 곡선 종점에서의 곡률 반지름(R)이 300m 일 때 원곡선과 클로소이드 곡선이 조화되는 선형이 되도록 하기 위한 클로소이드의 매개 변수(A)의 최솟값은?
① 200m
② 150m
③ 100m
④ 75m

56. 곡선에 둘러싸인 면적에 적합한 도해 계산법이 아닌 것은?
① 좌표에 의한 방법
② 모눈종이법
③ 횡선(strip)법
④ 지거법

57. GPS에서 사용하고 있는 좌표계로 옳은 것은?
① WGS 72
② WGS 84
③ PZ30
④ ITRF96

58. 단곡선에서 곡선 반지름 R=500m, 교각 I=50°일 때, 곡선 길이(C.L)는 몇 m 인가?
① 159.6m
② 244.6m
③ 336.4m
④ 436.3m

59. 노선 측량의 순서로 알맞은 것은?
① 예측 → 도상 계획 → 실측 → 공사 측량
② 도상 계획 → 실측 → 예측 → 공사 측량
③ 도상 계획 → 예측 → 실측 → 공사 측량
④ 실측 → 도상 계획 → 예측 → 공사 측량

60. 완화곡선의 종류에 해당되지 않는 것은?
① 3차 포물선
② 클로소이드 곡선
③ 2차 포물선
④ 렘니스케이트 곡선

해 설

55. 원곡선과 클로소이드 곡선이 서로 조화되는 선형이 되도록 하기 위해서는 $R \geq A \geq \frac{R}{3}$ 이 되도록 해야 한다.
∴ 매개 변수(A)의 최솟값
$= \frac{300}{3} = 100m$

56. 도해 계산법 : 모눈종이법, 횡선법(스트립법), 지거법

57. 세계측지계(WGS 84) : GPS(Global Positioning System)를 이용한 위치 측정에서 사용되는 좌표계

58. $C.L = 0.0174533 RI$
$= 0.0174533 \times 500 \times 50°$
$= 436.3m$

59. 노선 측량의 순서 : 도상 계획 → 예측 → 실측 → 공사 측량

60. 완화 곡선 : 3차 포물선, 클로소이드, 램니스케이트

정 답

55. ③ 56. ① 57. ② 58. ④
59. ③ 60. ③

모의고사(Ⅳ)

1. 수준측량에서 기계기구의 취급에 의한 오차로 옳지 않은 것은?
   ① 레벨의 침하에 의한 오차
   ② 표척의 침하에 의한 오차
   ③ 표척눈금의 부정에 의한 오차
   ④ 표척의 경사에 의한 오차

2. 그림과 같은 유심다각형에서 조건식의 총 수는?

   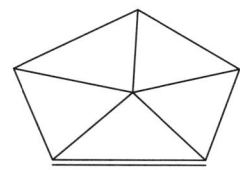

   ① 1개　　　　　　② 3개
   ③ 5개　　　　　　④ 7개

3. 수준측량의 기고식 야장이 표와 같을 때 중간점은?

측점	후시(B. S.)	전시(F. S.)
A	1. 158	
B	1. 158	1. 158
C		1. 158
D		1. 158

   ① A　　　　　　② B
   ③ C　　　　　　④ D

4. 측선 AB의 방위각과 거리가 그림과 같을 때, 측점 B의좌표 계산으로 괄호 안에 알맞은 것은?

   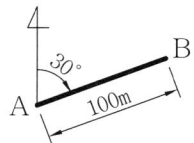

   $B_X = A_X + 100 \times (\ ①\ )$
   $B_Y = A_Y + 100 \times (\ ②\ )$

   ① ① cos30° ② sin30°　　　② ① sin30° ② cos30°
   ③ ① cos30° ② tan30°　　　④ ① tan30° ② cos30°

5. 한 점을 중심으로 6개의 삼각형으로 구성된 유심삼각망의 조건식에 대한 설명으로 틀린 것은?
   ① 관측각의 수는 18개이다.
   ② 삼각점의 수는 8개이다.
   ③ 변의 수는 12개이다.
   ④ 중심각의 수는 6개이다.

해 설

1. 표척눈금의 부정에 의한 오차 : 기계적 원인

2. 조건식의 총수
   =B+A-2P+3=1+15-2×6+3=7
   B : 기선의 수=1
   A : 관측각의 수=3n=3×5=15
   n : 삼각형의 수=5
   P : 삼각점의 수=n+1

3. 중간점(intermediate point, I.P) : 전시만 관측하는 점으로 다른 측점에 영향을 주지 않는 점

4. AB의 위거=ℓcos30°
   AB의 경거=ℓsin30°

5. n : 삼각형의 수=6개
   관측각의 수=3n=3×6=18,
   삼각점의 수=n+1=6+1=7,
   변의 수=2n=2×6=12,
   중심각의 수=n=6

정 답

1. ③ 2. ④ 3. ③ 4. ① 5. ②

6. 그림과 같은 수준 측량 결과에서 No.3의 지반고는 얼마인가? (단, 단위는 m 이다.)

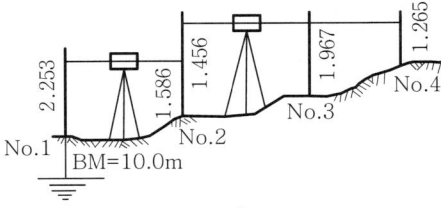

① 9.456m　　② 10.156m
③ 10.858m　　④ 11.234m

7. 트래버스 측량에서 교각법의 특징으로 옳지 않은 것은?
① 각 측점마다 독립하여 관측을 할 수 있다.
② 반복법을 사용하여 각 관측의 정밀도를 높일 수 있다.
③ 각 관측에 오차가 있어도 다른 각에 영향을 주지 않는다.
④ 각 관측 및 관측값 계산이 가장 신속하다.

8. 기차와 구차를 합한 오차를 양차라 한다. 양차 공식은?
(단, R : 지구반경, D : 거리, K : 굴절률)

① $\dfrac{KD^2}{2R}$　　② $\dfrac{(1-K)}{2R}D^2$

③ $\dfrac{D^2}{2R}$　　④ $\dfrac{(1+K)}{2R}D^2$

9. 키가 1.70m인 사람이 표고 500m 산 위에서 바라볼 수 있는 수평거리는? (단, 지구의 곡률반경은 6370km)
① 79.95km　　② 89.95km
③ 99.95km　　④ 109.95km

10. 수준측량 야장 용어 중 그 점의 표고만을 구하고자 표척을 세워 전시만 취하는 점에 해당하는 것은?
① 이기점(T.P)　　② 지반고(G.H)
③ 중간점(I.P)　　④ 후시(B.S)

11. 위거 및 경거에 대한 설명 중 옳은 것은?
① 위거는 임의 측선을 동서선 위에 정사투영한 거리이다.
② 경거는 임의 측선을 남북자오선에 정사투영한 거리이다.
③ 위거는 측선의 길이에 방위각이나 방위의 cos 값을 곱한 것이다.
④ 경거가 동쪽으로 향하면 그 부호는 (-)이다.

해 설

6. $H_B = H_A + (\Sigma B.S - \Sigma F.S)$
   $= 10 + \{(2.253 + 1.456)$
   $\quad - (1.586 + 1.967)\}$
   $= 10.156m$

7. 방위각을 측정하므로 계산과 제도가 편리하여 신속히 관측할 수 있어 노선측량이나 지형측량에 이용⇒방위각법

8. 양차 = $\dfrac{(1-K)}{2R}D^2$

9. 구차(거리 ℓ이 크면 지구 곡률 때문에 생기는 오차) 공식을 활용
   $h = \dfrac{\ell^2}{2R}$ 에서
   $\ell = \sqrt{h \times 2R}$
   $= \sqrt{(500+1.7) \times 2 \times 6370000}$
   $= 79948m ≒ 79.95km$

10. 중간점(intermediate point, I.P) : 전시만 관측하는 점으로 다른 측점에 영향을 주지 않는 점

11.
■ 위거는 임의 측선을 남북자오선 위에 정사투영한 거리이다.
■ 경거는 임의 측선을 동서선에 정사투영한 거리이다.
■ 경거가 동쪽으로 향하면 그 부호는 (+)이다.

정 답

6. ②　7. ④　8. ②　9. ①　10. ③
11. ③

12. 동일 전파원으로부터 발사된 전파를 멀리 떨어진 2점에서 동시에 수신하여 도달하는 시간차를 정확히 관측하여 2점간의 거리를 구하는 장치는?
    ① 위성 거리 측량기
    ② GPS(Global Positioning System)
    ③ 토털스테이션(Total Station)
    ④ VLBI(Very Long Baseline Interferometry)

13. 삼각측량방법은 (도상 계획)⇒(   )⇒(조 표)⇒(기선측량)⇒…⇒(삼각망의 조정)순으로 실시한다. 괄호 안에 적당한 것은?
    ① 수직각 관측   ② 수평각 관측
    ③ 삼각망 계산   ④ 답사 및 선점

14. 트래버스에 대한 설명으로 옳은 것은?
    ① 개방 트래버스는 노선측량의 답사 등에 이용되며 정확도가 높다.
    ② 폐합 트래버스는 출발점에서 시작하여 다시 시작점으로 되돌아 오는 방법이다.
    ③ 결합 트래버스는 높은 정확도의 측량보다 소규모 측량에 이용된다.
    ④ 트래버스의 종류는 형태만 차이가 있을 뿐 정확도에는 차이가 없다.

15. 삼각형 세변이 각각 a=43m, b=46m, c=39m 로 주어 질 때 각 α는?
    ① 51°50′41″
    ② 60°06′38″
    ③ 68°02′41″
    ④ 72°00′26″

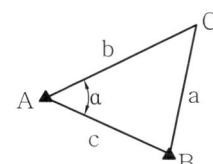

16. 트래버스 측량으로 면적을 구하고자 할 때 사용되는 식으로 옳은 것은?
    ① (배횡거×조정 위거)의 합
    ② (배횡거×조정 위거)의 합÷2
    ③ (배횡거×조정 경거)의 합÷2
    ④ (조정경거×조정 위거)의 합

17. EDM을 이용하여 1km의 거리를 ±0.007m의 확률 오차로 측정하였다. 동일한 확률오차가 얻어지도록 똑같은 기술로 100km의 거리를 측정한 경우 연속 측정값에 대한 오차는 얼마인가?
    ① ±0.007m   ② ±0.07m
    ③ ±0.7m   ④ ±7.0m

해 설

12. VLBI(Very Long Baseline Interferometry) : 지구상에서 1,000~10,000km 정도 떨어진 1조의 전파 간섭계를 설치하여 전파원으로부터 나온 전파를 수신, 2개의 간섭계에 도달하는 전파의 시간차를 관측하여 거리를 관측한다.

13. 삼각 측량의 작업순서 : 도상 계획→답사 및 선점→조표→측정→계산

14.
■ 개방 트래버스 : 정확도가 낮은 트래버스이므로 노선 측량의 답사 등에 이용된다.
■ 폐합 트래버스 : 출발점에서 시작하여 다시 시작점으로 되돌아 오는 방법이다.
■ 결합 트래버스 : 높은 정확도를 요구하는 대규모 지역의 측량에 이용된다.

15. $\cos\alpha = \dfrac{b^2 + c^2 - a^2}{2bc}$
    $= \dfrac{46^2 + 39^2 - 43^2}{2 \times 46 \times 39}$
    $= 0.498327759$
    $\alpha = \cos^{-1} 0.498327759$
    $= 60°06′38″$

16. 면적의 계산
    ㉠ 배면적(2A)=배횡거×조정위거
    ㉡ 면적(A)
       =(배횡거×조정 위거)의 합÷2
    ㉢ 계산된 배면적을 다 더한 후 절대값을 취해 면적을 계산한다.

17. EDM : 전자파 거리 측량기
    오차=$\pm b\sqrt{n}$
    $= \pm 0.007\sqrt{100} = \pm 0.07m$
    ■ b : 1회 측정 오차=±0.007m
    ■ n : 측정횟수=100km÷1km=100

정 답

12. ④ 13. ④ 14. ② 15. ②
16. ② 17. ②

18. 토털스테이션(TS)에 대한 설명으로 옳지 않은 것은?
    ① 인공위성을 이용하므로 정확하다.
    ② 사용자가 필요에 따라 정보를 입력할 수 있다.
    ③ 레코드 모듈(record module)에 성과값을 저장, 기록할 수 있다.
    ④ 컴퓨터와 카드 리더(card reader)를 이용할 수 있다.

19. 삼각측량의 삼각망에 대한 설명으로 옳지 않은 것은?
    ① 유심삼각망은 피복지역이 좁은 지역에서 적합하다.
    ② 삼각망을 구성하는 검기선은 변조정에 이용된다.
    ③ 사변형망은 가장 정확도가 높은 삼각망이다.
    ④ 단열삼각망은 폭이 좁고 거리가 먼 지역에 적합하다.

20. 측량의 종류 중 법률에 따라 분류할 때 모든 측량의 기초가 되는 측량은?
    ① 공공 측량
    ② 기본 측량
    ③ 평면 측량
    ④ 대지 측량

21. 각 관측에서 망원경을 정, 반으로 관측하여 평균하여도 소거되지 않는 오차는?
    ① 시준축과 수평축이 직교하지 않아 발생되는 오차
    ② 수평축과 연직축이 직교하지 않아 발생되는 오차.
    ③ 연직축이 정확히 연직선에 있지 않아 발생되는 오차.
    ④ 회전축에 대하여 망원경의 위치가 편심되어 발생되는 오차

22. 트래버스 측량의 내업(계산 및 조정) 순서를 옳게 나타낸 것은?
    a. 위거, 경거 계산
    b. 각 측량값의 오차 점검 및 배분
    c. 방위각 및 방위계산
    d. 폐합오차 및 폐합비 계산과 조정
    e. 좌표 및 면적 계산

    ① a → c → b → d → e
    ② b → c → d → a → e
    ③ b → c → a → d → e
    ④ c → b → a → d → e

23. 평판측량에서 기지점을 2점 이상 취하고 기준점으로부터 미지점을 시준하여 방향선을 교차시켜 도면 상에서 미지점의 위치를 결정하는 방법은?
    ① 방사법
    ② 교회법
    ③ 전진법
    ④ 편각법

해 설

18. 인공 위성을 이용한 측량은 GPS측량이다.

19. 유심 삼각망 : 넓은 지역의 측량에 적당하고, 정밀도는 단열 삼각망과 사변형 삼각망의 중간임

20. 기본 측량 : 모든 측량의 기초가 되는 공간정보를 제공하기 위하여 국토해양부장관이 실시하는 측량

21. 연직축 오차 : 연직축이 정확히 연직선에 있지 않아서 생기며 망원경을 정위, 반위로 측정하여 관측값을 평균하여도 제거되지 않는 오차

22. 트래버스 측량의 내업 순서
    ① 관측각 조정
    ② 방위, 방위각 계산
    ③ 위거, 경거 계산
    ④ 폐합오차 및 폐합비 계산
    ⑤ 좌표 및 면적 계산

23. 교회법 : 이미 알고 있는 2-3개의 측점에 차례대로 평판을 세우고 목표물을 시준하여 교차점을 구하는 방법

정 답

18. ① 19. ① 20. ② 21. ③
22. ③ 23. ②

24. 수준측량의 측량방법에 의한 분류 중 간접수준측량에 속하지 않는 것은?
① 삼각수준측량
② 스타디아측량
③ 교호수준측량
④ 항공사진측량

25. 교호수준측량에 대한 설명으로 옳지 않은 것은?
① 수준노선 중에 하천이나 계곡이 있어서 레벨을 중간에 세울 수 없을 경우 실시한다.
② 교호수준측량은 기계오차를 제거 할 수 있다.
③ 교호수준측량은 양차 중 구차만을 제거 할 수 있다.
④ 교호수준측량은 양안에서 측량하여 두 점의 표고차를 2회 산출하여 평균한다.

26. 평판을 세울 때의 오차 중 측량결과에 가장 큰 영향을 주는 것은?
① 수평맞추기 오차(정준)
② 중심맞추기 오차(구심)
③ 방향맞추기 오차(표정)
④ 온도에 의한 오차

27. 측선 AB의 방위각은 210°이다. 이 측선의 역방위는?
① S 30°W
② N 60°E
③ N 30°E
④ S 60°W

28. 다음 중 수평각을 관측하는 방법이 아닌 것은?
① 배각법(반복법)
② 방향각법
③ 조합각관측법(또는 각관측법)
④ 양각법

29. 어떤 기선을 측정하여 다음 표와 같은 결과를 얻었을 때 최확값은?

측정군	측정값	측정횟수
I	80.186m	2
II	80.249m	3
III	80.223m	4

① 80.186 m
② 80.219 m
③ 80.223 m
④ 80.249 m

해 설

24. 교호 수준 측량 : 하천 또는 계곡 때문에 두 점 사이에 기계를 설치할 수 없을 때 양 안 간의 고저차를 직접 구하는 방법이다.

25. 교호 수준 측량에 의해 제거될 수 있는 오차 : 빛의 굴절에 의한 오차와 시준오차

26. 평판을 세울 때의 오차 중 측량결과에 가장 큰 영향을 주는 오차는 방향맞추기(표정) 오차이다.

27. 역 방위각=방위각+180°
=210°+180°=390°-360°=30°
∴ N 30° E

28. 양각법 : 육분의를 이용한 해상 위치 결정

29. $L_o = \dfrac{P_1 \ell_1 + P_2 \ell_2 + P_3 \ell_3}{P_1 + P_2 + P_3}$
$= \dfrac{80.186 \times 2 + 80.249 \times 3 + 80.223 \times 4}{2+3+4}$
$= 80.223 \text{m}$

정 답

24. ③ 25. ③ 26. ③ 27. ③
28. ④ 29. ③

30. 우리나라 평면 직각 좌표계의 명칭과 투영점의 위치(동경)가 옳지 않은 것은?
   ① 명칭 : 서부좌표계, 투영점의 위치(동경) : 125°
   ② 명칭 : 중부좌표계, 투영점의 위치(동경) : 127°
   ③ 명칭 : 동부좌표계, 투영점의 위치(동경) : 129°
   ④ 명칭 : 제주좌표계, 투영점의 위치(동경) : 131°

해설
30. 서부 원점 : 동경125° 북위38°
    중부 원점 : 동경127° 북위38°
    동부 원점 : 동경129° 북위38°

31. 다음 AB 측선의 방위각이 27°36′50″라면 BA측선의 방위각은?
   ① 152°23′10″
   ② 207°36′50″
   ③ 242°23′10″
   ④ 62°23′50″

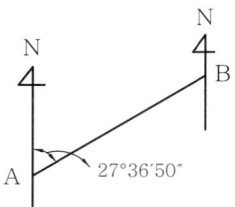

31. BA측선의 방위각
    =AB측선의 방위각+180°
    =27°36′50″+180°=207°36′50″

32. A, B점의 ①, ②, ③ 노선을 따라 직접 수준 측량한 표고차가 표와 같을 때 A, B점의 표고차에 대한 최확값은?

직접 수준 측량 결과표
①노선(3km) = 16.726m
②노선(2km) = 16.728m
③노선(4km) = 16.734m

   ① 16.727m   ② 16.729m
   ③ 16.731m   ④ 16.734m

32. 경중률은 거리에 반비례하므로
    P1 : P2 : P3
    $= \frac{1}{3} : \frac{1}{2} : \frac{1}{4} = 4 : 6 : 3$
    최확치
    $= \frac{(4 \times 16.726)+(6 \times 16.728)+(3 \times 16.734)}{4+6+3}$
    $= 16.729m$

33. 트래버스 측량을 위한 선점 상의 주의사항으로 옳지 않은 것은?
   ① 후속측량, 특히 세부측량에 편리하여야 한다.
   ② 측선 거리는 될 수 있는 대로 짧게 하여 측점 수를 많게 하는 것이 좋다.
   ③ 측선거리는 가능하면 동일하게 하고 고저차가 크지 않아야한다.
   ④ 찾기 쉽고 안전하게 보존될 수 있는 장소로 한다.

33. 측선의 거리는 될 수 있는 대로 길게 하고, 측점 수는 적게 하는 것이 좋으며, 일반적으로 측선의 거리는 30~200m 정도로 한다.

34. 삼각측량에 대한 설명으로 틀린 것은?
   ① 기선을 관측한 다음 각만을 관측하여 기선과 각에 의하여 수평위치를 결정하는 방법이다.
   ② 삼각측량은 측지삼각측량과 평면삼각측량으로 구분할 수 있다.
   ③ 평면삼각측량은 지구의 표면을 구면으로 간주하는 측량이다.
   ④ 평면삼각측량은 관측한 기선과 각 관측 성과를 이용하여 수평위치를 결정하며 단열, 사변형, 유심형태의 망을 형성하여 관측점의 위치를 결정한다.

34. 지구의 곡률을 고려한 측량 : 측지학적 측량

정답
30. ④ 31. ② 32. ② 33. ②
34. ③

35. 트래버스측량을 실시하여 출발점으로 돌아왔을 경우 출발점과 정확하게 일치되지 않을 때, 이 오차를 무엇이라 하는가?
   ① 폐합오차   ② 시준오차
   ③ 허용오차   ④ 기계오차

36. 심프슨 제 2법칙을 이용하여 면적을 구한 값은? (단, 단위는 m이다.)

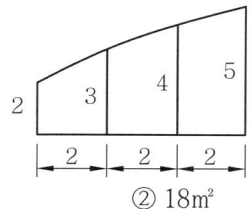

   ① 12m²   ② 18m²
   ③ 21m²   ④ 28m²

37. 그림과 같이 반지름이 다른 2개의 단곡선이 그 접속점에서 공통접선을 갖고 곡선의 중심이 공통접선과 같은 방향에 있는 곡선은?

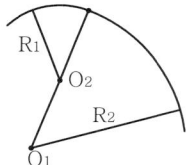

   ① 복심곡선   ② 반향곡선
   ③ 횡단곡선   ④ 쌍곡선

38. 지모를 표현하는 지성선 중 등고선과 직교하는 선이 아닌 것은?
   ① 분수선(능선)   ② 합수선(요선)
   ③ 최대 경사선   ④ 경사 변환선

39. 노선 측량의 실측 단계에서 행하여지는 주요 내용과 거리가 먼 것은?
   ① 지형 측량   ② 노선의 도상 선정
   ③ 중심선 설치   ④ 종, 횡단 측량

40. 세변의 길이가 30m, 40m, 50m 인 삼각형의 면적은?
   ① 500m²   ② 550m²
   ③ 600m²   ④ 650m²

41. GPS 위성에서는 다양한 정보가 포함된 반송파를 연속적으로 방송한다. 이와 관련된 코드 및 신호가 아닌 것은?
   ① P   ② C/A
   ③ L2   ④ R

해 설

35. 폐합오차 : 트래버스측량을 실시하여 출발점으로 돌아왔을 경우 출발점과 정확하게 일치되지 않는 오차

36. 심프슨 제2법칙 : 경계선을 3차 포물선으로 보고, 지거의 세 구간을 한 조로 하여 면적을 구하는 방법이다.

$A = \frac{3d}{8}\{y_1 + y_n + 3(y_2 + y_3 + y_5 + y_6 \cdots) + 2(y_4 + y_7 + \cdots)\}$

$A = \frac{3d}{8}\{y_1 + y_n + 3(y_2 + y_3)\}$

$= \frac{3 \times 2}{8}\{2 + 5 + 3 \times (3 + 4)\}$

$= 21m^2$

37. 복심곡선 : 2개 이상의 다른 반지름의 원곡선이 1개의 공통접선의 같은 쪽에서 연속하는 곡선

38. 경사변환선 : 방향이 바뀌는 점을 연결한 선

39. 실측 단계 : 지형도 작성, 도상과 현지의 중심선 설치, 종횡단측량, 용지 측량, 평면 측량 실시

40. $s = \frac{1}{2}(a + b + c)$
   $= \frac{1}{2} \times (30 + 40 + 50) = 60$
   $A = \sqrt{s(s-a)(s-b)(s-c)}$
   $= \sqrt{60(60-30)(60-40)(60-50)}$
   $= 600m^2$

41. C/A 코드 및 P 코드에 의해 변조되며 항법 메시지를 가지고 있는 L1신호(1575.42㎒), 그리고 P 코드에 의해서만 변조되며 항법 메시지를 가지고 있는 L2신호(1227.60㎒) 가 있다.

정 답

35. ① 36. ③ 37. ① 38. ④
39. ② 40. ③ 41. ④

42. 단곡선을 설치 할 때 도로의 시점에서 곡선시점까지의 거리가 427.68m, 곡선 종점까지의 거리는 554.39m일 때 시단현은? (단, 중심 말뚝 간격은 20m 이다.)
   ① 12.32m   ② 7.68m
   ③ 14.39m   ④ 4.39m

43. GPS측량의 일반적 특성이 아닌 것은?
   ① 측량 거리에 비하여 상대적으로 높은 정확도를 가지고 있다.
   ② 지구상 어느 곳에서나 이용이 가능하다.
   ③ 위치결정에 기상의 영향을 많이 받는다.
   ④ 하루 24시간 어느 시간에서나 이용이 가능하다.

44. 도로의 시점으로부터 단곡선의 교점(I.P)까지의 추가거리가 432.10m, 곡선의 교각(I)이 88°, 곡선 반지름(R)이 200m일 때 종곡점까지의 거리는?
   ① 497.69m   ② 524.75m
   ③ 546.14m   ④ 571.76m

45. 원곡선 설치를 위해 접선장의 길이가 18m이고, 교각이 21°30′일 때의 반지름 R은?
   ① 94.81m   ② 91.40m
   ③ 72.63m   ④ 63.83m

46. 양단면의 면적이 A_1=100m², A_2=50m² 일 때 체적은? (단, 단면 A_1에서 단면 A_2까지의 거리는 15m 이다.)
   ① 800m³   ② 930m³
   ③ 1,125m³   ④ 1,265m³

47. 축척 1:50,000 지형도에서 표고가 각각 170m, 125m인 두지점의 수평거리가 30㎜ 일 때 경사 기울기는?
   ① 2.0%   ② 2.5%
   ③ 3.0%   ④ 3.5%

48. 노선측량에서 완화곡선이 아닌 것은?
   ① 클로소이드 곡선   ② 램니스케이트 곡선
   ③ 3차 포물선   ④ 머리핀 곡선

49. 토공량, 저수지나 댐의 저수용량 및 콘크리트량 등의 체적을 구하기 위한 방법이 아닌 것은?
   ① 단면법   ② 점고법
   ③ 등고선법   ④ 우모법

해 설

42. 시단현의 길이
=B.C다음 측점까지의 거리-B.C의 거리
=440-427.68=12.32m

43. 기상에 관계없이 위치 결정이 가능하다.

44. B.C 거리=I.P 거리-T.L
=432.10-200×tan(88°÷2)
=238.96m
C.L=0.0174533RI
=0.0174533×200×88°
=307.18m
E.C 거리=B.C 거리+C.L
=238.96+307.18=546.14m

45. $T.L. = R\tan\dfrac{I}{2}$ 에서
$R = T.L. \div \tan\dfrac{I}{2}$
$= 18 \div \tan\dfrac{21°30′}{2} = 94.81m$

46. $V = \dfrac{A_1 + A_2}{2} \times L$
$= \dfrac{100 + 50}{2} \times 15 = 1,125m^3$

47. 수평거리
=30㎜×50,000=1,500,000㎜
=1,500m
표고차=170m-125m=45m
경사기울기=$\dfrac{표고차}{수평거리} \times 100$
$= \dfrac{45}{1,500} \times 100 = 3\%$

48. 완화 곡선 : 3차 포물선, 클로소이드, 램니스케이트

49. 우모법 : 지형의 표시 방법

정 답

42. ①　43. ③　44. ③　45. ①
46. ③　47. ③　48. ④　49. ④

50. 단곡선에서 교각 I=96°28′, 곡선반지름 R=200m일 때 두 번째 중앙종거 M_2는?
   ① 16.46m
   ② 17.46m
   ③ 18.46m
   ④ 19.46m

51. 면적 계산에서 경계선을 2차 포물선으로 보고 지거의 두 구간을 한 조로 하여 면적을 구하는 방법은?
   ① 심프슨의 제 1법칙
   ② 심프슨의 제 2법칙
   ③ 모눈종이법
   ④ 횡선법

52. 지형의 표현 방법 중 지형이 높아질수록 색을 진하게, 낮아질수록 연하게 하여 농도로 지표면의 고저를 나타내는 방법은?
   ① 채색법
   ② 우모법
   ③ 등고선법
   ④ 음영법

53. 지형 측량의 순서를 바르게 나열한 것은?
   ① 세부측량→측량 계획 작성→골조 측량→측량 원도 작성
   ② 측량 계획 작성→세부측량→골조측량→측량 원도 작성
   ③ 세부측량→골조측량→측량 계획 작성→측량 원도 작성
   ④ 측량 계획 작성→골조측량→세부측량→측량 원도 작성

54. 노선측량의 곡선 중 평면곡선에 해당하지 않는 것은?
   ① 복심곡선
   ② 단곡선
   ③ 종단곡선
   ④ 반향곡선

55. 그림과 같은 지형의 수준측량 결과를 이용하여 계획고 9m로 평탄 작업을 하기 위한 성(절)토량은? (단, 토량의 변화율을 고려하지 않고, 각 격자의 크기는 같다.)

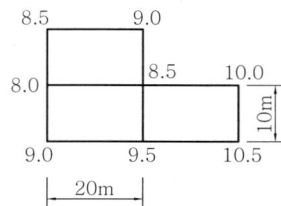

   ① 성토량=50m³
   ② 성토량=25m³
   ③ 절토량=50m³
   ④ 절토량=25m³

해 설

50. $M_1 = R(1 - \cos\frac{I}{2})$
    $= 200 \times (1 - \cos\frac{96°28′}{2})$
    $= 66.78m$
    $M_2 = R(1 - \cos\frac{I}{4})$
    $= 200 \times (1 - \cos\frac{96°28′}{4})$
    $= 17.46m$

51. 심프슨 제1법칙 : 경계선을 2차 포물선으로 보고, 지거의 두 구간을 한 조로 하여 면적을 구하는 방법이다.

52. 채색법 : 지형이 높아질수록 색깔을 진하게, 낮아질수록 연하게 채색의 농도를 변화시켜 지표면의 고저를 나타내는 방법

53. 지형 측량의 순서
    측량 계획 작성→골조측량→세부측량→측량 원도 작성

54. 평면곡선의 원곡선 : 단곡선, 복심 곡선, 반향 곡선

55.
■ 토량
$\Sigma h_1 = 8.5+9+10+10.5+9 = 47m$
$2\Sigma h_2 = 2\times(8+9.5) = 35m$
$3\Sigma h_3 = 3\times 8.5 = 25.5m$
$V = \frac{A}{4}(1\Sigma h_1 + 2\Sigma h_2 + 3\Sigma h_3 + 4\Sigma h_4)$
$= \frac{20\times 10}{4}(47+35+25.5)$
$= 5,375㎥$
■ 계획고 9m일 때 토량
$V_9 = A \times h$
$= (20\times 10\times 3)\times 9 = 5,400㎥$
■ 계획토량-토량
$= 5,400-5,375 = 25㎥$
(부족토량⇒성토량)

정 답

50. ② 51. ① 52. ① 53. ④
54. ③ 55. ②

56. 현 길이의 중점에서 수선을 올려 곡선을 설치하는 방법으로 중심 말뚝을 설치할 필요가 없는 곡선 설치와 기존 곡선의 검사 또는 수정에 주로 사용되는 곡선의 설치방법은?
   ① 편각법
   ② 종횡거법
   ③ 이정량법
   ④ 중앙 종거법

57. 기본지형도의 등고선 표시 방법이 옳은 것은?
   ① 주곡선은 가는 실선이고, 간곡선은 가는 긴 파선이다.
   ② 간곡선은 가는 실선이고, 조곡선은 일점쇄선이다.
   ③ 보조곡선은 이점쇄선이고, 계곡선은 실선이다.
   ④ 계곡선은 가는 실선이고, 주곡선은 파선이다.

58. 지구를 둘러싸는 6개의 GPS 위성 궤도는 각 궤도간 몇도의 간격을 유지 하는가?
   ① 30°
   ② 60°
   ③ 90°
   ④ 120°

59. 위성과 수신기 사이의 거리를 계산하여 위치를 결정하는 식으로 옳은 것은?
   ① 전파의 속도 × 전송시간
   ② R코드속도 × 전송속도
   ③ P코드거리 × 전파의 파장거리
   ④ L1 신호거리 × 전파의 속도

60. A점과 B점의 수평거리가 480m이고 A점의 표고가 82m, B점의 표고가 97m일 때 AB 사이의 표고가 88m 되는 C 점의 A점으로부터의 수평거리 AC 는?
   ① 192m
   ② 210m
   ③ 270m
   ④ 288m

해 설

56. 중앙 종거법 : 현 길이의 중점에서 수선을 올려 곡선을 설치하는 방법으로 중심 말뚝을 설치할 필요가 없는 곡선 설치와 기존 곡선의 검사 또는 수정에 주로 사용되는 곡선의 설치방법

57. 주곡선 : 가는 실선
    계곡선 : 굵은 실선
    간곡선 : 가는 긴 파선
    조곡선 : 가는 짧은 파선

58. 지구를 둘러싸는 6개의 궤도상 (각 궤도는 60° 간격 유지)에 궤도당 최소 4대씩 배치되어 있다.

59. 위성과 수신기 사이의 거리 =전파의 속도 × 전송시간

60.
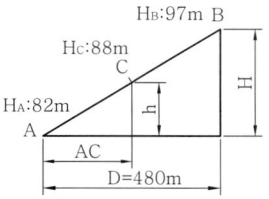
- H=97m-82m=15m
- h=88m-82m=6m
- H : D = h : AC
  ⇒ 15 : 480 = 6 : AC
  ∴ AC=192m

정 답

56. ④ 57. ① 58. ② 59. ①
60. ①

모의고사(Ⅴ)

1. 두 점간의 경사거리가 30m 이고, 고저차가 30㎝ 일 때 경사보정량은?
   ① -0.0015m
   ② -0.0035m
   ③ -0.0045m
   ④ -0.0065m

2. 수준측량 오차에서 기계적 원인에 의한 오차가 아닌 것은?
   ① 시준이 불완전하다
   ② 레벨의 조정이 불완전하다.
   ③ 기포가 둔감하다.
   ④ 기포관 곡률이 균일하지 않다.

3. 평판측량의 교회법에 관한 설명으로 옳지 않은 것은?
   ① 측량구역 내에서 적당한 기준점을 두 점 이상 취한다.
   ② 기지점으로부터 미지점을 시준하여 방향선을 교차시켜 도면상에서 미지점의 위치를 결정한다.
   ③ 미지점까지의 거리측정이 필요하고, 평판설치 횟수가 많아 시간이 많이 소요된다.
   ④ 복잡한 지형에서는 도상에 많은 방향선을 긋게 되므로 부적당하다.

4. 수준측량의 용어에 대한 설명으로 옳지 않은 것은?
   ① 알고 있는 점에 세운 표척의 눈금을 읽는 것을 후시라 한다.
   ② 표고를 구하려고 하는 점에 표척의 눈금을 읽는 것을 전시라 한다.
   ③ 기계를 고정시켰을 때 기준면에서 망원경 시준선까지의 높이를 기계고라 한다.
   ④ 전시만 취하는 점으로 표고를 관측할 점을 이기점(turning point)이라 한다.

5. 종단수준측량에 대한 설명으로 틀린 것은?
   ① 철도, 도로, 하천 등과 같은 노선을 따라 각 측점의 고저차를 측정하는 측량을 말한다.
   ② 종단수준측량은 종단면도를 작성하기 위한 측량이다.
   ③ 종단수준측량은 중간점이 많아 기고식으로 작성하는 것이 편리하다.
   ④ 각 측점에서 중심선에 직각방향으로 지표면의 고저차를 측정하는 측량을 말한다.

해설

1. 보정량 $=-\dfrac{h^2}{2L}=-\dfrac{0.3^2}{2\times 30}$
   $=-0.0015m$

2. 시준이 불완전한 것은 관측자의 개인적인 오차이다.

3. 교회법에서는 미지점까지의 거리측정이 필요하지 않다.

4.
■ 중간점(intermediate point, I.P) : 전시만 관측하는 점으로 다른 측점에 영향을 주지 않는 점
■ 이기점(turning point, T.P) : 전후의 측량을 연결하기 위하여 전시와 후시를 함께 취하는 점으로 다른 점에 영향을 주므로 정확하게 관측해야 한다.

5. 각 측점에서 중심선에 직각방향으로 지표면의 고저차를 측정하는 측량은 횡단수준측량 이다.

정답

1. ① 2. ① 3. ③ 4. ④ 5. ④

6. 광파기를 이용하여 100m 거리를 ±0.0001m의 오차로 측정하였다면, 동일한 조건으로 10km의 거리를 측정할 경우, 연속 측정값에 대한 오차는 얼마인가?
   ① ±0.01m
   ② ±0.001m
   ③ ±0.0001m
   ④ ±0.00001m

7. 측선 AB의 거리가 65m이고 방위가 S 80° E 이다. 이 측선의 위거와 경거는?
   ① 위거 = -64.013m, 경거 = 11.287m
   ② 위거 = 11.287m, 경거 = -64.013m
   ③ 위거 = 64.013m, 경거 = -11.287m
   ④ 위거 = -11.287m, 경거 = 64.013m

8. 삼각형의 내각을 측정하였더니 ∠A=68°01′10″, ∠B=51°59′00″, ∠C=60°00′05″가 되었다. 각 보정후의 ∠B는?
   ① 51°58′50″
   ② 51°58′55″
   ③ 51°59′00″
   ④ 51°59′05″

9. 다음 중 삼각측량의 특징으로 틀린 것은?
   ① 넓은 면적의 측량에 적합하다.
   ② 넓은 지역에 동일한 정밀도로 기준점을 배치하기에 적당하다.
   ③ 삼각점은 서로 시통이 잘되고 후속측량에 이용이 편리하도록 전망이 좋은 곳에 설치한다.
   ④ 조건식이 적어 조정계산이 간단하다.

10. 하천 양안에서 교호 수준 측량을 실시하여 그림과 같은 결과를 얻었다. A점의 지반고가 50.250m 일 때 B점의 지반고는?

    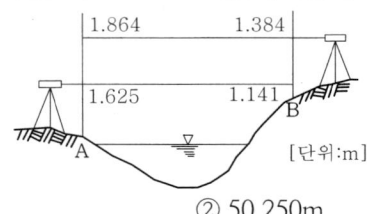

    ① 49.768m
    ② 50.250m
    ③ 50.732m
    ④ 51.082m

11. 한 지점에 평판을 세우고 여러 측점을 시준하여 방향과 거리를 측정하여 도면을 만드는 방법으로 시준이 잘되고 협소한 지역에 적당한 평판측량 방법은?
    ① 방사법
    ② 전진법
    ③ 전방교회법
    ④ 후방교회법

해 설

6. 오차 $= \pm b\sqrt{n}$
   $= \pm 0.0001\sqrt{100} = \pm 0.001m$
   ■ b : 1회 측정 오차=±0.0001m
   ■ n : 측정횟수=10km÷0.1km=100

7. 방위를 방위각으로 환산
   S 80° E ⇒ 180°-80°=100°
   ■ 위거=거리×cosθ
   =65m×cos100°=-11.287m
   ■ 경거=거리×sinθ
   =65m×sin100°=64.013m
   ■ 방위로 계산하여
   N은 (+), S는 (-), E는 (+), W는 (-)부호를 붙인다.

8. ∠A+∠B+∠C
   =68°01′10″+51°59′00″+60°00′05″
   =180°00′15″
   보정량 $= \dfrac{15″}{3} = 5″$
   ∠B=51°59′00″-5″=51°58′55″

9. 계산 및 조정이 복잡하다.

10. 고저차
    $\Delta h = \dfrac{(a_1+a_2)-(b_1+b_2)}{2}$
    $= \dfrac{(1.864+1.625)-(1.384+1.141)}{2}$
    =0.482m
    HB=HA+Δh=50.250+0.482
    =50.732m

11. 방사법 : 한 측점에 평판을 세우고 각 측점을 시준하여 거리를 측정하여 도면을 만드는 방법으로 시준이 잘 되고 협소한 지역에 적당하다.

정 답

6. ② 7. ④ 8. ② 9. ④ 10. ③
11. ①

12. 거리 1km에서 각도 오차가 1분이라면 위치오차는?
   ① 0.1m
   ② 0.2m
   ③ 0.3m
   ④ 0.4m

13. 삼각형 ABC에서 기선 a를 알고 b변을 구하는 식으로 옳은 것은?

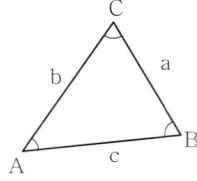

   ① log b = log a + log sin B − log sin A
   ② log b = log a + log sin A − log sin B
   ③ log b = log a + log sin B − log sin C
   ④ log b = log a + log sin A − log sin C

14. 트래버스 측량의 수평각 관측방법 중 서로 이웃하는 두 개의 측선이 이루는 각을 관측해 나가는 방법으로 트래버스 측량에서 주로 사용되는 방법은?
   ① 교각법
   ② 편각법
   ③ 방위각법
   ④ 폐합법

15. 여러 가지 좌표계 중 영국 그리니치 천문대를 지나는 본초 자오선과 적도의 교점을 원점으로 지구 상의 어떤 점의 절대적 위치를 표시하는 데 일반적으로 사용되는 좌표계는?
   ① 수평 직각 좌표계
   ② 평면 직각 좌표계
   ③ 3차원 직각 좌표계
   ④ 경·위도 좌표계

16. 각의 측정에서 한 측점에서 관측해야 할 방향(측점)의 수가 6개일 경우, 각관측법(조합각 관측법)에 의해서 측정되어야 할 각의 총수는?
   ① 12개
   ② 15개
   ③ 18개
   ④ 21개

17. 배횡거를 이용한 면적 계산에 관한 설명 중 옳지 않은 것은?
   ① 각 측선의 중점에서부터 자오선에 투영한 수선의 길이를 횡거라 한다.
   ② 어느 측선의 배횡거는 하나 앞 측선의 배횡거에 하나앞 측선의 경거와 그 측선의 경거를 더한 값이다.
   ③ 실제의 면적은 배면적을 2로 나눈 값이다.
   ④ 배면적은 각 측선의 경거에 각 측선의 배횡거를 곱하여 합산한 값이다.

해설

12. $\dfrac{\theta''}{\rho''} = \dfrac{\Delta h}{D}$ 에서
$$\Delta h = \dfrac{D\theta''}{\rho''} = \dfrac{1000 \times 60''}{206265''}$$
$$= 0.3 m$$

13. $\dfrac{a}{\sin A} = \dfrac{b}{\sin B}$ 에서
$b = a \times \dfrac{\sin B}{\sin A}$ 에 대수를 취하면
log b
= log a + log sin B − log sin A

14. 교각법 : 트래버스 측량에서 서로 이웃하는 2개의 측선이 만드는 각을 측정해 나가는 방법

15. 경·위도 좌표계
㉠ 측량 범위가 넓은 지구상의 절대적 위치를 표시하는데 사용되는 좌표계
㉡ 본초자오선(영국 그리니치 천문대를 지나는 자오선)과 적도의 교점을 원점으로 삼는다.
(위도 0°, 경도 0°)

16. 측정할 각의 총수
$$= \dfrac{N(N-1)}{2} = \dfrac{6 \times (6-1)}{2}$$
$$= 15$$
여기서, N : 측선수

17. 배면적은 각 측선의 조정 위거에 각 측선의 배횡거를 곱하여 합산한 값이다.

정답

12. ③ 13. ① 14. ① 15. ④
16. ② 17. ④

18. 트래버스 측량의 내업 순서로 옳은 것은?

   ㉠ 방위각 계산　　㉡ 좌표 계산
   ㉢ 위거 및 경거의 계산　㉣ 폐합 오차 조정

   ① ㉡→㉠→㉢→㉣　② ㉠→㉢→㉡→㉣
   ③ ㉡→㉠→㉣→㉢　④ ㉠→㉢→㉣→㉡

19. 표준자보다 2.5cm가 긴 50m 줄자로 거리를 잰 결과가 205m 이었다면 실제거리는 몇 m 인가?

   ① 204.898m　② 204.975m
   ③ 205.000m　④ 205.103m

20. 트래버스 측량에서 제2상한의 방위각(α)을 방위로 계산하는 방법으로 옳은 것은?

   ① S α E　② S(180°－α)E
   ③ N(α－180°)W　④ N(360°－α)W

21. 삼각망의 조정에 대한 설명 중 옳은 것은?

   ① 삼각망을 구성하는 각각의 삼각형 내각의 합은 180°가 되어야 한다.
   ② 하나의 측점 주위에 있는 모든 각의 합은 540°가 되어야 한다.
   ③ 삼각망 중에서 임의 한 변의 길이는 계산 순서에 따라 달라진다.
   ④ 삼각망의 조건식에는 자유조건식, 구속조건식, 평균조건식이 있다.

22. 측량을 넓이에 따라 분류할 때, 지구의 곡률을 고려하여 실시하는 측량을 무엇이라 하는가?

   ① 공공 측량　② 기본 측량
   ③ 측지 측량　④ 평면 측량

23. 두 개의 수준점 A점과 B점에서 C점의 높이를 구하기 위하여 직접 수준 측량을 하여 A점으로부터 높이 75.363m(거리 2km), B점으로부터 높이 75.377m(거리 5km)의 결과를 얻었을 때 C점의 보정된 높이는?

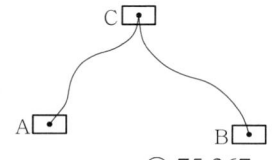

   ① 75.364m　② 75.367m
   ③ 75.370m　④ 75.373m

24. 삼각망 중에서 정밀도가 가장 높은 것은?

   ① 단 삼각망　② 유심 삼각망
   ③ 단열 삼각망　④ 사변형 삼각망

해 설

18. 트래버스 측량의 내업 순서
   ① 관측각 조정
   ② 방위, 방위각 계산
   ③ 위거, 경거 계산
   ④ 폐합오차 및 폐합비 계산
   ⑤ 좌표 및 면적 계산

19. 실제 거리

   $$= 관측\ 길이 \times \frac{부정\ 길이}{표준\ 길이}$$
   $$= 205 \times \frac{50+0.025}{50}$$
   $$= 205.103m$$

   ■ 표준길이보다 길면(+), 짧으면(－)

20. 제2상한
   ① 방위각 : 90°～180°
   ② 방위 : S(180°－α)E

21. 삼각망의 조정
   ㉠ 측점 조건
   　ⓐ 한 측점에서 측정한 여러 각의 합은 그 전체를 한각으로 측정한 각과 같다.
   　ⓑ 한 측점의 둘레에 있는 모든 각을 합한 값은 360°이다.
   ㉡ 도형 조건
   　ⓐ 삼각형 내각의 합은 180°이다. (각 조건)
   　ⓑ 삼각망 중의 한 변의 길이는 계산 순서에 관계없이 일정하다. (변 조건)

22. 측지 측량 : 대지 측량이라고도 하며, 지구의 곡률을 고려한 정밀 측량이다.

23. 경중률은 거리에 반비례하므로,
   P1 : P2 = $\frac{1}{2}$: $\frac{1}{5}$ = 5 : 2
   최확치
   $$= \frac{(5 \times 75.363)+(2 \times 75.377)}{5+2}$$
   $$= 75.367m$$

24. 사변형 삼각망 : 가장 높은 정밀도를 얻을 수 있으나 조정이 복잡하고 피복 면적이 적으며 많은 노력과 시간, 경비가 필요하고 기선 삼각망 등에 사용된다.

정 답

18. ④　19. ④　20. ②　21. ①
22. ③　23. ②　24. ④

25. 트래버스 측량에서 편각으로부터 방위각을 구하는 계산공식으로 옳은 것은? (단, 우 편각을(+), 좌 편각을(-)로 한다.)
   ① (어느 측선의 방위각)=(하나 앞의 측선의 방위각)+180°-(그 측점의 편각)
   ② (어느 측선의 방위각)=(하나 앞의 측선의 방위각)+180°+(그 측점의 편각)
   ③ (어느 측선의 방위각)=(하나 앞의 측선의 방위각)+(그 측점의 편각)
   ④ (어느 측선의 방위각)=(하나 앞의 측선의 방위각)-180°-(그 측점의 편각)

26. 수준측량 시 전·후시 거리를 같게 취해도 제거되지 않는 오차는?
   ① 레벨의 조정이 불완전하여 시준선이 기포관축과 평행하지 않아 발생하는 오차
   ② 지구의 곡률오차
   ③ 표척의 침하에 의한 오차
   ④ 빛의 굴절오차

27. 높은 정확도를 요구하는 대규모 지역의 측량에 이용되는 트래버스는?
   ① 개방 트래버스   ② 폐합 트래버스
   ③ 결합 트래버스   ④ 수렴 트래버스

28. 데오드라이트(세오돌라이트)의 세우기와 시준시 유의사항에 대한 설명으로 옳지 않은 것은?
   ① 삼각대는 대체로 정삼각형을 이루게 하여 세운다.
   ② 망원경의 높이는 눈의 높이보다 약간 낮게 한다.
   ③ 기계 조작시 몸이나 옷이 기계에 닿지 않도록 주의 한다.
   ④ 정확한 관측을 위해 한쪽 눈을 감고 시준 한다.

29. 삼각점의 선점에 필요한 조건으로 옳지 않은 것은?
   ① 삼각점 상호간에 시준이 잘되는 곳
   ② 위치는 견고한 지반으로 계속되는 작업에 편리한 곳
   ③ 되도록 측점 수가 적고 세부측량 등의 후속되는 측량에 이로운 곳
   ④ 삼각점에 의하여 형성되는 삼각형의 한 내각이 20° 이내인 곳

30. 트래버스 측량의 폐합비 허용범위는 목적과 조건에 따라 다르다. 일반적으로 시가지에 적용되는 허용범위는?
   ① 1/5,000~1/10,000   ② 1/1,000~1/2,000
   ③ 1/500~1/1,000   ④ 1/300~1/1,000

해 설

25.
■ 진행방향의 우측 편각을 측정한 경우(+편각)
   어느 측선의 방위각
   =전측선의 방위각 + 그 측점의 편각
■ 진행방향의 좌측 편각을 측정한 경우(-편각)
   어느 측선의 방위각
   =전측선의 방위각 - 그 측점의 편각

26. 전시와 후시의 거리를 같게 하므로 제거되는 오차 : 지구의 곡률오차, 빛의 굴절오차, 시준축오차

27. 결합 트래버스 : 높은 정확도를 요구하는 대규모 지역의 측량에 이용된다.

28. 정확한 관측을 위해 두 눈을 뜨고 시준 한다.

29. 삼각형은 정삼각형에 가깝게 하고, 부득이 할 때는 한 내각의 크기를 30°~120° 범위로 한다.

30. 폐합비의 허용 범위
   ㉠ 시가지 : 1/5,000~1/10,000
   ㉡ 논, 밭, 대지 등의 평지 : 1/1,000~1/2,000
   ㉢ 산림, 임야, 호소지 : 1/500~1/1,000
   ㉣ 산악지 : 1/300~1/1,000

정 답

25. ③ 26. ③ 27. ③ 28. ④
29. ④ 30. ①

31. 평판측량의 특징으로 옳지 않은 것은?
   ① 기계의 조작이 비교적 간단하다.
   ② 다른 측량에 비해 정확도가 높다.
   ③ 현장에서 측량이 잘못된 곳을 발견하기 쉽다.
   ④ 외업에 많은 시간이 소요 된다.

32. 그림 A, C 사이에 연속된 담장이 가로막혔을 때의 수준측량시 C점의 지반고는? (단, A점의 지반고 10m 이다.)

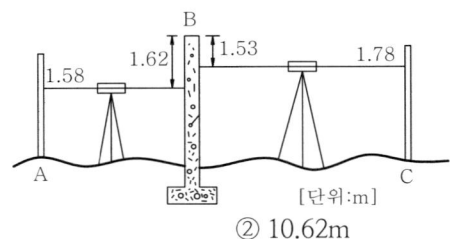

   ① 9.89m   ② 10.62m
   ③ 11.86m   ④ 12.54m

33. 삼각 측량의 작업 순서로 옳은 것은?
   ① 답사 및 선점 - 조표 - 관측 - 계산 - 성과표 작성
   ② 조표 - 성과표 작성 - 답사 및 선점 - 관측 - 계산
   ③ 조표 - 관측 - 답사 및 선점 - 성과표 작성 - 계산
   ④ 답사 및 선점 - 관측 - 조표 - 계산 - 성과표 작성

34. 평판을 세울 때의 오차가 아닌 것은?
   ① 정준 오차   ② 구심 오차
   ③ 표정 오차   ④ 외심 오차

35. 기준면으로부터 표고를 결정하여 놓은 측표는?
   ① 수준점   ② 시준점
   ③ 수평점   ④ 지평점

36. 노선측량에서 교각(I)=60°20′, 곡선반지름(R)=100m 일 때 외할(E)은?
   ① 13.25m   ② 15.66m
   ③ 17.45m   ④ 19.26m

37. A, B점의 표고가 각각 84.5m, 120.5m 이고 두 점간 수평거리가 72m일 때 A점으로부터 수평거리 60m 떨어진 지점의 표고는?
   ① 114.5m   ② 116.5m
   ③ 120.7m   ④ 127.7m

해 설

31. 다른 측량에 비해 정확도가 낮다.

32. HC=HA+(ΣB.S-ΣF.S)
    =10+(1.58-1.53)-(-1.62+1.78)
    =9.89m

33. 삼각 측량의 작업순서 : 도상 계획→답사 및 선점→조표→측정→계산→성과표 작성

34. 평판을 세울 때 발생 되는 오차 : 구심 오차, 표정 오차, 정준 오차

35. 수준점 : 수준 원점으로부터 국도 및 주요 도로에 따라 2~4km 마다 수준 표석을 설치하고 표고를 결정하여 놓은 점이며, 그 부근 점들의 높이를 정하는 데 기준이 된다.

36. $E = R(\sec\frac{I°}{2} - 1)$
    $= 100 \times \left(\dfrac{1}{\cos\dfrac{60°20'}{2}} - 1\right)$
    $= 15.66m$

37.

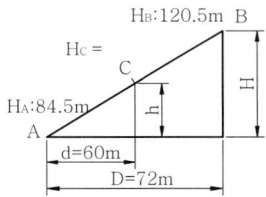

■ H=120.5m-84.5m=36m
■ H : D = h : d
  ⇒ 36 : 72 = h : 60
  h=30m
■ Hc=HA+h=84.5+30=114.5m

정 답

31. ② 32. ① 33. ① 34. ④
35. ① 36. ② 37. ①

38. 지형의 표시 방법 중 짧은 선으로 지표의 기복을 표시하는 방법은?
   ① 채색법
   ② 우모법
   ③ 점고법
   ④ 등고선법

39. 그림의 면적을 심프슨(Simpson) 제1법칙으로 구한 값은?

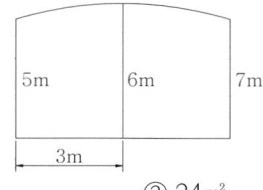

   ① 12㎡
   ② 24㎡
   ③ 36㎡
   ④ 48㎡

40. 노선측량에서 노선이 통과하는 평면 위치의 중심에 보통 몇 m 간격으로 중심 말뚝을 설치하는가?
   ① 5m
   ② 20m
   ③ 40m
   ④ 100m

41. 등고선의 간격을 결정할 때 고려 사항과 거리가 먼 것은?
   ① 지형
   ② 측량의 목적
   ③ 수평거리
   ④ 축척

42. 정확한 위치를 알고 있는 인공위성에서 발사된 전파를 수신하여, 지상의 미지점에 대한 3차원 위치를 구하는 측량을 무엇이라 하는가?
   ① VLBI측량
   ② EDM측량
   ③ GIS측량
   ④ GPS측량

43. 지형을 표시하는데 기준이 되는 등고선의 명칭과 표시 방법으로 옳은 것은?
   ① 계곡선 – 긴 파선
   ② 주곡선 – 일점 쇄선
   ③ 계곡선 – 가는 실선
   ④ 주곡선 – 가는 실선

44. 노선을 선정할 때 유의해야 할 사항 중 틀린 것은?
   ① 노선은 될 수 있는 대로 직선으로 한다.
   ② 배수가 잘 되는 곳이어야 한다.
   ③ 절토 및 성토의 운반거리가 길어야 한다.
   ④ 토공량이 적고, 절토와 성토가 균형을 이루게 한다.

해 설

38. 우모법 : 게바라고 하는 짧은 선으로 지표의 기복을 나타내는 지형의 표시 방법

39. 심프슨 제1법칙 : 경계선을 2차 포물선으로 보고, 지거의 두 구간을 한 조로 하여 면적을 구하는 방법이다.
$$A = \frac{d}{3}\{y_1+y_n+4(y_2+y_4+\cdots+y_{n-1}) \\ +2(y_3+y_5+\cdots+y_{n-2})\}$$
$$A = \frac{d}{3}\{y_1+y_n+4(y_2)\}$$
$$= \frac{3}{3}\{5+7+4\times 6\}$$
$$= 36㎡$$

40. 노선측량에서는 일반적으로 중심말뚝을 노선의 중심선을 따라 20m 마다 설치

41. 등고선 간격 결정은 지도축척, 사용목적, 지형상태, 측량경비 등 종합적인 사항을 고려하여야 한다.

42. GPS측량 : 인공 위성을 이용한 범세계적 위치 결정의 체계로 정확히 위치를 알고 있는 위성에서 발사한 전파를 수신하여 관측점까지의 소요시간을 측정함으로써 관측점의 3차원 위치를 구하는 측량

43. 주곡선 : 가는 실선
    계곡선 : 굵은 실선
    간곡선 : 가는 긴 파선
    조곡선 : 가는 짧은 파선

44. 절토 및 성토의 운반거리를 가급적 짧게 한다.

정 답

38. ② 39. ③ 40. ② 41. ③
42. ④ 43. ④ 44. ③

45. 주로 곡선으로 둘러싸인 면적을 구하려고 할 때 사용하는 면적계산법과 거리가 먼 것은?
   ① 좌표에 의한 방법
   ② 모눈 종이법
   ③ 횡선법(strip)
   ④ 지거법

46. 가로 10m, 세로 10m의 정사각형 토지에 기준면으로부터 각 꼭지점의 높이의 측정 결과가 그림과 같을 때 절토량은?
   ① 225m³
   ② 450m³
   ③ 900m³
   ④ 1250m³

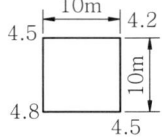

47. 철도에서 차량이 곡선 위를 달릴 때 뒷바퀴가 앞바퀴보다 항상 안쪽을 지나게 되므로 직선부보다 넓은 도로 폭이 필요하게 되는데 이 크기를 무엇이라 하는가?
   ① 플랜지(flange)
   ② 슬랙(slack)
   ③ 캔트(cant)
   ④ 편물매

48. GPS 위성의 신호에 대하여 설명한 것 중 틀린 것은?
   ① L1과 L2의 반송파가 있다.
   ② 변조된 코드 신호가 존재한다.
   ③ L1 신호의 주파수가 L2 신호의 주파수보다 작다.
   ④ 위성의 위치정보가 들어 있는 신호는 방송궤도력이다.

49. 축척 1:50,000 지형도의 도면에서 표고 395m와 205m 사이에 주곡선 간격의 등고선은 몇 개가 들어가는가?
   ① 9개
   ② 10개
   ③ 19개
   ④ 20개

50. 완화곡선의 설치에 대한 설명으로 잘못된 것은?
   ① 원심력에 의한 탈선을 방지한다.
   ② 곡선부와 직선부 사이에 위치한다.
   ③ 직선부보다 도로 폭을 넓혀 준다.
   ④ 도로 바깥쪽을 낮추어 준다.

51. GPS 위성 궤도의 고도는 약 얼마인가?
   ① 12200km
   ② 16400km
   ③ 20200km
   ④ 24000km

해 설

45. 도해 계산법 : 주로 곡선으로 둘러싸인 면적을 구하려고 할 때 사용하는 방법⇒모눈종이법, 횡선법(스트립법), 지거법

46. 절토량
$$= \frac{A}{4}(\Sigma h_1 + 2\Sigma h_2 + 3\Sigma h_3 + 4\Sigma h_4)$$
$$= \frac{10 \times 10}{4} \times (4.5 + 4.2 + 4.5 + 4.8)$$
$$= 450m^3$$

47. 곡선부를 주행하는 차의 뒷바퀴는 앞바퀴보다 항상 안쪽을 지나게 되므로 직선부보다 넓은 도로 폭이 필요하게 되는데, 이 때 넓히는 것을 확폭(widening)이라 하며, 이 확폭의 크기를 도로에서는 확폭량, 철도에서는 확도(slack)라 한다.

48. L1 신호의 주파수(1575.42㎒)가 L2 신호의 주파수(1227.60㎒)보다 크다.

49. 1:50,000의 지형도에서 주곡선 간격은 20m이므로 9개
■ 20의 배수인 220m~380m의 높이에 주곡선을 가는 실선으로 넣는다.
■ 계산 : {(380-220)÷20}+1=9

50. 차량이 도로의 곡선부를 달리게 되면 원심력이 생겨 도로 바깥쪽으로 밀리려 한다. 이것을 방지하기 위하여 도로 안쪽보다 바깥쪽을 높혀 준다.

51. 위성 궤도의 고도는 약 20,200km(지구 지름의 약 1.5배), 주기는 0.5항성일(약 11시간 58분)

정 답

45. ① 46. ② 47. ② 48. ③
49. ① 50. ④ 51. ③

52. GPS의 일반적인 특징에 대한 설명으로 틀린 것은?
   ① 3차원 측량을 동시에 할 수 있다.
   ② 지구상 어느 곳에서나 이용할 수 있다.
   ③ 하루 24시간 어느 시간에서나 이용이 가능하다.
   ④ 두 측점 간의 시통에 어려움이 있으면 기선 결정에 영향을 받는다.

53. 편각법에 의한 단곡선에서 곡선반지름 R=200m, 교각 I=60°이고 시단현의 길이 ℓ_1=17.34m 일 때, 시단현의 편각 δ_1은?
   ① 2°29′02″
   ② 2°42′02″
   ③ 3°29′25″
   ④ 3°42′25″

54. 단곡선 설치에서 I.P까지의 추가 거리가 200.38m, C.L=150.14m, T.L=100.38m 일 때, E.C까지의 추가 거리는?
   ① 100.00m
   ② 150.62m
   ③ 250.14m
   ④ 350.28m

55. 곡선을 포함되는 위치에 따라 구분할 때, 수평면 내에 위치하는 곡선을 무엇이라 하는가?
   ① 평면 곡선
   ② 수직 곡선
   ③ 횡단 곡선
   ④ 종단 곡선

56. 축척 1:50,000 지형도에서 200m 등고선 상의 A점과 300m 등고선 상의 B점간의 도상의 거리가 10cm이었다면 AB점간의 경사도는?
   ① $\frac{1}{5}$
   ② $\frac{1}{10}$
   ③ $\frac{1}{50}$
   ④ $\frac{1}{100}$

57. 체적 계산에서 넓은 지역이나 택지 조성 등의 정지 작업을 위한 토공량을 계산하는 데 주로 사용하는 방법으로, 전 구역을 직사각형이나 삼각형으로 나누어서 토량을 계산하는 방법은?
   ① 단면법
   ② 점고법
   ③ 지거법
   ④ 횡거법

해설

52. 기선 결정의 경우 두 측점 간의 시통에 관계가 없다.

53. 편각(δ) = $\frac{\ell}{2R} \times \frac{180°}{\pi}$
    = $\frac{17.34}{2 \times 200} \times \frac{180°}{\pi}$
    = 2°29′02″

54. B.C 거리 = I.P거리 - T.L
    = 200.38 - 100.38 = 100m
    C.L = 150.14m
    E.C 거리 = B.C 거리 + C.L
    = 100 + 150.14 = 250.14m

55. 곡선을 포함되는 위치에 따라 구분할 때, 수평면 내에 위치하는 곡선 ⇒ 평면 곡선

56. 수평거리 = 0.1m × 50,000
    = 5,000m
    표고차 = 300m - 200m = 100m
    경사기울기 = $\frac{표고차}{수평거리}$
    = $\frac{100}{5,000} = \frac{1}{50}$

57. 점고법 : 체적 계산에서 넓은 지역이나 택지 조성 등의 정지 작업을 위한 토공량을 계산하는 데 주로 사용하는 방법으로, 전 구역을 직사각형이나 삼각형으로 나누어서 토량을 계산하는 방법

정답

52. ④ 53. ① 54. ③ 55. ①
56. ③ 57. ②

58. 그림과 같은 △ABC의 두변과 협각을 측정하였다. △ABC의 넓이는?

① 128.688m²
② 155.918m²
③ 158.865m²
④ 182.865m²

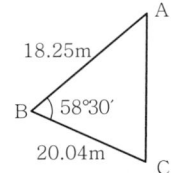

해 설

58. $A = \dfrac{1}{2}ab\ \sin\alpha$

$= \dfrac{1}{2} \times 18.25 \times 20.04 \times \sin 58°30'$

$= 155.918 \text{m}^2$

59. 단곡선 설치에서 곡선 시점(B.C)에서 종점(E.C)까지의 직선거리를 구하는 식은? (단, R=곡선 반지름, I=교각)

① R × tan I/2
② R × (sec I/2 − 1)
③ R × (1−cos I/2)
④ 2R × sin I/2

59. 장현 : 곡선 시점(B.C)에서 종점(E.C)까지의 직선거리

$= 2R \times \sin\dfrac{I}{2}$

60. 도로공사 중 A단면의 성토면적이 24m², B단면의 성토 면적이 12m²일 때 성토량은? (단, A, B 두 단면간의 거리는 20m이다.)

① 120m³
② 240m³
③ 360m³
④ 480m³

60. 성토량 $= \dfrac{A_1 + A_2}{2} \times L$

$= \dfrac{24 + 12}{2} \times 20 = 360 \text{㎥}$

정 답

58. ② 59. ④ 60. ③

모의고사(Ⅵ)

1. 하천 또는 계곡 등이 있어서 두 점 중간에 기계를 세울 수 없는 경우에 적합한 수준 측량 방법은?
   ① 직접 수준 측량   ② 간접 수준 측량
   ③ 교호 수준 측량   ④ 정밀 수준 측량

2. 두 점의 좌표에서 BA의 방위각은?

측점	X(m)	Y(m)
A	5	5
B	10	15

   ① 26°33′54″   ② 63°26′06″
   ③ 206°33′54″   ④ 243°26′06″

3. 삼각망의 조정에서 제2조정각 54°56′15″에 대한 표차 값은?
   ① 11.54   ② 12.81
   ③ 13.45   ④ 14.78

4. 거리 측량에서 1회 측정에 ±3mm의 우연오차가 있었다면 9회 측정 시, 우연오차는?
   ① ±3mm   ② ±6mm
   ③ ±9mm   ④ ±12mm

5. 어느 측점의 지반고(G.H)가 32.126m 이고 이 측점의 후시값(B.S)이 2.412m 이면 이점의 기계고는?
   ① 29.714m   ② 34.538m
   ③ 46.064m   ④ 63.223m

6. 삼각측량에서 삼각법(사인법칙)에 의해 변 a의 길이를 구하는 식으로 옳은 것은? (단, b는 기선)

   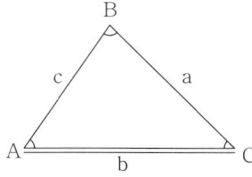

   ① log a = log b + log sinA + log sinB
   ② log a = log b + log sinA − log sinB
   ③ log a = log b − log sinA − log sinB
   ④ log a = log b − log sinA + log sinB

해 설

1. 교호 수준 측량 : 하천 또는 계곡 때문에 두 점 사이에 기계를 설치할 수 없을 때 양 안 간의 고저차를 직접 구하는 방법이다.

2. AB의 방위각
   $= \tan^{-1}\left(\dfrac{Y_B - Y_A}{X_B - X_A}\right)$
   $= \tan^{-1}\left(\dfrac{15-5}{10-5}\right) = 63°26′06″$
   BA의 방위각=AB의 방위각+180°
   =63°26′06″+180°=243°26′06″

3. 표차 = $\dfrac{1}{\tan\theta} \times 21.055$
   = 21.055 ÷ tan θ
   = 21.055 ÷ tan54°56′15″ = 14.78

4. 우연오차 = ±$b\sqrt{n}$
   = ±3mm $\sqrt{9}$ = ±9mm
   (n : 측정횟수, b : 1회 측정 오차)

5. 기계고=지반고+후시값
   =32.126+2.412=34.538m

6. $\dfrac{a}{\sin A} = \dfrac{b}{\sin B}$ 에서
   $a = b \times \dfrac{\sin A}{\sin B}$ 에 대수를 취하면
   log a = log b + log sin A − log sin B

정 답

1. ③ 2. ④ 3. ④ 4. ③ 5. ②
6. ②

7. 수준측량을 할 때 생기는 오차 중 개인오차가 아닌 것은?
   ① 표척의 읽음 값이 정확하지 못할 때
   ② 표척을 연직으로 정확히 세우지 않았을 때
   ③ 빛의 불규칙한 굴절에 의한 오차
   ④ 연직각의 측정 부주의에 따른 오차

8. 각 측량에서 망원경을 정위, 반위로 측정하여 평균값을 취해도 해결되지 않는 기계적 오차는?
   ① 시준축과 수평축이 직교하지 않는다.
   ② 수평축이 연직축에 직교하지 않는다.
   ③ 연직축이 정확히 연직선에 있지 않다.
   ④ 회전축에 대하여 망원경의 위치가 편심되어 있다.

9. 평판측량에서 평판세우기 중 가장 주의를 요하는 것은?
   ① 거리측정   ② 표정
   ③ 구심   ④ 정준

10. 트래버스에서 AL측선의 방위각 $W_a = 41°25'36''$, BM측선의 방위각 $W_b = 337°45'23''$, 내각의 총합이 $656°20'30''$일 때 측각오차는?

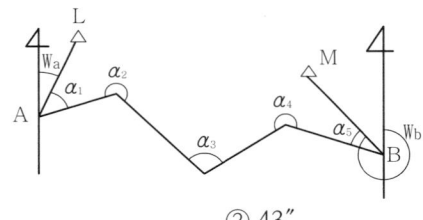

   ① 34″   ② 43″
   ③ 48″   ④ 52″

11. 자오선을 기준으로 하여 어느 측선을 시계방향으로 잰 수평각을 무엇이라 하는가?
   ① 방향각   ② 방위각
   ③ 고저각   ④ 천정각

12. 어느 거리를 관측하여 100.6m, 100.3m, 100.2m의 관측값을 얻었고, 이들의 관측 횟수가 각각 5회, 2회, 3회라고 할 때 최확값은?
   ① 100.12m
   ② 100.22m
   ③ 100.32m
   ④ 100.42m

해 설

7. 빛의 불규칙한 굴절에 의한 오차는 자연적인 원인에 의한 오차

8. 연직축 오차 : 연직축이 정확히 연직선에 있지 않아서 생기며 망원경을 정위, 반위로 측정하여 관측값을 평균하여도 제거되지 않는 오차

9. 평판을 세울 때의 오차 중 측량 결과에 가장 큰 영향을 주는 오차는 방향맞추기(표정) 오차이다.

10. W = Wa+[a]-180°(n-3)-Wb
    =41°25′36″+656°20′30″-180°(5-3)-337°45′23″
    =43″

11. 방위각 : 자오선을 기준으로 하여 어느 측선을 시계방향으로 잰 수평각

12. $Lo = \dfrac{P_1\ell_1 + P_2\ell_2 + P_3\ell_3}{P_1+P_2+P_3}$

    $= \dfrac{100.6 \times 5 + 100.3 \times 2 + 100.2 \times 3}{5+2+3}$

    $= 100.42m$

정 답

7. ③ 8. ③ 9. ② 10. ②
11. ② 12. ④

13. A점의 합위거는 1.548m, 합경거는 20.114m 이고 B점의 합위거는 0.211m, 합경거는 -14.542m 일 때 두 점 사이의 거리는?
   ① 14.544m ② 20.173m
   ③ 28.862m ④ 34.682m

14. 삼각측량을 할 때, 삼각형의 형태로 가장 바람직한 것은?
   ① 정삼각형 ② 직각삼각형
   ③ 이등변삼각형 ④ 협각삼각형

15. 전자파 거리 측정기에 대한 설명으로 틀린 것은?
   ① 전파 거리 측정기는 광파 거리 측정기보다 기상에 대한 영향을 크게 받는다.
   ② 전파 거리 측정기는 광파 거리 측정기보다 지면에 대한 반사파의 영향을 많이 받는다.
   ③ 전파 거리 측정기는 광파 거리 측정기보다 먼 거리를 측정할 수 있다.
   ④ 일반 건설 현장에서는 전파 거리 측량기보다 주로 광파 거리 측량기가 많이 사용된다.

16. 어느 측점에 데오드라이트를 설치하여 A, B 두 지점을 2배각으로 관측한 결과, 정위 126°12′36″, 반위 126°12′12″를 얻었다면 두 지점의 내각은?
   ① 126°12′24″ ② 63°06′12″
   ③ 42°04′08″ ④ 31°33′06″

17. 트래버스 측량에서 선점 시 유의해야 할 사항으로 옳지 않은 것은?
   ① 측선의 거리는 될 수 있는 대로 짧게 하고, 측점 수는 많게 하는 것이 좋다.
   ② 측선 거리는 될 수 있는 대로 동일하게 하고, 고저차가 크지 않게 한다.
   ③ 기계를 세우거나 시준하기 좋고, 지반이 견고한 장소이어야 한다.
   ④ 후속 측량, 특히 세부 측량에 편리하여야 한다.

18. 컴펜세이터(compensator)라고 하는 특별한 광학 장치가 자동으로 시준선이 수평이 되도록 만들어 주는 레벨은?
   ① 미동레벨 ② 자동레벨
   ③ 전자레벨 ④ 핸드레벨

해 설

13. AB측선의 길이
$= \sqrt{(X_B - X_A)^2 + (Y_B - Y_A)^2}$
$= \sqrt{(0.211-1.548)^2 + (-14.542-20.114)^2}$
$= 34.682m$

14. 삼각형은 정삼각형에 가깝게 하고, 부득이 할 때는 한 내각의 크기를 30°~120° 범위로 한다.

15. 전파 거리 측정기는 광파 거리 측정기보다 기상에 대한 영향을 적게 받는다.

16. 정위각
$= \dfrac{126°12′36″}{2} = 63°06′18″$
반위각
$= \dfrac{126°12′12″}{2} = 63°06′06″$
최확값
$= \dfrac{63°06′18″ + 63°06′06″}{2}$
$= 63°06′12″$

17. 측선의 거리는 될 수 있는 대로 길게 하고, 측점 수는 적게 하는 것이 좋다.

18. 자동 레벨 : 원형 기포관을 이용하여 대략 수평으로 세우면 망원경 속에 장치된 컴펜세이터(compensator:보정기)에 의해 자동적으로 정준이 되는 레벨

정 답

13. ④ 14. ① 15. ① 16. ②
17. ① 18. ②

19. 삼각망의 종류에서 조건식의 수는 많으나 가장 높은 정확도로 측량할 수 있는 방법은?
   ① 사변형 삼각망
   ② 유심 삼각망
   ③ 복합 삼각망
   ④ 단열 삼각망

20. 평판측량의 장점에 관한 설명 중 옳지 않은 것은?
   ① 내업이 다른 측량보다 적다.
   ② 야장이 필요 없다.
   ③ 부속품이 적어서 휴대하기가 쉽고 분실 염려가 없다.
   ④ 기계조작이 간단하다.

21. 그림과 같은 트래버스(Traverse) 측량에서 CD의 방위는?

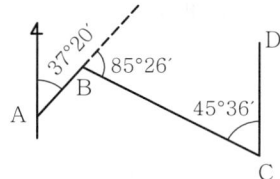

   ① N 8°38′E
   ② N 9°38′E
   ③ N 10°38′W
   ④ N 11°38′W

22. 기선 삼각망 구성 및 설정 시, 주의사항으로 옳지 않은 것은?
   ① 삼각망이 길게 될 때에는 기선길이 50배 정도의 간격으로 기선을 설치한다.
   ② 기선의 설정 위치는 경사가 1:25 이하로 하는 것이 바람직하다.
   ③ 1회의 기선확대는 기선길이의 3배 이내로 하는 것이 적당하다.
   ④ 기선은 여러 번 확대하는 경우에도 기선길이의 10배 이내가 되도록 한다.

23. 각 측정 방법 중 가장 정확한 값을 얻을 수 있는 방법은?
   ① 배각법
   ② 단각법
   ③ 방향각법
   ④ 조합각 관측법

24. 한 측점에 평판을 세우고, 그 점 주위에 있는 목표점의 방향과 거리를 측량하여 트래버스의 형태나 지물의 위치 및 지형을 측량하는 방법은?
   ① 방사법
   ② 전진법
   ③ 전방 교회법
   ④ 후방 교회법

해 설

19. 사변형 삼각망 : 가장 높은 정밀도를 얻을 수 있으나 조정이 복잡하고 피복 면적이 적으며 많은 노력과 시간, 경비가 필요하고 기선 삼각망 등에 사용된다.

20. 부속품이 많아 관리에 불편하다.

21. AB 방위각=37°20′
    BC 방위각
    =37°20′+85°26′=122°46′
    CD 방위각
    =122°46′+180°+45°36′
    =348°22′
    348°22′는 4상한에 있으므로
    360°-348°22′=11°38′
    ∴ N 11°38′W

22. 삼각망이 길게 될 때에는 기선 길이의 20배 정도의 간격으로 검기선 설치

23. 조합각 관측법 : 수평각 관측법 중 가장 정확한 방법으로 1, 2등 삼각 측량에 주로 사용되는 수평각 측정 방법

24. 방사법 : 한 측점에 평판을 세우고 각 측점을 시준하여 거리를 측정하여 도면을 만드는 방법으로 시준이 잘 되고 협소한 지역에 적당하다.

정 답

19. ① 20. ③ 21. ④ 22. ①
23. ④ 24. ①

25. 평탄지에서 측점수가 9개인 트래버스 측량을 한 결과 측각오차가 30″ 발생하였다면 오차의 처리방법으로 가장 적합한 것은? (여기서, 각 관측의 정밀도는 같고, 평탄지 트래버스 측량의 오차 한계 $= 30″\sqrt{n} \sim 60″\sqrt{n}$ 이다.)
① 다시 측량을 실시한다.
② 각의 크기에 비례하여 오차를 배분한다.
③ 변의 크기에 비례하여 오차 조정한다.
④ 각의 크기에 상관없이 등배분하여 오차를 배분한다.

26. 수평선을 기준으로 목표에 대한 시준선과 이루는 각을 무엇이라 하는가?
① 방향각
② 천저각
③ 천정각
④ 고저각

27. 내륙에서 멀리 떨어진 섬에서 수준측량을 실시하려고 한다. 이를 위한 섬 특유의 수준측량 기준을 무엇이라고 하는가?
① 특별 기준면
② 임시 기준면
③ 가 기준면
④ 최저 저조면

28. 적도 반지름이 6378249.1m 이고 극 반지름이 6356515.0m 일 때 편평률은?
① $\dfrac{1}{290.3}$
② $\dfrac{1}{293.5}$
③ $\dfrac{1}{297.0}$
④ $\dfrac{1}{299.2}$

29. 그림에서 P_1의 값을 구하는 식으로 옳은 것은?
① $P_1 = \dfrac{R \sin\gamma}{\sin\beta}$
② $P_1 = R \cos\gamma$
③ $P_1 = \dfrac{R \sin\beta}{\cos\alpha}$
④ $P_1 = \dfrac{R \sin\alpha}{\sin\beta}$

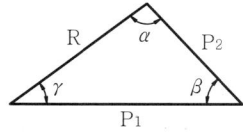

해 설

25. 평탄지에서 오차의 허용 범위 :
$30″\sqrt{n} \sim 60″\sqrt{n}$
$= 30″\sqrt{9} \sim 60″\sqrt{9} = 90″ \sim 180″$
허용 범위 안이므로 각의 크기에 관계없이 등분배한다.

26. 고저각 : 수평선을 기준으로 목표에 대한 시준선과 이루는 각으로 상향각을 (+), 하향각을 (-)

27. 특별 기준면
㉠ 섬에서는 내륙의 기준면을 직접 연결할 수 없으므로 그 섬 특유의 기준면을 사용한다.
㉡ 하천의 감조부나 항만 또는 해안 공사에서 해저 표고(-표고)의 불편함으로 인해 필요에 따라 편리한 기준면을 정하는 경우가 있는데, 이를 특별 기준면이라 한다.
㉢ 어느 지역에서만 임시로 사용하는 수준점, 즉 가수준점도 특별 기준면으로부터의 표고이다.

28. 편평률 $= \dfrac{a-b}{a}$
$= \dfrac{6378249.1 - 6356515.0}{6378249.1} = \dfrac{1}{293.5}$
(a : 적도 반지름, b : 극 반지름)

29. sin 법칙
$\dfrac{P_1}{\sin\alpha} = \dfrac{R}{\sin\beta} = \dfrac{P_2}{\sin\gamma}$ 에서
$P_1 = \dfrac{R \sin\alpha}{\sin\beta}$

정 답

25. ④ 26. ④ 27. ① 28. ②
29. ④

30. 지오이드(Geoid)에 대한 설명으로 옳은 것은?
   ① 지오이드는 지표의 기복과 지하 물질의 밀도 분포 및 구조 등의 영향을 무시한 기하학적으로 정의된 지구타원체이다.
   ② 지오이드는 평균 해수면을 육지까지 연장한 지구전체의 가상곡면으로 지구의 평균해수면에 일치하는 등포텐셜면이라 할 수 있다.
   ③ 지오이드는 측량 대상이 되는 지역의 형태와 가장 근접한 지역 측지계의 기준이 되는 지구 타원체이다.
   ④ 지오이드는 세계 측지 기준계인 GRS80을 의미한다.

31. 측량 시 관측값에 포함되어 있는 오차에 대한 설명으로 옳지 않은 것은?
   ① 착오란 관측자의 과실이나 미숙에 의하여 생기는 오차이다.
   ② 부정오차는 최소 제곱법의 원리를 사용하여 처리한다.
   ③ 정오차는 일련의 관측에 일정치 않은 양이 포함된 오차이며 부호는 항상 다르다.
   ④ 부정오차는 과실, 정오차 및 계통적 오차를 전부 소거한 후에 남은 오차를 말한다.

32. 거리측량에서 발생할 수 있는 오차의 종류와 예가 올바르게 연결된 것은?
   ① 정오차-눈금을 잘못 읽었다.
   ② 부정오차-테이프의 길이가 표준 길이보다 길거나 짧았다.
   ③ 정오차-측정할 때 온도가 표준 온도와 다르다.
   ④ 부정오차-측량할 때 수평이 되지 않았다.

33. 시작하는 측점과 끝나는 측점이 폐합되지 않으며, 기준점이 없거나 기준점이 있어도 한 점뿐인 트래버스는?
   ① 개방 트래버스   ② 폐합 트래버스
   ③ 결합 트래버스   ④ 트래버스망

34. 종단 및 횡단 수준측량에서 중간점이 많은 경우에 가장 적합한 야장 기록방법은?
   ① 고차식   ② 약도식
   ③ 승강식   ④ 기고식

35. 평판측량에서 사용되는 기계 및 기구 중, 평판을 수평으로 맞추고 목표물을 시준하여 시준선을 도상에 표시할 때 사용하는 것은?
   ① 구심기   ② 자침함
   ③ 앨리데이드   ④ 측침

해 설

30. 지오이드(geoid) : 정지된 평균 해수면을 육지 내부까지 연장한 가상 곡선

31. 정오차는 일련의 관측에 일정한 양이 포함된 오차이며 부호는 항상 같다.

32.
   ■ 눈금을 잘못 읽었다 : 착오
   ■ 테이프의 길이가 표준 길이보다 길거나 짧았다 : 정오차
   ■ 측량할 때 수평이 되지 않았다 : 정오차

33. 개방 트래버스 : 시작되는 측점과 끝나는 점 간에 아무런 조건이 없으며 노선측량이나 답사 등에 편리한 트래버스

34. 기고식 야장 : 종단 및 횡단 수준측량에서 중간점이 많을 때 적합하다.

35. 앨리데이드 : 평판을 수평으로 맞추고 목표물을 시준하여 시준선을 도상에 표시할 때 사용하는 기구

정 답

30. ② 31. ③ 32. ③ 33. ①
34. ④ 35. ③

36. 그림과 같은 삼각형의 면적은?
① 300m²
② 350m²
③ 400m²
④ 450m²

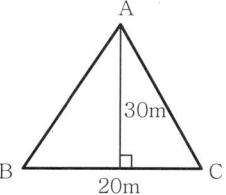

해 설

36. 면적 $= \frac{1}{2} \times$ 밑변 $\times$ 높이
$= \frac{1}{2} \times 20 \times 30 = 300 m^2$

37. GPS의 구성 요소(부분)가 아닌 것은?
① 위성에 대한 우주 부분
② 지상 관제소에서의 제어 부분
③ 측량자가 사용하는 수신기에 대한 사용자 부분
④ 수신된 정보를 분석하여 재송신하는 해석 부분

37. GPS의 구성 요소 : 우주 부분, 제어 부분, 사용자 부분

38. 노선측량의 단곡선 설치에서 곡선 시점에서의 접선과 현이 이루는 각을 이용하여 곡선을 설치하는 방법으로 정확도가 높아 많이 이용하는 것은?
① 편각법
② 지거 설치법
③ 종·횡거에 의한 설치법
④ 접선으로부터의 지거에 의한 방법

38. 편각법 : 노선측량의 단곡선 설치에서 많이 사용되는 방법으로 접선과 현이 이루는 각을 재고 테이프로 거리를 재어 곡선을 설치하는 방법으로 정밀도가 가장 높아 많이 이용된다.

39. 원심력에 의한 차량탈선을 방지하기 위하여 외측 노면을 내측 노면보다 높게 설치하는 것은?
① 저도
② 확폭
③ 캔트
④ 하도

39. 캔트 : 차량이 도로의 곡선부를 달리게 되면 원심력이 생겨 도로 바깥쪽으로 밀리려 한다. 이것을 방지하기 위하여 도로 안쪽보다 바깥쪽을 높이는 정도를 말하고 편경사라고도 한다.

40. 완화곡선의 종류가 아닌 것은?
① 클로소이드 곡선
② 렘니스케이트 곡선
③ 3차 포물선
④ 쌍곡선

40. 완화 곡선 : 3차 포물선, 클로소이드, 램니스케이트

41. 단곡선의 기본공식에서 접선길이(T.L)을 구하는 공식은?
(단, R : 곡선 반지름, I :교각)
① $R \tan \frac{I}{2}$
② $\frac{R \pi I°}{180°}$
③ $2R \sin \frac{I}{2}$
④ $R(\sec \frac{I}{2} - 1)$

41. 접선장 $= R \tan \frac{I}{2}$

42. 삼각형 세변의 거리가 a=15m, b=10m, c=13m 일 때 삼변법에 의하여 계산된 면적은?
① 54m²
② 64m²
③ 74m²
④ 84m²

42. $s = \frac{1}{2}(a+b+c)$
$= \frac{1}{2} \times (15+10+13) = 19$
$A = \sqrt{s(s-a)(s-b)(s-c)}$
$= \sqrt{19(19-15)(19-10)(19-13)}$
$= 64.06 m^2$

정 답

36. ① 37. ④ 38. ① 39. ③
40. ④ 41. ① 42. ②

43. A점의 표고가 34.6m, B점의 표고가 69.0m이며 AB간의 수평거리가 120m일 때, 표고 50m인 등고선과 A점 간의 수평거리는?
   ① 18.8m
   ② 53.7m
   ③ 66.3m
   ④ 88.6m

44. 노선측량에서 원곡선의 종류가 아닌 것은?
   ① 단곡선
   ② 3차 포물선
   ③ 반향곡선
   ④ 복심곡선

45. 지표면에서 높은 곳의 꼭대기 점을 연결한 선으로, 빗물이 이것을 경계로 흐르게 되는 지성선은?
   ① 방향 변환선
   ② 계곡선(합수선)
   ③ 능선(분수선)
   ④ 경사변환선

46. GPS 오차를 구분할 때에 시스템 오차에 속하지 않는 것은?
   ① 위성 시계 오차
   ② 전리층 굴절 오차
   ③ 수신기 오차
   ④ 위성 궤도 오차

47. 그림에서 등고선 간격이 5m이고, $A_2 = 30㎡$, $A_3 = 45㎡$이다. 양단면 평균법으로 토량을 계산한 값은?

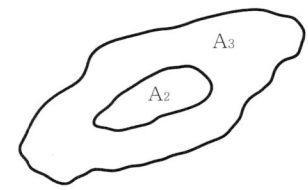

   ① 196.8㎡
   ② 187.5㎡
   ③ 1875㎡
   ④ 1968㎡

48. 단곡선 설치를 교각(I)=50°, 외할(E)=15m로 하고자 할 때 반지름(R)은?
   ① 125.10m
   ② 135.10m
   ③ 145.10m
   ④ 155.10m

49. 경사변환선에 대한 설명으로 옳은 것은?
   ① 지표면이 높은 곳의 꼭대기 점을 연결한 선
   ② 동일방향의 경사면에서 경사의 크기가 다른 두 면의 접합선
   ③ 경사가 최대로 되는 방향을 표시한 선
   ④ 지표면의 낮거나 움푹 패인 점을 연결한 선

해 설

43.

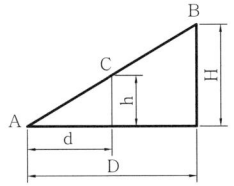

■ H=69m-34.6m=34.4m
■ D=120m
■ h=50m-34.6m=15.4m
■ H : D = h : d
　34.4:120=15.4::d
∴ d=53.7m

44. 원곡선 : 단곡선, 복심 곡선, 반향 곡선

45. 능선(분수선) : 지표면이 높은 곳의 꼭대기 점을 연결한 선으로, 빗물이 이것을 경계로 좌우로 흐르게 되는 선

46. GPS 시스템 오차 : 위성 시계 오차, 위성 궤도 오차, 전리층 굴절 오차, 대류권 굴절 오차 및 선택적 이용성에 의한 오차

47. $V = \dfrac{A_1 + A_2}{2} \times L$
　$= \dfrac{30+45}{2} \times 5 = 187.5㎡$

48. $E = R(\sec\dfrac{I°}{2} - 1)$
　$\Rightarrow R = \dfrac{E}{(\sec\dfrac{I°}{2} - 1)}$
　$= 15 \div \left(\dfrac{1}{\cos\dfrac{50°}{2}} - 1\right)$
　$= 145.10m$

49. 경사변환선 : 방향이 바뀌는 점을 연결한 선(동일방향의 경사면에서 경사의 크기가 다른 두 면의 접합선)

정 답

43. ② 44. ② 45. ③ 46. ③
47. ② 48. ③ 49. ②

50. 등고선의 측정 방법 중 간접측정법이 아닌 것은?
   ① 3점법
   ② 횡단점법
   ③ 기준점법(종단점법)
   ④ 사각형 분할법(좌표점법)

51. 노선측량에서 일반적으로 노선의 중심선을 따라 몇 m 간격으로 중심 말뚝을 설치하는가?
   ① 10m
   ② 15m
   ③ 20m
   ④ 25m

52. 지형도에서 지형의 표시 방법과 거리가 먼 것은?
   ① 등고선법   ② 음영법
   ③ 점고법   ④ 투시법

53. GPS가 사용하는 좌표계의 종류는?
   ① 지구중심좌표계   ② 지구적도좌표계
   ③ 지구극좌표계   ④ 지구준거좌표계

54. 그림과 같은 모양으로 토지를 분할하여 각 교점의 지반고를 측정하였을 때, 기준면 위의 전체단면에 대한 체적은? (단, 각 분할면의 크기는 같다.)

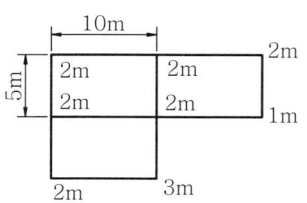

   ① 125㎥   ② 180㎥
   ③ 300㎥   ④ 450㎥

55. GPS에 대하여 설명한 것으로 틀린 것은?
   ① GPS는 미국에서 개발된 인공위성 측위시스템이다.
   ② GPS는 군사적 목적으로 개발되었다.
   ③ GPS는 3차원 위치결정이 가능하다.
   ④ GPS는 야간이나 측점간 시통이 불가능한 지역에서는 측량이 불가능하다.

해설

50. 등고선의 간접측정법 : 횡단점법, 기준점법(종단점법), 사각형 분할법(좌표점법)

51. 노선측량에서는 일반적으로 중심말뚝을 노선의 중심선을 따라 20m 마다 설치

52. 지형의 표시 방법 : 음영법, 우모법, 채색법, 점고법, 등고선법

53. 세계측지계(WGS 84) : GPS(Global Positioning System)를 이용한 위치 측정에서 사용되는 좌표계(지구중심좌표계)

54.
- $A = 5 \times 10 = 50 \text{m}^2$
- $\Sigma h_1 = 2+2+1+3+2 = 10$
- $\Sigma h_2 = 2+2 = 4$
- $\Sigma h_3 = 2$

$$V = \frac{A}{4}(\Sigma h_1 + 2\Sigma h_2 + 3\Sigma h_3 + 4\Sigma h_4)$$
$$= \frac{50}{4} \times (10 + 2 \times 4 + 3 \times 2)$$
$$= 300 \text{m}^3$$

55. 하루 24시간 이용이 가능, 기선결정의 경우 두 측점 간의 시통에 관계가 없다.

정답

50. ① 51. ③ 52. ④ 53. ①
54. ③ 55. ④

56. 그림에서 좌표값 A(0,0), B(5,2), C(2,7)인 삼각형의 면적은? (단, 좌표의 단위는 m 이다.)

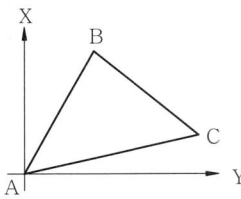

① 15.5㎡ ② 16.5㎡
③ 31.0㎡ ④ 32.0㎡

57. 각주의 체적을 구하는 공식이 아래와 같을 때, (□)에 들어갈 숫자는? (단, A_1: 하단의 면적, A_2: 상단의 면적, A_m: 중앙단면의 면적, L: A_1과 A_2 간의 거리)

$$V = \frac{L}{(\square)}(A_1 + 4A_m + A_2)$$

① 1 ② 3
③ 6 ④ 9

58. 단곡선 설치에서 곡선반지름이 200m, 시단현이 15.22m이었다면 시단현에 대한 편각은?
① 0°20′32″
② 0°41′05″
③ 1°05′24″
④ 2°10′48″

59. 등고선 중 굵은 실선으로 표시되는 것은?
① 주곡선 ② 계곡선
③ 간곡선 ④ 조곡선

60. 단곡선 설치에서 기점에서부터 곡선시점까지의 거리가 279.32m일 때, 기점으로부터 곡선종점까지의 거리는? (단, 교각 I=54°12′, 곡선 반지름 R=300m)
① 512.11m
② 530.11m
③ 543.11m
④ 563.11m

해 설

56. 좌표법으로 계산

측점	X	Y	$(X_{n-1} - X_{n+1})Y_n$
A	0	0	(2-5)×0 = 0
B	5	2	(0-2)×2 = -4
C	2	7	(5-0)×7 = 35
계			배면적 = 31

∴ 면적$(A) = \dfrac{배면적}{2}$
$= \dfrac{31}{2} = 15.5㎡$

57. 각주 공식 : 다각형으로 된 양 단면이 평행하고 측면이 전부 평면으로 된 입체를 각주라 한다.

$$V = \frac{L}{6}(A_1 + 4A_m + A_2)$$

58. 편각$(\delta) = \dfrac{\ell}{2R} \times \dfrac{180°}{\pi}$
$= \dfrac{15.22}{2 \times 200} \times \dfrac{180°}{\pi}$
$= 2°10′48″$

59. 주곡선 : 가는 실선
    계곡선 : 굵은 실선
    간곡선 : 가는 긴 파선
    조곡선 : 가는 짧은 파선

60. B.C 거리=279.32m
    C.L=0.0174533RI
    =0.0174533×300×54°12′
    =283.79m
    E.C 거리=B.C 거리+C.L
    =279.32+283.79=563.11m

정 답

56. ① 57. ③ 58. ④ 59. ②
60. ④

모의고사(Ⅶ)

1. 다음 〈설명〉은 삼각점의 선점에 대한 내용이다. (   )안에 알맞은 것은?

    〈설 명〉
    삼각점의 선점은 측량의 목적, 정확도 등을 고려하여 결정한다. 삼각형은 정삼각형에 가까울수록 각관측 오차가 변길이 계산에 끼치는 영향이 적으므로 정삼각형이 되게 하고 지형에 따라 부득이할 때에는 한 내각의 크기를 (   )° 내에 있도록 해야 한다.

    ① 10~70
    ② 20~80
    ③ 30~120
    ④ 40~150

2. 평판측량에서 지상측선 방향과 도상측선 방향을 일치시키는 작업은?
    ① 표정
    ② 정준
    ③ 구심
    ④ 시준

3. 삼각측량의 작업 순서로 옳은 것은?
    ① 답사 및 선점 – 조표 – 관측 – 계산 – 성과표 작성
    ② 조표 – 성과표 작성 – 답사 및 선점 – 관측 – 계산
    ③ 조표 – 관측 – 답사 및 선점 – 성과표 작성 – 계산
    ④ 답사 및 선점 – 관측 – 조표 – 계산 – 성과표 작성

4. 평판측량에서 사용되는 엘리데이드에 관한 설명으로 틀린 것은?
    ① 지름 0.2㎜의 시준사와 3개의 시준공으로 되어 있다.
    ② 축척자는 방향선을 긋고 시준점을 표시할 때 사용된다.
    ③ 기포관에서 기포관의 곡률 반지름은 15m~20m로 평판을 세울 때 구심을 맞추기 위해 사용된다.
    ④ 정준간은 측량 도중 수평이 틀렸을 때 엘리데이드의 수평을 교정하는데 사용된다.

5. 표에서 합위거, 합경거를 이용하여 폐합 트래버스의 면적을 계산한 것은? (단, 단위는 m 이다.)

측점	합위거	합경거
A	0	0
B	4	5
C	1	5

    ① 30.5㎡
    ② 15.5㎡
    ③ 7.5㎡
    ④ 4.0㎡

해 설

1. 삼각형은 정삼각형에 가깝게 하고, 부득이 할 때는 한 내각의 크기를 30°~120° 범위로 한다.

2. 표정 : 평판측량에서 지상측선 방향과 도상측선 방향을 일치시키는 작업

3. 삼각측량의 작업 순서
   답사 및 선점 - 조표 - 관측 - 계산 - 성과표 작성

4. 기포관의 곡률 반지름은 1.0m~1.5m로 평판을 수평으로 세울 때 사용된다.

5. 합위거와 합경거는 각 측점의 좌표이므로 좌표법으로 면적을 계산한다.

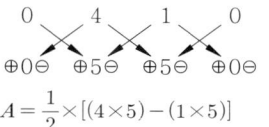

$A = \dfrac{1}{2} \times [(4 \times 5) - (1 \times 5)]$
$= 7.5㎡$

정 답

1. ③ 2. ① 3. ① 4. ③ 5. ③

6. 1각을 측정 횟수가 다르게 측정하여 다음의 값을 얻었다. 최확값은?
   [49°59′58″(1회 측정), 50°00′00″(2회 측정), 50°00′02″(5회 측정)]
   ① 49°59′59″
   ② 50°00′00″
   ③ 50°00′01″
   ④ 50°00′02″

해설

6. 최확치 = $\dfrac{P_1\ell_1 + P_2\ell_2 + P_3\ell_3}{P_1 + P_2 + P_3}$
   경중률은 횟수에 비례 1 : 2 : 5
   $\dfrac{(1 \times 49°59'58") + (2 \times 50°00'00") + (5 \times 50°00'02")}{(1+2+5)}$
   = 50°00′01″

7. 수준측량시 한 측점에서 동시에 전시와 후시를 모두 취하는 점을 무엇이라 하는가?
   ① 전시점   ② 후시점
   ③ 중간점   ④ 이기점

7. 이기점(turning point, T.P) : 전후의 측량을 연결하기 위하여 전시와 후시를 함께 취하는 점으로 다른 점에 영향을 주므로 정확하게 관측해야 한다.

8. 삼각망의 제2조정각 54°56′15″에 대한 표차 값은?
   ① 11.54   ② 12.81
   ③ 13.45   ④ 14.78

8. 표차
   = $\dfrac{1}{\tan\theta} \times 21.055 = 21.055 \div \tan\theta$
   = $21.055 \div \tan 54°56'15" = 14.78$

9. 임의 측선의 방위각 계산에서 진행방향 오른쪽 교각을 측정했을 때의 방위각 계산은?
   ① 전 측선 방위각 + 180° − 그 측점의 교각
   ② 전 측선 방위각 × 180° + 그 측점의 교각
   ③ 전 측선 방위각 × 180° − 그 측점의 교각
   ④ 전 측선 방위각 − 180° + 그 측점의 교각

9. 방위각
   = 전 측선 방위각 + 180° ± 교각
   ■ 오른쪽 교각 측정 : −교각
   ■ 왼쪽 교각 측정 : +교각

10. 250m의 거리를 50m 줄자로 측정하였다. 그러나 50m 측정에 우연오차가 ±1cm 발생 하였다면 전체 길이에 대한 우연오차는 얼마인가?
    ① ±5cm   ② ±4cm
    ③ ±3.5cm   ④ ±2.2cm

10. 측정횟수 = 250m ÷ 50m = 5회
    우연오차 = $\pm b\sqrt{n}$
    = $\pm 1\text{cm}\sqrt{5} = \pm 2.2\text{cm}$
    (n : 측정횟수, b : 1회 측정 오차)

11. 교호 수준 측량을 하여 그림과 같은 성과를 얻었다. 이때 A점과 B점의 표고차는?
    (단, $a_1 = 1.745\text{m}$, $a_2 = 2.452\text{m}$, $b_1 = 1.423\text{m}$, $b_2 = 2.118\text{m}$)

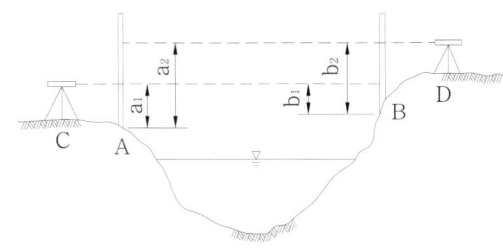

    ① 0.251m   ② 0.289m
    ③ 0.328m   ④ 0.354m

11. $\Delta h = \dfrac{(a_1 + a_2) - (b_1 + b_2)}{2}$
    = $\dfrac{(1.745 + 2.452) - (1.423 + 2.118)}{2}$
    = 0.328m

정답

6. ③ 7. ④ 8. ④ 9. ① 10. ④
11. ③

12. 2점간의 거리를 A가 3회 측정하여 30.4m, B가 2회 측정하여 28.4m를 얻었다. 이 거리의 최확값은?
   ① 28.6m
   ② 29.4m
   ③ 29.6m
   ④ 30.2m

13. 두 개의 수준점 A점과 B점에서 C점의 높이를 구하기 위하여 직접 수준 측량을 하여 A점으로부터 높이 75.363m(거리 2km), B점으로부터 높이 75.377m(거리 5km)의 결과를 얻었을 때 C점의 보정된 높이는 얼마인가?

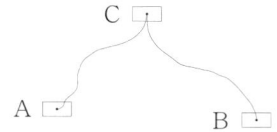

   ① 75.364m
   ② 75.367m
   ③ 75.370m
   ④ 75.373m

14. 다음 중 측량 목적에 따른 분류와 거리가 먼 것은?
   ① GPS 측량
   ② 지형 측량
   ③ 노선 측량
   ④ 항만 측량

15. 축척 1:100으로 평판측량을 할 때, 엘리데이드의 외심거리 e=20mm에 의해 생기는 허용 오차는?
   ① 0.2mm
   ② 0.4mm
   ③ 0.6mm
   ④ 0.7mm

16. 수준측량 결과 발생하는 고저의 오차는 거리와 어떤 관계를 갖는가?
   ① 거리에 비례한다.
   ② 거리에 반비례한다.
   ③ 거리의 제곱근에 비례한다.
   ④ 거리의 제곱근에 반비례한다.

17. 우리나라의 기본 수준 측량의 1등 수준 측량에 대한 수준점은 보통 얼마마다 설치되어 있는가?
   ① 100~500m
   ② 2~4km
   ③ 10~15km
   ④ 50~60km

18. 우리나라 측량의 평면 직각 좌표계의 기본 원점 중 동부 원점의 위치는?
   ① 동경 125° 북위 38°
   ② 동경 129° 북위 38°
   ③ 동경 38° 북위 125°
   ④ 동경 38° 북위 129°

해 설

12. 최확값 = $\dfrac{P_1 \ell_1 + P_2 \ell_2}{P_1 + P_2}$
   = $\dfrac{30.4 \times 3 + 28.4 \times 2}{3 + 2}$
   = 29.6m

13. 경중률은 거리에 반비례하므로,
   $P_1 : P_2 = \dfrac{1}{2} : \dfrac{1}{5} = 5 : 2$
   최확치
   = $\dfrac{(5 \times 75.363) + (2 \times 75.377)}{5 + 2}$
   = 75.367m

14. GPS 측량은 측량 기계에 따른 분류에 속한다.

15. 외심오차 = $\dfrac{외심거리}{축척의 분모수}$
   = $\dfrac{20mm}{100}$ = 0.2mm

16. 수준측량 결과 발생하는 고저의 오차는 거리의 제곱근에 비례한다.

17. 1등 수준 측량 : 기본측량의 표고 기준점 측량으로서 공공측량 및 그 밖의 측량 기준이 되는 1등 수준점의 표고를 결정하기 위한 측량으로, 2~4km마다 설치되어 있다.

18. 서부 원점 : 동경125° 북위38°
   중부 원점 : 동경127° 북위38°
   동부 원점 : 동경129° 북위38°

정 답

12. ③ 13. ② 14. ① 15. ①
16. ③ 17. ② 18. ②

19. 트래버스 측량의 측각법 중 교각법에 대한 설명으로 옳은 것은?
   ① 앞 측선의 연장선과 다음 측선이 이루는 각을 측정하는 방법이다.
   ② 자북을 기준으로 시계방향으로 측정한 수평각을 측정하는 방법이다.
   ③ 서로 이웃하는 두 개의 측선이 만드는 각을 측정하는 방법이다.
   ④ 남북을 기준으로 좌우측으로 각각 측정하는 방법이다.

20. 다음 중 트래버스 측량에 관한 설명 중 옳은 것은?
   ① 컴퍼스 법칙은 각과 거리측량의 정도가 같은 경우에 이용된다.
   ② 위거=거리×(sin θ)(여기서 θ=방위각)
   ③ N 36° W 인 측선의 경거는 (+)이다.
   ④ 방위각은 90° 이상의 각이 있을 수 없다.

21. 다음 중 축척이 가장 큰 것은?
   ① 1/500   ② 1/1,000
   ③ 1/3,000 ④ 1/5,000

22. 삼각형의 내각을 측정하였더니 ∠A=68°01′20″, ∠B=51°59′10″, ∠C=60°00′15″가 되었다. 보정 후의 ∠B는?
   ① 51°59′25″   ② 51°58′25″
   ③ 51°58′55″   ④ 51°59′35″

23. 트래버스 측량에서 경거 및 위거의 용도가 아닌 것은?
   ① 오차 및 정도의 계산   ② 실측도의 좌표 계산
   ③ 오차의 합리적 배분   ④ 측점의 표고 계산

24. 직각좌표에 있어서 2점 A(2.0m, 4.0m), B(-3.0m, -1.0m)간의 거리는?
   ① 7.07m   ② 7.48m
   ③ 8.08m   ④ 9.04m

25. 그림과 같은 수준측량에서 A와 B의 표고차는?

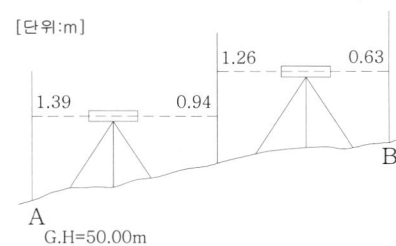

   ① 1.78m   ② 1.65m
   ③ 1.44m   ④ 1.08m

해 설

19. 교각법 : 서로 이웃하는 두 개의 측선이 만드는 각을 측정하는 방법

20. 위거=거리×(cosθ)
N 36° W 인 측선의 경거는 (-)이다.
방위각은 90° 이상의 각이 있다.

21. 분모값이 작을수록 큰 축척

22. ∠A+∠B+∠C
=68°01′20″+51°59′10″+60°00′15″
=180°00′45″
보정량= $\frac{45″}{3}$ =15″
∠B=51°59′10″-15″=51°58′55″

23. 측점의 표고 계산 : 수준 측량

24. AB의 거리
$= \sqrt{(X_B - X_A)^2 + (Y_B - Y_A)^2}$
$= \sqrt{(-3-2)^2 + (-1-4)^2}$
$= 7.07m$

25. 표고차=ΣB.S-ΣF.S
=(1.39+1.26)-(0.94+0.63)
=1.08m

정 답

19. ③ 20. ① 21. ① 22. ③
23. ④ 24. ① 25. ④

26. 그림과 같은 결합 트래버스에서 AC와 BD의 방위각이 Wa, Wb이고 A에서 순서대로 교각이 $\alpha_1, \alpha_2, \cdots, \alpha_n$이면 측각오차를 구하는 식으로 맞는 것은?

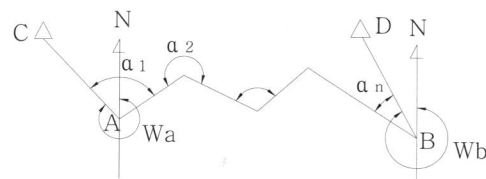

① $\triangle\alpha = Wa + \Sigma\alpha - (n+1)180° - Wb$
② $\triangle\alpha = Wa + \Sigma\alpha - (n-1)180° - Wb$
③ $\triangle\alpha = Wa + \Sigma\alpha - (n-2)180° - Wb$
④ $\triangle\alpha = Wa + \Sigma\alpha - (n-3)180° - Wb$

27. 트래버스 측량에서 좌표 원점을 중심으로 X(N)=150.25m, Y(E)=-50.48m 일 때의 방위는?
① N 71°25′W
② N 18°34′W
③ N 71°25′E
④ N 18°34′E

28. 수평각 측정에서 배각법의 특징에 대한 설명으로 옳지 않은 것은?
① 배각법은 방향각법과 비교하여 읽기오차의 영향을 적게 받는다.
② 눈금의 부정에 의한 오차를 최소로 하기 위하여 n회의 반복결과가 360°에 가깝게 해야 한다.
③ 눈금을 직접 측정할 수 없는 미량의 값을 누적하여 반복회수로 나누면 세밀한 값을 읽을 수 있다.
④ 배각법은 수평각 관측법 중 가장 정밀한 방법이다.

29. 광파 거리 측량기를 전파 거리 측량기와 비교할 때 특징이 아닌 것은?
① 안개나 비 등의 기후에 영향을 받지 않는다.
② 비교적 단거리 측정에 이용된다.
③ 작업 인원이 적고, 작업 속도가 신속하다.
④ 일반 건설 현장에서 많이 사용된다.

30. 측량한 측선의 길이가 586m이고 정밀도가 1/600 이었다면 이때 오차는 몇 cm 인가?
① 95.57cm   ② 96.57cm
③ 97.67cm   ④ 98.67cm

해설

26. $\triangle\alpha = Wa + \Sigma\alpha - (n-1)180° - Wb$

27. $\theta = \tan^{-1}\left(\dfrac{Y_B - Y_A}{X_B - X_A}\right)$
$= \tan^{-1}\left(\dfrac{-50.48}{150.25}\right) = -18°34′$
$= 341°26′$ (4상한)
방위는 N 18°34′ W

28. 수평각 관측법 중 가장 정밀한 방법으로 1, 2등 삼각 측량에 주로 사용되는 수평각 측정 방법은 각 관측법이다.

29. 안개, 비 등에는 영향을 받아 관측 성과가 떨어진다.

30. 정밀도 $= \dfrac{오차}{측정량} = \dfrac{1}{600}$
오차 $= \dfrac{측정량}{600} = \dfrac{58600\text{cm}}{600}$
$= 97.67$cm

정답

26. ② 27. ② 28. ④ 29. ①
30. ③

31. 임의의 기준선으로부터 어느 측선까지 시계 방향으로 잰각을 무엇이라 하는가?
   ① 방향각 ② 방위각
   ③ 연직각 ④ 천정각

32. 다음 중앙 종거법에 의한 곡선 설치 방법에서 M3의 값은? (단, 곡선반지름 R=300m, 교각 I=70°)

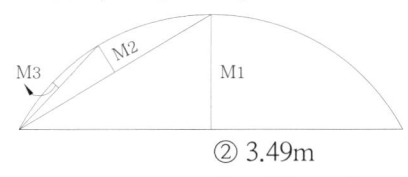

   ① 2.51m ② 3.49m
   ③ 5.02m ④ 6.98m

33. 등고선의 성질에 대한 설명으로 틀린 것은?
   ① 같은 등고선 위의 모든 점은 높이가 같다.
   ② 한 등고선은 도면 안 또는 밖에서 반드시 서로 폐합된다.
   ③ 높이가 다른 두 등고선은 동굴이나 절벽에서 반드시 한 점에 교차한다.
   ④ 경사가 급한 곳에서는 등고선의 간격이 좁다.

34. 면적 계산법 중 수치 계산법이 아닌 것은?
   ① 삼사법 ② 좌표법
   ③ 배횡거법 ④ 지거법

35. 지표면 상의 지물, 지모에 관한 상호 위치 관계를 평면적, 수직적으로 결정한 측량을 무엇이라 하는가?
   ① 삼각측량 ② 지형측량
   ③ 시거측량 ④ 토지측량

36. 그림과 같은 지형을 평탄지로 만들기 위하여 정지작업을 할 때 평균 계획고는?

   (단위 : m)
   283.5 282.1 280.5
   282.3 280.5 280.8

   ① 281.5m ② 282.5m
   ③ 283.5m ④ 284.5m

해 설

31. 방향각 : 임의의 기준선으로부터 어느 측선까지 시계 방향으로 잰 수평각

32. $M_1 = R(1 - \cos\frac{I°}{2})$
   $M_2 = R(1 - \cos\frac{I°}{4})$
   $M_3 = R(1 - \cos\frac{I°}{8})$
   $= 300 \times (1 - \cos\frac{70°}{8})$
   $= 3.49m$

33. 높이가 다른 두 등고선은 동굴이나 절벽의 지형이 아닌 곳에서는 교차하지 않는다. 동굴이나 절벽에서는 2점에서 교차한다.

34. 지거법 : 도해 계산법

35. 지형측량 : 지표면 상의 지물, 지모에 관한 상호 위치 관계를 평면적, 수직적으로 결정한 측량

36. $\Sigma h_1 = 283.5 + 280.5 + 280.8 + 282.3$
   $= 1127.1$
   $2\Sigma h_2 = 2 \times (282.1 + 280.5) = 1125.2$
   토량(V) $= \frac{A}{4}(\Sigma h_1 + 2\Sigma h_2)$
   $= \frac{A}{4}(2252.3)$
   계획고(h) $= \frac{V}{nA}$
   $= \frac{A \times 2252.3}{2 \times A \times 4} = 281.5m$

■별해
   [283.5+(2×282.1)+280.5+280.8+(2×280.5)+282.3]÷8=281.5m

정 답

31. ① 32. ② 33. ③ 34. ④
35. ② 36. ①

37. 고속도로의 완화 곡선으로 주로 사용되는 것은?
  ① 원곡선
  ② 3차 포물선
  ③ 클로소이드 곡선
  ④ 램니스케이트 곡선

38. GPS의 구성 요소(부분)가 아닌 것은?
  ① 위성에 대한 우주 부분
  ② 지상 관제소에서의 제어 부분
  ③ 측량자가 사용하는 수신기에 대한 사용자 부분
  ④ 수신된 정보를 분석하여 재송신하는 해석 부분

39. 일반적으로 축척 1:5,000 지형도에서 주곡선의 간격은 몇 m로 설치하는가?
  ① 1m
  ② 5m
  ③ 10m
  ④ 20m

40. 곡선이 수평면 내에 있는 것을 무엇이라 하는가?
  ① 평면 곡선
  ② 수직 곡선
  ③ 횡단 곡선
  ④ 종단 곡선

41. 노선의 위치 선정 시 가장 많이 사용되는 측량결과는?
  ① 항공사진측량에 의한 지형도
  ② 평판측량에 의한 지형도
  ③ 등고선법에 의한 지형도
  ④ 종합측량도

42. 지형도에서 지형의 표시 방법에 해당 되지 않는 것은?
  ① 등고선법
  ② 음영법
  ③ 점고법
  ④ 투시법

43. 곡선 반지름 R=200m의 원곡선 설치에서 ℓ=20m에 대한 편각은?
  ① 2°51′53″
  ② 3°24′47″
  ③ 4°06′24″
  ④ 4°57′30″

해설

37. 완화 곡선
  - 3차 포물선 : 철도
  - 클로소이드 곡선 : 고속도로
  - 램니스케이트 곡선 : 인터체인지나 입체 교차로

38. GPS의 구성 요소
  ① 위성에 대한 우주 부분
  ② 지상 관제소에서의 제어 부분
  ③ 측량자가 사용하는 수신기에 대한 사용자 부분

39. 주곡선 : 가는 실선
  1 : 1,000 ⇒ 1m
  1 : 5,000 ⇒ 5m
  1 : 25,000 ⇒ 10m
  1 : 50,000 ⇒ 20m

40. 곡선을 포함되는 위치에 따라 구분할 때, 수평면 내에 위치하는 곡선⇒평면 곡선

41. 노선 측량은 도로, 철도 등 폭이 좁고 길이가 긴 구조물의 건설을 위한 설계 자료를 수집하기 위한 측량 작업이다. 조사와 설계를 위한 1단계 측량에서는 주로 항공 사진 측량이 많이 이용되고 있으며, 축척 1:50,000, 1:25,000, 1:5,000의 지형도가 잘 정비된 지역에서는 지형 측량을 하지 않고 기존의 지형도를 그대로 이용한다. 공사 측량을 위한 2단계 측량에서는 주로 지형 측량 방법이 이용된다.

42. 지형의 표시 방법 : 음영법, 우모법, 채색법, 점고법, 등고선법

43. 편각 $= \dfrac{\ell}{2R} \times \dfrac{180°}{\pi}$
  $= \dfrac{20}{2 \times 200} \times \dfrac{180°}{\pi}$
  $= 2°51′53″$

정답

37. ③ 38. ④ 39. ② 40. ①
41. ① 42. ④ 43. ①

44. 수신기 1대를 이용하여 위치를 결정할 수 있는 GPS측량 방법인 1점 측위는 시간 오차까지 보정하기 위해서 최소 몇 대 이상의 위성으로부터 수신하여야 하는가?
① 1대
② 2대
③ 3대
④ 4대

45. 사각형 ABCD의 면적은 얼마인가? (단, 좌표의 단위는 m 이다.)

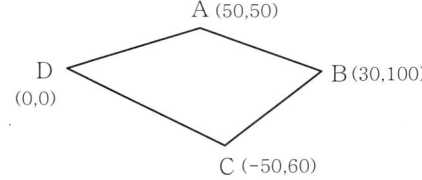

① 4950m²
② 5050m²
③ 5150m²
④ 5250m²

46. 좌표를 알고 있는 기지점으로부터 출발하여 다른 기지점에 연결하는 측량방법으로 높은 정확도를 요구하는 대규모 지역의 측량에 이용되는 트래버스는?
① 폐합 트래버스
② 결합 트래버스
③ 개방 트래버스
④ 트래버스 망

47. 우리나라 평면 직각 좌표계의 명칭과 투영점의 위치(동경)가 옳지 않은 것은?
① 명칭 : 서부좌표계, 투영점의 위치(동경) : 125°
② 명칭 : 중부좌표계, 투영점의 위치(동경) : 127°
③ 명칭 : 동부좌표계, 투영점의 위치(동경) : 129°
④ 명칭 : 제주좌표계, 투영점의 위치(동경) : 131°

48. 그림에서 측선 BC의 방위각(α)은?
(단, ∠A= 120°10′50″, ∠B= 240°30′10″)

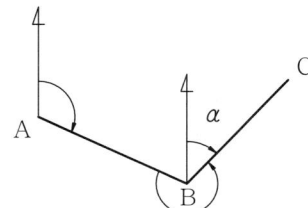

① 239°40′40″
② 59°40′40″
③ 0°41′00″
④ 180°41′00″

해설

44. 3차원 위치 결정을 위해서는 3대의 위성으로부터 수신하면 된다. 그러나 시간 오차도 미지수에 속하므로 모두 4대의 위성으로부터 수신하여야 한다.

45. 좌표법으로 계산

측점	X	Y	$(X_{n-1}-X_{n+1})Y_n$
A	50	50	(0-30)×50 = -1,500
B	30	100	(50-(-50))×100 = 10,000
C	-50	60	(30-0)×60 = 1,800
D	0	0	(-50-50)×0 = 0
계			배면적 = 10,300

$$\therefore 면적(A) = \frac{배면적}{2} = \frac{10,300}{2} = 5,150 m²$$

46. 결합 트래버스 : 좌표를 알고 있는 기지점으로부터 출발하여 다른 기지점에 연결하는 측량방법으로 높은 정확도를 요구하는 대규모 지역의 측량에 이용되는 트래버스

47. 서부 원점 : 동경125° 북위38°
중부 원점 : 동경127° 북위38°
동부 원점 : 동경129° 북위38°

48. AB측선의 방위각=120°10′50″
BC측선의 방위각
=AB측선의 방위각+180°-교각
=120°10′50″+180°-240°30′10″
=59°40′40″

정답

44. ④ 45. ③ 46. ② 47. ④
48. ②

49. 지구 반지름 R=6370km라 하고 거리의 허용 정밀도가 10^{-7}일 때, 평면으로 간주 할 수 있는 지름은?
   ① 7km
   ② 10km
   ③ 12km
   ④ 15km

50. 전파 거리 측량기와 비교할 때 광파 거리 측량기에 대한 설명이 아닌 것은?
   ① 안개나 비 등의 기후에 영향을 받지 않는다.
   ② 비교적 단거리 측정에 이용된다.
   ③ 작업 인원이 적고, 작업 속도가 신속하다.
   ④ 일반 건설 현장에서 많이 사용된다.

51. 임의 측선의 방위각 계산에서 진행방향 오른쪽 교각을 측정했을 때의 방위각 계산은?
   ① 전 측선 방위각 + 180° − 그 측점의 교각
   ② 전 측선 방위각 × 180° + 그 측점의 교각
   ③ 전 측선 방위각 × 180° − 그 측점의 교각
   ④ 전 측선 방위각 − 180° + 그 측점의 교각

52. 평탄지에서 측점의 수 9개인 트래버스 측량을 한 결과 측각오차가 30″ 발생하였다면 오차의 처리방법으로 가장 적합한 것은? (단, 각 관측의 정밀도는 같다.)
   ① 다시 측량을 실시한다.
   ② 각의 크기에 비례하여 오차 조정한다.
   ③ 각 각에 등배분하여 오차 조정한다.
   ④ 변의 크기에 비례하여 오차 조정한다.

53. 수평각 측정에서 배각법의 특징에 대한 설명으로 옳지 않은 것은?
   ① 배각법은 방향각법과 비교하여 읽기오차의 영향을 적게 받는다.
   ② 눈금의 부정에 의한 오차를 최소로 하기 위하여 n회의 반복결과 360°에 가깝게 하는 것이 좋다.
   ③ 눈금을 직접 측정할 수 없는 미량의 값을 누적하여 반복회수로 나누면 세밀한 값을 읽을 수 있다.
   ④ 배각법은 수평각 관측법 중 가장 정밀한 방법이다.

54. 각 관측에서 망원경을 정, 반으로 관측 평균하여도 소거되지 않는 오차는?
   ① 시준축과 수평축이 직교하지 않아 발생되는 오차
   ② 수평축과 연직축이 직교하지 않아 발생되는 오차
   ③ 연직축이 정확히 연직선에 있지 않아 발생되는 오차
   ④ 회전축에 대하여 망원경의 위치가 편심되어 발생되는 오차

해 설

49. 허용 정밀도 $= \dfrac{\ell^2}{12R^2} = \dfrac{1}{10^7}$

$\ell = \sqrt{\dfrac{12 \times 6370^2}{10000000}} \fallingdotseq 7km$

50. 안개, 비 등에는 영향을 받아 관측 성과가 떨어진다.

51. 방위각
   =전 측선 방위각+180°±교각
   ■ 오른쪽 교각 측정 : −교각
   ■ 왼쪽 교각 측정 : +교각

52. 평탄지에서 오차의 허용 범위 :
   $30''\sqrt{n} \sim 60''\sqrt{n}$
   $= 30''\sqrt{9} \sim 60''\sqrt{9} = 90'' \sim 180''$
   허용 범위 안이므로 각의 크기에 관계없이 등분배한다.

53. 수평각 관측법 중 가장 정확한 방법으로 1, 2등 삼각 측량에 주로 사용되는 수평각 측정 방법은 각 관측법이다.

54. 연직축 오차 : 연직축이 정확히 연직선에 있지 않아서 생기며 망원경을 정위, 반위로 측정하여 관측값을 평균하여도 제거되지 않는 오차

정 답

49. ① 50. ① 51. ① 52. ③
53. ④ 54. ③

55. 수준측량의 오차 중 기계적인 원인이 아닌 것은?
    ① 레벨 조정의 불완전
    ② 레벨 기포관의 둔감
    ③ 망원경 조준시의 시차
    ④ 기포관 곡률의 불균일

56. 트래버스 측량에서 서로 이웃하는 2개의 측선이 만드는 각을 측정해 나가는 방법은?
    ① 편각법
    ② 방위각법
    ③ 교각법
    ④ 전원법

57. 어느 측선의 배횡거를 구하고자 할 때 계산 방법으로 옳은 것은?
    ① 해당 측선 경거+해당 측선 위거
    ② 전 측선의 배횡거+해당 측선 경거+해당 측선 위거
    ③ 전 측선의 배횡거+전 측선 경거+해당 측선 경거
    ④ 전 측선의 배횡거+전 측선 경거+전 측선 위거

58. 표준자보다 1.5㎝가 긴 20m 줄자로 거리를 잰 결과 180m였다. 실제 거리는 얼마인가?
    ① 179.865m
    ② 180.135m
    ③ 180.215m
    ④ 180.531m

59. 경중률에 대한 일반적인 설명으로 틀린 것은?
    ① 경중률은 관측회수에 비례한다.
    ② 서로 다른 조건으로 관측했을 때 경중률은 다르다.
    ③ 경중률은 관측거리에 반비례한다.
    ④ 경중률은 표준편차에 반비례한다.

60. 그림에서 삼변측량에 적용하는 코사인 제 2법칙에서 cosB를 구하는 식은 어느 것인가?

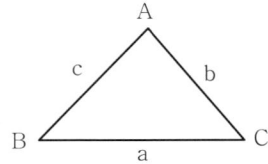

① $\dfrac{a^2+c^2-b^2}{ac}$
② $\dfrac{a^2+c^2-b^2}{2ac}$
③ $\dfrac{a^2+b^2-c^2}{ab}$
④ $\dfrac{a^2+b^2-c^2}{2ab}$

해 설

55. 망원경 조준시의 시차는 관측자의 개인적인 오차이다.

56. 교각법 : 트래버스 측량에서 서로 이웃하는 2개의 측선이 만드는 각을 측정해 나가는 방법

57. 어느 측선의 배횡거=전 측선의 배횡거+전 측선 경거+해당 측선 경거

58. 실제 거리
$$= 관측\ 길이 \times \dfrac{부정\ 길이}{표준\ 길이}$$
$$= 180 \times \dfrac{20+0.015}{20}$$
$$= 180.135m$$
■ 표준길이보다 길면(+), 짧으면(-)

59. 경중률은 표준편차 제곱에 반비례한다.

60. $\cos A = \dfrac{b^2+c^2-a^2}{2bc}$,
$\cos B = \dfrac{a^2+c^2-b^2}{2ac}$,
$\cos C = \dfrac{a^2+b^2-c^2}{2ab}$

정 답

55. ③ 56. ③ 57. ③ 58. ②
59. ④ 60. ②

모의고사(VIII)

1. 삼각측량을 위한 삼각점 선점을 위하여 고려하여야 할 사항으로 가장 거리가 먼 것은?
   ① 삼각형은 되도록 정삼각형에 가까울 것
   ② 다음 측량을 하기에 편리한 위치일 것
   ③ 삼각점의 보존이 용이한 곳일 것
   ④ 직접 수준측량이 용이한 곳일 것

2. 교호수준측량에 관한 설명 중 옳지 않은 것은?
   ① 두 측점 사이에 강, 호수, 하천 등이 있어 중간에 기계를 세울 수 없을 때 사용한다.
   ② 양쪽 안에서 측량하고 두 점의 표고차를 2회 산출하여 평균한다.
   ③ 양쪽 안에 설치된 레벨과 바로 앞 표척간의 거리는 서로 다른 거리를 취하여야 한다.
   ④ 지면과 수면 위의 공기의 밀도차에 대한 보정과 시준측 오차를 소거하기 위하여 교호수준측량을 한다.

3. 평판측량 방법 중 어느 한 점에서 출발하여 측점의 방향과 거리를 측정하고 다음 측점으로 평판을 옮겨 차례로 측정하여 최종 측점에 도착하는 측량방법은?
   ① 교회법
   ② 방사법
   ③ 편각법
   ④ 전진법

4. 구차와 기차를 합친 양차의 값은 얼마 정도인가?
   (단, R= 6370km, K = 0.14, L = 수평거리[km])
   ① 4.45 L^2 [cm]
   ② 5.65 L^2 [cm]
   ③ 6.75 L^2 [cm]
   ④ 8.24 L^2 [cm]

5. 임의 측선의 방위가 N 30°20′20″W일 때 방위각은 얼마인가?
   ① 30°20′20″
   ② 210°20′20″
   ③ 329°39′40″
   ④ 120°20′20″

6. 평판측량의 특징에 대한 설명으로 잘못된 것은?
   ① 현장에서 잘못된 곳을 발견하기 쉽다.
   ② 부속품이 많아서 분실하기 쉽다.
   ③ 기후의 영향을 많이 받는다.
   ④ 전체적으로 정확도가 높다.

해 설

1. 삼각점들의 수평 위치(X, Y)를 결정하는 방법

2. 양안에서 표척과 기계간의 거리는 같게 한다.

3. 전진법 : 어느 한 점에서 출발하여 측점의 방향과 거리를 측정하고 다음 측점으로 평판을 옮겨 차례로 측정하여 최종 측점에 도착하는 측량방법

4. 양차 $= \dfrac{(1-K)\ell^2}{2R}$
   $= \dfrac{(1-0.14)L^2}{2\times 6370}$
   $= 0.0000675 L^2 [\text{km}]$
   $= 6.75 L^2 [\text{cm}]$

5. 4상한에 있으므로
   360°-30°20′20″=329°39′40″

6. 전체적으로 정밀도가 낮다.

정 답

1. ④ 2. ③ 3. ④ 4. ③ 5. ③
6. ④

7. 다음 중 측량의 오차에서 개인오차가 아닌 것은?
   ① 시각 및 습성
   ② 조작의 불량
   ③ 부주의 및 과오
   ④ 광선의 굴절

8. 삼각측량에서 삼각법(사인법칙)에 의해 변 a의 길이를 구하는 식으로 옳은 것은? (단, b는 기선 임)

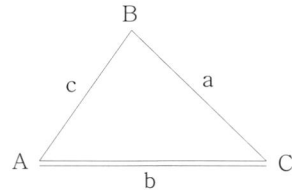

   ① log a= log b+log sinA+log sinB
   ② log a= log b+log sinA−log sinB
   ③ log a= log b−log sinA−log sinB
   ④ log a= log b−log sinA+log sinB

9. 다음 수평각 관측방법 중 가장 정확한 값을 구할 수 있는 것은?
   ① 방향각 관측법
   ② 배각 관측법
   ③ 조합각 관측법
   ④ 단각 관측법

10. 평판 측량에서 폐합비가 허용오차 이내일 경우 어떻게 처리하는가?
    ① 출발점으로부터 측점까지의 거리에 비례하여 배분
    ② 각 측선의 길이에 비례하여 배분
    ③ 각 측선의 길이에 반비례하여 배분
    ④ 출발점으로부터 측점까지의 거리에 반비례하여 배분

11. 그림과 같은 유심 삼각망에서 측점 방정식의 수는?
    ① 3
    ② 2
    ③ 1
    ④ 0

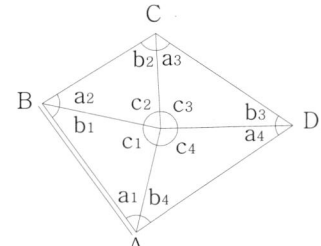

해 설

7. 광선의 굴절 : 자연적인 원인

8. $\dfrac{a}{\sin A} = \dfrac{b}{\sin B}$ 에서
   $a = b \times \dfrac{\sin A}{\sin B}$ 에 대수를 취하면
   log a = log b +log sin A − log sin B

9. 수평각 관측법 중 가장 정확한 방법으로 1, 2등 삼각 측량에 주로 사용되는 수평각 측정 방법은 조합각 관측법이다.

10. 출발점으로부터 측점까지의 거리에 비례하여 배분

11. 측점 조건
    ① 한 측점에서 측정한 여러 각의 합은 그 전체를 한각으로 측정한 각과 같다.
    ② 한 측점의 둘레에 있는 모든 각을 합한 것은 360°이다.
    ③ $c_1 + c_2 + c_3 + c_4 = 360°$
    ④ 조건식의 수=한 측점에서 관측한 각의 총수−(한 측점에서 나간 변의 수−1)=4−(4−1)=1

정 답

7. ④ 8. ② 9. ③ 10. ① 11. ③

12. 도로를 설치 할 때, 종단수준측량에 대한 설명으로 틀린 것은?
   ① 노선을 따라 지표면의 고저를 측량하여 종단면도를 만드는 작업을 종단수준측량이라 한다.
   ② 야장은 주로 고차식 야장법을 많이 이용한다.
   ③ 노선을 따라 보통 20m마다 중심말뚝을 설치한다.
   ④ 경사의 변환점이 있을 때에는 추가 말뚝을 설치하여 고저차를 측정한다.

13. 측량의 3요소와 거리가 먼 것은?
   ① 각 측량
   ② 고저차 측량
   ③ 골조 측량
   ④ 거리 측량

14. 수준측량의 성과의 일부 중에서 No.3 측점의 지반고는? (단, B.M의 지반고 = 50.000m 고, 단위는 m)

측점	거리	후시	전시 T.P	전시 I.P
B.M.	0	3.520		
No.1	20			1.700
No.2	20			2.520
No.3	20	3.450	3.250	

   ① 50.270m
   ② 51.820m
   ③ 53.720m
   ④ 58.280m

15. 어느 측선의 방위가 S 45°20′W이고 측선의 길이가 64.210m일 때 이 측선의 위거는?
   ① +45.403m
   ② −45.403m
   ③ +45.138m
   ④ −45.138m

16. 삼각측량에 대한 설명으로 틀린 것은?
   ① 삼각법에 의해 삼각점의 높이를 결정한다.
   ② 각 측점을 연결하여 다수의 삼각형을 만든다.
   ③ 삼각망을 구성하는 삼각형의 내각을 관측한다.
   ④ 삼각망의 한 변의 길이를 정확하게 관측하여 기선을 정한다.

17. GPS 측량에서 위성 궤도의 고도는 약 몇 km인가?
   ① 40400km
   ② 30300km
   ③ 20200km
   ④ 10100km

해 설

12. 일반적으로 종단수준측량 야장은 기고식을 사용한다.

13. 측량이란 수평거리, 방향 및 고저차를 측정하여 지구표면상에 있는 여러 점들의 상호간의 위치를 결정하여 지도나 도면을 만들어 설계와 시공에 사용되는 모든 작업을 말한다.

14. **B.M의 기계고**
   =B.M의 지반고+B.M의 후시
   =50.000+3.520=53.520m
   No.3의 지반고
   =B.M의 기계고−No.3의 전시(TP)
   =53.520−3.250=50.270m

15. 방위각=180°+45°20′=225°20′
   위거=$\ell \times \cos\theta$
   =64.210×cos225°20′
   =−45.138m

16. 삼각법에 의해 각 변의 길이를 차례로 계산한 다음, 조건식에 의해 조정하여 삼각점들의 수평위치(X, Y)를 결정하는 방법이다.

17. 위성 궤도의 고도는 약 20,200 km(지구 지름의 약 1.5배), 주기는 0.5항성일(약 11시간 58분)

정 답

12. ② 13. ③ 14. ① 15. ④
16. ① 17. ③

18. 평면곡선으로서 원곡선의 종류가 아닌 것은?
   ① 단곡선
   ② 복심 곡선
   ③ 반향 곡선
   ④ 렘니스케이트 곡선

19. 클로소이드 곡선에서 곡률반지름 R=100m, 곡선길이 L=36m일 때 클로소이드 매개변수 A의 값은?
   ① 50m ② 60m
   ③ 80m ④ 100m

20. 지형 측량의 작업 순서로 옳은 것은?
   ① 골조측량 → 세부측량 → 측량계획작성 → 측량 원도 작성
   ② 측량계획작성 → 골조측량 → 세부측량 → 측량 원도 작성
   ③ 세부측량 → 골조측량 → 측량계획작성 → 측량 원도 작성
   ④ 측량계획작성 → 세부측량 → 측량 원도 작성 → 골조측량

21. 높이가 다른 두 등고선이 교차하는 지형으로 짝지어진 것은?
   ① 동굴 – 분지   ② 동굴 – 절벽
   ③ 산정 – 계곡   ④ 계곡 – 분지

22. GPS 수신기 오차에서 수신기 채널 잡음의 해결 방법으로 가장 알맞은 것은?
   ① 높은 건물에 근접하여 관측한다.
   ② 배터리를 교체한다.
   ③ 검증과정을 통해 보정 하거나 수신기의 노후에 의한 것일 때는 교체한다.
   ④ 수신 위성의 수를 1대로 최소화 한다.

23. 단곡선 설치에 있어서 기점으로부터 교점까지 추가 거리가 548.25m이고, 교각 I=36°15'이며, 곡선 반지름 R=100m 일 때 접선길이(T.L)는?
   ① 32.73m ② 73.32m
   ③ 52.68m ④ 37.23m

24. 축척 1:5000의 도면에서 면적을 측정한 결과 1cm²였다. 이 도면이 전체적으로 0.5% 수축된 것이라면 토지의 실제 면적은?
   ① 2450 m² ② 2475 m²
   ③ 2500 m² ④ 2525 m²

해 설

18. 원곡선 : 단곡선, 복심 곡선, 반향 곡선

19. 클로소이드는 완화 곡선으로 수평 곡선이며, 종 곡선(수직 곡선)으로는 2차 포물선이 주로 사용된다. 매개 변수 A값이 크면 곡선이 점차 완만해져 자동차의 고속 주행에 적합하다.
$A^2 = R \cdot L \Rightarrow A = \sqrt{R \cdot L}$
$= \sqrt{100 \times 36} = 60m$

20. 지형 측량의 작업 순서
측량계획작성→골조측량→세부측량→측량 원도 작성

21. 동굴이나 절벽에서는 2점에서 교차한다.

22. 수신기 오차
① 수신기 채널 잡음과 신호의 다중 경로 때문에 발생한다.
② 수신기 채널 잡음은 검증 과정을 통해 보정하거나 수신기의 노후화로 잡음이 증가하면 수신기를 교체하는 것이 좋다.
③ 신호의 다중 경로의 경우 오차의 원인이 되므로 장애물에서 멀리 떨어져 관측하는 것이 좋다.

23. $T.L = R \times \tan\frac{I}{2}$
$= 100 \times \tan\frac{36°15'}{2} = 32.73m$

24. 실제 면적
= 관측면적 × (부정%)²
= (도상면적 × M²) × (부정%)²
= (1 × 5000²) × (1.005)²
= 25250625 cm² = 2525 m²

정 답

18. ④ 19. ② 20. ② 21. ②
22. ③ 23. ① 24. ④

25. 곡선설치 방법 중 접선과 현이 이루는 각을 이용하는 방법으로 비교적 정밀도가 높은 것은?
   ① 편각법　　　　　② 중앙종거법
   ③ 지거법　　　　　④ 종횡거법

26. 지형의 표시 방법에서 건설 공사용으로 가장 널리 사용되는 것은?
   ① 채색법　　　　　② 등고선법
   ③ 점고법　　　　　④ 우모법

27. 등고선 간격이 5m이고 제한 경사 5%일 때 각 등고선의 수평 거리는?
   ① 100m　　　　　② 150m
   ③ 200m　　　　　④ 250m

28. 체적을 근사적으로 구하는 경우에 편리하며 부지의 정지 작업에 필요한 토량 산정 또는 저수지의 용량 등을 측정하는데 이용되는 것은?
   ① 단면법　　　　　② 점고법
   ③ 지거법　　　　　④ 등고선법

29. 노선측량의 작업 순서 중 노선의 기울기, 곡선, 토공량, 터널과 같은 구조물의 위치와 크기, 공사비 등을 고려하여 가장 바람직한 노선을 결정하는 단계는?
   ① 도상 계획　　　　② 도상 선정
   ③ 공사 측량　　　　④ 실측

30. 양 단면의 면적이 A_1(처음 단면적) = 70㎡, A_2(끝 단면적)= 30㎡, 중간 단면적 A_m = 45㎡가 되는 단면이 있을 때 처음 단면과 끝 단면과의 거리 h = 20m 이면 각주 공식에 의한 체적은 얼마인가?
   ① 1000㎥　　　　　② 933㎥
   ③ 900㎥　　　　　④ 880㎥

31. 우리나라 측량의 평면 직각 좌표원점 중 서부원점의 위치는?
   ① 동경 125°, 북위 38°　② 동경 127°, 북위 38°
   ③ 동경 129°, 북위 38°　④ 동경 131°, 북위 38°

32. 측지 측량에 대한 설명으로 옳은 것은?
   ① 지구표면의 일부를 평면으로 간주하는 측량
   ② 지구의 곡률을 고려해서 하는 측량
   ③ 좁은 지역의 대축척 측량
   ④ 측량기기를 이용하여 지표의 높이를 관측하는 측량

해 설

25. 편각법 : 노선측량의 단곡선 설치에서 많이 사용되는 방법으로 트랜싯으로 접선과 현이 이루는 각을 재고 테이프로 거리를 재어 곡선을 설치하는 방법으로 정밀도가 가장 높아 많이 이용된다.

26. 등고선법 : 지형의 표시 방법에서 건설 공사용으로 가장 널리 사용

27. 경사(i) = $\frac{h}{D} \times 100\%$이므로
$$D = \frac{h}{i} \times 100$$
$$= \frac{5}{5} \times 100 = 100m$$

28. 등고선법 : 체적을 근사적으로 구하는 경우에 편리하며 부지의 정지 작업에 필요한 토량 산정 또는 저수지의 용량 등을 측정하는데 이용

29. 노선의 기울기, 곡선, 토공량, 터널과 같은 구조물의 위치와 크기, 공사비 등을 고려하여 가장 바람직한 노선을 지형도 위에 기입하는 단계 : 도상 선정

30. $V = \frac{L}{6}(A_1 + 4A_m + A_2)$
$$= \frac{20}{6} \times \{70 + (4 \times 45) + 30\}$$
$$= 933m^3$$

31. 서부 원점 : 동경125° 북위38°
중부 원점 : 동경127° 북위38°
동부 원점 : 동경129° 북위38°

32. 측지 측량 : 대지 측량이라고도 하며, 지구의 곡률을 고려한 정밀 측량이다.

정 답

25. ①　26. ②　27. ①　28. ④
29. ②　30. ②　31. ①　32. ②

33. 트래버스측량의 수평각 관측법 중에서 반전법, 부전법이 있으며 한번 오차가 생기면 그 영향이 끝까지 미치므로 주의를 요하는 방법은?
① 편각법 ② 교각법
③ 방향각법 ④ 방위각법

34. 평판측량에 대한 설명으로 옳지 않은 것은?
① 측량 방법이 비교적 간단하다.
② 특별한 경우를, 제외하고 야장이 불필요하다.
③ 잘못 측량하였을 때 현장에서 쉽게 발견하여 보완할 수 있다.
④ 도면의 축척 변경이 용이하다.

35. 그림에서 ∠A 관측값의 오차 조정량으로 옳은 것은? (단, 동일조건에서 ∠A, ∠B, ∠C와 전체 각을 측정하였다.)

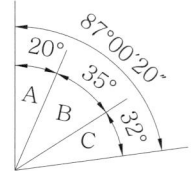

① +5″ ② +6″
③ +8″ ④ +10″

36. 트래버스 측량에 관한 설명 중 옳은 것은? (단, θ:방위각)
① 위거 = 측선거리 × sin θ
② 경거 = 측선거리 × cos θ
③ N 30° W인 측선의 경거는 (+) 이다.
④ 캠퍼스 법칙은 각과 거리 측량의 정도가 대략 같은 경우에 사용한다.

37. 자오선수차에 대한 설명으로 옳은 것은?
① 각 측선이 그 앞 측선의 연장선과 이루는 각
② 평면직교좌표를 기준으로 한 도북과 진북의 사이각
③ 도북방향을 기준으로 어느 측선까지 시계방향으로 잰 각
④ 자오선을 기준으로 어느 측선까지 시계방향으로 잰 각

38. 방위각 247° 20′40″를 방위로 표시한 것으로 옳은 것은?
① N 67° 20′ 40″ W
② S 22° 39′ 20″ W
③ S 67° 20′ 40″ W
④ N 22° 39′ 20″ W

해 설

33. 방위각법 : 한번 오차가 생기면 끝까지 영향을 미치며, 험준하고 복잡한 지형은 부적합

34. 도면의 축척 변경이 어렵다.

35. 전체각=87°00′20″
 (∠A+∠B+∠C)
 =20°+35°+32°=87°
 오차=전체각-(∠A+∠B+∠C)
 =87°00′20″-87°=20″
 조정량=20″÷4=5″
 ∠A,∠B,∠C의 합이 작으므로 +5″씩, 전체각은 크므로 -5″ 보정한다.

36. 위거 = 측선거리 × cosθ
 경거 = 측선거리 × sinθ
 N 30° W인 측선의 경거는 (-)

37.
■ 자오선수차 : 진북과 도북의 차이
■ 자침편차 : 진북과 자북의 차이
■ P점의 방향각
 =자북방위각-자침편차-자오선수차

38. 247°20′40″는 3상한에 있으므로
 247°20′40″-180°=67°20′40″
 ∴ S 67°20′40″ W

정 답

33. ④ 34. ④ 35. ① 36. ④
37. ② 38. ③

39. 장애물이 없고 비교적 좁은 지역에서 대축척으로 세부측량을 할 경우 효율적인 평판측량 방법은?
   ① 방사법
   ② 전진법
   ③ 교회법
   ④ 투사지법

40. 삼각망의 조정에서 어느 각이 62°43′44″일 때 이에 대한 표차는?
   ① 24.81
   ② 22.86
   ③ 14.77
   ④ 10.85

41. 기선 삼각망 선정시 주의사항으로 옳지 않은 것은?
   ① 삼각망이 길게 될 때에는 기선 길이 50배 정도의 간격으로 기선을 설치한다.
   ② 기선의 설정 위치는 경사가 1:25 이하로 하는 것이 바람직하다.
   ③ 1회의 기선확대는 기선길이의 3배 이내로 하는 것이 적당하다.
   ④ 기선은 여러 번 확대하는 경우에도 기선길이의 10배 이내가 되도록 한다.

42. 다각측량에서 아래와 같은 결과를 얻었을 때 측선 8의 배횡거는?

측선	위거(m)	경거(m)	배횡거(m)
6	123.50	6.144	134.440
7	-118.66	66.380	
8	-34.21	-51.260	

   ① 205.034m
   ② 189.914m
   ③ 206.680m
   ④ 222.084m

43. 수준측량 방법에 따른 분류 중 간접 수준 측량에 해당되지 않는 것은?
   ① 기압수준측량
   ② 삼각수준측량
   ③ 교호수준측량
   ④ 항공사진측량

44. 30°는 몇 라디안인가?
   ① 0.52rad
   ② 1.57rad
   ③ 0.79rad
   ④ 0.42rad

45. 수준측량의 야장기입법이 아닌 것은?
   ① 기고식
   ② 종단식
   ③ 고차식
   ④ 승강식

해설

39. 방사법 : 한 측점에 평판을 세우고 각 측점을 시준하여 거리를 측정하여 도면을 만드는 방법으로 시준이 잘 되고 협소한 지역에 적당하다.

40. 표차 = $\frac{1}{\tan\theta} \times 21.055$
    = $21.055 \div \tan\theta$
    = $21.055 \div \tan 62°43′44″$
    = 10.85

41. 삼각망이 길게 될 때에는 기선 길이의 20배 정도의 간격으로 검기선 설치

42. 7측선의 배횡거
    = 134.440+6.144+66.380
    = 206.964
    8측선의 배횡거
    = 206.964+66.380+(-51.260)
    = 222.084m

43. 교호수준측량 : 두 점 사이에 강, 호수 또는 계곡 등이 있어서 그 두 점 중간에 기계를 세울 수 없어, 기슭에서 양쪽에 세운 표척을 동시에 읽어 두 점의 표고차를 2회 산술 평균하는 측량

44. 360° : 2π rad = 30° : x ⇒
    $x = \frac{30° \times 2\pi}{360°} = 0.52(\text{rad})$

45. 야장 기입 방법
   ㉠ 고차식 야장 : 두 측점간의 고저차만을 구하기에 적합하다.
   ㉡ 기고식 야장 : 종단 및 횡단 수준측량에서 중간점이 많을 때 적합하다.
   ㉢ 승강식 야장 : 계산에서 완전히 검산할 수 있어 정밀을 요할 때 적합, 중간점이 많을 때는 계산이 복잡한 단점이 있다.

정답

39. ① 40. ④ 41. ① 42. ④
43. ③ 44. ① 45. ②

46. 그림과 같은 폐다각형에서 네 각을 측정한 결과가 다음과 같다. DC측선의 방위각은? (단, α_1=87°26′20″, α_2=70°44′00″, α_3=112°47′40″, α_4=89°02′00″, θ=140°15′40″)

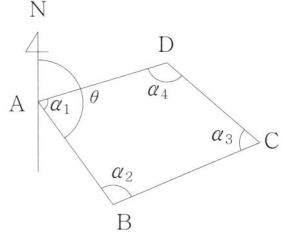

① 47°42′00″　　② 89°52′40″
③ 143°47′20″　　④ 233°21′00″

해 설

46. AD측선의 방위각
　　=AB측선의 방위각-α_1
　　=140°15′40″-87°26′20″
　　=52°49′20″
　　DC측선의 방위각
　　=전측선의 방위각+180°-교각
　　=52°49′20″+180°-89°02′00″
　　=143°47′20″

47. 광파 거리 측량기에 대한 설명으로 옳지 않은 것은?
① 작업속도가 신속하다.
② 목표점에 반사경이 있는 경우에 최소 조작 인원 1명이면 작업이 가능하다.
③ 일반 건설 현장에서 많이 사용된다.
④ 기상의 영향을 받지 않는다.

47. 안개, 비 등에는 영향을 받아 관측 성과가 떨어진다.

48. 시작되는 측점과 끝나는 측점 간에 아무런 조건이 없으며 노선측량이나 답사 등에 편리한 트래버스는?
① 폐합 트래버스　　② 결합 트래버스
③ 개방 트래버스　　④ 트래버스 망

48. 개방 트래버스 : 정확도가 낮은 트래버스이므로 노선 측량의 답사 등에 이용된다.

49. 폐합 트래버스 측량의 결과에서 위거의 오차가 0.12m, 경거의 오차가 0.09m일 때 폐합비는 얼마인가? (단, 거리의 총합은 300m임)
① $\dfrac{1}{2000}$　　② $\dfrac{1}{2550}$
③ $\dfrac{1}{2730}$　　④ $\dfrac{1}{3450}$

49. 폐합비=$\dfrac{폐합오차}{측선거리의 총합}$
　　=$\dfrac{\sqrt{E_L^2+E_D^2}}{\Sigma \ell}$
　　=$\dfrac{\sqrt{0.12^2+0.09^2}}{300}$=$\dfrac{0.15}{300}$
　　=$\dfrac{1}{2,000}$

50. 삼변측량에 대한 설명으로 옳지 않은 것은?
① 기선 삼각망의 확대가 불필요하다.
② 삼변측량의 관측요소는 각과 변장이다.
③ 변으로부터 각을 구하여 수평위치를 결정한다.
④ 삼각형 내각을 구하기 위하여 코사인 제2법칙과 반각공식을 이용한다.

50. 변 길이만을 측량해서 삼각망을 구성할 수 있다.

정 답

46. ③　47. ④　48. ③　49. ①
50. ②

51. 수평각을 관측할 경우 망원경을 정·반위 상태로 관측하여 평균값을 취해도 소거되지 않는 오차는?
   ① 연직축 오차
   ② 시준축 오차
   ③ 수평축 오차
   ④ 편심오차

52. 두 점 사이의 거리를 같은 조건으로 5회 측정한 값이 150.38m, 150.56m, 150.48m, 150.30m, 150.33m 이었다면 최확값은 얼마인가?
   ① 150.41m
   ② 150.31m
   ③ 150.21m
   ④ 150.11m

53. 두 점의 거리 관측을 실시하여 3회 관측의 평균이 530.5m, 2회 관측의 평균이 531.0m, 5회 관측의 평균이 530.3m 이었다면 이 거리의 최확값은?
   ① 530.3m
   ② 530.4m
   ③ 530.5m
   ④ 530.6m

54. 철도, 도로의 종단에 직각방향으로 횡단면도를 얻기 위해 실시하는 고저측량은?
   ① 종단고저측량
   ② 횡단고저측량
   ③ 삼각고저측량
   ④ 교호고저측량

55. 평판을 세울 때 발생 되는 오차가 아닌 것은?
   ① 중심맞추기 오차
   ② 방향맞추기 오차
   ③ 방사맞추기 오차
   ④ 수평맞추기 오차

56. 수준 측량에서 기계적 및 자연적 원인에 의한 오차를 대부분 소거시킬 수 있는 가장 좋은 방법은?
   ① 간접 수준 측량을 실시한다.
   ② 전시와 후시의 거리를 동일하게 한다.
   ③ 표척의 최대 값을 읽어 취한다.
   ④ 관측거리를 짧게 하여 관측회수를 최대로 한다.

57. 최확값 산정에서 경중률의 성질에 대한 설명으로 옳지 않은 것은?
   ① 경중률은 관측 횟수에 비례한다.
   ② 경중률은 표준 편차의 제곱에 반비례한다.
   ③ 경중률은 노선거리에 반비례한다.
   ④ 경중률은 관측값의 크기에 반비례한다.

해 설

51. 연직축 오차 : 연직축이 정확히 연직선에 있지 않아서 생기며 망원경을 정위, 반위로 측정하여 관측값을 평균하여도 제거되지 않는 오차

52.
$[\ell]=150.38+150.56+150.48+150.30+150.33$
$=752.05$
$n=5$회
최확값$=\dfrac{[\ell]}{n}=\dfrac{752.05}{5}=150.41m$

53. $L_0=\dfrac{P_1\ell_1+P_2\ell_2+P_3\ell_3}{P_1+P_2+P_3}$
$=\dfrac{530.5\times3+531\times2+530.3\times5}{3+2+5}$
$=530.5m$

54. 횡단고저측량 : 철도, 도로의 종단에 직각방향으로 횡단면도를 얻기 위해 실시하는 고저측량

55. 평판을 세울 때 발생 되는 오차 : 중심맞추기 오차, 방향맞추기 오차, 수평맞추기 오차

56. 전시와 후시의 거리를 같게하므로 제거되는 오차 : 지구의 곡률오차, 빛의 굴절오차, 시준축 오차

57. 경중률 : 관측값의 신뢰도를 표시하는 값
   ① 같은 정도로 측정했을 때 : 측정 횟수에 비례한다.
   ② 정밀도의 제곱에 비례한다.
   ③ 오차의 제곱에 반비례한다.
   ④ 표준 편차의 제곱에 반비례한다.
   ⑤ 직접수준측량 : 거리에 반비례
   ⑥ 간접수준측량 : 거리의 제곱에 반비례 한다.

정 답

51. ① 52. ① 53. ③ 54. ②
55. ③ 56. ② 57. ④

58. 두 점 사이에 강, 호수, 하천 또는 계곡 등이 있어 그 두점 중간에 기계를 세울 수 없는 경우에 강의 기슭 양안에서 측량하여 두 점의 표고차를 평균하여 측량하는 방법은?
   ① 직접수준측량　　② 왕복수준측량
   ③ 횡단수준측량　　④ 교호수준측량

59. 삼각측량의 작업순서로 옳은 것은?
   ① 선정 - 조표 - 관측 - 계산　② 조표 - 선점 - 관측 - 계산
   ③ 관측 - 조표 - 선점 - 계산　④ 선점 - 관측 - 조표 - 계산

60. 수준측량의 고저차를 확인하기 위한 검산식으로 옳은 것은?
   ① $\Sigma F.S - \Sigma T.P$　　② $\Sigma B.S - \Sigma T.P$
   ③ $\Sigma I.H - \Sigma F.S$　　④ $\Sigma I.H - \Sigma B.S$

해설

58. 교호수준측량 : 두 점 사이에 강, 호수 또는 계곡 등이 있어서 그 두 점 중간에 기계를 세울 수 없어, 기슭에서 양쪽에 세운 표척을 동시에 읽어 두 점의 표고차를 2회 산술 평균하는 측량

59. 삼각 측량의 작업순서 : 도상 계획→답사 및 선점→조표→측정→계산

60. $\Sigma B.S - \Sigma T.P$ = 마지막 지반고-처음 지반고

정답

58. ④　59. ①　60. ②

2017년도 지방직9급 및 고졸경채 필기시험

1. 「공간정보의 구축 및 관리 등에 관한 법률」에 따른 측량의 분류에 해당하지 않는 것은?
   ① 측지 측량
   ② 지적 측량
   ③ 수로 측량
   ④ 일반 측량

2. 우리나라에서 사용하고 있는 좌표계에 대한 설명으로 옳지 않은 것은?
   ① 경위도 좌표계의 원점은 서부·중부·동부·동해 원점으로 나뉜다.
   ② 측량 범위가 넓지 않은 일반 측량에서는 평면 직각 좌표계가 널리 사용된다.
   ③ 3차원 직각 좌표계는 인공위성을 이용한 위치 측정에 주로 사용된다.
   ④ 평면 직각 좌표계는 평면 상 원점을 지나는 자오선을 X축, 동서 방향을 Y축으로 한다.

3. 우리나라 통합 기준점에 대한 설명으로 옳은 것은?
   ① 전국에 50km×50km 간격으로 약 100개 정도가 설치되어 있다.
   ② 수평 위치 성과만 존재한다.
   ③ 표고(수직 위치) 성과와 중력 성과만 존재한다.
   ④ 위성 측량 기술이 보편화됨에 따라 산 정상이 아닌 평지에 설치하였다.

4. 지형에 대한 높낮이를 일정한 격자 간격으로 배열하여 나타낸 수치 모형은?
   ① DBMS(Data Base Management System)
   ② IMM(Independent Model Method)
   ③ DEM(Digital Elevation Model)
   ④ MC(Model Coordinate)

5. 그림의 $\overline{AB}$ 거리를 구한 값은? (단, $\overline{AD}$는 직선이고, $\overline{AD}$와 $\overline{BC}$가 만나는 점을 E라고 할 때, $\overline{BE}$ = 20m, $\overline{CE}$ = 8m, $\overline{CD}$ = 22m이며, $\overline{AB} \perp \overline{BC}$, $\overline{BC} \perp \overline{CD}$ 이다)

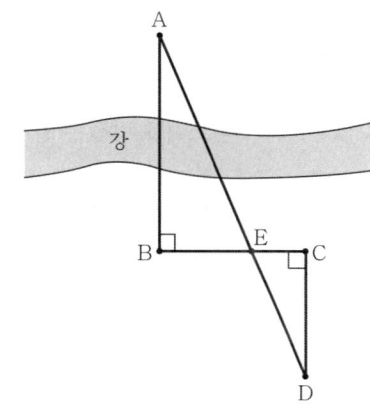

① 50.5m
② 55.0m
③ 60.5m
④ 70.0m

6. 동일한 조건으로, ∠A, ∠B, ∠C, ∠D 를 측정한 결과가 그림과 같을 때, 각오차를 조정한 ∠A 의 값은?

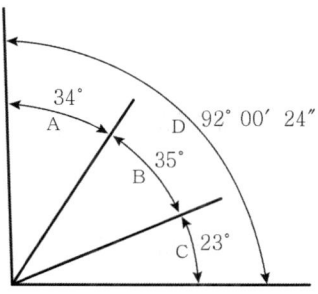

① 33° 59′ 52″
② 33° 59′ 54″
③ 34° 00′ 06″
④ 34° 00′ 08″

정답 1. ① 2. ① 3. ④ 4. ③ 5. ② 6. ③

7. 지구 타원체와 지오이드에 대한 설명으로 옳지 않은 것은?
   ① 수준 측량에서 정하는 표고는 지오이드를 기준으로 한 높이이다.
   ② 우리나라는 세계 측지계를 도입하여 GRS80 타원체를 기준 타원체로 사용하고 있다.
   ③ 지구 타원체는 기하학적인 타원체이므로 굴곡이 없는 매끈한 면으로 삼각 측량의 기준이 된다.
   ④ 일반적으로 지구 상 어느 한 점에서 지구 타원체의 법선과 지오이드 법선은 일치한다.

8. A점의 좌표가 (10,000, 40,000), B점의 좌표가 (-110,000, -80,000)일 때, 측선AB의 방위각은?
   ① 45°
   ② 135°
   ③ 225°
   ④ 315°

9. 노선의 기점(No.0)으로부터 단곡선 시점까지의 거리가 450m, 교각(I)은 90°, 곡선반지름(R)은 200일 때, 곡선 종점에 중심말뚝을 설치한다면 말뚝의 측점번호는? (단, 중심 말뚝의 간격은 20m, 원주율(π)은 3으로 한다)
   ① No.10 + 15m
   ② No.22 + 10m
   ③ No.32 + 15m
   ④ No.37 + 10m

10. 하천 측량에 대한 설명으로 옳지 않은 것은?
    ① 평면 측량은 하천 유로의 상태와 형상을 관측하는 것이다.
    ② 하천의 유량은 유수 단면적과 평균 유속의 곱으로 계산한다.
    ③ 유속의 연직 분포는 수면에서 하저까지 일정하다.
    ④ 거리표는 종단 측량에서 기준이 되는 것으로 하천의 양안에 설치한다.

11. 그림과 같은 터널에서 직접 수준 측량을 실시하였다. B점의 지반고는? (단, A점의 지반고는 50m이고, 표척 눈금의 읽음 단위는 m이다)

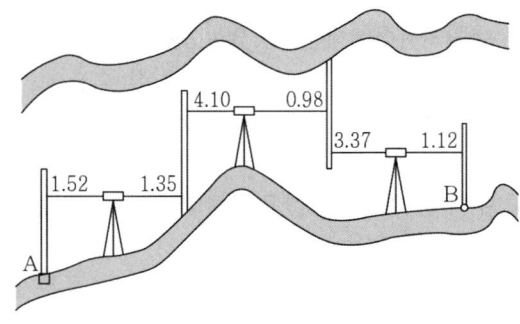

    ① 50.46m
    ② 50.56m
    ③ 50.66m
    ④ 50.76m

12. 거리 측량에서 발생한 오차 상태 중 정오차에 해당하는 것으로만 묶은 것은?

    ㄱ. 측정할 때 온도가 표준 온도보다 5℃ 높았다.
    ㄴ. 측정한 테이프의 길이가 표준 길이보다 5cm 짧았다.
    ㄷ. 측정 도중 급격한 습도 변화로 테이프에 신축이 발생하였다.
    ㄹ. 측점 사이의 간격이 멀어서 테이프의 자체 무게 때문에 처짐이 일정하게 발생하였다.

    ① ㄱ, ㄷ
    ② ㄱ, ㄴ, ㄹ
    ③ ㄴ, ㄷ, ㄹ
    ④ ㄱ, ㄴ, ㄷ, ㄹ

13. 지상에 위치한 100m 교량이 항공사진 상에 20mm로 나타났을 때, 이 사진의 축척은?
    ① 1/500
    ② 1/1,000
    ③ 1/5,000
    ④ 1/10,000

14. GPS 측량에 대한 설명으로 옳지 않은 것은?
    ① 단독 위치 결정 방법은 2대 이상의 GPS 수신기를 사용하여 위치를 결정하는 것이다.
    ② 사이클 슬립(cycle slip)은 주로 GPS 안테나 주위의 지형·지물에 의해 신호가 단절되어 발생한다.
    ③ 상대 위치 결정 방법은 실시간 DGPS, 후처리 DGPS, 실시간 이동 측량으로 나뉜다.
    ④ GPS와 유사한 위치 결정 체계로는 GLONASS, Galileo 등이 있다.

15. 두 점 A, B의 수평거리가 100m이고, 표고가 각각 100.5m, 160.5m이다. A점에서 B방향으로 수평거리가 50m인 지점의 표고와 1/50,000 지형도 상에서 A, B사이에 들어가는 주곡선의 개수는?
    ① 130.0 m, 3개
    ② 130.5 m, 3개
    ③ 150.0 m, 6개
    ④ 150.5 m, 6개

16. 그림과 같은 지형에서 절토량과 성토량이 균형을 이루게 하려면 얼마의 높이로 정지 작업을 하여야 하는가? (단, 괄호 안의 값은 교점의 높이이며, 계산은 삼각형 분할법으로 한다)

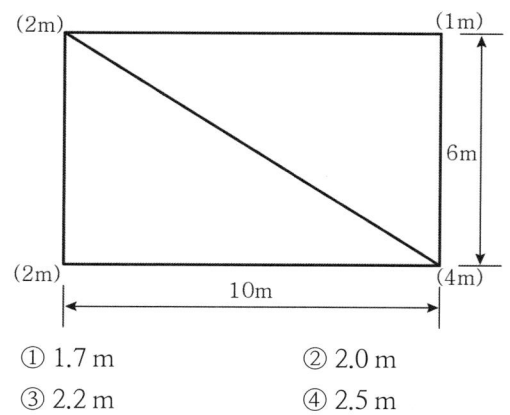

① 1.7 m ② 2.0 m
③ 2.2 m ④ 2.5 m

17. 등고선의 일반적 성질에 대한 설명으로 옳지 않은 것은?
    ① 동일 경사 지면에서 서로 이웃한 등고선의 간격은 일정하다.
    ② 등고선은 능선 또는 계곡선과 평행하다.
    ③ 등고선은 반드시 폐합한다.
    ④ 동일 등고선 상에 있는 각 점의 높이는 같다.

18. 그림과 같은 트래버스에서 B점의 X좌표를 구하여 측선BC의 거리를 계산한 값은? (단, 좌표의 단위는 m이고, $\sqrt{2}$는 1.4로 한다)

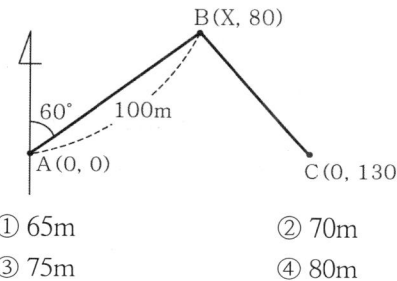

① 65m ② 70m
③ 75m ④ 80m

19. 비고가 200m 인 산 정상이 항공사진의 연직점으로부터 30mm 지점에 촬영되었을 때, 비고에 의한 기복 변위량은? (단, 촬영고도는 1,000m이며, 연직 촬영을 조건으로 한다)
    ① 2 mm ② 3 mm
    ③ 5 mm ④ 6 mm

20. 지적에 사용되는 용어에 대한 설명으로 옳은 것은?
    ① 필지는 토지의 주된 사용 목적에 따라 토지의 종류를 구분·표시하는 명칭이다.
    ② 지목은 하나의 지번이 붙는 토지의 등록 단위이다.
    ③ 분할은 2필지 이상의 토지를 1필지로 합하는 것이다.
    ④ 지적공부에는 지적도, 임야도, 경계점좌표등록부, 토지대장, 임야대장 등이 있다.

정답 14. ① 15. ② 16. ④ 17. ② 18. ② 19. ④ 20. ④

2018년도 지방공무원 9급 경력경쟁임용 필기시험

1. 경중률에 대한 설명으로 옳지 않은 것은?
   ① 경중률은 관측 값의 신뢰도를 표시한다.
   ② 경중률은 표준 편차의 제곱에 비례한다.
   ③ 경중률은 관측 횟수에 비례한다.
   ④ 경중률은 관측 거리에 반비례한다.

2. 수평각 측정 방법에 대한 설명으로 옳지 않은 것은?
   ① 단측법은 가장 간단한 방법으로 정밀도가 낮은 관측방법이다.
   ② 배각법은 측정한 값의 처음과 마지막의 차이에 반복 횟수를 곱해서 관측각을 구하는 방법이다.
   ③ 방향각 관측법은 한 측점 주위에 여러 개의 측점이 있을 때 시계 방향의 순서에 따라 각 점을 시준하여 측정한 각들의 차에 의하여 각의 크기를 측정하는 방법이다.
   ④ 조합각 관측법은 가장 정밀한 결과를 낼 수 있어 높은 정밀도를 필요로 하는 측량에 사용된다.

3. GPS 반송파 위상 추적회로에서 반송파 위상값을 순간적으로 놓쳐서 발생하는 오차는?
   ① 대류권 굴절 오차
   ② 위성 궤도 오차
   ③ 다중 경로 오차
   ④ 사이클 슬립

4. 지형의 표현 방법 중 등고선법에 대한 설명으로 옳지 않은 것은?
   ① 등고선은 같은 높이(표고)의 지점을 연결한 선을 평면도 상에 투영한 것이다.
   ② 인접한 등고선과의 수평 거리에 의하여 지표면의 경사도를 알 수 있다.
   ③ 축적 1:50,000 지형도에서 주곡선의 간격은 20m이다.
   ④ 지표면의 경사가 급한 곳에서는 각 등고선의 간격이 넓어지며 경사가 완만한 경우는 좁아진다.

5. 측점 A에 토털 스테이션을 세우고 400m 떨어진 지점에 있는 측점 B에 세운 프리즘을 시준하였다. 이때 프리즘이 측점 B에서 측선 AB에 대해 직각방향으로 2cm가 기울어져 있었다면 이로 인한 각도의 오차는? (단, 1라디안=200,000˝)

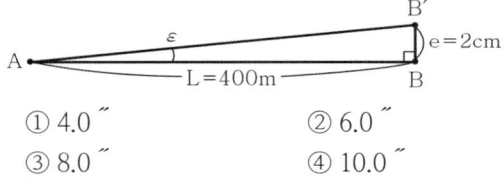

   ① 4.0˝   ② 6.0˝
   ③ 8.0˝   ④ 10.0˝

6. 하천 측량에서 평균 유속을 구하기 위해 그림과 같이 깊이에 따른 유속을 관측하였을 때, 다음 설명으로 옳지 않은 것은?

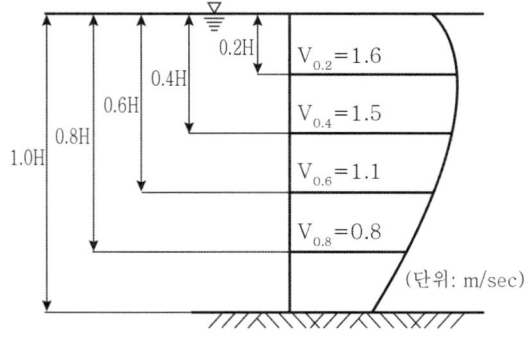

   ① 2점법은 $V_{0.2}$와 $V_{0.8}$ 유속의 평균으로 구한다.

정답 1. ② 2. ② 3. ④ 4. ④ 5. ④ 6. ③

② 1점법, 2점법, 3점법 중 2점법에 의한 평균 유속이 가장 크다.
③ 3점법에 의한 평균 유속은 1.4m/sec이다.
④ 1점법에 의한 평균 유속은 1.1m/sec이다.

7. 축척 1:25,000 지형도 상의 인접한 두 주곡선에서 각 주곡선 상의 임의 지점 사이의 수평 거리가 10mm이었다면 그 두 지점 간의 경사(%)는?
   ① 3
   ② 4
   ③ 5
   ④ 6

8. 촬영 기준면에 위치한 길이 100m인 교량이 항공사진 상에 5mm의 길이로 나타날 수 있도록 촬영하고자 할 경우 촬영고도(m)는? (단, 사진 측량은 연직촬영이며 카메라의 초점거리는 200mm이다)
   ① 2,000
   ② 3,000
   ③ 4,000
   ④ 5,000

9. 폐합 트래버스 측량의 오차에 대한 설명으로 옳지 않은 것은? (단, Σa: 측정된 교각의 합, n: 트래버스 변의 수)
   ① 각 측량의 정밀도가 거리 측량의 정밀도보다 높을 때는 트랜싯법칙으로 폐합 오차를 조정한다.
   ② 폐합 트래버스의 내각을 측량한 경우 각 오차를 구하는 식은 $\Sigma a - 180° \cdot (n-2)$이다.
   ③ 폐합 오차를 구하는 식은 $\sqrt{(위거오차)^2 + (경거오차)^2}$이다.
   ④ 위거 오차와 경거 오차가 없다면 위거의 합과 경거의 합이 1이 되어야 한다.

10. 교호 수준 측량을 실시하여 다음과 같은 성과를 얻었다. B점의 표고(H_B)는? (단, A점의 표고(H_A)=30m, a_1=1.750m, a_2=2.440m,

b_1=1.050m, b_2=1.940m이다)

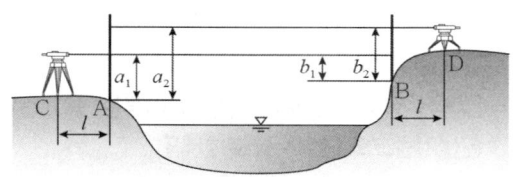

① 30.500m
② 30.600m
③ 30.700m
④ 30.800m

11. 노선 측량에서 노선을 선정할 때 고려해야 할 사항으로 옳지 않은 것은?
    ① 토공량이 많으며 절토와 성토가 균형을 이루게 한다.
    ② 절토 및 성토의 운반 거리를 가급적 짧게 한다.
    ③ 노선은 가능한 직선으로 하고 경사가 완만해야 한다.
    ④ 배수가 잘되는 곳이어야 하며 가능한 소음이 적어야 한다.

12. 측량의 오차 중 발생 원인이 확실하지 않아 확률 법칙에 따라 최소제곱법의 원리를 이용하여 처리하며, 관측이 반복되는 동안 부분적으로 상쇄되어 없어지기도 하는 오차는?
    ① 부정 오차
    ② 정오차
    ③ 착오
    ④ 계통적 오차

13. 측량 구역 내에서 적당한 기준점(기지점)을 두 점 이상 취하고, 기준점으로부터 미지점을 시준하여 방향선을 교차시켜 도면 상에서 미지점의 위치를 결정하는 방법은?
    ① 지거법
    ② 교회법
    ③ 전진법
    ④ 방사법

정답 7. ② 8. ③ 9. ④ 10. ② 11. ① 12. ① 13. ②

14. 수평 정지 작업을 위하여 토지를 직사각형 (5m×4m) 모양으로 분할하고 각 교점의 지반고를 관측하여 그림과 같은 결과를 얻었다. 이 작업에서 절토와 성토가 균형을 이루는 표고는? (단, 지반고의 단위는 m로 한다)

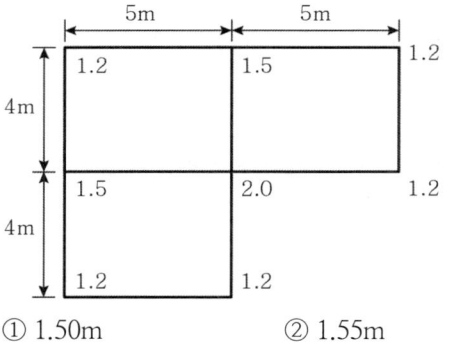

① 1.50m ② 1.55m
③ 1.60m ④ 1.65m

15. 항공 사진 측량의 작업과정을 순서대로 바르게 나열한 것은?

> ㄱ. 수치 도화
> ㄴ. 항공 사진 촬영
> ㄷ. 항공 사진 측량 계획
> ㄹ. 기준점 측량
> ㅁ. 현지 조사 및 보완 측량
> ㅂ. 대공 표지의 설치
> ㅅ. 정위치 편집 및 구조화 편집

① ㄷ → ㄹ → ㄴ → ㅂ → ㄱ → ㅁ → ㅅ
② ㄷ → ㄹ → ㄴ → ㅂ → ㅅ → ㅁ → ㄱ
③ ㄷ → ㅂ → ㄴ → ㄹ → ㄱ → ㅁ → ㅅ
④ ㄷ → ㅂ → ㄴ → ㄹ → ㅁ → ㅅ → ㄱ

16. 삼각망의 조정에 대한 설명으로 옳지 않은 것은?
① 변 조건은 삼각망 중에서 임의의 한 변의 길이가 계산의 순서에 관계없이 동일해야 하는 것을 말한다.
② 사변형 삼각망은 길고 좁은 지역의 측량에 이용되며 조정조건식의 수가 적어 정밀도가 낮다.
③ 각 조건은 삼각망을 이루는 삼각형 내각의 합이 180°가 되어야 하는 조건이다.
④ 점 조건은 하나의 측점 주위에서 측량한 모든 각의 합이 360°가 되어야 하는 조건이다.

17. 그림과 같이 시준방향이 5개인 방향선 사이의 각을 조합각관측법(각관측법)으로 관측한 각의 개수는?

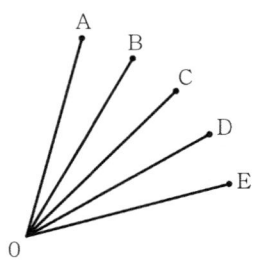

① 5개 ② 10개
③ 15개 ④ 20개

18. 그림과 같은 폐합 트래버스의 교각을 측량한 경우, 측선 DC의 방위는? (단, $\overline{AD}$ 측선의 방위각은 45°30′이다)

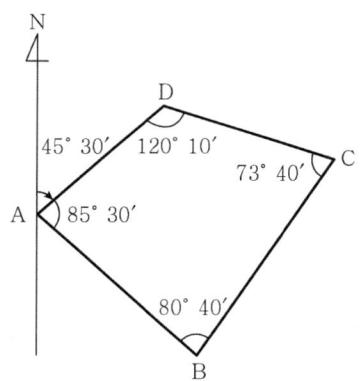

① N15°20′E ② N44°30′W
③ S45°30′W ④ S74°40′E

정답 14. ① 15. ③ 16. ② 17. ② 18. ④

19. 우리나라 평면 직각 좌표계에 대한 설명으로 옳은 것은?
   ① 평면 상에서 원점을 지나는 동서 방향을 X축으로 하며 자오선을 Y축으로 한다.
   ② 모든 점의 좌표가 양수(+)가 되도록 종축에 200,000m, 횡축에 600,000m를 더한다.
   ③ 원점은 서부원점, 중부원점, 동부원점, 동해원점의 4개를 기본으로 하고 있다.
   ④ 중부원점은 동경 124°~126°에서 적용이 된다.

20. 도로기점(No.0)으로부터 단곡선 종점(E.C.)까지의 거리가 1,000m이고, 교각 I=90°, 곡선의 반지름 R=360m, 중심말뚝 간격이 20m일 때, 단곡선 시점(B.C.)의 위치는? (단, π= 3으로 계산한다)

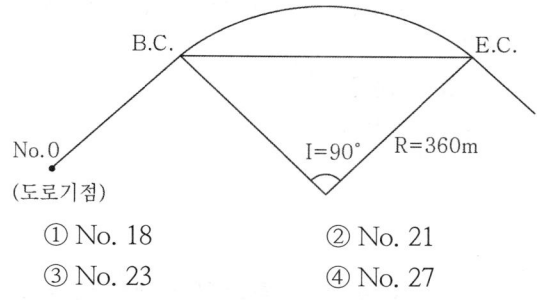

   ① No. 18   ② No. 21
   ③ No. 23   ④ No. 27

정답 19. ③ 20. ③

2019년도 지방공무원 9급 경력경쟁임용 필기시험

1. 「공간정보의 구축 및 관리 등에 관한 법률 시행령」상의 측량기준점 중에서 국가기준점에 해당하는 것은?
   ① 통합기준점
   ② 공공삼각점
   ③ 지적도근점
   ④ 공공수준점

2. 테이프를 이용한 거리 측량에서 발생하는 오차 중 정오차가 아닌 것은?
   ① 테이프의 길이가 표준 길이보다 긴 경우
   ② 테이프가 자중으로 인해 처짐이 발생한 경우
   ③ 측정할 때 온도가 표준 온도보다 낮은 경우
   ④ 측정 중 장력을 일정하게 유지하지 못하였을 경우

3. 측점 A, B, C, D, E에서 각의 크기가 그림과 같을 때, 측선 DE의 방위각은? (단, a=131°, b=54°, c=65°, d=97°이다)

   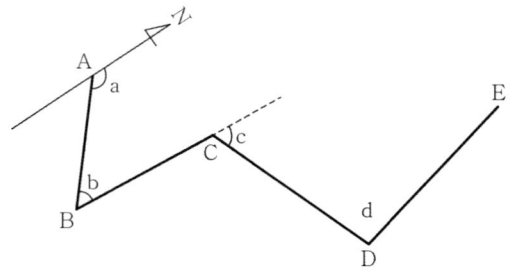

   ① 167°
   ② 267°
   ③ 327°
   ④ 347°

4. 다음 글에서 설명하는 오차는?

   > 위성에서 송신된 전파가 지형·지물에서 반사되는 반사파와 함께 수신되는 현상으로, 반사파는 위성으로부터의 직접파에 비해 긴 경로를 통과하기 때문에 코드의 도달 시간 지연과 반송파 위상의 지연을 일으켜 거리 오차로 작용한다.

   ① 다중 경로 오차
   ② 수신기 기기 오차
   ③ 위성의 궤도 정보 오차
   ④ 위성 및 수신기 시계 오차

5. A, B 두 사람이 거리를 측량한 결과가 각각 10.540 m±1 cm, 10.490 m±3 cm 였다면 최확값[m]은?
   ① 10.525
   ② 10.530
   ③ 10.535
   ④ 10.540

6. 그림과 같이 점 A와 점 D 사이에 터널을 시공하고자 한다. 터널 $\overline{AD}$의 길이[m]는? (단, $\overline{AB}$ // $\overline{DE}$이며, $\overline{AB}$ = 1400 m, $\overline{CD}$ = 325 m, $\overline{DE}$ = 350 m이다)

   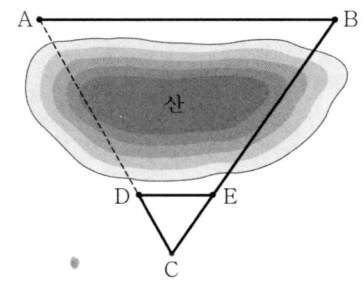

   ① 970.0
   ② 970.5
   ③ 975.0
   ④ 975.5

정답 1. ① 2. ④ 3. ④ 4. ① 5. ③ 6. ③

7. 지오이드에 대한 설명으로 옳지 않은 것은?
   ① 평균 해수면을 육지까지 연장한 지구 전체의 가상 곡면이다.
   ② 일반적으로 지오이드 면은 해양에서는 지구 타원체보다 높고 대륙에서는 낮다.
   ③ 지구 타원체의 법선과 지오이드 법선의 불일치로 연직선 편차가 생긴다.
   ④ 지오이드는 중력장 이론에 의하여 물리적으로 정의된 것이다.

8. A, B 두 점 간의 경사 거리가 100 m이고 고저차가 20 m일 때, 두 점의 경사는? (단, 수평 거리는 경사 거리를 보정하여 계산한다)
   ① $\frac{1}{3.4}$
   ② $\frac{1}{4.9}$
   ③ $\frac{1}{6.4}$
   ④ $\frac{1}{7.9}$

9. 20 m 거리에 있는 두 개의 집수정 A, B를 2 % 경사의 우수관으로 연결하고자 직접 수준 측량을 실시하였다. A집수정 바닥에 세운 표척 읽음값이 1.832 m였다면 B집수정 바닥에 세운 표척의 읽음값[m]은? (단, 물은 A집수정에서 B집수정 방향으로 흐른다)
   ① 1.432
   ② 2.032
   ③ 2.232
   ④ 3.832

10. 축척 1 : 25,000 지형도에서 A점의 표고가 876 m, B점의 표고가 553 m일 때, 두 점 사이에 들어가는 주곡선의 수는?
    ① 15
    ② 16
    ③ 32
    ④ 33

11. 시준을 방해하는 장애물이 없고 비교적 좁은 지역에서 평판을 한 번 세워서 여러 점을 측정할 수 있는 평판 측량 방법은?
    ① 방사법
    ② 전진법
    ③ 도선법
    ④ 교회법

12. 교량을 고도 1,500 m에서 초점거리 150 mm인 카메라로 연직 항공 사진 촬영을 하였다. 사진상에서 교량의 길이가 10 mm로 나타났다면 이 교량의 길이[m]는?
    ① 100
    ② 200
    ③ 300
    ④ 400

13. 측선의 전체 길이가 1,000 m인 폐합 트래버스 측량에서 위거 오차가 0.04 m이고, 경거 오차가 0.03 m일 때, 이 트래버스의 폐합비는?
    ① $\frac{1}{2,500}$
    ② $\frac{1}{5,000}$
    ③ $\frac{1}{10,000}$
    ④ $\frac{1}{20,000}$

14. 곡선 반지름이 200 m이고 교각이 30°인 원곡선을 설치하고자 할 때, 이 곡선의 길이[m]는? (단, π는 3.14로 한다)
    ① 약 100.6
    ② 약 104.7
    ③ 약 110.5
    ④ 약 116.6

15. 그림과 같은 종단면과 등고선에 대한 설명으로 옳지 않은 것은? (단, AB, BC, CD, DE, EF 구간의 각각의 경사는 등경사이다)

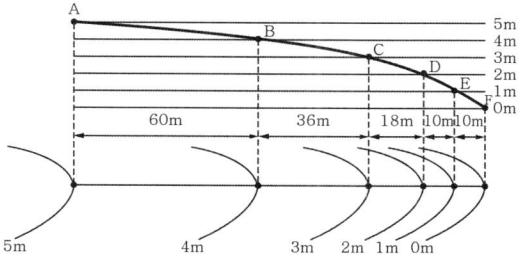

    ① AB 구간의 경사는 BC 구간의 경사보다 완만하다.
    ② DE 구간의 경사는 EF 구간과 같다.

정답 7. ② 8. ② 9. ③ 10. ③ 11. ① 12. ① 13. ④ 14. ② 15. ④

③ 3.5 m 등고선을 BC 구간 사이에 삽입하면 3.5 m 등고선의 위치는 B점으로부터 우측으로 18 m 떨어진 지점이 된다.
④ DE 구간의 경사는 좌측에서 우측으로 하향 1 %이다.

16. 축척 1 : 50,000 지도를 축척 1 : 5,000으로 알고 면적을 측정하였더니 100 m²이었다. 실제 면적[m²]은?
① 1,000
② 2,500
③ 10,000
④ 25,000

17. 완화 곡선에 대한 설명으로 옳지 않은 것은?
① 완화 곡선의 반지름은 시점에서는 원곡선의 반지름이다.
② 우리나라 도로의 완화 곡선으로는 클로소이드가 주로 사용된다.
③ 완화 곡선의 접선은 종점에서 원호에 접한다.
④ 완화 곡선에 연한 곡선 반지름의 감소율은 캔트의 증가율과 같다.

18. 초점거리 100 mm인 카메라를 이용하여 연직 항공 사진 촬영을 하였다. 건물의 기복 변위가 5 mm이고, 건물 윗부분이 연직점으로부터 25 mm 떨어져 나타났다면, 이 건물의 높이[m]는? (단, 사진의 축척은 1 : 10,000이다)
① 100
② 200
③ 300
④ 400

19. 그림과 같이 측점 A, B, C, D의 좌표가 주어졌을 때, 폐합 다각형의 면적[m²]은? (단, 좌표 단위는 m이다)

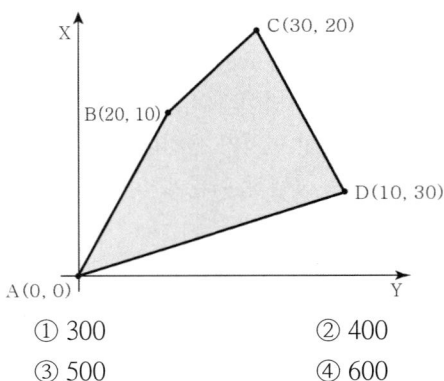

① 300
② 400
③ 500
④ 600

20. 그림과 같이 축척 1 : 5,000 지형도상에 주곡선으로 등고선이 그려져 있다. 도면상에서 두 점 A, B의 직선 거리가 30 mm일 때, A와 B 간의 경사는?

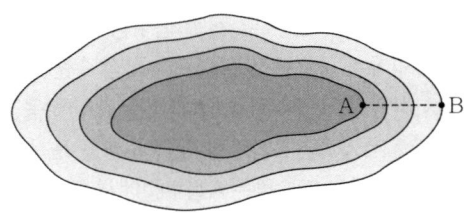

① $\frac{1}{10}$
② $\frac{1}{20}$
③ $\frac{1}{30}$
④ $\frac{1}{40}$

2020년도 지방공무원 9급 경력경쟁임용 필기시험

1. 관측값의 조정에 이용하며, 관측값과 최확값 사이의 차로 정의되는 것은?
   ① 잔차 ② 참값
   ③ 참오차 ④ 편의

2. 경위도 좌표계에 대한 설명으로 옳지 않은 것은?
   ① 경도와 위도에 의한 좌표로 수평 위치를 나타낸다.
   ② 위도는 어떤 지점의 수직선이 적도면과 이루는 각으로 표시한다.
   ③ 영국 그리니치 천문대를 지나는 본초 자오선과 적도의 교점을 원점(경도 0°, 위도 0°)으로 한다.
   ④ 경도는 본초 자오선으로부터 적도를 따라 동쪽, 서쪽으로 각각 0°에서 360°까지 나타낸다.

3. 어느 점의 지표상 표고 또는 수심을 직접 수치로 표시하는 방법으로 해도에 사용하는 대표적인 지형 표현 방법은?
   ① 우모법 ② 음영법
   ③ 점고법 ④ 등고선법

4. 하천에서 수준 측량 시 횡단 측량을 이용하여 횡단면도를 만들 때 사용하는 기준은?
   ① 거리표 ② 도근점
   ③ 삼각점 ④ 수위표

5. 편각법에 의한 단곡선 설치에서 노선 기점으로부터 교점까지의 거리가 274.50 m이고, 접선 길이가 49.71 m, 중앙 종거가 9.13 m, 곡선 길이가 94.23 m일 때, 노선 기점으로부터 곡선 종점까지의 거리 [m]는?
   ① 309.89 ② 319.02
   ③ 328.15 ④ 427.57

6. 그림과 같은 삼각형 ABC에서 삼변법(헤론의 공식)을 이용하여 구한 면적 [m^2]은?

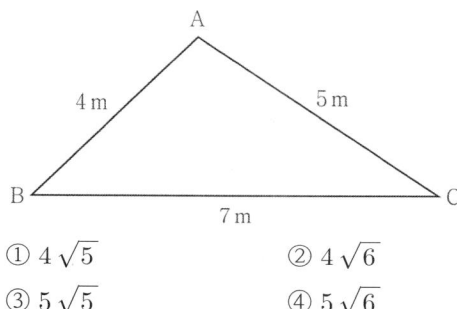

   ① $4\sqrt{5}$ ② $4\sqrt{6}$
   ③ $5\sqrt{5}$ ④ $5\sqrt{6}$

7. 항공사진의 축척이 1 : 10,000이고, 사진의 크기는 20 cm × 20 cm, 종중복이 60 %, 횡중복이 40 %일 때, 연직 사진의 유효 입체 모델 면적 [km^2]은?
   ① 0.48 ② 0.96
   ③ 1.25 ④ 2.50

8. 그림과 같은 도로의 횡단면도에서 토공량을 구하기 위한 단면적 [m^2]은? (단, 괄호 안의 숫자는 좌표를 m단위로 나타낸 것이다)

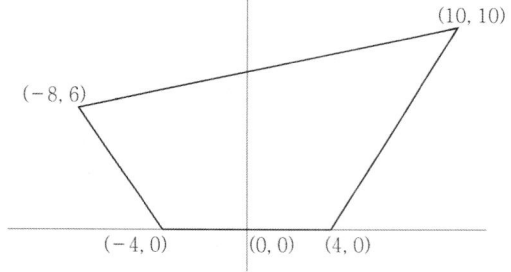

정답 1. ① 2. ④ 3. ③ 4. ① 5. ② 6. ② 7. ② 8. ①

① 102 ② 135
③ 204 ④ 270

9. 측량 결과가 다음과 같을 때, 두 점 A, B 간의 경사 거리[m]는?

(단위: m)

측점	N(X)	E(Y)	지반고
A	110.123	100.346	192.239
B	106.123	100.346	195.239

① 3 ② 5
③ 7 ④ 9

10. 가상 기준점(VRS)을 활용한 Network-RTK 측량 과정을 순서대로 바르게 나열한 것은?

(가) 전송받은 보정값을 통해 정밀 좌표를 획득
(나) 사용자는 제어국으로 현재 위치 정보를 전송
(다) 기준국은 GPS데이터를 수신하고 제어국으로 전송
(라) 제어국은 수집된 기준국 데이터를 이용하여 보정값을 생성
(마) 제어국은 사용자가 요청한 위치에 해당하는 보정값을 전송

① (나) → (라) → (다) → (마) → (가)
② (나) → (마) → (라) → (다) → (가)
③ (다) → (라) → (나) → (마) → (가)
④ (다) → (마) → (라) → (나) → (가)

11. 각의 측정 단위에 대한 설명으로 옳지 않은 것은?
① 60진법은 원주를 360등분할 때 그 한 호에 대한 중심각을 1°로 표시한다.
② 호도법은 원의 지름과 호의 길이가 같을 때 그에 대한 중심각을 1라디안으로 표시한다.
③ 원을 60진법과 호도법으로 나타내면 각각 360°와 2π 라디안으로 나타낼 수 있다.
④ 측량에서는 주로 60진법으로 표현되는 도(degree)와 호도법으로 표현되는 라디안(radian)이 사용되고 있다.

12. 그림과 같은 폐합 트래버스에서 AB 측선의 방위각이 70°일 때 DA 측선의 방위는?

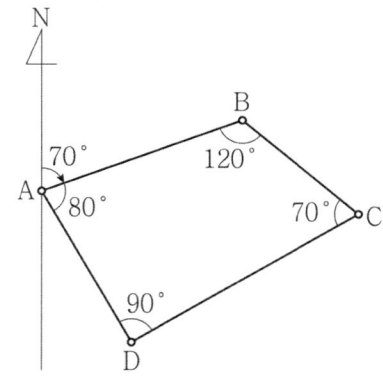

① S 20°E ② S 30°E
③ N 20°W ④ N 30°W

13. 축척에 따른 등고선의 간격으로 옳은 것은?
① 축척 1:5,000일 때 계곡선의 간격은 20 m이다.
② 축척 1:25,000일 때 주곡선의 간격은 15 m이다.
③ 축척 1:25,000일 때 간곡선의 간격과 축척 1:5,000일 때 주곡선의 간격은 같다.
④ 축척 1:50,000일 때 간곡선의 간격과 축척 1:25,000일 때 조곡선의 간격은 같다.

14. 표준 길이보다 2 cm 긴 50 m 테이프로 측점 A, B 간의 거리를 측정한 결과 200 m이었을 때, 두 점 A, B 간의 정확한 거리[m]는?
① 199.29
② 199.92
③ 200.08
④ 200.80

15. 테이프로 거리를 측량할 때 발생되는 오차에 대한 설명으로 옳지 않은 것은?
  ① 관측 시의 온도가 표준 온도보다 낮은 경우 (−)값의 보정량이 생긴다.
  ② 경사 거리를 수평 거리로 보정하는 경우 보정량은 항상 (−)값을 가진다.
  ③ 테이프 상수란 사용 테이프의 길이와 표준 테이프 길이와의 차이를 말한다.
  ④ 경사 거리를 수평 거리로 보정하는 경우 보정량은 $\left(-\dfrac{고저차}{2 \times 경사거리}\right)$로 구한다.

16. 측점 A의 좌표가 (100, 50), 측선 AB의 길이가 20 m, 측선 AB의 방위각이 30°일 때 측점 B의 좌표는? (단, 좌표 단위는 m이며, $\sqrt{3}$ = 1.7로 한다)
  ① (60, 117)   ② (67, 110)
  ③ (110, 67)   ④ (117, 60)

17. 촬영 고도 4,200 m에서 200 m 높이의 건물을 촬영한 항공사진의 주점 기선 길이가 10 cm일 때, 이 건물의 시차차[m]는?
  ① 0.001   ② 0.003
  ③ 0.005   ④ 0.007

18. 수준점 A, B, C에서 표고를 구하려는 점 P까지 직접 수준 측량을 하였을 때, 점 P의 표고[m]는? (단, A → P 표고 = 45.50 m, B → P 표고 = 45.56 m, C → P 표고 = 45.54 m이다)

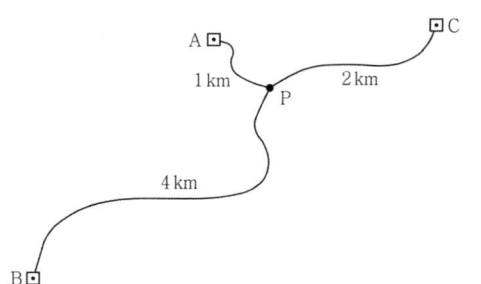

① 45.52   ② 45.53
③ 45.54   ④ 45.55

19. 기고식 수준 측량 야장 기입 결과가 다음과 같을 때, (가) ~ (라)에 해당하는 값을 옳게 짝 지은 것은?

(단위: m)

측점	후시	기계고	전시 이기점	전시 중간점	지반고
No.0	1.980				100.000
No.1				2.520	(가)
No.2	1.850		2.140		(나)
No.3				2.210	(다)
No.4			0.950		(라)
계	3.830		3.090	4.730	

(가)	(나)	(다)	(라)
① 99.360	99.740	99.480	100.730
② 99.460	99.740	99.580	100.730
③ 99.460	99.840	99.480	100.740
④ 99.460	99.840	99.580	100.740

20. 그림과 같은 트래버스 측량을 실시하였을 때, 각 오차는? (단, a_1 ~ a_6의 총합은 980°00′30″이다)

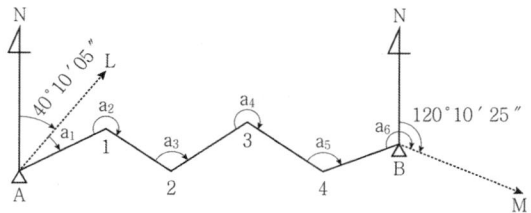

① −10″
② +10″
③ −20″
④ +20″

2021년도 지방공무원 9급 경력경쟁임용 필기시험

1. GNSS(Global Navigation Satellite System) 측량의 오차에 대한 설명으로 옳지 않은 것은?
   ① 위성 위치를 구하는 데 필요한 위성 궤도 정보의 부정확성으로 인하여 발생하는 위성의 궤도 정보 오차가 있다.
   ② 위성에서 송신된 전파가 지형·지물에 의해 반사된 반사파와 함께 수신되어 발생되는 다중 경로 오차가 있다.
   ③ 위성에서 송신된 전파는 전리층과 대류층에서 전파 속도의 변화에 의해 오차가 발생된다.
   ④ 전파를 수신하고 있는 위성의 기하학적 배치 상태는 측위 정확도에 영향을 주지 않는다.

2. 15°를 라디안(rad) 단위로 표시하면?
   ① $\dfrac{\pi}{4}$
   ② $\dfrac{\pi}{8}$
   ③ $\dfrac{\pi}{12}$
   ④ $\dfrac{\pi}{180}$

3. 동일한 축척의 지형도에서 등고선 간격이 가장 넓은 것은?
   ① 간곡선
   ② 계곡선
   ③ 조곡선
   ④ 주곡선

4. 제방이 있는 하천의 평면 측량의 일반적인 범위는?
   ① 제외지 전부와 제내지 300 m 이내
   ② 제외지 전부와 제내지 600 m 이내
   ③ 제내지 전부와 제외지 300 m 이내
   ④ 제내지 전부와 제외지 600 m 이내

5. 「공간정보의 구축 및 관리 등에 관한 법률」상 '등록전환'의 정의는?
   ① 새로 조성된 토지와 지적공부에 등록되어 있지 아니한 토지를 지적공부에 등록하는 것을 말한다.
   ② 임야대장 및 임야도에 등록된 토지를 토지대장 및 지적도에 옮겨 등록하는 것을 말한다.
   ③ 지적공부에 등록된 지목을 다른 지목으로 바꾸어 등록하는 것을 말한다.
   ④ 지적도에 등록된 경계점의 정밀도를 높이기 위하여 작은 축척을 큰 축척으로 변경하여 등록하는 것을 말한다.

6. 삼각측량에 대한 설명으로 옳지 않은 것은?
   ① 삼각측량은 '계획 및 준비 – 답사 및 선점 – 표지 설치 – 관측 – 계산 및 정리' 순으로 진행된다.
   ② 삼각형은 정삼각형에 가깝도록 하는 것이 이상적이다.
   ③ 삼각망의 조정 계산은 점 조건, 변 조건, 각 조건으로 구분된다.
   ④ 사변형 삼각망은 조건식의 수가 적어 정확도가 가장 낮다.

7. 그림과 같이 간접 거리 측량을 했을 때 $\overline{AB}$의 거리[m]는? (단, $\overline{BC}$ = 20 m, $\overline{BD}$ = 10 m이며, $\overline{AB} \perp \overline{BC}$, $\overline{AC} \perp \overline{CD}$이다)

정답 1. ④ 2. ③ 3. ② 4. ① 5. ② 6. ④ 7. ②

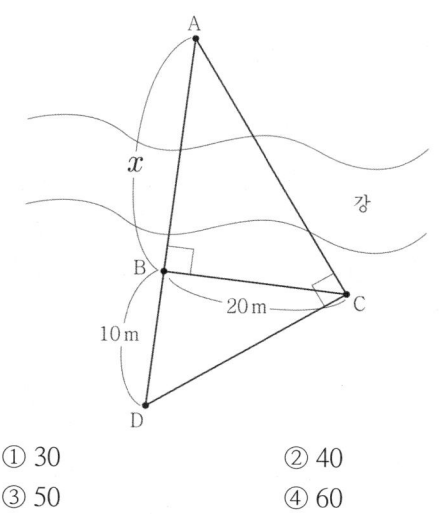

① 30 ② 40
③ 50 ④ 60

8. 수면으로부터 수심의 20 %, 40 %, 60 %, 80 % 되는 곳에서 측정한 유속 값이 각각 0.46, 0.54, 0.48, 0.38 m/sec일 때, 2점법으로 구한 평균 유속[m/sec]은?
① 0.42 ② 0.45
③ 0.48 ④ 0.51

9. 그림 (A)는 보통각(초점거리 f_A = 210 mm) 카메라, (B)는 광각(초점거리 f_B = 150 mm) 카메라를 이용한 항공 사진 측량 모습을 나타낸 것이다. (A)와 (B)의 촬영면적과 사진의 크기, 축척이 모두 같을 때, (A)와 (B)의 촬영고도 (H_A, H_B)의 비율 $\frac{H_A}{H_B}$는?

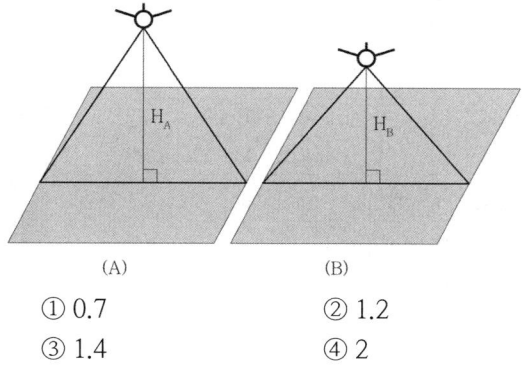

① 0.7 ② 1.2
③ 1.4 ④ 2

10. 1/50,000 지형도에서 등경사 2%인 노선을 선정하려면 도상에서 주곡선 사이의 수평거리 [mm]는?
① 10 ② 15
③ 20 ④ 30

11. 1등 수준 측량의 등급으로 편도 4 km를 왕복 수준 측량했을 때 최대 허용오차[mm]는?
① ±4 ② ±5
③ ±7 ④ ±10

12. 도해 평판 측량의 특징으로 옳지 않은 것은?
① 대부분의 작업 공정이 현장에서 이루어지므로 내업이 적다.
② 현장에서 직접 도면이 그려지므로 오차 또는 누락을 쉽게 발견한다.
③ 우천 시에도 측량이 가능하다.
④ 높은 정확도를 기대할 수 없다.

13. 지형도의 활용 분야로 적절하지 않은 것은?
① 저수 용량의 결정
② 유역 면적의 결정
③ 신설 노선의 도상 선정
④ 등고선에 의한 평균 유속 결정

14. 측량 구역 넓이에 따른 측량의 분류에 대한 설명으로 옳은 것은?
① 평면 측량과 측지 측량을 구별하는 기준은 허용 오차의 영향을 받지 않는다.
② 평면 측량은 지구의 곡률을 고려하여 대규모 지역에서 이루어지는 정밀한 측량이다.
③ 거리의 허용 오차가 1/1,000,000일 경우, 반지름 10 km의 원형 지역은 평면 측량으로 실시한다.
④ 측지 측량은 높은 정확도를 요구하지 않는 소규모 지역에서의 측량이다.

정답 8. ① 9. ③ 10. ③ 11. ② 12. ③ 13. ④ 14. ③

15. 측량 기사 A, B, C가 어떤 거리를 관측하여 다음의 결과를 얻었을 때, 관측 거리의 최확값 [m]은?

구분	관측 거리(m)	관측 횟수(회)
측량 기사 A	100.25	2
측량 기사 B	100.15	3
측량 기사 C	100.10	4

① 100.10 ② 100.15
③ 100.20 ④ 100.25

16. 편각법으로 노선의 단곡선 설치를 위한 계산을 할 때 필요로 하지 않는 것은?
① 시단현 길이
② 시단현에 대한 편각
③ 곡선 반지름
④ 중앙 종거

17. A(4, 1), B(6, 7), C(5, 10)의 세 점으로 이루어진 삼각형의 면적 [m²]을 좌표법으로 구하면? (단, 좌표의 단위는 m이다)
① 6   ② 8
③ 10 ④ 12

18. 그림과 같은 트래버스에서 측선 $\overline{BC}$의 위거 [m]와 경거[m]는? (단, 측선 $\overline{BC}$의 거리는 10 m이며, $\sqrt{3} = 1.7$로 한다)

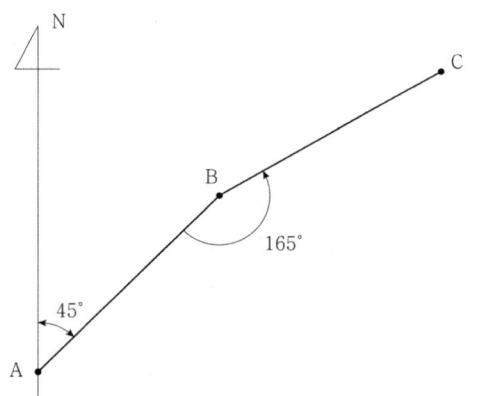

	위거	경거
①	5	8.5
②	5	-8.5
③	8.5	5
④	8.5	-5

19. 사진 측량의 표정에서 입체 사진 표정에 대한 설명으로 옳지 않은 것은?
① 해석적 내부 표정 방법은 정밀 좌표 측정기에 의하여 관측된 상 좌표로부터 사진 좌표를 결정하는 작업이다.
② 기계적 내부 표정 방법은 사진 상의 등각점을 도화기의 투영 중심에 일치시키고 초점 거리를 도화기의 눈금에 맞추는 작업이다.
③ 절대 표정은 상호 표정에 의하여 얻어지는 입체 모델 좌표를 지상 기준점을 이용하여 축척 및 경사 등을 조정함으로써 대상물의 공간 좌표를 얻는 과정을 말한다.
④ 상호 표정은 한 모델을 이루는 좌우 사진에서 나오는 광속이 촬영 당시 촬영면 상에 이루는 종시차를 소거하여 입체 모델 전체가 완전 입체시되도록 조정하는 작업이다.

20. 배각법으로 측량한 결과가 다음과 같을 때, ∠AOB의 평균값은?

기계점	망원경	시준점	누계각	반복 횟수	결과	평균
O	정위	A	0°00′00″	0		
		B	136°01′00″	3		
	반위	B	316°01′00″	0		
		A	180°00′12″	3		

① 45°20′14″
② 45°20′16″
③ 45°20′18″
④ 45°20′20″

2022년도 지방공무원 9급 경력경쟁임용 필기시험

1. 지오이드(Geoid)에 대한 설명으로 옳은 것은?
   ① 평균해수면과 동일한 면이다.
   ② 형태는 굴곡이 없는 타원체이다.
   ③ 중력의 방향에 수평한 등전위면이다.
   ④ 육지에서는 일반적으로 타원체보다 아래에 있다.

2. 트래버스의 계산 요소 중 결합 트래버스에서 계산할 필요가 없는 것은?
   ① 방위각
   ② 조정경거 및 조정위거
   ③ 합경거 및 합위거
   ④ 배면적

3. 다음 그림에서 각주공식으로 계산한 체적[m³]은? (단, A_0 = 50 m², A_1 = 20 m², A_m = 30 m², L = 18 m)

   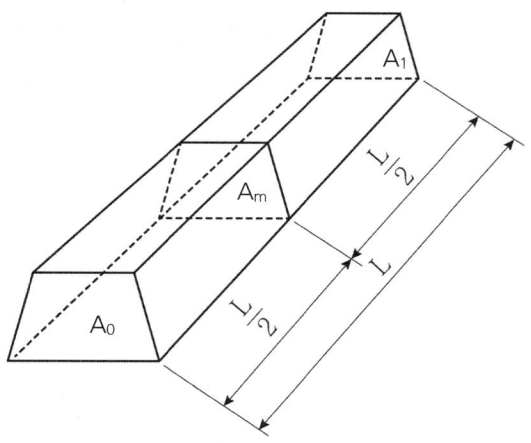

   ① 540
   ② 570
   ③ 630
   ④ 720

4. 지구상의 어느 한 점에서 지구 타원체의 법선과 지오이드 법선의 차이는?
   ① 표고 편차
   ② 중력 편차
   ③ 연직선 편차
   ④ 지오이드 편차

5. 토털스테이션을 이용하여 두 측점 간의 거리(L)를 구하는 원리는? (단, 위상차는 없으며, n은 두 측점 간을 왕복한 전자기파의 총 파장수, λ는 파장이다)
   ① $L = \lambda \cdot n$
   ② $2L = \lambda \cdot n$
   ③ $2L = \frac{\lambda}{3} \cdot n$
   ④ $L = \frac{\lambda}{3} \cdot n$

6. 축척 1 : 25,000 지형도에서 간곡선의 간격과 표시 방법을 바르게 연결한 것은?

	간격[m]	표시 방법
①	2.5	가는 긴 파선
②	2.5	가는 실선
③	5	가는 긴 파선
④	5	가는 실선

7. 두 점 P, Q 간의 경사거리가 400 m이고, 높이차가 20 m일 때 P, Q 간의 수평거리[m]는?
   ① 399.5
   ② 399.9
   ③ 400.5
   ④ 400.9

8. GNSS(Global Navigation Satellite System) 오차 중 다중경로(Multipath)에 대한 설명으로 옳은 것은?

정답 1. ① 2. ④ 3. ② 4. ③ 5. ② 6. ③ 7. ① 8. ④

① 위성신호 굴절현상으로 인하여 발생하며, 주로 대류권에서 발생한다.
② 반송파 위상 추적회로에서 반송파 위상값을 순간적으로 놓쳐서 발생하며, 낮은 신호강도로 발생한다.
③ 위성에 내장되어 있는 시계의 부정확성으로 인하여 발생한다.
④ 위성으로부터 직접 수신된 전파 이외에 주위의 지형지물에 의하여 반사된 전파 때문에 발생한다.

9. 통합 기준점에 대한 설명으로 옳은 것은?
① 기준점 간의 각을 측량하기 위하여 주로 산 정상에 매설한다.
② 수평위치 성과, 수직위치 성과 및 중력 성과를 포함하고 있다.
③ 성과표는 지방자치단체장의 승인을 받아 발급받는다.
④ 1등급부터 4등급까지 등급별로 구분하고 있다.

10. 그림과 같은 하천에서 평균유속이 7.2 km/hr이고, 하천의 폭(b)이 20 m, 유량이 100 m³/sec 라면, 수심(h)은? (단, 하천바닥과 벽면은 직각이고, 마찰은 무시한다)

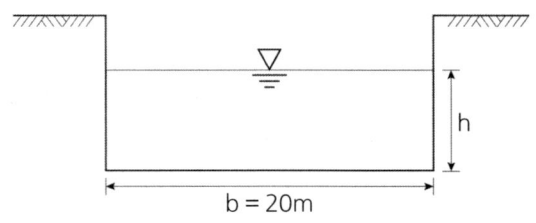

① 0.7 m
② 1.5 m
③ 2.0 m
④ 2.5 m

11. 평판측량에 대한 설명으로 옳지 않은 것은?
① 대부분의 작업이 현장에서 이루어지므로 내업량이 매우 적다.
② 평판 설치의 세 가지 조건은 정준, 구심, 표정이다.
③ 방사법은 도해적으로 트래버스를 구성하기 때문에 도선법이라고도 한다.
④ 교회법은 방향선의 시준으로 미지점의 위치를 결정하는 방법이다.

12. 지형의 표현 방법에 대한 설명으로 옳은 것은?
① 등고선법은 지표의 같은 높이의 점을 연결한 곡선으로 지표면의 형태를 표시한다.
② 우모법은 해도, 하천, 호수, 항만의 수심을 나타내는 경우에 사용된다.
③ 음영법은 지형이 높아질수록 색깔을 진하게, 낮아질수록 연하게 표시한다.
④ 점고법은 지형의 경사가 급하면 선을 굵고 짧게, 경사가 완만하면 선을 가늘고 길게 표시한다.

13. 그림과 같이 A ~ D 구간의 신설도로를 계획할 때 $\overline{BC}$ 구간의 수평거리가 400 m일 경우 $\overline{BC}$ 구간의 평균구배[%]는?

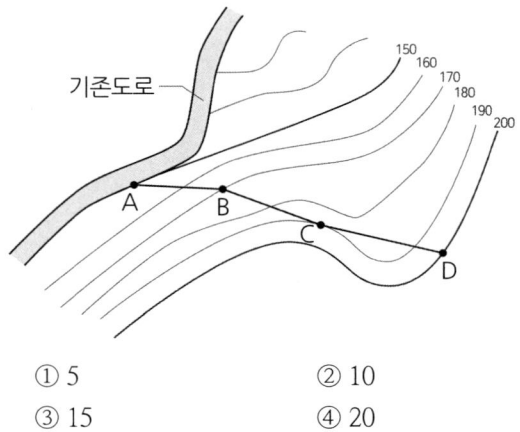

① 5
② 10
③ 15
④ 20

정답 9. ② 10. ④ 11. ③ 12. ① 13. ①

14. 그림과 같은 개방 트래버스에서 측선 $\overline{CD}$의 방위는?

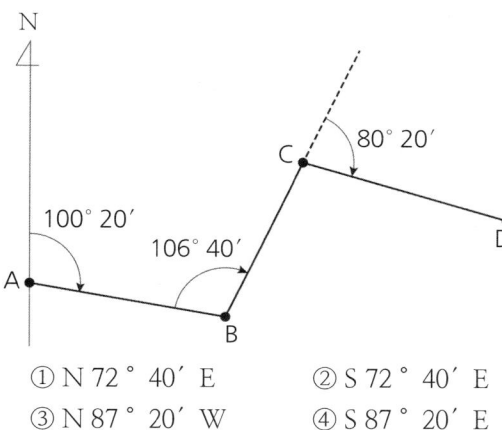

① N 72° 40′ E
② S 72° 40′ E
③ N 87° 20′ W
④ S 87° 20′ E

15. 항공사진 촬영중복도에 대한 설명으로 옳지 않은 것은?
① 종중복은 입체시를 위해 60 %를 표준으로 한다.
② 횡중복은 일반적으로 30 %의 중복도를 준다.
③ 사각 지역을 없애기 위해 중복도를 높여 촬영하기도 한다.
④ 촬영 진행방향으로 횡중복도를 주어 촬영한다.

16. 우리나라 측량원점에 대한 설명으로 옳은 것만을 모두 고르면?

ㄱ. 수준원점은 인천만의 평균해수면으로부터 높이 26.6871 m이다.
ㄴ. 평면직각좌표에서는 점의 좌표가 양수가 되도록 종축에 400,000 m, 횡축에 200,000 m를 더한다.
ㄷ. N37° 20′ 10″, E128° 30′ 40″에서 이용하는 평면직각좌표의 원점은 중부원점이다.
ㄹ. 현재의 경위도 원점은 세계측지계를 기반으로 산출되었다.

① ㄱ, ㄷ
② ㄱ, ㄹ
③ ㄴ, ㄹ
④ ㄴ, ㄷ, ㄹ

17. (가), (나)에 들어갈 단곡선 설치 방법을 바르게 연결한 것은?

○ (가) 은 곡선 시점에서의 접선과 현이 이루는 각을 이용하여 곡선을 설치하는 방법으로 정확도가 높아 많이 이용된다.
○ (나) 은 현 길이의 중점에서 수선을 올려 곡선을 설치하는 방법으로 기존 곡선의 검사 또는 수정에 사용된다.

	(가)	(나)
①	중앙종거법	편각법
②	중앙종거법	지거법
③	편각법	현편거법
④	편각법	중앙종거법

18. 초점거리가 100 mm인 카메라로 촬영고도 1,000 m에서 촬영한 연직사진이 있다. 지상 연직점으로부터 100 m 떨어진 곳의 비고 200 m인 산정에 대한 사진상의 기복 변위[mm]는?
① 1
② 2
③ 3
④ 4

19. 각 측량에 대한 설명으로 옳은 것만을 모두 고르면?

ㄱ. 원주를 360등분할 때 그 한 호에 대한 중심각을 1초(″)로 표시한다.
ㄴ. 1라디안(radian)은 $\dfrac{360°}{2\pi}$이다.
ㄷ. 수평각 관측법에서 가장 정밀한 측정 방법은 조합각 관측법이다.
ㄹ. 평면직각좌표에서 횡축(Y)을 기준으로 어느 측선까지 우회한 각도를 방위각이라 한다.

① ㄱ, ㄴ
② ㄱ, ㄹ

③ ㄴ, ㄷ   ④ ㄷ, ㄹ

20. 단곡선 설치 시 장애물이 있어 그림과 같이 관측하였다. C점은 도로의 기점으로부터 300 m 떨어져 있고, 곡선반지름이 100 m일 때 접선길이 [m]는?

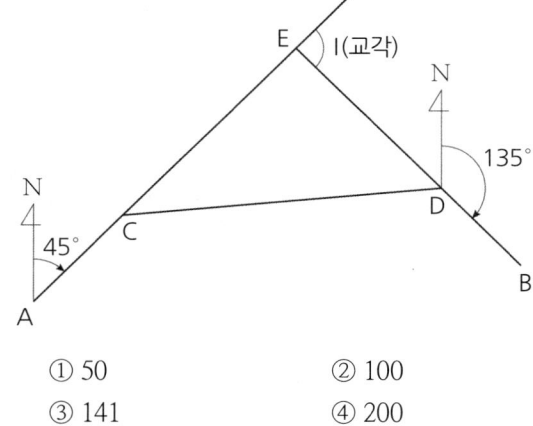

① 50   ② 100
③ 141   ④ 200

정답 20. ②

2023년도 지방공무원 9급 경력경쟁임용 필기시험

1. 우리나라 측량의 기준점 중에서 지표상에 실제로 존재하지 않는 것은?
   ① 경위도 원점
   ② 수준 원점
   ③ 중력 원점
   ④ 평면직각좌표 원점

2. 측량의 오차에 대한 설명으로 옳지 않은 것은?
   ① 정오차는 관측이 반복되는 동안 부분적으로 상쇄되어 없어지기도 한다.
   ② 착오는 관측자의 미숙과 부주의에 의해 발생하며, 큰 오차가 발생할 수 있다.
   ③ 참오차는 정확히 알 수 없는 추상적인 개념이므로 잔차라는 개념을 대체하여 사용한다.
   ④ 부정오차는 그 발생 원인이 확실하지 않으며 확률법칙에 따라 최소 제곱법의 원리로 처리한다.

3. GNSS 측량의 특징으로 옳은 것은?
   ① 강우, 강설 시에는 위치 결정이 불가능하다.
   ② GNSS 민간용 신호는 유료로 정해진 기간에만 사용 가능하다.
   ③ 3차원 공간 정보의 실시간 획득에는 제한이 있으므로 사후 취득만 가능하다.
   ④ 측점 간 시통에 관계없이 상공으로부터 위성 신호 수신이 가능하면 위치 결정이 가능하다.

4. 기준점 성과표 중에서 삼각점 성과표에 기록되지 않는 요소는?
   ① 직각좌표
   ② 지자기
   ③ 표고
   ④ 경위도

5. 평판 측량에 관한 설명으로 옳은 것은?
   ① 내업에 많은 시간이 필요하다.
   ② 부속품이 많아 정확한 측량이 가능하다.
   ③ 표정에서는 도면 방향과 지상 방향을 일치시킨다.
   ④ 정준에서는 도상 측점과 지상 측점을 동일 연직선으로 맞춘다.

6. 측량기사 A, B, C가 같은 작업 조건에서 동일한 거리를 측량하였다. 그 결과 표준편차가 표와 같을 때, 이 세 측량기사의 측량결과에 대한 경중률의 비 PA : PB : PC는?

구분	표준편차(mm)	경중률
측량기사 A	±1	P_A
측량기사 B	±3	P_B
측량기사 C	±2	P_C

   ① 1 : 3 : 2
   ② 1 : 9 : 4
   ③ 6 : 2 : 3
   ④ 36 : 4 : 9

7. 그림과 같이 A, B 두 점 간의 경사 거리(L)를 측정한 결과 50 m였고, 경사에 대한 보정량이 −10 mm로 계산되었다면 이 지형의 경사도는?

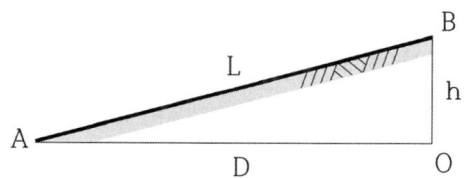

① 약 $\frac{1}{50}$

② 약 $\frac{1}{75}$

③ 약 $\frac{1}{100}$

④ 약 $\frac{1}{150}$

8. 토털스테이션에 의한 거리측량의 오차 중에서 관측거리와 독립적이면서 정오차에 해당하는 경우는?
   ① 빛의 굴절률이 부정확할 때
   ② 기압, 온도, 습도 등을 정확히 측정하지 못할 때
   ③ 반사 프리즘을 측점에 정확히 세우지 못할 때
   ④ 반사 프리즘의 실제적인 중심이 이론적인 중심과 불일치할 때

9. 거리 100 m에 대한 거리 관측의 오차가 ±5 mm일 때, 이와 균형을 이루는 각 관측 오차는?
   ① 약 ±5″
   ② 약 ±10″
   ③ 약 ±15″
   ④ 약 ±20″

10. 그림과 같이 외경 1,500 mm의 흄관을 지반으로부터 2.7 m 아래에 매설하기 위해 터파기 작업을 수행하고자 수준측량을 실시하였다. 흄관 중앙 상단 A 지점에 세워진 표척의 읽음 값[m]은? (단, 레벨 설치지점의 지반고는 36.5 m, 기계고는 37.6 m이다)

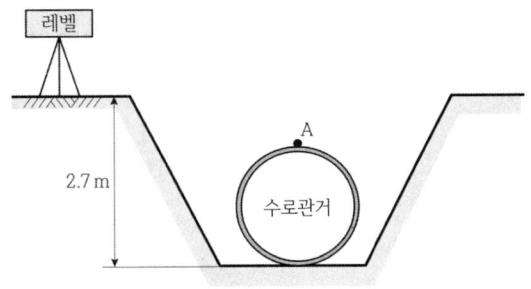

① 2.3
② 2.8
③ 3.3
④ 3.8

11. 다각측량을 실시하여 A(150 m, 247 m), B(−83 m, 14 m)의 좌표를 얻었다. AB측선의 방위각은?
    ① 45°
    ② 135°
    ③ 225°
    ④ 315°

12. 그림은 우리나라에서 제작한 지형도이다. 이 지형도의 축척과 (가)로 표시된 등고선의 표고를 바르게 연결한 것은? (단, 그림에서 수치의 단위는 m이다)

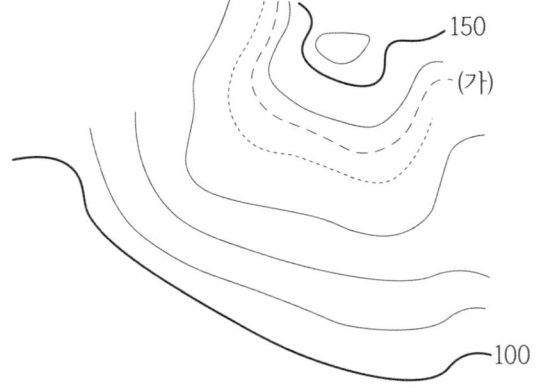

정답 8. ④ 9. ② 10. ① 11. ③ 12. ①

	축척	표고
①	1 : 25,000	135 m
②	1 : 50,000	135 m
③	1 : 25,000	137.5 m
④	1 : 50,000	137.5 m

13. 지형의 표현 방법에 관한 설명으로 옳지 않은 것은?
   ① 등고선법은 건설 공사용으로 많이 사용된다.
   ② 점고법은 주로 하천, 호수, 항만의 수심을 나타내는 데 사용된다.
   ③ 등고선 간의 간격은 지표면의 경사가 급한 곳에서는 좁게 완만한 곳에서는 넓게 표현된다.
   ④ 부호적 도법에는 영선법과 음영법이 있고, 자연적 도법에는 점고법, 등고선법, 채색법이 있다.

14. 지형도 제작을 위한 3차원 측량 방법으로 적절하지 않은 것은?
   ① 중력 측량
   ② GNSS 측량
   ③ 항공 사진 측량
   ④ 토털스테이션 측량

15. 하천의 유속 및 유량 관측에 관한 설명으로 옳지 않은 것은?
   ① 수면에서 하저까지 유속의 연직 분포는 일정하지 않다.
   ② 수면 폭에서의 유속 분포는 유심부에서 최소이고 양안으로 갈수록 점차 증가한다.
   ③ 유량 관측은 하천의 유수 단면적에 평균 유속을 곱하여 구하는 방법을 주로 사용한다.
   ④ 부자에 의한 유속 관측에서는 부자를 하천에 띄워 흐르게 한 다음, 거리와 시간을 관측하여 유속을 결정한다.

16. 노선의 기점으로부터 교점까지의 거리가 358.2 m이고, 교각(I)은 60°, 접선장(T.L.)은 115.5 m, 곡선길이(C.L.)는 209.4 m일 때, 종단현의 길이[m]는? (단, 중심말뚝 간의 간격은 20 m이다)
   ① 7.6
   ② 7.9
   ③ 12.1
   ④ 12.4

17. 그림은 어떤 지역을 10 m × 8 m의 직사각형으로 나누어 각 교점의 표고를 측정한 결과이다. 땅고르기 표고를 15 m로 계획할 때, 전체 지역에서 남거나 부족한 토량[m³]은? (단, 그림의 표고 단위는 m이다)

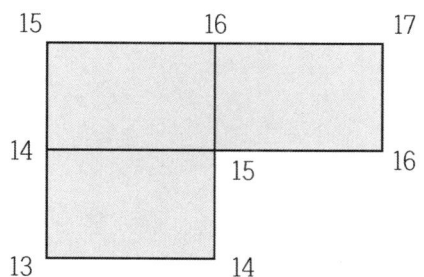

   ① 절토량 20
   ② 절토량 10
   ③ 성토량 10
   ④ 절토량 = 성토량

18. 터널 측량 방법에 대한 설명으로 옳지 않은 것은?
   ① 터널 밖 측량에는 두 터널 입구를 연결하는 중심선을 지상에 설치하는 지표 중심선 측량 등이 있다.
   ② 터널 안에 중심선이 설치되면 중심말뚝의

정답 13. ④ 14. ① 15. ② 16. ③ 17. ④ 18. ③

표고를 구하기 위하여 터널 입구에 설치된 수준점으로부터 수준 측량을 한다.
③ 터널 안에서 곡선부 중심선 측량을 다각 측량으로 할 경우 가능한 범위 내에서 현의 길이를 짧게 잡고 기계를 세우는 횟수를 많이 한다.
④ 터널 밖 중심선 측량에서 중심선이 길거나 중간에 장애물이 있어 다각 측량으로 문제를 해결할 수 없을 경우 삼각 측량으로 중심선을 측설한다.

19. 초점거리 200 mm 카메라를 이용하여 촬영고도 4,000 m의 상공에서 종중복도 60 %로 항공사진을 촬영할 때, 촬영 기선길이[m]는? (단, 사진의 크기는 20 cm × 20 cm이다)
① 800
② 1,600
③ 2,000
④ 2,400

20. 항공 사진의 특수 3점에 대한 설명으로 옳은 것은?
① 연직점은 사진 좌표계 상의 원점이 된다.
② 표정점은 주점과 연직점을 2등분하는 점이다.
③ 등각점은 경사와 관계없이 연직사진의 축척과 같은 축척이 되는 점이다.
④ 주점은 렌즈의 투영 중심으로부터 지상의 촬영 기준면에 수선을 내렸을 때 만나는 점이다.

2024년도 지방공무원 9급 경력경쟁임용 필기시험

1. (가), (나)에 들어갈 용어를 바르게 연결한 것은?

   | (가) |은 국가, 지방자치단체, 그 밖에 대통령령으로 정하는 기관이 관계 법령에 따른 사업 등을 시행하기 위하여 | (나) |을 기초로 실시하는 측량이다. 또, 그 밖의 자가 시행하는 측량 중에서 공공의 이해 또는 안전과 밀접한 관련이 있는 측량으로서 대통령령으로 정하는 측량이 포함된다.

	(가)	(나)
①	일반측량	기본측량
②	일반측량	공공측량
③	공공측량	기본측량
④	공공측량	일반측량

2. 우리나라의 평면 직각 좌표계 원점 중 중부 원점에 대한 설명으로 옳은 것은?
   ① 적용 범위는 E 124°~ E 126°이다.
   ② 원점의 수치는 X=600,000m, Y=200,000m 이다.
   ③ 투영점의 위치는 N 38°00′00″, E 129°00′00″이다.
   ④ 원점을 지나는 방향은 동서를 X축, 남북을 Y축으로 한다.

3. 각측량에서 방향각에 대한 설명으로 옳은 것은?
   ① 진북을 기준으로 어느 측선까지 시계방향으로 측정한 각이다.
   ② 천정, 천저를 기준으로 목표물에 대한 시준선까지 측정한 각이다.
   ③ 시준선과 수평선이 이루는 각을 말하며 상향각을 (+), 하향각을 (-)로 한다.
   ④ 임의의 기준선 또는 일반적으로 직각 좌표의 X축을 기준으로 어느 측선까지 시계방향으로 측정한 각이다.

4. 삼각측량에 대한 설명으로 옳은 것은?
   ① 단열삼각망은 측점수가 적어 경제적이며 정밀도가 가장 높다.
   ② 각 변의 길이를 모두 측정하여 삼각법을 이용하는 계산을 기본으로 한다.
   ③ 유심삼각망은 동일 측점수에 비해 포함하는 면적이 넓어 넓은 지역의 측량에 적합하다.
   ④ 삼각망의 조정에서 점 조건은 하나의 측점 주위에서 측량한 모든 각의 합이 180°가 되어야 한다.

5. 도면상의 표고 또는 수심을 숫자로 나타내는 방법으로 산정, 하천, 호수 등에 주로 이용되는 지형의 표현법은?
   ① 등고법
   ② 영선법
   ③ 음영법
   ④ 점고법

6. 수준측량의 오차 발생 원인 중 기계적 요인에 해당하는 것만을 모두 고르면?

   ㄱ. 기포가 둔감하다.
   ㄴ. 시준이 불완전하다.
   ㄷ. 표척 눈금이 불완전하다.
   ㄹ. 측정값에 오독이 있었다.

   ① ㄱ, ㄴ
   ② ㄱ, ㄷ
   ③ ㄴ, ㄹ
   ④ ㄷ, ㄹ

정답 1. ③ 2. ② 3. ④ 4. ③ 5. ④ 6. ②

7. 수평각 측정 시 망원경을 정위–반위로 관측하여도 제거할 수 없는 오차는?
   ① 외심 오차
   ② 연직축 오차
   ③ 시준축 오차
   ④ 수평축 오차

8. 기지점 A(75.0, 150.0)와 B(150.0, 300.0)를 연결하는 결합트래버스의 계산 결과 A에서 B까지의 합위거가 75.3이고, 합경거가 149.6일 때 폐합오차는? (단, 단위는 [m]이다)
   ① 0.2
   ② 0.3
   ③ 0.4
   ④ 0.5

9. 그림과 같은 하천의 평균 유속(V_m)을 산정하는 방법으로 옳지 않은 것은?

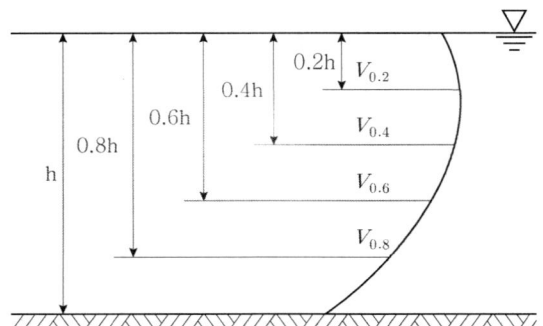

   ① 1점법 $V_m = V_{0.6}$
   ② 2점법 $V_m = \dfrac{1}{2}(V_{0.4} + V_{0.6})$
   ③ 3점법 $V_m = \dfrac{1}{4}(V_{0.2} + 2V_{0.6} + V_{0.8})$
   ④ 4점법 $V_m = \dfrac{1}{5}\{(V_{0.2} + V_{0.4} + V_{0.6} + V_{0.8}) + \dfrac{1}{2}(V_{0.2} + \dfrac{V_{0.8}}{2})\}$

10. 등고선의 성질에 대한 설명으로 옳지 않은 것은?
    ① 최대 경사 방향은 등고선과 평행선을 이룬다.
    ② 동일 등고선은 반드시 도면 안팎에서 폐합한다.
    ③ 등고선은 능선 또는 계곡선과 직각으로 만난다.
    ④ 한 등고선상의 점은 모두 동일한 표고를 나타낸다.

11. 노선 기점으로부터 교점까지의 거리가 500 m이고 교각이 120°일 때, 중앙종거[m]는? (단, 곡선반지름은 200 m이다)
    ① 80
    ② 90
    ③ 100
    ④ 110

12. 단곡선 설치에서 곡선길이는 209.4 m, 노선의 기점에서 곡선시점의 위치는 No.6 + 12 m일 때, 노선의 기점에서 곡선종점까지 거리[m]는? (단, 중심말뚝 간격은 20 m이다)
    ① 297.4
    ② 317.4
    ③ 321.4
    ④ 341.4

13. 축척 1 : 5,000 지형도에서 등고선의 종류에 따른 간격[m]을 바르게 연결한 것은?

	계곡선	주곡선	조곡선
①	10	2.0	1.00
②	10	5.0	1.25
③	25	5.0	1.25
④	25	12.5	6.25

정답 7. ② 8. ④ 9. ② 10. ① 11. ③ 12. ④ 13. ③

14. 정량적(높이, 거리, 면적 등) 해석과 정성적(색상, 질감, 음영 등) 해석이 모두 가능한 측량은?
   ① 사진측량
   ② 지형측량
   ③ 삼각측량
   ④ GNSS측량

15. 트래버스측량에 대한 설명으로 옳은 것은?
   ① 각 측량의 정밀도가 같을 때 각의 크기에 비례하여 오차를 배분한다.
   ② 미지점에서 출발하여 다른 미지점에 결합시키는 개방트래버스가 가장 정밀한 방법이다.
   ③ 각 트래버스의 측점 수를 n이라 하면 시가지에서의 오차허용 범위는 $20''\sqrt{n} \sim 30''\sqrt{n}$ 이다.
   ④ 바로 앞 측선의 연장선과 이루는 각인 편각은 시계방향의 좌편각(+)과 반시계방향의 우편각(−)이 있다.

16. 측점 A, B 간의 경사거리를 측정하여 수평거리로 보정할 때, 보정량[m]은? (단, 경사거리 = 25 m, 고저차 = 2.5 m이다)
   ① −0.250
   ② −0.125
   ③ +0.125
   ④ +0.250

17. 초점거리 10 cm인 항공촬영용 카메라로 2 km 고도에서 촬영된 하천 폭이 사진상 15 mm로 측정되었을 때, 실제 폭[m]은?
   ① 150
   ② 200
   ③ 250
   ④ 300

18. GPS 위성의 기하학적 배치 상태를 나타내는 DOP(Dilution Of Precision) 중에서 수평 위치 요소를 포함하는 것만을 모두 고르면?

   | ㄱ. HDOP |
   | ㄴ. VDOP |
   | ㄷ. GDOP |
   | ㄹ. TDOP |

   ① ㄱ, ㄷ
   ② ㄱ, ㄹ
   ③ ㄴ, ㄷ
   ④ ㄴ, ㄹ

19. GRS80 타원체에 대한 설명으로 옳지 않은 것은?
   ① 편평률은 1 : 299.15로 베셀 타원체와 동일하다.
   ② 1979년 IUGG총회에서 발표한 측지기준계이다.
   ③ 우리나라의 경위도 원점은 국토지리정보원 구내에 위치한다.
   ④ 우리나라의 경위도 원점은 ITRF2000 좌표계와 GRS80 타원체를 기준으로 정하였다.

20. 장애물이 없고 비교적 좁은 측량지역에서 대축척의 높은 정확도를 얻을 수 있는 평판측량은?
   ① 전진법
   ② 방사법
   ③ 전방교회법
   ④ 후방교회법

2025년도 지방공무원 9급 등 경력경쟁임용 필기시험

1. 최확값과 관측값의 차이를 나타낸 것은?
   ① 참값
   ② 잔차
   ③ 참오차
   ④ 표준오차

2. 90°를 라디안[rad]으로 나타낸 것은?
   ① $\dfrac{\pi}{6}$
   ② $\dfrac{\pi}{4}$
   ③ $\dfrac{\pi}{3}$
   ④ $\dfrac{\pi}{2}$

3. 동일한 거리를 측량기사 A, B가 반복 관측했을 때 표준편차가 각각 $\sigma_A = \pm 0.01$ m, $\sigma_B = \pm 0.02$ m 라면, 두 관측값의 경중률의 비 $P_A : P_B$는?
   ① 2 : 1
   ② 1 : 2
   ③ 4 : 1
   ④ 1 : 4

4. 1 : 25,000 축척의 지형도에서 주곡선의 간격[m]은?
   ① 5
   ② 10
   ③ 20
   ④ 100

5. 다음 트래버스 측량의 내업 절차에서 (가)~(라)에 들어갈 작업 과정을 A~D에서 바르게 연결한 것은?

   오차 점검 및 배분 → (가) → (나) → (다) → (라) → 측점의 좌표 계산

   A. 방위각 계산
   B. 방위 계산
   C. 위거 및 경거 계산
   D. 폐합오차 조정

	(가)	(나)	(다)	(라)
①	A	B	C	D
②	B	A	D	C
③	C	D	B	A
④	D	C	A	B

6. GNSS 위성의 배치에 따른 측위 정확도의 영향을 나타내는 DOP 종류 중 수평 위치, 높이 및 시간에 대한 전체적인 정밀도 저하율을 나타낸 것은?
   ① TDOP
   ② PDOP
   ③ HDOP
   ④ GDOP

7. 다음 항공사진 측량 작업의 절차를 순서대로 바르게 나열한 것은?

   (가) 촬영 계획
   (나) 수치 도화
   (다) 항공사진 촬영
   (라) 현지 조사 및 보완 측량

정답 1. ② 2. ④ 3. ③ 4. ② 5. ① 6. ④ 7. ②

① (가) → (나) → (다) → (라)
② (가) → (다) → (나) → (라)
③ (라) → (가) → (다) → (나)
④ (라) → (다) → (가) → (나)

8. (가)~(라)에서 설명하는 각의 종류를 바르게 연결한 것은?

(가) 수평선을 기준으로 시준선과 이루는 각
(나) 관측자의 중력 방향이 머리 위에서 천구면에 닿는 점을 기준으로 목표물에 대한 시준선까지 잰 각
(다) 자오선의 북을 기준으로 어느 측선까지 시계 방향으로 측정한 각
(라) 일반적으로 직각 좌표의 X축을 기준으로 어느 측선까지 우회한 각

	(가)	(나)	(다)	(라)
①	고저각	천정각	방위각	방향각
②	고저각	천정각	방향각	방위각
③	천정각	고저각	방위각	방향각
④	천정각	고저각	방향각	방위각

9. 강철 테이프를 이용한 거리측량에서 거리의 보정량이 항상 음(-)의 값을 가지는 것만을 모두 고르면?

ㄱ. 경사에 대한 보정
ㄴ. 테이프의 상수 보정
ㄷ. 온도에 대한 보정

① ㄱ
② ㄱ, ㄴ
③ ㄱ, ㄷ
④ ㄴ, ㄷ

10. 다음 설명에 해당하는 오차의 원인과 종류를 바르게 연결한 것은?

강철 테이프로 거리를 측정할 때의 온도가 표준 온도와 다른 경우 테이프의 신축이 발생한다.

	오차의 원인	오차의 종류
①	기계적 원인	정오차
②	자연적 원인	우연오차
③	기계적 원인	우연오차
④	자연적 원인	정오차

11. 두 점 A(X = 100.0 m, Y = 200.0 m)와 B(X = 200.0 m, Y = 100.0 m)가 있을 때, 측선 AB의 방위는? (단, X: 위거좌표, Y: 경거좌표)
① N 45° E
② N 45° W
③ S 60° E
④ S 60° W

12. 삼각측량에서 점 조건에 대한 설명으로 옳은 것은?
① 삼각망을 이루는 삼각형 내각의 합은 180°가 된다.
② 하나의 측점 주위에서 측량한 모든 각의 합은 360°가 된다.
③ 삼각망 중에서 임의의 한 변의 길이가 계산의 순서와 관계없이 동일하다.
④ 한 측점에서 측량한 여러 각의 합은 그 전체를 한 각으로 관측한 각과 180°의 차이가 난다.

13. 완화곡선에 대한 설명으로 옳지 않은 것은?
① 곡선 형상에 따라 수직곡선으로 분류된다.
② 렘니스케이트 곡선은 완화곡선 중의 하나이다.
③ 직선과 곡선의 변화점에서 원심력이 급격하게 작용하는 것을 방지하기 위해 설치한다.
④ 차량을 안전하고 원활하게 통과시키기 위하여 직선부와 곡선부 사이에 삽입하는 특수한 곡선이다.

정답 8. ① 9. ① 10. ④ 11. ② 12. ② 13. ①

14. 촬영고도 1,200 m에서 촬영한 사진상에 굴뚝의 윗부분이 연직점으로부터 40 mm 떨어져 있을 때, 굴뚝의 실제 높이[m]는? (단, 굴뚝의 기복변위는 3.2 mm이다)
   ① 32
   ② 64
   ③ 96
   ④ 128

15. 그림과 같이 a_1 = 1.200 m, a_2 = 1.950 m, b_1 = 0.250 m, b_2 = 1.000 m이고 A점의 표고가 10.000 m일 때, B점의 표고[m]는?

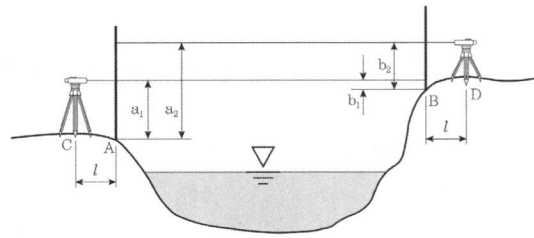

   ① 9.950
   ② 10.450
   ③ 10.950
   ④ 11.450

16. 그림과 같이 전진법에 의한 폐합 트래버스 측량을 실시하여 A점에서 도상의 폐합오차($\overline{AA'}$) 0.5 mm가 발생했을 때, 폐합비는? (단, 도면의 축척은 1 : 300이다)

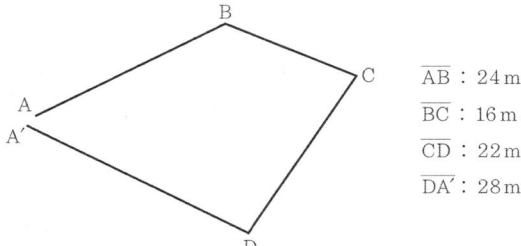

$\overline{AB}$: 24 m
$\overline{BC}$: 16 m
$\overline{CD}$: 22 m
$\overline{DA'}$: 28 m

① $\dfrac{1}{300}$
② $\dfrac{1}{500}$
③ $\dfrac{1}{600}$
④ $\dfrac{1}{1,000}$

17. 그림과 같이 표시된 지형도에서 A점과 B점 간의 도상거리가 48 mm일 때, A점에서 B점 방향으로의 평균경사[%]는?

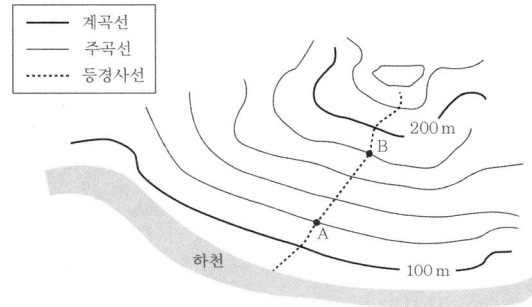

   ① 1.5
   ② 2.5
   ③ 3.5
   ④ 4.5

18. 그림과 같은 토지의 면적을 심프슨 제1법칙으로 계산한 결과가 93 m²일 때, AB의 거리[m]는?

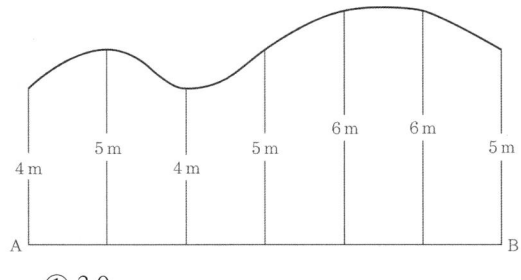

   ① 3.0
   ② 3.5
   ③ 18.0
   ④ 18.5

정답 14. ③ 15. ③ 16. ③ 17. ② 18. ③

19. 다음의 표와 같이 폐합 사각형 형태를 가진 토지의 각 꼭짓점 좌표를 취득하였을 때, 이 토지의 면적[m²]은?

측점	좌 표	
	X(m)	Y(m)
A	109	104
B	110	110
C	100	109
D	100	108

① 34
② 68
③ 102
④ 136

20. 그림과 같이 A점과 B점을 지나는 반지름(R) 200 m의 단곡선을 설치할 때, 곡선의 시점 A점에서 C점까지의 거리[m]는? (단, $\overline{CD}$ = 100 m 이다)

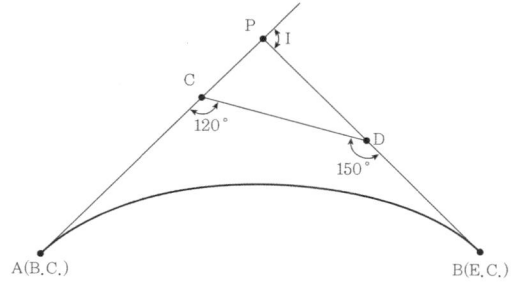

① 145
② 150
③ 155
④ 160

정답 19. ① 20. ②

제 2 편

측량기능사 실기

- ■ 국가기술자격 실기시험(외업)
  - ◎ 레벨 측량
  - ◎ 토털스테이션 측량
- ■ 국가기술자격 실기문제

제1장 레벨측량

> 시험장에 설치된 No.0 ~ No.10 측점을 수준측량하여 각 점의 지반고를 계산하시오.(단, No.0 점의 지반고는 0.500 ~ 1.500m의 범위 내에서 시험위원이 임의로 제시하며, 기계는 3회 이상 거치하고 No.4, No.7 측점은 천정에 있다.)

1 레벨 측량에 사용되는 기계 및 기구
① 레벨 ② 표척

2 레벨 세우기
① 정준 나사가 중립에 오도록 미리 돌려 놓고 삼각의 길이을 적당히 조절한다.
② 견고한 지반을 택하여 삼각 중 두 개를 땅에 고정시켜 두고, 나머지 한 개를 전후, 좌우로 움직여 대략 수평을 맞춘 후 고정시킨다.
③ 정준나사로 정밀하게 정준을 한다.
　㉠ 정준나사 A1과 A2를 화살표 방향으로 같은 양만큼 회전시키면서 기포가 가상의 중심선 가까이 오도록 한다.

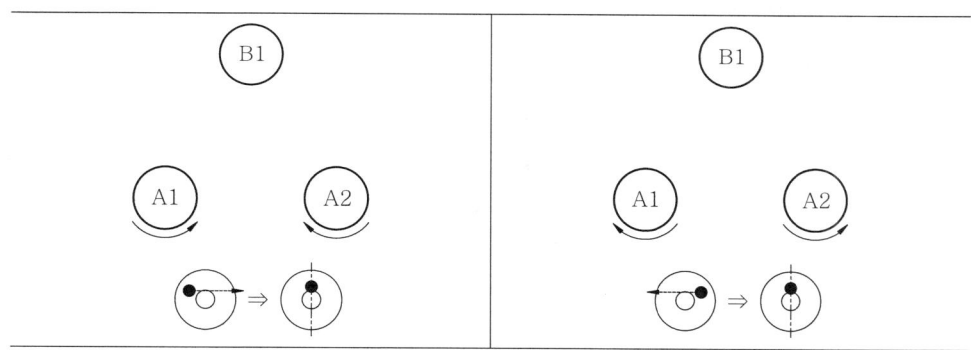

　㉡ 정준나사 B1을 화살표 방향으로 회전시키면서 기포가 원형의 중앙에 오도록 한다.

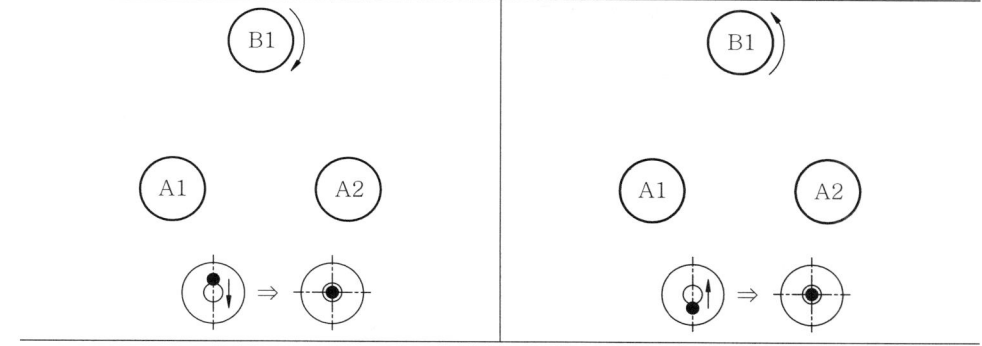

　㉢ ㉠, ㉡ 과정을 반복하여 정밀하게 정준을 한다.
■ 왼손 엄지가 향하는 방향으로 기포가 이동한다.

3 시준

① 십자선이 뚜렷하게 보이도록 접안 렌즈 조정 나사로 조정한다.
② 목표점에 세운 표척을 대략 시준하고 초점 조절 나사로 표척의 눈금이 뚜렷하게 보이도록 조정한다.
③ 미동 나사로 기계를 미세하게 회전시켜 십자 세로선이 표척과 일치하도록 조정한다.
④ 십자 가로선이 가리키는 표척의 값을 읽고 기록한다.

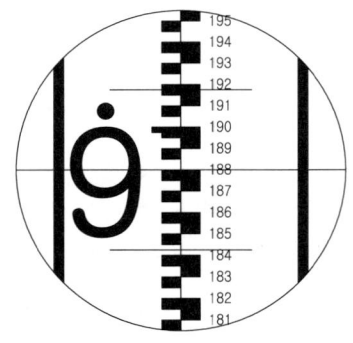
[시준과 정준이 잘된 경우]

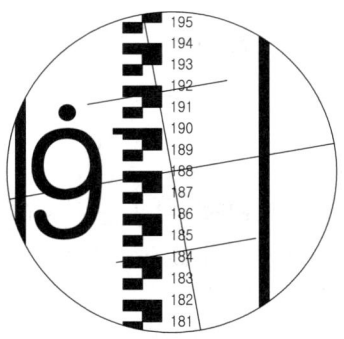
[시준과 정준이 안된 경우]

⑤ 표척읽기 : 그림의 왼쪽 숫자는 10cm 단위를 표시하고, 그 위의 ● 표시는 m를 나타낸다. 최소 눈금은 5mm이며, 그 이하는 눈짐작으로 1mm까지 읽는다.

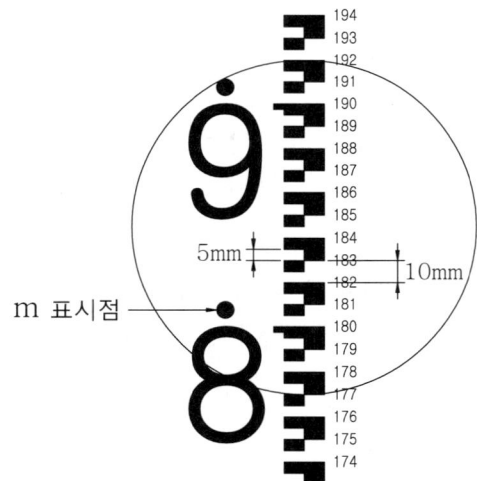

■ m 단위는 큰 숫자 위에 점으로 표현

1m	2m	3m	4m
●	●●	●●●	●●●●

■ 표척 읽기 예시

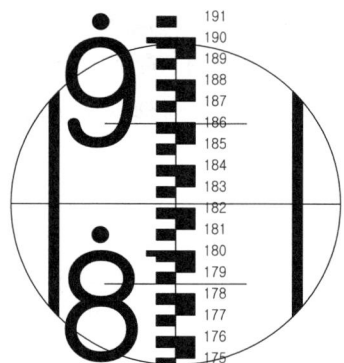

읽은값 : 1.822m

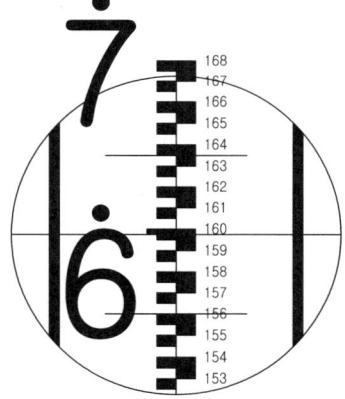

읽은값 : 1.598m

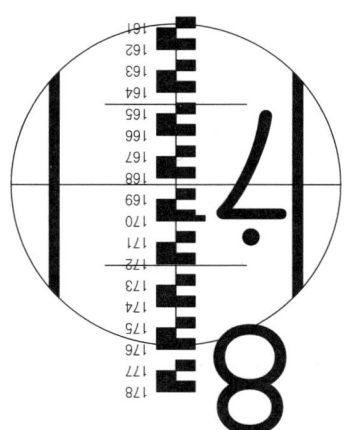

읽은값 : −1.683m

4 레벨 과제 수행 방법

> 시험장에 설치된 No.0 ~ No.10 측점을 수준측량하여 각 점의 지반고를 계산하시오.(단, No.0 점의 지반고는 0.500 ~ 1.500m의 범위 내에서 시험위원이 임의로 제시하며, 기계는 3회 이상 거치하고 No.4, No.7 측점은 천정에 있다.)

① 기계 및 비품 검사
  ㉠ 접안 렌즈 조정 나사로 십자선 확인
  ㉡ 정준 나사 상태 확인
  ㉢ 삼발이 이상유무 확인
  ㉣ 레벨 세울 위치를 확인한다.(부(-) 표척을 이기점으로 잡지 않도록 한다.)

② 레벨 측량의 용어
  ㉠ 측점(station, S) : 표척을 세워서 시준하는 점으로 수준 측량에서는 다른 측량방법과 달리 기계를 임의점에 세우고 측점에 세우지 않는다.
  ㉡ 후시(back sight, B.S) : 높이를 알고 있는 점에 세운 표척의 눈금을 읽는 것
  ㉢ 전시(fore sight, F.S) : 표고를 구하려는 점에 세운 표척의 눈금을 읽는 것
  ㉣ 기계고(instrument height, I.H) : 기계를 수평으로 설치했을 때 기준면으로부터 망원경의 시준선까지의 높이
  ㉤ 지반고(ground height, G.H) : 기준면에서 그 측점까지의 연직거리
  ㉥ 이기점(turning point, T.P) : 전후의 측량을 연결하기 위하여 전시와 후시를 함께 취하는 점으로 다른 점에 영향을 주므로 정확하게 관측해야 한다.
  ㉦ 중간점(intermediate point, I.P) : 전시만 관측하는 점으로 다른 측점에 영향을 주지 않는 점이다.
  ㉧ 고저차 : 두 점간의 표고의 차

③ 레벨 세우기

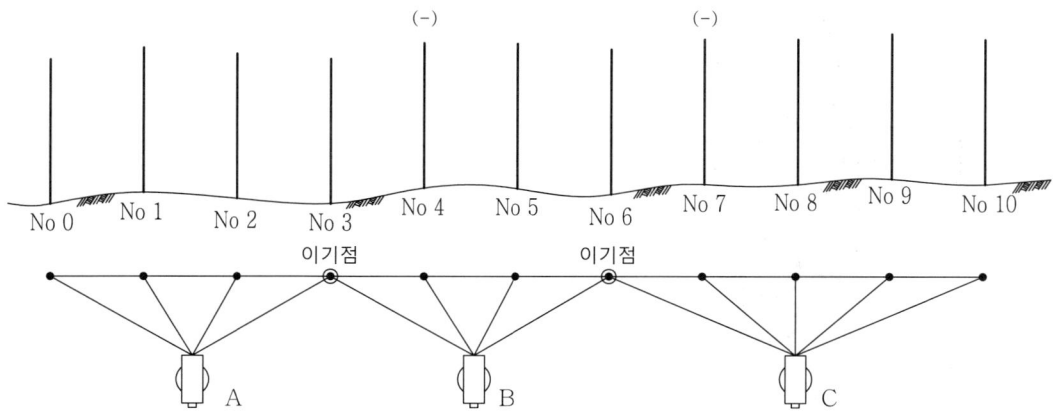

㉠ 레벨을 A위치로 이동해서 No0의 후시값을 관측한다.

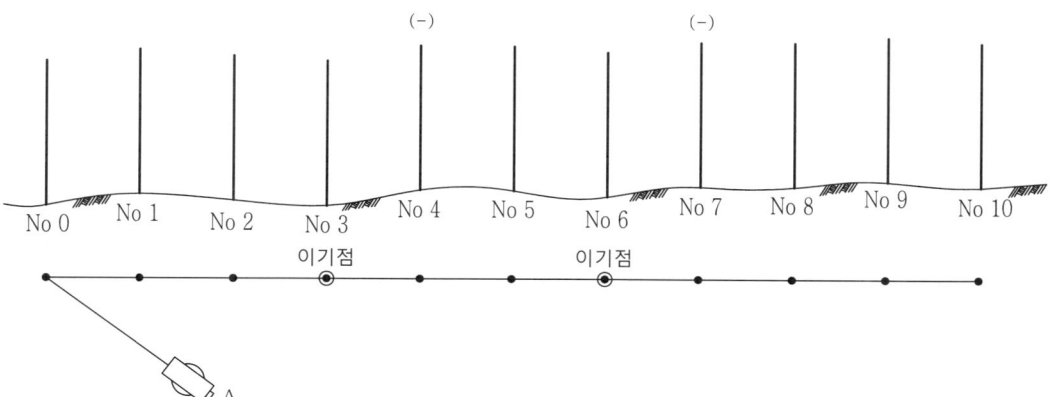

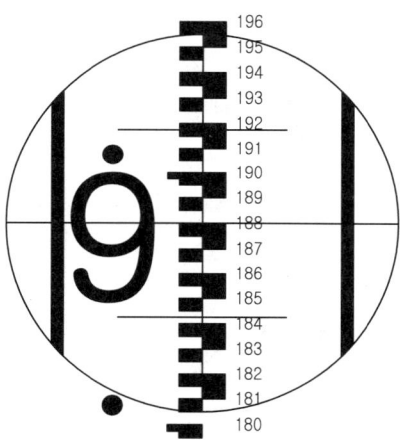

측 점	후 시	전 시		기계고	지반고
		이기점	중간점		
No 0	**1.880**				
No 1					
No 2					
No 3					
No 4					
No 5					
No 6					
No 7					
No 8					
No 9					
No 10					
계					

ⓛ 레벨을 A위치에서 No1의 중간점 값을 관측한다.

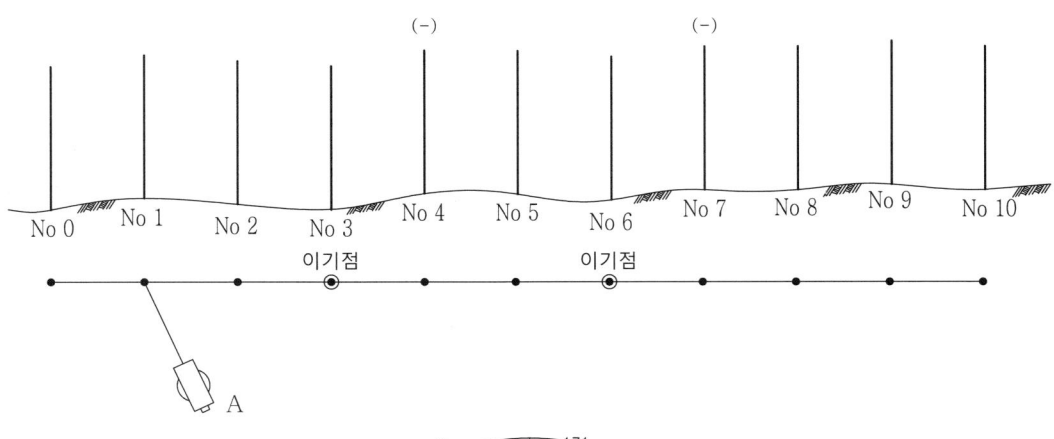

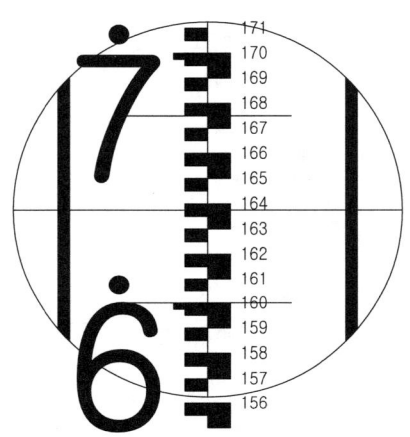

측 점	후 시	전 시		기계고	지반고
		이기점	중간점		
No 0	1.880				
No 1			1.638		
No 2					
No 3					
No 4					
No 5					
No 6					
No 7					
No 8					
No 9					
No 10					
계					

ⓒ 레벨을 A위치에서 No2의 중간점 값을 관측한다.

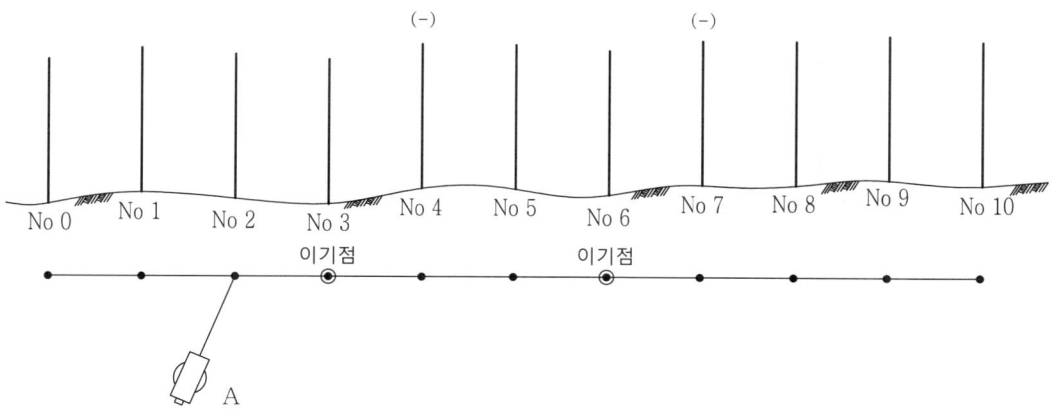

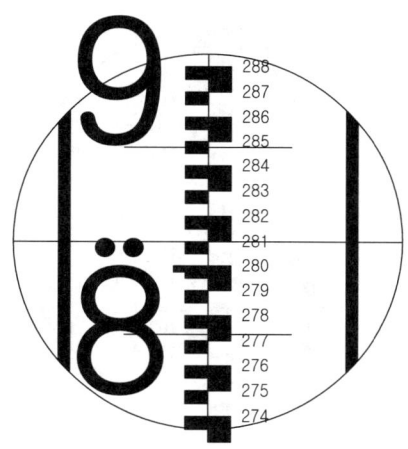

측 점	후 시	전 시		기계고	지반고
		이기점	중간점		
No 0	1.880				
No 1			1.638		
No 2			2.810		
No 3					
No 4					
No 5					
No 6					
No 7					
No 8					
No 9					
No 10					
계					

㉣ 레벨을 A위치에서 No3의 이기점 전시값을 관측하여 전시 이기점란에 기입한다.

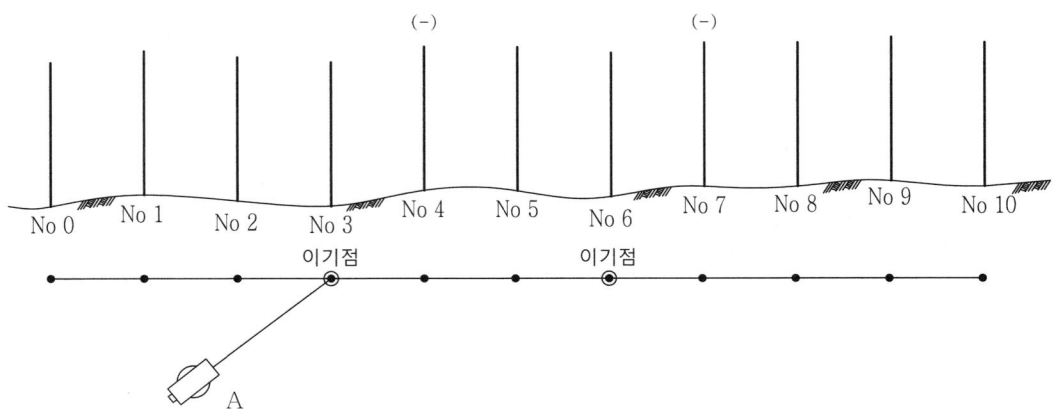

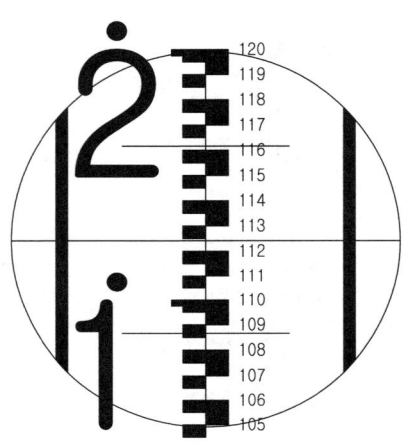

측 점	후 시	전 시		기계고	지반고
		이기점	중간점		
No 0	1.880				
No 1			1.638		
No 2			2.810		
No 3		1.124			
No 4					
No 5					
No 6					
No 7					
No 8					
No 9					
No 10					
계					

㉰ 레벨을 B위치로 이동해서 No3의 후시값을 관측하여 후시란에 기입한다.

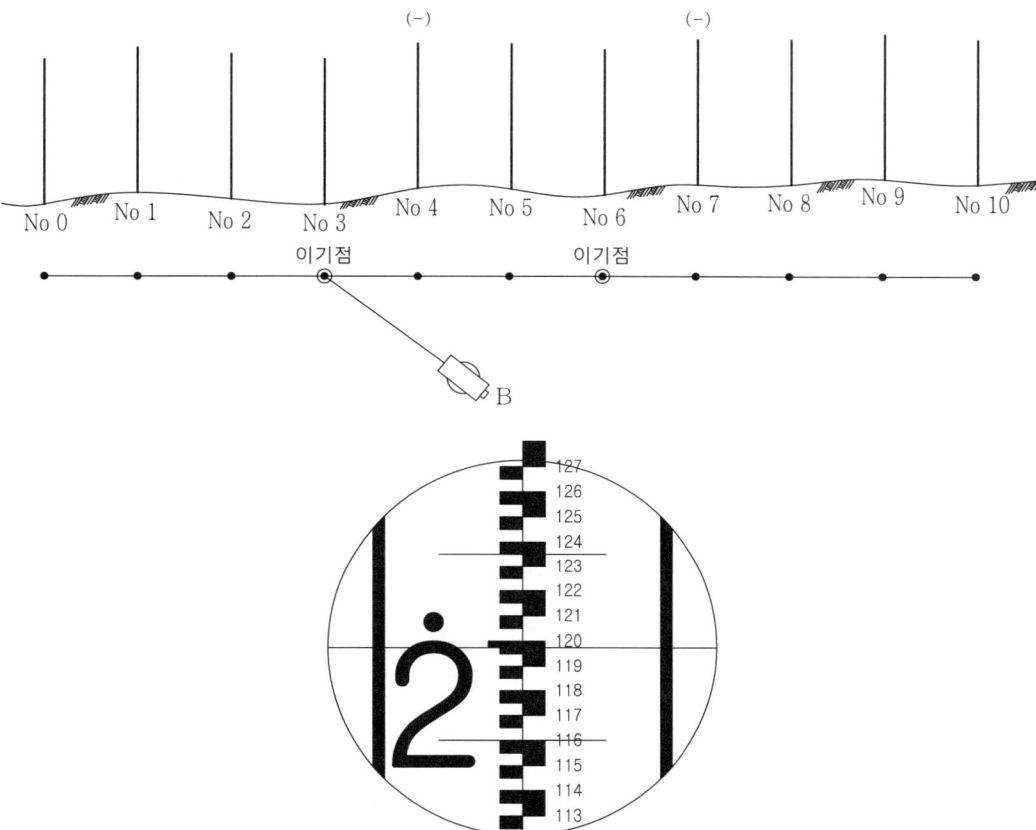

측 점	후 시	전 시		기계고	지반고
		이기점	중간점		
No 0	1.880				
No 1			1.638		
No 2			2.810		
No 3	1.198	1.124			
No 4					
No 5					
No 6					
No 7					
No 8					
No 9					
No 10					
계					

ⓗ 레벨을 B위치에서 No4의 중간점 값을 관측하여 기입한다.(부표척 : -값)

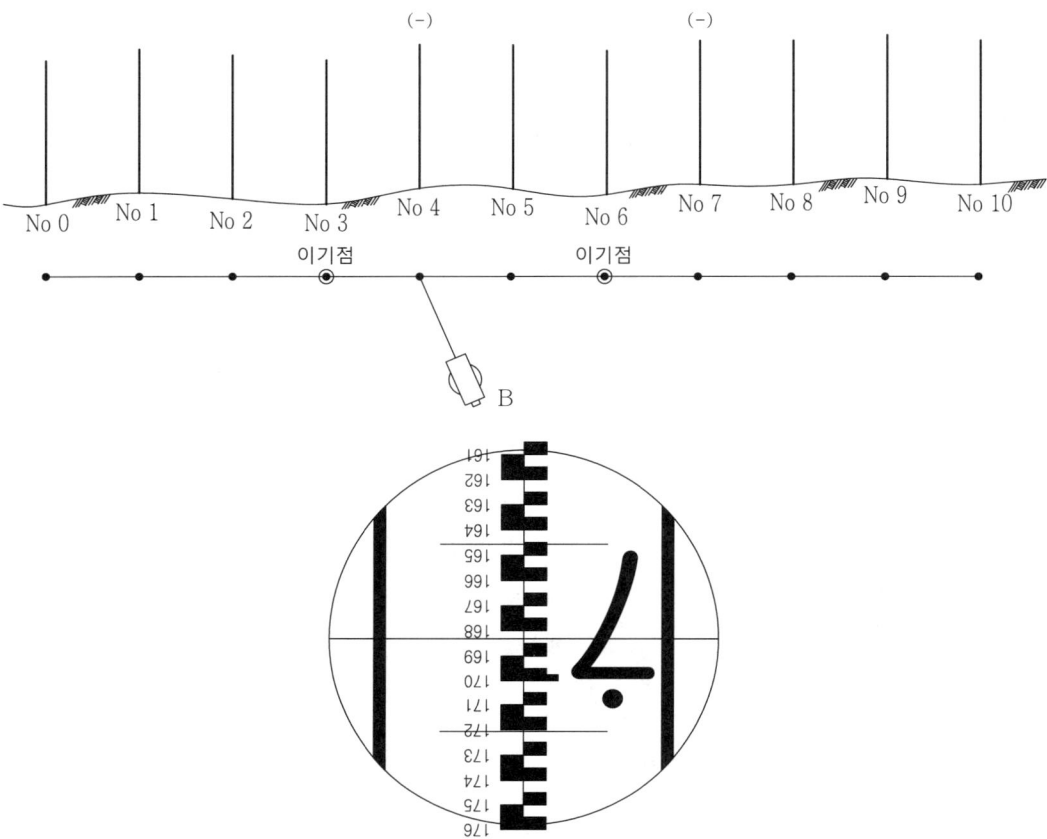

측 점	후 시	전 시		기계고	지반고
		이기점	중간점		
No 0	1.880				
No 1			1.638		
No 2			2.810		
No 3	1.198	1.124			
No 4			-1.683		
No 5					
No 6					
No 7					
No 8					
No 9					
No 10					
계					

ⓢ 레벨을 B위치에서 No5의 중간점 값을 관측하여 기입한다.

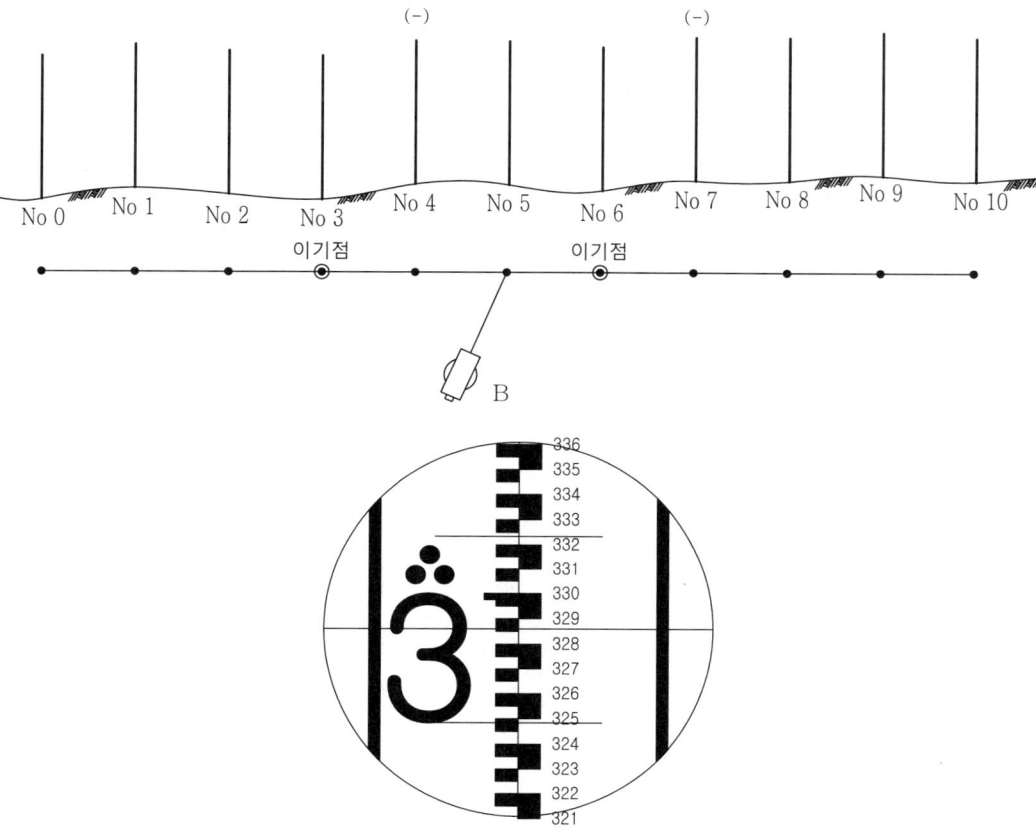

측 점	후 시	전 시		기계고	지반고
		이기점	중간점		
No 0	1.880				
No 1			1.638		
No 2			2.810		
No 3	1.198	1.124			
No 4			−1.683		
No 5			3.286		
No 6					
No 7					
No 8					
No 9					
No 10					
계					

ⓢ 레벨을 B위치에서 No6의 이기점 전시값을 관측하여 전시 이기점란에 기입한다.

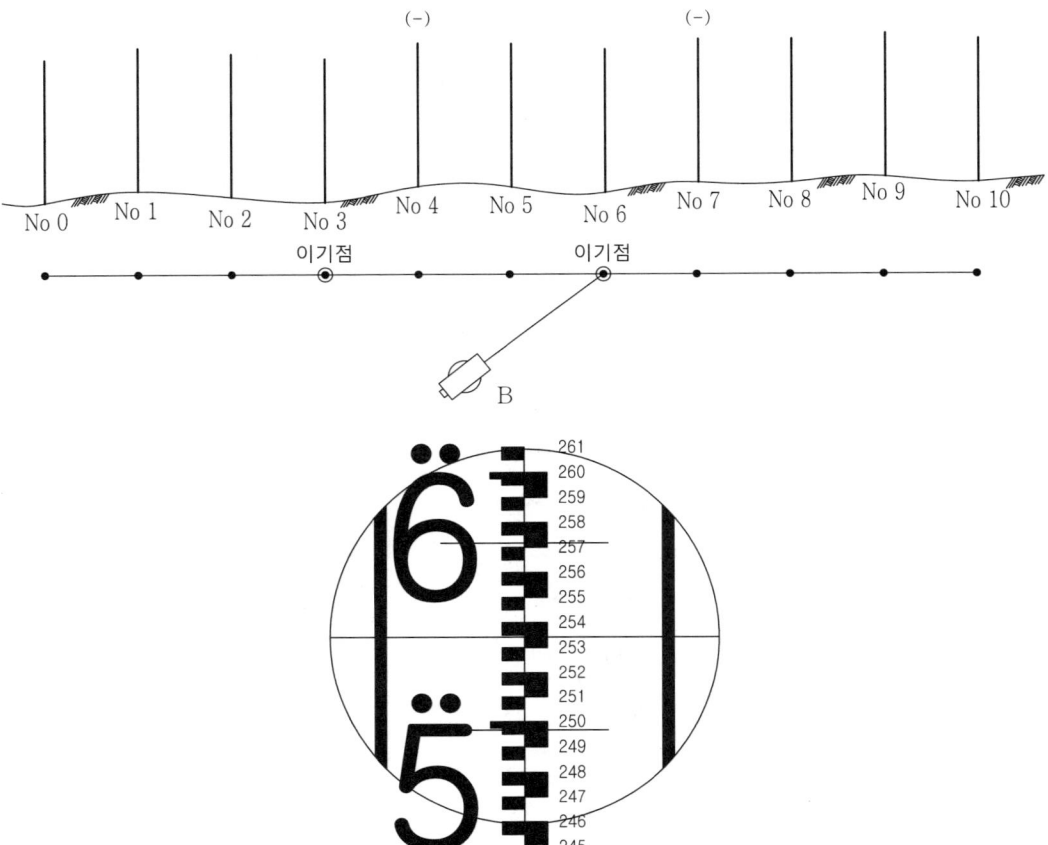

측 점	후 시	전 시		기계고	지반고
		이기점	중간점		
No 0	1.880				
No 1			1.638		
No 2			2.810		
No 3	1.198	1.124			
No 4			-1.683		
No 5			3.286		
No 6		2.534			
No 7					
No 8					
No 9					
No 10					
계					

◎ 레벨을 C위치로 이동해서 No6의 후시값을 관측하여 후시란에 기입한다.

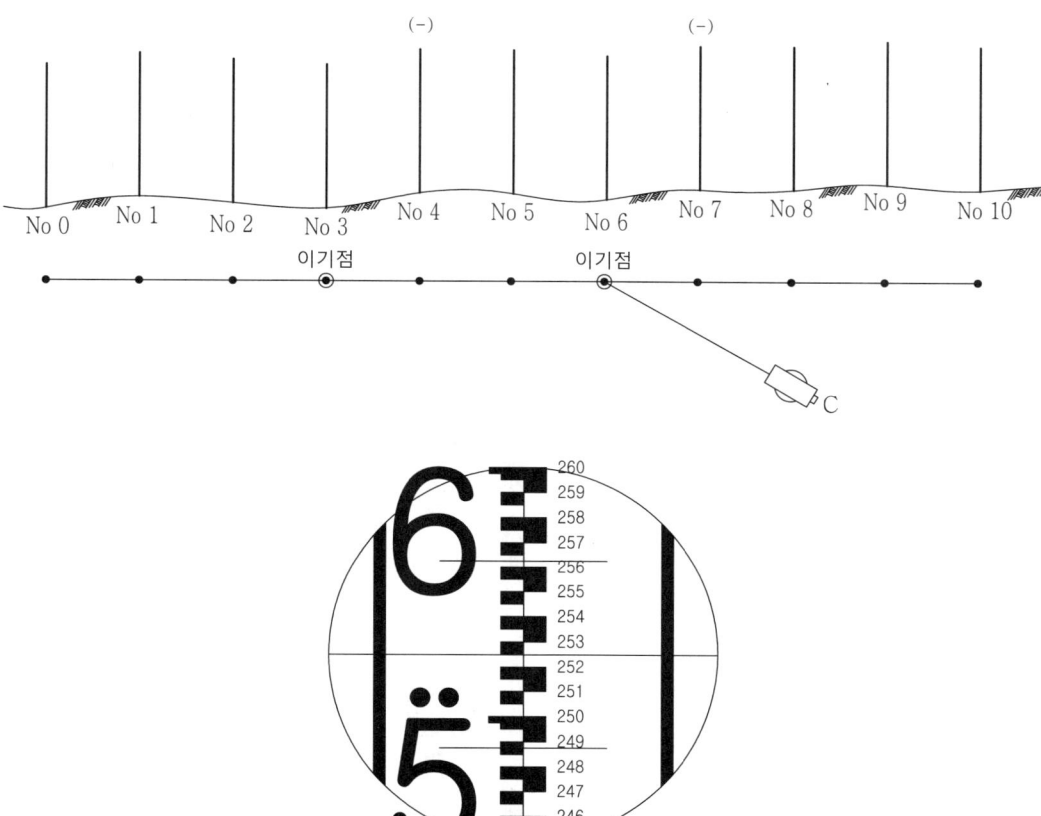

측 점	후 시	전 시		기계고	지반고
		이기점	중간점		
No 0	1.880				
No 1			1.638		
No 2			2.810		
No 3	1.198	1.124			
No 4			-1.683		
No 5			3.286		
No 6	2.525	2.534			
No 7					
No 8					
No 9					
No 10					
계					

㊈ 레벨을 C위치에서 No7의 중간점을 관측하여 기입한다.(부표척 : -값)

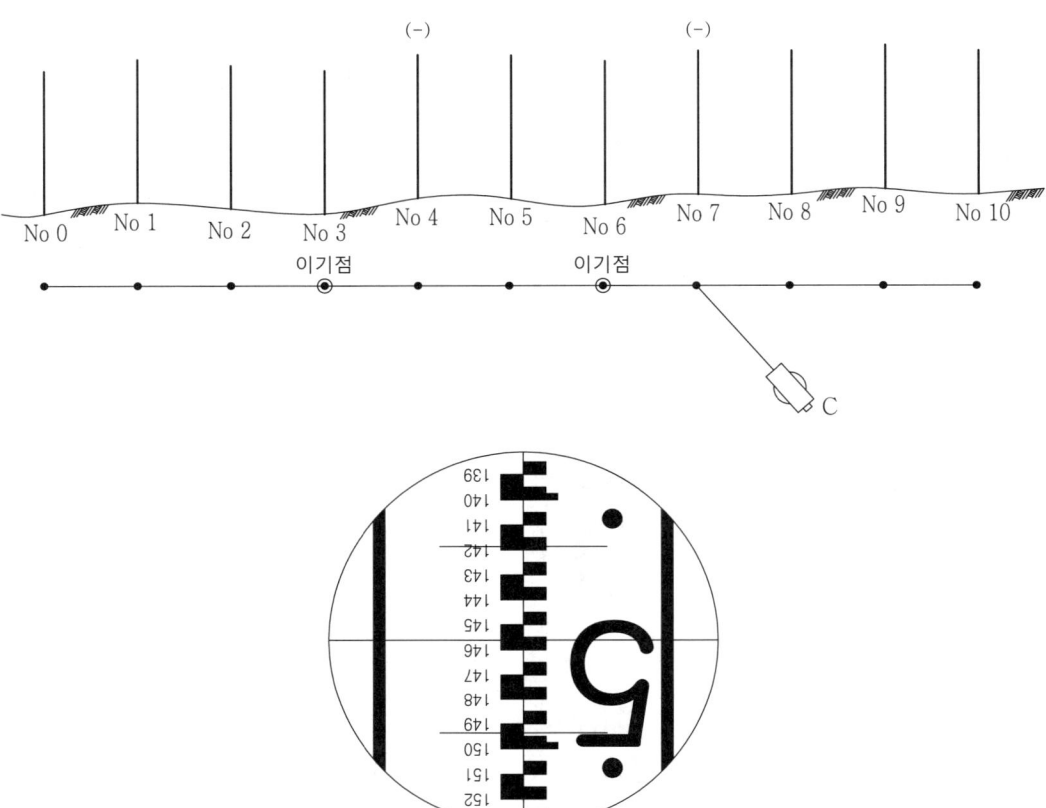

측 점	후 시	전 시		기계고	지반고
		이기점	중간점		
No 0	1.880				
No 1			1.638		
No 2			2.810		
No 3	1.198	1.124			
No 4			-1.683		
No 5			3.286		
No 6	2.525	2.534			
No 7			-1.456		
No 8					
No 9					
No 10					
계					

㋐ 레벨을 C위치에서 No8의 중간점을 관측하여 기입한다.

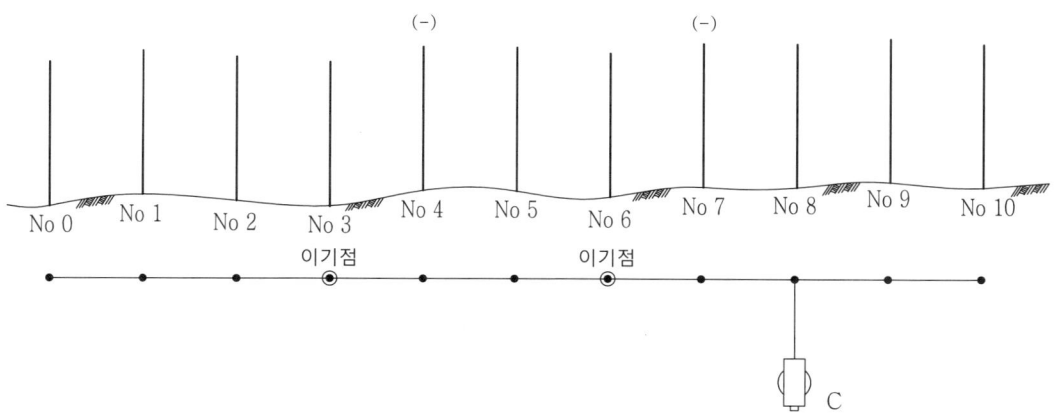

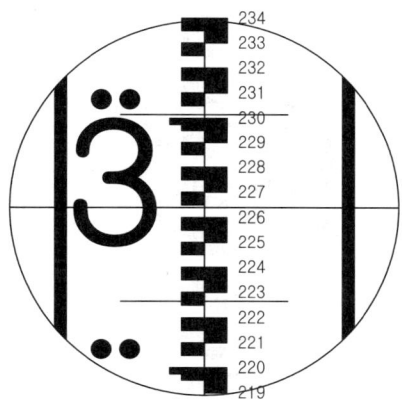

측 점	후 시	전 시		기계고	지반고
		이기점	중간점		
No 0	1.880				
No 1			1.638		
No 2			2.810		
No 3	1.198	1.124			
No 4			-1.683		
No 5			3.286		
No 6	2.525	2.534			
No 7			-1.456		
No 8			2.264		
No 9					
No 10					
계					

㉣ 레벨을 C위치에서 No9의 중간점을 관측하여 기입한다.

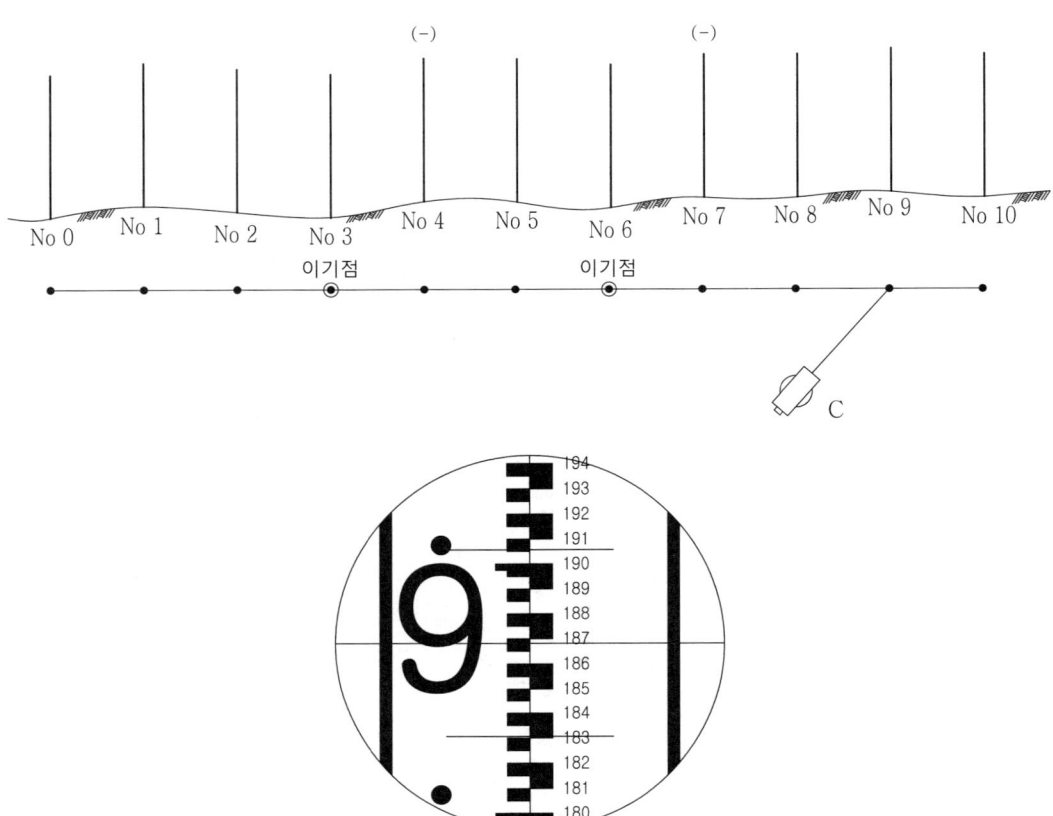

측 점	후 시	전 시		기계고	지반고
		이기점	중간점		
No 0	1.880				
No 1			1.638		
No 2			2.810		
No 3	1.198	1.124			
No 4			-1.683		
No 5			3.286		
No 6	2.525	2.534			
No 7			-1.456		
No 8			2.264		
No 9			1.868		
No 10					
계					

ⓔ 레벨을 C위치에서 No10의 전시값을 관측하여 전시 이기점란에 기입한다.

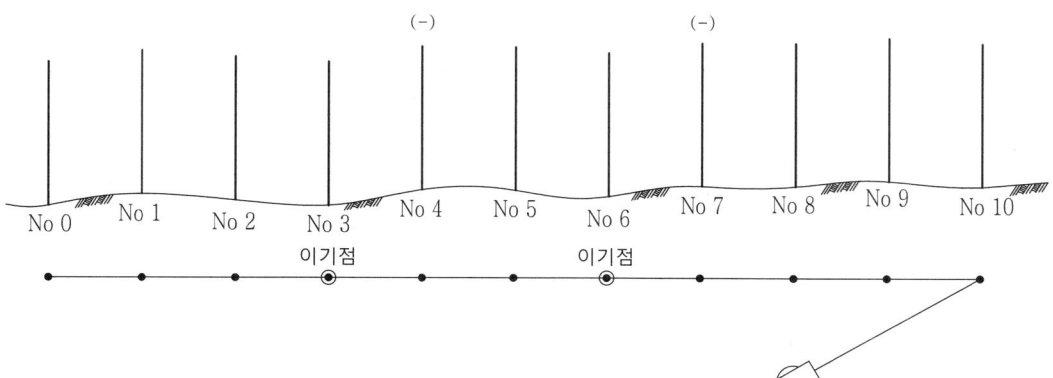

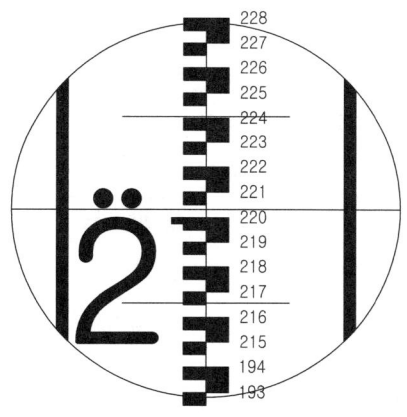

측 점	후 시	전 시		기계고	지반고
		이기점	중간점		
No 0	1.880				
No 1			1.638		
No 2			2.810		
No 3	1.198	1.124			
No 4			-1.683		
No 5			3.286		
No 6	2.525	2.534			
No 7			-1.456		
No 8			2.264		
No 9			1.868		
No 10		2.203			
계					

■ 야장 정리

레벨측량야장

코스 번호 :

| 측점 | 후시 | 전시 | | 기계고 | 지반고 | *정확치 | *오차 | *점수 |
		이기점	중간점					
No.0	1.880			11.880	10.000			
No.1			1.638		10.242			
No.2			2.810		9.070			
No.3	1.198	1.124		11.954	10.756			
No.4			-1.683		13.637			
No.5			3.286		8.668			
No.6	2.525	2.534		11.945	9.420			
No.7			-1.456		13.401			
No.8			2.264		9.681			
No.9			1.868		10.077			
No.10		2.203			9.742			
계	5.603	5.861						

* 란은 수험생이 기재하지 않습니다.

[검산]
① Σ후시-Σ전시(이기점)=5.603-5.861=-0.258
② No.10 지반고-No.0 지반고=9.742-10.000=-0.258
그러므로 계산 결과는 이상이 없다.
(검산 결과에 차이가 있으면 처음부터 차근차근 새로 계산하도록 한다.)

■ 주의 사항
① 부(-)표척은 이기점으로 잡지 않으며 계산시 부호에 주의한다.
② 검산에서 오차가 있는 것은 계산상 잘못된 것이며, 측량에 의한 지반고 관측값 오차와는 상관없다.
③ 후시와 이기점의 횟수가 동일하며 마지막 점은 검산을 위하여 이기점란에 기입한다.

■ 야장 계산

> 지반고=지반고+후시
> 지반고=기계고-전시

① No 0 지반고 = 10.000(시험장에서 감독관이 제시함)
② No 0 기계고 = No 0 지반고 + No 0 후시 = 10.000 + 1.880 = 11.880
③ No 1 지반고 = No 0 기계고 - No 1 전시 = 11.880 - 1.638 = 10.242
④ No 2 지반고 = No 0 기계고 - No 2 전시 = 11.880 - 2.810 = 9.070
⑤ No 3 지반고 = No 0 기계고 - No 3 전시 = 11.880 - 1.124 = 10.756

⑥ No 3 기계고 = No 3 지반고 + No 3 후시 = 10.756 +1.198 = 11.954
⑦ No 4 지반고 = No 3 기계고 - No 4 전시 = 11.954 -(-)1.683 = 13.637
⑧ No 5 지반고 = No 3 기계고 - No 5 전시 = 11.954 - 3.286 = 8.668
⑨ No 6 지반고 = No 3 기계고 - No 6 전시 = 11.954 - 2.534 = 9.420

⑩ No 6 기계고 = No 6 지반고 + No 6 후시 = 9.420 + 2.525 = 11.945
⑪ No 7 지반고 = No 6 기계고 - No 7 전시 = 11.945 -(-)1.456 = 13.401
⑫ No 8 지반고 = No 6 기계고 - No 8 전시 = 11.945 - 2.264 = 9.681
⑬ No 9 지반고 = No 6 기계고 - No 9 전시 = 11.945 - 1.868 = 10.077
⑭ No 10 지반고 = No 6 기계고 - No 10 전시 = 11.945 - 2.203 = 9.742

제2장 토털스테이션(Total Station:TS) 측량

1 토털스테이션 측량에 사용되는 기계 및 기구
① 토털스테이션 ② 삼각대 ③ 프리즘

2 토털스테이션 구조 및 주요명칭

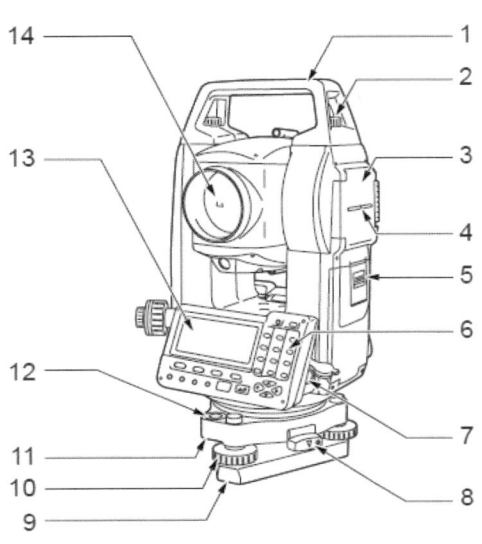

1. 운반 손잡이
2. 운반 손잡이 고정 나사
3. 인터페이스 장치
4. 기계고 표시 마크
5. 배터리 커버
6. 조작 키보드
7. 데이터 입/출력 포트
8. 정준대고정 손잡이
9. 하반
10. 수평 나사
11. 원형 기포 조정 나사
12. 원형 기포
13. 표시창
14. 대물렌즈

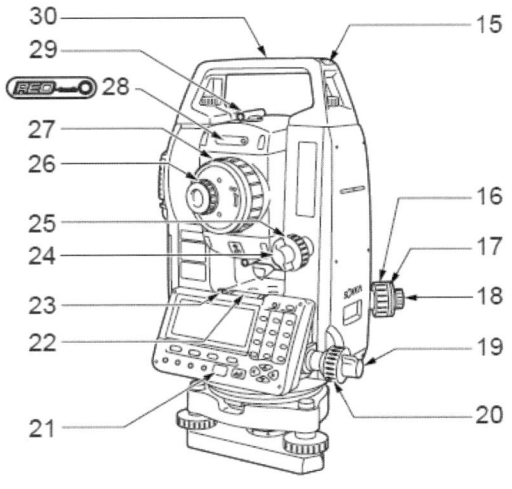

15. 관 나침반 슬롯
16. 구심 초점 손잡이
17. 구심 십자선 손잡이
18. 구심경
19. 수평 고정 나사
20. 수평 미동 손잡이
21. 무선 리모콘 수신부
22. 막대 기포
23. 막대 기포 조정 나사
24. 망원경 고정 나사
25. 망원경 미동 손잡이
26. 접안 렌즈
27. 망원경 초점 손잡이
28. 레이저 발광 표시등
29. 시준경
30. 기계중심 마크

■ 출처 : SOKKIA Series 50RX 사용설명서 참조

3 토털스테이션 측량 요구사항

측점 A와 B의 좌표가 (1000,1000), (970,1030)이라 가정할 때, 측점 A, B에 기계를 설치하여 각 측선 AC, AF, BD, BE의 방위각과 거리 및 각 측점 C, D, E, F의 좌표를 관측하고, CE의 거리를 구하시오.
※ 프리즘 상수는 감독위원의 지시에 따르고 프리즘의 중앙을 시준하시오.
(단, A점의 좌표의 단위는 m 이고, AB의 방위각은 135°이다.)

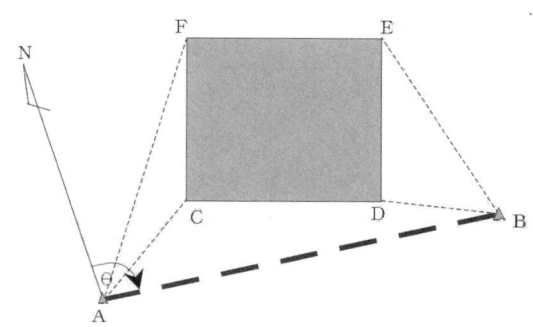

4 유의 사항

① A, B : 기지점
② C, D, E, F : 미지점
③ 측점 A와 B의 좌표는 가상의 좌표로 시험장의 실제와 다르다.
④ 측점 A에서는 C, F만 관측하고 측점 B에서는 D, E만 관측하여야 한다.
⑤ CE거리는 관측한 좌표를 기준으로 계산하여야 한다.
⑥ 시험장에 준비된 장비는 시험장의 여건에 따라 다르므로 실기시험 접수 시 각 시험 장별 시험 실시 기종에 대한 기본 매뉴얼을 사전에 공지함
　⇒ 장비의 종류(제작사, 모델 등)를 확인하고 해당 매뉴얼을 충분히 숙지해야 한다.
⑦ 개인 장비를 가지고 와서 시험 볼 수 있음(시험장별 문의 요망)
⑧ 측점 A, B의 좌표와 AB의 방위각은 시험장에 따라 변경될 수 있다.

■ 화면 구성

→초기 화면

→측정 모드 화면

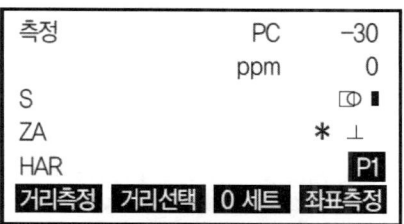

5 측점 A, B에서 기계설치(SOKKIA SET510 모델)

① 구심경으로 구심을 맞춘다.
　㉠ 구심경을 통하여 말뚝의 측점과 토털스테이션의 중심축을 삼각 다리를 이용하여 일치시키는 작업을 한다.
　㉡ 구심경을 보고 양손으로 수평나사를 돌려서 측점과 중심축을 일치시킨다.

② 정준 작업 : 측량 전 본체의 수평을 맞추는 정준 작업을 한다.
　㉠ **측정모드** 2page에서 **경사보정** 을 누른다.

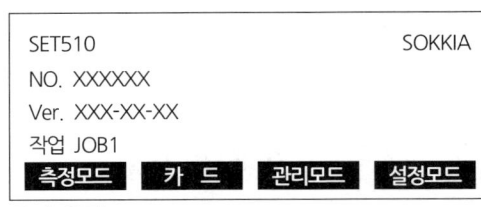
초기 화면

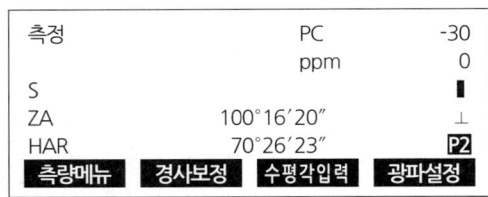
초기화면/측정 모드 P2

→ Page 이동은 FUNC key, 초기화면은 ESC key로 이동
→ 설정 상태에 따라 페이지별 메뉴는 다를 수 있음(고정적인 것은 아님)

　㉡ 원형기포관과 X(수평), Y(고도)방향의 경사각이 표시 된다.

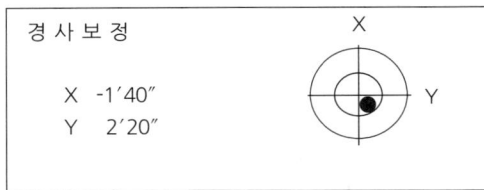
초기화면/측정 모드 P2/경사보정

- ●은 원형 기포관의 기포를 나타낸다.
- 안쪽의 원은 ±3′, 바깥쪽 원은 ±4′의 범위를 표시한다.

　㉢ X방향은 정준나사 A, B를 Y방향은 정준나사 C를 돌려 경사각을 0°로 조정한다.

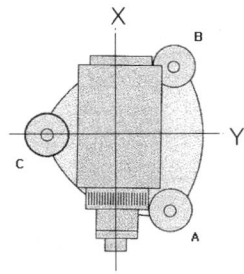

■ 구심은 그림처럼 말뚝 중심과 일치되도록 하며, 정준 작업은 기계상부를 180° 회전시키고 기포의 위치가 정중앙에 오도록 ㉠과 ㉡과정을 반복하여 조정한다.

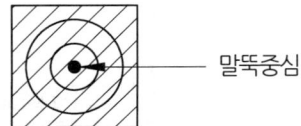
말뚝중심

6 측점 A에서의 관측(좌표, 방위각, 수평거리)

미리 입력된 기계점 좌표를 근거로 목표점의 좌표를 구할 수 있다. 기계점과 후시점의 좌표를 입력하여 그 점을 시준하고, 키 조작을 하면 후시점의 방위각을 설정할 수 있다. 좌표 측정을 위해서는 기계점 좌표 입력과 방위각 설정이 필요하다.

① A점 데이터 입력 : 좌표 측정을 위한 준비로 기계점 좌표를 직접 입력 한다.

　㉠ 측정 모드 1page의 **좌표측정** ⇒ **본체설치** 를 선택한다.

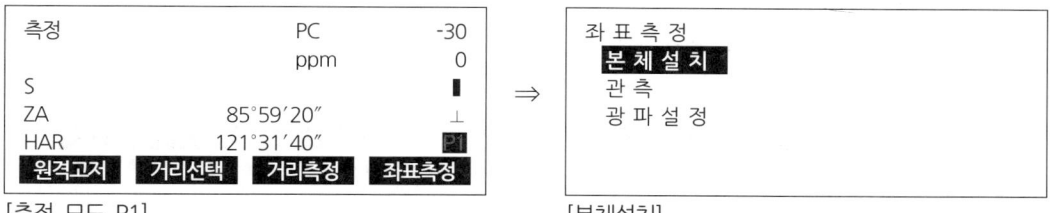

　㉡ **기계점좌표** 를 선택하고 **입력** 을 눌러 A점 좌표 N0 ⇒ 1000, E0 ⇒ 1000, 기계고 ⇒ 1.400, 시준고 ⇒ 1.200를 입력한다.

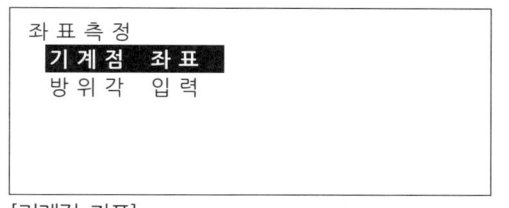

➜ 입력 방법 : 입력 key를 누르고 메뉴가 보이는 자리(4개)에 숫자, 문자가 뜨면 FUNC key로 필요한, 숫자나 문자를 찾아 대응 key를 눌러 입력하면 됨.

② 방위각 설정 : A점 좌표의 입력이 끝나면 이미 좌표를 알고 있는 후시점(B점) 좌표와 방위각을 계산하여 설정한다. 기존에 설정한 A점 좌표와 B점 좌표를 근거로 B점을 시준하여 키를 조작하면 자동으로 B점의 방위각이 설정된다.

❶ 주어진 좌표로 설정하는 방법

　㉠ **방위각입력** ⇒ **후시점입력** 을 선택한다.

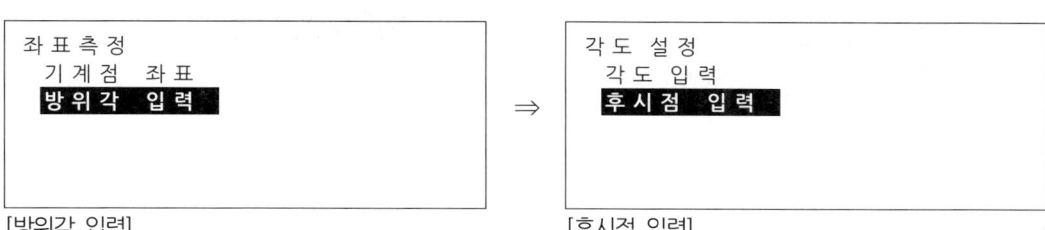

ⓒ 입력 을 눌러 B점 좌표 NBS ⇒ 970, EBS ⇒ 1030을 입력한다.

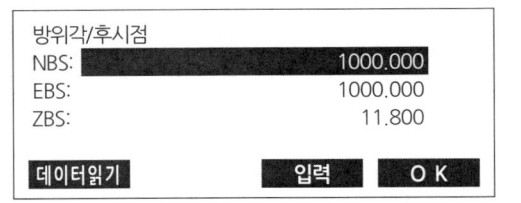 

[후시점 입력]   [후시점 입력]

ⓒ OK 를 눌러 기계점 좌표와 후시점 좌표를 확인한다.

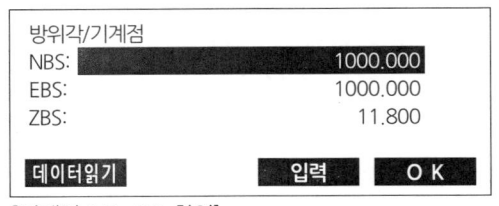 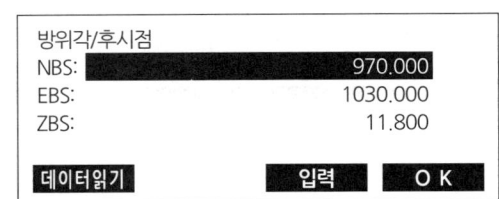

[기계점 N0, E0 확인]   [후시점 NBS,EBS 확인]

ⓜ B점을 정확히 시준하고 위 각도설정/후시점 시준 상태에서 예 를 누른다.

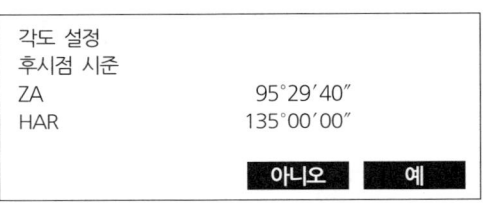

[후시 시준 준비]

ⓗ A-B 측선에 대한 후시 시준 완료로 A점에서의 방위각 설정 종료
ⓢ A점에서 주어진 측점에 대한 좌표 측정

❷ 방위각으로 설정하는 방법 : 방위각을 알고 있을 때에는 직접 방위각을 입력하여 설정한다.

㉠ 방위각입력 ⇒ 각도입력 을 선택한다.

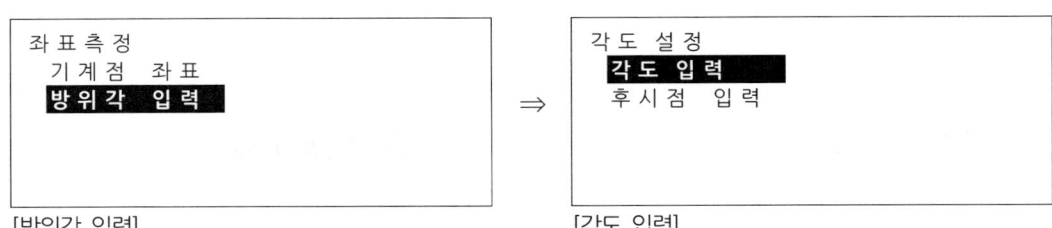

ⓒ 각도입력 을 선택해 B점의 방위각 135°를 입력⇒후시점 B를 시준 후 확인하면 설정 종료

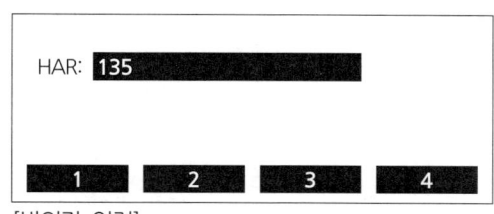
[방위각 입력]

③ C, F측점의 좌표 측정
  ㉠ 본체 설치 상태에서 좌표 측정 준비 상태로 전환

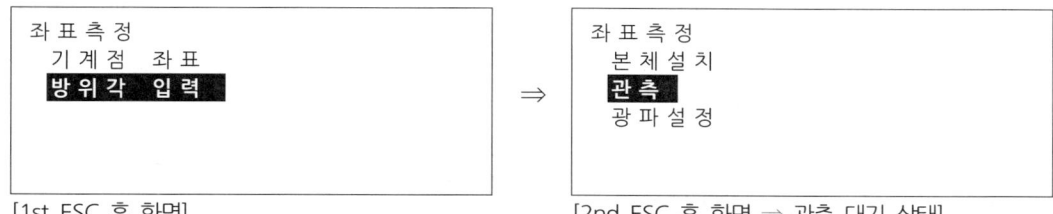

[1st ESC 후 화면]   [2nd ESC 후 화면 ⇒ 관측 대기 상태]

  ㉡ C측점의 타겟을 정확히 시준한다.
  ㉢ 좌표측정 두 번째 행의 관측 을 선택한다.
  ㉣ 관측이 끝나면 C점의 좌표와 연직각, 방위각이 표시된다.

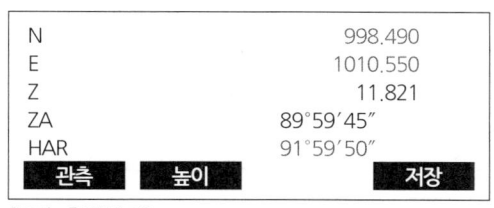
[C점 측정결과]

  ㉣ N, E, HAR값을 야장에 기록한다.
  ㉤ 위 좌표측정(관측) 결과에서 ESC를 누르면 수평 거리를 확인할 수 있다.
    ⓐ 1회 ESC 키 조작 방법
      1회 ESC 키 조작으로 수평 거리 H 값을 확인하고 야장에 기록한다.

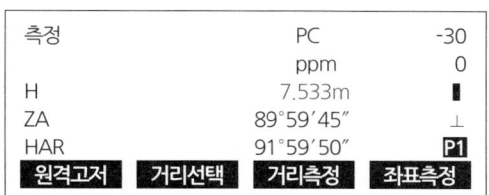
[1회 ESC 후 H 7.533 값을 야장에 기록]

ⓑ 2회 ESC 키 조작 방법

2회 ESC 조작 후 각으로 표시되어 있으면 거리선택 키를 눌러 S, H, V 표시화면으로 전환하여 수평 거리 H 값을 확인하고 야장에 기록한다.

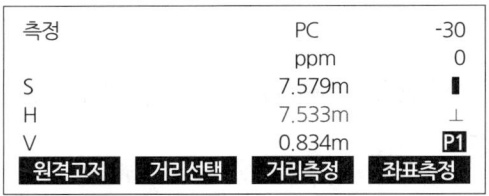

[2회 ESC 후 H 7.533 값을 야장에 기록]

T S 측 량 야 장

코스 번호 :

측선	방위각	수평거리	*각오차	*배점	*거리오차	*배점
AC	91°59′50″	7.533				
AF						
BD						
BE						

CE 거리 =

측점	좌 표		*X 오차	*Y 오차	*배점
	X	Y			
C	998.490	1010.550			
D					
E					
F					

* 란은 수험생이 기재하지 않습니다.

득점

ⓑ F측점의 타겟을 정확히 시준한다.
ⓢ **좌표측정** 두 번째 행의 **관측** 을 선택한다.
ⓞ 관측이 끝나면 F점의 좌표와 연직각, 방위각이 표시된다.

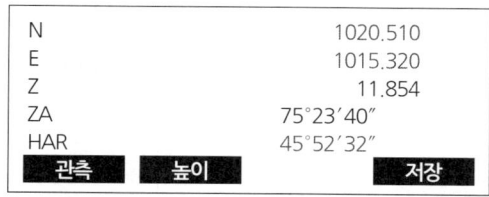
[F점 측정결과]

ⓔ N, E, HAR값을 야장에 기록한다.
ⓜ 위 좌표측정(관측) 결과에서 ESC를 누르면 수평 거리를 확인할 수 있다.
  C점 좌표측정 방법과 동일한 과정을 거쳐 1회 ESC 키 조작 방법 또는 2회 ESC 키 조작 방법으로 수평 거리 H 값을 확인하고 기록한다.

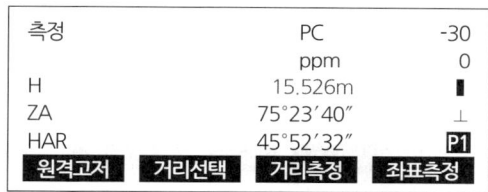
[1회 ESC 후 H 15.526 값을 야장에 기록]

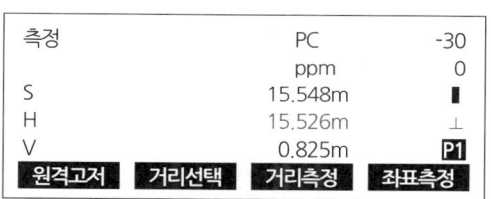
[2회 ESC 후 H 15.526 값을 야장에 기록]

T S 측 량 야 장

코스 번호 :

측선	방위각	수평거리	*각오차	*배점	*거리오차	*배점
AC	91°59′50″	7.533				
AF	45°52′32″	15.256				
BD						
BE						

CE 거리 =

측점	좌 표		*X 오차	*Y 오차	*배점
	X	Y			
C	998.490	1010.550			
D					
E					
F	1020.510	1015.320			

* 란은 수험생이 기재하지 않습니다.

7 측점 B에서의 관측(좌표, 방위각, 수평거리)

① B점 데이터 입력 : 좌표 측정을 위한 준비로 기계점 좌표를 직접 입력 한다.

㉠ 측정 모드 1page의 **좌표측정** ⇒ **본체설치** 를 선택한다.

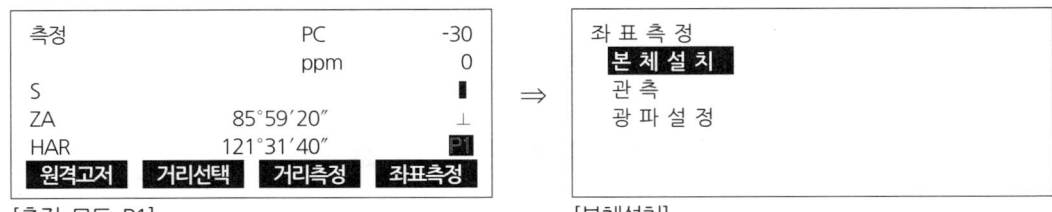

[측정 모드 P1]　　　　　　　　　　　　　　[본체설치]

㉡ **기계점좌표** 를 선택하고 **입력** 을 눌러 B점 좌표 N0⇒970, E0⇒1030, 기계고⇒1.400, 시준고⇒1.200를 입력한다.

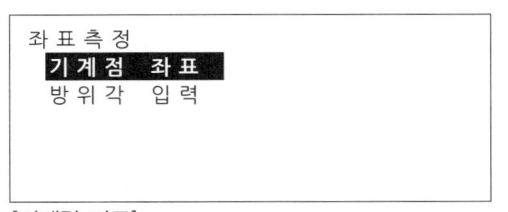 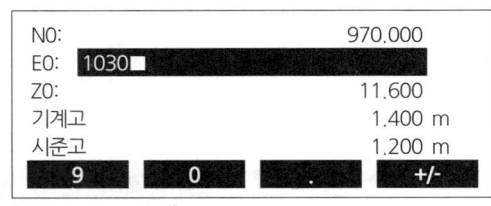

[기계점 좌표]　　　　　　　　　　　　　　[좌표DATA 입력]

➜ 입력 방법 : 입력 key를 누르고 메뉴가 보이는 자리(4개)에 숫자, 문자가 뜨면 FUNC key로 필요한, 숫자나 문자를 찾아 대응 key를 눌러 입력하면 됨.

② 방위각 설정 : B점 좌표의 입력이 끝나면 이미 좌표를 알고 있는 후시점(A점) 좌표와 방위각을 계산하여 설정한다. 기존에 설정한 B점 좌표와 A점 좌표를 근거로 A점을 시준하여 키를 조작하면 자동으로 A점의 방위각이 설정된다.

❶ 주어진 좌표로 설정하는 방법

㉠ **방위각입력** ⇒ **후시점입력** 을 선택한다.

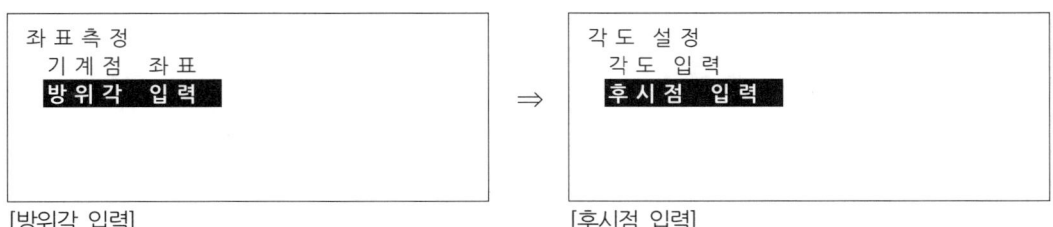

[방위각 입력]　　　　　　　　　　　　　　[후시점 입력]

ⓛ 입력 을 눌러 A점 좌표 NBS ⇒ 1000, EBS ⇒ 1000을 입력한다.

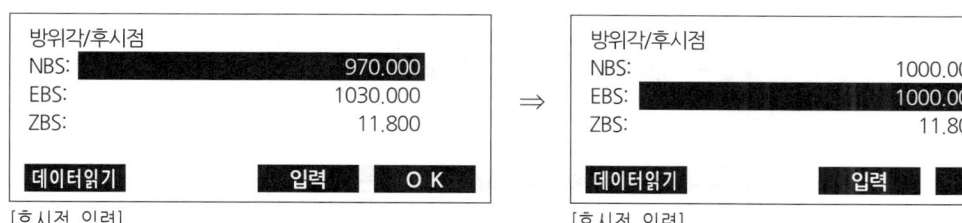

ⓒ OK 를 눌러 기계점 좌표와 후시점 좌표를 확인한다.

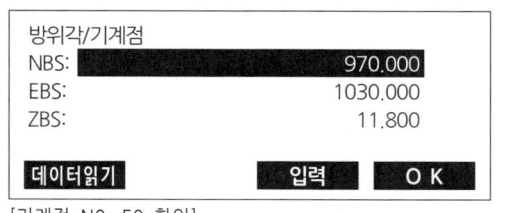
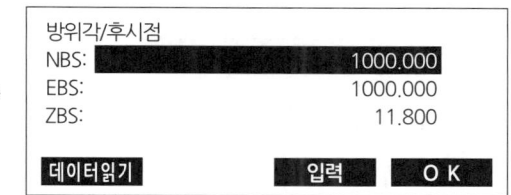

ⓜ A점을 정확히 시준하고 위 각도설정/후시점 시준 상태에서 예 를 누른다.

ⓑ B-A 측선에 대한 후시 시준 완료로 B점에서의 방위각 설정 종료
ⓢ B점에서 주어진 측점에 대한 좌표 측정

❷ 방위각으로 설정하는 방법 : 방위각을 알고 있을 때에는 직접 방위각을 입력하여 설정한다.
  ㉠ 방위각입력 ⇒ 각도입력 을 선택한다.

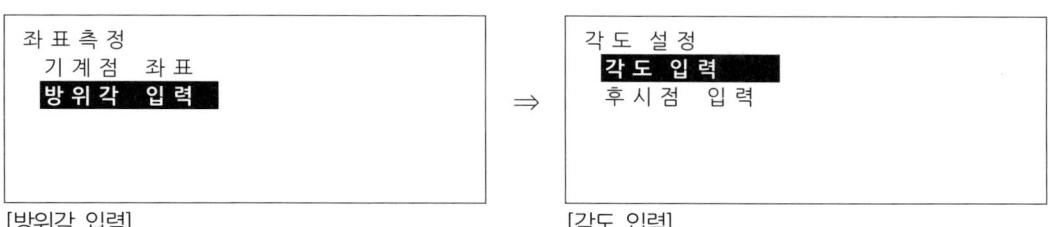

ⓛ 각도입력 을 선택해 A점의 방위각 315°를 입력 ⇒ 후시점 A를 시준 후 확인하면 설정 종료

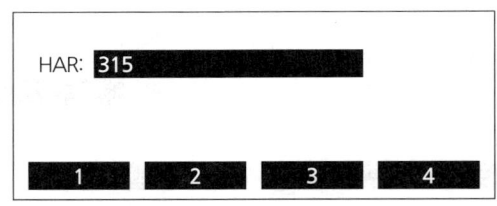
[방위각 입력]

③ D, E측점의 좌표 측정
  ㉠ 본체 설치 상태에서 좌표 측정 준비 상태로 전환

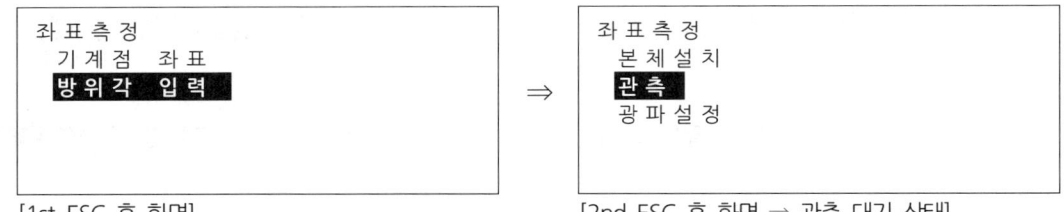

  ㉡ D측점의 타겟을 정확히 시준한다.
  ㉢ 좌표측정 두 번째 행의 관측 을 선택한다.
  ㉣ 관측이 끝나면 D점의 좌표와 연직각, 방위각이 표시된다.

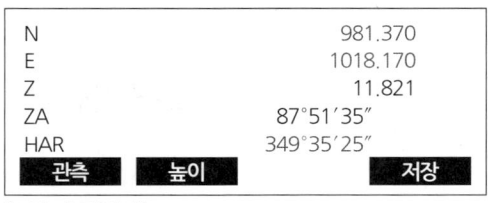
[C점 측정결과]

  ㉣ N, E, HAR값을 야장에 기록한다.
  ㉤ 위 좌표측정(관측) 결과에서 ESC를 누르면 수평 거리를 확인할 수 있다.
    ⓐ 1회 ESC 키 조작 방법
       1회 ESC 키 조작으로 수평 거리 H 값을 확인하고 야장에 기록한다.

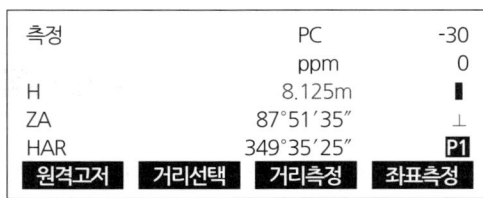
[1회 ESC 후 H 8.125 값을 야장에 기록]

ⓑ 2회 ESC 키 조작 방법

2회 ESC 조작 후 각으로 표시되어 있으면 거리선택 키를 눌러 S, H, V 표시화면으로 전환하여 수평 거리 H 값을 확인하고 야장에 기록한다.

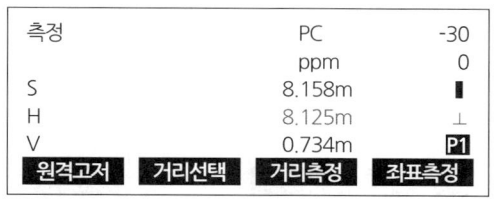

[2회 ESC 후 H 8.125 값을 야장에 기록]

T S 측 량 야 장

코스 번호 :

측선	방위각	수평거리	*각오차	*배점	*거리오차	*배점
AC	91°59′50″	7.533				
AF	45°52′32″	15.256				
BD	349°35′25″	8.125				
BE						
CE 거리 =						

측점	좌 표		*X 오차	*Y 오차	*배점
	X	Y			
C	998.490	1010.550			
D	981.370	1018.170			
E					
F	1020.510	1015.320			

* 란은 수험생이 기재하지 않습니다.

ⓑ E측점의 타겟을 정확히 시준한다.

ⓢ 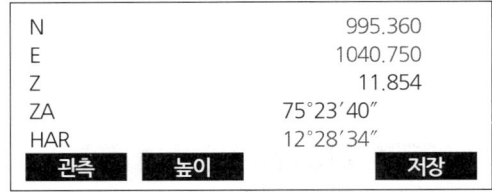 두 번째 행의 관측 을 선택한다.

ⓞ 관측이 끝나면 E점의 좌표와 연직각, 방위각이 표시된다.

```
N                    995.360
E                   1040.750
Z                     11.854
ZA                 75°23′40″
HAR                12°28′34″
   관측      높이         저장
```
[F점 측정결과]

ⓔ N, E, HAR값을 야장에 기록한다.

ⓜ 위 좌표측정(관측) 결과에서 ESC를 누르면 수평 거리를 확인할 수 있다.
D점 좌표측정 방법과 동일한 과정을 거쳐 1회 ESC 키 조작 방법 또는 2회 ESC 키 조작 방법으로 수평 거리 H 값을 확인하고 기록한다.

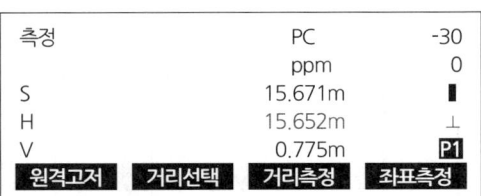

[1회 ESC 후 H 15.652 값을 야장에 기록]   [2회 ESC 후 H 15.652 값을 야장에 기록]

T S 측 량 야 장

코스 번호 :

측선	방위각	수평거리	*각오차	*배점	*거리오차	*배점
AC	91°59′50″	7.533				
AF	45°52′32″	15.256				
BD	349°35′25″	8.125				
BE	12°28′34″	15.652				
CE 거리 =						

측점	좌 표		*X 오차	*Y 오차	*배점
	X	Y			
C	998.490	1010.550			
D	981.370	1018.170			
E	995.360	1040.750			
F	1020.510	1015.320			

* 란은 수험생이 기재하지 않습니다.

득점

④ CE거리 계산

$$CE = \sqrt{(X_E - X_C)^2 + (Y_E - Y_C)^2} = \sqrt{(995.360 - 998.490)^2 + (1040.750 - 1010.550)^2}$$

$$CE = \sqrt{(X_E - X_C)^2 + (Y_E - Y_C)^2}$$
$$= \sqrt{(995.360 - 998.490)^2 + (1040.750 - 1010.550)^2}$$
$$= 30.362 m$$

⑤ CE거리 계산 근거와 값을 야장에 기록하고 제출한다.

T S 측 량 야 장

코스 번호 :

측선	방위각	수평거리	*각오차	*배점	*거리오차	*배점
AC	91°59′50″	7.533				
AF	45°52′32″	15.256				
BD	349°35′25″	8.125				
BE	12°28′34″	15.652				

CE 거리 =30.362m
$$CE = \sqrt{(X_E - X_C)^2 + (Y_E - Y_C)^2}$$
$$= \sqrt{(995.360 - 998.490)^2 + (1040.750 - 1010.550)^2}$$
$$= 30.362m$$

측점	좌 표		*X 오차	*Y 오차	*배점
	X	Y			
C	998.490	1010.550			
D	981.370	1018.170			
E	995.360	1040.750			
F	1020.510	1015.320			

* 란은 수험생이 기재하지 않습니다.

국가기술자격 실기시험문제

자격종목	측량기능사	과제명	토털스테이션측량, 레벨측량

비 번 호 : _____

※시험시간 : 1시간30분
　　　　　- 토털스테이션측량 : 50분, 레벨측량 : 40분

1. 요구사항

※ 지급된 재료 및 시설을 사용하여 아래 작업을 완성하시오.

가. 토털스테이션측량

측점 A의 좌표가 (500.000m, 100.000m)이고, $\overline{AP}$의 방위각이 125°15′30″라 할 때, 측점 A, B, C에 기계를 설치하고 관측하여 답안지를 완성하시오.

※ 관측은 방위각 또는 교각 모두 가능하나 관측 또는 계산을 통하여 답안지의 교각과 방위각을 모두 기입하고, 프리즘 상수와 측선 AB, BC의 거리는 감독위원의 지시에 따르시오.
(단, 프리즘의 중앙을 시준하고, 거리와 좌표는 m 단위로 소수3자리까지, 각은 초(″) 단위까지 구하시오.)

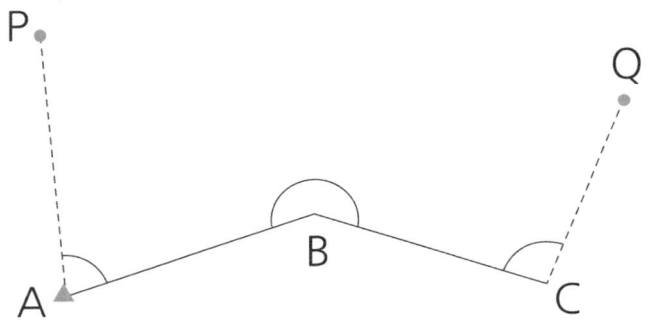

나. 레벨측량

시험장에 설치된 No.0 ~ No.10 측점을 왕복측량하여 답안지를 완성하시오.

※ No.0의 지반고는 15.000 ~ 30.00m의 범위 내에서 시험위원이 임의로 제시하며, 기계는 왕복 각 3회(총 6회) 이상 거치(No.10에서 왕복 전환할 때 반드시 기계를 재설치)하고 각 측점간의 거리는 동일한 것으로 가정하시오.
(단, No.4, No.7 측점은 왕복 모두 천장에 있으며 답안은 m 단위로 소수3자리까지 구하시오.)

자격종목	측량기능사	과제명	토털스테이션측량, 레벨측량

2. 수험자 유의사항

※ 다음 유의사항을 고려하여 요구사항을 완성하시오.

※ **항목별배점은 토털스테이션측량 60점, 레벨측량 40점입니다.**

1) 수험자 인적사항 및 계산과정을 포함한 답안작성은 흑색 필기구만 사용해야 하며, 그 외 연필류, 빨간색, 청색 등의 필기구로 작성한 답항은 0점 처리되오니 불이익을 당하지 않도록 유의해 주시기 바랍니다.
2) 답안 정정 시에는 정정하고자 하는 단어(곳)에 두 줄(=)을 긋고 다시 작성하거나 수정테이프(수정액 제외)를 사용하여 정정하시기 바랍니다.
3) 측점에 충격이 없도록 기계를 세우고 관측합니다.
4) 측량기계는 안전에 유의하여 조심스럽게 다루고 측량이 끝나면 제자리에 놓습니다.
5) 시험 중 수험자는 반드시 안전수칙을 준수해야 하며, 작업복장 상태, 안전사항 등은 채점대상이 됩니다.(작업에 적합한 복장을 착용하여야 합니다.)
6) 시험시간이 경과하면 작성된 상태까지를 제출하여야 하며, 제출하지 않을 경우 아래의 기권으로 처리됩니다.
7) 다음 사항에 대해서는 채점대상에서 제외하니 특히 유의하시기 바랍니다.
   가) 기권
      (1) 수험자 본인이 수험 도중 시험에 대한 포기 의사를 표기하는 경우
   나) 실격
      (1) 시험 중 시설·장비의 조작이 미숙하여 파손 및 고장을 발생 시킨 것으로 시험위원 전원이 합의하여 판단되는 경우
      (2) <u>토털스테이션측량, 레벨측량 **2 과제 중 1개**의 과제라도 0점인 경우</u>
      (3) 레벨측량에서 왕복측량을 시행하지 않은 경우

국가기술자격 실기시험 답안지

자격종목	측량기능사	비번호		감독확인	

※ 수험자 인적사항 및 계산식을 포함한 답안작성은 검은색 필기구만 사용해야 하며, 그 외 연필류, 빨간색, 파란색 등 필기구로 작성한 답항은 0점 처리되오니 불이익을 당하지 않도록 유의해 주시기 바랍니다.

토털스테이션측량

※ 거리는 소수3자리까지, 각은 초단위까지 기입하시오.

AP의 방위각 = 125°15′30″   코스 번호 : 1

측점	교각	측선	방위각	*방위각오차	*득점
A	67°25′24″	$\overline{AB}$	192°40′54″		
B	215°17′49″	$\overline{BC}$	227°58′43″		
C	58°43′33″	$\overline{CQ}$	106°42′16″		

측선	거리	위거	경거	측점	합위거	합경거	*합위거오차	*합경거오차	*득점
$\overline{AB}$	15.000	-14.634	-3.293	A	500.000	100.000			
$\overline{BC}$	15.000	-10.041	-11.143	B	485.366	96.707			
$\overline{CQ}$	31.662	-9.101	30.326	C	475.325	85.564			
계				Q	466.224	115.890			

구분	좌표	*X오차	*Y오차	*득점
P의 좌표(X, Y)	(470.842 , 141.244)			
Q의 좌표(X, Y)	(466.224 , 115.890)			

PQ의 거리

○ 계산과정 : $\sqrt{(466.224 - 470.842)^2 + (115.890 - 141.244)^2}$
　　　　　　$= 25.771\mathrm{m}$

○ 답 : 25.771m

*오차	*득점

※ 표 중 굵은 선 박스는 지정 값을 사용하고, * 표시란은 수험자가 기재하지 않습니다.

채점란 / 득점

국가기술자격 실기시험 답안지

자격종목	측량기능사	비번호		감독확인	

※ 수험자 인적사항 및 계산식을 포함한 답안적성은 검은색 필기구만 사용해야 하며, 그 외 연필류, 빨간색, 파란색 등 필기구로 작성한 답항은 0점 처리되오니 불이익을 당하지 않도록 유의해 주시기 바랍니다.

레벨측량[1]

※ 거리는 소수3자리까지 기입하시오. [단위:m]

| 측 점 | 후 시 | 전 시 | | 기계고 | 지반고 |
		이기점	중간점		
No. 0	3.920			19.312	15.392
No. 1			1.514		17.798
No. 2			1.570		17.742
No. 3	1.580	1.558		19.334	17.754
No. 4			-0.968		20.302
No. 5			1.480		17.854
No. 6	1.459	1.434		19.359	17.900
No. 7	-1.005	-1.065		19.419	20.424
No. 8			1.540		17.879
No. 9	1.538	1.518		19.439	17.901
No.10		1.409			18.030
계	7.492	4.854			

[연습란]

※ 표 중 굵은 선 박스는 지정 값을 사용하고, * 표시란은 수험자가 기재하지 않습니다.

국가기술자격 실기시험 답안지

자격종목	측량기능사	비번호		감독확인	

※ 수험자 인적사항 및 계산식을 포함한 답안적성은 검은색 필기구만 사용해야 하며, 그 외 연필류, 빨간색, 파란색 등 필기구로 작성한 답항은 0점 처리되오니 불이익을 당하지 않도록 유의해 주시기 바랍니다.

레벨측량[2]

※ 거리는 소수3자리까지 기입하시오. [단위:m]

측 점	후 시	전 시 이기점	전 시 중간점	기계고	지반고
No.10	1.449			19.481	18.032
No. 9			1.578		17.903
No. 8			1.597		17.884
No. 7			-0.946		20.427
No. 6	1.521	1.575		19.427	17.906
No. 5			1.576		17.851
No. 4			-0.881		20.308
No. 3	1.598	1.666		19.359	17.761
No. 2	1.587	1.615		19.331	17.744
No. 1			1.531		17.800
No. 0		3.939			15.392*
계	6.155	8.795			

*해설 : ① 후시계 - 이기점계 = 6.155 - 8.795 = -2.640
② 레벨측량[2] No. 10 지반고 = 15.392 + 2.640 = 18.032 (후시계 - 이기점계 의 차이값이 ⊖이면 레벨측량[1] No. 0 지반고와 더하고 ⊕이면 빼주면 됨.)

[레벨측량 최종 결과]

측점	No.1	No.2	No.3	No.4	No.5	No.6	No.7	No.8	No.9	No.10
최확값	17.799	17.743	17.758	20.305	17.853	17.903	20.426	17.882	17.902	18.031
*오차										
*득점										

※ 표 중 굵은 선 박스는 지정 값을 사용하고, * 표시란은 수험자가 기재하지 않습니다.

채점란

득점

국가기술자격 실기시험문제

자격종목	측량기능사	과제명	토털스테이션측량, 레벨측량

비 번 호 :

※시험시간 : 1시간30분
  - 과제1 : 토털스테이션측량 : 50분
  - 과제2 : 레벨측량 :   40분

1. 요구사항

※ 지급된 재료 및 시설을 사용하여 아래 작업을 완성하시오.

가. 토털스테이션측량

측점 A의 좌표가 (500.000m, 100.000m)이고, $\overline{AP}$의 방위각이 125°25′30″라 할 때, 측점 A, B, C에 기계를 설치하고 관측하여 답안지를 완성하시오.

※ 관측은 방위각 또는 교각 모두 가능하나 관측 또는 계산을 통하여 답안지의 교각과 방위각을 모두 기입하고, 프리즘 상수와 측선 AB, BC의 거리는 감독위원의 지시에 따르시오.
(단, 프리즘의 중앙을 시준하고, 거리와 좌표는 m 단위로 소수3자리까지, 각은 초(″) 단위까지 구하시오.)

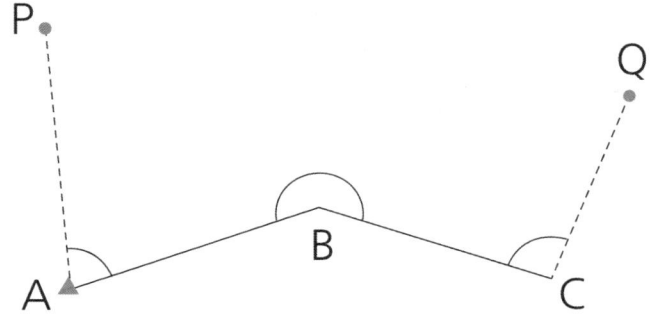

나. 레벨측량

시험장에 설치된 No.0 ~ No.10 측점을 왕복측량하여 답안지를 완성하시오.
※ No.0의 지반고는 5.000 ~ 20.00m의 범위 내에서 시험위원이 임의로 제시하며, 기계는 왕복 각 3회(총 6회) 이상 거치(No.10에서 왕복 전환할 때 반드시 기계를 재설치)하고 각 측점간의 거리는 동일한 것으로 가정하시오.
(단, No.4, No.7 측점은 왕복 모두 천장에 있으며 답안은 m 단위로 소수3자리까지 구하시오.)

자격종목	측량기능사	과제명	토털스테이션측량, 레벨측량

2. 수험자 유의사항

※ 다음 유의사항을 고려하여 요구사항을 완성하시오.
※ **항목별배점은 토털스테이션측량 60점, 레벨측량 40점입니다.**
   1) 수험자 인적사항 및 답안 작성은 검은색 필기구만 사용하여야 하며 그 외 연필류, 유색 필기구, 지워지는 펜 등을 사용한 답안은 채점하지 않으며 0점 처리됩니다.
   2) 답안 정정 시에는 정정하고자 하는 단어(곳)에 두 줄(=)을 긋고 다시 작성하거나 수정테이프(수정액 제외)를 사용하여 정정하시기 바랍니다.
   3) 측점에 충격이 없도록 기계를 세우고 관측합니다.
   4) 측량기계는 안전에 유의하여 조심스럽게 다루고 측량이 끝나면 제자리에 놓습니다.
   5) 시험 중 수험자는 반드시 안전수칙을 준수해야 하며, 작업복장 상태, 안전사항 등은 채점대상이 됩니다.(작업에 적합한 복장을 착용하여야 합니다.)
   6) 시험시간이 경과하면 작성된 상태까지를 제출하여야 합니다.
   7) 다음 사항은 실격에 해당하여 채점 대상에서 제외됩니다.
      가) 수험자 본인이 수험 도중 시험에 대한 포기 의사를 표시하는 경우
      나) 시험 중 시설·장비의 조작이 미숙하여 파손 및 고장을 발생시킬 우려가 있거나 시킨 것으로 시험위원 전원이 합의하여 판단되는 경우
      다) 토털스테이션측량, 레벨측량 <u>**2 과제 중 1개의 과제라도 0점인 경우**</u>
      라) 레벨측량에서 왕복측량을 시행하지 않은 경우
      마) 시험시간이 경과 하여도 답안지를 제출하지 않을 경우

국가기술자격 실기시험 답안지

자격종목	측량기능사	비번호		감독확인	

※ 수험자 인적사항 및 답안작성은 검은색 필기구만 사용하여야 하며, 그 외 연필류, 유색 필기구, 지워지는 펜 등을 사용한 답안은 채점하지 않으며 0점 처리됩니다.

토털스테이션측량

※ 거리는 소수3자리까지, 각은 초단위까지 기입하시오.

AP의 방위각 = 125°25′30″   코스 번호 : A1

측점	교각	측선	방위각	*방위각오차	*득점
A	40°01′13″	$\overline{AB}$	165°26′43″		
B	226°24′20″	$\overline{BC}$	211°51′03″		
C	102°30′57″	$\overline{CQ}$	134°22′00″		

측선	거리	위거	경거	측점	합위거	합경거	*합위거오차	*합경거오차	*득점
$\overline{AB}$	15.000	-14.519	3.770	A	500.000	100.000			
$\overline{BC}$	15.000	-12.741	-7.916	B	485.481	103.770			
$\overline{CQ}$	91.297	-63.839	65.266	C	472.740	95.854			
계				Q	408.901	161.120			

구분	좌표	*X오차	*Y오차	*득점
P의 좌표(X, Y)	(446.229 , 175.593)			
Q의 좌표(X, Y)	(408.901 , 161.120)			

PQ의 거리
○ 계산과정 :

$$\overline{PQ} = \sqrt{(446.229-408.901)^2 + (175.593-161.120)^2}$$
$$= 40.036$$

○ 답 : 40.036m

*오차	*득점

채점란

득점

※ 표 중 굵은 선 박스는 지정 값을 사용하고, * 표시란은 수험자가 기재하지 않습니다.

국가기술자격 실기시험 답안지

자격종목	측량기능사	비번호		감독확인	

※ 수험자 인적사항 및 계산식을 포함한 답안적성은 흑색 필기구만 사용해야 하며, 그 외 연필류, 빨간색, 청색 등 필기구로 작성한 답항은 0점 처리되오니 불이익을 당하지 않도록 유의해 주시기 바랍니다.

레벨측량[1]

※ 거리는 소수3자리까지 기입하시오. [단위:m]

측 점	후 시	전 시 이기점	전 시 중간점	기계고	지반고
No. 0	1.793			11.168	9.375
No. 1			1.789		9.379
No. 2			1.812		9.356
No. 3			1.805		9.363
No. 4			-0.991		12.159
No. 5	4.132	4.085		11.215	7.083
No. 6			1.729		9.486
No. 7			-0.814		12.029
No. 8	1.703	1.726		11.192	9.489
No. 9			1.549		9.643
No.10		1.557			9.635
계	7.628	7.368			

[연습란]

※ 표 중 굵은 선 박스는 지정 값을 사용하고, * 표시란은 수험자가 기재하지 않습니다.

국가기술자격 실기시험 답안지

자격종목	측량기능사	비번호		감독확인	

※ 수험자 인적사항 및 계산식을 포함한 답안작성은 검은색 필기구만 사용해야 하며, 그 외 연필류, 빨간색, 청색 등 필기구로 작성한 답항은 0점 처리되오니 불이익을 당하지 않도록 유의해 주시기 바랍니다.

레벨측량[2]

※ 거리는 소수3자리까지 기입하시오. [단위:m]

측 점	후 시	전 시 이기점	전 시 중간점	기계고	지반고
No.10	1.545			11.180	9.635
No. 9			1.538		9.642
No. 8			1.691		9.489
No. 7			-0.850		12.030
No. 6	1.720	1.694		11.206	9.486
No. 5			4.124		7.082
No. 4			-0.954		12.160
No. 3	1.823	1.844		11.185	9.362
No. 2			1.830		9.355
No. 1			1.807		9.378
No. 0		1.810			9.375
계	5.088	5.348			

[레벨측량 최종 결과]

측점	No.1	No.2	No.3	No.4	No.5	No.6	No.7	No.8	No.9	No.10
최확값	9.378	9.355	9.362	12.159	7.082	9.486	12.029	9.489	9.642	9.635
*오차										
*득점										

※ 표 중 굵은 선 박스는 지정 값을 사용하고, * 표시란은 수험자가 기재하지 않습니다.

측량기능사 (필기 실기)

2007년 4월 25일 초판인쇄
2026년 1월 10일 개정증보21판인쇄
2026년 1월 15일 개정증보21판발행

저　자 : 김영국·박종삼
발행인 : 성 대 준
발행처 : 도서출판 금호
　　　　서울시 성동구 성수이로 118
　　　　전화 : 02)498-4816　FAX : 02)462-1426
　　　　등록 : 제303-2004-000005호

정가 25,000원

* 파본은 교환해 드립니다.
* 본서의 무단복제를 금합니다.